生物力学研究方法

（原著第二版）

[加]D.戈登·E.罗伯逊
[加]格雷厄姆·E.考德威尔
[加]约瑟夫·哈米尔　　著
[美]加里·卡门
[美]桑德斯（桑迪）·N.惠特尔西

刘 宇 李 立等 译

Research Methods in

BIOMECHANICS

Second Edition

上海交通大学出版社
SHANGHAI JIAO TONG UNIVERSITY PRESS

内容提要

　　生物力学是拥有高新技术手段的研究领域,其研究方法随技术发展而迅速改变。由于更精确、快速、复杂的软件和硬件的出现,研究方法往往会定期更新迭代。本书讨论了研究中的二维和三维逆动力学分析人体环节参数、力、能量、做功和功率等问题;同步介绍肌肉活动和人体运动的数学建模,并进一步分析生物力学数据。该版本在前作基础上增加了目前最新的生物力学研究方法,增加了描述研究人体运动的最新分析工具。每一章包括概论、总结以及推荐阅读清单,为相关领域的学者提供拓展阅读内容。

　　本书为生物力学领域研究提供了全面的工具资源,面向运动生物力学领域的高校及产学研机构,可供相关领域的研究生、教师、教练、科研人员,以及生物医学工程、临床骨科、运动医学科、康复科等有关领域的医师、治疗师和临床科技工作者阅读。

图书在版编目(CIP)数据

　　生物力学研究方法/(加)D. 戈登·E. 罗伯逊等著;
刘宇等译. —上海:上海交通大学出版社,2022.8
　　ISBN 978 - 7 - 313 - 23346 - 2

　　Ⅰ.①生… Ⅱ.①D…②刘… Ⅲ.①生物力学-研究
方法 Ⅳ.①Q66 - 3

　　中国版本图书馆 CIP 数据核字(2020)第 096540 号

上海市版权局著作权合同登记号:图字:09 - 2015 - 1036

生物力学研究方法
SHENGWU LIXUE YANJIU FANGFA

著　　者:〔加〕D. 戈登·E. 罗伯逊 等　　　　　　译　　者:刘 宇 李 立 等
出版发行:上海交通大学出版社　　　　　　　　　地　　址:上海市番禺路 951 号
邮政编码:200030　　　　　　　　　　　　　　　 电　　话:021 - 64071208
印　　制:苏州市越洋印刷有限公司　　　　　　　经　　销:全国新华书店
开　　本:787mm×1092mm　1/16
字　　数:719 千字　　　　　　　　　　　　　　 印　　张:29.75
版　　次:2022 年 8 月第 1 版
书　　号:ISBN 978 - 7 - 313 - 23346 - 2　　　　印　　次:2022 年 8 月第 1 次印刷
定　　价:258.00 元

版权所有　侵权必究
告读者:如发现本书有印装质量问题请与印刷厂质量科联系
联系电话:0512 - 68180638

原著编委会名单

[加]D. 戈登·E. 罗伯逊(D. GORDON E. ROBERTSON)
渥太华大学

[加]格雷厄姆·E. 考德威尔(GRAHAM E. CALDWELL)
马萨诸塞大学安姆斯特分校

[加]约瑟夫·哈米尔(JOSEPH HAMILL)
马萨诸塞大学安姆斯特分校

[美]加里·卡门(GARY KAMEN)
马萨诸塞大学安姆斯特分校

[美]桑德斯(桑迪)·N. 惠特尔西(SAUNDERS N. WHITLESEY)

译 者 名 单

主　译

刘　宇　上海体育学院
李　立　佐治亚南方大学

主校译

王东海　李　路

其他译者

于佳彬	王　玮	王　勇	卞秀玲	文　椘
吕娇娇	朱志强	庄　薇	刘　炅	汤运启
孙宇亮	杨　洋	李　欣	宋林杰	宋祺鹏
张　翠	张　燊	邵　恩	间坚强	姜祎凡
殷可意	郭　梁	黄光婷	黄灵燕	黄　擎
常桐博	梁雷超	潘加浩	潘晓雨	

致我们当前和曾经的学生

前　言

　　生物力学是一个高度技术化的学科，其研究方法随着技术的发展而迅速改变。由于复杂软件和硬件的加速更新，原有研究技术往往被新技术替代。例如，研究人员曾使用电影制作方法记录人体的运动；10 年后，该技术几乎过时了，被 VHS 摄像取代；而现在，数字摄像和红外摄像技术已成为动作捕捉技术的首选。具有极大内存且处理速度更快的计算机可以通过更复杂的分析和统计方法处理数据。鉴于这些事实，该版本在原有章节中添加了最新的研究方法，包括几个描述研究人体运动先进分析工具的新章节。

　　本书分为四篇。第一篇和第二篇保留了第一版的结构，第一篇讨论研究中涉及的平面和三维运动学，第二篇涉及二维和三维逆动力学分析的人体环节参数、力、能量、功和功率的研究。在前两篇中，第二章和第七章内容为了反映最新的生物力学研究方法已经进行了大幅度修改。第二版中，第七章呈现了 Visual3D 软件在进行逆向动力学分析中的作用。本书提供 Visual3D 教育版，读者可以感受 Visual3D 在人体运动学和动力学分析中的应用过程。

　　本书第三篇主要介绍肌肉活动和人体运动的数学建模。第九章（肌肉模型）已经更新，并在第十一章（肌肉骨骼模型）的新增内容中进一步完善。第九章保留了原来关于希尔模型的内容，而且在新版中包含了更多如何获取参数的详细信息，这些参数可以用希尔模型以特定个体方式体现出个体肌肉。我们已经将原来章节中的肌肉骨骼模型删除了，并将该内容添加至新的第十一章，该章节由 Brian R. Umberge 与 Graham E. Caldwell 联合编写。第十一章探讨了人体运动分析中肌肉骨骼模型的使用，该内容引起了越来越多的关注，该模型可以进行肌肉力量的研究（超过了使用逆向动力学分析所允许的范围）。第三篇的其他章节讨论了人体运动肌电图和运动的计算机模拟内容。肌电图（EMG）可以监测和分析肌肉的主动收缩特性，而计算机模拟可以在无个体运动的情况下对运动进行研究，这有助于研究人员、医师、治疗师及教练在避免受伤的情况下测试新的动作。

　　第四篇进一步探讨了分析过程，此过程可应用于生物力学数据的处理。该部分首先介绍了信号处理技术，随后在第二版中增添了两个章节。第十三章（协调性的动态系统分析）由 Richard E. A. van Emmerik，Ross H. Miller 和 Joseph Hamill 联合编写，概括了用于研究复杂系统中多自由度运动的理论和分析方法，本章着重介绍在一个变化的运动模式中如何评估衡量协调性和稳定性，并验证运动变异性在健康和疾病中的作用。第十四章（生物力学波形数据分析）由 Kevin J. Deluzio，Andrew J. Harrison，Norma Coffey 和 Graham E. Caldwell 联合编写，概括了识别人体运动基本特征的统计工具。生物力学家有时会面临从上千种可能（线运动学和角运动学，线动力学和角动力学）中确定哪个变量或哪些变量是描述一个特定运动的最佳变量的艰巨任务。第十四章中所描述的技术可以用来确定这些因素的最佳组合。人体步态可以作为一个运动的例子，但是该技术可以用于任何运动。

Visual3D 教育版

该版本新加入了 Visual3D 教育版软件访问，由 C-Motion 创建。Visual3D 教育版可以用于显示 C3D 和 CMO 数据集，还提供了操作样本数据集的能力以帮助读者了解动力学和运动学计算，并提供使用专业生物力学研究软件的经验。本书读者如需下载 Visual3D 教育版和特殊样本数据集，请访问：http://textbooks. c-motion. com/ResearchMethodsInBiomechanics2E. php。根据软件下载链接可以下载 Visual3D 教育版。当打开使用 Visual3D 教育版时，这些样本数据集将开启额外的功能，让你可以探索全部模型和专业 Visual3D 版本的分析能力。

如需帮助，请访问：www. c-motion. com.

每章节包含概论、小结及推荐阅读文献，供爱好者学习。部分章节将提供示例予以辅助，参考答案附于书后。标题为摘自学术文献的部分强调了生物力学研究技术用在经典和前沿研究领域的方式。附录包含数学符号、技术参考及专业术语表。

编者

目　　录

第二篇 动 力 学

引言 生物力学分析技术：入门知识

Gary Kamen

　　每一门自然学科都有其一套独特的研究工具,科学家在对这个学科做出贡献之前必须精通这些工具。一个分子生物学家不可能在不知道怎样使用和解释分光光度计或气相色谱仪的数据之前去开始一项研究。一个地质学家要想研究一座火山就必须选择合适的示波器、放大器和地震仪,能够存储这些仪器采集的信号,并进行信号处理。

　　正如掌握牛顿物理学基础知识和仪器及分析技术是进行分子生物学和地质学研究的先决条件一样,生物力学研究也是如此。这本书的内容基本涵盖了进行生物力学研究所需的全部工具。

生物力学中所需要的工具

　　我们在应用生物力学研究的原理之前,必须有一些预备知识。本书假设读者已经具备基础的几何学、三角学和代数学,包括简单的矢量代数知识。此外,牛顿定律的基本力学知识和良好的人体解剖学知识储备也很必要。本书提供了很多牛顿定律在生物力学领域应用的例子和运用于人体肌肉骨骼、神经肌肉系统的例子,而受人体解剖系统约束的知识则是全面理解所涉力学问题的基础。在这些主题上寻找额外信息的读者应当参考更多的得到良好评价的书籍,本书每章最后都列举了一份适合阅读的书目。

生物力学原理的应用案例

　　当然,如果没有一个好的研究思路或者亟待解决的生物力学问题,要彻底理解两维或三维空间的运动学和动力学、人体测量学、肌肉建模、肌电图学是很难的。因此,在开始详细介绍如何应用生物力学原理之前,我们先介绍一个关于如何应用本书知识的例子。

　　运动是区别动物和植物的标志,动物已经有无数种运动的方式。与运动有关的问题构成了许多生物力学研究的焦点。尽管身体尺寸很小,蚂蚁还是以一定的速度移动它们的腿而快速走动;尽管受到很大的阻力,鱼还是能够有效地在水里推动自己;尽管运动受到解剖结构的限制,但是马还是设法根据环境条件和运动速度来选择合适的步态。由于本书的重点是人类的步态和姿势控制,所以让我们考虑一个需要使用生物力学工具来解决的姿势控制问题。

我们的研究对象辛苦工作了一天回到家门口，必须上几步台阶才能开门走进房间，把公文包放在桌子上。爬上楼梯之后，她握住了门把手，转动它，却发现门是锁着的。她必须在使她的公文包保持平衡的同时从兜里取出钥匙。进屋之后，她把公文包放在了桌子上。

这些看似简单的任务需要肌肉骨骼系统和神经肌肉控制系统间成功的复杂相互作用才能完成。我们要考虑并解决下面这些问题：

> 研究对象是怎么爬上楼梯的？我们应该怎么描述她每个关节的运动特征？

> 在她向下一步台阶前移时需要多大的肌肉力量？

> 她应当在什么位置停下并转动门把手？

> 到达门口前，她如何保持平衡？

> 她第一次是如何转动门把手的？如何取出钥匙的？如何关门的？

> 她是如何拿着她的公文包走进房子的？例如，她的腿是什么时刻着地再向前运动的？

> 公文包是如何被放在桌上的？是什么防止公文包被放得过远或过近？

这些问题都需要在解决方案中使用生物力学工具。例如，我们要知道各个关节产生的位移和力。我们该如何定义位移和力的单位以便其他研究人员理解。在学术文献中，习惯使用的测量单位是研究人员公认的国际单位制的一部分。几乎所有的生物力学会议和期刊都要求采用这个计量方法，所以本书也采用此计量方法。此计量方法包含 7 个基本量，其他量都由它们衍生而来，对于生物力学，最重要的是千克（kg）、米（m）、秒（s）和安培（A）。附录 A 中列出了此计量方法的基本知识。

运动学分析用于描述我们能看见的动作。如一个人走楼梯，我们观察到研究对象的髋关节、膝关节和踝关节在反复地进行屈伸运动。这些角位移在研究对象开始爬楼梯的时候发生了变化。下肢损伤的病人在完成这个动作时可能会使用不同的关节角位移方式。我们观察到的运动包括线运动和角运动，可以用位移信息来计算动作的速度和加速度。追踪研究对象躯干上的一点可以得到某两个瞬时点之间的线位移值，从而可以算出行走的速度。我们测量运动学参数会使用诸如胶片、视频摄像机之类的图像系统或者绑在关节上的位移测量系统。太复杂的动作则不能简单地使用平面（二维）坐标。过度使用膝关节造成的损伤往往是由于施动者采用了不正确的膝关节额状面或矢状面动作，因此复杂的动作必须使用三维分析才能得到更充分的描述。第一章将介绍运动学数据获取和平面运动学计算的方法，第二章将介绍三维运动学的相关知识。

特殊的计算机可以从视频上捕捉图像并且计算贴在测试对象关节中心反射标记的轨迹，然后分析动作模式。这些数据处理后可以推导出很多运动学结果，如每个关节的运动范围，每个环节的速度和加速度，以及身体重心的运动轨迹。第三章将详细介绍身体重心的计算方法。这些数据可以与地面反作用力同步进行逆向动力学分析。

运动学描述我们看到的动作，但是要明白运动形成的原因就必须对动力学或者引起动作的基本线性力和转动力矩进行验证。外力是由人和环境相互作用产生的。测试对象拿着她的公文包朝楼梯走去时，她的潜意识里已经形成了一个如何从平地过渡到楼梯的计划。一个适当放置的装置，如测力台，可以记录每一只脚受到的地面反作用力（GRFs）。测力台可以埋在任何一个研究人员想要测试执行任务时机械能消耗的地方。例如，将测力台埋在楼梯上，会发现得到的 GRFs 比走路时的稍大。当测试对象上楼梯时垂直压力峰值略小于其两倍体重，但是走路时垂直压力峰值只比体重大 $25\%\sim50\%$。当测试对象开门时，测力台的数据会显示为免失衡其身体重心转移。第四章将介绍记录和分析力的方法，包括如何使用测力台来测量地面反作用力。

身体每个关节产生的内力和力矩也可以使用 GRFs 的近似估算。当人们上楼梯时他们每一步必须提高身体的重心以克服重力（地球引力造成），因此 GRF 模式发生了改变。结合逆向动力学测量 GRF 模式和环节运动学，可以阐明在可接受的范围内人们运动时用来保持平衡和保持内力的策略。

测试对象为了爬楼梯和保持平衡，有时可能会利用扶手来支撑自己。安装在扶手与墙壁或地面之间的力传感器可以量化这个支撑力。开门时，与门的相互作用也需要力，这次作用于门把手的是转动力矩，研究人员通过给门把手安装应变片来测量力矩。测试对象还必须对已开锁的门施加力矩才能推开门。最终，测试对象若想将公文包放在桌子上，则需一边控制平衡，一边逐渐改变其放公文包到指定位置的力。附录 C 列举了电力和电子应变仪器以及其他仪器的基本知识。

测量 GRFs 和计算 2D 和 3D 动作模式之后，我们使用逆向动力学计算每一个关节完成每个动作所必需的最小力，分析时使用牛顿第二定律和第三定律去计算每个关节所承受的力和力矩。第五章将介绍逆向动力学分析平面运动的理论和方法；第七章将介绍这项技术在 3D 空间的分析应用。

生物力学家也可以计算完成某项工作的机械功和每个关节所需要的机械功率。当动作速度增加时，机械功率的需求增加。相对于年轻人，老年人可能会以较慢的节奏完成所有日常的活动，但是他们消耗的能量是相似的，且每个关节所需的机械功率都保持在每个关节的能力范围之内。第六章将探讨由运动学和动力学衍生出来的机械功、机械能和机械功率。

肌肉产生的精确力量通过肌腱、韧带和骨骼传递，只能直接由内置力传感器测得或由肌肉骨骼系统模型估计得出。如果受到非预期的干扰，一个人采用了一种低效率的技术来移动关节或者用来自韧带内部的稳定力来防止失衡，那么真实的力可能偏大，但是至少确定了所需要的最小力。或者可以通过测量肌肉的活动方式来更好地确定肌肉在执行这个任务时的作用。

使用肌电图（EMG）就可以研究肌肉活动。通常把传感器贴在皮肤上来记录肌肉的电活动。传感器的输入信号由仪器放大，输出信号会进行数字存储，在示波器或在其他设备上显示。在工效学评价中，EMG 经常用来确定哪些肌肉在受力，哪些肌肉存在损伤风险，以及确定运动表现中某个肌群最活跃的动作阶段。第八章将介绍记录和解释 EMG 信号的技术。

为什么不凭借运动学或动力学分析得到的信息来预测哪块肌肉最活跃？因为这些用来描述运动特征的技术不能精确预测肌肉的基础活动。将公文包放到桌上这项任务的一部分可以通过重力将公文包放低而不是激活特定的肌肉来完成。此外，一些任务中不会直接使用的肌肉也可能被激活。人们上楼梯，特别是提着重物上楼梯时，为了防止摔倒，对姿势稳定要求较高，会激活其他肌群来保持姿势稳定。

其他分析工具不能让科学家们根据测量技术直接得到问题的答案。尽管运动学、动力学和肌电图分析在研究真实运动中必不可少，但是仍然存在一些问题，如上楼梯时是否有更高效或更有效的方式。毕竟，如果目标是简单地完成一个肌肉运动，那就可以有很多种不同的方式,包括一条或者两条腿一步一步跳上楼梯或者用双手或者膝盖爬上楼梯。但是一个人上楼梯的最佳方式是怎样的?正向动力学模型通过给定内部应力和力矩模拟一个运动来解决这些问题。一旦模型是为某个人定制的,采用最优控制技术就能发现完成这个任务所需的最佳力和力矩。如果"最佳"定义为最大限度减少肌肉力量的运动方式,那么最优模型就能找出让受试者爬楼梯时使用肌肉力量最小的动力学和运动学模式。如果"最佳"定义为使对象跌倒可能性最小的运动方式,那么就会找到另外一种不同的模式。当最优模型的模拟结果与测试对象爬楼梯的真实运动进行对比时,就可能发现提高她运动表现的方法。肌肉模型模拟真实肌肉发力的能力,可以用来为正向动力学模型中的内力提供价值。在生物力学研究中使用模型是有必要的,因为测量单块肌肉力的技术具有高损伤性,而且在很多研究条件下不可用。第九章将介绍肌肉建模,便于大家了解它们的功能;第十章将讨论数字模拟和正向动力学。

许多不同类型的数据需要进行下面所提到的分析。例如,研究人员必须使用高速计算机数字化视频数据,量化放置在关节中心的反光标志点的运动,从而得到运动中身体环节的位置。要计算速度和加速度,研究者们使用一种特殊的平滑技术算法对位移进行时间求导。研究人员必须知道哪一种技术适合使用,并且评估这项技术是否成功。本书详细地讨论了这个主题。特别是第十二章,将介绍多种可信度高、无噪声结果的数据平滑和数据处理技术。第十一章将更深入地通过真实肌肉建模和人体解剖学要素分析走路,而不是用第五章和第七章中所讲的像计算每个关节的静力和力矩这样的简单动力学方法。

第十三章和第十四章将提供更强大的工具来处理现代运动捕捉和运动分析软件中大量的数据。第十三章概述了用于研究协调走和跑这种复杂运动的基本系统的动力系统分析原理。第十四章进一步介绍了可以从典型的运动分析软件所得出的过多冗余和从无关变量中提取重要指标的主成分分析和函数型数据分析。例如,研究走路,如果其研究结果中包括每个标记点的三维轨迹,各个环节和关节的三维直线和角运动,关节力、力矩、功率和各环节三维角动量和线性动量等动力学数据,环节能量和每个环节的工作量的变化,那么该分析会产生 1 000 个以上的时间序列。

数值精度与有效数字

后续章节有许多涉及数学解法的例题。随着计算器的使用,我们需要处理一个有效数字的问题,在计算器上执行计算后,通常会有比你想要得到的更多位的数字。为了使数值更合理,需要遵循某些规则,一个用在工程上的规则(Beer et al. 2010)认为要保留 0.2% 的精确度。历史上是基于 10 英尺(1 英尺=0.304 8 米)计算尺的精度来衡量的,因此需要保留 3 位小数,除非第一个有效数字是 1,这种情况下可以保留 4 位有效数字。

例如,数字 456 的精度是 456 ± 0.5,或者用百分比表示是

$$\frac{\pm 0.5}{456} \times 100\% = 0.109\,6\%$$

相比之下,数字 105,代表了在 104.5 到 105.5 之间的数字,其百分比精确度是

$$\frac{\pm 0.5}{105}\times 100\%=0.476\%$$

但是如果我们增加至 4 位小数，精度就提高到 $\pm 0.047\,6\%$，远远超过了 0.2% 精度阈值。以下是一些按照这个方式保留数字的例子：

$$1/6=0.166\,7$$
$$4/5=0.200$$
$$1/8=0.125\,0$$
$$56\,300$$
$$145.5$$
$$237$$
$$945$$
$$1.000$$
$$5\,580$$

注意：不管十进制数字的大小，从小数点开始每第三个位置要增加一个空格，这是国际单位制所接受的；但是，如第三个例子所示，允许在千位数和百位数之间省略这个空格。以下是错误的表达形式：

$$76,0.56,6\,751,25.05,10.064,932.0\text{ 和 }22\,456.56$$

正确的表达应该是：

$$76.0,0.560,6\,750,25.1,10.06,932\text{ 和 }22\,500$$

在分数的小数点前增加一个零是一个很好的尝试，如上例中第二个数字所示。在复杂的问题中经常需要把一个问题分解成多个步骤，因此，在得到最终答案之前要将中间结果记录下来。在这种情况下，为了在最终结果中保留 0.2% 的精确度，建议在所有的中间结果中增加一个象征性的数字，然后在最终结果中对中间数字取整得到有效数字（如 3 位或 4 位）。

当然一个答案的物理精度（相对于数值精度）取决于问题中数据的精确度。如果一个测量方法的精确度只达到两位小数，那么源于这种测量方法的任意量的精度也只能达到两位小数。但是在本书中，我们假设所有测量方法的精确度都能达到 3 位或者 4 位小数，因此所有的答案都必须要遵循上述的规则。

小结

生物力学分析技术让我们可以去解决很多人类和动物在自然环境中相互作用的问题。研究有肢体动物的协调动作有助于工程师开发残疾人士辅助装置、机器人和交通工具，如探月仪器；了解可能会引起关节损伤风险的角运动类型，有助于研究人员开发出可以限制关节运动潜在危险同时又对运动限制最小的膝关节护具；分析函数性运动中的肌肉活动对设计人工肢体有帮助；肌肉骨骼模型和动作模拟可测试肢体异常活动以确定其可行性、生理需求和安全性。读者通过阅读后续的章节将会熟悉这些工具，获得足够技术并应用到真实世界中。本书使用了一些生物力学术语的缩略词,下文出现时会予以介绍。为了便于参考,以下是一些使用频率高的缩略词表。

缩略词表

2D　二维

3D　三维

A/D　模数转换

CC　收缩成分

COP　压力中心

CNS　中枢神经系统

CRP　连续相关相位

CSA　横断面积

DOF　自由度

DRP　不连续相关相位

EMG　肌电图,肌电图学

FBD　自由体图

FDA　函数性数据分析

FV　力-速度关系

FM　自由力矩

FPC　函数性主成分

FL　力-长度关系

FV　力-伸长关系

GCS　全球坐标系

GRF　地面反作用力

IH　调和指数

IRED　红外发光二极管

LCS　局部坐标系

LED　发光二极管

MUAP　运动单位动作电位

PCA　主成分分析

PCSA　生理横断面积

PEC　并联弹性成分

PRS　测力台或测力板参考系统

RMS　均方根

SEC　系列弹性成分

第一篇 运动学

运动学是研究人体运动动作而不考虑运动动作原因的研究。在过去的一段时间中,研究人类运动是一项耗时、费力且代价高昂的项目,原因在于捕捉人体运动动作时所使用的摄影技术需要手工从胶片中提取人的身体部分的运动轨迹。随着科学技术的进步与发展,研究人员已经通过多种自动化手段以数码的形式对人体运动动作的过程进行捕捉,得到其运动学数据,再通过计算与整合,提取出平面(二维)或空间(三维)的人体肢体运动轨迹与数据。这种技术在电影产业中已经司空见惯,但生物医学家需要使用额外的软件来获得各种轨迹的时间参数,并与轨迹结合起来以重建身体部分和关节的运动,这样就可以很容易地识别出运动模式的差异。如果想通过逆向动力学(第二篇)方法来分析人体运动表现差异的原因,则运动学分析是基础。在本篇中,第一章介绍了如何通过电子、摄影和视频来记录二维运动学,以及如何从摄像中提取数字数据。第二章概述了三维运动学中所涉及的数学方法和处理运动学的基本方法。值得注意的是,第十二章介绍了数据平滑处理技术对运动学数据处理的重要影响(特别是加速度数据的处理)。在运动学这一篇中,所涉及的关于电子(附录 C)和数学原理(附录 D 和 E)的信息在本书末尾的术语表中有对其概念的详细介绍。

第一章　平面运动学

D. Gordon E. Robertson and Graham E. Caldwell

运动学是在不考虑运动原因的前提下研究人体运动的状态,其范围涉及对人体线位置与角位置的描述与量化,以及人体随时间变化而发生的空间位置改变。在这一章以及下一章,我们将讨论:

> 检验如何对人体位置进行描述;
> 描述如何测定自变量(也称为自由度)的数量,描述这些数量是一个点或人体在空间位置所必需的;
> 解释如何测量和计算线位置的变化(位移),及其对时间的导数速度和加速度;
> 定义如何测量和计算角位置的变化(角位移),及其对时间的导数角速度和角加速度;
> 描述如何呈现运动学分析的结果;
> 解释如何使用运动捕捉系统或传感器直接测量人体的位置、速度及加速度。

本章主要举例演示运动学测量如何应用于运动生物力学研究,尤其是处理平面(二维,2D)运动学变量分析的方法。第二章将介绍关于整理和分析空间(三维,3D)运动学的补充概念。

运动学是解决这一类问题的优选分析工具,如谁更快? 关节运动的幅度是多少? 两个动作模型存在哪些区别? 运动学数据的一项重要应用是在逆动力学分析中将运动学数据作为输入值,从而估算力与力矩作用在刚体环链系统中髋关节的大小(见第五、六、七章)。因此,运动学分析可能是到此为止,或者可以是确保后续动力学分析的中间步骤。无论运动学变量是研究的主要目标,还是一系列分析中的第一步,均需要精准地量化。

位置的描述

为了定量描述一个点或人体的位置,必须首先确定所使用的工具。笛卡尔坐标系是主要的工具,在这个坐标系里,可以建立一个或多个参考系。一个可取但无须重复定义的参考系为惯性参考系或牛顿参考系,也称为绝对参考系、全球坐标系(GCS)。这种参考系构建在方向确定的固定轴上,其 X 轴与地面平行。坐标系由一个原点和两条或三条坐标轴定义:

> 原点在二维坐标是$(0, 0)$,在三维坐标是$(0, 0, 0)$;
> 两条或三条经过原点且相互垂直的坐标轴。

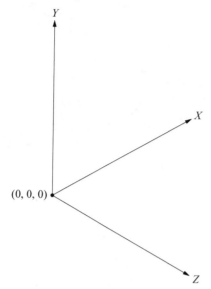

图 1.1　ISB 惯用的右手位 GCS，
物体沿着 X 轴方向运动

在本章中，我们遵循由国际运动生物力学学会（ISB）所采用的 GCS 轴，如图 1.1 所示。在这一定义中，X 轴与物体运动的水平方向平行，Y 轴与 X 轴垂直且垂直向上，Z 轴与 X-Y 轴所形成的平面垂直。需要注意的是，一个轴系统可以是左手位，也可以是右手位，GCS 采用右手位系统，即相对于由 X 轴和 Y 轴所形成的平面，Z 轴指向右侧（见图 1.1）。右手位系统是最常见的系统。

在其他文章里，读者会发现未遵循 ISB 惯例的坐标系。原则上，只要研究者定义的坐标轴容易理解即可。在某些数学和工程学的教科书里，绝大多数测力台制造商及许多 3D 生物力学应用器械（如在第二章和第七章中的坐标系）常使用的 GCS 与 ISB 规定的坐标系并不同。例如，在 3D 生物力学领域里，Y 轴常常与运动的水平方向相一致，X 轴在水平面上与 Y 轴垂直，Z 轴与 X-Y 轴形成的平面成直角且

垂直向上。为了使读者熟悉这些不同点，在本节中我们使用不同的惯用方法。在每一个章节中，我们都会清楚阐述所采用的惯用方法。如上文所述，在本章节中我们采用了 ISB 惯用系统，使用 X-Y 平面来讨论矢状面运动。此方法是生物力学文献中对二维系统进行描述时最常用的。

原点的确定是在 GCS 中对位置进行定量化的基础。在 GCS 中的任何一点都可以用它与原点的位置关系来进行描述，如图 1.2 所示，在二维（X，Y）或三维（X，Y，Z）坐标系所对应的位置进行描述。尽管原点的精确位置可以随意确定，但是在运动生物力学中，它通常被定义在地平面上一个便于动作研究的恰当位置。例如，在使用测力台时，测力台的中心或一角则为原点适当的位置。

建立参考系后，就可以用它来描述所要研究的任何一点的位置，例如描述贴在受试者身体可触及骨性标志上或靠近关节中心的位置。然而，为了描述一个物体或刚体的位置，而不是描述一个特殊的点位置，我们需要描述附加信息。首先，必须描述在一个物体上或内部的一个指定点

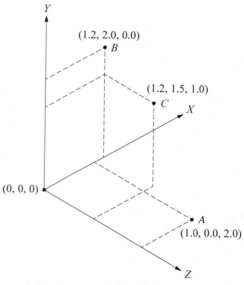

图 1.2　在图 1.1 中描绘的 GCS 中，点的位置和笛卡尔坐标系的例子。点的位置由它的 X，Y，Z 三个坐标来确定。在 GCS 系中，点 A 在 X-Z 所形成的平行于地面的平面上，其坐标在 X 轴上是 1，在 Z 轴上是 2。点 B 是在 GCS 中由 X-Y 轴所形成的平面上，其坐标在 X 轴上是 1.2，在 Y 轴上是 2。点 C 的坐标在 X 轴上是 1.2，Y 轴上是 1.5，Z 轴上是 1

的位置,例如它的质心坐标(见第三章)或者质心近端和远端的坐标。另外,由于物体的体积和形状是有限度的,我们必须描述它的位置相对于我们所建立的参照轴的方向。为了做到这一点,需要建立第二个参考系,这个坐标系同样具有原点和坐标轴,并可以随着身体的移动而移动(见图1.3)。总而言之,这就是所谓的相对坐标系或局部坐标系(LCS)。当应用于人体某一环节时,这个系统也称为解剖坐标系、基本坐标系或环节坐标系。LCS原点通常置于环节质量中心或近侧关节中心,当受试者处于解剖学位置时,坐标轴大体上与GCS系统一致。

相对于GCS来说,LCS的相对位置定义了刚体或环节的方向。为了描述LCS在3D坐标系中的方向,至少需要三个旋转角。几组不同的角度可以确定LCS的方向,但是不同的每组角度中,会包含三个独立的角度。例如,在航空工业系统中,使用的术语有偏航、俯仰和翻转。其中,偏航是飞机在飞行中左右旋转,俯仰是飞机头尾上下运动,翻转是飞机绕机体长轴的旋转。这些转动分别

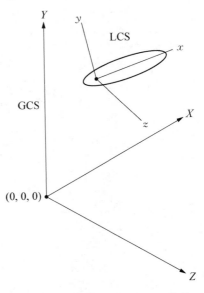

图1.3 附着于一个位于GCS中的物体上的LCS

对应ISB中GCS所定义的Y(垂直方向)、Z(横向方向)和X(前后方向)轴上的旋转。在第二章中将对LCS和3D旋转角做更加详细的描述。

自由度

从前面的讨论得知,空间中一个指定点的位置可以通过包含三部分信息的坐标位置(X, Y, Z)来描述。然而,一个刚体的完整描述则需要六部分信息:质心位置(X, Y, Z)及描述方向的三个旋转角度。专用于定义一个点或物体位置的独立参数(信息部分)的数量称为物体的自由度(DOF)。因此,一个点有三个DOF,而一个刚体则有六个DOF[见图1.4(a)]。

尽管对一个运动的完整描述包含空间(3D)运动,但在很多情况下,人体运动可以在一个平面上进行主要描述。例如在GCS中,走和跑的相对主要环节运动可以由X轴和Y轴所组成的矢状面进行定义,在额状面和水平面的运动是很小的。因此,可以从矢状面分析中确定走和跑的基本运动细节,从而简化了描述动作的测量、分析和解释,也有利于更好地理解实际中主要发生在一个平面上的运动。最直接的一个优点是,在DOF中描述一个点的位置,由三个参数(X, Y, Z)减少到两个参数(X, Y)。对于一个在二维坐标系中的刚体来说,DOF由六个减少到三个,通过两个坐标轴(X, Y)和一个角度(θ)即可在一个平面上定位一个物体。这章的剩余部分主要集中在二维(2D)生物力学上。然而,很多二维生物力学中的概念也适用于三维(3D)生物力学,如在第二章中所描述的。

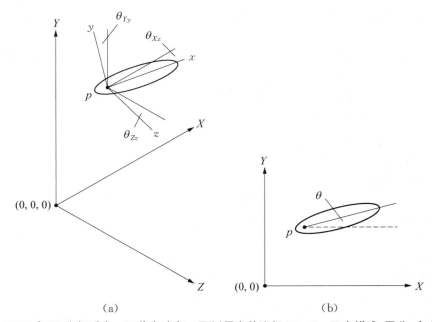

图 1.4　(a)DOF 在 3D 坐标系中。环节末端点 p 可以用它的坐标(X, Y, Z)来描述,因此,它有三个 DOF。为了描述一个环节本身的位置,还必须指明三个角度 θ_{Xx},θ_{Yy} 及 θ_{Zz},描述 LCS 中的 x, y, z 轴相对于 GCS 中的 X, Y, Z 轴方向的三个角度必须是精确确定的。因此,在 3D 坐标系中,一个刚体有六个 DOF$(X, Y, Z, \theta_{Xx}, \theta_{Yy}, \theta_{Zz})$。(b)在二维坐标系中的 DOF,环节末端点 p 可以用它的坐标(X, Y)来描述,因此,它有两个 DOF。为了描述关节位置,用来描述相对于 GCS 的 X 轴和 Y 轴方向的角 θ 必须是精确确定的。这样,在 2D 坐标系中,一个刚体有三个 DOF(X, Y, θ)

运动学数据采集

图 1.5　在影像系统中使用的采集运动学数据的标记点。图中所示的是在摄像系统中使用的典型被动反射球体标记点。图左侧是主动 IRED 标记点,通过向基底传感接收器发出红外线光脉冲,以确定它们的位置。为了对它的大小进行对比,图中所示的是加拿大 25 分硬币

采集运动学数据的最常用方法是使用一种影像或动作捕捉系统来记录粘贴于运动的受试者上的标记点,随后通过手工或自动化办法获得标记点的坐标。对这些坐标参数进一步加工,获得运动学参数变量,以描述关节或环节的运动。最常用的影像系统是使用摄像、数码摄像或电荷耦合器设备(CCD)摄像机(如 APAS,Elite,Vicon Motus,Qualisys 和 SIMI)。这些设备利用环境光线或粘贴在身体上的标记点反射的光来记录运动(见图 1.5)。在实验室环境中,摄像机有自己的光源,与皮肤、衣服和背景相比,标记点上的反射带可放大反射光。其他的一些影像系统使用红外线光或红外线摄像机确

定标记点的位置。某些系统使用反射红外线光（如 Vicon Nexus 和 Motion Analysis Cortex），而其他的系统（如 NDI's Optotrak）使用旋光红外发光二极管（IREDs）。主动标记系统通过可以持续发出独有 IREDs 脉冲的控制元件来确定标记点的正确位置。

在研究平面运动时，使用一架摄像机并将其放置在主光轴与运动平面相垂直的位置即可。然而，很多实验室使用多架摄像机从物体的两侧来记录 3D 坐标（见图 1.6）。要确定物体 3D 的位置只需要两架摄像机。然而，为了防止在整个运动中可能出现的标记点被物体的某部分遮挡，或由于旋转而没有被摄像机拍摄到等情况的出现，需要使用多重摄像系统进行拍摄；在多重机位摄像系统中，对每一个标记点都会有至少两架摄像机进行拍摄。因此，多重机位摄像系统在研究二维运动中也是有优势的。除

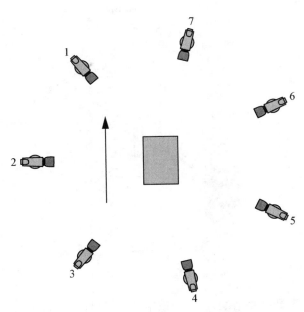

图 1.6 实验室中研究人体运动的典型多机系统（7台）。此图片向下俯视实验室地板。地板上装有测力台（灰色矩形）。箭头方向是物体移动的方向

此之外，在多重机位摄像系统中，每架摄像机的精确位置和方向并不关键，读者将在后续讨论中见到相关内容。

现代影像系统的优势之一在于，大多数现代影像系统可以自动将数据进行数字化处理，完成快速，计算并在整个运动过程中通过多重标记点获得坐标位置数据。在这种系统出现之前，人们用 16 mm 电影胶片来记录运动过程。电影胶片比摄像有更多的优点，它有更高的分辨率、广角镜头和较大的快门速度。然而，进行电影胶片分析时，手工对坐标进行数字化解析需要花费大量时间，几秒钟的影片需要花费几个小时进行数字化解析。基于这一限制，加上影像加工的延时，使电影胶片分析的周期时间过长。加之，由于无法在拍摄过程中或拍摄后马上看到影片，很难避免在摄影中出现了一些错误（聚焦、光线、快门速度）或摄像机排成直线，而只能在拍摄对象离开实验后很久才能发现。相比之下，摄像系统可以实时看到拍摄对象并即刻回放摄像，使用者能够及时检查记录影像的正确性。

摄像测量法的原理

根据美国摄像测量和远距离传感团队（1980）的观点，摄像测量法是"通过记录、测量和解释影像的过程，获得关于自然物体和环境可靠信息的艺术、科学和技术"。生物力学家们通常关心的是在图片上或摄像带设备上获得清晰影像必不可少的要素。如今很少有生物力学家使用图片或影像测量学来采集数据，因为这种方法的成本高、加工时间长、手工数字化解析耗时长。摄像是一种更加常用的办法，但是在使用这些媒介建立一个可用的摄影图像时，同样也会存在很多的准则。本部分内容主要讨论对于生物力学研究者最重要的因素。

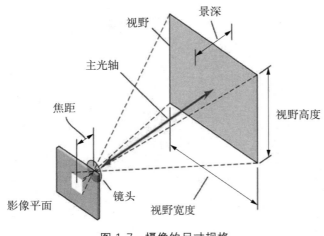

图 1.7　摄像的尺寸规格

在下一章节影像校准系统里,我们讨论透视误差问题。关于摄影术、电影术、电视摄像制作更多的详细信息,如附加照相曝光系统(APEX)必须从特定的来源获得。

"视野"是指借助记录媒介(如电影、摄像)通过相机光学记录下来的可视矩形区域(见图 1.7)。必须注意的是确保动作完全在摄像机的"视野"里。同时需要记录所关注动作之前或之后的运动,以避免在所记录的数据坐标附近,出现因对数据的平滑处理而产生的误差(见第十二章,以及本章后面的关于信号、噪声和数据平滑的内容)。遗憾的是,这样操作可能会缩小目标影像,而我们需要尽可能地增大目标影像,以提高信噪比。一个不是很明显的问题是,我们用来对动作进行量化处理的数字化系统可能会在物体接近视野边缘时,通过有效隐藏标记点而轻微放大的方法,造成所记录视野的减小。此外,由于光线不好或使用广角镜头可能会导致在影像边缘的动作被扭曲。为了有效地避免这一问题,应当确保每个标记点的轨迹不经过系统中的每一个相机视野的边缘。

在记录标记点运动中,曝光时间是最需要关注的问题之一。曝光时间与相机系统中的摄像速度和快门速度有关。曝光时间是记录动作的底片暴露在通过相机镜头进来的光线下的持续时间。摄像速度,又叫帧频,是指在摄像机底片上记录影像的速度。典型的摄像机在NTSC 格式(北美)下每秒记录 30 帧(fps),在 SECAM 或 PAL 格式(欧洲)下每秒记录 25帧,这取决于电子系统的线频率(北美 60 Hz、欧洲 50 Hz)。用来记录运动影像的标准电影摄像机每秒可以记录 24 帧,但是,生物力学家们使用的摄像机需要 100~500 帧/秒。专门设计的摄像机记录的速率一般是 60 帧/秒、120 帧/秒及 240 帧/秒,造价昂贵的数字系统可以达到 2 000 帧/秒。使用两倍线频率或每帧记录两个及以上影像的办法,可以达到 2 000帧/秒的速度。

一些视频数字化系统采用了隔行扫描影像的技术,即模拟视频或电视视频将图像记录为双帧,其中只有一半线条按每 1/60 s(北美)或 1/50 s(欧洲)扫描一次,把偶数和奇数的屏幕线分成两个区域会降低影像质量,但是却可以使照相速度增加一倍,手动拍摄速度达到 60 帧/秒或 50 帧/秒。这同样意味着标记点出现以 30 Hz 或 25 Hz 的速度向上和向下移动。通过使用低通滤波过滤数据或对静止标记点的数字化处理来解决这个问题。这种翻倍速率技术被推荐用来记录快速动作,但当分析慢速动作时,应使用全摄像帧来获取更高的图片质量。

显然,相机记录影像的速度越快,曝光的时间就越短。如果相机设置为 30 帧/秒,那么曝光的时间就要少于 1/30 s。绝大多数相机使用一个可以将曝光时间调小至 1/2 000 s 的快门。当照射标记点的光线较差时,这些短暂的曝光时间可能会降低标记点的可见性,进而阻碍从自动数字化仪定点标记坐标。相比之下,较慢的快门速度(如 1/60 s)会使一个快速移动的标记点在屏幕上看上去像一条线,而不是一个点。总而言之,当设置快门速度为 1/500 s 或 1/1 000 s

时,可避免上述情况的发生,使标记点坐标的数字化处理更加可信。这种曝光时间要求有充足的光线。使用相机上的补光灯及反光标记点有助于确保光线充足,例如使用更大的标记点、更亮的光源及移动相机,或者让光源离标记点更近一些。在记录一种新的运动时,可使用不同的快门速度、不同尺寸的标记点、不同亮度的光源进行预实验,从而确定最佳设置。

最后需要考虑的主要摄影问题涉及焦距和拍摄深度,即处在焦点的目标物体的前后距离。摄影机应安放在镜头和所要拍摄的目标同等距离的地方,此距离称为主距。这个数字被标记在相机镜头上,也可手动设置或自动调焦。自动调焦一般不适用于生物力学,主要因为当拍摄开始的时候,如果目标物体没有在视野里,相机会聚焦在背景或其他物体上;然后当目标出现在相机视野里的时候,镜头会重新聚焦,在这个过程中,图像会有短时间的模糊不清,直到相机聚焦在移动的物体上图像才会变得清晰。因此,当你使用自动聚焦的时候,最好让目标物体处在视野中间保持静止状态,随后关闭自动聚焦系统。另外一种是测量从相机到运动平面的距离,然后在镜头上手动设置这个距离。

尽管相机的光圈设置对于摄像机来说不是一个影响因素,但其对相片质量和景深仍有较重要的影响。现代摄像机有类似生物体眼睛的可放大或缩小的自动虹膜光圈,使得更多或更少的光线通过镜头进入相机,从而产生正确的曝光影像。当曝光时间较长时,如通过镜头进入相机过多,则影像会过度曝光,导致数字化处理非常困难,甚至不能进行数字化处理。例如,对于两个相互距离很近的标记点来说,过度曝光会使它们看上去像一个点。相反,如果光线不好或曝光时间不够长,只有少量的光线进入相机,标记点会因曝光不足在数字化系统里难以辨别。拍摄者通过改变镜头的光圈,可以让更多或更少的光线到达底片。镜头的光圈就是镜头虹膜开放程度的大小。虹膜就是一个典型的"百叶窗",通过它的开合来改变透过镜头的光线量。一个镜头的焦距比数或光圈级数是焦距除以镜头光圈的比率,焦距则是镜头前面与所记录媒介物之间的距离。当虹膜关闭的时候,只有少量的光线透过镜头。即使完全打开虹膜,在经过光学玻璃、滤光器、镜头涂层及管线在镜头筒里的折射和反射后,少量的光线会在镜头前、后之间流失。

每一个镜头都会标明它的最大光圈,例如,一个标准镜头的光圈级数为 2 级,这意味着即使它的虹膜全部打开,仍然有 1/4 的光线流失。标准的光圈级数为基于 2 的根指数,并为了简化取其整数。表 1.1 中为标准光圈级数和每个光圈允许透过镜头的光线限制数量。每将光圈级数调高一级,允许透过镜头到达底片的光线数量减半。因此,将光圈级数从 $f/2$ 调至 $f/2.8$(相差 1 级),光线就减少了一半。相反,每次调低光圈级数,例如从 $f/11$ 调到 $f/8$,到达底片的光线就会增加一倍。由于它们复杂的结构,透过变焦镜头到达底片的光线数量在 1/4(2 级)和 1/32(5 级)之间。

表 1.1 标准摄像光圈、曝光时间和拍摄速度

曝光系数	0	1	2	3	4	5	6	7	8	9	10
光圈(光圈级数)	1	1.4	2	2.8	4	5.6	8	11	16	22	32
曝光时间/s	1	1/2	1/4	1/8	1/15	1/30	1/60	1/125	1/250	1/500	1/1 000
拍摄速度	3	6	12	25	50	100	200	400	800	1 600	3 200

说明:曝光系数代表附加摄影曝光系统。曝光系数栏数字每增加1,表示光线减少一半。拍摄速度每增快一次,光线量比上一次拍摄速度的恰当曝光的光线减少一半。

改变光圈大小会对景深产生影响。当虹膜缩小(将光圈级数调高),聚焦到图像上的镜头曲率减少,产生的图像聚焦更好,且加宽了景深。一些镜头标明了景深与光圈的关系,这可以让使用者确定焦距各边的什么区域应该聚焦到影像上。然而,由于镜头的焦距会影响景深,在变焦镜头上往往做不到这一点。例如,长焦距镜头,即远摄镜头会放大图像和减少景深。相反,广角镜头会减小图像,扩大视野的同时也增加了景深。然而,对于生物力学的研究来说,应避免使用广角镜头,因为它们使影像变形,必须用复杂的变形来纠正产生的不真实动作。

成像系统的标定

对任何一种采集运动学数据的系统而言,必须使用适当的标准化手段来确保正确度量图像的坐标。对成像系统有两种基本方法。在单个相机的 2D 系统条件下,最简单的标定方法只需在物体运动平面上使用一个标尺或测量杆。此时相机必须与动作的平面相垂直,否则,会出现如图 1.8(b)所示的线性变形。通过对标定尺长度进行数字化,可以确定在两个方向(X,Y)上进行缩放时的缩放因子(s),公式如下:

$$s = \frac{真实长度(m)}{数字化长度(m)} \tag{1.1}$$

$$x = su \tag{1.2}$$

$$y = sv \tag{1.3}$$

此处 u 和 v 是标记点的数字坐标,x 和 y 是尺寸坐标[见图 1.8(a)]。

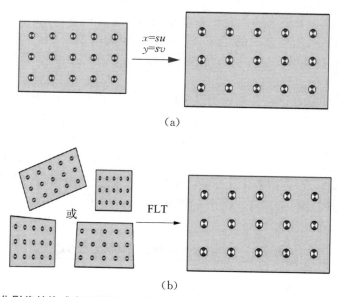

图 1.8　数字化影像转换成实际测量大小的标定因子方法(a)与分级线性转换方法(b)的比较

对于多相机系统,首选的标定方法是建立一系列的控制点。控制点即贴附在结构上或固定在拍摄定点/实验室中可以确定坐标的标记点。例如,图 1.9(a)所示的有 15 个点坐标的方格平板,主要用来标定通过一个实验室步道的平面运动。在 2D 平面分析中,至少需要四个非线性点。在 3D 坐标系结构中,至少需要六个非同平面位置来进行三维空间分析。如图 1.9(b)和(c)所示,以多个具有控制点的 3D 结构进行三维空间的标定。同样也可以使用其他类型的控制点结构,如 Woltring 法(1980),在一个平面上使用几个标记点。一些商业系统在标定时,通过在运动平面的空间范围挥动标定杆,并对其进行拍摄[见图 1.9(d)],从而完成标定工作(Dapena 等,1982)。

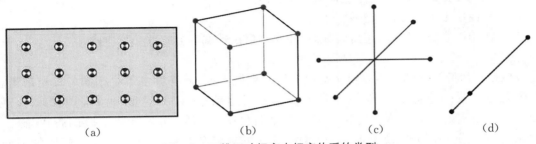

(a)　　　　　　　(b)　　　　　(c)　　　　　(d)

图 1.9 三维运动标定中标定体系的类型

在完成控制点的拍摄后,计算机根据方程式把数字化的坐标转化成实际的米制单位。在单相机拍摄的 2D 平面中,由于摄影机光轴没有与运动平面垂直所造成的失真是可以纠正的。要完成将数据从数字化坐标转换为米制单位,二维平面中常用分式线性变换(fractional linear transformation,FLT),或三维空间中所用到的直接线性转换(direct linear transformation,DLT)(Abdel-Aziz 和 Karara,1971;Walton,1981;Woltring,1980)。由于数据经过了复杂的转换,数字化坐标的结果是计算的而非测量的。

当照相机相对于运动平面的位置倾斜时,所拍摄的距离就会失真,如图 1.8(b)所示。FLT 和 DLF 可以纠正这类错误。然而,由于在 2D 平面分析中,目标物体的运动与相机之间的距离较远可能会产生透视误差,导致目标物体显像变短。为了使这种误差最小化,应使用单个长焦镜头,把镜头拉近对准物体(放大观察对象)使运动尽可能地充满相机的视野。这种技术通过把物体变平从而减少透视误差。但使用这种方法,需要足够大的房间和清晰的视线。FLT 方程式如下:

$$x = \frac{c_1 u + c_2 v + c_3}{1 + c_7 u + c_8 v} \tag{1.4}$$

$$y = \frac{c_4 u + c_5 v + c_6}{1 + c_7 u + c_8 v} \tag{1.5}$$

式中,$c_1 \sim c_8$ 是 FLT 的系数;u 和 v 是标记点的数字坐标;x 和 y 是米制单位的标志精确坐标。注意当摄像机的光轴非常接近垂直于校准平面的时候,系数 c_2、c_4 和 c_8 近似于 0,系数 c_1 和 c_5 成为缩放因素,类似于使用一个标尺对物体进行数字化转换。这些数字之所以不相同,主要是因为绝大多数数字转化器对水平和垂直的标定是不同的。系数 c_3 和 c_6 相当于标定系统原点与数字化系统原点之间的不同。

为了检查这些系统的精准度,把控制点的实际坐标位置与控制点实时化(已被转换的)坐标做比较。真实坐标位置与它们的数字化和实时化位置之间的标准误差和均方根的不同体现了系统的精确性。为了计算系统的精确性,最好对第二套已知坐标静止化、图像化、数字化和精确化。

二维标记点的选择

我们已经介绍了笛卡尔坐标系如何在空间定位一个点的位置,以及成像系统如何记录反光标记点的位置。对于生物力学家在研究人体运动时关注的逻辑性问题是:

➤ 应当在受试者的哪些位置粘贴反光标记点?

➤ 要使用多少个标记点?

➤ 在相机视野范围内,还需要其他(并非贴附在受试者上的)标记点吗?

根据所研究运动的性质以及所提出的确切问题不同,其答案也不尽相同。首先是建立一个运动涉及的重要解剖部位的模型。在平面运动中,这一模型可由棍图来表示(见图 1.10)。例如,一个人跑步的模型可能包括身体多个环节,分别代表下肢的脚、小腿、大腿,上肢的上下两部分以及躯干部分。对于坐位的自行车选手,代表自行车曲柄臂的部分,可能需要与代表下肢的脚、小腿和大腿的部分以及躯干部分连在一起。由于自行车曲柄使腿做对称性运动,因此这个简化的自行车模型是合理的。此外,如果要求骑车者将两只手放在车把上保持不动,那么上肢部分的运动是极小的且可以被模型忽略。

(a)   (b)

图 1. 10 (a)一个跑步者简化的素描图(左)和棍状图 (b)一个骑自行车的人的简化素描图(左)和棍状图

构建完成一个恰当的模型,可以指导研究者进行标记点的选择及放置。对一个平面运动进行建模,每个环节至少要对两个点进行量化。通常情况下,标记点被放置在每个环节末端的目测转动中心上,或者放在近侧端和远侧端的解剖标志上(见第三章)。一个环节的平面角方向需要由两个点来定义(见本章后的角运动学)。因此,在我们的自行车例子中,大概需要 10 个标记点。然而,在跑步模型中,为了更好地代表身体的各个部分,将需要更多的标记点(见图 1.11)。此外,如果要记录跑步者的地面反作用力,还需要多一个贴在测力台上的标志贴,以准确地确定力矢量在跑步者脚上的位置(见第四章和第五章)。

准确的标记点数量也取决于相邻环节间关节平面运动的性质。一个简单的销轴关节或铰链关节(如手指和足趾的指节关节)只有一个自由度——围绕销轴关节或铰链关节的自由度。注意,这里所说的自由度与我们在描述一个点或刚体的定量化位置时所说的略有不同。在平面运动分析中,不管它的球窝关节结构是否允许它做三个不同的空间转动,髋关节同样模拟成一个铰链接合。对于铰链接合，相邻环节末端点的标记点可以直接放在代表铰链接合的点上（见图1.12）。其他关节更加复杂，例如，膝关节可以屈、伸，并且在胫骨平台上做某些转动，这意味着膝关节有两个自由度（一个是转动，一个是平动）。在这种情况下，不可能只放一个标记点来始终代表可移动的关节位置，在相邻两个关节必须使用分离末端标记点（见图1.12）。在一些情况下，研究人员会忽略一些小的平移运动，只是简单地把这个关节模拟成一个轴运动关节，对于所研究的问题，他们必须选择适当的细节进行研究。第三章的表3.1和表3.3为在2D研究中常用的普通标记点位置，以及在无实际标定点（如环节转动中心和质量重心）时计算"可见点"的位置测量。

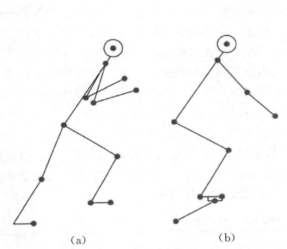

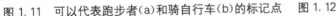

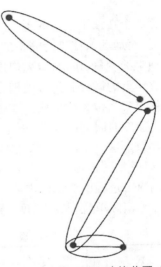

图1.11　可以代表跑步者（a）和骑自行车（b）的标记点　　图1.12　一个关节可以运动的范围，影响放置标记点位置。踝关节和髋关节可以建模成铰链，使用一个标记点定义。由于膝关节兼具转动和平动，故在大腿末端和小腿的近端使用两个标记点定义

无标记点的运动学

很多情况下，在目标物体运动的时候，在其身上放置标记点是不现实、不可能或不合要求的，例如运动员在比赛中，患者在治疗时，他们不能忍受额外的实验准备时间。在这些情况下，研究者必须应用可辨认的解剖标志来确定运动模型，对所需要点的位置运动记录进行手工数字化。目前已经在开发一种自动的无标记点的运动分析系统（Corazza 等，2007；D'Apuzzo，2001；Trewartha 等，2001）。这种系统的应用将临床和研究实验室中获取数据的时间周期变得更短，并能在实验室以外的生态环境中进行数据收集。虽然目前尚未广泛应用，但其将是人体运动分析的重大突破。

无标记点系统应用计算机制图技术将身体某个环节的形状与预定形状进行匹配（Corazza 等，2007；Trewartha 等，2001）。最初，建立一个与目标物体总体尺寸及形态特征相匹配的身体模型。通过摄像机记录下移动物体的运动并转化成数字模式。然后，使用计

算机软件尝试把计算机模型与单帧摄像数据的实际影像进行匹配。如果计算机在每一帧摄像数据中可以找到计算机模型适合的位置，就可以有效地复制目标物体的运动。计算机软件从模型中提取某一个点或环节的位置，有效地对所有点的位置进行数字化处理。Corazza 和 Andriacchi(2009)在姿势描述分析中，使用他们的系统去追踪身体重心。但是对于研究人体运动 3D 科学运动学分析或动力学分析来说，此系统还没有成为标准的研究方法。

线性运动学

任意一个在三维空间或者二维平面中的点或者刚体都可以在笛卡尔坐标系中量化其相应的位置，对运动人体进行完整的运动学描述也是从笛卡尔坐标系开始的。这一部分主要介绍运动学的变量，包括位移、速度和加速度，这些变量用来描述一段时间内点位置的变化方式。数学上的微分和积分处理方法——微积分学的主要概念——可以把这些变量联系起来。位移定义为位置的变化。速度是位移对时间的导数，可定义为位移对于时间的变化率。加速度是速度对时间的导数，可定义为速度对于时间的变化率，因此加速度就是位移对时间的二阶导数。这三个运动学变量可以帮助我们理解一项运动的特征，比较不同个体间的运动差异，以及发现干预是如何影响运动的。跃度(jerk)是加速度对时间的导数，可以用来评估在车辆撞击过程中头部撞击或向前力对表面的影响。表 1.2 列出的是常用的运动学参数及其符号和国际单位，其中角度的运动学变量在之后的部分讨论。

表 1.2 运动学标量和 SI 单位及符号

参数	定义	单位	符号
线性位置，路径长度，线性位移		m(米)，cm(厘米)，km(千米)	x，y，z，s(arc)，d(moment)，r(redius)
线速度	ds/dt	m/s(米/秒)，km/h(千米/小时)	v
线加速度	dv/dt，d^2s/dt^2	m/s²(秒²)，$g=9.81$ m/s²	a
线跃度	da/dt	m/s³(米/秒³)，g/s	j
角位置，平面角或角位移		弧度，度，转动	ω，β，γ，φ
角速度	$d\varphi/dt$	弧度/秒，度/秒，转动/秒	ω
角加速度	$d\omega/dt$，d^2/dt^2		α
立体角		Sr(球面度)	Ω

在某些情况下，加速度可以直接用加速度计测量，然后利用积分的方法得出位移和速度数据。速度是加速度对时间的第一积分，位移是速度对时间的积分。加速度计的相关内容见本章的稍后部分。积分法的细节见第四章的冲量-动量部分。

时间导数的计算(微分)

只要对一项运动中的某一点建立了时间函数，那么对该点的位移求时间导数的方法就有很多。在动作序列过程中按照相同时间增量进行数字化后的坐标数据作为对整个动作序列进行运动学分析的起始点。数据点对应的准确数值及时间增量取决于运动的持续时间和动作捕捉系统的采样频率。例如,一个持续时间为 2 s 的运动,采样频率为 200 Hz,其产生含有 400 个数值的数据流,每个数值之间的时间间隔为 5 ms。在进行微分计算时,X 和 Y 坐标要分别进行计算,也就是说,这个持续时间为 2 s 的动作序列中每一个数字化的点对应一个 X 和一个 Y,共有 400 个 X 和 400 个 Y;再如一个早期的例子,跑步运动者身上贴有 20 个标记点,产生 40 个数据流,每个数据流包含 400 个数值。这些数据通常以行×列的形式列出,列包含每个标记点的 X 和 Y 坐标,行表示运动中随着时间的增加这些数值的增势,如表 1.3 所示。

表 1.3　举例:行走实验中的标记点数据

帧数	时间	右肩		右髋		右膝		右踝		右足	
		X/cm	Y/cm	X/cm	Y/cm	X/cm	Y/cm	X/cm	Y/cm	X/cm	Y/cm
1	0.000	−7.3	154.3	−6.1	92.4	−3.8	50.2	−8.6	13.7	1.3	1.1
2	0.020	−7.2	154.3	−6.3	92.2	−3.0	50.1	−8.6	13.8	1.3	1.1
3	0.040	−7.0	154.2	−6.7	91.8	−2.0	49.9	−8.5	13.8	1.3	1.1
4	0.060	−6.7	153.9	−7.2	91.3	−0.8	49.7	−8.4	13.9	1.3	1.1
5	0.080	−6.4	153.2	−7.8	90.6	0.6	49.4	−8.3	14.0	1.3	1.1
6	0.100	−6.0	152.0	−8.5	89.6	2.1	48.9	−8.1	14.0	1.3	1.1
7	0.120	−5.6	150.3	−9.4	88.4	3.5	48.5	−7.9	14.1	1.3	1.1
8	0.140	−5.2	148.1	−10.3	86.9	4.9	47.9	−7.7	14.1	1.2	1.1
9	0.160	−4.8	145.4	−11.3	85.2	6.2	47.4	−7.5	14.2	1.2	1.1
10	0.180	−4.3	142.4	−12.3	83.3	7.3	46.8	−7.3	14.2	1.2	1.1
11	0.200	−3.9	139.0	−13.3	81.3	8.3	46.3	−7.2	14.2	1.2	1.1
12	0.220	−3.4	135.5	−14.3	79.2	9.1	45.8	−7.1	14.2	1.2	1.1
13	0.240	−2.9	131.8	−15.2	77.1	9.8	45.3	−7.0	14.2	1.2	1.1
14	0.260	−2.5	128.2	−16.0	75.0	10.4	44.8	−6.9	14.2	1.2	1.1
15	0.280	−2.1	124.6	−16.7	72.9	10.9	44.4	−6.8	14.2	1.2	1.1
16	0.300	−1.7	121.1	−17.4	71.0	11.4	44.1	−6.7	14.3	1.2	1.1
17	0.320	−1.3	117.7	−17.9	69.1	11.7	43.8	−6.7	14.3	1.2	1.1
18	0.340	−1.0	114.4	−18.4	67.3	12.0	43.5	−6.6	14.3	1.2	1.1
19	0.360	−0.6	111.3	−18.8	65.6	12.2	43.3	−6.6	14.4	1.2	1.1

计算导数的方法有三种。第一种是分析法,主要涉及高中和大学微分学课程中所学的函数的微分;第二种是图解法,即利用函数图形的瞬时斜率求导;第三种是数值法,即把相对简单的计算公式套用于一组表示任意变化函数的数据。这三种方法在生物力学中均有应用,且各有优缺点。使用分析法的前提是在相等时间增量所采集的位置数据可以用一个适当的函数表示出来,只要这些位置数据是等式的形式,利用分析法的技术就可以得到相应速度和加速度的

等式。分析法的优点在于其计算出的速度和加速度是没有数值误差的。图解法处理起来比较慢且不能套用数值法和分析法的数据形式,但是其图解求微分的能力在检查另外两种方法计算结果的正确性上有很大的价值。应用最普遍的是数值法,主要得益于其采集实验数据的方式。以等时间间隔分开的位置坐标必须以正确的格式应用数值法计算技术。但是,如应用不仔细,数值微分法会导致计算错误。接下来介绍将这些计算错误最小化的方法。

数值的导数公式有多种,这里所介绍的是包含速度和加速度值的有限差分方法和中心差分法。

$$v_i = \frac{s_{i+1} - s_{i-1}}{2(\Delta t)} \tag{1.6}$$

$$a_i = \frac{v_{i+1} - v_{i-1}}{2(\Delta t)} = \frac{s_{i+2} - 2s_i + s_{i-2}}{4(\Delta t)^2} \tag{1.7}$$

或

$$a_i = \frac{s_{i+1} - 2s_i + s_{i-1}}{(\Delta t)^2} \tag{1.8}$$

v_i 和 a_i 是在时刻 i 时刻标记点的速度和加速度,Δt 是采样数据的时间间隔(单位为 s),s 是标记点运动的线性位置(X 或 Y 方向,单位为 m)。需要指出的是,为了得到时刻 i 时的速度和加速度,需要取时间间隔在($i-1$,$i-2$)之前和($i+1$,$i+2$)之后的数据。这样数据流开始($i=1$)和结束($i=n$)时的数据就取不到,即不是所有的点都可取得。获取时间 $i=1$ 和 $i=n$ 时的速度可采用向前差分或向后差分法(Miller 和 Nelson,1973):

$$v_1 = \frac{s_2 - s_1}{\Delta t} \tag{1.9}$$

$$v_i = \frac{s_{i+1} - s_{i-1}}{2(\Delta t)} \tag{1.10}$$

$$a_i = \frac{s_1 - 2s_2 + s_3}{(\Delta t)^2} \tag{1.11}$$

$$a_n = \frac{s_n - 2s_{n-1} + s_{n-2}}{(\Delta t)^2} \tag{1.12}$$

要得到第一个和最后一个时刻的点的导数还有一个更好的办法就是采集额外的数据。如果不行的话,那么就用额外的数据在最后进行插值,求导,然后再把插进的数据删掉。插值的点可以参照每个数据流最后的数据点(Smith,1989),或者根据最后的点用线性或非线性的外推法进行确定。

信号、噪声和数据平滑

在数值计算方面,因数字化处理产生的误差,尤其是在计算速度和加速度时,会使结果被高频噪声污染。图 1.13 所示为脚尖标记点的位置数据经过数字化处理后得到的其加速度-时间图像。图像显示,在标记点静止的时候(0.03~0.07 s)图像中仍然出现不规则的波动,即使是再精细的数字化处理也不能消除这个问题。

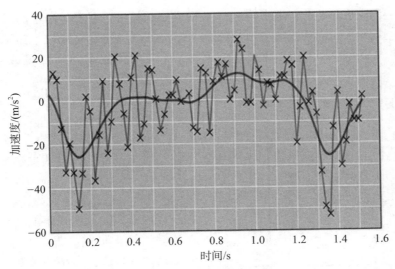

图 1.13　行走过程中滤波的(粗线)和没有滤波的(灰线,标记有×)脚
尖标记点在垂直方向上的加速度曲线。注意没有滤波的数据
不规则地环绕在滤波数据周围

　　因为数字化处理过程中一些小的误差代表很大的加速度,所以导致这些噪声尖峰的出现。用正弦波的二阶导数可以分析解释这一现象。在数学上正弦波的二阶导数会产生另一个平移了 180°的正弦波图像。但是,如果噪声出现在一个原始的正弦波中,那么其二阶导数就会完全不同。图 1.14 所示的是无噪声正弦波的二阶导数图像和信噪比为 10 000∶1 的正

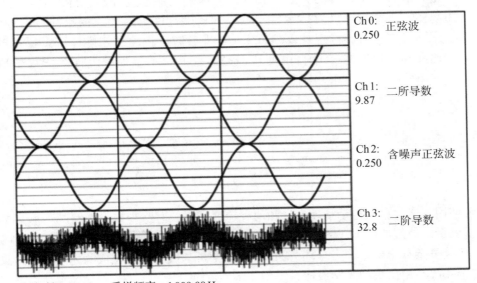

采样时间:3.00 s,采样频率:1 000.00 Hz

图 1.14　正弦波及其二阶导数和同一条含有噪声的正弦波及其二阶导数的图像。第
一个图像是采样频率为 1 000 Hz、时间为 3 s 的原始正弦波。第二个图像是
正弦波的二阶导数图像。第三个图像是此正弦波加噪声(随机范围为
±0.000 1)后的图像。第四个图像是含有噪声的正弦波的二阶导数图像

弦波的二阶导数图像。很明显，噪声决定了二阶导数的信号。对于运动学的时间导数，要得到有效的加速度图像，位置数据中的噪声必须被消除。有很多平滑的方法可以消除数字化处理中产生的高频噪声，包括低通滤波、分段五次样条函数和傅里叶级数重建（见第十二章）。

加速度计

加速度计是一种普遍使用的直接测量运动学变量加速度的仪器。有三种不同类型的加速度计：应变式加速度计、压阻式加速度计和压电式加速度计。压电式加速度计是利用压电效应来测量加速度的。压电效应是指当某些晶体（如石英）受到机械应力时产生电压的效应。压电式加速度计比应变式加速度计有更高频的反馈，但是它不能对静止状态产生反馈，所以压电式加速度计不能测量慢速运动或运动的静止阶段。图 1.15 是应变式加速度计的原理图。微小的应变片贴在悬臂梁上以测量悬臂梁的弯曲度。如果悬臂梁有加速度，则其自由末端的惯性质量块会以一定比例向加速度的方向弯曲。当然，这样的一个精细元件是很容易损坏的。加速度计可以作为一个单轴的部件测量一个方向的加速度，也可以作为一个三轴的组件测量三维正交方向的加速度。加速度计

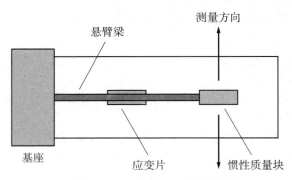

图 1.15　应变式加速度计的图解

的标定取决于其所含传感元件的类型。应变式和压阻式加速度计产生静态（DC）反馈，所以要在引力场内对其测量轴进行标定。压电式加速度计缺乏对静态的反馈，所以必须在加工厂内运用动态技术对其标定。Padgaonkar 等人（1975）提出加速度计可以量化单环节三轴的线加速度和角加速度（6 个自由度），但是需要 9 个单轴加速度计才能得到稳定的结果。

参考文献

Mayagoitia, R. E., A. V. Nene, and P. H. Veltink. 2002. Accelerometer and rate gyroscope measurement of kinematics: An inexpensive alternative to optical motion analysis systems. *Journal of Biomechanics* 35: 537 - 42.

作者使用了四种单向振动加速度计和两种速度陀螺仪对跑步机上走路的下肢环节运动学进行了测量。他们使用了 Vicon 系统同时对运动进行量化，尽管加速度计通常是一个实时系统，但是复杂数学推导的多个环节的 2D 运动学可与线下已经完成的光学测量结果进行对比，这个系统与更昂贵的光学成像系统相比毫不逊色。

研究人员发现，尽管他们的系统是在实验室条件下进行的测试，但是一个好的数据采集器几乎是可以在任何环境中采集数据的。当然，电子系统有一些共通的局限性，例如不适用于一次测量多个环节，也不适用于在全身运动中同时测量多个环节。

（测量方向，悬臂梁，基座，应变片，惯性质量块）

线运动的图解表示法

有很多图解表示运动学测量的方法。线运动变量的图解形式包括轨迹图（$X-Y$ 或 $X-Y-Z$）和时间序列图，轨迹图所示的是物体运动的路径，时间序列图则以图形表示变量对时间的函数。图 1.16 为两个环节标记点的轨迹图和时间序列图。在生物力学研究中，时间序列图是最常用的，因为它可以对同一时间发生的不同运动学特征进行对比。同时，时间序列图也可以比较动力学的变量，例如，力和生物物理学信号，如肌肉活动性（使用肌电图 EMG 记录）。通过这种方法，可以将运动与潜在的力或生理活动关联起来。轨迹图可用于描述研究同一运动平面内在两个方向都有运动的动作（如跑步过程中膝关节的运动可以明显地分为垂直和水平两个方向）。轨迹图也可以表示在一个方向完成规定运动时，在另一个方向上是如何运动的。例如，Bobbert 和 Zandwijk(1999)通过画出垂直纵跳者质心的 $X-Y$ 轨迹图论证了在垂直跳过程中质心是如何在前/后方向移动的。

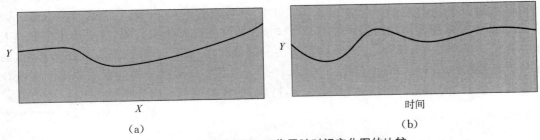

(a)　　　　　　　　　　　　　　(b)

图 1.16　(a)轨迹图和(b)位置随时间变化图的比较

总体均值

在生物力学研究的文献中，作者经常会想要呈现在特定的运动条件下进行多次实验所得到的数据。这就涉及将单个受试者多次试验结果进行整合或整合一组受试者的实验数据以得到运动学图形。在这两种方式中，由数据群得到的图形就称为总体均值。画平均曲线的第一步是将所有实验的运动时间进行标准化，因为每个受试者的运动持续时间可能不一样。例如，受试者在完成第一个实验时用了 0.8 s，完成第二个实验用了 0.9 s。时间的标准化是通过选定截取给定的动作（每个实验中要完成的动作）作为 100%，并通过重新调节采样频率作为持续时间的百分比。对于周期性运动来说，例如走路，一个完整的步态周期（右脚离地到右脚再次离地）就是一个完整的测量时区，或也可单独使用站立相时间。

为了完成时间标准化，必须对给定运动学变量的原始数据进行插值以找出在特定时刻变化的数值。这样在重新调节的运动时间内，数据之间会产生等距的间隔（通常是运动的 1% 或 2%）。例如，持续时间是 0.9 s(900 ms)的运动采样频率为 200 Hz，就会有 180 个数据点，相邻两个数据点之间的时间间隔为 5 ms。如果把 900 ms 重新调节为 100%，我们需要找到 101(0 到 100%)个时间间隔为 9 ms 的数据点，以确定数据值被 1% 的时间间隔分开。要完成这步工作，需要对时间间隔为 5 ms 的数据进行插值以估算距离 9 ms 的数据值。这可以通过很多方式实现，其中最常用的两种方法为线性插值和样条函数（包括 3 次和 5 次样条函数）。

对于线性插值,就是假设采集的数据以等时间间隔分开,任意两个连续时刻间的动作是线性的。例如,标记点在给定的运动方向上,0.310 s 在 1.185 m 的位置,0.315 s 在 1.190 m 的位置,利用线性插值就计算出了如下位置-时间数据:

0.310 s　　1.185 m

0.311 s　　1.186 m

0.312 s　　1.187 m

0.313 s　　1.188 m

0.314 s　　1.189 m

0.315 s　　1.190 m

这种方法适用于在足够高的采样频率下采集数据,而对于快速的运动及采样频率不够高的情况,可以用样条函数的方法。样条函数方法原理和线性插值法一样,只是样条函数不需要假设数据的采样间隔是呈线性的。三次样条函数是将整个数据集合(重新调整时间为100%)套进三级多项方程式,然后可以拟合出任意时间的方程式,而不只是原始数据。因此,这样的方程式称为内插样条函数。五次样条函数和三次样条函数相似,只是运用的是五级多项式方程(Wood,1982)。五次样条函数的优势在于,其二阶导数是三次样条函数,而三次样条函数的二阶导数是直线式。因此,数据如果需要二次微分的话就更适用于五次样条函数。这样,得到的加速度曲线就是一条连续的曲线而不是一列分开的线段。

在完成各实验数据的重新标准化后,即可产生总体平均数。在这个整体中包含了每个实验的数据,将代表第一个时间点的数据求和,以计算平均值和标准差。以此类推到每个时间点,即可得到系集平均数及标准差的 101 个点的序列。对同一研究中不同运动条件下的系集平均数数据进行画图和比较,可以得到动作之间的变化。或者,将系集平均数 ± 1 倍标准差的界限或系集平均数 ± 95% 置信区间(± 1.96 ± SD)一起画图,以表示数据的变化度(见图 1.17)。这种处理方法不仅适用于线运动,也适用于任何形式的信号,包括角运动、动力学和肌肉活动的变化(如角速度、力、力矩和肌电)。

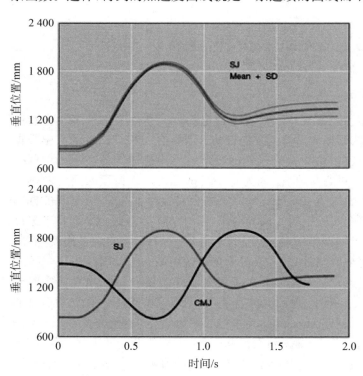

图 1.17　受试者垂直跳过程中肩上的标记点垂直位置的总体均数图。第一幅图是四次蹲跳(SJ)实验中的平均值 ± 标准差。第二幅图是比较四次蹲跳实验的均数和三次反向跳(CMJ)实验的均数

角运动学

角位置的测量可分为两类。第一类涉及单体的角位置或方向。由于其通常用于绝对参考系或牛顿参照系中,故称为环节角度或绝对角度。第二类通常涉及身体的两个相邻环节的角度,由于它们测量的角度位置是一个环节相对于另一环节的相对角度,故称为相对角度、关节角度或基础角度。

环节角度

在前面部分关于标记点的描述中,在 2D 平面中描述人身体的环节角位置时,至少需要量化两个点。这些绝对角度遵循右手定则(见图 1.18),在右手定则中确定逆时针旋转方向为正方向,顺时针旋转方向为负方向。将右手的手指在角度或旋转方向上弯曲,然后将拇指方向与参考轴的方向相比,即表示在特定轴上的角度或旋转。如果拇指指向正轴,则角度或旋转方向为正。在平面分析中,环节角度常定义为环节相对于环节近端发出的右水平线的角度。另一种可能的定义方法则是按照研究者使用的需要进行定义。

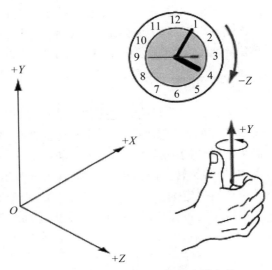

图 1.18　使用右手定则确定旋转方向

角度规定

环节角度的量化主要遵循两种方法。其中,一种方法将测量角范围设定为 0°~360°,类似于罗盘;另一种方法范围为 +180°~−180°(见图 1.19)。两种方法产生的值在 0°~+180° 的范围内相同,在 180°~360° 范围内则不同。在第二种方法中(见图 1.20),角度的范围为

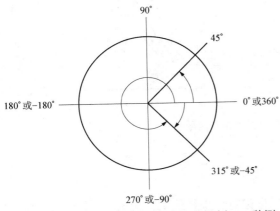

图 1.19　定义环节绝对角度的两种惯例:一种测量角为 0°~360°,另一种为 180°~−180°

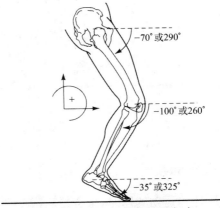

图 1.20　举例说明下肢的绝对角度。一种测量角为 0°~360°,另一种为 180°~−180°。所有角度均相对于环节近端的右水平线

$0°\sim-180°$,更为形象化。

不连续问题

在两种方法中,当环节跨越 $0°/360°$ 或 $\pm180°$ 时均会产生一些问题。例如,当环节按顺时针方向从 $10°$ 转至 $350°$ 时,角度变化为 $350°-10°=+340°$,而不是 $-20°$。类似地,在第一种方法中,当环节按顺时针方向从 $+170°$ 转动到 $-160°$ 时,角度变化为 $-160°-170°=-330°$,而不是 $+30°$。但在两种测量方法中,均有可能出现环节在相反方向上旋转产生较大角度变化的情况,尽管这一情况在数据采样频率正确时不太可能发生。

为了解决这一难题,假设相邻两帧之间无大于 $180°$ 的角度变化。记录角度时,当环节越过 $0°/360°$ 或 $\pm180°$ 仍会出现不连续。当绝对角度变化大于 $180°$ 时,可以通过加或减 $180°$ 来解决不连续的问题,这一修正可能产生超过 $\pm180°$ 的角度。

关节角度

人体由一系列关节连接的环节组成,因此测量和描述相对或关节角度是有用的。一个关节角度的量化需要至少三个坐标或两个绝对角度(见图 1.21)。当定义关节运动时,我们需牢记对于同一运动相邻关节可能在不同方向上,产生同种类型的运动。例如,在全局坐标系中,屈膝旋转方向为正,屈髋旋转方向为负(见图 1.22)。需要注意的是,在生物力学系统其遵循右手定则。同时在医疗系统中,物理治疗师、解剖学家及医学界对关节解剖位置的定义也常用这种方法,且通过定义关节运动的类型来避免负角度(如屈、伸及过伸)。

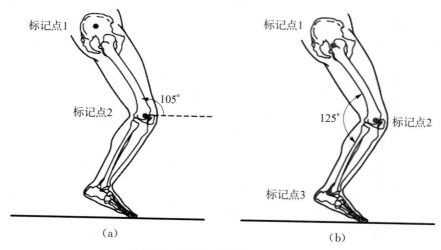

图 1.21　(a)绝对角度;(b)相对角度

极坐标系

刚体角运动的同时,也会使贴附在身体上的标记点产生线运动。另外,一个点的线位移大小取决于该点相对于刚体旋转轴的位置。将运动看作表盘的分针(见图 1.23)。当标记点位于表盘的中心时,分针走动时标记点不产生线位移;而当标记点位于分针的末端时,会扫

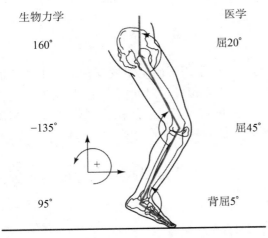

生物力学   医学

160°   屈20°

−135°   屈45°

95°   背屈5°

图 1.22   下肢相对角度的举例

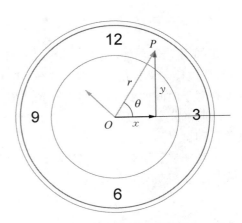

图 1.23   表盘分针的极坐标系(r, θ)
和笛卡尔坐标系(x, y)

出一条环形轨迹。

    这种角-线运动通过极坐标系进行数学描述,也可选择笛卡尔坐标系。与笛卡尔坐标系相同,在极坐标系中,使用两个自由度描述平面上一点的平面位置。在点与坐标轴系统的原点之间做一条连线(见图1.24)。线的长度(r)代表一个自由度,线与其中一个参考轴(常为起自表盘中心的水平线)间的夹角(θ)代表第二个自由度,即称为该点的极坐标,表示为(r, θ)。图1.24中从参考轴的原点画线形成一个直角三角形。使用简单三角学,可以将极坐标转换为笛卡尔坐标,公式如下:

$$x = r\cos\theta \tag{1.13}$$

$$y = r\sin\theta \tag{1.14}$$

    如果我们将表盘的中心看作原点,离中心越远的标记点的r越大。因此,在一个完整的旋转中,与较短的时针末端标记点相比,分针末端的点扫过的路径较长。

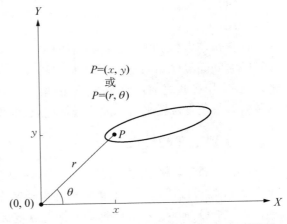

图 1.24   极坐标系与笛卡尔坐标系均可轻易地描述点的位置。极坐标使用点与原点之间的线段长度(r)作为一个坐标值,另一值使用线段与固定轴之间的夹角(θ)表示。P 点坐标在笛卡尔坐标系中表示为(x, y),或在极坐标系中表示为(r, θ)。注意:两个坐标系中该点均有两个自由度

尽管生物力学研究中最常用笛卡尔坐标系,但极坐标系在一些应用中更方便,经常在已知笛卡尔坐标(x, y)的基础上,利用三角学计算极坐标(r, θ),公式如下:

$$r = \sqrt{x^2 + y^2} \tag{1.15}$$

$$\theta = \arctan(y/x) \tag{1.16}$$

角-时间导数

正如用于运动学的线性变量一样,微分与积分也常用于确定角度变量。如本章的前部分中,角位移定义为角度位置的变化,角速度为角位移相对于时间的变化率,角加速度为角速度相对于时间的变化率。相反,角速度为角加速度相对于时间的积分,角位移为角速度相对于时间的积分。以上三种运动学参数主要用于描述一个动作序列中刚体的角运动,其测量单位和符号如表 1.2 所示。

一旦确定了角运动的连续性,可使用有限差分方程计算角速度和角加速度,这些方程的格式与线性运动学方程类似。

$$\omega_i = \frac{\theta_{i+1} - \theta_{i-1}}{2(\Delta t)} \tag{1.17}$$

$$\alpha_i = \frac{\omega_{i+1} - \omega_{i-1}}{2(\Delta t)} \tag{1.18}$$

或者

$$\alpha_i = \frac{\theta_{i+1} - 2\theta_i + \theta_{i-1}}{(\Delta t)^2} \tag{1.19}$$

计算角速度(ω)和角加速度(α)的中心有限差分方程中,θ 表示角位置,Δt 表示相邻动作间的时间间隔(Miller 和 Nelson,1973),字母 i 代表正在分析的特定瞬间。对于线性数据来说,在应用等式之前,必须对原始的角度位置进行平滑,从而除去高频噪声(Pezzack 等,1977),如果角度位置采自滤波后的标记点,则无须进一步平滑。

角度到线性的转换

在前半部分与极坐标相关的内容中,主要介绍了线性运动和角运动的关系。当刚体进行角旋转时,可以通过已知的角速度和角加速度计算线速度和线加速度。图 1.25 为肢体绕固定轴上的 Q 旋转。将肢体远端的标记点定义为 P,那么 P 与 Q 之间的距离为 r。当肢体旋转时,P 点的运动轨迹为一条弧形(或环形)。现在,将环节放入一个平面参考系,且将 P 点定义为原点。位于轨迹曲线右侧的轴为垂直轴,切向轴为正切于轨迹的轴。参考系固定在环节上,与肢体同时旋转,使垂直轴和切向轴在全局坐标系中发生方向的改变。在全局坐标系中,使用角速度(ω)和角加速度(α)描述肢体的角运动。需要注意的是,这一系统在代表人的身体环节如大腿时,Q 点代表固定式髋关节,P 点代表运动的膝关节,r 表示大腿的长度。

在旋转的参考系中,可使用等式 $v_t = r\omega$ 计算 P 点的线速度,其中 v_t 为切向速度(即切向轴方向上的速度)。值得注意的是,由于长度 r 是一个常数(Q,P 两点相对固定),法向速度(v_n)为 0。 P 点的切向加速度可以使用等式 $a_t = r\alpha$ 进行计算。当运动中的角速度变化时,加速度即非零值;当运动中角速度保持不变时,则角加速度与切向加速度均为零。

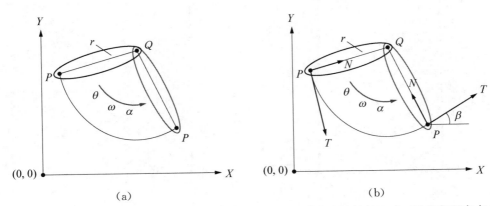

图 1.25　(a)在刚体角运动(θ,ω和α)的同时,附着在刚体上的点会产生线性运动。P 点与固定点 Q 点之间的距离为 r。当肢体旋转过角度 θ 时,P 点划过一条弧线且其坐标(x,y)会始终变化。(b)LCS 依附于 P 点,将肢体的运动转化为 P 点的线性运动。LCS 的切向轴(T)表示 P 点轨迹的切向力,垂直轴 N 指向旋转轴点 Q,角 θ 为切向轴与右水平轴间的夹角,可用于将切向速度($v_t = r\theta$)转化为其 x,y 值

参考文献

Pezzack, J. C., R. W. Norman, and D. A. Winter. 1977. An assessment of derivative determining techniques used for motion analysis. *Journal of Biomechanics* 10: 377 - 82.

　　这篇论文中使用了标记点的间接运动学,以及角与角加速度的直接运动学(尤其是角加速度)测量来评估平滑数字化标记点运动学的两种方法。首先,铝臂只能在水平面上进行旋转(1 个自由度),通过从上方拍摄臂的运动,在使用单轴加速度计测量其线加速度的同时,使用电位计测量它的角位置(见附录 C),从而记录铝臂运动的数据。使用几种方法将铝臂进行手动移动,安装加速度计测量横向加速度(a_t),铝臂的旋转中心到加速度计距离为 r,角加速度用 α 表示,并通过公式 $\alpha = a_t/r$ 进行计算。其次,将拍摄的数据进行数字化并计算铝臂的角位置。最后,铝臂的角加速度可以使用三种方法进行计算——无数据平滑,10 到 20 阶 Chebyshev 最小二乘多项式滤波,四阶无滞后的巴特沃斯滤波器进行数字滤波。

　　图 1.26 表明两个角位移测量方法的高度一致(胶片和电位计),但在计算角加速度的三种方法之间存在显著差异。首先,未经平滑的加速度信号存在很多噪声,尽管平均看来,其波形确实遵循直接测量的加速度信号。其次,最小均方根多项式通过将两次求导后不符合加速度信号的部分位移信号去除后拟合,显然,单个多项式与相对简单的人体运动不太相符;最后,完成两次求导后,数字化滤波信号接近真正由加速度计测得的加速度信号。信号常会在峰值时减小,这种情况可以通过增加截止频率来进行修正。关于数字化滤波的内容详见后续部分及第十二章。

　　这篇论文的重要性不应该被高估。在成功地减少了高频噪声对数字化胶片的影响后,作者提供了其研究中的数据以便其他研究者评估他们的数据平滑技术(Lanshammer,1982a,b)。随后,另外两种技术也表现出可接受的平滑能力。Wood(1982)使用分段的五次样条函数,Hatze(1981)使用最佳正规化傅里叶级数对人体动作数据进行了适当的平滑。

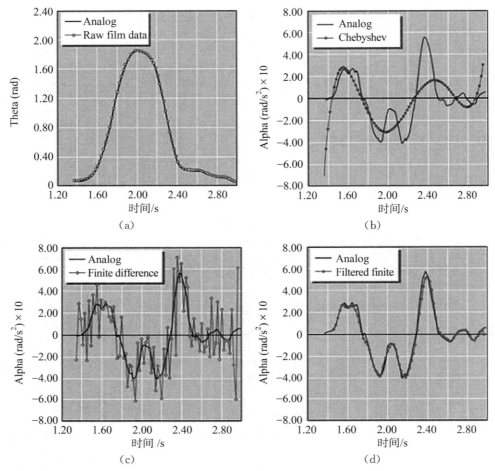

图1.26 （a）人为使铝臂产生角位移；（b）无数据平滑下铝臂角加速度的求导；（c）最小二乘法曲线拟合与求导后；（d）数字化滤波和求导后

　　奇怪的是，尽管环形运动的法向速度为零，要使物体保持环形轨迹运动则必须有一个非零的法向加速度（a_n），计算公式为 $a_n = r\omega^2$。由全局坐标系中因 P 点方向不断变化而产生的法向加速度称为向心加速度。读者可以通过翻阅工程力学资料（Beer 等，2010）来获得关于上述加速度的详细内容。

　　参考系附属于旋转物体，法向与切向的速度及加速度虽然在参考系中确定，但可以运用物体角方向与简单三角恒等式将其转换到全局坐标系中。在图1.25中，角 β 为切向速度与右水平线之间的夹角，右水平线与全局坐标系中的 X 轴平行。根据全局坐标系的方向可将矢量分解为 v_x 和 v_y，公式为 $v_x = v_t \cos\beta$ 和 $v_y = v_t \sin\beta$。同样，在全局坐标系中，加速度 a_n 和 a_t 也可用类似方法进行转换。

电子测角器

　　测角器是一种用于测量关节角度的手动设备[见图1.27（a）]，为一个带有两个滑臂的量角器——一个滑臂固定在量角器上，另一个滑臂绕测量角度旋转。使用电子方法测量运动中关节角度时要用电子测角器。通常情况下，与成像系统相比，电子测角器可进行数据收集与即时查询，同时价格相对便宜。遗憾的是，由于电子测角器要与受试者接触，且大多数系统在进行数据采集时需连接信号线，会对动作造成阻碍。

在最常见的一类电子测角器中，常用电位计作为传感器，电位计的本质为可变电阻器（见附录 C）。电位计两端的电压为恒定电压，滑臂的转动角度与电位计的压降成正比［见图 1.27(c)］。电位计一端与关节的一个环节接触，另一端与相邻环节接触。关节的任何角运动均会引起电位计的旋转从而改变其输出电压。其他类型的传感器包括数字编码器，偏振光摄影应变计及光导纤维电缆。

电子测角器存在的一个问题是：并不是所有关节均能完成单纯的铰链运动，任何一种关节平动都会引起电子测角器错误的角旋转。原则上来看，设计自调机制［如四连杆，见图 1.27(b)］可以解决这一问题。类似的自调元件也是 Hannah 及其同伴于 1978 年研发的 CARS - UBC(或 MERU)，是电子测角器系统的必要组成部分。这一设备可同时进行双侧髋、膝、踝关节三维角运动的实时测量——共产生 18 个信号。尽管这一系统对一些临床患者来说具有应用价值，但由于装置的累赘无法使其用于严重功能障碍的患者。此外，所有电子测角器均存在另一显著的问题，即它们只能测量关节角度，这就使其不能在测量牛顿参考坐标系（即全局坐标系）中记录环节的绝对运动，而环节的绝对运动是逆向动力学分析中必不可少的（见第五章）。然而，这种类型的系统可用于临床环境关节运动学信息的获取。

设置或建立电子测角器要使用连续可微的传感元件。例如，廉价的电位计在滑臂移动（即从一个线圈快速移动到另一个线圈）时会产生电阻的改变，这会导致输出位置数据中产生尖状中断，从而影响通过导数计算来获得角速度或角加速度。为了减小这些不连续造成的干扰，可选择较贵连续导电材料制成的测角器。通常在长条的某个点会存在一次中断，这一部分必须在关节活动范围之外［见图 1.27(c)］。

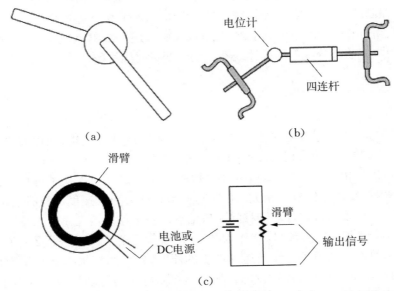

图 1.27 (a) 手动测角器；(b) 电子量角器；(c) 电位计和电子测角器电路示意图

解决这一问题也可选择其他类型的传感器。Measurand 公司成设计了一种名为"ShapeSensor"的传感器,可以对关节转动进行连续测量。这种传感器使用了一种上等的光缆,当电缆的曲度增加时,其传递的光减少。另外一些系统(如 Biometrics 公司生产的系统)使用应变仪来量化钢丝的弯曲度,即角度相对于两坐标轴的位置(两个自由度)。例如,跨过肘关节的传感器可同时测量屈肘关节与前臂旋后的角度。另外一种解决方法是使用偏振光测角器,测角器中有两个偏振光(polarized light)传感器(Chapman 等,1985;Mitchelson,1975)。其中一个传感器放置在旋转的环节上,另一个固定在静止的环节上。在偏振光平面内,每个传感器的方向决定了传感器之间的相对位置,电子测角器的校准相对直接。在电子测角器设计允许的前提下,其可直接贴附于手动测角器。将手动测角器从一个已知位置移动至另外一个已知位置的同时使用电子测角器记录数据,后者会产生一个相当于实际角位移的电压测量值。从这些测量中,计算校准系数。如果电子测角器不能直接贴附于手动测角器上,可以使用类似的方法将电子测角器贴附在关节上进行校准。

角运动学数据的描述

角运动学数据的描述与线性运动学类似,使用作图中最常用的形式,θ,ω 或 α 表示运动过程中(轨迹或时间序列)时间的函数。这种形式可用于与同时产生的其他运动学和动力学信号进行比较,特别是在将观察到的运动学参数与潜在的力及力矩进行关联时(见第三章、第四章)。角运动学其他特有的表述形式为角-角图,通过绘制一个环节与另一环节相对,来表明两环节或关节间的协调运动。由于运动过程中,时间意义会丢失,故这类图形需要详细描述和注释。解决这一缺点的方法如下:在角-角图中确定特定运动时相,同时使用小箭头表示相对时序。

另一种表述角结果的形式为相位图或阵图。其中描述的特定环节或关节中 θ 和 ω 之间的关系,θ 在水平轴上而 ω 在垂直轴上。这种表述在以动态系统观点研究运动的生物力学家中逐渐流行(见第十三章),在动态系统观点中,强调以系统运动学状态的有意义的表达作为该系统潜在控制的窗口。因此,相位图可视为对关节或环节控制的表达。图 1.28 为角运动学时间序列、角-角图及相位图。需要注意的是,在表述一组测试或受试者的角运动学数据时,可以使用本章前部分提到的描述线性运动学变量时应用的整体平均技术。

小结

本章概述了生物力学家在对平面人体运动的运动模式进行收集、处理和描述数据时使用的主要工具。描述运动的数据属于运动学。在下一章内容中,主要将这些概念扩展到 3D 运动中。尽管可以使用多种不同工具,但大多数的运动学研究源于从某种成像或运动捕捉系统中获取数据,常使用摄像机。相关用以将这些数据区分为线速度、角速度或加速度的公式已在本章阐述。更多与数据处理和移除无效信息的技术信息可见第十二章。

尽管从本质上来说,描述运动应该作为结尾,但收集运动学数据的最重要原因却是为了获得多种动力学数据。动力学常涉及运动产生的原因,常可间接根据运动学数据及身体惯性特性进行计算(见第三章)。第五、六、七章将介绍如何使用运动学数据导出动力学参数,如机械功、能、功率及动量。

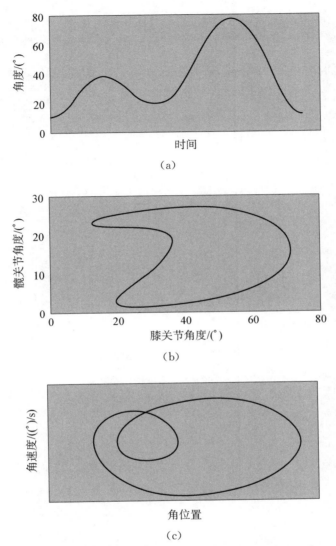

图 1.28 （a）膝关节角度的时间序列；（b）髋相对于膝的角-角图；（c）膝关节角速度与角位置的相位图

▲◆▲ 推荐阅读文献 ◆▲◆

• Beer，F. P.，E. R. Johnston Jr.，D. F. Mazurek，P. J. Cornwell，and E. R. Eisenberg. 2010. *Vector Mechanics for Engineers：Statics and Dynamics*. 9th ed. Toronto：McGrawHill.

• Chapman，A. E. 2008. *Biomechanical Analysis of Fundamental Human Movements*. Champaign，IL：Human Kinetics.

• Hamill，J.，and K. M. Knutzen. 2009. *Biomechanical Basis of Human Movement*. 3rd ed. Baltimore：Williams & Wilkins.

• Nigg，B. M.，and W. Herzog. 2007. *Biomechanics of the Musculo-Skeletal System*. 3rd ed. Toronto：Wiley.

• Robertson，D. G. E. 2004. Introduction to Biomechanics for Human Motion Analysis. 2nd ed. Waterloo，ON：Waterloo Biomechanics.

• Winter，D. A. 2009. Biomechanics and Motor Control of Human Movement. 4th ed. Toronto：Wiley.

• Zatsiorsky，V. M. 1998. Kinematics of Human Motion. Champaign，IL：Human Kinetics.

第二章　三维运动学

Joseph Hamill，W. Scott Selbie，and Thomas M. Kepple

三维运动学仅仅描述三维空间的运动，而不涉及引起运动的力。本章主要介绍下肢三维运动学的基本原理和计算方法。关于三维运动学更详细的理论和观点，读者可以参阅Zatsiorsky(1998)，Nigg 和 Herzog(1994)，以及 Allard 及其同事(1998)的著作。因为三维运动学依赖大量的矢量运算和矩阵代数，我们建议读者对标量、矢量、矩阵进行复习(附录 D 和 E)。

在这一章，我们将介绍下列内容：

- 运用光学传感器采集三维数据的原理；
- 定义一个链状刚性环节模型；
- 不同坐标系之间的线性和转动变换；
- 定义下肢每个环节的局部坐标系；
- 评价模型三维姿势的三种方法(位置和方向)；
- 三维角度的表示方法；
- 三维角速度和角加速度的计算方法。

Visual3D 教育版

本文提供的 Visual3D 教育版软件包括人体全身反光点设置下的走路和跑步数据。这些数据可以帮助你更深入地探索和理解本章中所提到的这种分析方法。利用 Visual3D 教育版软件，你可以通过修改样本数据的模型定义、信号定义以及基本信号处理等全面体验 Visual3D 软件的所有建模功能。

三维数据的采集

所有 3D 运动捕捉系统都是利用多个相连的输入传感器来评估三维数据的。生物力学中运动的典型传感器包括惯性传感器(由加速度计和陀螺仪组成，有时还会用到磁力仪)、电磁传感器、线性传感器以及阵列传感器(一切光学阵列传感器或者基于摄影机的系统)。本章主要关注光学阵列传感器或摄影机，但是其建模的原理和分析是适用于所有传感器的，大家也许会很惊讶，三维拍摄设置中摄影机的放置不像二维拍摄那样严格(见图 2.1)。因为在二维设置中，运动是完全在一个平面内进行的，摄像机必须准确放置来捕捉这个平面内的运动(见第一章对平面运动学的说明)。

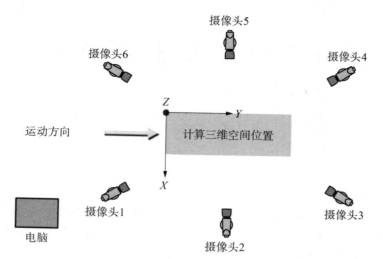

图2.1　一个典型的三维运动学分析多机实验方案

在一组摄像机的排列中,每个相机都提供一个独立的视角,并记录两维相机坐标系一些特定的标志点。根据这些 2D 相机坐标数据组,就可以估算 3D 空间坐标。最简单的一种利用 2D 相机坐标计算 3D 坐标的方法是直接线性转换法(direct linear transformation,DLT)(Abdel-Azis 和 Karrara,1971)。DLT 法在每一个身体标志点的 2D 摄影坐标与这标志点在 3D 空间坐标之间建立了一种线性关系。关于 DLT 算法的详情可以参考 Marzan 和 Karara(1975)的文章,这里就不再阐述。

坐标系和刚性环节假设

本章为了进行 3D 分析我们将定义许多笛卡尔坐标系(Cartesian coordinate systems)。这些坐标系包括地球或实验室坐标系(GCS)、环节或局部坐标系(LCS)以及测力台坐标系(FCS)。

本章所提到的生物力学模型指的是一系列刚性环节。一个环节和另一个环节之间的交互作用通过 0~6 个自由度的关节约束度(joint constraints)描述。个体特异性的环节比例则通过解剖学体表标志点确定。

这些刚性环节虽然代表了骨骼结构,但我们要知道这些骨性结构并非总能用理想的刚体表示。如足和躯干这样的环节,通常使用一个环节来表示几段骨骼。不要错误地认为骨骼结构就是刚体,之所以这么做是为了数学计算更加方便。这种刚度的假设对建立局部坐标系也有帮助。

地球坐标系或实验室坐标系

地球坐标系(GCS)指的是运动捕捉系统定义的 3D 捕捉空间,也常常称为惯性坐标系(inertial reference system)。所以捕捉的数据都要在这个固定的坐标系中进行处理。本章中,GCS 用大写的任意 XYZ 标示。Y 轴通常指向前方,Z 轴竖直向上,X 轴正交垂直于前面两个轴。受试者可能在数据采集空间内的任意位置运动,我们仅需要利用重力矢量定义好垂直方向即可。GCS 的单位矢量分别是 i, j, k(见图 2.2)。在本章以及其他生物力学文献中,GCS 均是一个原点固定在实验室的右手正交坐标系。只有当下面公式成立时,坐标系才是右手坐标系:

$$k = i \times j, \; i \cdot j = 0 \tag{2.1}$$

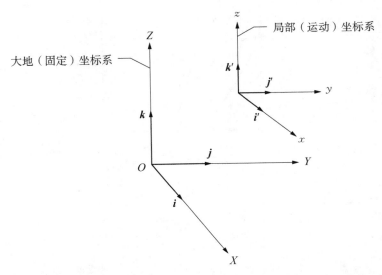

图 2.2 大地(固定)坐标系,XYZ 轴,及单位矢量 i, j, k 和局部(运动)坐标系,xyz 轴,及单位矢量 i', j', k'

环节或局部坐标系

刚性环节假设为运动学计算提供了方便:在运动学中,每个环节都完全通过一个固定在该环节上的 LCS 来定义方向,环节运动,该 LCS 也随之运动。与 GCS 一样,LCS 是一个右手正交坐标系。在本章中,LCS 通过小写的 x, y, z 来代表,单位矢量分别是 i', j', k'。本章中 LCS 的 y 轴指向前方,z 轴为轴向(通常竖直向上),x 轴正交垂直于另两个轴,方向满足右手定则。所以,在右侧 x 轴方向是由内向外,反之在左侧是由外向内的。LCS 在 GCS 中的相对位置定义了人体或者环节在 GCS 中的位置,并随着人体或环节在这个 3D 空间中的运动而改变(见图 2.2)。

坐标系之间的变换

我们已经定义了存在于同一 3D 运动捕捉范围中的两种不同坐标系(GCS 和 LCS)。要描述一个刚性环节在这两种不同坐标系中的空间运动情况,可以通过坐标系之间的变换完成(见图 2.3)。这种变换需要将在一个坐标系中表达的坐标变换成在另一个坐标系表达的坐标。换言之,要根据所用的坐标系,通过不同视角来观察同一个空间位置。这件事乍看起来似乎是多余的,因为我们并没有对这同一个点增加新的信息。但是物体在 GCS 中运动,而一个环节的标志,如解剖标志点(如环节端点)在 LCS 是不变的。我们通常提到的变换包括线性变换和旋转变换。

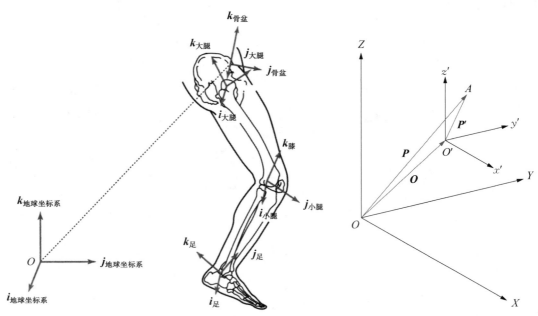

图 2.3　一个右侧下肢的大地坐标系和局部坐标系

图 2.4　点 A 由 XYZ 坐标系中的向量 P 表示,而其在 x' y' z' 中由 P' 表示。x' y' z' 与 XYZ 间的线性变换用向量 O 表示,其确定了 LCS 原点在 GCS 中的位置

线性变换

图 2.4 中一个点 A 在 LCS 中用矢量 P' 表示,在 GCS 中用矢量 P 表示。LCS 和 GCS 之间的线性变换可以用矢量 O 定义。矢量 O 表明 LCS 的原点在 GCS 的相对位置。O 可以写成如下形式的列阵:

$$O = \begin{bmatrix} O_x \\ O_y \\ O_z \end{bmatrix} \tag{2.2}$$

如果我们假设 LCS 相对于 GCS 没有旋转,那么将 LCS 中的一个点 P' 的坐标转换成 GCS 中 P 可以表达为

$$P = P' + O \tag{2.3}$$

或
$$\begin{bmatrix} P_x \\ P_y \\ P_z \end{bmatrix} = \begin{bmatrix} P'_x \\ P'_y \\ P'_z \end{bmatrix} + \begin{bmatrix} O_x \\ O_y \\ O_z \end{bmatrix} \tag{2.4}$$

相反地,将 GCS 中一个点的坐标 P 转换为 LCS 中的 P',可以表达为

$$P' = P - O \tag{2.5}$$

旋转变换

如果假设 LCS 相对 GCS 没有产生平动,将 GCS 中点 P 转换为 LCS 中的点 P',则可以表达为

$$P' = RP \tag{2.6}$$

式中,R 是一个由正交单位向量构成的矩阵(正交矩阵),它将 GCS 原点为中心旋转,与 LCS 平行排列。相反地,将 LCS 中点的坐标转换成 GCS 的点坐标可以通过下式完成:

$$P = R'P' \tag{2.7}$$

R' 是 R 的逆向(转置)矩阵。在本章中我们将不断利用 R 将 GCS 转换为 LCS,利用 R' 将 LCS 转换为 GCS。

参考 LCS 的单位向量 i', j', k' 在 GCS 中的表达。从 GCS 向 LCS 的旋转矩阵表示成

$$R = \begin{bmatrix} i'_x & i'_y & i'_z \\ j'_x & j'_y & j'_z \\ k'_x & k'_y & k'_z \end{bmatrix} \tag{2.8}$$

如果我们同时考虑 LCS 相对于 GCS 的线性和旋转变换,将 GCS 中 P 的坐标转换为 LCS 中的 P',则表达式为

$$P' = R(P - O) \tag{2.9}$$

反之,将 LCS 中的 P' 转化为 GCS 中的 P,可以通过下式完成:

$$P = R'P' + O \tag{2.10}$$

定义下肢环节 LCS

在本章中,我们利用三个非共线的点定义一个环节的 LCS。非共线意思是所有点不在同一直线上。这种方法和其他生物力学书中的大多数模型是一致的。本章将介绍下肢右侧模型的 LCS,包括骨盆、大腿、小腿和足(左侧环节采用相同的推导)。每个环节的 LCS 基于标准的标定试验和许多可触的解剖学标志点建立(见表 2.1)。这里要强调的是要同时捕捉跟踪点和标定点。然而在图 2.5 中,仅需要捕捉标定点。

表 2.1　骨性标志点缩写

右	注释	左	注释
P_{RASIS}	右前-上髂脊	P_{LASIS}	左前-上髂脊
P_{RPSIS}	右后-上髂脊	P_{LPSIS}	左后-上髂脊
P_{RLK}	右股骨外上髁	P_{LLK}	左股骨外上髁
P_{RMK}	右股骨内上髁	P_{LMK}	左股骨内上髁
P_{RLA}	右外踝	P_{LLA}	左外踝
P_{RMT5}	右第五跖骨头	P_{LMT5}	左第五跖骨头
P_{RMT1}	右第一跖骨头	P_{LMT1}	左第一跖骨头
P_{RHEEL}	右足跟	P_{LHEEL}	左足跟
P_{RTOE}	右足尖	P_{LTOE}	左足尖

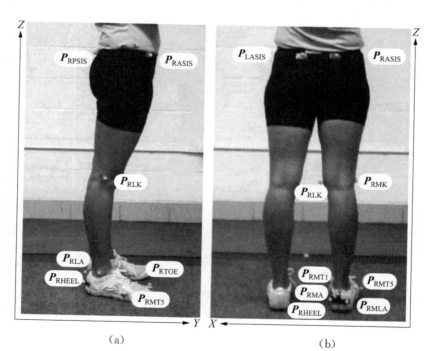

图 2.5　右侧标定点的配置将在本章中用于计算每个环节的局部坐标系：（a）矢状面；（b）额状面。点 P_{LPSIS} 和 P_{LASIS} 在图（a）中看不到，但是对标定是必要的。点 P_{RASIS}、P_{LASIS} 以及 P_{RTOE} 在图（b）中是看不见的，但是对于标定仍然必要。注意：大腿、小腿、足上的跟踪点在标定拍摄时是必要的，可以帮助将这些标志点与每个环节的 LCS 联系起来

骨盆的 LCS

将反光点放置在下列可触的骨性标志上：右侧和左侧的髂前上棘（P_{RASIS}，P_{LASIS}）以及

右侧和左侧的髂后上棘（P_{RPSIS}，P_{LPSIS}）（见图 2.6）。该 LCS 的原点是 P_{RASIS} 和 P_{LASIS} 连线的中点，可以通过下式求得：

$$O_{\text{PELVIS}} = 0.5(P_{\text{RASIS}} + P_{\text{LASIS}}) \quad (2.11)$$

建立骨盆的 x 轴（横向轴），定义单位向量 i' 为 P_{RASIS} 减去 O_{PELVIS} 再除以该向量的模：

$$i' = \frac{P_{\text{RASIS}} - O_{\text{PELVIS}}}{|P_{\text{RASIS}} - O_{\text{PELVIS}}|} \quad (2.12)$$

接下来，我们来建立一个由 P_{RPSIS} 和 P_{LPSIS} 的中点指向 O_{PELVIS} 的单位向量：

$$v = \frac{O_{\text{PELVIS}} - 0.5(P_{\text{RPSIS}} + P_{\text{LPSIS}})}{|O_{\text{PELVIS}} - 0.5(P_{\text{RPSIS}} + P_{\text{LPSIS}})|} \quad (2.13)$$

一个垂直于 i' 和 v 所成平面的单位向量（竖直向上）可以通过两者的叉乘得到：

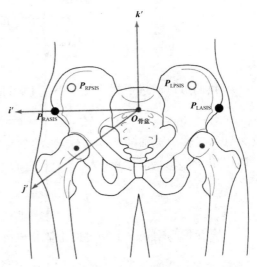

图 2.6　骨盆 LCS 的原点（O_{PELVIS}）是右侧和左侧的髂前上棘的中点。左右两侧髂前上棘（P_{LASIS} 和 P_{RASIS}）以及左右髂后上棘（P_{LPSIS} 和 P_{RPSIS}）可以用于建立骨盆的 LCS

$$k' = i' \times v \quad (2.14)$$

注意，i' 和 v 叉乘得到竖直向上的单位向量是由右手法则决定的。现在，我们已经定义了横向和竖直向上的方向，那么指向前方的单位向量可以通过叉乘求得：

$$j' = k' \times i' \quad (2.15)$$

描述骨盆方向的旋转矩阵由上述单位向量构成，在接下来的矩阵中也会用到该矩阵：

$$R_{\text{PELVIS}} = \begin{bmatrix} i'_x & i'_y & i'_z \\ j'_x & j'_y & j'_z \\ k'_x & k'_y & k'_z \end{bmatrix} \quad (2.16)$$

大腿环节局部坐标系

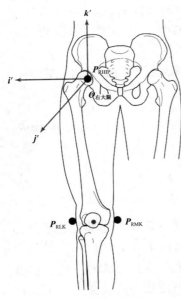

图 2.7　大腿 LCS 的原点（O_{RTHIGH}）位于髋关节的中心。髋关节中心点 P_{RHIP} 和股骨内外上髁（P_{RLK} 和 P_{RMK}）可以用于计算大腿的 LCS

大腿是由两个反光点的位置以及一个虚拟点位置定义的（见图 2.7）。大腿的近侧端（原点）与一个虚拟的髋关节中心点一致。许多研究都介绍过估算位于骨盆 LCS 的髋关节中心位置的回归方程（Andriacchi 等，1980；Bell 等. 1990；Daviset 等，1991；Kirk Wood 等，1999）。本章我们利用 Bell 及其同事推导的方程来计算位于骨盆 LCS 的代表髋关节中心的标志点：

$$P'_{\text{RHIP}} = \begin{bmatrix} 0.36 & | P_{\text{RASIS}} - P_{\text{LASIS}} | \\ -0.19 & | P_{\text{RASIS}} - P_{\text{LASIS}} | \\ -0.30 & | P_{\text{RASIS}} - P_{\text{LASIS}} | \end{bmatrix} \qquad (2.17)$$

我们可以通过下式将位于骨盆 LCS 的髋关节点转换至 GCS：

$$O_{\text{RTHIGH}} = P_{\text{RHIP}} = R'_{\text{PELVIS}} P'_{\text{RHIP}} + O_{\text{PELVIS}} \qquad (2.18)$$

为了建立大腿的局部坐标系，我们需要建立一个穿过远端（股骨内外上髁连线的中点 P_{RLK} 和 P_{RMK}）指向原点（O_{RTHIGH}）竖直向上的单位向量，表示如下：

$$k' = \frac{O_{\text{RTHIGH}} - 0.5(P_{\text{RLK}} + P_{\text{RMK}})}{| O_{\text{RTHIGH}} - 0.5(P_{\text{RLK}} + P_{\text{RMK}}) |} \qquad (2.19)$$

接着我们建立一个穿过内上髁指向外上髁的单位向量：

$$v = \frac{(P_{\text{RLK}} - P_{\text{RMK}})}{| P_{\text{RLK}} - P_{\text{RMK}} |} \qquad (2.20)$$

指向前方的单位向量可以通过向量 k' 和 v 的叉乘求得：

$$j' = k' \times v \qquad (2.21)$$

放置膝关节反光点的时候要特别注意，外侧发光点要放置在股骨上髁的最外侧，内测反光点放置的位置要保证内外侧膝关节点和髋关节能共同确定大腿的额状面。

最后，我们用叉乘来生成横向的单位向量：

$$i' = j' \times k' \qquad (2.22)$$

描述大腿方向的旋转矩阵由大腿单位向量构成：

$$R_{\text{RTHIGH}} = \begin{bmatrix} i'_x & i'_y & i'_z \\ j'_x & j'_y & j'_z \\ k'_x & k'_y & k'_z \end{bmatrix} \qquad (2.23)$$

因为该 LCS 是正交的，且 k' 是明确地定义为穿过环节的两个端点，所以垂直于 k' 的横向单位向量 i' 不一定平行于股骨内外上侧髁的连线。也就是说，我们不是用内外两侧膝关节反光点来定义额状轴的。

小腿环节局部坐标系

对于小腿或小腿环节，其 LCS 由四个可触标志点定义：内外侧踝（P_{RLA} 和 P_{RMA}）及股骨内外上髁（P_{RLK} 和 P_{RMK}）（见图 2.8）。该 LCS 原点位于股骨

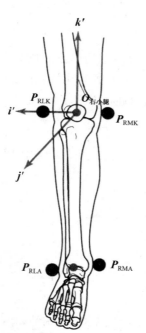

图 2.8　小腿 LCS 的原点（O_{RSHANK}）位于内外上髁（P_{RLK} 和 P_{RMK}）的中点。内外上髁（P_{RLK} 和 P_{RMK}）的位置以及内外踝（P_{RLA} 和 P_{RMA}）的中点可以用于推算小腿偏向近端的局部坐标系

内外上髁的中点,计算如下:

$$\boldsymbol{O}_{\text{RSHANK}} = 0.5(\boldsymbol{P}_{\text{RLK}} + \boldsymbol{P}_{\text{RMK}}) \tag{2.24}$$

要建立小腿 LCS,首先要基于从远端(两踝中点)指向环节起点的轴建立一个竖直向上的单位向量:

$$\boldsymbol{k}' = \frac{\boldsymbol{O}_{\text{RSHANE}} - 0.5(\boldsymbol{P}_{\text{RLA}} + \boldsymbol{P}_{\text{RMA}})}{|\boldsymbol{O}_{\text{RSHANK}} - 0.5(\boldsymbol{P}_{\text{RLA}} + \boldsymbol{P}_{\text{RMA}})|} \tag{2.25}$$

接着,我们建立一个从内上髁指向外上髁的单位向量:

$$\boldsymbol{v} = \frac{(\boldsymbol{P}_{\text{RLK}} - \boldsymbol{P}_{\text{RMK}})}{|\boldsymbol{P}_{\text{RLK}} - \boldsymbol{P}_{\text{RMK}}|} \tag{2.26}$$

我们再利用单位向量 $\boldsymbol{k}'$ 和 $\boldsymbol{v}$ 的叉乘积建立指向前的单位向量:

$$\boldsymbol{j}' = \boldsymbol{k}' \times \boldsymbol{v} \tag{2.27}$$

最后,我们利用叉积建立横向的单位向量:

$$\boldsymbol{i}' = \boldsymbol{j}' \times \boldsymbol{k}' \tag{2.28}$$

最终,小腿旋转矩阵的方向可以用这些单位向量来描述:

$$\boldsymbol{R}_{\text{RSHANK}} = \begin{bmatrix} i'_x & i'_y & i'_z \\ j'_x & j'_y & j'_z \\ k'_x & k'_y & k'_z \end{bmatrix} \tag{2.29}$$

上述小腿局部 LCS 的定义称为一个偏近端 LCS,因为其额状面是由两个近侧反光球和一个远端反光球定义的。一个偏远端 LCS 可以通过替换式(2.26)来定义:

$$\boldsymbol{v} = \frac{\boldsymbol{P}_{\text{RLA}} - \boldsymbol{P}_{\text{RMA}}}{|\boldsymbol{P}_{\text{RLA}} - \boldsymbol{P}_{\text{RMA}}|} \tag{2.30}$$

偏近端小腿 LCS 和偏远端小腿 LCS 可能因胫骨的扭曲而有所差异。如果个体胫骨扭曲明显,那么就有必要定义两个小腿的 LCS。用偏近端 LCS 来定义膝关节角,用偏远端 LCS 来定义踝关节角。

足环节局部坐标系

足的 LCS 需要用 5 个反光球来定义。两个放置于外踝和内踝($\boldsymbol{P}_{\text{RLA}}$ 和 $\boldsymbol{P}_{\text{RMA}}$),两个放置在第一和第五跖骨头($\boldsymbol{P}_{\text{RMH1}}$ 和 $\boldsymbol{P}_{\text{RMH5}}$),还有一个贴在根骨 $\boldsymbol{P}_{\text{RHEEL}}$(见图 2.9)。该 LCS 的原点位于两踝的中点,可用下式计算:

$$\boldsymbol{O}_{\text{RFOOT}} = 0.5(\boldsymbol{P}_{\text{RLA}} + \boldsymbol{P}_{\text{RMA}}) \tag{2.31}$$

轴向的单位向量通过 $\boldsymbol{O}_{\text{RFOOT}}$ 减去 $\boldsymbol{P}_{\text{RMH1}}$ 和 $\boldsymbol{P}_{\text{RMH5}}$ 跖骨头的中点求得:

$$\boldsymbol{k}' = \frac{\boldsymbol{O}_{\text{RFOOT}} - 0.5(\boldsymbol{P}_{\text{RMH5}} + \boldsymbol{P}_{\text{RMH1}})}{|\boldsymbol{O}_{\text{RFOOT}} - 0.5(\boldsymbol{P}_{\text{RMH5}} + \boldsymbol{P}_{\text{RMH1}})|} \tag{2.32}$$

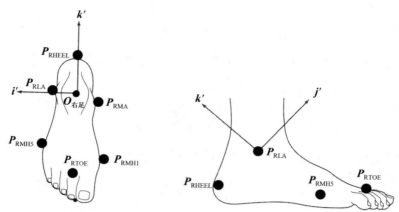

图 2.9 足 LCS 的原点 O_{RFOOT} 是踝关节的中点。外踝和内踝(P_{RLA} 和 P_{RMA})以及第一和第五跖骨头(P_{RMH1} 和 P_{RMH5})的位置可用于计算足的局部坐标系

接着,我们制造一个单位向量穿过内踝指向外踝:

$$v = \frac{P_{RLA} - P_{RMA}}{|P_{RLA} - P_{RMA}|} \tag{2.33}$$

再利用单位向量 k' 和 v 的叉乘建一个指向前方的单位向量:

$$j' = k' \times v \tag{2.34}$$

最后,我们利用叉乘建立指向外侧的第三个单位向量:

$$i' = j' \times k' \tag{2.35}$$

最后,足旋转矩阵的方向可以通过单位向量来表示:

$$R_{RFOOT} = \begin{bmatrix} i'_x & i'_y & i'_z \\ j'_x & j'_y & j'_z \\ k'_x & k'_y & k'_z \end{bmatrix} \tag{2.36}$$

这里要注意的是,足的 LCS 方向与其他环节的 LCS 方向是不同的。这是因为单位向量 k'(即从足的远端指向近端的轴)并不像其他环节那样方向向上。单位向量 j' 方向向上,而单位向量 i' 的方向仍然是横向指向外侧。这种足部坐标轴的表示对于动力学是十分方便的。因为足的近端和小腿的远端都位于踝关节,是一致的。两个关节都固定在这个端点上。

然而,这种足部坐标的表示方法对于关节角度是不方便的(见本章后文),因此我们常常建立足的第二种 LCS(见图 2.10)。以足跟反光点作为足的原点:

$$O_{RFOOT2} = P_{RHEEL} \tag{2.37}$$

轴向的单位向量利用原点 O_{RFOOT2} 减去足尖点(P_{RTOE})获得:

$$j' = \frac{O_{RFOOT2} - P_{RTOE}}{|O_{RFOOT2} - P_{RTOE}|} \tag{2.38}$$

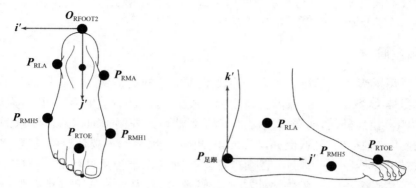

图 2.10 足 LCS 的原点（O_{RFOOT2}）是足跟点（P_{HEEL}）。我们可以利用外踝和内踝（P_{RLA} 和 P_{RMA}）以及第一和第五跖骨头（P_{RMH1} 和 P_{RMH5}）的位置计算足的局部坐标系

接着，我们建立一个穿过 O_{RFOOT2} 指向 P_{RLA} 和 P_{RMA} 中点的向量：

$$v = \frac{0.5(P_{RLA} - P_{RMA}) - O_{RFOOT2}}{|0.5(P_{RLA} - P_{RMA}) - O_{RFOOT2}|} \tag{2.39}$$

放置足跟反光点是十分重要的，这样就通过足跟、内外踝中点和足尖定义了预期的矢状面。矢状面定义了足站立测试时内-外翻的情况。我们可以利用单位向量 j' 和 v 的叉乘建立横向单位向量：

$$i' = j' \times v \tag{2.40}$$

最后我们利用叉乘再建立第三个单位向量：

$$k' = i' \times j' \tag{2.41}$$

这第二种足 LCS 就有着和其他环节一致的竖直向上的单位向量了。第二种足的 LCS 方向可以用单位向量表示为

$$R_{RFOOT2} = \begin{bmatrix} i'_x & i'_y & i'_z \\ j'_x & j'_y & j'_z \\ k'_x & k'_y & k'_z \end{bmatrix} \tag{2.42}$$

反光点的放置

如果我们要利用反光点的位置来建立 LCS，那么就应该遵循实用的放置指南以保证坐标系的准确性。保证每一次采集的 3 个反光点的位置是可重复的，以此来定义 LCS 是十分重要的。武断地放置反光点会引起错误。另外，可以从直觉上判断所计算出的 LCS 是否合乎常理。因此，应该不断检查受试者和模型。举个例子，如果反光点从视觉上看着不正确（如一个看着身体左右对称的受试者的左腿外侧膝关节点比右腿外侧膝关节点高出很多），或者计算出的坐标系并不符合你的直觉判断（如环节向前的方向朝向了外侧），这常常是发生错误的表现。强烈建议在确定反光点位置和采集数据之前，利用一次具有代表性的测试

结果计算和展示局部坐标系(对于步态实验来说,通常是一次站立位的测试)。如果没有"修饰"这些数据,在后期很难再修改环节坐标系。

右侧和左侧

当我们采用了诸如 z 轴指向上方、y 轴指向前方这样的惯例。那么根据右手定则,就会造成左右侧身体 LCS 的 x 轴与解剖学表述不一致。为保证右手坐标系成立,人体右侧环节的 x 轴是由内侧指向外侧,而身体左侧环节的 x 轴是由外侧指向内侧。轴状的环节,比如躯干,会设置其 x 轴指向外侧(例如,与人体右侧环节相一致)。要注意的是这一惯例在生物力学文献教材中并不是唯一惯例。有些作者喜欢指定 y 轴为穿过环节端点的轴,x 轴为指向前方的轴。其实这些惯例在数学计算上是相同的,因为两种系统都是右手正交坐标系。但是,读者必须仔细识别作者运用了哪种惯例。

姿势评价:追踪环节 LCS

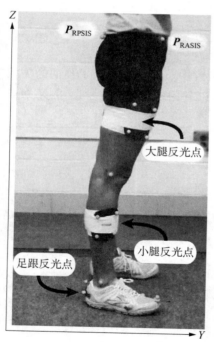

图 2.11　本章所采用的右侧肢体各环节追踪点配置图。刚性板上的反光点群组用于追踪足、小腿和大腿环节。对于骨盆,左右髂前上棘和髂后上棘上的标定反光点作为追踪点使用。膝关节、踝关节和足上的其他标定反光点,在运动试验中可以摘除

我们将利用三节课的时间呈现用于计算人体刚体姿态(位置和方向)的数学算法。在本章中,我们采用 Lu 和 O'Connor(1999)的术语描述一种"直接"方法,一种"环节最优化"方法,以及一种"地球最优化"方法。三种算法都涉及前面定义的各个环节 LCS,因此三种算法的差异与所选取的 LCS 无关。

描述一个无约束的刚体环节需要 6 个独立的变量(通常称为自由度):其中 3 个规定了原点的位置,另外 3 个确定方向。自由度数量与反光点数量的关系如下:1 个贴在环节上的反光点可以确定 3 个自由度,再增加 1 个反光点可以增加 2 个自由度,第三个反光点确定最后 1 个自由度。因此充分地描述环节的位置(6 个自由度),我们必须在一个环节上贴放至少 3 个不共线的反光点。

追踪环节指的是利用运动学数据来评价环节姿势的过程。追踪反光点指的是在运动试验过程中,贴附于环节上用于追踪环节姿势的反光点(见图 2.11)。这三种姿势估算算法的原则假设反光点随着其附着的身体环节运动。也就是说,在运动过程中反光点在环节 LCS 中的坐标始终不变。然而众所周知,反光点贴附在皮肤上,在运动过程中相对于人体骨骼会产生移动(Cappozzo 等,1996b;Karlsson 和 Tranberg,1999),这称为软组织非自然信号。同时,运动捕捉反光点的数据也存在噪声、形变或者丢失。反光球噪声以及软组织非自然信号会造成较差的姿势估算结果。为了使

这些噪声的影响最小化,我们需要规范发光点贴放位置或者选择合适的估算算法来提高姿势估算的准确性。尽管运动捕捉系统提供了简单评价传感器噪声的方法,但是量化软组织非自然信号仍然是一项挑战。因为这些信号看似是系统性的,然而实际它是始终在变化的,每次情况都不一样。本书中描述的三种姿势估算法在弥补软组织非自然信号的能力上有显著差异。

直接姿态估算

直接姿态估算法是在计算运动试验中各环节的 LCS,采用与静态站立试验中相同的计算方法。这种完全相同的直接计算法最主要的局限性体现在没有多余的反光点和放置位置;反光点必须精确地放置在这种方法要求的位置上,所有的反光点必须出现在运动试验中的每一帧。我们一起来想想之前提到的右侧大腿环节 LCS。严格的直接算法要求膝关节内侧反光点出现在数据的每一帧,但这就会存在一些应用性的问题,因为这个反光点在运动试验过程中很容易被碰掉。为了避免这种情况发生,可以在与其他追踪点不共线并且方便的位置放置一个追踪反光点。在一些情况下,这种方式是为柱状环节设计的,用于提高追踪轴向旋转的准确性。

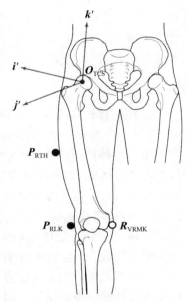

图 2.12 利用 O_{TCS} 和 P_{RLK} 以及在右侧大腿上的附加反光点 P_{RTH},可以建立一个技术坐标系。技术坐标系的原点 O_{TCS} 位于右侧膝关节 P_{HIP}。局部坐标系可以通过这些点建立。这里需要建立一个位于膝关节内侧的虚拟点 R_{VRMK}

在推算动态试验中某一帧膝关节内侧点脱落时的姿态时,可以通过计算机运算一个虚拟替代点来用于建立大腿的 LCS。这个虚拟发光点是在一个技术坐标系(technical coordinate system,TCS)中计算出来的。这个系统是通过髋关节中心、膝关节外侧点以及大腿的附加点 P_{RTH} 定义的(见图 2.12)。TCS 的原点位于髋关节中心:

$$O_{\text{TCS}} = P_{\text{RHIP}} \qquad (2.43)$$

第一个单位向量用 O_{TCS} 减去 P_{RLK} 获得:

$$k' = \frac{O_{\text{TCS}} - P_{\text{RLK}}}{|O_{\text{TCS}} - P_{\text{RLK}}|} \qquad (2.44)$$

接着,用 P_{RTH} 减去 P_{RLK} 获得一个单位向量:

$$v' = \frac{P_{\text{RTH}} - P_{\text{RLK}}}{|P_{\text{RTH}} - P_{\text{RLK}}|} \qquad (2.45)$$

第二个单位向量利用 k' 和 v 的叉积获得:

$$j' = k' \times v \qquad (2.46)$$

最后我们利用叉积求得第三个单位向量:

$$i' = j' \times k' \qquad (2.47)$$

TCS 的方向可以表述为

$$\boldsymbol{R}_{\text{TCS}} = \begin{bmatrix} \boldsymbol{i}'_x & \boldsymbol{i}'_y & \boldsymbol{i}'_z \\ \boldsymbol{j}'_x & \boldsymbol{j}'_y & \boldsymbol{j}'_z \\ \boldsymbol{k}'_x & \boldsymbol{k}'_y & \boldsymbol{k}'_z \end{bmatrix} \tag{2.48}$$

我们可以利用下式将膝关节内侧点的坐标由 GCS 转化到 TCS 中：

$$\boldsymbol{P}'_{\text{RMK}} = \boldsymbol{R}_{\text{TCS}}(\boldsymbol{P}_{\text{RMK}} - \boldsymbol{O}_{\text{TCS}}) \tag{2.49}$$

如果我们假设 $\boldsymbol{P}'_{\text{RMK}}$ 在 TCS 一直存在（如反光点牢固地附着在环节上），即便在运动测试中实体反光点被移出，仍可以计算出一个虚拟位置。在运动测试中的每一帧创建一个点 $\boldsymbol{R}_{\text{TCS}}$。接着，我们将 $\boldsymbol{P}_{\text{RMK}}$ 转换到 GCS 建立一个虚拟点 $\boldsymbol{P}'_{\text{VRMK}}$。可以利用这个点计算 LCS：

$$\boldsymbol{P}_{\text{VRMK}} = \boldsymbol{R}'_{\text{TCS}}\boldsymbol{P}_{\text{RMK}} + \boldsymbol{O}_{\text{TCS}} \tag{2.50}$$

这种直接算法的第一个局限是定义 LCS 只用了 3 个反光点，也就是说没有多余的点来表示该环节；如果一个追踪点被挡住了，就无法计算 LCS。第二个局限是这种直接算法没用利用刚性身体假设（即在运动过程中，反光点的分布位置不发生变化）减少软组织非自然信号的影响。因此，如果反光点的位置发生错误，就会直接在估算的 LCS 产生错误。第三个局限性体现在：在计算骨盆以下的所有环节姿态时，都是利用由近端环节推算的虚拟关节中心。因此，当计算这些环节姿态时，错误会从近端向下远端传递至整个肢体链。例如，在骨盆上确定一个位置时产生的错误会造成其他环节的定位产生错误。这种直接算法的第四个局限性体现在：因为构成关节的近端环节的远端和远端环节的近端总会共用一个点（关节中心位置），所以无法测试真的关节位置。综上所述，直接姿态测评法是本章中提到的三种姿态估算算法中效果最差的一种。

基于环节优化法的姿态估算法

环节优化法这个术语（最早出现在 Lu 和 O' Connort，1999）起源于由 Cappozzo 及其同事（1995）提出的术语最佳追踪。Cappozzo 及其同事的最佳追踪指的是在估算每个环节姿态时用到了一些数学最优化算法。然而最优这个词并非必须是最佳追踪。环节最优化通常也称为六自由度（6 DOF）法，因为每个环节上至少有 3 个追踪反光点，而且要对描述其姿态的 6 个变量全部进行计算（其中 3 个变量描述该环节原点位置，另外 3 个描述绕其局部坐标系 3 个轴的转动）。单独追踪每一个环节表示环节间没有直接链接（即预设环节特性的假设）。近端环节和远端环节端点根据直接采集到的运动学数据彼此相对运动，换句话说，关节点可能存在 6 个自由度。

在这部分我们利用与前面直接估算法所描述的相同的 LCS 定义，因此，同样要在静态站立测试时根据解剖学标志点设置的反光点。除了这些解剖学反光点外，还要在每个环节上固定一组反光点，一组由 3 个或更多的反光点构成 Cappozzo 等（1997）推荐 4 个追踪点为一组。通常来说，追踪点不一定非要是解剖学反光点以外的点，但是这样做有利于明确 LCS 和姿态估算定义上的差别。应用这种方案时，在静态站立测试过程中解剖学反光点和追踪反光点必须放置在受试者身上，但在运动采集过程中解剖学反光点可以摘除。

与直接计算法一样,六自由度法假定追踪点的位置在 LCS 是固定的。原则上,追踪点可以放置在刚性环节上的任意位置。在实际应用过程中,将反光点分散放置在整个环节表面并且放置在软组织移动最小的部位可以减少数据中的人为误差(Cappozzo 等,1996)。解剖学反光点仅用于采集受试者静态数据的测试中,因此解剖学反光点是否放置稳定并不重要。

为了理解这种算法,先用一个旋转矩阵 $\boldsymbol{R}_{SEG}$ 定义一个环节静态下的 LCS,原点的位矢是 $\boldsymbol{O}_{SEG}$。3 个追踪反光点放置在环节 LCS 的位置 $\boldsymbol{P}_i$ 上,环节 GCS 的 $\boldsymbol{P}_i$(见图 2.13):

$$\boldsymbol{P}_i = \boldsymbol{R}'_{SEG} \boldsymbol{P}'_i + \boldsymbol{O}_{SEG} \quad (2.51)$$

如果环节在运动,只要 3 个不共线的点 $\boldsymbol{P}_i$ 已在静态测试时确定,并且 $\boldsymbol{P}_i$ 点在每一帧的运动数据都被记录,则每个时刻都可以计算出新的方向矩阵 $\boldsymbol{R}'_{SEG}$ 和平移向量 $\boldsymbol{O}_{SEG}$。矩阵 $\boldsymbol{R}'_{SEG}$ 和向量 $\boldsymbol{O}_{SEG}$ 是通过最小化误差平方和推算出来的,如下式:

$$E = \sum_{i=1}^{m} ((\boldsymbol{P}_i - \boldsymbol{R}'_{SEG}\boldsymbol{P}'_i) - \boldsymbol{O}_{SEG})^2 \quad (2.52)$$

在标准正交约束下,则有

$$\boldsymbol{R}'_{SEG}\boldsymbol{R}_{SEG} = \boldsymbol{I} \quad (2.53)$$

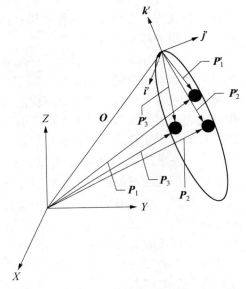

图 2.13 追踪反光点在 GCS 和 LCS 的关系。反光点在环节的 CGS (XYZ) 中表示为 $\boldsymbol{P}_1$、$\boldsymbol{P}_2$ 和 $\boldsymbol{P}_3$,在 LCS(i', j', k') 中表示为 $\boldsymbol{P}'_1$、$\boldsymbol{P}'_2$ 和 $\boldsymbol{P}'_2$

其中,m 等于该环节上反光点的数量($m > 2$)。

接下来这部分是对这种技术完整性的补充。式(2.52)存在一个固有的最大最小值问题。这一问题可以利用拉格朗日乘子法解决(Spoor 和 Veldpaus,1980)。式(2.52)中使 $\boldsymbol{R}_{SEG}$ 和 $\boldsymbol{O}_{SEG}$ 产生最小值存在无数种解。拉格朗日乘子法利用下面的边界条件[利用式(2.53)推得]使之减少为一个独一无二的解:

$$g(\boldsymbol{R}_{SEG}) = \boldsymbol{R}'_{SEG}\boldsymbol{R}_{SEG} - \boldsymbol{I} = 0 \quad (2.54)$$

这种方法将式(2.52)的斜率设置为式(2.54)斜率的拉格朗日乘子的倍数:

$$\nabla f(\boldsymbol{R}_{SEG}, \boldsymbol{O}_{SEG}) = \lambda \nabla g(\boldsymbol{R}_{SEG}) \quad (2.55)$$

最后得到下面的等式:

$$\nabla f(\boldsymbol{R}_{SEG}, \boldsymbol{O}_{SEG}) - \lambda \nabla g(\boldsymbol{R}_{SEG}) = 0 \quad (2.56)$$

只要 $m > 2\boldsymbol{R}_{SEG}$ 和 $\boldsymbol{O}_{SEG}$ 就存在确定的唯一解。

换言之,将运动捕捉的反光点映射成 6DOF 的环节其实就是追踪在环节上固定的一组反光点的过程。这种最小二乘法算是直接型的识别算法;每一个 LCS 中的追踪点布局(分布)要在静止站立测试中确定,同时这种分布和运动捕捉过程中每一帧的布局一致。利用这种环节优化方法进行姿态估算有很多优势,因为它的使用简单明了,便于理解,不需要主观指导。获得的结果没有局部极小值。

环节优化算法的前提假设是各环节是由运动捕捉数据连接起来的(环节不会脱离,因为受试者在运动捕捉过程中是不会散架的),并且建立的关节都有 6 个自由度(将所有环节看作是独立的)。然而,利用环节最优法追踪一个环节的姿态并不约束近端环节和远端环节必须彼此相对固定。这种运动可能是真实的(如膝关节并不是一个固定轴),也可能是由于噪声信号或是皮肤移动的误差引起的错误。两个之间的端点如果过度运动可能表示数据采集过程中出现了严重的问题,需要及时解决。

环节最优法不需要限定放置在环节上的追踪点的位置,所以可以在很大的范围内任意放置反光点。环节最优推算法允许我们尝试不同的反光点贴放位置以减少软组织引起的误差。这种方法也利用了最小二乘法拟合可以在 $m > 3$ 的超定系统下完成这样一个事实。这允许无限数量的反光球来追踪每个环节。如果数据中的噪声或者非自然信号是不相关的,所计算出来的姿态会将噪声的影响最小化。如果某些点缺失了,超定允许只要 $m > 2$ 就可以计算环节的姿态。

利用地球最优法估算姿态

Lu 和 O'Connor(1999)描述了地球最优法,该方法可以将物理学上真实的关节限制添加到模型上以减少软组织的影响以及测量误差。地球最优法通常也称为逆向运动学,其解明确与所选用的分级模型有关。因为其任务就是确定一个由一组刚性环节与关节相连构成铰链的人体模型。

地球最优算法要参照一个地球标准来计算与运动捕捉数据最吻合的模型姿态。换句话说,地球最优法就是在数据每一帧搜索一种最佳多链模型的最佳姿态,这种姿态要保证采集的标志点坐标系和模型定义的标记点坐标系插值最小化(利用最小二乘法)。这种方法考虑到系统内的测量误差分布,并为身体环节之间提供了一种误差补偿机制,可以认为是系统级别最优化的方法。从数学角度说,van den Bogert 和 Su(2007)利用一组广义坐标 q 描述了整个人体的构成。这些广义坐标是用来表述模型姿态数值最小的一组自变量。地球最优法其实是环节最有姿态评估法的延伸,因为如果所有关节都规定为 6 自由度,它们的解是相等的。

可以将式(2.51)延伸为一个广义坐标 q 的函数如下:

$$P_i = R'(q)P_i' + O(q) \tag{2.57}$$

最小化的表达方式[式(2.52)],现在变为

$$E(q) = \sum_{i=1}^{m} \{P_i - R'(q)P_i' - O(q)\}^2 \tag{2.58}$$

式中,m 是逆向运动学链上所用环节中全部反光点的数量。

一般情况下,地球最优化问题没有解析解。要详细描述解决最小化问题的方法已经超出了本章的范围;按照计算效率排序的常见最小化算法有 Levenberg-Marquardt 算法、

quasi-Newton 算法和 simulated annealing algorithms 算法。

推算环节姿态,我们要利用传感器采集环节的位置或(和)方向。所需反光点的数量以及发光点需要附着的环节数量取决于模型的分级结构和所运用的姿态估算算法。最重要的概念是可观测性。如果数据足够独立描述模型的姿态,那么系统就是可观测的。

对于环节最优算法,如果一个环节上有 3 个或者更多不共线的反光点,那么这个环节就是可观测的。因此,这是简单的直观定义。地球最优化分级模型的复杂性妨碍了这种直接通过计数确定反光点数量以保证可观测性的途径。例如,试想一种极度简化的双环节逆向运动学模型,一个环节上粘贴了 6 个反光点,而另一个上没有任何反光点。虽然在模型上存在 2×3 个反光点,但是这模型仍然是不可测量的。如果地球最优化模型每个环节上至少有 3 个跟踪反光点,那么就可以保证其可观测性。而 IK 法的一个优势就是一个模型上每个环节上的跟踪反光点可以少于 3 个,这是因为关节约束如一个环节的父关节只允许一个自由度,那么这个关节上只需要一个跟踪点。

在很多情况下,IK 法首选六自由度的解法,因为关节约束包含的是一种最小化工件的方法,但是必须先确定关节约束的适宜度。例如,一个要理解受伤膝关节(如前交叉韧带损伤)运动学的实验可能不能利用 IK 法得到有用的信息。因为,规定的膝关节运动可能掩饰了其损伤的本质。IK 法是环节最优姿态估算法的延伸,因为如果一个关节是六自由度,那么解是相等的。

众所周知,通过最优算法计算的残差 $E(q)$[见式(2.58)]反映的是反光点噪声和软组织误差。对于环节最优方法,在一个环节上放置许多分散的反光点,可以减少不想考虑的噪声的影响(Cappozzo 等,1997)。并且地球最优方法利用关节约束又减少了正交于约束误差的影响。然而,我们真正想做的是将估算姿态的系统误差最小化。正如 Cereatti 及其同事(2006)报道的,一共有几种调整最优算法来使软组织误差最小化的尝试,但没有一种令人满意,因为判别模型没有能补偿系统误差的机制,即使软组织误差可以建模也不行。有人建议,再利用包含噪声的运动捕捉数据进行姿态估算,可以利用基于贝叶斯推理的数据不确定性假设和已经公认的概率算法来更好地解决(Todorov,2007)。贝叶斯统计法是一种特别适合解决不确定数据的方法,因为它提供了一种基于不确定信息的推论框架。要详细解释概率姿态推算法已经远超出本章的范围,但是我们还是不希望让读者留下一个印象,就是没有一种方法可以解决软组织误差。

关节角度

关节角度是一个局部坐标系和另一个局部坐标系的相对方向,并且与这些坐标系的原点位置无关。关节角度对于许多生物力学家来说是一个概念上的挑战,所以我们要仔细解释一下。读者要意识到以下挑战,这很重要。

(1) 关节角度很少用方向矩阵表示,而是利用方向矩阵的一种参数化的表达方式来表现,而且所得角度不是一个向量。这意味着角度不能进行加减,这使得基准角的规格变得不适用。

(2) 一些关节,例如肩关节,没有任何一个独立的关节角度定义可以从解剖学角度描述其完整运动范围。

(3) 有许多临床和与运动相关的惯例规定的角度是基于运动的坐标系(如高尔夫的挥

杆面,或者被抛出物体的运动方向),而不是基于结构或者解剖学的坐标系。这就要求建立虚拟坐标系,这种坐标系会依据试验要求的不同而改变,而不是像定义环节那样一成不变。

(4)尽管在矢状面、额状面和水平面上投射形成 2D 角度很好理解,但该方式无法形成 3D 角度。事实上,以 3D 角度来描述多个平面角是错误的。

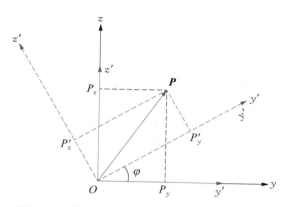

图 2.14 这里的坐标系指定为 xyz 和 $x'y'z'$。如图所示旋转是绕 x 和 x' 轴进行的。向量 **P** 可以用坐标系 yz 中的(P_y, P_z)表示,也可以用坐标系 $y'z'$ 中的(P'_y, P'_z)表示。如果坐标系 yz 通过旋转变成 $y'z'$ 经过了角 φ,那么就可以确定一个旋转矩阵将 **P** 转化为 **P'**

有几种方法可以用于将两个坐标系的相关方向参数化(如 Grood 和 Suntay,1983;Spoor 和 Veldpaus,1980;Woltring,1991)。本章将阐述最常用的三种方法,它们分别是 Cardan-Euler 法(如 Davis 等,1991;Engsberg 和 Andrews,1987)、关节坐标系法(如 Grood 和 Suntay,1983;Soutas-Little 等,1987)和螺旋角法(如 Woltring,1991)。

要阐明一个旋转坐标系的概念,我们先来看围绕一个轴的 2D 旋转(绕 x 轴)。在图 2.14 中定义的坐标系 xyz 和 $x'y'z'$ 最初是一致的,也就是,坐标原点是相同的,y 轴和 y' 轴是重合的。局部坐标系 $x'y'z'$ 从局部坐标系 xyz 的右侧水平方向旋转了角 φ(即绕 x 轴正向旋转),描述由 **P** 向 **P'** 2D 转换的旋转矩阵可以表示为

$$\boldsymbol{R}_x = \begin{bmatrix} \cos\varphi & \sin\varphi \\ -\sin\varphi & \cos\varphi \end{bmatrix} \tag{2.59}$$

一个向量 **P** 可以利用旋转矩阵[式(2.59)]在任何一个局部坐标系中表示,**P** = (P_y, P_z)或者 **P'** = (P'_y, P'_z)。将向量 **P** 转换为 **P'**:

$$\boldsymbol{P}' = \boldsymbol{R}_x\boldsymbol{P} \ \text{或} \ \begin{bmatrix} y' \\ z' \end{bmatrix} = \boldsymbol{R}_x \begin{bmatrix} y \\ z \end{bmatrix} \tag{2.60}$$

同样地,也可以将 **P'** 转换为 **P**:

$$\boldsymbol{P} = \boldsymbol{R}'_x\boldsymbol{P}' \ \text{或} \ \begin{bmatrix} y \\ z \end{bmatrix} = \boldsymbol{R}'_x \begin{bmatrix} y' \\ z' \end{bmatrix} \tag{2.61}$$

在这个例子中,向量可以在不同坐标系中表示,也就是一个坐标系中的向量可以通过旋转矩阵在另一个坐标系中表示。

卡当-欧拉角

一个 3D 旋转矩阵(换句话说,就是一个 LCS 关于另一个 LCS 的方向)可以利用围绕独立坐标轴的三次连续旋转表示。这就意味着三个元素(角度)完全定义了一个 3×3 旋转矩阵中的九个要素。旋转的顺序是非常重要的,为了清晰起见,我们来完整描述一个特别的顺

序,并评价其他顺序。

在生物力学中最常用的是卡当旋转顺序 XYZ(Cole 等,1993)。这个顺序包括三步:第一步,绕指向外侧的 X 轴旋转;第二步,绕指向前方的 Y 轴旋转;第三步,绕垂直轴 Z 旋转。记住 X 轴对于身体右侧环节是指向外侧的,但是对于左侧环节是指向内侧的。这种顺序的图解如图 2.15 所示。

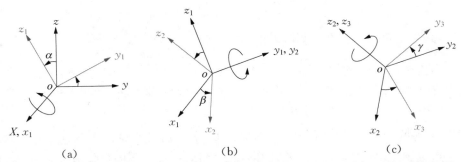

图2.15 卡当旋转顺序 XYZ。首先(a)绕固定坐标系的 X 轴旋转角 α;接着(b)绕新生成的 y_1 轴旋转角 β;最后(c)绕 z_2 轴旋转角 γ

如图 2.15 所示,我们可以发现绕 X 轴的第一次旋转 α 产生 Y 轴和 Z 轴的新方向(y_1, z_1),而 X 轴仍然指向原方向并重新命名为 x_1;第二次绕坐标轴 y_1 旋转 β,x_1 和 z_1 转到了新的位置(x_2, z_2);第三次旋转 γ 是绕 z_2 进行的,轴 x_2 和 y_2 有了新的方向 x_3 和 y_3。

为了方便说明,我们先来计算一个 3D 环节角,它是一个环节的 LCS 相对于实验室 GCS 的旋转(见图 2.16)。环节角只有在坐标系定义不变的情况下才具有解剖学意义(即本章中的垂直轴 Z,向前的 Y 轴和横轴 X)。这就是说步态中行走的方向必须是实验室 GCS 向前的方向,这也是一种自然限制,所以很多实验室定义虚拟 GCS 时将其向前的正方向为行走的方向。

在本章之前的部分,我们讲述了如何在每一帧数据定义环节的 LCS[即计算骨盆 LCS 的等式(2.16)]。等式所得的方向矩阵正是我们要用来计算环节角的矩阵。通过详细描述旋转矩阵的 XYZ 顺序,我们将讲述如何提取卡当角。按 XYZ 顺序旋转的角指定如下:第一次旋转为 α;第二次旋转为 β;第三次旋转为 γ。按照 XYZ 旋转顺序的旋转矩阵 $\boldsymbol{R}$ 表示为

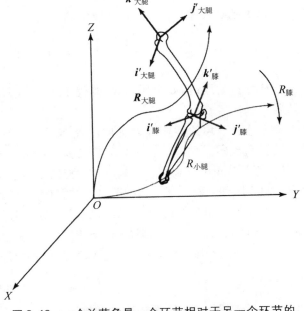

图2.16 一个关节角是一个环节相对于另一个环节的方向。在这个例子中,膝关节角是小腿环节相对于大腿环节的方向

$$\boldsymbol{R} = \boldsymbol{R}_z \boldsymbol{R}_y \boldsymbol{R}_x \tag{2.62}$$

其中

$$\boldsymbol{R}_x = \begin{bmatrix} 1 & 0 & 0 \\ 0 & \cos\alpha & \sin\alpha \\ 0 & -\sin\alpha & \cos\alpha \end{bmatrix}, \boldsymbol{R}_y = \begin{bmatrix} \cos\beta & 0 & -\sin\beta \\ 0 & 1 & 0 \\ \sin\beta & 0 & \cos\beta \end{bmatrix}, \boldsymbol{R}_z = \begin{bmatrix} \cos\gamma & \sin\gamma & 0 \\ -\sin\gamma & \cos\gamma & 0 \\ 0 & 0 & 1 \end{bmatrix} \tag{2.63}$$

旋转矩阵是将式(2.63)中三个矩阵相乘得到的:

$$\boldsymbol{R} = \begin{bmatrix} \cos\gamma\cos\beta & \cos\gamma\sin\beta\sin\alpha + \sin\gamma\cos\alpha & \sin\gamma\sin\alpha - \cos\gamma\sin\beta\cos\alpha \\ -\sin\gamma\cos\beta & \cos\alpha\cos\gamma - \sin\gamma\sin\beta\sin\alpha & \sin\gamma\sin\beta\cos\alpha + \cos\gamma\sin\alpha \\ \sin\beta & -\cos\beta\sin\alpha & \cos\beta\cos\alpha \end{bmatrix} \tag{2.64}$$

这个组合矩阵中的元素代表一个 LCS 关于 GCS 的相对方向。这个矩阵通常称为分解矩阵(decomposition matrix)。卡当角计算是直接对式(2.64)中的矩阵 $\boldsymbol{R}$ 进行推导,角 α 利用元素(3,2)和(3,3)计算得到:

$$\alpha = \arctan\left(\frac{-R_{32}}{R_{33}}\right) \tag{2.65}$$

角 β 通过元素(1,1)(2,2)和(3,1)获得:

$$\beta = \arctan\left(\frac{R_{31}}{\sqrt{R_{11}^2 + R_{21}^2}}\right) \tag{2.66}$$

角 γ 通过元素(2,1)和(1,1)得到:

$$\gamma = \arctan\left(\frac{-R_{21}}{R_{11}}\right) \tag{2.67}$$

从计算角度讲,如果用 $\tan^2$ 替代了 $\tan^{-1}$,那么全部三个要素的范围间隔$[-\pi, \pi]$的弧度。

一个环节角的推导可以延伸出关节角的推导,即将一个环节 LCS 相对于另一个环节 LCS 进行旋转。关节的运动常常定义为远端环节相对于近端环节的方向(Woltring,1991)。例如,膝关节角可以利用小腿相对于大腿的方向求得。计算关节角要比计算环节角多一步,因为我们要用到的两个环节都用于描述它们有相对于实验室 GCS 方向的转动矩阵。

以膝关节角为例说明(见图 2.16),大腿的 LCS 相对于实验室 GCS 的转换可以表示为 $\boldsymbol{R}_{\mathrm{RTHIGH}}$,即式(2.23)。小腿的 LCS 相对于实验室 GCS 的转换可以表示为 $\boldsymbol{R}_{\mathrm{RSHANK}}$,见式(2.29)。那么小腿 LCS 关于大腿 LCS 的转换可以表示为

$$\boldsymbol{R}_{\mathrm{RKNEE}} = \boldsymbol{R}_{\mathrm{RSHANK}} \boldsymbol{R}'_{\mathrm{RTHIGH}} \tag{2.68}$$

其中,$\boldsymbol{R}'_{\mathrm{RTHIGH}}$ 是大腿 LCS 矩阵的转置矩阵。

卡当角可以利用式(2.65)、式(2.66)和式(2.67)从旋转矩阵 $\boldsymbol{R}_{\mathrm{RKNEE}}$ 推导获得。对于顺序 XYZ 和近端参照膝关节角,三个卡当-欧拉角可以解释为

（1）屈伸——大腿指向外侧的 x 轴。

（2）内收外展——一个节点轴（如一个垂直于屈伸轴和垂直轴的坐标轴）。

（3）轴向旋转——小腿的纵向轴 z 轴。要注意的是 α，β，γ 仅在 β 小于 $40°$ 时才是有效的，当 β 等于 $90°$ 时，计算是无效的。β 大于 $40°$ 的情况常常是在肩关节，且此时需要一个不同的卡当-欧拉顺序产生具有解剖学意义的角度。对于下肢而言，利用 XYZ 顺序的推导通常都是有效的。

我们在这里仅仅展示了 12 种欧拉顺序中的一种。12 种顺序中的 6 种，包括这里展示的这种顺序，包含了绕三个轴的旋转（如之前的 XYZ 顺序），并称为卡当角。第一次旋转是绕固定在 $LCS_1(x_2，y_2，z_2)$ 的一个坐标轴旋转，第二次是绕一个浮动轴的旋转（一个依据第一和第三轴方向变化的轴），第三次是绕固定在 LCS_2 上的坐标轴旋转$(x_2，y_2，z_2)$，剩下的 6 种顺序的最后一个旋转轴与第一旋转轴完全相同。这 6 种顺序称为欧拉旋转（如 XYX，ZYZ 等），定义这些旋转的角度称为欧拉角。

欧拉角和卡当角都是将一个坐标系相对于另一个坐标系的方向描述为一个坐标系从初始位置经过一系列旋转的变化。在生物力学中，卡当旋转序列比欧拉顺序更多地应用于推算下肢关节角。对于下肢关节角以及本章中运用的环节坐标系定义，只有卡当 XYZ 顺序符合屈伸、内收外展、内旋外旋的解剖学定义。因此一定要注意环节 LCS 的特点并选择合适的欧拉-卡当顺序。如果你想要根据本章描述的选取坐标系惯例（如 Z 轴为垂直轴，Y 轴为矢状轴）对自己的惯用坐标系进行调整，你一定要理解这样选择的结果。对于 Y 轴为垂直轴，X 轴为矢状轴的坐标系，下

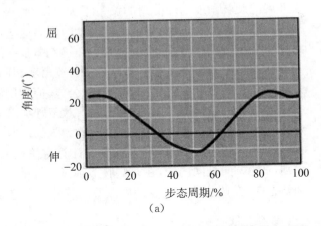

(a)

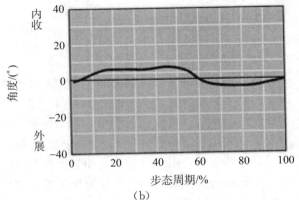

(b)

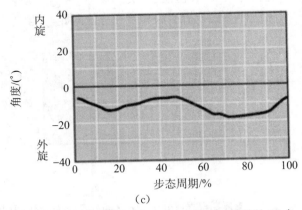

(c)

图2.17 行走过程中健康受试者复步髋关节的3D角度变化，最上面的是矢状面（屈伸），中间的是额状面（内收外展），最下面的是水平面（内旋外旋）

肢关节通常要利用 ZXY 的顺序。

图 2.17 中，我们可以看到屈伸的图像类似一种可对比的 2D 图像。轴向运动范围和内收外展的旋转角度与屈曲角的关系不大。Davis 及其同事声明在他们的临床实验室中没用利用这些内收外展角度和轴向旋转角度，因为这些数据的噪声比并不理想。然而，尽管这些角度非常小，他们仍然可能包含关于理解人体步态的信息。

计算髋关节角度运用了与计算膝关节角度相同的公式，但是利用的是大腿 LCS 相对于骨盆 LCS。计算踝关节也用到同样的公式，但运用的是足的 LCS［注意这里用的是式（2.42）中描述的 R_{FOOT2}］且运动术语也不同。对于踝关节，屈伸角 α 称为踝的跖屈和背屈；第二个角 β 称为踝的内外翻；轴向旋转角 γ 称为踝的内收外展。

对于左侧下肢，每个环节 LCS 的计算方法与右侧肢体相同。但是，因为严格运动右手法则，i' 的方向是向内的，在右侧肢体则是向外的。为了保证左右肢体关节角具备相同的解剖学方向，左侧肢体的内收外展以及内旋外旋角度要乘以 —1。

参考文献

Siegel, K. L., T. M. Kepple, P. G. O'Connell, L. H. Gerber, and S. J. Stanhope. 1995. A technique to evaluate foot function during the stance phase of gait. *Foot & Ankle International*. 16(12): 764 - 770.

本研究的目的是开发和描述一种用于评价步态过程中足功能的 3D 生物力学方法。该研究包括 1 名没有足部畸形的受试者、4 名患有类风湿性关节炎的受试者以及 1 名一侧足严重外翻的受试者。研究人员利用 3D 运动捕捉系统评价了足的功能。坐标系的运动学数据采用了 3 种坐标系中的一种来表述：z 轴为垂直轴局部坐标系，y 轴指向前进方向；x 轴垂直于另外两个轴。用于分析的运动学数据包括绝对环节角度和相对关节角度。结果表明足的功能随着所患疾病的严重程度发生了明显变化（见图 2.18）。这个测试技术能够区分正常人群和患有类风湿性关节炎的患者，并且能够区分患者所患疾病的等级。进一步的研究将利用这种方法分析疾病和治疗方法对足功能的影响。

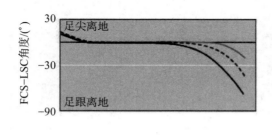 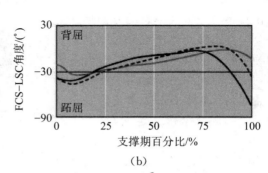

(a) (b)

图 2.18 支撑期根据百分比划分区间的足（FCS）相对于小腿（LCS）角度的曲线。健康受试者，黑线；患有类风湿性关节炎的女性受试者，虚线；患有类风湿性关节炎的男性受试者，灰线；(a)足与地面的接触角；(b)足相对于小腿的跖屈和背屈角

（引自 Siegel et al., 1995, "A technique to evaluate foot function during the stance phase of gait," Foot & Ankle International 16(12): 764 - 770.）

关节坐标系

关节坐标系(JCS)首先被提出用于描述膝关节运动(Grood 和 Suntay，1983)，并曾用于其他下肢关节。这一方法是成熟的，所以身体环节间所有三个旋转有功能和解剖意义。JCS 方法用构成关节的两个环节的局部坐标系中的各自一个坐标轴。以膝关节为例(见图2.19)，JCS 的长轴是远端环节(k'_{shank})局部坐标系的 Z 轴；横轴是近端环节(k'_{thigh})局部坐标系的 X 轴；第三个轴是一个浮动轴，为长轴与横轴的叉积，因此垂直于由这两个轴组成的平面($k'_{shank} \times k'_{thigh}$)。应该清楚的是这个系统的垂直轴与横轴不一定垂直。因此，JCS 不是一个正交系统。膝关节某一瞬间的JCS 大体如图 2.19 所示。

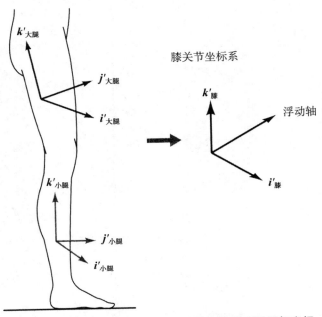

图 2.19 膝关节 JCS 的表示方法。垂直轴是小腿局部坐标系的 k 轴，内外轴是大腿局部坐标系的 i 轴，浮动轴为叉积 $k \times i$。

JCS 的角度设置为 α 为屈-伸，β 为内收外展，γ 为内外旋，与之前展示的卡尔当角度设置相同。屈-伸被假定为绕近端环节(i'_{thigh})横向轴的转动，内收-外展为绕浮动轴($k'_{shank} \times i'_{thigh}$)的转动。轴向转动为绕远端环节($k'_{shank}$)垂直轴的转动。已有研究表明只有在近端环节为参考环节时，JCS 等同于之前描述的 XYZ 卡尔当转动序列(Cole 等，1993)。

参考文献

McClay，I.，and K. Manal. 1997. Coupling parameters in runners with normal and excessive pronation. *Journal of Applied Biomechanics* 13：109 - 24.

这篇研究的目的是探讨正常足内翻(NL)与过度内翻(PR)人群在跑步支撑阶段足与膝关节运动耦合行为的差异。作者采集了三维数据并用 JCS 计算了踝关节与膝关节角度(见图 2.20)。

比较两组的足后部外翻与胫骨内旋间的偏移比率后发现，内翻受试者显著性更低。同时考察了外翻、膝屈曲与膝内旋的峰值时刻发现，膝关节与足后部角度峰值间的时间不存在组间差异，即使在正常人群组中更加接近。这个研究的结果表明后足增加的运动能够导致膝关节过度运动。

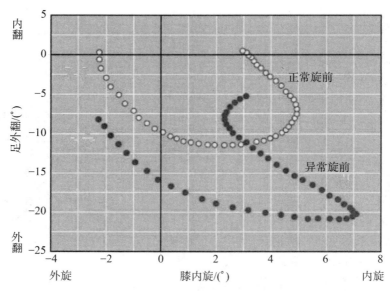

图 2.20　正常与过度内翻受试者踝外翻与膝内旋的角-角图

（经允许重制自 I. McClay and K. Manal, 1997, "Coupling parameters in runner with normal and excessive pronation," Journal of Applied Biomechanics 13：109 - 124.）

螺旋角度

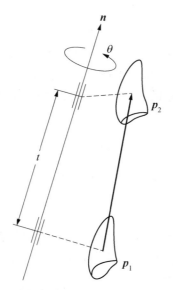

图 2.21　有限螺旋轴是通过沿 P_1 点到 P_2 点螺旋轴的平移与转动定义的

（引自 Human Movement Science, Vol. 10, "Representation and calculation of 3D joint movement," H. J. Woltring, pg. 603 - 6I6, copyright 1991,已经被 Elsevier 允许）

另一种确定一个局部坐标系相对另一个局部坐标系方向系数的方法是基于有限螺旋轴或者螺旋轴（Woltring 等,1985；Woltring, 1991）。在这种技术中,定义一个位置向量与一个方向向量。从一个参考位置的任何有限运动可以用在单位方向 **n** 的空间里沿一条单一朝向直线或者轴（如螺旋轴）的旋转与平移描述（见图 2.21）。值得注意的是,在许多案例中,这个轴不与任一环节局部坐标系的定义轴相一致。

方向向量由之前计算的旋转矩阵 **R**′ 定义 [见式(2.61)]。应用 Spoor 和 Veldpaus(1980) 概括的关系计算方向向量分量。方向分量可确定为

$$\sin\theta\boldsymbol{n}=\frac{1}{2}\begin{bmatrix}R_{23}-R_{32}\\R_{31}-R_{13}\\R_{12}-R_{21}\end{bmatrix} \quad (2.69)$$

如果 $\boldsymbol{n}^{\mathrm{T}}(\boldsymbol{n}=1)$ 并且 $\sin\theta\leqslant\frac{1}{2}\sqrt{2}$,应用下式

求解 $\sin\theta$：

$$\sin\theta = \frac{1}{2}\sqrt{(R_{23}-R_{32})^2+(R_{31}-R_{13})^2+(R_{12}-R_{21})^2} \qquad (2.70)$$

然而，如果 $\sin\theta > \frac{1}{2}\sqrt{2}$，应用下式求解 $\cos\theta$：

$$\cos\theta = \frac{1}{2}(R_{11}+R_{22}+R_{33}-1) \qquad (2.71)$$

然后计算沿螺旋轴的单位向量 $\boldsymbol{n}$：

$$\boldsymbol{n} = \frac{\dfrac{1}{2}\begin{bmatrix} R_{23}-R_{32} \\ R_{31}-R_{13} \\ R_{12}-R_{21} \end{bmatrix}}{2\sin\theta} \qquad (2.72)$$

将它与式（2.71）放在一起，应用于式（2.72）的 θ 值为

$$\theta = \arcsin\left(\frac{1}{2}\sqrt{(R_{23}-R_{32})^2+(R_{31}-R_{13})^2+(R_{12}-R_{21})^2}\right) \qquad (2.73)$$

或

$$\theta = \arccos\left(\frac{(R_{11}+R_{22}+R_{33}-1)}{2}\right)$$

笛卡尔系、关节坐标系与螺旋轴角度对比

这里展示的方法中，笛卡尔与局部坐标系技术在计算三维关节角度时被广泛应用。没有哪个方法有明显的优势或劣势。事实上，这两种方法的原理是一样的，对于 XYZ 序列，各方法计算得到的角度结果应该相同。然而，相对于螺旋轴角度，存在一定的优势与劣势。

相对螺旋轴角度，笛卡尔角度的主要优势是它广泛应用于生物力学，并且提供了一个很好理解的下肢关节角度解剖学特征。如果 Y 轴旋转角度大于 $40°$ 的外展角，XYZ 序列没有解剖学意义，在万向节锁的案例中（当二次旋转等于 $\pm90°$）根本没有意义。然而，与下肢相比，这对上肢是一个更大的问题。

当旋转非常小时，螺旋角度尤其合适。它们消除了万向节锁的问题，然而螺旋角度提供的关节运动代表通常与具有临床意义的解剖代表不一致。另外，螺旋角度对杂乱的坐标数据非常敏感。因此，在计算螺旋角度之前，坐标数据必须进行充分的平滑处理。

关节角度标准化

关节角度参数化代表一个环节坐标系到另一环节坐标系转变的旋转矩阵。因此，关节角度直接取决于环节局部坐标系的方向。然而，许多研究人员偏好主张站立姿势为计算所有关节角度的参考姿势。换句话说，站立姿势的所有关节角度为零。相对于参考姿势定位关节角度为角度标准化。

标准化的过程比许多人想象的要更复杂，因为关节角度不是矢量。这就意味着他们不

能进行叠加或者相减。因此,在给定的数据框架中,标准化的关节角度不是简单地从计算的关节角度减去参照姿势中的关节角度。定义一个环节相对参考环节 $\boldsymbol{R}_{\mathrm{Ref}}$ 相对方向 $\boldsymbol{R}_{\mathrm{Seg}}$ 的旋转矩阵可以表达为

$$\boldsymbol{R} = \boldsymbol{R}_{\mathrm{Seg}} \boldsymbol{R}'_{\mathrm{Ref}} \tag{2.74}$$

对于一个标准化关节角度,旋转矩阵必须包括标定姿势 $\boldsymbol{R}_{\mathrm{CalSeg}}$ 与 $\boldsymbol{R}_{\mathrm{CalRef}}$ 的环节方向如下:

$$\boldsymbol{R} = (\boldsymbol{R}'_{\mathrm{CalSeg}} \boldsymbol{R}_{\mathrm{Seg}})(\boldsymbol{R}'_{\mathrm{CalRef}} \boldsymbol{R}_{\mathrm{Ref}})' \tag{2.75}$$

然后,标准化的关节角度可以从之前做过的 $\boldsymbol{R}$ 中提取出来。这种类型标准化的一个风险是参考姿势可能导致相对运动试验的万向节锁。这在受试者的站立实验朝向垂直运动实验时会发生。

一个明确(等价)的促使参考姿势代表零角度的方法是定义站立试验时所有环节坐标系朝向相同,并且向前的方向与受试者一致。完成这个的一个方式是忽略解剖标志,并且促使所有环节对齐实验室全局坐标系。效果与之前描述的标准化关节角度计算相同。有许多对齐环节坐标系的小技巧,但这超过了本章的范畴。

一些作者试图用标准化来消除标记点误放导致的环节坐标系确定的错误。实际上,这些作者在假设参考姿势为零角度将导致不同受试者与数据采集环节间的一致性(如零角度有统一的意义)。这个假设有错误是因为坐标系仍可能是不准确的。对于不同测试环节的参考姿势,参考姿势可能的确有一个普遍的零角度,但如果环节坐标系在不同测试环节中没有统一对齐,那么除参考姿势外,其他姿势都无法保证具有相同意义(时钟在静止时,一天有两次是正确的)。

卡尔当关节角度的关节角速度与角加速度

在二维分析时,为了获得关节角速度,将关节角度相对时间进行微分计算,而对于角加速度,关节角度相对时间两次微分。然而,在三维分析时,关节角度的导数($\dot{\alpha}$, $\dot{\beta}$, $\dot{\gamma}$)不等同于关节角速度或者两次求导不等同于角加速度,这是因为卡尔当角不是向量。

我们可以运用有限差分法微分旋转矩阵计算一个环节相对于实验室全局坐标系的角速度。计算 t_i 时刻的角速度 ω_i 是通过 t_{i-1} 时刻的旋转矩阵 $\boldsymbol{R}_{t_{i-1}}$ 与 t_{i+1} 时刻的旋转矩阵 $\boldsymbol{R}_{t_{i+1}}$ 间的转换,如下:

$$\boldsymbol{R}_{\Delta} = \boldsymbol{R}_{t_{i+1}} \boldsymbol{R}_{t_{i-1}} \tag{2.76}$$

$$|\omega_i| = \frac{\sigma}{t_{i+1} - t_{i-1}} \tag{2.77}$$

这里 $\sigma = \arccos\left(\dfrac{R_{\Delta 11} + R_{\Delta 22} + R_{\Delta 33} - 1}{2}\right)$

计算单位向量如下:

$$v = \frac{\begin{bmatrix} R_{\Delta 23} - R_{\Delta 32} \\ R_{\Delta 31} - R_{\Delta 13} \\ R_{\Delta 12} - R_{\Delta 21} \end{bmatrix}}{2\sin\delta} \qquad (2.78)$$

并且转换单位向量到来自相对旋转开始的坐标系的全局坐标系:

$$u = R'_{t_{i-1}} v \qquad (2.79)$$

因此,角速度向量为

$$\omega_i = |\omega_i| u \qquad (2.80)$$

关节角速度是描述一个环节相对另一个环节相对角速度的向量。在这个案例中,旋转矩阵 R 可以用式(2.61)确定的旋转矩阵代替。

关节角速度 $\omega = \begin{bmatrix} \omega_X \\ \omega_Y \\ \omega_Z \end{bmatrix}$ 能够用卡尔当角度表达为 $\theta = \begin{bmatrix} \dot{\alpha} \\ \dot{\beta} \\ \dot{\gamma} \end{bmatrix}$,通过转换第二与第三旋转到

第一旋转坐标系如下:

$$\begin{bmatrix} \omega_X \\ \omega_Y \\ \omega_Z \end{bmatrix} = \begin{bmatrix} \dot{\alpha} \\ 0 \\ 0 \end{bmatrix} + R'_x \begin{bmatrix} 0 \\ \dot{\beta} \\ 0 \end{bmatrix} + R'_x R'_y \begin{bmatrix} 0 \\ 0 \\ \dot{\gamma} \end{bmatrix} \qquad (2.81)$$

因为角速度是一个向量,角加速度 $\begin{bmatrix} \alpha_X \\ \alpha_Y \\ \alpha_Z \end{bmatrix}$ 为角速度的一阶导数。

小结

三维运动学在数学上简单明了但概念上对每个人而言都极具挑战性,读者应该仔细地关注坐标系转换的细节。应该强调的是三维关节角度不等同于投影的平面二维角度。

不同的标志点设置有利有弊,但都可以应用。然而,在最低程度上,三个非共线的标记点必须定义一个环节的局部坐标系,并且三个非共线标记点必须跟踪局部坐标系的姿态。展示的三个姿态估计算法——直接姿态估计、环节优化与全局优化在数学复杂性与处理数据噪声的能力上有所不同。

几种用于计算关节角度的方法,包含①笛卡尔方法,②关节坐标系方法,③有限螺旋轴方法。在生物力学文献中广泛应用的是笛卡尔与关节坐标系法。

推荐阅读文献

• Allard, P., A. Capozzo, A. Lundberg, and C. Vaughan. 1998. *Three-Dimensional Analysis of Human Locomotion*. Chichester, UK: Wiley.

• Berme, N., and A. Cappozzo(eds.). 1990. *Biomechanics of Human Movement: Applications in Rehabilitation, Sports and Ergonomics*. Worthington, OH: Bertec Corporation.

• Nigg, B. M., and W. Herzog. 1994. *Biomechanics of the Musculo-Skeletal System*. New York: Wiley.

• Vaughan, C. L., B. L. Davis, and J. C. O'Connor. 1992. *Dynamics of Human Gait*. Champaign, IL: Human Kinetics.

• Zatsiorsky, V. M. 1998. *Kinematics of Human Motion*. Champaign, IL: Human Kinetics.

第二篇　动　力　学

　　　动力学研究是探究运动动作发生的原因。本质上,动力学研究是对人体运动过程中所产生的力学数据进行采集和研究,并分析它们是如何影响人体运动动作的。力可以使得身体的线动量或角动量发生改变,以此来改变人的身体的线运动或角运动。力也可以通过增加机械能(称为正功)或减少机械能(称为负功)使人体发生运动。在分析人体运动过程中,通常需要量化人身体各部分的惯性参数。第三章介绍了常用来确定质量、质心(也称重心)、惯性力矩等关节惯性参数的方法。在第四章中,将会概述关于力的基本定律,以及它是一种向量单位的概念,具有使得物体发生旋转的能力(力矩),以及相关冲量和动量的原理。最后会介绍采集和分析力学数据的方法。第五章将结合二维运动学与惯性参数,继续对动力学进行深入研究,间接地量化了我们所观察到的人类运动时关节中必须存在的合力和净力矩。这个研究过程称为逆动力学。接下来,第六章介绍了机械能、功和能量的概念。本章以及第五章将会描述如何对其进行逆向动力学演算,以此计算得出人体关节在运动过程中所产生的力和力矩。第七章会为大家讲述在计算逆向动力学过程中所涉及的数学知识以及公式,并计算出在三维空间中产生的力所产生的力矩,而不单是知道二维力。附录 D、附录 E 和第七章将会为大家提供在逆动力学计算中所涉及的数学知识背景。

第三章　身体环节参数

D. Gordon E. Robertson

人体测量学是一门关于测量人体物理特征的学科。生物力学专家主要关注的是身体及每个环节的惯性参数，这就是人体测量学中的一个子学科——身体环节参数。在确定了身体每个环节的物理特征和惯性参数后，才能进行人体运动的动力学分析。这些相关的参数是身体环节质量、环节重心位置和环节转动惯量。

因为人体测量学研究和身体环节参数的内容在其他文献中已经有所阐述（Contini，1972；Drillis 等，1964；Nigg 和 Herzog，1994；Zatsiorsky，2002），所以在本章不做详细介绍。在这一章中，我们将介绍：

（1）测量和估算身体环节参数的背景知识。

（2）在二维平面运动分析中，定量分析整个身体和身体环节惯性参数的计算方法（此部分是理解第五章和第六章的基础）。

（3）在三维立体运动分析中，定量分析整个身体和身体环节惯性参数的计算方法（此部分是理解第七章的基础）。

如果只想学习平面运动分析，可以在学习过程中跳过标题为三维（立体）计算方法的章节。相应的，如果只想学习三维分析，那么标题为质量惯性矩（二维计算方法的一部分）的章节则可省略。

身体环节参数测量与估算方法

在运动中，生物力学专家假设身体环节动作形式为刚体运动。但这种假设显然不成立，因为人体骨骼会弯曲，血液会流动，韧带会拉长，肌肉会收缩。我们通常将身体某些部分视为单个刚体模型，不管它们由多少个环节构成。例如，尽管足在跖趾关节处是可以活动的，但它通常被视为一个环节。同样，躯干通常被视为一个刚体，但有时也被视为两个或三个刚体。然而，实际上躯干是由一系列刚体相互连接而成的，这些刚体又包含许多同样相互连接的脊椎骨、盆骨和肩胛骨等。这样的刚体假设简化了复杂的肌骨系统，同时也消除了因组织形变和体液流动等引起的身体质量分布变化带来的量化难题。同样研究人员通过假设"在特定群体中环节质量分布是相似的"，以从特定群体提取的样本均值为基础，使用方程式估算了个体的身体环节参数。虽然许多资料都提供了这些参数的均值，但是最好从最合适的群体中选择适合个体的参数（Hay，1973）。

通常尝试量化身体环节参数的技术有四种：尸体研究（如 Braune 和 Fischer，1889，1895-1904；Dempster，1955；Fischer，1906；Harless，1860）、数学建模（如 Hanavan，1964；Hatze，1980；Yeadon，1990a，1990b；Yeadon 和 Morlock，1989）、扫描成像技术（如 Durkin 和 Dowling，2003；Durkin 等，2002；Mungiole 和 Martin，1990；Zatsiorsky 和 Seluyanov，1983）以及运动学测量（如 Dainis，1980；Hatze，1975；Vaughan 等，1992），其中每项技术都有利弊。下面列举的文献综述就使用了上述一种或多种技术。

尸体研究

活体的惯性参数（质量、质心、转动惯量）很难确定。如果要定量研究机器人的惯性参数，可以把每部分拆分开，使用特定的方法对它们进行单独测量。由于这种方法不能应用于活体，因此必须采用间接的方法。例如，系数法（coefficient method）利用简单的、非侵入性测量（如整个身体的质量、身高和环节长度等）形成的比例表来预测身体各环节参数。最早尝试确定这些比例数据的科学家为 Harless(1860)、Braune(1889) 和 Fischer(1906)，但是取得最大成就的是 W. T. Dempster，以其 1955 出版的名为《坐姿下操作员的空间需求》的论著为标志。这本文集是 Dempster 在为美国空军工作时编汇完成的，其内容不仅概述了从尸体材料测量身体环节参数的步骤，同时也给出了按比例确定身体环节参数的表格，这将是生物力学所必需的。

Dempster 从活人、解剖学标本，最重要的（对于生物力学家来说）是从八具完整的尸体上收集数据。首先，他运用 Reuleaux(1876) 的方法确定每个关节的平均旋转中心（见图 3.1）。在某些关节，特别是肩部，旋转中心的位置很难确定，而且这些旋转中心是许多身体环节的端点。端点位置如表 3.1 所示。然后，Dempster 用他的技术对这些尸体进行分解，并且仔细测量和记录了每个环节的长度、质量和体积。接下来 Dempster 计算了每个部分的重心位置（使用平衡技术）和转动惯量（使用钟摆技术）。最后，Dempster 制作了对应的表格，表中给出了环节质量与身体总质量的比值，重心的位置和回转半径的长度与环节长度的比值（回转半径的测量使用间接计算转动惯量的方法，它的意义以及与转动惯量的关系将在下一章节说明）。表 3.2 是由 Miller 和 Nelson (1973)、Plagenhoef(1971)、Winter(1990) 修正了数据之后得到的表格。后来，Barter(1957) 对 Dempster 的数据进行了逐步回归分析，得出了能够更加精确地计算环节质量的回归方程式。

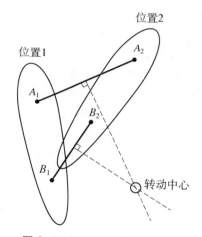

图 3.1　Reuleaux 的计算身体旋转中心的方法。A 和 B 都是固定在刚体上的两个点。物体从位置 1 移动到位置 2 后，$A_1 - A_2$ 和 $B_1 - B_2$ 的垂直平分线（虚线）相交，交点就是旋转的中心

表 3.1　Dempster 对环节端点的定义

	近　端	远　端
锁骨环节	胸锁关节中心：锁骨近侧端和胸骨上缘之间可触摸连接处的中点	肩锁关节中心：锁骨远端在锁骨喙突隆起和肩锁关节之间连线的中点
肩胛骨环节	肩锁关节中心：同锁骨环节远侧端	肱盂关节中心：肱骨头和肱骨结节可触摸骨质的中点
肱骨环节	肱盂关节中心：同肩胛骨环节远侧端	肘关节中心：在肱骨内侧髁明显的最低点和桡骨小头上方 8 mm 点的连线的中点
桡骨环节	肘关节中心：同肱骨环节远侧端	腕关节中心：在可触摸的掌长肌与第三掌骨呈直线的沟的远端腕线
手环节	腕关节中心：同桡骨环节远侧端	手的质心：在近侧横掌纹和第三指骨成直线的桡骨纵纹之间的中点
股骨环节	髋关节中心：股骨转子顶端在转子外侧最突出部分前 1 cm 处	膝关节中心：股骨髁后凸起的两个中心之间的中点
小腿环节	膝关节中心：同股骨环节远侧端	踝关节中心：在腓骨外髁端和胫骨内髁远端 5 mm 的点之间的水平连线上
足环节	踝关节中心：同小腿环节远侧端	足的中心：在踝关节中心和在第二跖骨的趾球之间的中点上

表 3.2　Dempster 的身体环节参数

环节	末端点[a]（从远到近）	环节质量/总质量	环节中心/环节长度		回转半径/环节长度		
		(P)[b]	$(R_{近})$[c]	$(R_{远})$[c]	$(K_{重心})$[d]	$(k_{近})$[d]	$(k_{远})$[d]
手	腕中心到第三指第二指节	0.006 0	0.506	0.494	0.298	0.587	0.577
前臂	肘关节到腕中心	0.016 0	0.430	0.570	0.303	0.526	0.647
上臂	肩肱关节到肘中心	0.028 0	0.436	0.564	0.322	0.542	0.645
前臂和手	肘到腕中心	0.022 0	0.682	0.318	0.468	0.827	0.565
上肢	肩肱关节到腕中心	0.050 0	0.530	0.470	0.368	0.645	0.596
脚	踝到趾指头	0.014 5	0.500	0.500	0.475	0.690	0.690
小腿	膝盖到踝中心	0.046 5	0.433	0.567	0.302	0.528	0.643
大腿	髋到膝中心	0.100 0	0.433	0.567	0.323	0.540	0.653
下肢	髋到踝中心	0.161 0	0.447	0.533	0.326	0.560	0.650
头	第七颈椎-第一胸椎到耳道	0.081 0	1.000	0.000	0.495	1.116	0.495
肩	胸锁关节到肩肱关节中心	0.015 8	0.712	0.288			
胸廓	第七颈椎-第一胸椎到第十二胸椎-第一腰椎	0.216 0	0.820	0.180			

环节	末端点[a]（从远到近）	环节质量/总质量	环节中心/环节长度		回转半径/环节长度		
		(P)[b]	$(R_{近})$[c]	$(R_{远})$[c]	$(K_{重心})$[d]	$(k_{近})$[d]	$(k_{远})$[d]
腹部	第十二胸椎-第一腰椎到第四腰椎-第五腰椎	0.139 0	0.440	0.560			
骨盆	第四腰椎-第五腰椎到股骨大转子	0.142 0	0.105	0.895			
胸和腹	第七颈椎-第一胸椎到第四腰椎-第五腰椎	0.355 0	0.630	0.370			
腹和盆骨	第十二胸椎-第一腰椎到大转子	0.281 0	0.270	0.730			
躯干	股骨大转子到肩肱关节	0.497 0	0.495	0.505	0.406	0.640	0.648
头、两臂和躯干	股骨大转子到肩肱关节	0.678 0	0.626	0.374	0.496	0.798	0.621
头、两背和躯干	股骨大转子到肋中	0.678 0	1.142	−0.142	0.903	1.456	0.914

[a] 端点的定义见表 3.1；
[b] 环节质量占身体总质量的比值；
[c] 环节近侧端和远侧端与环节重心的距离占环节长度的比值；
[d] 重心的回转半径、身体环节近侧端和远侧端到重心的距离占环节长度的比值。
（摘自 D. A. Winter 1990）

继 Dempster 开创性的研究之后，又有许多有关身体环节参数的研究开展起来。特别值得一提的是 Clauser 团队和 Chandler 团队，他们运用明显的骨标志代替估算的、平均的旋转重心来确定身体环节。同时，Clauser 团队肢解了 13 具尸体（chandler 等人只用了 6 具），并用类似 Dempster 的方法以表格的形式将结果呈现出来。具体环节确定方法见表 3.3，数值见表 3.4。

表 3.3　Clauser 团队（1969）对身体环节参数端点的定义

端点	定　　义
肩峰	肩胛骨肩峰的最上和最外点，如果测试对象侧弯躯干并放松三角肌，这个点很容易找到
眉间	眉毛间的骨脊
第三指骨	第三指骨的远侧头（中指的近侧指节）
枕骨	枕外隆突
桡骨	桡骨头远侧端外侧边缘上的点，从肘关节外侧浅凹向下摸，同时让测试对象的前臂慢慢地旋前和旋后，测试人员可在皮肤下感觉到桡骨的转动
内踝	胫骨内侧踝的最远点，把标志放在与内踝水平的腓骨上，不要放在腓骨的内踝上，因为它比胫骨的内踝更远
茎突	腓骨茎突，尺骨茎突

表 3.4　Clauser 团队的身体环节参数

环节	端点[a] （从近侧到远侧）	环节质量/ 总质量	质心位置/环节长度		回转半径/环节长度	
		(P)[b]	$(R_{近})$[c]	$(R_{远})$[c]	$(K_{重心})$[d e]	$(K_{近})$[d]
手	第三指骨茎突	0.006 5	0.180 2	0.819 8	0.601 9	0.628 3
前臂	桡骨到茎突	0.016 1	0.389 6	0.610 4	0.318 2	0.503 0
上臂	肩峰到桡骨	0.026 3	0.513 0	0.487 0	0.301 2	0.594 9
前臂和手	桡骨到第三指骨茎突	0.022 7	0.625 8	0.374 2		
上肢	回归方程[f]	0.049 0	0.412 6	0.587 4		
足	足跟到第二趾骨	0.014 7	0.448 5	0.551 5	0.426 5	0.618 9
足	内踝到地板	0.014 7	0.462 2	0.537 8		
小腿	胫骨到内踝	0.043 5	0.370 5	0.629 5	0.356 7	0.514 3
大腿	股骨大转子到胫骨	0.102 7	0.371 9	0.628 1	0.347 5	0.509 0
小腿和足	胫骨到地板	0.058 2	0.474 7	0.525 3		
下肢	股骨大转子到地板（鞋底）	0.161 0	0.382 1	0.617 9		
躯干	额-颈连接点到大转子	0.507 0	0.380 3	0.619 7	0.429 7	0.573 8
头	头顶到额-颈连接点	0.072 8	0.464 2	0.535 8	0.633 0	0.785 0
躯干和头	额-颈连接点到大转子	0.580 1	0.592 1	0.407 9		
整个身体		1.000 0	0.411 9	0.588 1	0.743 0	0.849 5

[a] 端点定义见表 3.3；
[b] 一个身体环节质量占整个身体质量的比值；
[c] 环节近侧端或远侧端到环节重心的距离与环节长度的比值；
[d] 绕质心的回转半径或环节近侧端到环节重心的长度与环节长度的比值；
[e] 由 $K_{重心} = \sqrt{K_{近}^2 - R_{近}^2}$ 计算得出；
[f] 计算上肢长度的回归方程为 1.126（肩峰到桡骨距离）+1.057（桡骨到茎突距离）+12.52（单位为厘米）；
[g] 额-颈连接。这个点位于软骨上面，与舌骨水平。安放的标志点必须与这个交点平行，并在颈部侧面。
（摘自 Clauser 等，1969）

　　为了研究人体行走时下肢运动学和动力学的 3D 模式，Vaughan 团队改进了 Chandler 团队所使用的方法，为下肢质量创建了回归方程，其中包括不同环节的人体测量，如小腿肚的围度、环节长度和身体重量。Hinrich（1985）也用回归方程计算环节转动惯量的方式拓展了 Chandler 的研究。Contini（1972），Drillis 团队（1964）和 Hay（1973，1974）都对身体环节参数的科学发展做出了巨大贡献，且具有历史性的意义。

数学建模

　　如今对身体建模进行 3D 分析的需求越来越迫切，Hanavan 率先对人体环节惯性特征进行了数学建模。Hanavan 假设每个环节是匀质刚体，能以几何形状表示。大部分的环节被建模成刚性的圆台，如图 3.2 所示（圆台是指把圆锥体尖顶去掉一截）。双手被建模成球体，头为椭圆体，躯干为椭圆圆柱体。随后 Hanavan 的方法得到进一步的提升，包括了更多身体环节和更多人体直接测量的结果。比如，Hatze（1980）使用 242 个直接人体测量的方法创建了一个系统用来定义有 42 个自由度、17 个环节的人体模型。

扫描成像技术

确定惯性特性和估算身体环节参数的另一个方法要用到各种放射技术扫描身体。例如，Zatsiorsky 和 Seluyanov(1983，1985)从一项关于男子(100 名)和女子(15 名)身体环节参数的研究中得到了数据。为了计算质量分布，研究员使用了 γ 射线扫描来量化每个环节连续扫描片的密度。这个方法能够估算 15 个环节的 3D 质量、质心和主转动惯量。他们的研究对象的年龄较之前研究中使用的尸体对象的年龄小。除此之外，研究人员运用了回归方程来定制身体环节参数。这些数据和方法最近由 Zatsiorsky 重新编汇和发表(2002，pp. 583 - 616)。

除了 γ 扫描之外，还有其他的技术曾被应用到人的身体环节参数的定量分析中，如摄像测量(Jensen，1976，1978)、核磁共振成像(Mungiole 和 Martin，1990)和双能 X 射线吸光测定法(DEXA；Durkin 和 Dowling，2003；Durkin 等，2002)等。

某些研究人员从前人研究所欠缺的特定人群中得出数据，前人研究主要基于中年男子和青年高加索人。例如，Jensen 团队提供了小孩(1986，1989)和孕妇(1996)的数据，Schneider 和 Zernicke (1992)使婴儿身体环节参数的回归方程定量化，Pavol 和他的同事(2002)估算了老年人的惯性参数。

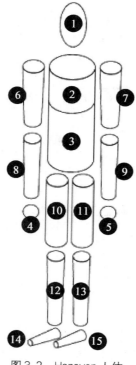

图 3.2 Hanavan 人体模型

表 3.5 由 Vaughan 团队改进的身体环节参数回归方程

环节	轴	回 归 方 程*
足	屈/伸	$I_{\text{f/e}} = 0.000\,23m_{整}\left[4(h_{\text{m}}^2) + 3(l_{足}^2)\right] + 0.000\,22$ $h_{\text{m}} = $ 内踝高度(m)
	外展/内收	$I_{\text{a/a}} = 0.000\,21m_{整}\left[4(h_{\text{m}}^2) + 3(l_{足}^2)\right] + 0.000\,67$
	旋内/旋外	$I_{\text{i/e}} = 0.000\,4lm_{整}\left[h_{\text{m}}^2 + w_{足}\right] - 0.000\,08$ $w_{足} = $ 足宽(m)
小腿	屈/伸	$I_{\text{f/e}} = 0.003\,47m_{整}(l_{小腿}^2 + 0.076c_{小腿}^2) + 0.005\,1l$ $c_{小腿} = $ 小腿围度(m)
	外展/内收	$I_{\text{a/a}} = 0.003\,87m_{整}(l_{小腿}^2 + 0.076c_{小腿}^2) + 0.001\,38$
	旋内/旋外	$I_{\text{i/e}} = 0.000\,41m_{整}\ c_{小腿} + 0.000\,12$
大腿	屈/伸	$I_{\text{f/e}} = 0.007\,62m_{整}(l_{大腿}^2 + 0.076c_{大腿}^2) + 0.011\,53$ $c_{大腿} = $ 大腿围度(m)
	外展/内收	$I_{\text{a/a}} = 0.007\,62m_{整}(l_{大腿}^2 + 0.076c_{大腿}^2) + 0.011\,86$
	旋内/旋外	$I_{\text{i/e}} = 0.001\,5lm_{整}\ c_{大腿}^2 + 0.003\,05$

*转动惯量单位为千克·米²；$m_{整}$是整个身体质量；$l_{大腿}$、$l_{小腿}$ 和 $l_{足}$ 是环节长度，单位为米。

运动学技术

运动学技术是一种通过测量运动学参数来间接估算环节惯性参数的方法。Hatze (1975)开发了一项振动技术(oscillation technique)可以推导出四肢环节的质量、质心、转动惯量和关节的阻尼系数。这种技术需要一个专制弹簧使被测试部分进行振动,但是这种技术不适用于躯干环节。被试肌肉必须足够放松才能不影响弹簧体系统的阻尼振动。基于小振动理论的数学推导方程,用来估算以弹簧体系统振动的被动阻尼衰减为基础的关节和环节的参数。

📄 参考文献

Schneider, K., and R. F. Zernicke. 1992. Mass, center of mass and moment of inertia estimates for infant limb segments. *Journal of Biomechanics* 25:145-8.

本研究的目的是建立能够量化婴儿(0.4~1.5岁)肢体环节参数的线性回归方程。这些作者意识到在他们能够计算婴儿运动的力学之前,他们应当重新建立一组能够适用于婴儿的人体测量学参数。很明显,婴儿的质量分布不同于成年人,他们的总重心高于成年人,所以婴儿和青少年不能使用成年人的安全带。

研究人员收集了44个婴儿的上肢数据,70个婴儿的下肢数据,并采纳了由Hatze (1979,1980)通过18个婴儿的数据建立的一个17环节数学模型。Hatze的模型需要242个人体测量学数据来计算17个环节的体积。经过数据校正后就能使模型估算的总身体质量与测量的婴儿身体质量之间有很好的一致性。然后用回归分析推导出上肢三环节与下肢三环节的质量、质心、转动惯量。这些研究人员发现婴儿在成长到1.5岁时,他们的环节质量与转动惯量变化非常明显,但是年龄对质心没有明显影响。同时,他们指出,由于他们的线性回归方程结果显示这些数据相关性很高(64%~98%累计方差),因此没有必要进行非线性回归。

另一种估算质量惯性矩的方法叫作快速释放法(quick release method)。这种方法同样假设肌肉是放松的,而一个快速加速的环节加速度只受环节转动惯量的影响。因此,我们通过测量一个环节在一个已知力F或力矩M作用下释放的角加速度,就能用下面的方法求出该环节的转动惯量(I):

$$I = M/\alpha = (Fd)/\alpha \tag{3.1}$$

这里的力矩M(或Fd)是指在释放瞬间的力矩,α是指释放后的加速度。显然,这种方法只能用于末端环节,要用于身体其他部分是相当困难的。

二维(平面)计算方法

在接下来的章节中,我们将会根据Dempster(1955)的传统比例法,提出在二维分析中计算身体环节参数的方法。这些简单的方程式对中等身材人群的研究适用。如果研究人员想要得到更精确的测量结果,就需要查阅文献,寻找最适合自己研究群体的研究方法,并在他们研究经费和实际条件允许范围内选择合适的程序和仪器。本章的阅读建议中提到了很多文献里的经典论述。

环节质量

计算环节质量的标准方法是用研究对象的体重乘以该环节占总体质量的比例。这些比例值（P 值）可以从表3.2或表3.4中得到。但是这些值是以中年男子尸体为研究对象得到的，可能并不适用于所有对象，特别是儿童和妇女。对于青年对象，可以使用 Zatsiorsky（2002）提出的数值。环节质量（m_s）定义为

$$m_s = P_s m_{总} \tag{3.2}$$

这里的 $m_{总}$ 是指身体总质量，P_s 是指环节的质量比例，注意所有的 P 值总和应该等于1，否则，计算出的身体重量不正确，也就是说：

$$\sum P_s = 1.000 \tag{3.3}$$

$\sum P_s$ 指所有身体环节的质量比例之和，表3.2中的值引自 Dempster（1955）的研究，在调整后他们的结果仍然是一致的（即100%）。Dempster 的研究中最初的比例总和小于1，是由尸体肢解过程中体液流失和其他误差造成的，Miller 和 Nelson（1973）计算出了调整额度以弥补这些损失量。

例题 3.1
使用表3.2中的参数计算一个体重为80 kg的人的大腿质量。（答案见399页3.1）

重心

重心和质心本质上在同一个位置。在生物力学中，这两个术语可以交换使用。只有在物体远离地球表面或者是物体受到巨大引力源的影响时才有差异。重心是一个点，如果在这一点上支撑，静止的身体依然会保持平衡，即身体的平衡点。分析刚体平移时可以只关注它重心的运动，减少需要记录的信息量，可以忽略它的形状和结构，只量化其重心即可。

环节重心

为了推广和简化计算环节重心位置的方法，Dempster（1995）提出了用每个环节末端或远端到环节重心的距离与环节长度（L）的比值（R 值）来计算的方法。假定 $r_{近}$ 和 $r_{远}$ 是环节近端和远端到环节重心的距离，则这些比值就定义为

$$R_{近} = r_{近} / L \tag{3.4}$$

$$R_{远} = r_{远} / L \tag{3.5}$$

为了计算环节的重心位置，首先必须量化该环节末端点的坐标。然后从相似对象的比例表中为特定环节选择 R 值。通常，由于表3.2的数据来自8名男子尸体的平均值，可以用于成年男子，而其他的群体则使用其他的表格。我们在定义环节时，可以选 $R_{近}$ 也可以选 $R_{远}$，但是，根据惯例，环节重心通常是从它们的近端定义的。因此，通过计算环节近端到远

端距离(环节长度)的比例得到重心位置。如图 3.2 所述,这些末端点可以用来确定环节重心的 x - y 坐标 (x_{cg}, y_{cg}):

$$x_{cg} = x_{近} + R_{近}(x_{远} - x_{近}) \tag{3.6}$$

$$y_{cg} = y_{近} + R_{近}(y_{远} - y_{近}) \tag{3.7}$$

这里的 $(x_{近}, y_{近})$ 和 $(x_{远}, y_{远})$ 分别是指近端和远端的坐标, $R_{近} + R_{远} = 1.000$,因为它们表示的是整个环节总长 (L)。从近端到重心的实际距离可用下式计算:

$$r_{近} = R_{近} L \tag{3.8}$$

例题 3.2
　　已知大腿近端(髋)坐标为 $(-12.80, 83.3)$cm,远端(膝)坐标为 $(7.30, 46.8)$cm,根据表 3.2 的参数,计算大腿的重心位置。(答案见 399 页)

肢体和整个身体的重心

　　为了计算一个肢体或几个环节的合重心,要计算组成这个肢体的几个环节的加权平均值,可用下式计算:

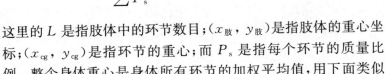

$$x_{\text{lim b}} = \frac{\sum\limits^{L} p_s x_{cg}}{\sum\limits^{L} P_s} \tag{3.9}$$

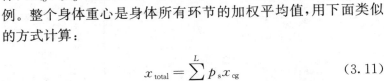

$$y_{\text{lim b}} = \frac{\sum\limits^{L} p_s y_{cg}}{\sum\limits^{L} P_s} \tag{3.10}$$

这里的 L 是指肢体中的环节数目;$(x_{肢}, y_{肢})$ 是指肢体的重心坐标;(x_{cg}, y_{cg}) 是指环节的重心;而 P_s 是指每个环节的质量比例。整个身体重心是身体所有环节的加权平均值,用下面类似的方式计算:

$$x_{\text{total}} = \sum\limits^{L} p_s x_{cg} \tag{3.11}$$

$$y_{\text{total}} = \sum\limits^{L} p_s y_{cg} \tag{3.12}$$

这里的 $(x_{\text{total}}, y_{\text{total}})$ 是整个身体重心的坐标,(x_{cg}, y_{cg}) 是指环节重心的坐标,L 是指身体环节的数目。根据环节的质量比例 P_s,计算出每个环节的重量。换句话说,每个环节的重心按它的 P 值(即它的质量占整个身体质量的比值)分布(见图 3.3)。环节越重,它对身体重心位置的影响越大;环节越轻,它对身体重心位置的影响越小。需要注意的是这些方程式中没有除数,因为

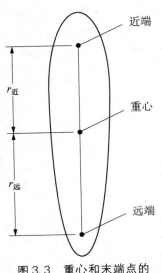

图 3.3　重心和末端点的关系

所有 P 值的总和为 1（即 $\sum P_\mathrm{s} = 1.0$）。

质量惯性矩

质量惯性矩（mass moment of inertia）又称为转动惯量，是一个物体改变它自身转动而产生的抵抗，相当于角质量或转动质量。后面的内容我们使用转动惯量术语来代替质量惯性矩术语。另外还有一个面积惯性矩也称为转动惯量，但仅仅在生物力学中使用，它并不关心物体内质量如何分布。因为本书不涉及这方面内容，所以提到转动惯量都是指质量惯性矩。

无论何时研究物体的转动都需要知道其转动惯量。测量转动惯量并不像测量质量那么重要，相对来说，它对人体运动的影响比质量影响要小。通常人们更关心人体的平动，因为人体高速转动的运动很少。当然，如研究跳水、蹦床、花样滑冰、体操、跳雪和空中滑雪等技巧类运动时，测量转动惯量就很重要了。在这些运动项目中，需要测量 3D 转动惯量，下面给出一个为平面（2D）运动分析计算转动惯量的简单方法。

环节转动惯量

因为转动惯量与环节长度的关系不是线性的，所以计算环节转动惯量不像计算重心那样直接。从传统意义上讲，转动惯量定义为"二阶质量矩"，它等于每个质点质量乘以质点到一个转轴的距离的平方的总和（积分），即

$$I_\mathrm{axis} = \int r^2 \, \mathrm{d}m \tag{3.13}$$

这里的 r 是指每个质点质量（$\mathrm{d}m$）到一个点或转轴的距离。

因为转动惯量的计算随着它们的转轴不同呈非线性变化，所以不能像其他身体环节参数那样直接用比例来计算。为了简化转动惯量的计算，我们使用一个计算回转半径的间接方法。如图 3.4 所示，如果刚体的质量集中在一个点上，那么回转半径代表刚体的质点到转

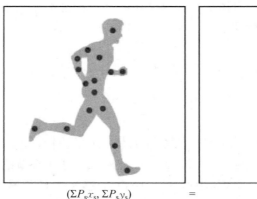

$$(\Sigma P_\mathrm{s} x_\mathrm{s}, \Sigma P_\mathrm{s} y_\mathrm{s}) \qquad = \qquad (x_\mathrm{total}, y_\mathrm{total})$$

图 3.4　身体总重心是环节重心（x_s，y_s）的加权平均值

轴之间的距离。因此,一个刚体在转动时可以看作一个位于回转半径 k 上的质点。质点到转轴的距离与质心不同。在做直线运动时质心可以看作是刚体质量的集中点。尽管一个刚体的重心在刚体上的位置是不变的,但回转半径是变化的,它取决于身体转动时所绕的轴。确定回转半径的价值在于它们和一个环节的长度成正比,从而使转动惯量的确定方法简单化(见图 3.5)。

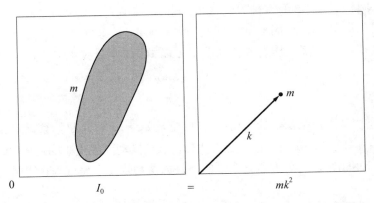

图 3.5　转轴经过质心的刚体的转动惯量(I_0)和一个与之相等的回转半径为 k 的转动质点之间的关系

　　为了用环节长度比例来计算环节转动惯量,首先要计算回转半径(k_{axis}),它满足下述关系:

$$k_{\text{axis}} = \sqrt{\dfrac{I_{\text{axis}}}{m}} \tag{3.14}$$

这里的 I_{axis} 是指相对于某轴的转动惯量,m 是指刚体或环节的质量。

　　回转半径的变化取决于所选择的转动轴,一个刚体绕它本身的重心轴转动时此时该刚体的回转半径最小,此时的转动惯量为质心转动惯量。一个环节绕其重心转动的回转半径可以利用表 3.2 和表 3.3 数据和以下公式算出:

$$k_{\text{cg}} = K_{\text{cg}} L \tag{3.15}$$

这里的 k_{cg} 是指回转半径(单位:m),K_{cg} 是指环节长度与回转半径长度之比。

　　环节的质心转动惯量可以从下式算出:

$$I_{\text{cg}} = m k_{\text{cg}}^2 \tag{3.16}$$

这里的 I_{cg} 是指环节绕其重心转动的转动惯量,m 是指环节的质量(单位:kg)。这里要提到一个平行轴原理,即一个环节绕任意轴的转动惯量等于环节的质心转动惯量 I_{cg} 加上环节质量与环节重心到该任意轴之间距离的平方的乘积,即

$$I_{\text{axis}} = I_{\text{cg}} + m r^2 \tag{3.17}$$

这里的 I_{axis} 是指绕任意轴的转动惯量,r 是指从轴到环节重心的距离。因为环节都是绕它们的近端或远端转动,所以应用比例 $K_{近}$ 和 $K_{远}$ 和绕环节重心的转动惯量 I_{cg}(已知),再根据

平行轴原理计算它们的环节转动惯量,如下式:

$$I_{\text{proximal}} = I_{\text{cg}} + m(R_{\text{proximal}}L)^2 \tag{3.18}$$

$$I_{\text{distal}} = I_{\text{cg}} + m(R_{\text{distal}}L)^2 \tag{3.19}$$

这里的 $I_{\text{近}}$ 和 $I_{\text{远}}$ 分别是指绕近端和远端转动时的转动惯量,m 是环节质量,L 是环节长度。

确定一个刚体转动惯量的直接方法(Plagenhoef, 1971: 43 - 44)是测量一个对象像钟摆那样摆动时的摆动周期(一个周期的时间)。通常测量 10 到 20 个周期的时间,计算单个周期的时间,这个摆动对象绕悬挂点的转动惯量可以由下式算出:

$$I_{\text{axis}} = \frac{mgrt^2}{4\pi^2} \tag{3.20}$$

这里的 I_{axis} 是指摆动对象绕摆轴的转动惯量(单位是 kg·m²);m 是指摆动对象的质量(单位:kg);g 是指重力加速度(9.81 m/s²);r 是指从悬挂点到摆动对象重心的距离(单位:m);t 是指单个周期的时间(单位:s)。该方程式成立的条件为摆动幅度不超过垂直线两边 5°～10°。

例题 3.3

已知,某人体重 80 kg,大腿近端(髋)坐标为(−12.80, 83.3)cm,远端坐标为(膝)(7.30, 46.8)cm,根据表 3.2 的参数,计算相对于其重心的大腿的转动惯量。(答案见 399 页 3.3)

整个身体的转动惯量

虽然研究人员在生物力学中这很少用到整个身体转动惯量的计算,但是偶尔也会用到。研究人员容易简单地把所有环节的质心转动惯量(I_{cg})加起来,但是每个环节的重心位置不同,因此需要计算环节重心和整个身体重心间距离[式(3.21)中的 r_{s}]时,必须使用平行轴定理。所以,整个身体的质心转动惯量($I_{\text{总}}$)是每个环节的质心转动惯量(I_{cg})加上基于平行轴原理的转换项的总和,即

$$I_{\text{总}} = \sum^{L} I_{\text{cg}} + \sum^{L} m_{\text{s}} r_{\text{s}}^2 \tag{3.21}$$

这里的 L 是指环节的数目,r_{s} 是指整个身体的总重心和每个环节重心之间的距离。

如果要计算整个身体绕第二根轴的转动惯量($I_{\text{轴}}$),可以再次应用平行轴原理,公式如下:

$$I_{\text{axis}} = I_{\text{total}} + mr^2 \tag{3.22}$$

这里的 r 是指整个身体重心和第二根轴之间的距离,也可以用下式直接地算出来:

$$I_{\text{axis}} = \sum^{L} I_{\text{cg}} + \sum^{L} m r_{\text{s}}^2 \tag{3.23}$$

这里的 r_{s} 是指环节重心和第二根轴之间的距离。

打击中心

严格地说，打击中心不是身体环节的参数，通常与运动器材有关，例如棒球棒、板球和高尔夫球杆。它是器材上的一个点，有时候叫作甜点。在这一点击打时，手握点或悬挂点不受压力。因此，当打击一根悬挂棒的打击中心时，棒只是绕悬挂点转动。

如果击打在棒的重心上，它将只做平移运动而不做转动，击打在其他任何点上，都将产生平动和转动的混合运动（见图3.6）。击打在打击中心上并不会使物体产生纯转动，仅仅是使棒围绕它的悬挂点产生单纯转动。抓握绝大多数运动器材时，所握位置通常并不是它们的重心，所以击打在器材的中心位置将对握在器具上的手产生最小的力。

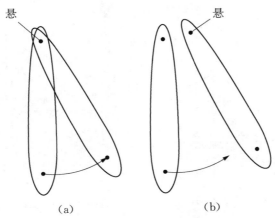

图3.6　击打在棒的打击中心和击打在打击中心以外地方的不同效果

打击中心在实验中可以通过打击器具上的不同点并观察哪个位置是只引起绕悬挂点的纯转动来确定，也可以用下式（Plagenhoef，1971）来计算：

$$q_{\text{axis}} = \frac{k_{\text{axis}}^2}{r_{\text{axis}}} \qquad (3.24)$$

这里的 q_{axis} 是指打击中心到转轴的距离；k_{axis} 是指回转半径；r_{axis} 是指重心离转轴的距离。

注意：在 r，k 和 q 之间有一个远近的关系，回转半径 k 始终要比重心半径 r 远，而打击中心 q 总是比回转半径 k 离转轴远（见图3.7），但是密度一致的球形物体例外（它的三心重合）。

打击中心不是唯一的甜点，在器材上还有其他能产生特殊作用的点。例如，所有的球拍都有一个能提供最大反弹的点（取决于它的结构、形状和如何用它们击打）。该点可以通过让球落在不动的球拍上，寻找产生最大反弹高度的点的实验来确定（见图3.8）。反弹高度与下落高度比值的平方根称为恢复系数：

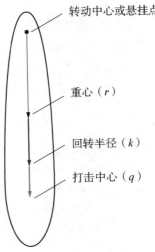

图3.7　重心（r）、回转半径（k）和打击中心（q）的位置

$$C_r = \sqrt{h_b / h_d} \tag{3.25}$$

其中,C_r指恢复系数;h_b指反弹高度;h_d是指下落高度。恢复系数越大,碰撞后球速越大。恢复系数一般是由碰撞前、后球拍(或其他器具)的速度和球的速度计算得出(所测量的球速应该是碰撞后球无变形时的速度)(见 Hatze,1993;Plagenhoef,1971):

$$C_r = -\left(\frac{v_{\text{bat after}} - v_{\text{ball after}}}{v_{\text{bat before}} - v_{\text{ball before}}} \right) \tag{3.26}$$

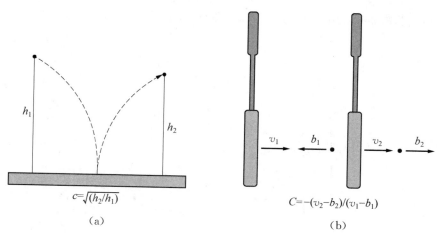

图3.8 恢复系数(C_r)的计算方法

三维(空间)计算方法

接下来将介绍一些确定三维身体环节参数的计算方法。三维和二维分析的主要差别在于质量惯性矩的计算。计算质量和质心的方法与二维分析所用的方程没有本质的差别,本节的主要目的是在使用 V3D 软件进行三维分析时,使用一致的系统,我们主要采用 Hanavan(1964)介绍的方法。

环节质量和重心

在计算环节质量和重心时,二维和三维所用的方程几乎没有区别。在第七章,环节质量的计算采用了表3.2 中的比值。另外还用 Vaughan,Davis 和 O'Connor 提出的回归方程来计算环节质量,这种方法对于估算下肢质量非常有用。这些方程需要一些人体测量学的数据,这些数据已在表3.6 和图3.8 中列出。基本上可根据以下方程计算下肢三个环节的环节质量:

$$m_{\text{foot}} = 0.0083 m_{\text{total}} = 254.5(L_{\text{foot}} h_{\text{malleolus}} w_{\text{malleolus}}) - 0.065 \tag{3.27}$$

$$m_{\text{leg}} = 0.0226 m_{\text{total}} + 31.33(L_{\text{leg}} c_{\text{leg}}^2) + 0.016 \tag{3.28}$$

$$m_{\text{thigh}} = 0.1032 m_{\text{total}} + 12.76(L_{\text{thigh}} c_{\text{midthigh}}^2) - 1.023 \tag{3.29}$$

其中 m_{total} 是整个身体质量；L_{foot}、L_{leg}、L_{thigh} 分别为足、小腿和大腿的环节长度；$h_{\text{malleolus}}$ 和 $w_{\text{malleolus}}$ 分别是踝的高度和宽度；c_{leg} 是小腿围度；c_{midthigh} 是大腿中部围度。所有的质量单位是 kg，其他的测量单位是 m。

表 3.6　Vaughan 等人计算环节参数方程所需要的人体测量数据

号码	人体测量	单位
1	体重	kg
2	髂前上棘间宽	m
3	大腿长	m
4	大腿中部围度	m
5	小腿长	m
6	小腿围度	m
7	膝关节直径	m
8	足长（足跟-足尖）	m
9	踝高	m
10	踝宽	m
11	足宽	m

经 C. L. Vaughan, B. L. Davis 与 J. C. O'connor 同意后转载，摘自人体步态的动力学杂志。

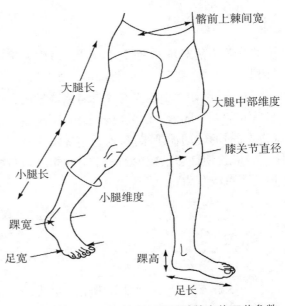

图 3.9　Vaughan 等人（1992）计算身体环节参数方程所需要的人体测量数据

为了计算环节重心，要增加 Z 方向上重心（Z_{cg}）的方程，它有别于前面提出的用于平面分析的方程，如下：

$$Z_{\text{cg}} = Z_{\text{proximal}} + R_{\text{proximal}}(Z_{\text{distal}} - Z_{\text{proximal}})\qquad(3.30)$$

这里 Z_{proximal} 和 Z_{distal} 分别是近端和远端的 Z 坐标；$R_{近}$ 是环节的近端到重心的距离与环节长度之比。

Vaughan 的团队（1992）采用了由 Chandler 等人（1975）提出来的比值（$R_{值}$）。$R_{近}$（足）＝0.448 5，$R_{近}$（小腿）＝0.370 5，$R_{近}$（大腿）＝0.371 9（见表 3.4）。这些研究人员提出的身体环节参数仅用于下肢。

此外，第七章将提到一些等式，这些等式是以统一转动的密集固体的几何特性为基础的，如 Hanavan（1964）概述的那样，这种方法假设身体大多数的环节可以做成模型，就像圆台（被削掉山峰的圆锥体）。其他常用的模型几何图形还有用椭圆体头、球体形手、椭圆柱形躯干和盆骨。像 V3D 这样的软件使用微积分中的方程式来确定这种几何体的质心。

环节转动惯量

我们计算三维环节转动惯量的方法与二维分析中所用的方法基本一致，不过不使用转动惯量标量（I），而使用转动惯量张量（moment of inertia tensor）。转动惯量张量是一个 3×

3 的矩阵。

$$\begin{bmatrix} I_x & P_{xy} & P_{xz} \\ P_{yx} & I_y & P_{yz} \\ P_{zx} & P_{zy} & I_z \end{bmatrix} \tag{3.31}$$

上述矩阵中的对角元素(I_x，I_y 和 I_z)称为质量惯性矩(主转动惯量)，而非对角元素称为惯性积。

　　总之，例如为了定义有关参考系或轴的具体合力矩(M_R)，必须测量、计算或估算这个张量所有的 9 个元素。$M_R = I\alpha$，这里的 α 是指这个刚体或环节的角加速度，I 是指经过重心(或重心)的转动惯量张量，这种情况需要利用一个轴系统进行简化，即沿着该环节的纵轴设一个轴，使惯性张量减少到一个对角矩阵，在这个矩阵中所有的惯性积都等于 0，也就是这个惯性张量改写为

$$\begin{bmatrix} I_x & 0 & 0 \\ 0 & I_y & 0 \\ 0 & 0 & I_z \end{bmatrix} \tag{3.32}$$

　　用这种方法，只需要计算沿主对角线的 3 个元素即可。三维力学的详细情况将在第七章中介绍。

　　Hanavan 在 1964 年(同时参考 Miller 和 Morrison，1975)介绍了最常用的模拟人体环节三维运动的方法。他采用 Dempster(1955)提出的实验数据，加上各种人体测量数据，如大腿中部维度、踝高、膝关节的直径、肩宽等，并以这些数据为参数，运用积分方程，求出主转动惯量。图 3.2 为 Hanavan 的人体几何体模型，表 3.7 列举了计算不同几何形状、相同密度固体的主转动惯量的方程。

表 3.7　各种几何形状固体的主转动惯量的计算方程

	l_x	l_y	l_z	图形
细长杆	0	$1/12ml^2$	$1/12ml^2$	
m 为质量，l 为杆长				
长方形薄板	$1/12m(b^2+c^2)$	$1/12mc^2$	$1/12mb^2$	

（续表）

	l_x	l_y	l_z	图形
	m 为质量，b 为薄板高，c 为薄板宽			
薄圆盘	$1/2mr^2$	$1/4mr^2$	$1/4mr^2$	
	m 为质量，r 为圆盘半径			
长方体	$1/12m(b^2+c^2)$	$1/12m(a^2+c^2)$	$1/12m(a^2+b^2)$	
	m 为质量，a 为长度(x)，b 为高度(y)，c 为宽度(z)			
圆柱体	$1/2mr^2$	$1/12m(3r^2+l^2)$	$1/12m(3r^2+l^2)$	
	m 为质量，l 为圆柱体长度，r 为半径			
椭圆柱体	$1/12m(3r^2+l^2)$	$1/12m(3b^2+l^2)$	$1/4m(b^2+c^2)$	
	m 为质量，l 为圆柱体长度(x)，b 为高度(y)，c 为宽度(z)			
圆锥体	$3/10mr^2$	$3/5m(1/4r^2+l^2)$	$3/5m(1/4r^2+l^2)$	
	m 为质量，l 为圆锥体长度，r 为锥底的半径			
球体	$2/5mr^2$	$2/5mr^2$	$2/5mr^2$	

（续表）

	l_x	l_y	l_z	图形
		m 为质量，r 为半径		
椭圆球体	$1/5m(b^2+c^2)$	$1/5m(a^2+c^2)$	$1/5m(a^2+b^2)$	
		m 为质量，a 为深度(x)，b 为高度(y)，c 为宽度(z)		

后来，其他研究人员补充了估算主转动惯量以及质量分布和环节重心的方法，Zatsiorsky 和 Seluyanov(1983，1985)使用 γ 射线扫描获得了青年男子和女子的身体环节参数表。他们把身体分成 15 个环节，3 个躯干，四肢各 3 个(见图 3.2)，同样利用身体骨性标志来定义环节末端点，正如 Clauser 团队(1969)以及 Chandler 团队(1975)所用的一样，不同于 Dempster(1955)所用的关节转动中心。Paolo de Leva(1996)提出了一种把 Zatsiorsky 和 Seluyanov 的数据转换成 Dempster 和 Hanavan 获取的数据的方法(即用关节转动中心定义环节末端点)。

第七章中，提出了计算下肢三维动力学的方程，这些方程(见表 3.5)使用了由 Vaughan、Davis 和 O'Connor(1992)为计算身体环节参数而提出的回归方程。它们需要 11 个人体测量数据(如果需要分析两侧下肢则要 20 个人体测量数据)来计算下肢三环节(足、小腿、大腿)的环节参数(见图 3.8 和表 3.6)。

小结

获得身体环节参数的计算方法有两种：第一种主要基于 Dempster(1955)或者 Clauser. McConville 和 Young(1969)以及 Chandler 等人(1975)的技术和数据，用于二维分析。这种技术建立在比值和人体测量数据的基础上，可以估算环节身体模型的环节参数。研究人员根据所研究问题的复杂性决定环节数目，根据所研究的人群(男子/女子，年青/年老等)从不同数据库中获得对应比值。第二种方法主要基于 Vaughan、Davis 和 O'Connor(1992)的技术，用于下肢三维分析，这种方法需要测量特定的人体维度，以此估算三维的下肢环节参数，查阅研究文献可以估算其他环节参数。

虽然大家希望得到精确的身体环节参数，但参数中的误差对动力学的测量影响很小，特别是当身体与环境有接触时影响更小。在这种情况下，即使身体环节参数中有较大的误差，对如关节力矩或关节功率的计算也只有较小的影响。这是因为惯性力($-ma$)的大小，尤其是惯性力矩($-I\alpha$ 的大小)与地面反作用所引起的力矩相比很小。

▲ 推荐阅读文献 ▲

• De Leva, P. 1996. Adjustments to Zatsiorsky-Seluyanov's segment inertia parameters. *Journal of*

Biomechanics 29：1223 - 30.

　• Jensen，R. K. 1993. Human morphology：Its role in the mechanics of motion. *Journal of Biomechanics* 26(Suppl. No. 1)：81 - 94.

　• Krogman，W. M. ，and F. E. Johnston. 1963. *Human Mechanics：Four Monographs Abridged.* AMRL Technical Document Report 63 - 123. Wright-Patterson Air Force Base，OH.

　• Nigg，B. M and W. Herzog. 2007. *Biomechanics of the Musculo-Skeletal System.* 3rded. Toronto：Wiley.

　• Vaughan，C. L. ，B. L. Davis，and J. C. O'Connor. 1992. *Dynamics of Human Gait.* Champaign，IL：Human Kinetics.

　• Winter，D. A. 2009. *Biomechanics and Motor Control of Human Movement.* 4th ed. Toronto：Wiley.

　• Zatsiorsky，V. M. 2002. *Kinetics of Human Motion.* Champaign，IL：Human Kinetics.

第四章　力　及　其　测　量

Graham E. Caldwell，D. Gordon E. Robertson，and Saunders N. Whittlesey

力学部分分为描述物体运动的研究（运动学）和探讨运动原因的研究（动力学）。第一章和第二章主要讲述了人体活动运动学方面的内容,本章主要讲动力学研究方面的内容:

（1）介绍力的概念,线性运动,力矩,角运动。

（2）通过牛顿定律和欧拉等式来讨论作用力和力矩。

（3）解释如何建立和使用自由体图。

（4）识别生物力学研究中各种力的作用。

（5）界定冲量和动量的概念,并指出冲量和动量决定了力和力矩改变在一定时间内的作用。

（6）阐述生物力学研究中如何测量力和力矩。

力

力在我们生活中是一个很普通的词,在物理学领域,力的定义是一个或多个物体间的相互作用。更准确的表述是力代表了一个物体对另一个物体的作用。在生物力学的研究中,我们感兴趣的有两方面:第一方面,力对一个质点或者一个理想刚体的作用;第二方面,力对非刚体或材料的作用。力对质点和理想刚体的作用可以用牛顿定律进行分析,这对理解前几章描述的运动学数据的成因非常重要。刚体是指内部各点相对位置固定不变的物体。当我们考虑到生物组织的内力以及试图理解如何测量施加于人体的外力时,力对一个非刚体或材料的作用就显得非常重要。

力是一个矢量,有大小、方向和作用点。对于质点或刚体的线性运动,力的大小和方向很重要。如果同时考虑角运动,那么力的作用点也很重要。尽管力的概念要考虑力的作用点,但是现实中力不是作用在一点上,而是作用在一个有限面积上。因此,便有了压强的概念,它是指接触面积上的力的分布。在人体生物力学领域内,动力学分析通常既关心与地面或与一个物体(例如工具、机器、球、自行车和键盘)直接接触而产生的外力和压强,也关心在肌肉、韧带、骨和关节中产生的内力。尽管动力学参数有时候可以直接测量出来,但通常还是根据运动学数据计算或者估算出来的。

牛顿定律

1687 年,伊萨克·牛顿发表了一本关于理论力学的书,书名为 *Philosophiae Naturalis Principia Mathematica*(*Mathematical Principles of Natural Philosophy*)。该书在他 1727 年去世之前修订出版了两次。虽然自该书出版以来运动物理学已经有了长足的发展,但是从它首次出版至今 300 多年来,全世界的高中和大学仍在讲授它的基本原理,因此可以看出该书的重要性。

尽管爱因斯坦(Einstein)在 1905 年发表的相对论中揭示出牛顿力学在某些领域并不适用,但是除了微观运动和近光速运动外,它仍然是有效的,所以它是研究生物力学和工程学的主要工具。牛顿在这本《自然哲学的数学原理》中阐述的定律,明确了力与其所作用的一个质点或刚体(以后就叫物体或者对象)在线性运动时两者之间的关系。这里阐述其中三种关系。读者可能会发现,这些定律在其他教科书中的表达方式可能会不同,这是因为从拉丁文译本开始就存在翻译差异,再加上过去 300 多年间英语的变化以及所培养学生的背景知识水平的变化所导致的。

牛顿第一定律也称为惯性定律,它描述了一个物体在没有外力作用时的运动状态,即物体将会保持它原有的运动状态,直到有外力作用为止(除非有外力作用)。其运动状态用物体的动量(p)来描述,定义为物体的质量和它的线速度的乘积,即 $p = mv$。简单地说,如果没有外力作用在物体上,它的动量保持不变,称为静力学研究。在生物力学的许多情况下,质量是保持不变的,因此在没有外力作用时,物体将一直保持匀速线性运动。与之相并列的是加速度定律(牛顿第二定律),加速度定律描述的是有外力作用时物体的运动状态,称为动力学研究,外力将引起物体产生加速度,加速度与力的大小成正比,方向一致。加速度与力之间的这种比例可用包含物体质量的等式来表述,于是得到著名的牛顿方程式 $F = ma$,力的国际单位是牛顿(N),1 N 是指引起质量为 1 kg 的物体产生 1 m/s^2 加速度时的力。简单地说,一个作用力通过改变物体的速度、运动方向或改变两者来产生加速度。

牛顿第三定律(反作用力定律)描述了两个物体之间是如何相互作用的。作用力与反作用力定律是这样描述的:当一个物体对另一个物体产生一个作用力时,后者会对前者产生一个大小相等、方向相反的作用力。如生物力学中人体与地球表面接触的简单例子,跑步时,跑步者的足撞击地面,他对地球产生了一个可以用一定大小和方向表示的作用力,同时,地球也会对跑步者产生一个大小相等、方向相反的反作用力(见图 4.1)。其他例子,如

图 4.1 两个物体相互作用产生了作用力和反作用力。图中展现的是跑步者蹬地时的受力情况。左图描述的是跑步者肌肉发力施加给地面的作用力,右图描述的是地面作用在跑步者身上大小相等、方向相反的反作用力,即地面反作用力

人与球、球棒、工具或者其他手持器械接触时产生的作用力与反作用力等。由于方向相反称为作用力与反作用力,因此在这些情况下要注意,正确辨识力与其作用的物体,才能正确判断力引起的作用。

多数情况下,同一时间作用在物体上的力不止一个,这种问题在牛顿定律中用合力矢量的概念很容易解决。因为力是一个矢量,所以作用在一个物体上的力系可以通过合成形成一个合力矢量,然后再用牛顿定律处理。在处理动力学问题时,有一个有效的工具就是画受力分析图或自由体图(FBD),即在一个物体的简单轮廓上,画出所有作用在物体的力,以帮助研究人员记住每一个力和反作用力(它是作用到所研究的物体上的)的存在和方向。这个受力分析图可以提醒研究者研究物体上存在的每个力,并帮助他们想象作用在物体上的反作用力的方向。

自由体图(受力分析图)

图示通常可以帮助大家把力学问题可视化。受力分析图(FBD)是描绘力学系统中的力、力矩和几何形状的一种形式化工具。在解决力学问题中,第一步就是画受力分析图,它是非常重要的;第二步是用受力分析图(FBD)推导出物体的运动方程式;最后是将已知数值带入方程求出未知项。构建受力分析图(FBD)的程序如下:

(1)用最简单的形式(轮廓或仅仅一条线)画出物体的图形,并把它与环境和其他物体分隔开来。

(2)写出能完全确定物体位置的坐标。

(3)(用标记点)标出物体的质点,并从这里标出加速度。

(4)画出并标记所有外部反作用力和力矩,根据物体受力画出这些力和力矩的基本方向。例如,垂直地面的反作用力向上,摩擦力与接触表面的运动方向相反。

(5)利用绝对坐标系画出所有的未知力和力矩,未知力必须作用在物体与环境或其他物体(或身体环节)相接触的地方。

(6)在受力分析图的旁边画一个全球坐标系(GCS)的轴,并标出正方向。

图4.2(a)展示了一个跑步者跑过一个测力台的情况。这种情况下,由于身体形状相对复杂,我们选择用棍图来画跑步者,我们在质心上画出重力(mg)、迎面的风在人体中心产生的力和作用在跑步者支撑脚上的地面反作用力。这些都是作用在跑步者身上的反作用力,而不是跑步者对地球的作用力。图4.2(b)是一个自行车曲柄的受力分析图。踏板力已知,曲柄用一条直线来表示,它的质心用一个点来表示。曲柄的远端画出的是踏板受到的水平力和垂直力,测量后标上它们的大小和方向。因为踏板轴是一个光滑轴承,所以,我们假定没有对踏板轴产生力矩。在曲柄的近侧端,我们画出在 GCS 的正方向(逆时针为正)上曲柄轴受到的未知反作用力(R_{Ax},R_{Ay})和绕曲柄轴的合力矩(M_A),因为在骑自行车时链条有阻力,所以这个力矩不等于 0。

例 4.1

1. 画出一个划桨的自由体图。

2. 画出一个跑步者的自由体图,包括风阻,画风阻时碰到的主要问题是什么?

答案见 399 页 4.1。

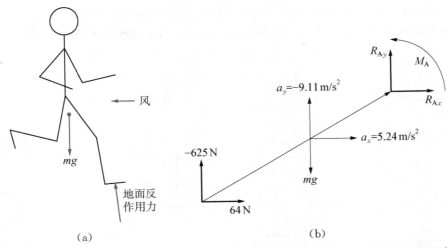

图 4.2 跑步者(a)和自行车曲柄(b)受力分析图,假定在踏板上没有力矩,而在曲柄轴上因链轮作用而产生力矩(M_A)。

力的类型

目前,物理学家认为在自然界中有 4 种基本的力:"强"原子核力、"弱"原子核力、电磁力和万有引力。在这些力中,生物力学家只关心万有引力和电磁力。物体受到的所有力都是这两种力的某种结合。

牛顿对我们理解运动的另一个重要贡献是他描述了物体在不相互接触时是如何相互作用的。万有引力定律表示:"两个物体彼此由一个力互相吸引,这个力与它们的质量乘积成正比,与它们间距离的平方成反比"。采用了万有引力常数(G)后,万有引力的大小可表示为 $F_g = G m_1 m_2 / r^2$,这里的 m_1 和 m_2 是两个物体的质量;r 是它们质心之间的距离。虽然牛顿是在探索星球运动时考虑这个引力概念的,但是在生物力学领域中,它最重要的应用是地心引力对接近地球表面的物体的作用。在这种情况下,m_1 是地球的质量,m_2 是靠近地球表面的物体的质量。$r(R)$ 是从物体质心到地心的距离。如果我们考虑作用在质量 m_2 上的万有引力,这个力的作用由加速度定律来描述是 $F = m_2 a$,将它代入万有引力方程式中,则 $m_2 a = G m_1 m_2 / R^2$,物体的质量 m_2 出现在方程两边,可以消掉,最终由地心引力引起的物体加速度的方程为 $a = G m_1 / R^2$,可见右边所有的项都是常数,所以以加速度 a 是一个常数(即重力加速度),通常用 g 表示,约等于 9.81 m/s²。地心引力的专称是:重力(W),$W = mg$。它是 $F = ma$ 的一个特殊形式(注意:物体的重力是一个矢量,物体的质量是一个标量)。因此在一个接近地球表面物体的受力分析图上,重力应该指向地心,通常是垂直向下的。

如果一个人静止站在车站等公共汽车,那么他的重力使他受到一个向下的 9.81 m/s² 的加速度。但是,由于这个人的垂直速度保持不变,加速度并不发生作用,为 0。这个现象可用牛顿第三定律进行解释,因为这一定律决定了人与地面接触时,人的脚与地面之间力的关系。这个人把一个等于他体重的力作用到地球上,地球则把一个大小相等,方向相反的力作用到这个人身上。在这个人的自由体图上(见图 4.3),他在垂直方向上受到两个力的作用:

向下的重力（负的）和向上的地面反作用力（GRF）（正的）。静止站立时，两个力的大小相等，方向相反，矢量和等于 $0(W + F_g = 0)$，所以这个人的垂直速度保持不变。

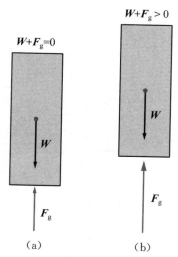

图4.3　一个人站在地面上的自由体图中必须画有两个力，第一个是向下作用的重力矢量（W，即地球的万有引力）；第二个力是向上作用的地面反作用力（F_g）。由于人和地球之间的直接接触，对一个静止站立的人来说［图(a)］，这两个相反作用的力大小几乎是相等的，因此人的质心没有产生加速度（$\sum F = 0$）。如果这个人用力蹬地（图(b)），那么 F_g 会增加，F_g 大于 W（$\sum F > 0$），就会产生一个向上的加速度

　　虽然在这个例子中地面反作用力等于这个人的体重，但通常 GRF 是变化的，可以大于或小于这个人的体重。体重是个常数（$W = mg$），如果一个人站在地面上向下蹬地（用腿的伸肌群）时，GRF 会超过他的体重［见图 4.3(b)］，合力不为 0，方向向上（$Fg > W$，$Fg - W > 0$）。加速度定律决定的正合力将在向上的方向上引起加速度，其大小取决于这个人的质量（$F = ma$，$a = F/m$）。如果这个人在用力之前静止站立，那么起始垂直速度是 0，正的合力和加速度引起向上的正速度从 0 开始增加。如果这个人刚刚从一个台阶上跳下，那么他触地时的加速度是向下的（负的），正方向上的合力和加速度起到减小负方向上的速度（减慢向下运动）；如果这个人正的合力足够大且作用时间足够长，那么它会把这个速度减小到 0，从而停止向下的运动，甚至使这个运动从向下转为向上。

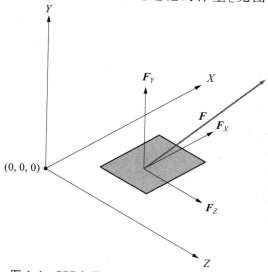

图4.4　GRF 矢量 F 可以分解为三个分量，F_x，F_y，与 F_z。

　　虽然这个例子只讲了垂直向上的力，但是 GRF 是一个三维矢量，它在水平面内也有分量，通常以身体位置为参考，分前-后（$A/$

P)分量和内-外(M/L)分量(见图 4.4)。GRF 的三维方向取决于一个人对地面作用的方式及它的垂直分量、前后和内外分量的相对大小。例如,一个足球运动员想向前运动就要向下向后蹬地面,它所受的 GRF 是向上和向前的;如果做向前和侧向的类似蹬地动作,则会产生一个侧向的 GRF 分量。足与地面接触的方式决定了水平分量的方向。我们曾说过在垂直方向上,GRF 是由地球表面所提供抵抗万有引力的结果;在水平方向上,足-地接触面也必须提供类似的阻力,这个人才能够蹬地以产生 GRF,而摩擦力可以提供这种阻力。如果一个人站在一个完全无摩擦力的表面上,他不可能产生前后和内外地面反作用力分量。

摩擦力是一种特殊的力,它无论何时都作用在两个彼此间滑动的表面上,方向与两个表面平行且始终与两个表面相对运动的方向相反。在某些情况下,摩擦力大到足以阻止运动,称为静摩擦力。在另一些情况下,作用力大到足以引起运动,称为动摩擦力,起抵抗运动的作用。假设一块方块放在一个水平表面上,给它施加一个慢慢增加的水平作用力 $F_{applied}$(见图 4.5),当 $F_{applied}$ 小时,摩擦力 $F_{friction}$ 能抵制运动,木块保持静止($F_{applied}=F_{friction}$;$F_{applied}-F_{friction}=0$);当 $F_{applied}$ 增加,$F_{friction}$ 跟着增加,木块保持不动;但是当摩擦力达到它的最大静止值,$F_{applied}$ 的增加不会再引起 $F_{friction}$ 同等的增加时,木块开始运动。静止时 $F_{applied}$ 最大值称为最大静摩擦力,计算公式如下:$F_{maximum}=\mu_{static}N$,$\mu_{static}$ 是静摩擦力系数,N 是通过两个表面的法向作用力(见图 4.5)。当作用力 $F_{applied}$ 大于 $F_{maximum}$ 时,木块开始运动,$F_{applied}$ 使木块加速,而动摩擦力 $F_{kinetic}$ 使木板减速,动摩擦力 $F_{kinetic}$ 比 $F_{maximum}$ 小,不管 $F_{applied}$ 或者木块速度的大小,其值接近一个常数,计算公式如下:$F_{kinetic}=\mu_{kinetic}N$,$\mu_{kinetic}$ 是动摩擦力系数,N 是垂直于两个接触面并让它们保持接触的力。μ_{static} 和 $\mu_{kinetic}$ 都取决于两个接触表面的性质,并且 μ_{static} 总是大于 $\mu_{kinetic}$。

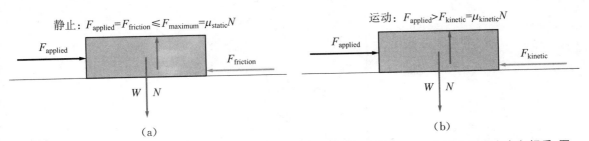

图 4.5 当一个力 $F_{applied}$ 作用在一个物体上使其产生滑动的趋势,摩擦力 $F_{friction}$ 与这个作用力方向相反,图(a)表示的是一个静止物体,$F_{applied}=F_{friction}$,其中 $F_{applied}$(以及 $F_{friction}$)小于最大静摩擦力($F_{maximum}=\mu_{static}N$,其中 μ_{static} 是静摩擦系数,N 是通过两个表面的法向作用力)。如果 $F_{applied}$ 大于 $F_{maximum}$,这个物体将开始滑动并受到一个动摩擦力 $F_{friction}$ 的阻力($F_{friction}=\mu_{kinetic}N$,其中 $\mu_{kinetic}$ 是动摩擦系数)

读者在阅读生物力学文献时还会遇到其他类似的力。内力通常是指由身体内部组织,如肌肉、韧带、肌腱、软骨或骨产生的力。相对而言,外力是由那些与身体接触的物体作用在身体上的力,如前面提到的反作用力。惯性力是那些与加速物体有关的力,它们与牛顿第二定律公式($F=ma$)有点不同,如果等式两边都减去 ma,则公式变成 $F-ma=0$,这个公式就是著名的达朗贝尔原理,$-ma$ 就称为惯性力,它在量纲上相当于另一个力,等于组成左边方程式的合力 F。当电梯到达所要到达的预定楼层而快速减慢时,身体继续上升,而惯性力使足与地板之间的反作用力减小,你会体会到虚拟力。另一个例子是在汽车或飞机快速加速期间人体受到加速度作用,在这种情况下,人体要保持静止,而交通工具要快速向前运动,人就感到是被推向座位,但其实是座位推他向前运动。

当研究一个绕轴旋转的刚体时,另一种虚拟力出现。它和刚体上不断变换线方向的点密切相关。在这种条件下,代表质点不断地要离开转轴方向的惯性倾向是一种向外的离心力,而防止这种情况发生的是方向向内的法向力或者向心力。第三种虚拟力是科氏力,他是在考虑一种参考系在一个给定系统内转动时发生的。读者可从物理学或者工程学的教材中(例如 Beer 和 Johnston,1977)找到更完整的叙述和计算。

力矩或扭矩

我们很早就知道只有在考虑刚体做角运动时,力的作用点才是重要的。按照定义,角运动是一个物体围绕转动轴转动(详见第一章和第三章)。如果一个力 F 作用于一个刚体,而该力的作用线直接经过转动轴,则不会发生角运动(见图 4.6)。然而,如果力作用线与转动轴平行且有一定距离,则会引起转动。不经过转动轴的力就是偏心力。如果一个位移向量 r 定义为从转轴到力的作用点的距离,那么力矢量和位移向量的乘积就被认为是力矩(M),即 $M = r \times F$。转动轴到力作用线的垂直距离是力臂(d)。如图 4.6 显示 $d = r\sin\theta$,θ 是位移向量与力的作用线形成的夹角。利用垂直距离 d,可以计算力矩的大小:$M = Fd$,单位是 N·m。 由于力作用点的改变会引起力臂的改变,因此说力的作用点决定了力矩的大小。

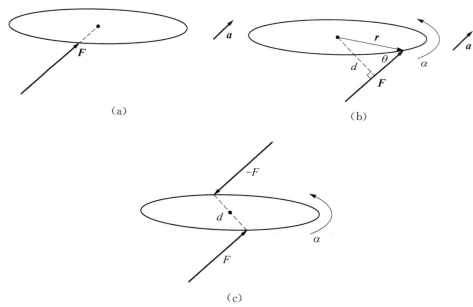

图 4.6 (a) 力 F 通过物体的质心,同时也是它的转动轴,因此该力只引起平动;(b) 力 F 不通过转动轴作用于物体,则产生了力矩 M($M = Fd$),物体同时产生线加速度和角加速度;(c) 一对力偶 F 和 $-F$ 垂直距离为 d,则力偶只产生角加速度

单一的偏心力可使物体同时产生平动和转动。根据牛顿加速度定律,不考虑该力是否通过转动轴,力本身会使物体做加速运动。一个单纯的没有线性加速度的转动运动,可由两

个力即一对力偶产生。这对力偶是由两个方向相反、大小相等的平行力构成。如图 4.6 所示，一对相等的平行力 F 和 $-F$ 垂直距离为 d，组成了一对力偶，力矩大小为 Fd。由于力 F 和 $-F$ 大小相等、方向相反，因此对物体的合作用力为 0，不产生线性加速度。

另一个常用来代替力矩的术语是"扭矩"。在物理和工程学里对这两个词有明确区分，"扭矩"是有力偶或者是有"扭转"运动，很难确定单一力矢量和作用点。在生物力学领域，多数情况下这两个词可以交换使用，纵观本书我们也同时使用了这两个词。

牛顿运动定律的角运动规定了外加力矩对物体转动运动学的确切影响，首要的两个影响就是有或没有力矩角动量的变化。没有力矩作用时，旋转体以恒定的角动量持续转动，类似于线运动中的惯性定律。角动量 L 定义为转动惯量 I 和角速度 ω 的乘积，即 $L = I\omega$，单位是 $kg \cdot m^2/s$。当力矩作用于刚体，角动量改变，则 $M = dL/dt$，dL/dt 为角动量的时间导数。这是以 18 世纪著名的瑞士数学家欧拉命名的，后来称为欧拉方程，即 $F = ma$ 的角运动方程，最初牛顿将它表达为 $F = dp/dt$，dp/dt 是刚体或质点线动量（p）的时间导数。在线运动中，因为刚体的质量是常数，所以仅可以改变速度（加速度）。角运动中如果转动惯量 I 是恒定的，欧拉方程就变成 $M = I\alpha$，α 是旋转体的角加速度。但当测试对象是人体时，由于人体的结构可变，所以转动惯量也是可变的。因此，用来描述角动量（而不是加速度）改变的欧拉方程通用形式更有用，尽管身体质量没有改变。3D 运动完整的欧拉方程更复杂，这里不使用。完整的 3D 案例可参考《比尔和他的团队》（2010）这一工程学教材。

线性冲量和线性动量

牛顿第二定律 $F = ma$ 适用于瞬时或考虑平均力的作用时。当研究人员想要了解一个不断变化作用力的影响时，就要考虑冲量-动量的关系。此关系直接由牛顿第二定律推出。如前所述，最初用它来描述力和动量的关系时，牛顿没有使用术语"动量"，而是用的"运动的量"这个词。数学上力的冲量-动量关系的来源就是牛顿加速度定律：

$$F = ma = m\frac{dv}{dt} \tag{4.1}$$

然后将等式两边乘以 dt：

$$F dt = m dv \tag{4.2}$$

最后，等式两边求积分，得到冲量-动量关系为

$$\int F dt = mv_{final} - mv_{initial} \tag{4.3}$$

等式左边是合力 F 的线冲量；等式右边代表质量为 m 的物体动量的改变。mv_{final} 和 $mv_{initial}$ 分别代表物体的最终及最初的线动量，线冲量的单位是 $N \cdot s$，与动量的单位（$kg \cdot m/s$）为同一量纲。

因此一个力的线冲量就是这个力在其作用时间内的积分，线冲量改变了物体的动量。用图来表示，线冲量就是作用力随时间变化曲线下的面积。如图 4.7 所示。

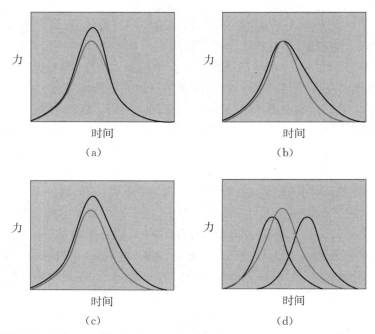

图 4.7　冲量的增加可以通过：(a)增加力的大小，(b)增加力的作用时间，(c)同时增加力的大小和作用时间，(d)增加用力频率和次数来实现。所有窗口中的灰色曲线都是完全相同的

力，线冲量及动量的测量

　　冲量-动量之间的关系可以用来评价一个力改变物体动量或者速度的效率。比如，一个人开始冲刺跑（Lemaire 和 Robertson，1990b）或者游泳（Robertson 和 Stewart，1997），试图通过水平方向的反作用力来开始水平的运动，记录这个力的传感器可以量化启动的效率。图 4.8 所示的启动时的水平冲量分别来自安装在跳台上的追踪仪器（Lemaire 和 Robertson，1990b）、安装在游泳者跳台上的测力台（Robertson 和 Stewart，1997）和嵌入冰面的测力台（Roy，1978）。对图 4.8 中曲线下面积进行积分，并除以运动员的体重，用来确定运动员水平速度的变化。假定这类技术的初速度为 0，这类技术需要这样，否则，运动员就犯规，并会因此受到惩罚。但是这种要求并不适用于接力时的启动，因为接力允许运动员有一个初速度。在这种情况下，研究人员应该在运动员施加力启动前测量他们的速度。这样，对人施加冲量之后，人的速度如式（4.4）所示。

$$v_{\text{final}_x} = \frac{\int_{t_{\text{initial}}}^{t_{\text{final}}} F_x \, \mathrm{d}t}{m} + v_{\text{initial}_x} \tag{4.4}$$

式中，m 是人的质量；v_{initial_x} 是初始速度（如果运动是从静止开始，则初速度为零）；分子是水平方向运动的冲量，即从 t_{initial} 到 t_{final} 之间施加的水平作用力曲线下的面积。

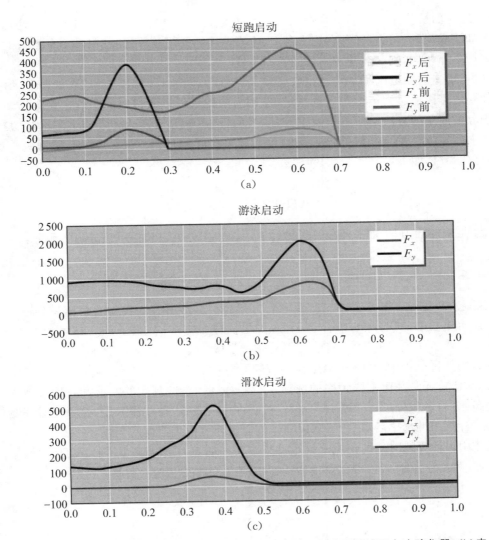

图 4.8 水平(F_x)和垂直(F_y)方向的冲量,(a)来自前后起跑器上的两个追踪仪器;(b)来自安装在游泳跳台上的测力台;(c)来自嵌入冰面的测力台。横坐标是时间,单位是 s,纵坐标是力,单位是 N

类似的应用研究是垂直跳或起跳后落地,研究中测垂直力与时间积分就能获得跳跃者垂直冲量的变化。立定跳远时,运动员的初速度为 0,因此,其起跳速度可以直接从测力台数据中计算出来(也就是速度的变化相当于起跳速度的变化),但是因为还需要考虑重力因素,所以垂直冲量的公式中有一点变化,垂直速度的公式如下:

$$v_{\text{final}_y} = \frac{\displaystyle\int_{t_{\text{initial}}}^{t_{\text{final}}}(F_y - W)\,\mathrm{d}t}{m} + v_{\text{initial}_y} \qquad (4.5)$$

式中,W 是运动员的体重,单位是 N;V_{initial} 是初始垂直速度(如果从静止开始运动,$V_{\text{initial}} =$

0);F_y 是地面反作用力垂直方向分力。这个方程式只适用于所有力都对测力台作用的情况。假如运动员的一只脚未踩在测力台上,垂直速度将不可估算;假如身体其他部分对地面或环境产生作用力,则必须使用附加的测力装置。

　　冲量-动量关系也用于赛艇、划艇、高尔夫、棒球以及自行车等项目。在这些运动中,手脚的作用力可以通过力传感器定量测量;作用力的效果可以通过时间积分定量分析。计算这些积分最简单的方法是使用黎曼积分,即力信号(从计算机模数转换器上采集来的)的总和与样本间隔(Δt)的乘积计算。如果力信号的采样频率是 100 Hz,则样本间隔是 0.01 s。黎曼积分的方程如下:

$$\text{Im pulse} = \Delta t \sum_{i=1}^{n} F_i \tag{4.6}$$

式中,F_i 是采样的力;n 是采样数目。另外使用梯形积分可以获得更加准确的积分:

$$\text{Im pulse} = \Delta t \left(\frac{F_1 + F_n}{2} + \sum_{i=2}^{n-1} F_i \right) \tag{4.7}$$

　　实际上,冲量等于第一个力与最后一个力和的一半再加上其余力的总和与采样时间的乘积。还有更复杂的积分,如辛普森积分,如果抽样足够多时,最后积分结果的差别很小。读者如果想要了解更多的积分方法,建议阅读大学微积分(数学分析)教科书。除了积分,在数据采集与处理过程中选择一个合适的采样频率以及使用平滑函数(见第十二章数字平滑技术)也同样重要。关于采样频率的选择,既不能太低(会使真实的峰值和谷值被剪去),也不能太高(会由于积分过程而增加误差)。对于许多跳跃、启动动作来说,合适的采样频率是100 Hz。计算出冲量之后,用冲量除以物体的质量就可得出速度的变化。

　　用作用力计算瞬时速度稍微不同。首先在每一时刻,用 GRF 值除以人的质量,从而得到瞬时加速度,注意垂直 GRF 必须减去该人的体重(W)后再进行计算:

$$\begin{aligned} a_x &= F_x/m \\ a_y &= (F_y - W)/m \end{aligned} \tag{4.8}$$

　　W 值必须非常准确,否则在积分过程中会产生累计误差。最好在出现冲量前快速记录一个很短时间内的信息,以此来确定测试对象的体重。使用测力台记录人的重力时,记录结果可能会因为两脚位置不同而有所不同。

　　加速度曲线与力曲线的形状相同,因为它们仅由恒定的质量缩放,通过对加速度曲线积分得到速度曲线,即将速度的连续变化量迭代相加。速度曲线通过反复积分求得:

$$v_i = v_{i-1} + a_i(\Delta t) \tag{4.9}$$

式中,v_i 是 i 时刻的速度;v_{i-1} 是 v_i 前一时间间隔时刻的速度;a_i 是加速度;Δt 是采样时间间隔。这时初速度在计算中叫作积分常数,是已知的。如果这个动作是从静止开始的,那么初速度是 0;如果不是,那么研究人员必须用其他的系统(如摄像图片分析)计算或测量出这个初速度。理论上用类似的方法进行力的第二次积分可以算出该物体的位移。利用计算得到的速度信号再次积分可以获得位移曲线,这引入了另外一个代表该人初始位置的常数。简单起见,我们可以把初始位置设为 0,然后确定在开始积分后产生的位移(s_i),也就是说,

$s_i = s_{i-1} + v_i(\Delta t)$，这里的 v_i 是前面积分中计算出的速度。

注意，如果检测仪器出现了问题，这种积分过程可能变得不稳定。当受试者站在测力台上静止不动时，如果力信号出现漂移（也就是在基线上低频变化），那么，所计算的位移信号很快就变得不真实了，这种漂移是压电型测力台的特征。因此对使用这种类型的测量仪器的建议是减小积分时间和从开始积分前瞬间记录的力来计算体重。当受试者站在测力台上，严格控制足的位置和其他环境因素时，所测得的体重误差很小，但体重测量值上微小的不准确就会造成计算得到的位移数值出现很大的误差，因为对力信号进行二次积分（Hatze，1998）会造成误差的倍增。这是从位移推导出加速度情况的逆运算，很小且高频的位移误差会产生很大的加速度误差（见第一章和第十二章）。

环节和整个身体的线动量

在分析人体运动时，有时不能直接测量作用在身体上的外力。但可以通过身体的运动学数据和环节重心（第三章）间接计算出动量。一旦知道环节的中心，那么得到动量相对简单的方法就是用速度矢量乘以环节质量（见第三章），即

$$\boldsymbol{P} = m\boldsymbol{v}$$

$$P_x = \sum mv_x, \quad P_y = mv_y, \quad P_z = mv_z \tag{4.10}$$

因为动量可以矢量合成，所以输入身体的某些数据后，整个身体的动量很容易算出，整个身体的线动量就是其包含的各环节动量的总和，可表示为

$$\boldsymbol{p}_{\text{total}} = \sum_{s=1}^{s} m_s \boldsymbol{v}_s \tag{4.11}$$

式中，m_s 是环节质量；v 是环节质心速度矢量；s 是环节总数。其标量形式是

$$P_{\text{total}_x} = \sum_{s=1}^{s} m_s v_{sx}$$

$$P_{\text{total}_y} = \sum_{s=1}^{s} m_s v_{sy} \tag{4.12}$$

$$P_{\text{total}_z} = \sum_{s=1}^{s} m_s v_{sz}$$

因为它需要记录所有身体环节的运动学数据，所以在生物力学中这种测量不常用，尤其是在三维情况下更难做到。但是，这种技术已经用于空气动力学的研究，如跳远（Ramey1973a，1973b）、跳高（Dapena，1978）、跳水（Miller，1970，1973；Milley 和 Springings2001）和蹦床（Yeadon，1990a，1990b）。在这些研究中，在水平方向上动量守恒，在垂直方向上由于重力作用动量减少。

角冲量和角动量

角冲量和角动量是线冲量和线动量在转动时的等效量，它们是从欧拉方程 $M = I\alpha$（在形

式上类似于线运动中的 $F = ma$) 推导来的。欧拉方程表达为 $M = dL/dt$,式中 dL/dt 是角动量($L = I\omega$)的时间导数,重新表达欧拉方程为 $M\Delta t = \Delta I\omega$。假定有一个合力矩 MR 作用在一个物体上,通过时间积分得出作用在该物体上的角冲量为

$$\text{Angular Im pulse} = \int_{t_{\text{initial}}}^{t_{\text{final}}} M_R dt \tag{4.13}$$

式中,t_{initial} 和 t_{final} 分别为冲量的初始作用时间和最终作用时间,单位为 s。假定一个刚体环节系统的角动量为 L,那么,其角冲量-角动量关系可以写成

$$L_{\text{final}} = L_{\text{initial}} + \text{Angular Im pulse} \tag{4.14}$$

即这个系统在受到一个角冲量以后,该系统的角动量等于该系统在角冲量作用前的角动量加上该角冲量。如果环节构造不同,那该系统的转动惯量在角冲量作用之前和之后可能不同。在线性运动中物体质量是假设恒定的,而转动中物体的转动惯量在不同时刻可能是不同的。如一个跳水或体操运动员的转动惯量在伸直姿势时可能是他们团身姿势时的 10 倍。因此,角冲量的作用随身体转动惯量的变化而变化。可通过把身体分成一个由多个刚体连接而成的系统,并计算每个环节对整个身体角动量的贡献来解决。每个环节对整个身体角动量的贡献有两方面:一项为局部角动量,另一项为动量矩或远端角动量。第一项是描述环节绕它自身重心的转动,第二项中动量矩是描述环节的重心绕整个身体重心转动而产生的角动量。接下来界定这两个方面。

环节角动量

一个环节的线动量是它的质量与线速度的乘积,而一个环节绕它重心转动的角动量(L_s)是它的转动惯量和角速度的乘积:

$$L_s = I_s \omega_s \tag{4.15}$$

式中,I_s 是环节绕其重心的转动惯量(单位是 $kg \cdot m^2$);ω_s 是环节的角速度(单位是 rad/s)。环节很少只绕它本身的重心转动,所以为了确定一个环节绕其他轴(如绕整个身体重心或绕环节的近侧端)的角动量,需要用到动量矩(L_{mofm}),根据平行轴定理,这一项定义为

$$L_{\text{mofm}} = [\boldsymbol{r}_s \times m_s \boldsymbol{v}_s]_z = m_s (r_x v_y - r_y v_x) \tag{4.16}$$

式中,(r_x, r_y) 是位置向量,它是从转轴到环节重心的位置向量;m_s 是环节质量,而 (V_x, V_y) 是环节的线速度矢量。符号 $\times$ 表示两个矢量相乘,作为一个叉积或矢量叉积,表示为 $[\boldsymbol{r}_s \times m_s \boldsymbol{v}_s]_z$,而 $(r_x v_y - r_y v_x)$ 表示只考虑绕 z 轴的标量分量。

整个身体的角动量

为了获得整个身体的角动量,可以用几个不同的方法。如果物体是由一系列互相连接的环节组成(如人体),那么,整个身体的角动量是所有环节角动量加上它们的联合动量矩的总和。例如,计算整个身体绕身体总重心的二维角动量 L_{total},公式如下:

$$L_{\text{total}} = \sum_{s=1}^{s} I_s \omega + \sum_{s=1}^{s} [\boldsymbol{r}_s \times m_s \boldsymbol{v}_s]_z \tag{4.17}$$

式中，r_s 代表位置向量，它是从身体总重心连接到环节重心的位置向量，即 $(x_s - x_{\text{total}}, y_s - y_{\text{total}})$；$v_s$ 是环节质心的速度；而 s 代表身体环节的数目。

对于大多数人体运动，通常动量矩大于局部角动量，原因是一个环节的转动惯量小于 $1\,\text{kg·m}^2$，而一个环节的质量大于 $1\,\text{kg}$。另外，质量最小的环节的位置向量可能非常大，所以它们和速度的乘积与环节的转动速度相比相对较大。

角冲量

确定整个身体角动量还可以利用作用在身体上的外力、外力矩和它们产生的角冲量。图 4.9 展示了 4 个外力产生角冲量进而影响身体角动量的例子。可见 4 种情况的外力作用线都不通过身体的重心。如果要确定产生了多少角冲量，必须测定整个作用时间内的力，并同时记录身体重心的轨迹；其他外力也必须定量，确定它们的大小、方向和在身体上的作用点。只有重力不需要测量，因为它是通过身体重心的不引起转动的力。

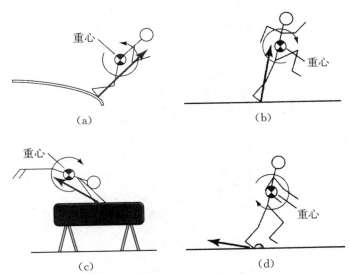

图4.9 4个外力产生角冲量的例子，弧线表示角冲量的作用方向

(a) 跳水运动员；(b) 跳远运动员在起跳；(c) 体操运动员；(d) 走路时绊倒的人

角冲量是合力矩的时间积分或作用在身体上的偏心力的时间积分（见图 4.10），而角动量是身体转动运动的量，公式如下：

$$\text{Angular Im pulse} = \int_{t_i}^{t_f} M_R \mathrm{d}t \tag{4.18}$$

如果力矩 M_R 是个恒量，那么

$$\text{Angular Im pulse} = M_R \Delta t \tag{4.19}$$

式中，Δt 是冲量的作用时间。

如果一个单独的外力作用在物体上（见图 4.11）。角冲量可用下式来计量：

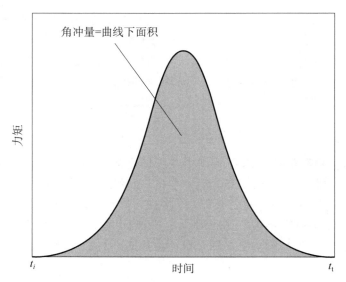

图4.10　角冲量定义为力矩相对时间变化的曲线下的面积

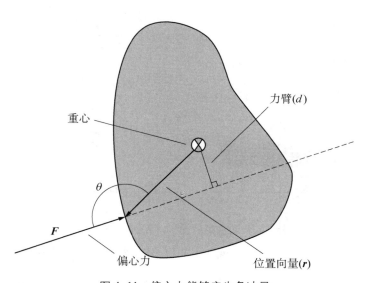

图4.11　偏心力能够产生角冲量

$$\text{Angular Im pulse} = \int (\boldsymbol{r} \times \boldsymbol{F}) \mathrm{d}t \tag{4.20}$$

式中，$\boldsymbol{F}$ 是作用力；$\boldsymbol{r}$ 是从身体重心到力作用点的位置向量。注意 $\boldsymbol{r} \times \boldsymbol{F}$ 是力和位置向量的乘积。在二维情况下，这个乘积的大小是 $r_x F_y - r_y F_x$（见附录 D：三维中的矢量积）。如果这个作用力是一个像重力那样的中心力，它不引起角冲量，也不引起物体角动量的变化，这个原理叫角动量守恒定律。当身体腾空只受重力作用时可用该定律（忽略空气阻力）。

　　如果一个人站在一个无摩擦的转台或者冰面上用恒定的角动量旋转，同时忽略某种转动摩擦时，也可遵循这样的定律，但角速度可变，人体的旋转速率（角速度）可以通过他的身体环节运动减小或增加,整个身体的转动惯量也减小或增加。角动量守恒定律是说合外力矩是 0,合力是中心力,整个身体绕某个轴旋转的角动量(L_{total})保持不变:

$$L_{\text{total}} = 常数 \tag{4.21}$$

参考文献

Yu, B., and J. G. Hay. 1995. Angular momentum and performance in the triple jump: A cross-sectional analysis. Journal of Applied Biomechanics 11: 81-102.

Yu B 对三级跳远技术的 4 个阶段(最后一步、单足跳、跨步和跳)中身体环节和整个身体角动量进行了研究。该研究拍摄了 13 名具有顶级水平的三级跳运动员在比赛中的动作,并对他们最好一次成绩的动作进行分析,计算了 4 个阶段空中动作的环节三维坐标、环节及整个身体的角动量,并用质量和身高平方对每个阶段每个环节的角动量平均值进行了标准化处理,最后求出了它们与实际跳远成绩的相关性。

作者发现在跨步支撑阶段中间外侧的角动量与跳远距离之间显著非线性相关($r = 0.86$)。他们得出的结论是如果要在跨步时获得所需要的角动量,在单足跳的支撑阶段就必须获得动量,且在跨步阶段应使单足跳所获得的角动量变化最小。

这是第一篇对三级跳这样复杂运动的三维角动量进行分析的论文,不仅是对这种运动的动力学进行定量分析的一个突破,更是在高水平比赛(美国奥运会选拔赛)中对顶级运动员完成的 4 个不同阶段动作技术(跑、单足跳、跨步跳和跳)做出分析的突破。

很多曾经尝试过将角动量进行量化分析的学者已经开始将研究的重点放在对运动员的腾空运动方面的研究,例如跳水(Miller 1970,1973;Murtaugh 和 Miller,2001)、花样滑冰(Albert 和 Miller,1996)、跳远(Lemaire 和 Robertson,1990a;Ramey,1973a,1973b,1974)、体操(Gervais 和 Tally,1993;Kwon,1996)和蹦床(Yeadon,1990a,1990b)。

力的测量

生物力学中用于测量力和力矩的工具有很多,虽然都可以叫传感器,但我们还是把它们分成测力台、压力分布传感器、内部作用力传感器和等速装置。

力传感器

我们讨论的焦点在于力对质点或刚体的作用效果。事实上在有作用力的情况下,把一个对象的身体环节模拟成一个"刚体"只是接近了真实。所有的物体都会不同程度地发生形变,严格地说,关于刚体的定义(所有质点彼此的相对位置是固定不变的)并不十分准确。在许多情况下,非刚体性带来的形变和误差较小。另外,形变对于生物力学研究者也是有用的,因为他们可以利用力传感器测量形变,进而算出作用力。

不同类型的传感元件可以贴附或填充进可形变的材料,当施加一个作用力时,传感元件能够记录材料的形变量。通常,传感元件具有导电性,并且是电路组成的一部分。举个例子,在一个电路里,电阻元件和压电电阻元件相当于一个电阻器,例如惠斯登(Wheatsten,

1803－1875,英国物理学家)电桥。形变会引起电阻器中结构或几何形状的改变,进而引起电阻器的阻值改变(例如一片薄金属片在拉长时变得更薄,从而引起其传导电流能力的改变)。在相应的电路中,电阻的变化使电压随之变化。压电电阻元件是半导体材料(如硅),比普通的电阻材料更敏感。因为力、形变、电阻与电压直接相关,所以可以通过测量电路中的电压变化来计算力。另一种检测元件由压电晶体构成,压电晶体是一种天然矿物质,作用力引起形变会使其产生电荷,此类检测元件都必须连接一个放大器,但是相应的电路与压阻式有很大差异。尽管如此,两者的理念都一样:作用力引起形变,形变引起一种可以测量的电路参数变化,而这些电路参数变化与力的大小直接相关。读者可以从附录C中获得更多关于电路的知识。

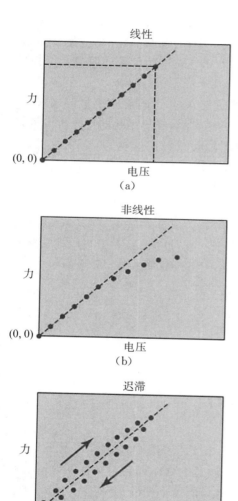

图4.12　一个力传感器可能有的输入力和
　　　　输出电压响应之间的三种关系

力传感器的质量取决于作用力、形变、检测元件的电性质以及与所测量的电输出之间的相互关系。如果忽略浅层次的电路结构,那么力输入和输出电压之间的关系就很重要(见图4.12)。图4.12中显示的响应来自静态测量,一个恒力作用在传感器上并记录下电压值(假定它是恒量)。每个数据点代表施加不同力后电压的响应,当恒定作用力的大小发生变化时,就记录根据力的变化得到的相应电压。如果最后的关系是线性的[见图4.12(a)],那么直线斜率代表了一个标定系数,称为灵敏度,它可以用来把测量得到的电压转换成力,单位是牛顿[例如6.5伏(V)×63牛顿/伏(N/V)＝409.5牛顿(N)];如果这种关系是非线性的[见图4.12(b)],那么这些数据可以拟合成一个标定方程式(例如二阶或三阶方程式),它可以用来把电压转换成力。

另一点需要考虑的是传感器的测力范围,在它反应失灵或被破坏之前,传感器可以测量出力的大小。在一个特定的力范围中对传感器进行分级,在这个范围中它们的反应是线性的。如果作用力比较大,电压输出有可能会在一个给定的水平上饱和。一个相关的问题是传感器的灵敏度。一个力传感器应该与要测量的力的范围相匹配,并且足够灵敏以探测作用力的微小变化,同时又有足够的范围。另外一个关注点是滞后性[见图4.12(c)],在力逐渐增加与逐渐减小这两种情况下,会出现不同的力-电压关系,这是不希望有的。从理论上讲,这就需要在加载和卸载情况下使用不同的标定系数或方程式。

静态特征很重要且容易评估,但是在绝大多

数生物力学应用中,作用力的大小是持续变化的,因此传感器的动态响应标定同样重要。传感器的频率响应特征应该与作用力的频率相匹配。传感器的物理结构特征使它对一定范围内的输入作用力频率做出反应。如果输入力变化太快,传感器就不能很快地做出响应以如实地记录力的实时变化。这类似于一个低通滤波器,它把输入信号的高频成分衰减或消去(见第十二章信号处理);另一方面,传感器的结构可能引起输入力中某些频率不必要地放大,因为任何一个物理结构或系统根据它的内部质量、弹性和阻力都会以一种特殊的方式对力的振动做出响应。质量和弹性支配一个结构的固有频率,当物体受到一个(或以上)与其固有频率相同的外部振动时,结构会产生共振。调音叉即使用的这个理念,打击它时,它用它们的固有频率振动。在生物力学中,这种响应是不利的,因为一个与力传感器固有频率相等的作用力会引起力传感器的共振,传感器会在这个频率上放大对力的响应。

可以根据传感器的内在响应性质,如范围、灵敏度、频率响应和固有频率等特征来购买传感器。但是当传感器安装在一个典型的测量系统中时,它可能有许多不同特征,例如,如果一个高固有频率(如 2 000 Hz)传感器贴附到一个有弹簧的木头框架上时,它产生的低频率振动会更多。具有多向传感器的测力仪器的结构问题需要特别关注,这种装置能够测量在三个方向上互相垂直的力。这些传感器具有强大的从三个方向上隔离力的能力,但是如果安装它们的测量仪器弹性较大,则会在互成直角的轴间传递力,导致交叉干扰。例如 F_x 方向的作用力可能导致 F_y 和 F_z 方向上传感器的响应。这种响应可以用校正矩阵来处理,这个矩阵与传感器在三个方向上对输入力的反应有关。

测力台

在生物力学中最常见的一种力传感器是测力台,它是一个与地面齐平安装的用来记录地面反作用力的测量平台。早期的测力台是利用弹簧(Elftman, 1934)和有标记的橡胶锥体来显示压力,现在在市场上出售的测力台使用两种不同传感器:一种是应变式,价格不贵且有良好的静态测力性能,但是范围和灵敏度不如压电式;另一种压电式,具有较高的频率响应,但是必须有专门的电子器材才能测量静态力。

早期测力台设计是单个中心柱结构或轴架,而现代设计通常是 4 个支柱,位于台面的 4 个角上(见图 4.13)。因为作用力离中心柱越远,测出的力越不准确,所以研究人员已经放弃了单个中心柱的设计。无论作用力作用在 4 个柱所围成平面中的哪个位置,采用 4 个柱的结构,测出的力相对准确一些。这 4 个柱上装有测力和测力矩的元件,然后将 4 个力和力矩合成为作用在测力台上的合力和合力矩。绝大多数测力台都可以测量三维力,即垂直力(z)、沿着台面长的力(y)和沿着台面宽的力(x)。不管有多少个作用力作用在测力台的不同位置上,测力台只输出一个合力参数(地面反作用力 GRF),即在数学上和物理学上相当于所有的作用力。

作用在测力台上的任何一个三维力都可以用 9 个参数来描述:力矢量的三个互成直角的分量,分别是 F_x、F_y 和 F_z;力矢量相对于平面参考系(PRS)原点的空间坐标(x, y, z),通常叫作压力中心(COP);其余三个是相对于 PRS 原点运动的互相垂直的力矩 M_x、M_y 和 M_z。严格意义上的 PRS 原点位置取决于测力支柱的具体位置,但通常这个原点位于上表面略向下水平面的中心上(见图 4.14)。COP 坐标 z 是一个常数,等于 PRS 原点到测力台上表面下方中心所在水平面的距离。

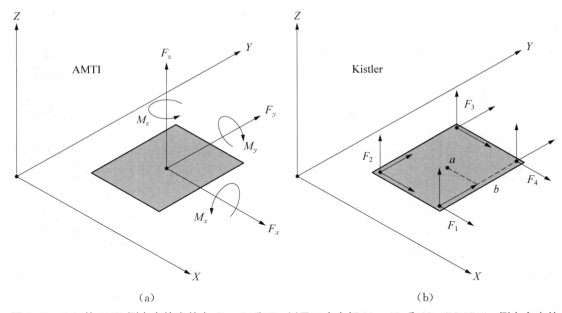

图 4.13　(a) 从 AMTI 测力台输出的力 F_x，F_y 和 F_z，以及三个力矩 M_x，M_y 和 M_z；(b) Kistler 测力台中的 4 个压电传感器离测力台中心是等距离的(长度为 a 和 b)，4 个传感器中的三个分力，在标定方程式中单独用(F_z)，两个合成的(F_x，F_y)表示(见正文)

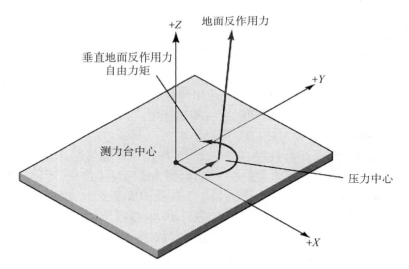

图 4.14　测力台的反作用力和垂直力矩

　　虽然作用力对测力台的作用包含了 9 个参数，我们感兴趣的只有 6 个由测力台对人体产生的反作用力矢量参数。这个情况的产生是因为相比于测力台本身的运动，我们更关注人体的运动。这 6 个参数分别是 3 个地面反作用力分量(R_x、R_y 和 R_z)，2 个反作用力矢量在全局坐标系的压力中心位置(x，y)，以及一个称为自由力矩的 M_z'。在 GCS 垂直方向上是 z 轴，水平朝前的是 y 轴，内-外方向上是 x 轴。因为垂直坐标是在测力台的台表面上，在 GCS 中通常取 $z=0$，压力中心 COP 只需计算 x，y 坐标。自由力矩 M_z' 表示受试者对 COP

坐标系的垂直轴所做的扭转力矩的反作用力矩。因为这些力矩只有在鞋和测力台有直接连接(如用胶水)时才能发生,所以我们可假设绕 x 和 y 轴的自由力矩为 0。这 6 个参数与前述 9 个测力台参数有关,但不相等,原因如下:

(1) PRS 和 GCS 轴的方向可能不重合。

(2) 我们关心的是反作用力(R_x,R_y 和 R_z)而不是作用力(F_x,F_y 和 F_z)。

(3) 我们需要知道 COP 在 GCS 中的位置而不是在 PRS 中的位置。

下一节将探讨如何从测力台测量的 9 个参数中计算出这 6 个参数。

测力台的信号处理

每一种测力台都有自己独有的公式,以计算地面反作用力的 6 个测量值。需要注意的是每个测力台制造商可以使用独有的 PRS,并且这些参考系不一定要与运动学数据捕捉系统里的 GCS(见第一章和第二章)一致。为了一致,我们将利用在前一节中建立的 PRS 系统(见图 4.13)。例如,两个品牌的测力台给出的方程,一个是应变式的 AMTI 测力台(AMTI,watertown,MA),一个是基于压电式的 Kistler 测力台(Kistler AG,Winterhur,瑞士),其他的制造商的产品构造可能有些不同,但仍然能够计算出这 6 个测量参数。AMTI 测力台的方程是从输出信号处导出的,这些信号标记为 F_x、F_y 和 F_z,M_x、M_y 和 M_z(见图 4.13),这 6 个 AMTI 方程式是:

$$F'_x = F_x f_x, \quad F'_y = F_y f_y, \quad F'_z = F_z f_z$$
$$x = -(M_y g_y + F'_x z)/F'_z$$
$$y = (M_x g_x - F'_y z)/F'_z \tag{4.22}$$
$$M'_z = M_z g_z + F'_x y - F'_y x$$

式中,(F'_x,F'_y 和 F'_z)是地面反作用力的分量;(x,y,0)是压力中心 COP 的坐标;M'_z 是自由力矩;f_x、f_y 和 f_z 是电压信号(伏特)转换成力信号(牛顿)的换算系数;g_x、g_y 和 g_z 是把弯矩电压值(伏特)转换成力矩(牛顿·米)的换算系数。从 AMTI 测力台输出的 6 个信号反馈给一个可选择增益水平的放大器装置,从而可以确定换算系数 f_i 和 g_i 的精确值。每个 AMTI 测力台都有一个由工厂标定的 z 值,这是从测力台表面到 PRS 原点的距离。绕 PRS 原点的作用力矩(M_x、M_y 和 M_z)只用来计算 COP 的位置。

Kistler 测力台的每个支柱上分别有三个相互垂直的圆柱体的组合,共 12 个压电式传感器(见图 4.13)。在水平方向上传感器成对汇总,以便输出以下 8 个信号:(F_{x12},F_{x34},F_{y14},F_{y23},F_{z1},F_{z2},F_{z3} 和 F_{z4})。用来计算地面反作用力的 6 个参数方程如下:

$$F'_x = (F_{x12} + F_{x34})f_{xy}$$
$$F'_y = (F_{y14} + F_{y23})f_{xy}$$
$$F'_z = (F_{z1} + F_{z2} + F_{z3} + F_{z4})f_z$$
$$x = -[a(-F_{z1} + F_{z2} + F_{z3} - F_{z4})f_z - F'_x z] \tag{4.23}$$
$$y = [b(F_{z1} + F_{z2} - F_{z3} - F_{z4})f_z + F'_y z]F'_z$$
$$M'_z = b(-F_{x12} - F_{x23})f_{xy} + a(F_{y14} - F_{y23})f_{xy} - xF'_y + yF'_x$$

其中，$(F_x'，F_y'和F_z')$是地面反作用力的分量；$(x，y，0)$是压力中心 COP 的坐标；M_z'是自由力矩；f_x、f_y 和 f_z 是把电压信号（伏特）转换成力信号（牛顿）的换算系数；a 和 b 分别是传感器和测力台中心之间在 x 和 y 方向上的距离。8 个输出信号反馈给每个通道都可选择增益水平的电荷放大器装置，从而确定 f_{xy} 和 f_z 标度因子的精确值，即从测力台顶面到 PRS 原点的距离。

　　AMTI 和 Kistler 测力台通过方程计算出 6 个参数。但是，它们还不是分析人体所需的形式。三个力分量$(F_x'，F_y'和F_z')$在测力台参考系中，乘以 -1 后得到作用于人体上的反作用力$(R_x，R_y 和 R_z)$。同样的转换应用于自由力矩。因为 PRS 的三个轴和 GCS 的三个轴可能不重合，就需要再次校正。在使用影像系统标定捕捉运动学数据时，确立了 GCS 的原点和轴的方向。例如，在研究行进运动时，研究对象通常用一只脚踩在测力台上，在 PRS 中，它是沿着测力台的长边 y 前进的；在 GCS 中可能也对应着 y 方向，但是 GCS 和 PRS 的 y 方向在极性方面可能是相反的［见图 4.15（a）］。在二维研究中，前进的方向可能设定为与 x 轴方向一致（见第一章）。如果在逆动力学分析中测力台数据（第五章）要与运动学数据结合起来，那么研究人员必须确保来自个别 PRS 方向的力数据正确转换成 GCS 方向的数据。

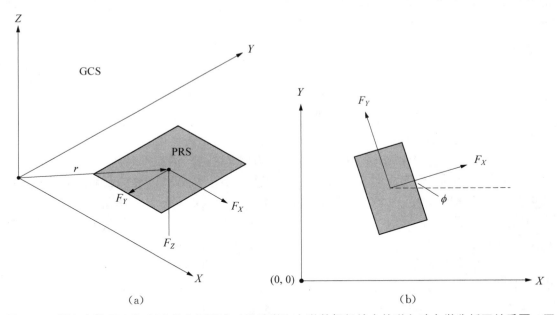

（a）　　　　　　　　　　　　　　　　　　（b）

图 4.15　测力台的 PRS 和 GCS 的空间配准对运动学和力学数据相结合的逆向动力学分析至关重要。图（a）是一个 PRS 和 GCS 的原点位置与轴方向不同的例子。位置向量 r 描述了 PRS 原点在 GCS 中的位置；图（b）是在水平面内 PRS 和 GCS 之间存在夹角不重合的俯视图。如果角不重合就可以用自动转换技术校正

　　PRS/GCS 标准同样适用于 COP 坐标系数据，也就是空间同步问题。因为 x 和 y 坐标是在 PRS 中计算的，但是我们要描述对象的运动是在 GCS 中的，因此需要知道 PRS 原点相对于 GCS 原点的位置。一种简单解决方法是把 GCS 的原点放在测力台的中心上，让它与原点坐标 x、y 重合（在垂直方向上与原点相隔 z 的距离），另一种解决方法是把一个反光标

记点放在 PRS 参考系中已知坐标点（如测力台的一个角），由该点在两个参考系的位置通过简单的线性位置信息转换，使 x、y 坐标转换成 GCS 中的坐标。

当 PRS 和 GCS 的轴不平行时就更复杂了。这时 PRS 的第二个水平轴相对于 GCS 的两个水平轴转过一个角度（见图 4.15），如果角已知，则可运用第二章中讲的转动转换方法，从数学上来统一这两个参考系。这种情况通常可以通过在标定时仔细选择 GCS 轴的方向来避免。

另一个与力和运动学数据结合有关的是两组数据的时间同步问题。如果运动学数据捕捉系统与采集测力台数据的模-数转换器分开的话，两个系统必须在同一时间开始记录，以保证两个系统的同步。通常要使用同步仪器，它利用测力台的垂直通道来触发成像系统视图中的发光二极管（light-emitting diode，LED），当施加一个阈值较小的垂直作用力时（如研究对象的脚首次触及测力台时），LED 开启，这可以鉴别出在两个数据采集系统中脚首次触及测力台的瞬间。如果所研究的运动是从研究对象触及测力台的时刻开始（如跳跃动作），那么起跳点可以通过 LED 关闭的瞬间确定。在运动学捕捉过程中，某些商业产品（如 Motion Analysis，Vicon，Qualisys 和 simi 和 Optotrak）带有模-数转换模块保证精确的时间同步。这些系统同步捕捉了力和运动学数据，并允许运动学数据按低于模拟数据的频率采样。要求模拟采样频率必须是运动学数据捕捉频率的偶数倍（例如，1 000 Hz 的力对 200 Hz 的运动学数据，或者是 60 Hz 摄像捕捉系统的倍数）。

足底压力中心

一旦通过计算获得 COP 的坐标 (x, y)，便可以确定 COP 在 GCS 内的位置。这对于验证这个位置与对象位置之间的关系具有重要意义。在走或跑的支撑阶段，与地面接触的每只脚的各部分都是在持续变化的，COP 则沿着测力台的表面连续运动。当只有一只脚在测力台上时，COP 位于与测力台接触的足或鞋底的轮廓内，它在脚下用一种特别的方式运动，典型的是从脚跟到脚趾。当超过一只脚与测力台接触时（这种情况通常应该避免），COP 位于一个脚的面积或由两只脚形成的面积之内，如果运动学数据是与测量同步完成的，那么 COP 和脚的位置数据都在 GCS 内，它们的相对位置是可以计算的。注意，脚的位置通常是根据在脚上几个点的位置来确定的（见第一章和第二章）。

在比较 COP 和脚的位置时有几个问题需要注意。首先，COP 的位置易变，特别是在脚初次接触测力台或离开测力台时（即落地和离地阶段），这种可变性来自 COP 坐标 (x, y) 的计算方程式。垂直力很小时（接近站立阶段的开始和结束时），它们很不稳定，同样在承重和去承重期间可能发生延误，进一步引起计算 COP 的误差。其次，通常情况下，必须去掉不真实的 COP，例如 COP 的位置不能超出脚与测力台的接触面。但是足的点数据并不能界定足接触面的轮廓，所以完成这样的校验算法是困难的。通常研究人员必须对个别标志点（如足跟标志点、踝标志点、第五跖骨标志点）的坐标数据做一种视觉审查，以确定在某个特殊时刻脚的哪一部分在地上，并检查压力中心坐标是否真实。最后，求 COP 平均值很困难，因为研究对象每次落在测力台上的位置不同。不过，Cavanagh（1978）提供了一种求步行中鞋子外缘 COP 均值轨迹的工具（见图 4.16）。

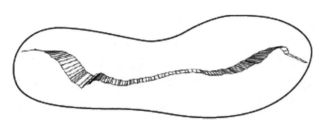

图4.16　相对于足印的压力中心轨迹图。图中线段代表力矢量
在水平面内的方向。最接近足内侧的线段是足压力中
心的轨迹

测力台数据的整合

有时，要把来自两个或两个以上测力台的地面反作用力结合起来产生一个单独的力。Gerber 和 Stuessi(1987)给出了完成这种操作所必须的方程式。

图4.17表示一个单脚的力，其中后足踩在一块测力台上，前足踩在另一块测力台上，在建立步态的足动态模型的双环节足模型中使用了一种设置以提高精度（Cronin 和 Robertson，2000），图中同时显示了整合后的 GRF。通常跖趾关节被模拟为一个刚体，经过这种处理后，便能够计算跖趾关节的力矩了。

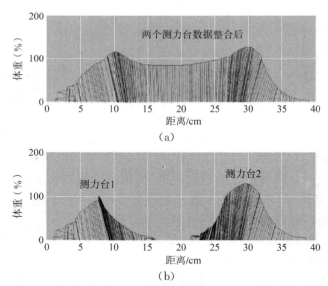

图4.17　(a) 步行时足的地面反作用力的整合；(b) 来自测力台的足后部和足前部的地面反作用力，线段下端对应的是 COP 在前-后方向上的位置，来自测力台的前足和后足的地面反作用力，线段表示地面反作用力的方向和相对大小，线段下端对应的是 COP 在前-后方向上的位置

测力台数据的表达

地面反作用力的6个参数可以用许多不同的方法来表示。像呈现运动学数据那样（见第一章），一个常用的方法是将 GRF、COP 坐标及自由力矩看作时序图或曲线图（见图4.18）。为了便于比较 COP 和足的位置，把它们的位置数据绘制在一张图上（见图4.16）。另一种有用的

图是 COP 坐标$(x，y)$轨迹图,此外若图中包含足标志点数据则更好。图 4.19 表示一个人行走[轨迹(a)]和站立[轨迹(b)]的路径图,这种图通常用于姿势和平衡研究。

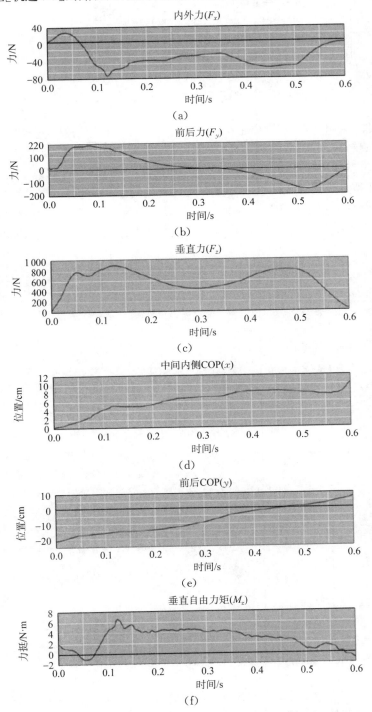

图 4.18 （a）（b）（c）典型的地面反作用力−时间曲线时序图；（d）（e）足底压力中心位置时序图；（f）行走时的垂直（自由）力矩时序图

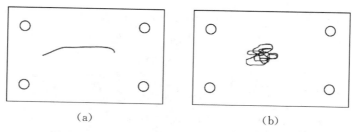

图 4.19　(a)行走与(b)站立时的压力中心路径图

　　力的标记图、矢量图和蝴蝶图将力的三要素和压力中心的信息整合在一个二维图像中，此图像可以被旋转进而从三个维度剖析(Cavanagh，1978)。图 4.20 是走和跑时力的标记图。一个典型步态的标记图有两个峰，并且通常在足刚刚触地后即刻有一个变化很快的尖峰，通常认为这是由受试者鞋的被动特征和受试者足的解剖学特征造成的，因为这种特征变化太快以至于没有引起相对激活较慢的肌肉活动。在跑步时不会出现双峰，但垂直峰值力增加到约为体重的三倍。在走路时，垂直力峰值在体重线上下 30% 进行波动。

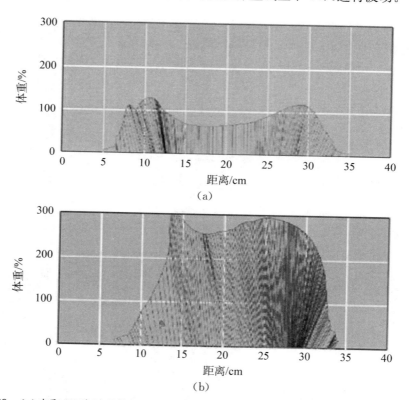

图 4.20　(a)走和(b)跑时力的标记图。注意每张图开始时的初始尖峰，并注意走的轨迹有两个主要的峰值(除去开始的尖峰)

　　如果进行逆向动力学研究(见第五章和第七章)，那么力的标记图特别有用。逆向动力学用来确定跨过关节的内力和力矩，这些内力和力矩是对外力如地面反作用力的响应。通过在同一显示器上同时显示运动图形和力的标记图，研究人员能够确保两个数据采集系统

(运动学和动力学)坐标轴在时间、空间上同步。图 4.21 显示从左到右走时,4 个不同的矢状面力标记图。只有图(a)的轨迹显示出正确的力标记图的形状,其他三个的水平地面反作用力方向、COP 方向或是两者的方向都是相反的。通过测力台行走并检查合力标记图,研究人员可以检查测力台的轴与运动采集系统的轴是否匹配。与力标记图同步的运动棒状图同样可以作为一种正确的检验方式,力标记图矢量的出现应与时间同步,并在空间上位于对象的足下。图 4.22 显示了在行走时,力在空间上的正确和错误的同步图。

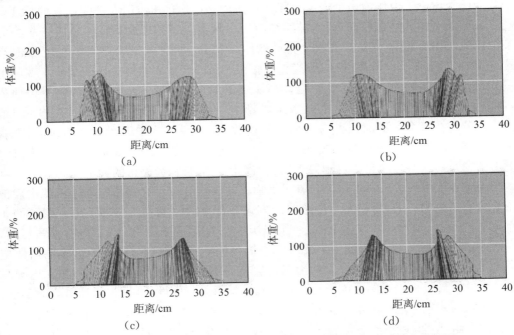

图 4.21 水平力方向和压力中心不同组合的四个不同表达形式的力标记图

(a) 正确;(b) 水平力和压力中心两者都反了,相对于正确的标记图,水平力和压力中心两者颠倒;(c) 水平力反了;(d) 水平压力中心反了

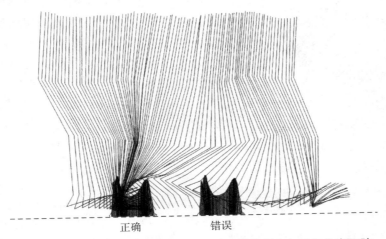

图 4.22 空间上同步的正确和错误的地面反作用力矢量与代表下肢和躯干运动形式的棍图

另一种地面反作用力合成的方式是对来自同一个对象或几个对象的一系列信号进行平均,虽然每个力时序的持续时间不同,但力的平均并不困难。将足触地时(支撑阶段)力持续时间划分成 100 份,称为百分化,这样就可以对不同测试的数据进行平均(详见第一章关于总体平均的内容)。当然,最后的平均值不再是基于时间的百分比,而是基于支撑阶段的百分比。

压力分布传感器

我们已经讨论了力作为一个矢量,可以用它的大小、方向和作用点来描述它的特征。这种观点虽然是一种数学思想,但对于描述和应用牛顿运动定律非常有用。通常一个力分布在整个接触面积上,而不是集中在一个特殊的作用点上。例如,GRF 矢量有一个 COP 点的位置,但是事实上在支撑阶段的任意时刻,鞋底与地面的接触面始终处于变化中。实际上力矢量分布在一个接触面上,它的分布应该用压强的概念来分析,压强定义为每单位面积的力,单位是牛顿每平方米(N/m^2),同时又叫帕斯卡(Pa,更常用的是千帕 kPa)。这可以概念化为平均分布在整个接触面积上的一个力矢量数组,每一个力作用在一个单位面积上(如 1 mm^2)。在这种数组中的某些力要比另一些大,这些力矢量总的形式组成了在整个接触面积上力的分布。这些分布力的总和等于用测力台测量的整个力矢量的大小。

利用电容或电导传感器可以测量整个面积上的压力分布。这些传感器是由能组成部分电路的多层材料构成的,与前述力传感器的方式非常类似。电容传感器是由一层薄的非导电介质材料隔离开的两片导电体组成。当一个法向力作用在传感器上时,电介质被压缩,两片导电体之间的距离减小,改变了电流大小。恰当的标定能够建立作用力大小与所测电流大小之间的关系。电导传感器在结构上与电容传感器相似,但是电导传感器是用电导材料而不是介电质材料来隔离两个电导片。这种隔离材料具有电性质,这与两片电介质不同,这种材料会对两片电导之间的电流提供一些阻力。法向力的作用引起电导中间层的压缩,改变了它的电阻,电阻变化会产生一个可测量的电压变化,而电压的变化与作用力大小相关。附录 C 提供了关于电路更详细的信息。注意,这两种传感器都是对法向力做出的响应,因此,不能测出水平剪切力。

制造出电容和电导材料后,就可以制成等面积的独立元件。电路用于测量每个元件中的压力。压力分布的确定由独立元件的尺寸来决定,典型的规格是 0.5 cm^2。可以将这些材料制成放在鞋里的压力垫或鞋垫。沿着足底可以形成接近 400 个独立压力元件,为了从这样大量的元件中传出数据,每个元件都有导线是不实际的。因此,鞋垫的结构像一个有弹性的电路板,利用在鞋底内的薄片导电线条把信号带入一个小的连接盒,它贴

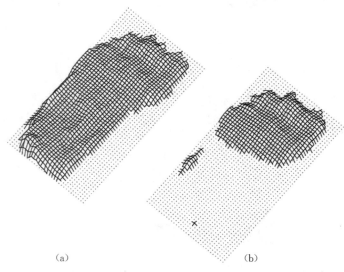

(a)　　　　　　(b)

图 4.23　在跑的支撑阶段不同时间内左脚鞋内的压力形式

附在靠近对象的踝关节处。其他的系统利用单个被贴附在所关注的特殊点上的压电陶瓷传感器(如在步态分析时,直接放在足跟外侧下面或在第一跖骨头下面)。图4.23显示了压力鞋垫所测量的一个跑步者支撑阶段两个特殊点的压力分布形状。

内力测量

在许多情况下,人们感兴趣的是了解作用在人体韧带、肌腱和关节上的内力。遗憾的是,这些内力测量需要高级的侵入技术,它在动物研究中应用普遍(如 Herzog and Leonard,1991),并且已经在有限的人体研究中应用(如 Gregor 等,1991)。虽然这种侵入性技术将会在人体研究中大规模采用的观点令人怀疑,但这里提出的只是一些可选择的手段。在肌肉骨骼模型中采用较小侵入技术来估算人体运动期间的内力(见第九章和第十一章)。

测量肌腱(或韧带)力量常用的技术是搭扣形传感器,它由一个镶嵌在肌腱上的小长方形框架和相对肌腱静止的横向钢梁组成(见图4.24)。当肌腱传递力并使横梁变形时,应变片的电阻就发生改变。对于动物标本,可以通过外科手术将传感器埋入并让伤口愈合,其中用来携带信号的细电丝穿过皮肤暴露在外面,可连接到相关外部电路。一种类似的方法已经应用在少数的人体研究上,然而要求愈合时间必须很短,埋入传感器、实验数据采集以及撤掉传感器都要在一天内完成(Gregor 等,1991)。其他的传感器设计还包括箔应变片或液态金属应变片传感器,它是一个充满液态导电金属的小管,可以被埋入一条韧带中。在韧带中的轴向应变使小管伸长并变薄,因而改变由液态金属产生的电阻(Lamontagne 等,1985)。另一种装置是霍尔(Hall)效应传感器,它由一根小磁棒和一根连接霍尔效应发生器的管组成,当一个力作用到一根肌腱上时,磁棒相对于管移动,引起霍尔效应发生器产生电压,最后使用光纤维传感器测量大的表面肌腱中的力(Komi 等,1996)。

肌肉　　　　　　　　　搭扣型肌力传感器　　　　　　　　肌腱力

图4.24　搭扣型肌力传感器。注意图中的肌肉和传感器不是按照
　　　　比例画的,实际上肌肉比传感器要大得多

参考文献

Caldwell, G. E. , L. Li, S. D. McCole, and J. M. Hagberg. 1998. Pedal and crank kinetics in uphill cycling. *Journal of Applied Biomechanics* 14:245-59.

骑行中生物力学和神经控制的研究受益于脚踏板装置的出现,这种装置能够测量各种骑行条件下作用于踏板上的力。这项研究用一个基于压电晶体技术的踏板(Broker 和 Gregor,1990)来测量上坡时坐着蹬踏与站立蹬踏两种情况下踏板和曲柄的动力学参数。作者在实验室内模拟优秀自行车运动员爬一个8%坡度,并测量了此时踏板表面的法向和切向作用力。测量踏板力的一个非常独特的地方是传感器的方向随着受试者脚位置的移动而发生改变,而不像测力台那样被牢固地埋在实验室的地板下。以测量踏板与运动学标志点的角度为参考,法向和切向力被转换成在全局坐标系中的力(也就是垂直和水平分力)。这些力在曲柄转动一个周期内(360°)进一步转换成垂直和平行作用于曲柄的分力。垂直分力被认为是有效力,因为它为自行车曲柄力矩($T=Fd$,这里 d 代表从踏板到曲柄轴的距离)提供动力。 当从坐姿骑行变为站姿骑行时,曲柄力矩的大小和形式大幅改变(见图 4.25)。这是由于当对象从踏板上站起时,受试者的重心向上和向前移动,在曲柄转动的某一部分时间内更有效地利用重力。

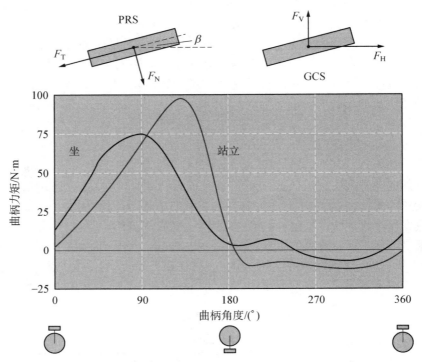

图 4.25　图片上部的踏板图示是相对于踏板坐标系的测力踏板装置。从矢状面看,在某种程度所测量的力是相对于踏板表面的切向力(F_T)和法向力(F_N)。通过计算踏板角度,研究人员能够将这些力换算成在 GCS 下的垂直分力(F_V)和水平分力(F_H)。踏板力可以用来计算作用在曲柄上的力矩,这个力矩是自行车的推进力。底部的踏板图中曲柄臂转动一周(360°)。中间图形是当受试者坐着和站着爬坡骑行时,曲柄力矩随曲柄角度变化而变化

等速测力仪

力量测试仪中最常用的是等动测力仪,它用于测试患者和运动员在不同恢复、训练和康复阶段的肌肉力量能力。这些装置用来测量对象的单关节力矩,例如在等长(关节角度位置固定)、等张(恒定的力或力矩)和等速(预先设定的恒定角速度)这样可控的运动学条件下测量。尽管术语等动的意思是同样的力或力矩,但是通常在肌肉用力期间,肌肉产生的力矩是持续变化的,因此用术语等速(同样的速度)更好一些(Bobbert 和 van Ingen Schenau,1990;Chapman,1985)。动力学的等速条件可进一步分成向心(跨过关节的肌肉缩短)和离心(该

肌肉被拉长)两种。

　　尽管有许多商用的测力仪,但是某些研究/实验室仍然选择自己研制的仪器,这便于他们更好地控制这种机械参数(如它的最大转速)。无论哪种情况,机器都允许对象用单个独立关节对测力仪施加一个力矩。通常都采用坐姿对对象进行测试,所测试关节的远侧环节固定在一个硬金属杆上,这个金属杆可以绕一个固定轴转动(见图 4.26)。测试对象既可以通过把柄握住连杆,也可以对附着在杆上的一块垫板施力。一系列的皮带牢固地把远侧环节固定在垫板上,把近侧环节和躯干固定在座椅上,这样防止了不必要的运动,并保证只有测试关节周围的肌肉才能产生能传到杆上的作用力。重点是测试对象的关节轴与机器臂转动轴的位置必须在一条直线上,如果不在一条直线上会引起关节力矩的测量误差

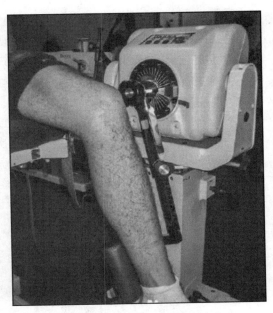

图 4.26　一名受试者在等速测力仪上

(Herzog,1988)。在某些情况下,可以用安装在物理转动轴上的力矩传感器元件来测量力矩。在其他的设计中,力传感器放在杆和垫板之间,并且根据所记录的力和从垫板到转轴的垂直距离来计算力矩;用安装在转动轴上的一个电位计来测量角度;在某些机器上用一个独立的转速表来测量角速度。

　　在学术界,测力仪常用来研究一个单关节的力矩-角度($T-\theta$)和力矩-角速度($T-\omega$)的关系。等长 $T-\theta$ 关系是从一系列肌肉对固定(即速度为 0)在不同位置上的测力仪杆用力时获得的。在每一个位置上从静止开始,受试者要对机器杆施加最大力,以产生最大力矩,这样施加的力矩将从 0 增加到一个相对稳定且较高的水平[见图 4.27(a)]。对这样一段处于较高水平的力矩曲线求均值,就得到等长 $T-\theta$ 关系的一个单独点(也就得到一个特定角度所对应的最大等长力矩)。在不同的关节角度位置上重复上面的过程可以得到一系列的点,于是就确定了在整个关节运动范围内的最大等长收缩能力[见图 4.27(b)]。最大等长力矩随关节角度变化的原因包括:①肌肉的力-长度关系(见第九章);②肌力臂随关节角度的改变而改变;③在所有关节角度位置上完全激活肌肉的能力。同样,像韧带和骨接触点这样的被动结构在关节运动的极限也能产生力矩增加肌肉本身的主动力矩。

　　确定关节动态的力矩-角速度关系也是采用类似的方法。这时,动力仪杆被设定在一个预定(或低于预定值)的角速度(如 30°/s)内运动,测试对象完成一系列的最大肌肉用力。对于每一个设定好的角速度,测试都从静止开始,测试对象对机器杆施加最大的力。所施加的力矩引起杆转动,如果测试者能够施加足够大的力矩,则杆可以获得预定的速度。这时的力矩曲线[见图 4.28(a)]与等长情况时是完全不同的,因为它上升到一个峰值后随之下落,记录这个峰值力矩和角速度就得到了 $T-\omega$ 关系中的一个点。通过设定许多不同的角速度,并完成重复的实验就可以完全确定关节 $T-\omega$ 关系[见图 4.28(b)]。与等长 $T-\theta$ 关系一样,有几个原因可以解释为什么力矩会随关节角速度变化而变化,其中最重要的因素是跨过

测试关节的肌肉的力-速度特性(见第九章)。

在用等速测力仪采集数据时必须考虑几个问题(见 Herzog，1988)：如果运动在曲面进行，随着运动的进行，由于重力的作用，远侧环节和动力仪臂的运动方向将会改变。身体环节和动力仪臂两者都有一个有限的重量会影响所测量的关节力矩(Winter 等，1981)。为了解决这种情况，绝大多数商业测力仪设计了一个重力校正选择键。另一个需要考虑的是测力仪杆运动的速率。尽管我们的目的是让环节和杆在恒定的角速度下运动，但是，所做的运动必须从速度为 0 开始到速度为 0 结束，这就意味着在每次实验中有一个加速和减速的阶段，所期望的恒速运动时间是很有限的。加速期间可能产生不希望的惯性载荷以及一个过调量现象。此外，因为杆是被限定在许多预定(或低于设定)速度内运动的，在某些实验中，对象可能达不到期望的预定速度。这时应该仔细检查所记录的数据，以保证对所设计的研究问题获得力矩的条件是正确的。

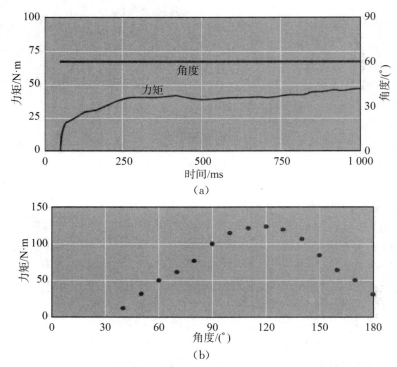

图 4.27　(a) 关节角度($\theta = 60°$)固定条件下典型的最大等长收缩曲线图；(b) 典型的膝关节伸肌 $T-\theta$ 关系曲线图。每一个数据点(T)对应于特定角度位置(θ)时的最大等长收缩

人们所关注的第二个问题是从实验记录中提取出的数据的含义。$T-\theta$ 和 $T-\omega$ 关系曲线清晰地说明了在等长收缩情况下力矩是角度的函数，而在动态情况下是速度的函数。尽管这些关系是用两种不同的测试方案(一个是静态的，一个是动态的)确定的，但是肌肉的潜在特性在所有的实验中都是"起作用"的。当评估动态的力矩-速度关系时应该考虑力矩-角度关系，以保证不同速度时峰值力矩的变化不是在不同角度位置时部分峰值力矩的结果。实际上，当跖屈角度逐渐增大时，随着向心收缩速度增加，峰值力矩出现(Bobbert 和 van Ingen Schenau，1990)。用来防止这种现象出现的一种方法是不管在力矩-时间记录中是否出现峰值，都在一个特定角度上测量力矩(如 Froese 和 Houston，1985)。虽然这方法看似

明智,但实际是有缺陷的,因为在肌肉中存在被动的串联弹性成分(Hill,1938)。在特定角度进行测量时,无论这个力矩是增加还是下降,这种串联弹性成分都会改变其长度,这意味着肌肉内产生力的结构,并不像测力仪记录的那样在相同速度下进行收缩(Caldwell 等,1993)。一个更好的方法是建立等长 $T\text{-}\theta$ 关系,然后把动态实验中出现的每个峰值力矩与出现这个峰值力矩角度的等长收缩峰值力矩做百分比,得到 $T\text{-}\omega$ 比例图(见图 4.29),"原始" $T\text{-}\omega$ 关系如图 4.28 所示。

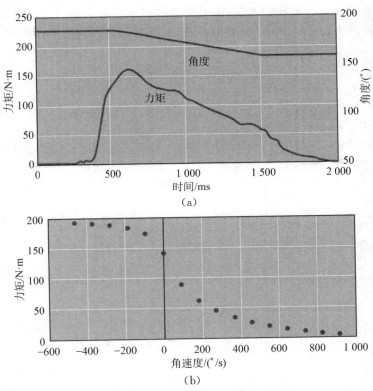

图 4.28　(a) 恒定角速度情况下,典型的动态最大等速收缩图($\omega=60°/s$);(b) 典型的膝关节伸肌动态 $T\text{-}\omega$ 关系图。每个数据点(T)代表来自恒定与角速度下最大等速收缩的峰值力矩

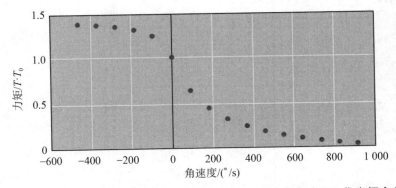

图 4.29　典型膝关节伸肌动态 $T\text{-}\omega$ 关系(源自图 4.28)。每个数据点(T)代表恒定角速度(ω)下最大等速收缩的峰值力矩,考虑到每个峰值力矩出现在不同角位置,因此每个"原始"力矩除以峰值力矩出现时角位置的最大等长力矩

小结

在这一章中，为能够理解牛顿运动定律以及如何应用这些定律来研究人体运动，我们介绍了一些基础概念。其中重要的一些概念包括对质点作用的力和对刚体作用的力和力矩，以及力对线运动和角运动作用的结果。为使多个力作用的系统更加直观，我们介绍了受力分析图方法。本章还讨论了力的测量，包括在生物力学中最常用的力传感器的类型。读者现在应该能够理解生物力学研究中应该如何测量力，如何使用合适的仪器测量力和力矩。

◆◆◆ 推荐阅读文献 ◆◆◆

• Beer，F. P.，E. R. Johnston Jr.，D. F. Mazurek，P. J. Cornwell，and E. R. Eisenberg. 2010. *Vector Mechanics for Engineers*；*Statics and Dynamics*. 9th ed. Toronto：McGraw-Hill.

• Hamill，J.，and K. M. Knutzen. 2009. *Biomechanical Basis of Human Movement*. 3rd ed. Baltimore：Williams & Wilkins.

• Nigg，B. M.，and W. Herzog. 2007. *Biomechanics of the Musculo-Skeletal System*. 3rd ed. Toronto：Wiley.

• Zatsiorsky，V. M. 2002. *Kinetics of Human Motion. Champaign*，IL：Human Kinetics.

1. L 是公认的国际单位角动量的缩写，许多教科书用 H。
2. 在航空工业领域的科学家必须采用牛顿的原始公式，这是因为火箭大部分的质量来自起推动作用的燃料，所以火箭的质量是不断变化的。

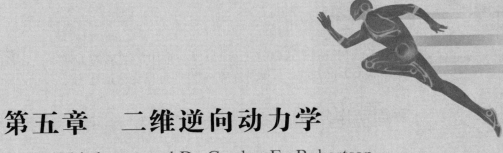

第五章　二维逆向动力学

Saunders N. Whittlesey, and D. Gordon E. Robertson

　　逆向动力学是力学的一个分支,它将运动学和动力学联系起来,是由运动物体的运动学和惯性特征间接确定力和力矩的过程。相反,正向动力学是由身体受力确定运动情况的过程。原则上,逆向动力学也可用于静止物体,但是通常用于运动物体,它是通过牛顿第二定律推导出来的,其中合力由未知力和已知力组成。未知力合起来形成一个后期可以计算出的净力。对于力矩也可以通过类似的过程算出一个单独的净力矩。本章主要内容如下:

　　(1) 定义平面动作分析中逆向动力学的过程。

　　(2) 展示人体平面运动中内部动力学数学计算的标准方法。

　　(3) 介绍一般平面运动的概念。

　　(4) 概述单独分析人体一个系统或环节分量的分级步骤(method of sections),即环节分割法。

　　(5) 概述逆向动力学如何辅助关节力学的研究。

　　(6) 检验逆向动力学在生物力学研究中的应用。

　　人体运动的逆向动力学研究可以追溯到 1895—1904 年间 Wilhelm Braune 和 Otto Fischer 的开创性工作。这些工作后来被 Herbert Elftman 进行走路(1939a,1939b)和跑步(1940)研究的时候重新应用。直到 Bresler 和 Frankel(1950)进行三维步态的进一步研究以及 Bresler 和 Berry(1951)将此方法扩展到研究在水平路面行走时髋关节、膝关节和踝关节力矩产生的功率,在此之前此类研究较少。由于 Bresler 和 Frankel 的 3D 方法测量了相对于绝对参考系的力矩,他们无法确定一个关节在进行外展和内收动作时屈肌和伸肌的贡献(第七章中阐述了解决这个问题的 3D 方法)。

　　1970 年之前运用逆向动力学进行人体运动的研究很少,而商业测力台的出现激发了新研究的开展,因为测力台能测量步态中的地面反作用力(GRFs),且廉价的计算机就能提供必要的处理。另外一个重要的进展是基于视频或红外摄像机技术的自动传播和半自动运动解析系统的出现,从而大大减少了处理运动数据所需要的时间。

　　一直以来逆向动力学应用于各种各样的运动,如举重(McGill 和 Norman,1985)、滑冰(Koning 等,1991)、慢跑(Winter,1983a)、竞走(White 和 Winter,1985)、短跑(Lemaire 和 Robertson,1989)、跳跃(Stefanyshyn 和 Nigg,1998)、赛艇(Robertson 和 Fortin 1994;Smith,1996)和踢腿(Robertson 和 Mosher,1985),这里只列举了一小部分。逆向动力学还未在很多基础运动中应用:由于水和雪的外力未知,因此未对游泳和滑雪进行研究;由于两手臂和工具(拍子、棍子或击打工具)形成一个闭链造成的不确定性,因此未对棒球击球、冰球击球和高尔夫进行研究。未来的研究可能可以克服这些困难。

平面动作分析

生物力学研究的最初目标是量化由肌肉、韧带和骨骼产生的力的模式。可惜想直接记录这些力(一个称为肌力测定法的过程)就要使用侵入性和有潜在危险的仪器,会干扰所观察的动作。一些可以测量内力的技术包括用外科手术钉测量骨骼中的力(Rolf 等,1997),使用水银应变片(Brown 等,1986;Lamontagne 等,1985)以及用来测量肌腱和韧带中力的搭扣形传感器(Komi,1990)。尽管这些设备可以直接测量内力,它们也只是应用在单个组织力的测量中,对分析同时跨多关节的肌肉收缩时复杂的相互作用就不适用。如图 5.1(Seireg 和 Arvikar,1975)所示,当你试图分析下肢力学时,生物力学家必须考虑力的复杂性。在图 5.2 中,Pierrynowski(1982)在图上画出了下肢主要肌肉的作用线,很容易想象试图在每一根肌腱上都贴上应变片的难度和风险。

尽管在逆向动力学里无法定量具体解剖结构的力,但是可以测量跨过多关节的所有内力和内力矩的合作用。用这种方式,研究人员就可以推断出产生一个动作所必需的合力和合力矩,且能定量分析每个关节所做的内功和外功。下一步将说明通过一系列可以间接量化人类或动物运动的动力学方程组,来简化复杂解剖结构的过程。

图 5.3 是一个下肢在跑步蹬离期的空间和自由体图。在二维(2D)分析中每一个环节都可以写出三个方程式,所以对于脚,可以解出三个未知数,但是未知数远不止三个(见图 5.4),这种情况称为冗余现象。当未知数的数量大于独立方程数量时,就会出现不确定性。为了减少未知数的数量,每一个力可以分解成每个环节末端的等效力和力矩。这个过程从末端环节开始,如足或手这样的在一端力已知或为零的环节,该环节不与环境或其他物体接触时为零。例如,在摆动阶段足远端没有受力;但是当足着地时,GRF 可以由测力台测出。

图 5.4 是一份详细的足着地时的自由体图。注意跨过踝关节有很多种力,包括肌肉和韧带的力,骨间力及其他被忽略的力(如来自皮肤、滑囊和关节囊的力)。此外,假设足是一个"刚体",尽管有些研究人员已经把它当成有两个环节的模型(Cronin 和 Robertson,2000;Stefanyshyn 和 Nigg,1998)。刚体是指没有活动部件且不能形变的物体。这就意味着它的惯性特征是固定的值(如质量、中心和质量分布都是恒定的)。

图 5.5 展示了如何用一个等效的力和相对于原转动轴的力矩替代一个单独肌肉的力。在这个例子中,胫骨前肌施加在足环节上的肌肉力由踝关节转动中心产生的相等的力和力矩替代。假设踝关节是一个刚体,一个力(F^*)的大小和方向与踝关节承受的肌肉力(F)相同。因为这样会使自由体失衡,所以需要增加第二个力(F^*)来保持平衡[见图 5.5(b)]。接着用一个力矩(M_Fk)来代替这对力偶(F 和$-F^*$)。假设足是一个刚体,最终图 5.5(c)中合力和合力矩与图 5.5(a)单独肌肉力产生的力学效果一样。

简化如图 5.4 所示的复杂情况的第一步是采用图 5.5 所演示的过程,用等效的力和力矩来替换每一个跨过踝关节的力。图 5.6 展示了这种情况,注意作用线通过踝关节中心的力对关节不产生力矩。所以,对合力矩贡献最大的是肌肉力,韧带和骨间力只是对踝关节合

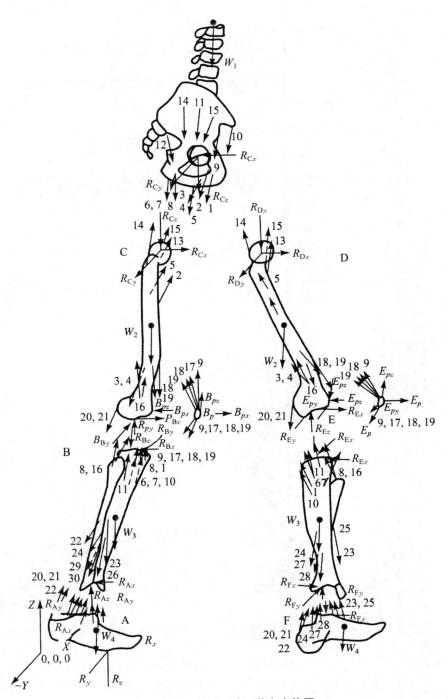

图 5.1　走路时下肢环节自由体图

引自 Journal of Biomechanics, Vol. 18, A. Seireg and R. J. Arvikar, "The prediction of muscular load sharing and joint forces in the lower extremities during walking," pgs. 89 - 102, copyright, with permission of Elsevier。

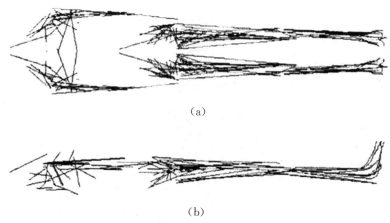

(a)

(b)

图 5.2　下肢和躯干肌肉力作用线图
(a)前视图;(b)侧视图

经作者允许,数据改编自 M. R. Pierrynowski, 1982, A physiological model for the solution of individual muscle forces during normal human walking (Simon Fraser University)。

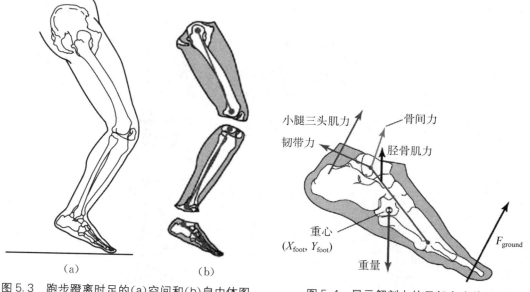

(a)　　　　　　　(b)

图 5.3　跑步蹬离时足的(a)空间和(b)自由体图

图 5.4　显示解剖力的足部自由体图

力有贡献,且只在踝关节达到运动幅度最大限度的时候才影响踝关节力矩。

　　肌肉以这样一种方式附着,这种方式会增加对关节转动的影响,且大多数肌肉由第三类杠杆来提高运动速度。所以,肌肉很少直接附着在关节点上,因为这会削弱肌肉对关节的转动能力。相反,韧带经常跨过关节轴,因为它们的主要任务是保持关节在一起,而不是让与它们连接的环节产生转动。但是当关节接近或者达到极限运动范围时,它们也的确对产生力矩有作用。例如,侧副韧带防止膝关节内翻和外翻,前交叉韧带限制膝关节过伸。通常韧带和骨突起产生一对力,防止关节过度旋转,如鹰嘴和肘关节韧带防止肘关节过伸一样。

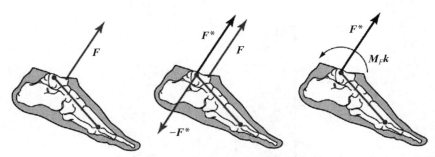

带有肌肉力的足的力　　　　　　　　加载在踝关节中心上被自由力矩 $M_F k$ 替代的力
F^* 和 $-F^*$ 　　　　　　　　　　　偶 F^* 和 $-F^*$

图5.5　踝关节转动轴上的等效力和力矩对肌肉力的替代

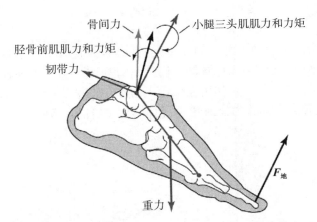

图5.6　足部肌力被踝关节等效的力和力矩替代的自
由体图

　　要完成足部逆向动力学过程,必须把每一个解剖结构的力,包括韧带和骨间力(实骨、软骨)都转换到踝关节的公共轴上。注意这个过程只包含跨过踝关节的力,在足内产生和结束的内力不包括在内,包括与足底接触的外力。图5.7包含了所有踝关节的力,图中踝关节力和力矩合起来产生了一个单独的力和力矩,分别称为净力和净力矩。有时候也称为关节力和关节力矩,但是这些容易混淆,因为总和中包含了太多不同的关节力,如由关节囊、韧带和关节面(软骨)产生的关节力。其他容易混淆的术语还有关节合力和关节合力矩,可能会与环节合力和环节合力矩混淆。回想一下,刚体的合力和合力矩是作用在身体上所有的力和力矩的总和。这个总和与前面定义的净力和净力矩不一样。合力和合力矩与牛顿第一定律和第二定律有关。

　　在科学文献中力矩经常称为扭矩。在工程学中,扭矩通常被认为是引起物体绕长轴旋转的力矩。例如,一个扳手拧螺栓或螺母时产生的轴向力矩,或是一个转矩电动机绕旋转轴产生的自旋。但是在生物力学文献中,如第四章所说,扭矩和力矩是可互换的。

　　另外一个与力矩相关的术语是力偶。当一对大小相等、方向相反、平行但不共线的力作

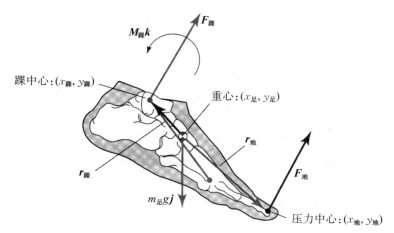

图 5.7 净力和净力矩的简化自由体图

用在一个物体上时会产生力偶。力偶的作用是特殊的,因为两个大小相等但是方向相反的力作用在物体上时不引起物体平动,但是它们试图对身体产生一个纯粹的转动或者扭转作用。例如,一个扳手[见图 5.8(a)]作用在螺母上时产生两个平行的力。因为螺纹的缘故螺母不能发生平动,旋转力(力矩、力偶或转矩)使得螺母绕着螺钉转动。

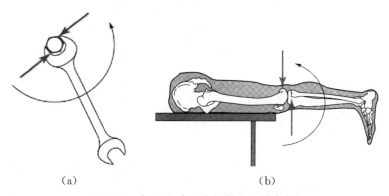

（a）   （b）

图 5.8 扳手和膝关节韧带产生的力偶

　　力偶的另外一个有趣的特征是当力偶作用在一个刚体上时,力偶的效果与作用点无关。这使它成为一个自由力矩,意味着只要力的作用线平行,不管力偶作用在什么地方,身体都会产生相同的反应。例如给木块打孔,不管你在哪个位置接触木块,只要钻头从平行的方向钻入,钻头对这块木头的作用效果都是一样的。当然,木块如何反应取决于摩擦、夹子和其他力,但是不管钻头从哪个地方进入都会对木块造成同样的旋转。

　　净力矩所做功确定了跨过某一关节和对该关节起转动作用的各种组织的机械功的量。所有其他力,包括重力也不会对净力和净力矩产生影响。第六章将详细介绍如何计算力矩的功。

　　净力和净力矩不是真实的实体,它们是数学概念,因此永远不能直接测量。但是它们的确代表了所有跨过关节的结构产生的力和力矩的合作用或者净作用。一些研究人员(如

Miller 和 Nelson,1973)认为净力矩的来源是"单一等效肌肉"。他们声称每个关节可以被认为拥有两个单一等效肌肉,对每个关节产生净力矩——如一块为屈肌,一块为伸肌——取决于关节解剖结构。另外一些研究人员把净力矩也称为"肌肉力矩",但是应该避免使用这个术语,因为尽管肌肉是净力矩的主要贡献者,但是其他结构也起了作用,特别是在达到极限运动范围的时候。如膝关节在起跑摆动阶段达到最大屈曲时,Lemaire 和 Robertson(1989)与其他研究人员发现尽管该阶段产生了较大的净力矩,但却不是由于伸肌的离心收缩,而是由于大腿和小腿折叠造成的。同样也不能说走路摆动阶段膝关节伸肌做了负功,因为膝关节不是完全屈曲,募集的肌肉限制了膝关节屈曲(Winter 和 Robertson,1979)。

数学公式

本节介绍了生物力学中通过数学方法计算人体平面运动内部动力的标准方法。在这个过程中,我们使用人体运动学和人体测量学参数来计算关节净力和净力矩。这个过程利用了三个重要的原理:牛顿第二定律($\sum F = ma$)、叠加原理和一种工程中称为环节分割法的方法。叠加原理意思是对于一个多因素系统(如力、力矩),给出特定的条件,我们既可以将各个因素的作用加起来,也可以独立处理它们。在环节分割法中,基本思路是将一个机械系统分割成很多部分,并确定它们之间的相互关系。例如,我们通常将人体下肢分成大腿、小腿和足三部分。然后运用牛顿第二定律,用 GRFs 和每个环节的加速度和质量确定在该关节的作用力。这个过程称为环节链或迭代牛顿-欧拉方法,如图 5.9 所示。本章大部分在解释这个方法的应用。我们将从单个物体的二维动力学分析开始,演示如何使用环节分割法分析关节动力,最后解释图 5.9 中用图解法表示的整个下肢的一般过程。

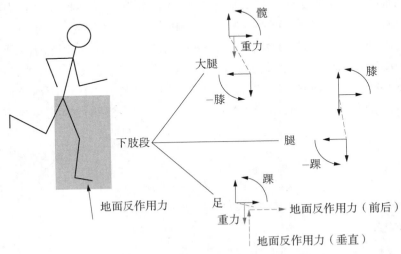

图 5.9 跑步者支撑阶段下肢空间图和 3 个环节的自由体图

注意本章使用图示的一些约定:线性指标用直箭头表示,角度指标用曲箭头表示。已知运动学参数(线加速度和角加速度)用"---"表示,已知的力和力矩用实线箭头表示,未知的力和力矩用虚线箭头表示。这些图示将有助于可视化地了解解题过程。

一般平面运动

一般平面运动(general plan motion)是二维运动的一个工程术语,在这种情况下,一个物体有 3 个自由度(DOF):两个线性位置和一个角度位置。通常我们把它们画成沿着 x 轴、y 轴的平动和绕 z 轴的转动。如我们在第二章讨论的,许多下肢运动可以用这些简化表示方法来分析,包括走路、跑步、骑自行车、划船、跳跃、踢腿和举重。但是尽管对二维分析进行了简化,力学结果还是很复杂。例如,一个橄榄球踢球手的三个下肢环节像鞭子一样向前摆动,踢球,再继续向上摆动。甚至连球的运动都很复杂,水平方向和垂直方向的复合平动还带着旋转。要确定这种情况的动力学,我们需单独探讨这三个自由度。即我们可以利用如下事实,物体只有在受到垂直方向力的时候才在垂直方向加速,只有在受到水平力的时候才在水平方向加速。同样地,人体只有在受到力矩(转矩)作用的时候才会发生旋转。叠加原理表明当一个或多个作用力出现时,我们可以单独分析各个力,因此我们将所有的力和力矩分解到三个坐标中分别求解。

为了解释这个问题,我们看个橄榄球的例子。在图 5.10(d)中,被踢橄榄球会受到踢球者的脚给它的力的影响。橄榄球在垂直和水平方向运动的同时也转动着。我们的目的是确定橄榄球受到的力。我们不能用测量仪器安装在球或者鞋上来直接测试力,但是,我们可以拍摄球的运动,然后分析它的质量和转动惯量。显然,情况有些复杂,足施加一个单独的力引起了三个方向力的变化。但是当我们使用环节分割法时,这个情况就简单了。球质心在水平和垂直方向的加速度一定与该方向的力相关,角速度一定与力矩相关。图 5.10(a)和 5.10(b)中更明显但是缺少证据。图 5.10 中,水平力通过球的质心,因此球在水平方向加速,它不会在垂直方向加速,因为没有受到垂直方向力的作用。同样,在图 5.10(b)中,球只会在垂直方向加速,因为它没有受到水平方向的力的作用。图 5.10(c)中,力作用角度为 45°,所以球的加速度角是 45°。这就是图 5.10(a)和 5.10(b)图中的力的叠加。我们不会处理这个角度的力,而是分别测量在水平和垂直方向的加速度,从而可以确定水平和垂直方向的力。图 5.10(d)中,球受到的力没有通过其质心,这种情况与图 5.10(c)的力类似,所以球的质心加速度一样。但是,同样也受到力 F 以及作用线和质心之间的距离 d 产生的一个对等的角加速度。加速度 a 在这种情况下与图 5.10(c)中的一样,但是球还会旋转。

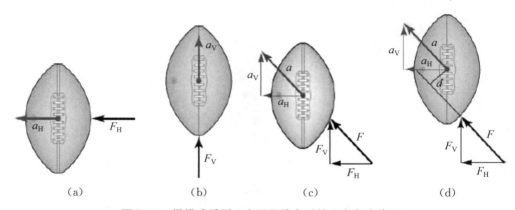

(a) (b) (c) (d)

图 5.10 橄榄球受到 4 个不同外力时的 4 个自由体图

重申一下,力可以导致一个物体的质心沿着该力的方向加速而不会使物体旋转,只有力矩才会使物体旋转。这些原理来自牛顿第一和第二定律。如果踢一个球,由此产生的力会给球另外一个力,这是球加速时给球的反作用力。造成球旋转的原因与踢球的力是否通过质心无关,旋转是由于力作用线与质心间有距离而引起的。

让我们继续探究力矩。参考图 5.11,力矩可以定义为力偶系统,即由两个大小相等、方向相反、不在同一条直线上的力的作用结果[见图 5.11(a)]。在这个系统里,合力为零,但是,因为两个力不共线,所以造成了物体旋转,图解中画成了弯曲的箭头[见图 5.11(b)]。

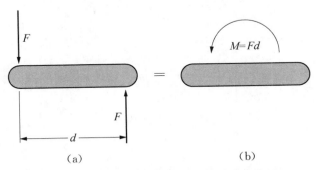

图 5.11　(a)力偶;(b)力偶对应的自由力矩

回到图 5.10 中的橄榄球,在 4 个图中都有力偶,作用力 F,反作用力为 ma。图 5.10 中,图(a)到图(c),力共线,所以不会产生力矩,但是图 5.10(d)中,力与反作用力不共线,作用力与质心反作用力间的垂直距离产生了力矩,造成了球的旋转。

分析一个给定的二维自由体图。这个过程在水平、垂直和旋转方向使用了牛顿第二定律:

$$\sum F_x = ma_x, \sum F_y = ma_y, \sum M = Ia \tag{5.1}$$

物体的质量 m、转动惯量 I 是已经确定的,线加速度和角加速度由视频数据确定。方程左边的合力或合力矩可以合并很多力和力矩,但是只能解一个未知的净力或净力矩。因此,通常我们在解未知力矩之前,先解出两个力。

当对力和力矩进行求和时,我们必须遵守自由体图建立的符号法则。逆向动力学的问题通常要求仔细记录正负符号,如本章所示。例如,很多情况下我们要解一个不知道方向的力和力矩,这在自由体图中不是问题,我们只是画一个假定方向的力或力矩,实际上,如果力的方向与我们假设的相反,那么计算结果就是负的。

力矩的和必须基于物体的一个点进行计算。计算时没有正确或者错误的点,但是有些点相对简单。如果我们计算一个点上的很多力作用产生的合力矩,那么这些力的力矩将是零,因为它们的力臂是零。所以,有些时候人体运动,使用关节中心计算比较适用,我们可以忽略反作用力(ma)和重力,因为它们的力矩臂为零。

本文习惯使用逆时针力矩为正,也称为右手定则。自由体图坐标系轴建立了力的正方向。当我们在自由体图中解决一个问题时,最好的方法是按照自由体图约定先写出一个代数方程,然后再代入已知数字。这个过程只能从例题中学习,下面我们列举一些例子。

例 5.1

5.1(a) 假设橄榄球踢球过程中,球体水平运动,水平加速度为 $-64\ m/s^2$,角速度为 $-28\ rad/s^2$,球的质量为 $0.25\ kg$,转动惯量为 $0.05\ kg \cdot m^2$。求踢球的力,球的作用线离球中心的距离。

答案见 377 页 5.1(a)。

5.1(b) 现在解答同样的问题,假设在橄榄球下方有一块测力台,在球座上放置了一个橄榄球抵抗踢力。球座受到 $4\ N$ 的水平力;其压力中心位于球质心下方 $15\ cm$ 处。

答案见 378 页 5.1b。

例 5.2

一个通勤人员站在地铁车厢内,地铁以 $3\ m/s^2$ 的加速度离开车站,她僵硬地保持着身体的直立。她身体质量为 $60\ kg$,质心距离地面 $1.2\ m$,踝关节转动惯量为 $130\ kg \cdot m^2$。求这名通勤人员要保持站姿所需要的地面作用力和踝关节力矩。

答案见 378 页 5.2。

例 5.3

一个网球拍在水平面内挥动(X 和 Y 轴都水平)。球拍质心 Y 方向的加速度为 $32\ m/s^2$,角加速度为 $10\ rad/s^2$。它的质量为 $0.5\ kg$,转动惯量为 $0.1\ kg \cdot m^2$。相对于球拍的底座,手和球拍质心位置分别为 $7\ cm$ 和 $35\ cm$。如果忽略重力的影响,求球拍受到的净力和净力矩。假设手的宽度为 $6\ cm$,请解释净力矩的含义(如手上受到的真实力偶是多少)。

答案见 379 页 5.3。

在这些例题里,我们给出了自由体图中各种点之间的距离。这些距离不是我们用摄像系统或者测力台测量到的数据。当然,这些仪器能测量到点的位置,特别是关节中心和 GRF(COP)的具体位置。我们需要这些点来计算 FBD 中众多力的力矩臂。减去全局坐标系相应方向的位置并不难,但是通常会犯一个错误,如果 x 方向的力造成的力矩,这个力矩的力臂被认为是在与其垂直的 y 方向,反之亦然。这点非常重要,我们再次举例说明。

例 5.4

右图是给定的任一物体的自由体图。计算未知端的反作用力 R_x,R_y,M_z。它的质量是 $0.8\ kg$,以质心为转动轴的转动惯量是 $0.2\ kg \cdot m^2$。

答案见 379 页 5.4。

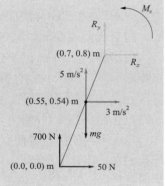

例5.5

给定自行车曲柄下面的数据，绘制自由体图并且计算曲柄轴的力和力矩：踩踏力 $x=-200\,\text{N}$；踩踏力 $y=-800\,\text{N}$；踏板轴位于 $(0.625,0.310)\,\text{m}$，曲柄轴位于 $(0.473,0.398)\,\text{m}$，曲柄质心位置为 $(0.542,0.358)\,\text{m}$。曲柄质量为 $0.1\,\text{kg}$，转动惯量为 $0.003\,\text{kg}\cdot\text{m}^2$。$X$ 方向加速度为 $-0.4\,\text{m/s}^2$，Y 方向加速度为 $-0.7\,\text{m/s}^2$，角加速度为 $10\,\text{rad/s}^2$。

答案见380页5.5。

讨论完单一物体的一般平面运动，我们现在去寻找解决如手臂和腿这样多目标（multiobject）系统的方法。对于每个身体环节的分析过程与单一系统类似，唯一的不同是要用到环节分割法来处理环节间的相互作用。实际上，在之前的自行车曲柄的例题中已经用到了这个方法：我们进行了曲柄的受力分析，意思是我们假设在该轴上去掉了曲柄，以确定该轴上的力和力矩。让我们更详细的了解这个方法。

环节分割法

对一个机械设备进行工程分析时通常关注结构上有限的一些关键点。例如对于一个铁路桥桁条，我们通常研究各片铆接在一起的那个点。当分析人体动力学运动时也是一样的。通常不关心身体完整的复杂的力和力矩图，而是研究一些具体的点——最常见的是关节。于是以关节为分隔，将身体分解成多个环节，并且计算相邻环节间避免它们相互脱离的作用力。这些力在隔离的环节是未知的。所以要建立自己的自由体图，为每一个自由度画出水平力，垂直力和力矩等这些作用力和力矩。在一些计算中，有可能一个或者两个作用力为零，但是环节分割法要求每一个未知力都要画出来并求解。

环节分割法简单明了：

（1）在相关的关节处将身体进行分割。

（2）画出每个分割部分的自由体图。

（3）在每一部分的分解点画出未知的水平和垂直方向作用力和净力矩，标出大地坐标系的正方向。

（4）在其他部分的分解点处画出与大地坐标系方向相反的未知力和力矩，这就是牛顿第三定律。

（5）对其中一个部分的三个运动方程求解。

单一环节分析

在许多情况下，我们可能只关心其中某一个分割部分，因此接下来我们会用一个简单的例子作为开始，然后再对复杂得多环节系统进行分析。

多环节分析

完整分析人体环节运动时，需要遵循前面例子中所使用的程序，我们必须简单地将求解过程公式化。求解过程中有一个特定的顺序：从最远端的关节开始并连续地推算到近端关节,其理由是对每一个关节只有三个方程可以使用。这就意味着对每个环节只能有三个未知数:一个水平力、一个垂直力和一个力矩。但是我们可以看到(见图 5.9),若对大腿或者小腿进行分开解析可能有 6 个未知数:每个关节有 2 个力和 1 个力矩。因此,求解要从一个关节(如最远端关节)的环节开始,并由此推算到相邻的环节。对此使用牛顿第三定律,环节的反作用力方向与之前解过的环节相反。如同在图 5.12 所示的下肢关节一样。在下肢关节中,只有足部有三个未知数。所以首先对这个关节进行求解。需要注意的是踝关节作用在脚上的力与其作用在小腿上的力大小相等、方向相反。然后,可以计算在膝关节处未知数的反作用力。从大腿的自由体图上可以看出,这些力都需要反向画出,最后再对髋关节的反作用进行求解。

例 5.6

手臂保持水平位置,肩关节的反作用力和关节的力矩是多少? 假设手臂是刚体,且处于静止的状态。上臂、前臂和手的质量分别为 4 kg、3 kg 和 1 kg,它们的质心离开肩关节分别为 10 cm、30 cm 和 42 cm。

答案见 381 页。

例 5.7

假定手中握有重物的质量为 2 kg,那么肩关节的反作用力和关节力矩是多少?

答案见 381 页。

例 5.8

肘关节离开肩关节 22 cm,在肘关节处对前臂的反作用力是多少? 对上臂是多少? 再次使用自由体图求在肩关节处的反作用力。

最后,此过程中很重要的一个细节是,从一个环节到下一个相邻环节时我们不能改变数值的符号(正负号)。根据牛顿第三定律,每个动作所产生的作用力与反作用力应为等值、反向的。因此,近端关节的反作用力等于远端关节的作用力,但是方向反向。然而,我们从不改变数值的符号。利用自由体图时要考虑到这一点。请注意,在图 5.12 中膝关节力和力矩的绘制方向是相反的。接着前面展示的过程,先根据自由体图对一个环节建立方程,而无需考虑数值的符号,一旦方程建立,带有符号的数值就会代入方程。注意数据表中这个过程的实施方法详见例 5.9 和 5.10。

我们对人体下肢进行运动的两个阶段(支撑期和摆动期)中所提供的力矩进行计算,在求解摆动期肢体动力学的过程中,求解过程几乎与支撑期相同。只有一个差别,即摆动期的地面反作用力为 0。因此,运动方程中可以忽略这些差异。以下的程序实际上是与相对应的每一帧用计算机程序完成计算是一样的。

人体关节动力学

前文计算出来的关节力和力矩准确来说应该是什么呢? 在此需要回顾本章节之前例题

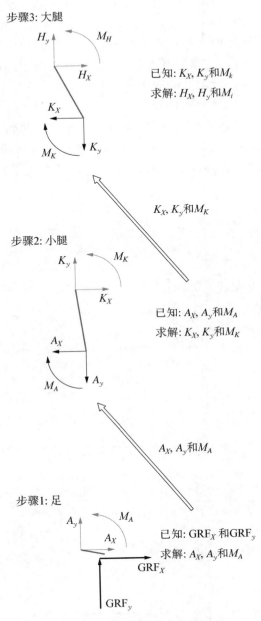

步骤3: 大腿

已知: K_X, K_y和M_k

求解: H_X, H_y和M_i

K_X, K_y和M_K

步骤2: 小腿

已知: A_X, A_y和M_A

求解: K_X, K_y和M_K

A_X, A_y和M_A

步骤1: 足

已知: GRF_X和GRF_y

求解: A_X, A_y和M_A

图 5.12 下肢关节自由体图

中给出的答案: 净力和净力矩代表了所有关节结构作用的总和,通常犯的错误是把关节反作用力认为是作用在骨关节上的力,以及把关节力矩看成是一块特殊肌肉的作用。这些解释是不正确的,因为关节反作用力和力矩比它们更加抽象,它们是合成的,是净作用。我们在前面的例子中进行的相关测量是用来比较下肢三个关节所提供的被测量的力和力矩的能力。我们甚至不用估算股四头肌、小腿三头肌或任何其他肌肉的活动,也不用估算作用在这些关节面上的或任何其他解剖结构上的力,原因如下。

如图 5.2 中所描绘的，许多肌腱复合体、韧带和其他关节结构跨过每个关节。每一个关节结构都发出一个特殊的力，这取决于特殊的运动动作。在图 5.2 中，我们忽略了关节面之间以及所有相邻结构之间的所有摩擦力。不要过分强调在讨论关节力和力矩时没有涉及的特殊解剖结构，这里有几个理由，完全不同的结构可以带来相等的关节反作用力，例如，考虑一个体操运动员的肘关节，当他悬垂在吊环上时，肘关节受到由各种肌腱、韧带及其他跨过肘关节的结构所产生的张力。作为对照，当体操运动员单手倒立时，这些结构中的许多肌肉处于放松状态，因为许多载荷转移到了关节面软骨上。根据本章提出的分割分析法，可以计算每种情况下等值反向的关节反作用力，两者都等于一半的体重减去前臂的重量。但是，这两种情况下力在各个关节结构中的分布是完全不同的。

例 5.9

　　根据下列数据，确定人体在行走的摆动期，地面反作用力为零时，髋、膝、踝关节力矩和力。

　　踝关节的质心在大地坐标系的位置为 (0.303, 0.189)m，膝关节为 (0.539, 0.420)m，髋关节为 (0.600, 0.765)m。

　　例题 5.9 答案详见 383 页。

	质量/kg	I/(kg·m²)	a_x/(m/s²)	a_y/(m/s²)	α/(rad/s²)	质心/m
脚	1.2	0.011	−4.39	6.77	5.12	(0.373, 0.117)
腿	2.4	0.064	−4.01	2.75	−3.08	(0.437, 0.320)
股	6.0	0.130	6.58	−1.21	8.62	(0.573, 0.616)

例 5.10

　　根据下列数据，确定人体在行走的支撑期，地面反作用力不为零时，髋、膝、踝关节力矩和力。求解过程几乎是一样的。

　　踝关节的质心为 (0.637, 0.063)m，膝关节为 (0.541, 0.379)m，髋关节为 (0.421, 0.708)m。水平 GRF 为 −110 N，垂直 GRF 为 720 N，质心为 (0.677, 0.0)m。

　　例题 5.10 答案详见 384 页。

	质量/kg	I/(kg·m²)	a_x/(m/s²)	a_y/(m/s²)	α/(rad/s²)	质心/m
脚	1.2	0.011	−5.33	−1.71	−20.2	(0.734, 0.089)
腿	2.4	0.064	−1.82	−0.56	−22.4	(0.583, 0.242)
股	6.0	0.130	1.01	0.37	8.6	(0.473, 0.566)

　　即使我们不分析体操运动员，但事实仍然是我们无法根据净关节力和净力矩了解这些载荷如何在各个不同结构中分布的。这种力多于方程式的情况称为静态超静定。通俗

来讲，就是我们知道整个系统的载荷情况，但如果不考虑承重结构的特殊性质，则就不能确定载荷的分布。这就像是一群人搬动一架钢琴，我们知道他们在搬动整个钢琴，但是如果每个人的脚下没有测力台进行测力，我们就不知道每个人承担了多少重量。

　　另外一个特殊例子是，一个人静止站立，下肢处于伸直的状态，我们可以计算膝关节中的一个关节反作用力，假设两条腿平均承担身体重量，膝关节反作用力等于一半体重减去小腿和足的重量。如果我们要求受试者尽可能大地收缩他的下肢肌肉，关节反作用力是不变的。但是，肌腱中的张力可能会增加，同时在骨上的压缩力也会增加，这种变化是等值反向的。这表明它们不是因为受到外力而使关节反作用力改变。

　　在讨论人体运动关节力矩的类型之前，我们将详细讨论这些测量方法的局限性。如之前所述，它们有点抽象，但是前面讨论的目的只是为了简单描述关节力矩的局限性，完成这个后才可以对这些数据进行适当的讨论。

局限性

　　除了在第一章中讨论的二维运动学固有的局限性外，在将要分析的二维运动中还有几个重要的局限性。

　　没有考虑摩擦力和关节结构的作用，各种韧带的张力在相邻关节的运动幅度处于极限时将会变大，因此，肌肉处于不活动的状态时，其关节力矩也会发生变化。另外，年轻人的关节中摩擦力非常小，但有关节疾病的患者情况则与常人不同。有兴趣的读者可以阅读 Mansour 和 Audu(1986)、Audu 和 Davy(1988) 或者 Mc Faull 和 Lamontagne(1993，1998) 发表的文章。我们一般假设环节是刚体，但当一个环节不是刚体时，作用在它表面上的力会减小。汽车悬挂系统的基础原则是：乘客感受到的力要比在道路上行驶的轮胎感受到的力要小。人体各环节至少有一根完整的长骨，例如大腿和小腿，它是刚体且传递力，但是，足和躯干是柔软的，且已经证明，现在关节力矩的计算对于这些结构来说存在一定的局限性，如都采用刚体模型的计算公式是不正确的(见 Robertson 和 Winter，1980)。例如，对于脚而言，为了减小地面的反作用力，其韧带会被拉长，因此，裸足在地板上行走的人更倾向于用他们的足趾进行行走，这是由于跟骨系统的刚度要比前足大。

　　现在的模型对所输入的数据都极为敏感，在地面反作用力、压力中心和标志点位置中的误差，环节惯性特征、关节中心估算以及环节加速度的误差都会影响关节力矩的数据。其中一些因素起主要作用，例如，运动时的地面反作用力倾向于对支持支撑阶段的动力学起主导作用，它可以精确地反映这个时期的数据。而在摆动期，数据处理和人体测量估算是十分关键的，有兴趣的读者可以参考 Pezzack，Norman 和 Winter(1977)、Wood(1982) 或 Whittlesey 和 Hamill(1996) 的文章以获得更多的信息。对不同实验设计的研究所计算的力矩进行比较是不恰当的，我们建议至少允许 10% 的误差。

　　根据现在的模型不能确定单块肌肉的活动情况。因为肌肉的作用是由力矩来表示的，所以我们无法得出一块肌肉的张力。此外，由于每个关节都有很多肌肉、韧带和其他结构跨过它，因此甚至无法知道单块肌肉的力矩。我们会在本书中的第九章中讨论肌肉-骨骼技术来估算肌肉力，其中一个重要的内容就是基本上在所有人体运动中都会发生的肌肉共收缩。例如膝关节伸肌力矩在某种条件下减少了，我们不确定是由于股四头肌的活动减少而发生的，还是由于股后肌群的活动增加而发生的。另一个例子，要求一个对象直立并收缩其下肢肌肉,虽然受试者的肌肉活动是充分的,但其关节力矩大小可能接近于0,因为它们的作用可能互相抵消了。

现在所使用的模型也不能很好地代表双关节肌,虽然双关节肌的力矩包括在关节力矩的计算中,但是环境计算的有效性基于肌肉只跨过一个单关节。此外,相关的问题可以参考本书中第九章肌肉-骨骼模型的内容。

对截肢人数据的解释与其他个体是不同的,例如对装假肢的患者进行踝关节测试,由于小腿和脚是单个、半刚性的关节,因此修复膝关节的时候要利用诸如像弹簧或其他摩擦原件防止关节过伸来控制关节的运动。正是这些原因,使对于他们膝关节力矩的解释要不同于正常人,这也同样适用于那些使用护具者,如足踝矫形器的受试者。

讨论完局限性后对关节力矩进行解释是作者的有意之举,局限性不会使模型数据无效,但他们确实限制了解释范围,下面的讨论中没有提及具体的肌肉或肌肉群,并且不同的峰值大小也没参照最相近的 0.1 N/m。

相对运动分析法与绝对运动分析法比较

之前的方程是一种计算净力和净力矩的方法,Plagenhoef(1968,1971)把他的运动方法称为绝对运动分析法,因为环节的运动学数据是在绝对(或固定)的参考系中计算出来的。由 Plagenhoef 概括的相对运动分析法(relative motion method)可以替代前面的方法。这是在绝对参考坐标系中对一个运动链中的第一个环节的运动进行定量化的方法,但是所有其他关节都是以随着环节转动的运动轴为参考。因此每一个环节的轴,除了第一个环节以外,都是相对于前一个环节运动的。这种方法的优点是在一个运动链中具有显示一个关节力矩是如何对其他关节的力矩做出贡献的功能,缺点是分析的复杂性会随着附加到运动链上环节的增加而增加。此外,这个方法要求包括科氏力,科氏力是一个物体在一个转动参考系中转动而出现的力。这些虚构的力有时也称为虚拟力(pseudo force),仅仅是因为它们的转动参考系而存在,但从惯性(固定或绝对坐标系)参考系来看,它们并不存在。

很少有研究人员来比较这两种方法,但是 Pezzack(1976)使用同样的坐标系对这两种方法进行了比较,发现相对运动方法的准确性相对较差,特别是当运动链变长时(即多关节链运动),对于相对运动链较短的运动,这两种方法会得出类似的结果。绝大多数的研究人员已经接纳了绝对运动分析方法,因为绝大多数的数据采集系统对环节进行运动学数据捕捉时都以地面或实验室地板作为固定轴系。

应用

逆向动力学分析得出的结果有很多用处,Winter 等人(1980,1983a)在对人体走、慢跑支撑阶段的研究中发现了伸肌力矩的特征类型,并以此预测如果使用人造关节和矫正器的人拥有充足的支撑力矩就可以防止身体跌倒。其他研究已经将肌肉-骨骼模型中的净力矩和净力用来计算脊椎基础部分的压缩载荷,如研究举重和下腰痛(Mc Gill 和 Norman,1985)。这种应用的一个延伸是计算一个关节中的压力和剪切力,为此,研究人员必须知道髋关节的主动肌的附着点,并且假设没有其他肌肉处于活动的状态。

参考文献

Winter, D. A. 1980. Overall principle of lower limb support during stance phase of gait. *Journal of Biomechanics* 13: 923 - 7

该文献提出了一个专门将步态支撑期中下肢的力矩结合起来分析的方法。在支撑期中,下肢三关节(髋、膝和踝关节)力矩之和可以支撑和防止身体跌倒。作者通过定义伸力矩为正方向,屈力矩为负方向,在一个特定的模型下形成了"支撑力矩"。支撑力矩 $M_{support}$ 的数学定义为

$$M_{support} = -M_{hip} + M_{knee} - M_{ankle} \tag{5.2}$$

需要我们注意的是,髋关节和踝关节力矩的负号改变了它们的方向,这样关节的伸肌力矩就对支撑力矩起到积极作用。任何关节的屈肌力矩都会减少支撑力矩。图 5.13 和图 5.14 分别描述了一个正常人的平均支撑力矩,以及一个 73 岁经过髋关节置换手术后老年人的髋、膝、踝三关节的支撑力矩。

临床医学科研人员通过这个分析方法便能监控病人术后康复阶段的恢复情况。当病人康复情况良好、变得更强壮了或者能更有效地协调三个关节,则支撑力矩较之前会变大。假设患者下肢关节中有一个或者两个关节不能完全对支撑力矩做出贡献,那么如果剩下的关节力矩足够大且能够提供正的支撑力矩,将仍然由该下肢进行支撑。

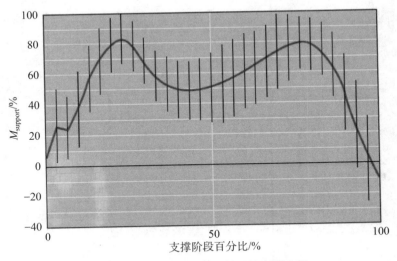

图 5.13　一个正常人的平均支撑力矩

引自 Journal of Biomechanics, Vol.13, D. A. Winter, "Overall principle of lower limb support during stance phase of gait," pgs. 923 - 927, pgs. 923 - 927, copyright 1980, with permission of Elsevier

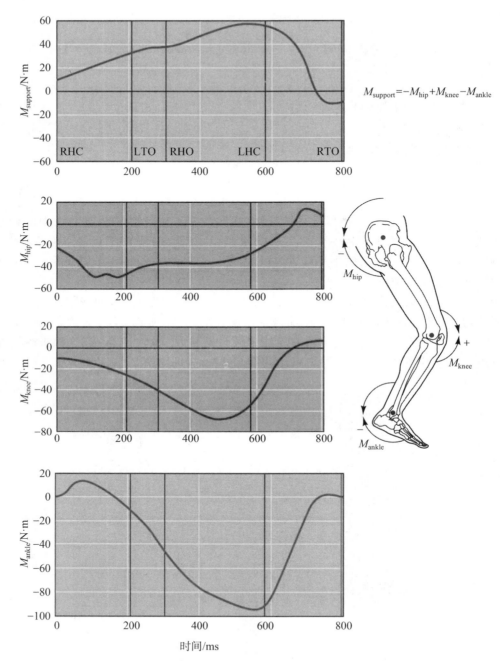

图 5.14　一个 73 岁经过髋关节置换手术的老人在行走过程中支撑期的支撑力矩和髋、膝、踝关节力矩

引自 Journal of Biomechanics，Vol. 13，D. A. Winter，"Overall principle of lower limb support during stance phase of gait，" pgs. 923 – 927，copyright 1980，with permission of Elsevier.

计算肌肉的肌力需要通过几个假设来消除不确定性,但由于存在太多的未知数和太少的方程式所以很难进行计算。例如,如果假设一块肌肉只跨过一个关节,且没有其他结构对净力矩有贡献,那么如果已知肌肉的附着点和作用线(根据 X 光照片或估算),则肌肉力 F_{muscle} 就可以定义为

$$F_{muscle} = \frac{M}{r \sin \theta} \tag{5.3}$$

式中,M 是该关节的净力矩;r 是从关节中心到肌肉附着点的距离;θ 是肌力作用线与位置矢量之间的夹角。当然这种情况也很少发生,因为绝大多数关节有多块协同肌协同完成一个动作,它们的作用线也不同,通常起协同收缩作用的是拮抗肌。同时监控主动肌和拮抗肌的肌电活动,可以减少此类问题的发生,但是一块肌肉处于不活动状态时也会产生力,特别是当它被拉长到超过静息长度时。只要被分析的运动不包括运动幅度的两个极端,其他组织对净力矩的贡献同样也可以减到最小,在这些极端位置上,这些结构就显得尤为重要。

研究人员一旦完成对肌肉力的估算,就可以利用肌肉的横断面积对肌肉的应力进行计算,一块肌肉的横断面积可以从研究文献中得到,或者从 MRI 成像、X 光照片中测量出来。轴向应力(σ)定义为轴向力除以横断面积。对于羽状肌,假设力是沿着肌肉线作用的,那应力应定义为 $\sigma = F_{muscle}/A$,这里的 F_{muscle} 是肌力,单位为牛顿(N),A 是横断面积,单位是平方米(m^2)。应力的单位是帕(Pa),但是对于数值较大的力,单位通常使用千帕(kPa)。当然,在肌肉上的真实应力是不能量化的,因为直接测量真实的肌肉力是非常困难的。

下面将会对走、跑时的二维下肢关节力矩进行讨论,如上楼梯、下楼梯这种主要在矢状面进行的运动经常使用二维分析。画这些图示的惯例是伸力矩为正方向,屈力矩为负方向。这与工程学标准一致,在工程学中,拉长一个系统的方向定义为正(正应变),缩短一个系统的方向为负(负应变)。在图 5.9 中,髋关节屈力矩和踝关节背屈力矩是作为正值计算的。因此,这两个力矩在计算的时候通常呈现负值。

参考文献

McGill, S., and R. W. Norman. 1985. Dynamically and statically determined low-back moments during lifting. *Journal of Biomechanics* 18:877-85.

该研究提出了一种在手提重物过程中采集上身运动学数据以此计算腰 4 和腰 5(L_4/L_5)关节载荷的方法。第一,通过比较三种不同方法计算 L_4/L_5 的净力矩,使用平面逆向动力学进行一个常规的动力学分析,计算肩和颈部的净力和净力矩,并由此计算出躯干腰部(L_4/L_5)的净力和净力矩。第二,通过假定关节的加速度为 $0\ m/s^2$ 做静力学的分析。第三,使用准动态方法,即建立一个施加动态负载的静态模型。一旦计算出了腰部净力和净力矩,就可以假设一块"等效肌肉"负责产生该力矩,这块肌肉的有效力臂是 5 cm,对 L_4/L_5 关节的压缩力 $F_{compress}$ 大小通过测量脊椎(实际上为躯干)角 θ 进行计算,所使用的公式为

$$F_{compress} = \frac{M}{r} + F_y \cos \theta + F_x \sin \theta \tag{5.4}$$

这里的力矩 M 为 L_4/L_5 的关节净力矩,r 是跨过 L_4/L_5 的单块肌肉的力臂(5 cm),

(F_x, F_y) 是在 L_4/L_5 关节处的净力，θ 是躯干（L_4-L_5 和 C_7-T_1 之间的直线）角。

研究人员通过比较这三种方法，揭示了在 L_4/L_5 关节的净力矩的形状和峰值结果之间有显著的统计学差异。总之，动力学方法与静力学方法计算得出的峰值力矩有差异，但是比准动力学方法得出的结果差异要小。对单个受试者的腰部力矩曲线和所有受试者的曲线进行比较显示每种方法产生非常不同的活动形式，它们都揭示了虽然静力学方法的压缩载荷要小于 1981 年国家职业健康和安全研究所（NIOSH）提出的标准，但是动力学方法计算所得出的结果更为准确，其得出的压缩载荷比其他计算方法得出的更大。因此，人们应用最准确的方法来获得更真实的结论。

走

人体行走过程中，下肢三关节力矩有许多典型的特征。图 5.15 展示了踝关节、膝关节和髋关节力矩的样本数据，这些数据根据一个步态周期的百分比进行了标准化，图中横轴 60％处的垂线代表足尖离地（TO），而 0％和 100％处代表足跟触地（HC）。纵轴上代表关节力矩，单位是牛·米（N·m）。有时候这些数据需要通过除以身体质量或用身体质量乘以腿长来进行标准化处理，这样有助于不同对象之间的比较。为了与以前的例题保持连续性，我们用 N·m 作为这些数据的单位。一般来说，人体下肢三关节力矩大小、方向会随着运动速度的变化而改变。

在图 5.15(a)中的踝关节力矩在足跟触地后产生一个背屈力矩，其峰值约为 15 N·m，这个力矩可以避免从足跟触地到足离地的扭转太快而造成损伤，这种情况在临床称为"足拍击（foot slap）"。虽然 15 N·m 在图上是相当小的力矩，但是这个峰值是正常走路时一个非常普遍的特征。接着可以看到一个大的跖屈力矩，它的峰值在接近步态周期的 40％处出现，约为 160 N·m，这反映了有效蹬地所必须使用的力。当这个峰值变小时，肢体的载荷也会减小。在足尖离地时，会发现有一个很小的背屈力矩，约为 10 N·m，尽管这个动作很小，但是它抬起了足趾，并使其离开了地面。背屈功能障碍的人在步态周期的这部分中就会出现足趾点地的问题。在摆动相的其余时刻，踝关节力矩接近 0。

在图 5.15(b)，有 4 个明显的膝关节峰值力矩，支撑期最大的峰值为伸肌力矩峰值。典型的峰值约为 100 N·m，在这个峰值期间，下肢肢体的加载可以通过伸肌力矩起到防止肢体跌倒的作用。需要注意的是，这个峰值发生的时间稍早于踝关节的峰值力矩。通常可以在支撑期阶段的剩余阶段，即脚尖离开地面、小腿抬起之前，观察到一个比较小的膝关节屈肌峰值。在摆动期，第一个峰值由伸肌肌肉产生，它主要限制膝关节屈的发生，因为下肢正绕着髋关节向前摆动，没有这个峰值，膝关节可能达到较高的屈位置，特别是用较快的速度行走时。第二个摆动阶段的峰值是屈肌力矩峰值，约为 30 N·m，它使小腿在完全伸展前慢下来。

图 5.15(c)描绘了髋关节力矩的变化。在支撑阶段前期，有一个 80 N·m 的伸肌峰值力矩，在足尖离地时，有一个屈肌力矩，这是下肢向前摆动所必需的。然后类似于膝关节力矩、髋关节力矩，在摆动结束时也会有一个约为 40 N·m 的伸肌力矩，它在足跟触地前使下肢减速。

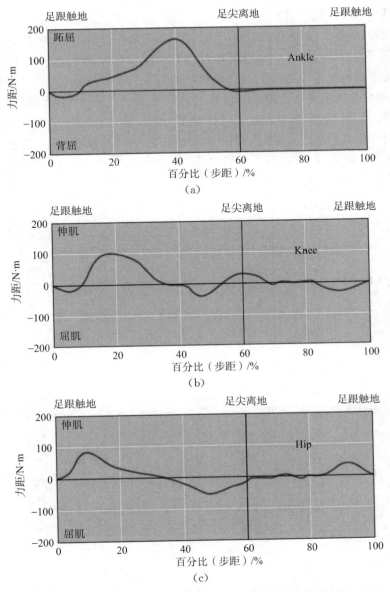

图 5.15 正常行走状态下(a)踝关节、(b)膝关节和(c)髋关节力矩

　　髋关节力矩在下肢三个关节力矩中是最容易受到影响的,踝关节的力矩变化最小,因为其受到地面的约束。相反,髋关节不仅要对下肢进行控制,同时也要维持躯干的平衡,这是极其重要的。Winter 和 Sienko(1988)的研究发现躯干的运动主要受到髋关节力矩变化的影响。从这方面考虑,支撑期阶段的髋关节力矩就变得很难解释。

跑

　　图 5.16 描述的是人体下肢在跑的状态下,三关节力矩的变化情况。这些力矩的变化情况与行走状态类似。最为明显的区别是它们的峰值力矩。跑与走相比,是更为剧烈的活动,因此

在跑的时候其地面反作用力就比较大,关节力矩峰值也是如此,跑步状态下的支撑期要比走时短。在支撑阶段,踝关节力矩[见图5.16(a)]有一个跖屈峰值力矩,约为200 N·m。之后摆动期的踝关节力矩接近0 N·m,在足跟触地时踝关节力矩确实有所变化,这取决于跑步的姿态。用足跟到脚趾模式跑步的人在足跟触地时有一个较小的背屈力矩峰值,与走的状态非常类似,用全足或前掌着地的人就没有这个峰值,因为此时不需要控制脚点地。

支撑期膝关节力矩[见图5.16(b)]像踝关节力矩一样,主要由一个约250 N·m的伸肌力矩峰值组成。在足尖离地时,通常有一个约为30 N·m的屈肌力矩,这是为了使下肢向前快速摆动屈膝。在摆动阶段,有一个腿向前摆动的伸肌阶段。最后,在足跟触地前有一个屈肌阶段来放慢小腿的速度。

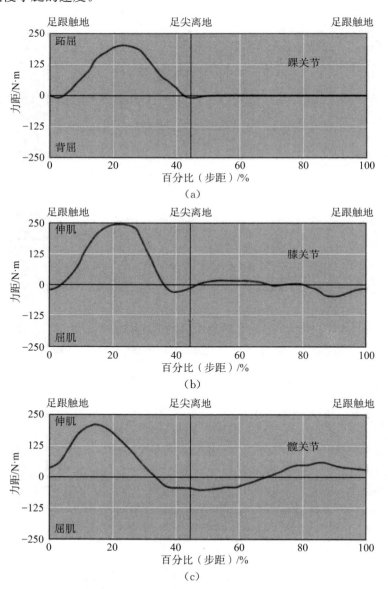

图5.16　正常平地上跑(a)踝关节、(b)膝关节、(c)髋关节等的动力矩

髋关节力矩［见图5.16(c)］在大部分支撑阶段是伸肌力矩，峰值超过200 N·m。然后我们发现从足尖离地到下肢向前摆动转成了净屈肌力矩。然后在足跟着地前有一个伸肌力矩，减缓了大腿的运动速度。

小结

这一章着重讲解了如何恰当地采用逆向动力学对数据进行解析。这是十分必要的，因为这种技术处理需要许多步骤且在处理过程中不注意细节就会发生错误（Hatze，2002），应该鼓励学生对这样的问题进行实践操作，直到不需要依赖参考书籍进行数据处理。学生应该可以对任何一个环节描绘出自由体图，构建三个运动方程式并求解得出结果。

同样学生在学习及数据处理的过程中，应注意关节力矩的局限性，关节力矩只是人体作用力的一个代表，比测力台获得的信息更进了一步，关节力矩不是所有人体运动学说明的终点，而是评估不同关节和运动相对用力的一种便利方法。如果对特殊肌肉作用感兴趣的学者请参考本书的肌电图（第八章）或肌肉-骨骼模型（第九章）部分。值得注意的是，苏联科学家Nikelai Bernstein（1967）提出了用力矩对人体运动进行描述，但是更多的研究人员喜欢使用环节加速度对人体运动进行描述，然而力矩作为关节力矩之和，显然提供了更多的信息。

如按关节分析肢体问题可能会产生一定的误解，即每个关节都是被独立控制的，之前我们说过采取这种方法处理双关节肌是不对的。此外，一个肢体的各个环节是相互作用的。例如，髋关节力矩会影响踝关节力矩。因此，在使用关节力矩时，我们知道髋关节力矩对大腿有影响，但是并没有分析对踝关节及小腿的作用，许多研究已经注意到了环节间协调的重要性（见Putnam，1991）。事实上，Bernstein认为环节相互作用是学习运动协调的最后一个环节，临床医师同样开始认识到在各种人群中，特别是在截肢患者中有这样的作用。本书第十章会对拉格朗日方法等进行系统分析，可能更适合这些情况。

◢◣◥◤ 推荐阅读文献 ◢◣◥◤

• Chapman, A. E. 2008. *Biomechanical Analysis of Fundamental Human Movements*. Champaign, IL: Human Kinetics.

• Nigg, B. M., and W. Herzog. 1999. *Biomechanics of the Musculo-Skeletal System*. 2nd ed. Toronto: Wiley.

• Özkaya, N., M. Nordin, D. Goldsheyder, and D. Leger. 2012. *Fundamentals of Biomechanics*. 3rd ed. New York: Van Nostrand Reinhold.

• Van den Bogert, A. J., and A. Su. 2007. A weighted least squares method for inverse dynamic analysis. *Computer Methods in Biomechanics and Biomedical Engineering* 11: 1, 3-9.

• Winter, D. A. 2009. *Biomechanics and Motor Control of Human Movement*. 4th ed. Toronto: Wiley.

• Zatsiorsky, V. M. 2001. *Kinetics of Human Motion*. Champaign, IL: Human Kinetics.

第六章 能量、功和功率

D. Gordon E. Robertson

能量作为一个被人们熟知的物理量,尽管常用,但并没被很好地理解。例如,物理学家已经确认了一些原子或者亚原子粒子为能量的基本单元或者量子。理解能量最大的困难之一在于它的多样性。物质本身就是一种能量,爱因斯坦的著名方程 $E=mc^2$ 已对此进行了量化,但这种能量只有在物质自身分裂时才能显现出来。其他的能量形式包括核能、电能、热能、太阳能、光能、化学能以及生物力学研究中最感兴趣的机械能。

本章主要关注机械能,主要内容如下:

(1) 介绍能量、功、热力学定律的概念;

(2) 介绍力守恒和机械能守恒的概念;

(3) 概述机械功的直接测量方法,称为直接测功学;

(4) 概述机械功的间接测量方法,包括逆动力学法的使用;

(5) 探讨功与能耗之间的关系,称为机械效率(mechanical efficiency)。

能量、功、热力学定律

能量通常定义为做功的能力,换句话说,也就是影响物质状态的能力。从某种意义上说,能量是粒子运动或产生运动的潜能。例如,热能这种普遍存在的能量形式,其大小与分子振动的速率有关,即分子振动速率越大,则温度越高或者热能越大。某种物质的热量通过温度进行量化。从某种意义上来说,所有的物质都处于振动状态;振动减弱,则温度降低,我们称之为冷却。最低温度称为绝对零度(absolute zero),相当于完全没有振动发生,但根据热力学第三定律,这将永远无法达到,也就是说,没有物质的温度可降低到绝对零度(0 K,即−273℃)。

热力学研究能量以及能量的量化、转移,能量从一种形式向另一种形式的转变。人们曾经认为能量是一种从一个物体流动到另一物体的热流,而今认为能量是物质的属性之一。热力学第一定律也称为能量守恒定律,认为整个宇宙的能量是固定不变的。简单地说,可以认为在一个封闭的系统内,总能量是一个固定值。封闭系统没有能量进入或损耗,系统内的能量可以在不同形式之间转换,但该系统的能量不存在损耗或增加的现象,其总量不变。当然,量化系统内的所有能量不是一件简单的事。但如果我们可以测量某些途径来源的能量,并假设其他的不变,就可以通过监测已知来源的能量变化,来评估系统内部任何一种能量的转变情况,以确定系统内部具体的做功量及机械效率。

早在 1865 年,Rudolf Clausius 提出了与能量转换过程中能量损失相关的热力学第二定律,此定律认为,能量从一种形式转换成另一形式的过程中,一些能量会损失掉,例如电产生光,水能产生电,生物能可以引起肌肉收缩,这些过程中一些能量被浪费掉,且不可再次被转换成另一种可供使用的能量。Clausius 把这类损失掉的能量称为熵。熵可以用来表示那些无用功。

功即能量由一种形式向另一种有用形式的转变量,也称为能的转换。例如,当火加热一壶水,蒸汽使活塞运动,电流过钨丝产生光,能量从一种形式转变为另一形式。在每一次的转变过程中,会产生一些与做功无关的能量。这种损失的能量大多以热能形式流失。齿轮、弹簧、物体表面和空气的发热都会浪费能量。某些情况下,这些热量可以回收再利用,但总有一些能量会耗散到周围且不能回收。这些热能变成了熵。对于生物力学工作者而言,理解能量转变当中伴有损失就足够了,这种损失体现在机器、肌肉和周围环境温度升高的过程中。

图 6.1 是能量流经人体的简化示意图,同时还标出了产生熵的几个方面。例如,化学能转变为机械能时,一些能量经皮肤以热能形式或气体交换的形式耗散到环境中。另外两种能量损耗方式包括机械摩擦和黏滞阻力。当人体与外界发生摩擦或者人体组织内部发生摩擦时存在摩擦损失。通过流体介质(如水或空气时)或者由于人体各种组织的黏弹性产生的黏滞阻力,会导致黏滞损失。

图 6.1 为能量流经人体流向环境的示意图。维持能量(maintenance energy)包括除骨骼肌外向所有其他组织提供的能量。由于向环境耗散的热能或者产生振荡,一些能量无法再次用于做有用功,所有这些能量均称为熵。保守能包括改变形式后可以在环节间再次利用,或者环节间、身体间进行交换的能量。

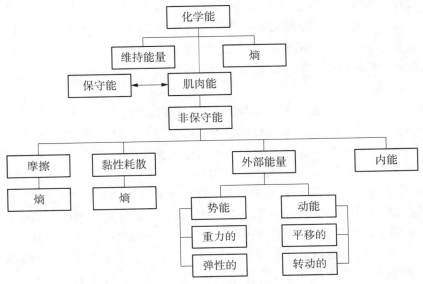

图 6.1　人体能量与环境之间的关系图

机械功是人体总机械能变化时所做的功。这个原理称为功能关系，它基于牛顿第二定律。通过适当的数学运算，牛顿第二定律可以变为如下关系：

机械功＝机械能的变化

$$W = \Delta E = E_0 - E_N \tag{6.1}$$

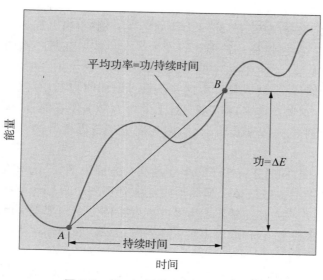

图 6.2　能、功、平均功率之前的关系

上式中，人体的总机械能(E)定义为其势能和动能之和(Winter，1976)，这些形式的能量会在随后的章节进行定义。图 6.2 说明了功和能之间的关系。值得注意的是在 A 点和 B 点之间人体的机械能变化，这一能量变化表示了对人体所做的功。如果知道了做功的持续时间，平均功率可按下式计算：

$$\overline{P} = \Delta E / \Delta t = 功 / 时间 = W / \Delta t \tag{6.2}$$

某一时刻的瞬时功率可通过对能量的求导计算：

$$P = dE / dt \tag{6.3}$$

需要注意的是，功和能的单位必须一致。按照国际标准，功和能的单位为焦耳(J)。1 J 的功相当于以 1 N 的力在该力的方向上使物体移动 1 m。焦耳与力矩(N·m)的单位在量纲上相当。因此，物理学家为了纪念 James Prescott Joule，给了功和能一个不同的名字——焦耳。Joule 确立了功和电机热能之间的各种关系。焦耳是国际通用的能量单位(机械能、电能、太阳能等)，而牛·米是国际通用的力矩或者扭矩单位。功率的国际通用单位是瓦特(W)，定义为单位时间里所做的功。瓦特这个名称是为了纪念 James Watt，他设计的高效蒸汽机为工业革命奠定了基础。

肌肉做功时，一部分能量用来移动内部结构，一部分能量用于对外界做功。前者称之为内能，后者称之为外能，见图 6.1。有些能量可以由保守力再次利用，如肌腱的弹性储存和回缩，下肢的摆动。这种途径也包含在图 6.1 中。这种能量的再利用形式会减少系统的肌肉做功及化学能消耗。对外界的做功用于克服摩擦力、黏滞力或者改变物体的动能、势能。例如，当一个物体被举到某一高度，其重力势能增加。弹性体的弹性势能随着其受压缩程度增加而增加，例如跳板、撑竿跳的跳杆。投球时，身体的外部能表现为球的平动或者转动动能。球的平移动能通过线速度得以体现，而转动动能通过转动的角速度得以体现。

图 6.1 中所示的内能指势能和动能，但它不用于对外界物体做功，而是用于内部机构移动。这种移动主要体现在上、下肢的移动，作为一种运动的消耗。例如，水平行走、跑步和骑车，需要相对较少的外功使人体达到一定速度，而大量的内功用来保持速度。其他的任务如举东西和垂直跳则相反。下面的章节将详述人体各种运动能量量化的

方法。

机械能守恒

机械能只有在特定的情况下才能保持守恒。当施加在人体或者单一环节上的所有力和力矩均为保守力或保守力矩时，即施加在人体或某一环节上的合力为保守力时，人体或某一环节的机械能保持不变。移动物体从一点到另一点所做的功仅与两点位置有关而与路径无关，此时作用于物体的力和力矩为保守力和保守力矩，其中保守力包括重力、理想弹簧及理想碰撞的弹力、理想摆的拉力、光滑平面的法向力，这些力如图 6.3 所示。

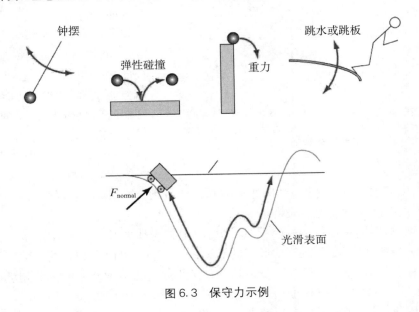

图 6.3　保守力示例

从保守力的定义得出的另一重要推论，即沿闭合路径运动，保守力不做功。例如，在弹簧上挂一重物释放后，弹簧回到初始长度，这个过程没有其他力的作用，弹力不做功，因此弹簧的弹力被认为是保守力。

非保守力做功受到从一点移动到另一点的运动轨迹的影响。非保守力包括摩擦力、黏性摩擦力（如流体摩擦）和黏弹性力（如肌肉和韧带）、塑性变形。摩擦力是非保守力，因为它的做功随路径增加而增加，路径越长，做功越多。黏滞力也如此，它的做功依赖于穿过黏性介质的快慢，速度越快，做功越多。一般而言，黏滞力的阻滞作用与速度平方呈正比。这也是为什么大多数高效赛跑以恒定速度进行的原因。

大多数保守力是理想的，无法在现实中发生。例如，通过压缩或者拉伸理想弹簧可以释放施加给它的全部能量。但实际上，所有的弹簧均遵守热力学第二定律，一些能量以热能的形式损失。相似地，纯粹的弹性碰撞在现实中也不可能发生。物体从一定高度落下，反弹可达到相同高度时，被认为发生了弹性碰撞。但实际上，所有碰撞的反弹高度均减小，总会产生一些热能或者形变。完全不反弹时，发生纯粹的塑性碰撞，例如油灰或软雪球撞击地面。

重力实际上是保守力，因为在没有非保守力作用的情况下，势能的变化引起与之相当量

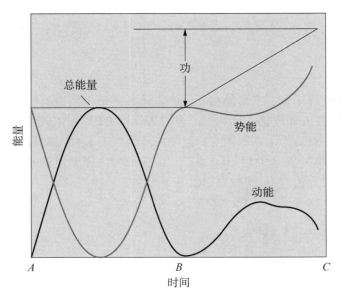

图 6.4　钟摆的能量。由 A 点到 B 点，摆的能量保持守恒。由 B 点至 C 点，非保守力做功使摆的能量增大。图中还标出了动能和势能的变化

的动能变化。例如，对于下落的物体，其动能的增加量等于其势能的减少量。因此，物体的总能量保持不变（假设没有空气阻力，总能量守恒）。

钟摆所受的拉力也是保守力，连同重力一起做功。图 6.4 是一个简单的钟摆模型。在 A 点，钟摆或者物体在一定高度并保持静止，所有的能量为重力势能。但随着物体的释放，它的高度和重力势能均下降。同时，它的动能增加直到运动最低端。在 A、B 之间的某点，钟摆势能全部转化为动能。在 B 点钟摆回到原始高度，这期间动能提供了所需的动力。从 B 点到 C 点，存在一个非保守力做功将物体带到一个新的高度，以及一个新的能量水平。随后，如果物体仅在守恒力（例如重力和摆线拉力）作用下运动，物体将反复地摆动，动能和势能互转化，系统总能量没有损失。

人在运动时，特别是在行走过程中，也可简单地将身体的某部分看作是单摆模型，其能量保持守恒。当然，也存在一些其他形式的能量守恒。能量可以在相邻的环节间进行传递，通常与复合钟摆相似。这种情况下，身体各部分必须通过几乎无摩擦的关节相链接，跨过关节的肌肉必须是被动的或能促进能量的传递。Elftman（1939a，1939b），Winter 和 Robertson（1979）等人研究了行走摆动期发生的这种情况。他们的研究显示小腿和脚的初始能量转移到大腿使其向上摆动，而在触地时刻，等量的能量重新作用到小腿和脚。这种机制减少了运动所需的化学能。如果没有这种守恒机制，则需要更多的化学能和机械能做功来推动环节。例如，短跑中（Lemaire 和 Robertson，1989；Vardaxis 和 Hoshizaki，1989）由于没有足够的时间，不存在类似单摆或者复合摆的运动来带动大腿。他们的研究显示，一些运动员向上摆动大腿时的功率可以达到 4 000 W，向下摆腿至触地期间的功率可达 3 600 W。跑步中，运动员等不及保守力提供能量来推动下肢交替运动，需要非保守力的作用。非保守力做功的测量称为测功学。

测功学：直接测试法

测功学的字面意思是测量所做的功。任何能够测量运动当中做功的系统或者技术均可称为测功仪。有各种各样的商业测功仪可供人体机能研究者和体育工作者使用，其中大多数为自行车测功仪。其他的在实验室以及健身房可见到的商用设备包括划船练习器、跑台、等动测试仪、健身器等。然而，后者由于缺乏合适的标定，不适用于精确的科学

研究测试。

　　一项有效测量功的方法至少要具备测得两个物理量的功能,即力和位移或者力矩和角位移,因为功的定义为力和位移或者路程的乘积。更准确地说,功作为标量是力和位移的标量积。因此,施加在物体上的合力所做的功由下式计算:

$$W = \boldsymbol{F} \cdot \boldsymbol{s} = F_x s_x + F_y s_y = Fs\cos\phi \tag{6.4}$$

式中,W 是所做的功;F_x、F_y 分别是 x、y 方向上的合力;s_x、s_y 表示 x、y 方向上的位移;ϕ 是力与位移矢量间的夹角。采用力矩计算时,做功可由下式计算:

$$W = M\theta \tag{6.5}$$

式中,M 是合力矩;θ 是物体的角位移。如果物体受到的合力和合力矩均不为零,总功可由两式之和计算。需要注意的是,对力和力矩做功相加时,需要统一单位。力做功的单位为 N·m,量纲上与焦耳等效。力矩做功的单位为牛·米弧度,但因为牛·米量纲上与焦耳等效,弧度为无量纲量,因此它与力做功的单位一致,均为焦耳。

　　大多数情况下,功可以通过力或力矩测量。例如,一台 Monark 自行车测功计,可以通过测量车轮制动系统产生的力矩乘以车轮的转数(车轮转动的圈数乘以 2π 转换为弧度)测功。力矩的单位必须为 N·m,且依赖于自行车负载臂的位置。大多数测功仪的标定采用千克力(kilopond)的旧单位,相当于 1 kg 物体的重量。将千克力转换为等效的牛顿力,需要乘以重力加速度 9.81 m/s²。见下式:

$$F(\text{N}) = M(\text{kg}) \times 9.81(\text{N/kg}) \tag{6.6}$$

　　力乘以车轮的半径得到负荷产生的力矩。Monark 测功计的车轮半径为 25.46 cm(周长为 160.0 cm)。因此采用力矩的计算功的方法为

$$W = M\theta = Fr\theta \tag{6.7}$$

式中,F 为施加的负荷;r 为车轮半径;θ 为车轮的角位移。所施加的力或者负荷实际上是由刹车带产生的转动摩擦,相当于车轮受到的切向线性摩擦力。因此,上式可写为

$$W = F(\text{N}) \times 半径(\text{m}) \times 转数(\text{r}) \times 2\pi(\text{rad/r}) \tag{6.8}$$

　　用 Monark 自行车测功计测功,通常采用曲柄的转动圈数 n 来代替轮子的转数。一台标准的测功计曲柄转动一周的长度相当于车轮上某点发生 6 m 的位移。因此,

$$W = 负荷(\text{kg}) \times 9.81(\text{m/s}^2) \times n \times 6(\text{m/r}) \tag{6.9}$$

　　任何情况下,功的单位为焦耳。跑步机也可以用作测功计。以常速在斜面上跑步等效于将身体移动到某一高度。高度等于跑步机的速度乘以短时间内的运动距离乘以斜坡角度的正弦值,即下式:

$$W = 体重(\text{N}) \times 速度(\text{m/s}) \times 时间(\text{s}) \times \sin\gamma \tag{6.10}$$

式中,γ 是跑步机的倾角。注意这里的距离不是实际的运动路程,而是等效于人体运动到相同高度。也可以假定运动当中跑步机的传输带拉伸和摩擦不做功,运动速度恒定。

例 6.1

某人以 2.5 kg 的负荷,60 r/s 的速率踩踏 20 s。假定每转相当于车轮线性移动 6 m,计算一辆自行车测功计的功。6.1 的参考答案见 386 页。

测功学:间接测试法

某种意义上,所有测试系统机械能的方法都属于间接测试,因为没有一种像直接测试房间用电量那样直接测试能量的方法。我们提到的间接测量,实际上是指对人体运动的量化(称为动能),以及人体相对于某一参考面位置的量化(称为势能)。动能和势能之和构成了人体的总机械能。

为了对一些系统进行简化分析,系统的位置及其运动可以简化为一个质点,即以系统的重心来代替。一个质点仅存在平动动能和重力势能两种形式的机械能。为了得到一个较好的人体模型,我们可以假设人体由刚体或者环节链接而成。这种情况下,每个环节还存在一种额外形式的能量,称为转动动能。还可将每个环节抽象为变形体,这样总机械能的计算还可包括弹性势能,但到目前为止这方面的尝试较少。

每种能量可以通过身体或者环节的运动学得出。下面两段将会讲述质点及刚体系能量的计算方法。每种方法都会用到功-能关系。该关系表明对人体所做的功等于其机械能的变化量。因此,机械能的变化可以通过人体内力和外力的做功进行计算。对这种方法的描述请参阅逆向动力学部分。

质点法

如果人体可以被看作一个质点,它的能量可以通过其质心的线性运动学进行量化。获得线性运动学最常用的方法是在人体上安置标记点,得到这些点的数字坐标,进行有限差分后求得线速度(如第一章所述)。更加简单但精确性相对较低的方法是估算质心位置,确定其运动轨迹。不管怎样,一个质点的总能量等于其重力势能和平动动能之和。下面是重力势能的计算表达式:

$$E_{gpe} = mgy \qquad (6.11)$$

平动动能:

$$E_{tke} = 1/2 mv^2 = 1/2\, m(v_x^2 + v_y^2) \qquad (6.12)$$

总机械能:

$$E_{tme} = E_{gpe} + E_{tke} \qquad (6.13)$$

式中,m 是物体的质量;g 是重力加速度,为 9.81 m/s^2;y 是物体位于水平参考面上的高度。一些研究者已经用这种方法量化了行走、跑步、短跑当中所做的功(Cavagna 等,1963,1964,1971)。

例 6.2

　　计算一个体重为 80 kg 的人由静止状态在 4 s 内加速到 6.00 m/s 状态当中所做的功及功率。假定该人在水平面上跑步,转动动能忽略不计。答案见 386 页 6.2。

环节法

　　质点法在对人体进行分析时会低估系统的机械能,所以不太合适,受到了研究者的批判(Williams 和 Cavanagh,1983;Winter,1978)。更加精确的方式是将人体分解成各个环节,将每个环节的能量相加而得到人体的总能量。这种方法在 Wallace Fenn 用来分析跑步(1929)和短跑时(1930)首次使用。

　　为了计算一个环节的总机械能,通常仅考虑重力势能、平动动能和转动动能。对于刚体而言这是可行的,但对于可变形体,还需要考虑弹性势能。在大多数运动生物力学研究当中,计算弹性势能是不可能的,因为形变太小而无法测量,形变力的测量也比较困难。即使能确定这些因素,测试以这种形式储存能量的所付出代价也是不值得的。

　　下述方程给出了计算一个环节总机械能(E_{tme})的方法。

　　重力势能:

$$E_{gpe} = mgy \tag{6.14}$$

　　平动动能:

$$E_{tke} = 1/2mv^2 = 1/2m(v_x^2 + v_y^2) \tag{6.15}$$

　　转动动能:

$$E_{rke} = 1/2I\omega^2 \tag{6.16}$$

　　总机械能:

$$E_{tme} = E_{gpe} + E_{tke} + E_{rke} \tag{6.17}$$

式中,m 是环节的质量;g 是重力加速度,为 9.81 m/s^2;y 是环节在水平参考面上的高度;v_x,v_y 是环节重心的速度;I 是环节绕其质心的转动惯量;ω 是环节的角速度。

　　整个身体的总机械能等于各环节机械能之和。

　　人体总机械能:

$$E_{tb} = \sum_{s=1}^{s} E_{tme,s} \tag{6.18}$$

式中,s 是所使用人体模型环节的数目;$E_{tme,s}$ 是某一环节的总机械能。各个研究当中的环节数目是不同的,这依赖于所要研究的运动和是否将系统考虑为双侧对称。例如,Winter 和他的同事(1976)将头、臂、躯干抽象为单环节模型,并使用这三个环节来研究人体行走当中所做的功。Martindale 和 Robertson(1984)在研究划船动作(水上划船测功计)时使用了 6 环节的双边对称模型。Williams 和 Cavanagh(1983)使用了 12 环节的人体模型来分析跑步,Norman 及其同事(1985)用来分析越野滑雪。针对某些极端情况,只进行两三个环节的量化(Caldwell 和 Forrester，1992)。

例 6.3

计算质量为 18 kg 的大腿的机械能，其线速度为 8.00 m/s，转动速度为 20.00 rad/s，重心高 1.20 m，转动惯量为 0.50 kg·m。答案见 386 页 6.3。

这种计算能量的方法相对较为简单，因为只需要身体环节的测量学参数和运动学数据，所以此种计算存在一些缺陷。原理上，计算外功时只需要测量运动过程的能量变化。换句话说，外功可定义为

$$W_{\text{external}} = \sum_{n=1}^{N} \Delta E_{\text{tb},n} = E_{\text{tb},N} - E_{\text{tb},1} \tag{6.19}$$

式中，N 是对运动数据进行采样的帧数；$E_{\text{tb},n}$ 是人体在第 n 帧时刻的总机械能（所有环节机械能之和）。注意只需要计算运动前后的能量，来获得对人体所做的外功，因为所有的中间过程相互抵消。

这种测量方法很有用，当人体的高度、线速度或者角速度增加时，如果它的速度为常数或者在平面上运动，外功为零。另外，测量周期性运动当中的同一点，高度、线速度及角速度均没有变化，因此它的动能和势能也没有变化。这称之为零功悖论(Aleshinsky，1986a)，因为没有外功作用（除了流动摩擦力），内功维持四肢的周期性运动（关于此悖论的更多讨论见随后的机械效率部分）。很明显，一个人既能够采用一种有效的方法，也能够采用很多低效的、消耗更多的化学能和机械能的方法运动一段距离。例如，一个人能够以正常的方式行走10 m，也能够以左右跳跃方式完成同样的距离。很明显后一种方法将会浪费更多的能量。但如果这个人以相同的速度到达终点，两种情况下的外功是一样的。

Norman 和他的同事在 1976 年提出了计算虚功的方法，随后，这种方法由 Winter (1979a，b)做了修正，并用来计算运动当中的内功。他们假定人体机械能的任何变化都需要机械功来完成，了解这些机械能的变化可以计算总机械功和内功。实际上，内功的计算是通过总功减去外功获得的，总功等于总机械能变化的绝对值。

$$W_{\text{total}} = \sum_{n=1}^{N} |\Delta E_{\text{tb},n}| \tag{6.20}$$

内功等于总功减去外功：

$$W_{\text{internal}} = W_{\text{total}} - W_{\text{external}} \tag{6.21}$$

一些研究者采用这种方法研究了很多运动，包括平地行走(Winter，1979a)、跑步机上行走(Pierrynowski 等，1980)、负重(Pierrynowski 等，1981)、划船(Martindale 和 Robertson，1984)以及越野滑雪(Norman 等，1985；Norman 和 Komi，1987)等。

Aleshinsky(1986b)对这种方法提出了异议，认为在测量总功时它不够精确，因此由此计算的内功也不精确。这种方法称为绝对能量法或者机械能法，它假定任意一时刻环节能量的增加或减少都会减少总的机械能消耗。Williams 和 Cavanagh(1983)试图对能量的流动进行修正，只允许能量在相邻环节之间传递，但 Winter 和 Robertson(1979)对此概念进行

了反驳，发现踝关节产生的一部分能量能够从脚转移到小腿、大腿，甚至躯干。Wells(1988)证实了做功及人体内的能量传递可以用来预测单关节和双关节肌的补充模式。双关节肌的激活将会减少肌力水平，基于此，这种算法将各关节处的净力矩分解为单关节和双关节肌。

　　总之，通过机械能变化算得的总功和内功能够用来估算机械功。在没有更加精确的方法时，这种方法是可行的。一种更好的，受到 Elftman（1939a），Robertson 和 Winter（1980），Aleshinsky（1986a），van Ingen Schenau 和 Cavanagh（1990）等人支持的方法是逆向动力学法。计算每个关节的净关节力矩，用它们来计算功。

逆动力学法

　　对人体的做功可以通过机械能的变化量或者施加在人体上的力和力矩来测量，因此存在另一种计算外功、内功及总功的方法。逆动力学可以计算由 n 个链组成的刚体系统中每一环节处的净力及净力矩。这一部分将会详细讲述怎样通过逆动力学分析来计算身体的总功。

　　净力和净力矩的计算见第五章。如果假定人体可变形且在关节处存在摩擦，那么这些关节处的净力用来抵抗摩擦力，此净力产生的能量可以被弹性软组织以弹性势能的方式储存或释放。而皮肤等软组织的能量很难被量化，因此这部分能量通常被忽略或者包含在其他能量来源中，如净力矩。（散热器可以耗散或者存储能量，可能返还也可能不返还能量的结构。）肌肉离心收缩时导致系统机械能减少，可看作是该种结构。韧带、骨骼、滑囊和软骨也会起到散热器的作用。能量源是指能够供给和储存能量的结构。肌肉是人体最主要的供能组织。弹性结构既是能量源也可耗散能量。它们发生形变时（拉长或收缩）吸收能量，形变力撤销后释放能量（但是，在此过程中一部弹性势能会以热能形式耗散掉）。

　　大多数研究者将人体看作关节处无摩擦的刚体链状系统。这些假设在计算机械功时可能会忽略掉净力的影响，净力作用会对人体的总功、外功或者内功产生影响。只有施加在关节处的力矩和施加在人体上的外力能够做功。Aleshinsky（1986a）对此现象进行了较为透彻的解释。下面将会讨论基于净力和净力矩计算功的方程，同时还会将两种方法（机械能和逆动力学）结合来讨论，以更好地理解能量是怎样在人体内产生、转移和损耗的。首先，采用环节法了解机械能的转移及使用；然后，采用关节分析来描述各关节处力矩的作用，以及各关节净力传递能量的概念；之后，讨论计算身体总功率的方法；最后，讨论两种方法之间的关系以及存在的差异。

▶ 参考文献

Winter, D. A. 1976. Analysis of instantaneous energy of normal gait. *Journal of Biomechanics* 9：253 - 7.

　　该文献讲述了怎样通过环节链运动即能量类型的量化来确定机械能的守恒。该文对平地行走时的下肢环节进行了二维（矢状面）研究。计算了小腿、大腿、躯干的势能，平动动能，转动动能以及总能量，并按前述的方法计算人体的总能量。人体总能量的计算前提条件是把躯干、头、上肢作为一个环节，下肢的运动是对称的，一侧的运动可由另一侧运动的时相偏移获得。

　　该研究得出了关于行走中几个重要的结论。例如，研究结果表明常速行走时转动动能因为较小可以被忽略。更重要的是，Winter 认为，在大腿环节中，平动动能相比其他形式能量来说,更能反映大腿的机械能[见图 6.5(a)],在小腿处,这一特点更为突出[见图 6.5(b)]。相反,躯干的平动动能和势能变化较小。

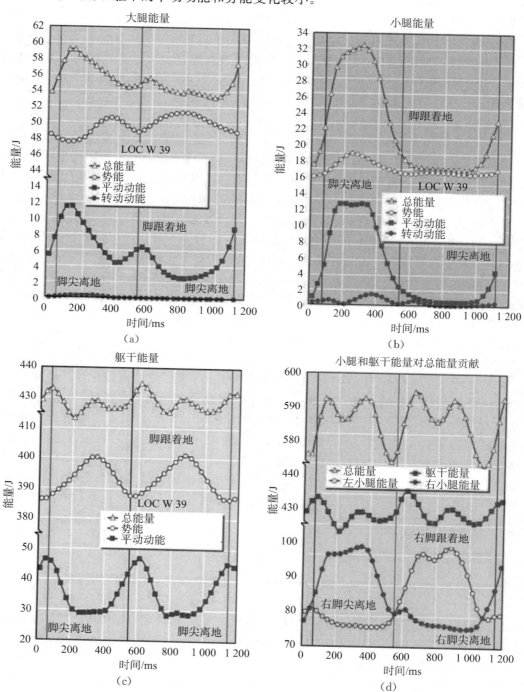

图 6.5　行走当中(a)大腿、(b)小腿、(c)躯干、(d)下肢的能量变化

引自 Journal of Biomechanics, Vol. 9, D. A. Winter, "Analysis of instantaneous energy of normal gait," pgs. 253 – 257, copyright 1976, with permission of Elsevier.

Winter 认为小腿环节无法保持能量守恒，是因为动能和势能的增加或减少是同步的。因此，没有像钟摆运动那样在两种能量形式之间进行能量交换。相反，大腿[见图 6.5(a)]和躯干[见图 6.5(c)]的势能和动能变化不同步，一种能量增加的同时，另一种能量减少。这种现象减少了机械功的消耗，也说明了两个环节之间的能量守恒。Winter 还发现能量守恒不仅能够在单侧下肢保持，也有可能发生在两侧，一侧下肢总能量下降的同时另一侧增加。尽管这些数据不能证明两侧能量守恒，但它支持了这种可能性的存在。该研究中，采用的机械能法不能确定环节间是否能量守恒，也无法区分跨过每个环节的肌肉是因为离心收缩还是向心收缩引起了能量的增加或者减少。随后将会介绍确定临近环节间做功的逆动力学方法，它更加精确。

环节功率分析

环节能量分析仅需要环节的运动学和惯性参数。逆动力学法计算关节处力矩做功则要求更多、更加复杂的信息，其中包括直接作用在环节上力的作用时间。例如，为了计算踝关节支撑期的做功，需要测量作用在脚上的地面反作用力（Robertson 和 Winter，1980；Williams 和 Cavanagh，1983），因此需要步态实验室的测力台。而在摆动期，则不需要，因为没有外力作用在脚上。很多研究采用该种方法研究了跑步与短跑运动（Caldwell 和 Forrester，1992；Chapman 等，1987）。

下面的方程描述了怎样由与人体相连接的环节的净力和力矩来计算传递到一个环节的功率。

力的功率：

$$P_F = \boldsymbol{F} \cdot \boldsymbol{v} = F_x v_x + F_y v_y \tag{6.22}$$

力矩的功率：

$$P_M = M_j \boldsymbol{\omega}_j \tag{6.23}$$

总功率：

$$P_S = \sum_{j=1}^{J} (P_{F_j} + P_{M_j}) \tag{6.24}$$

式中，J 表示环节数或者其他直接与环节相连的结构。例如，单脚与小腿存在一个连接，前臂有两个（腕和肘），而躯干可以由两个（两侧大腿）、四个（两侧大腿和肩膀）或者五个（两侧大腿、肩膀和颈）连接，这取决于所建立的模型。如果发生相对运动（如滑动，变形或电梯、升降机、跳水版、脚踏板的运动），脚可从通过接触面获得或者失去能量。这些情况下，脚有两个能量来源。大多数运动为单一连接。

逆动力学的另一个优点是可以通过环节机械能的变化率来测量转移到环节上的能量。这种等效关系来自功能关系，有时也称为能量平衡或者功率平衡，用于核查环节刚体模型和外力以及同步的影像学数据的有效性（Robertson 和 Winter，1980），也可用于间接测量支撑期脚的形变能（Robertson 等，1997，Winter，1996）。下面的方程表示了这些关系。

机械能变化率：

$$P_E = \frac{dE_{tme}}{dt} \approx \frac{\Delta E_{tme}}{\Delta t} \tag{6.25}$$

向环节传递的功率：

$$P_S = \sum_{j=1}^{J} (P_{F_j} + P_{M_j})$$

(6.26)

功率平衡：

$$P_E = P_S$$

(6.27)

式中，E_{tme} 是环节的总机械能；P_F 和 P_M 是力和力矩各自所做的功；J 是连接环节的关节数目。

关节功率分析

关节功率分析是环节功率分析的简化。它用来阐释关节处净力和净力矩引起的能量流动。净力的功率计算同环节能量分析中的方法一样。而净力矩功率的计算则要求关节的相对角速度(ω_j)而不是环节的角速度。换句话说，净力矩的功率，也称为力矩功率，是净力矩与组成关节的相邻两环节角速度差异($\omega_p - \omega_d$)的乘积。

力的功率：

$$P_F = \mathbf{F} \cdot \mathbf{v} = F_x v_x + F_y v_y$$

(6.28)

力矩的功率：

$$P_M = M_j \omega_j = M_j (\omega_p - \omega_d)$$

(6.29)

参考文献

Robertson, D. G. E., and D. A. Winter. 1980. Mechanical energygeneration, absorption and transfer amongst segments duringwalking. Journal of Biomechanics 13：845 - 54.

该研究有两个目的，证实逆动力学的有效性以及怎样采用该方法来研究行走中下肢环节间的能量传递。第一个目的可以用功能关系来说明，更确切地说是它的派生式。刚体的瞬时功率等于单位时间内作用在人体上的力和力矩所做的功。计算人体的瞬时功率需要知道人体的运动学参数，即它的线速度、角速度以及在水平参考面(通常为地面)上的高度。前文已经介绍了平动动能、转动动能、重力势能的计算方法。将这些能量相加即得到总的机械能，然后对时间求导得到人体的即时功率。对环节也可以按此进行计算。该方法计算的功率不受所测得的地面反作用力以及与运动同步的外力数据影响，与逆向动力学相比更加精确(见第五章)。

理论上，人体的即时功率等于作用在人体上所有的力和力矩产生的功率。因为力和力矩产生功率易受测量误差以及同步的外力(如地面反作用力)影响，因此想要说明环节功率的两种计算方法一致，逆动力学法的精确性还有待证明。

作者发现行走时下肢三环节除承重初期和蹬地末期的足环节外，其他环节的计算结果一致，并进一步推断足环节的不一致可能是由于运动学数据和 GRFs 数据的时空同步性较差造成的。之后，Siegel 及其同事(1996)认为这种差异是由于人体刚体的假设造成的。他们发现如果将足看作可变形体，采用三维运动分析由力和力矩计算的瞬时功率和总功率明显偏小，Winter 也支持这一说法。Robertson 及其同事(1997)提出在跖趾关节处将足分开，看作两个环节,这样会缩小计算差异。

Robertson 和 Winter(1980)的第二个目的在于怎样将两种功率测量方法用于理解作用在环节上的力和力矩向环节提供的能量。表 6.1 列出了作用在关节处的力矩在相邻环节间转移、提供、耗散能量的各种方法。作者发现每个力矩都能够同时转移,产生或者消耗(吸收)能量,这取决于相邻环节和关节的角速度。作者还证实了施加在关节处的力矩对环节间能量转移的重要性。这部分转移的能量要多于离心和向心收缩产生和消耗的能量。后者肌肉的作用(主动做功和被动做功)被看作是力矩和肌肉的特有功能(Donelan 等,2002)。这个研究还显示在环节间的能量转移中,肌肉和力矩同样重要,共同来保持能量守恒以及减少运动的生理消耗。

表 6.1 作用在关节处的力和力矩向关节转移、提供、耗散能量

动作描述	收缩方式	环节初始速度方向	肌肉功能	功率的类型、大小及方向
两环节运动方向相反				
a. 关节角度减小	向心收缩	ω_1 M ω_2	释放机械能	$M\omega_1$ 由环节 1 释放 $M\omega_2$ 由环节 2 释放
b. 关节角度增加	离心收缩	ω_1 M ω_2	吸收机械能	$M\omega_1$ 由环节 1 吸收 $M\omega_2$ 由环节 2 吸收
两环节运动方向相同				
a. 关节角度减小(e. g.,$\omega_1 > \omega_2$)	向心收缩	ω_1 M ω_2	释放和传递机械能	$M(\omega_1 - \omega_2)$ 由环节 1 释放 $M\omega_2$ 由环节 2 转移到环节 1
b. 关节角度增加(e. g.,$\omega_2 > \omega_1$)	离心收缩	ω_1 M ω_2	吸收和传递机械能	$M(\omega_2 - \omega_1)$ 由环节 2 吸收 $M\omega_1$ 由环节 2 转移到环节 1
c. 关节角度不变($\omega_1 = \omega_2$)	等速运动(动态)	ω_1 M ω_2	传递机械能	$M\omega_2$ 由环节 2 转移到环节 1
一环节固定(例:环节 1)				
a. 关节角度减小($\omega_1 = 0$,$\omega_2 > 0$)	向心收缩	M ω_2	释放机械能	$M\omega_2$ 由环节 2 释放
b. 关节角度增加($\omega_1 = 0$,$\omega_2 < 0$)	离心收缩	M ω_2	吸收机械能	$M\omega$ 由环节 2 吸收

（续表）

动作描述	收缩方式	环节初始速度方向	肌肉功能	功率的类型、大小及方向
c. 关节角度不变 $(\omega_1 = \omega_2 = 0)$	等速运动（静态）	M	无机械能产生	零

引自 Journal of Biomechanics, *Vol. 13*, *D. G. E. Robertson and D. A. Winter*, "*Mechanical energy generation, absorption and transfer amongst segments during walking*," *pgs. 845 – 854, copyright 1980, with permission of Elsevier.*

这种方法经常用于分析各种运动，包括走路（Winter，1991）、慢跑（Winter 和 White，1983）、竞走（White 和 Winter，1985）、赛跑（Elftman，1940）、短跑（Lemaire 和 Robertson，1989）、跳（Robertson 和 Fleming，1987）、踢（Robertson 和 Mosher，1985）、溜冰（De Boer 等，1987）和骑车（van Ingen Schenau 等，1990）。

一般而言，功率曲线与净力矩曲线以及关节的角速度或者位移同步。图 6.6 是这种数据

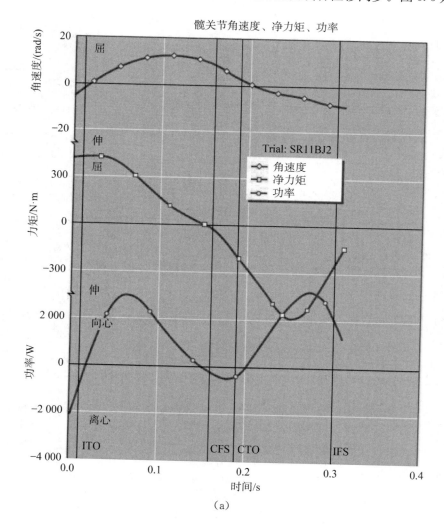

（a）

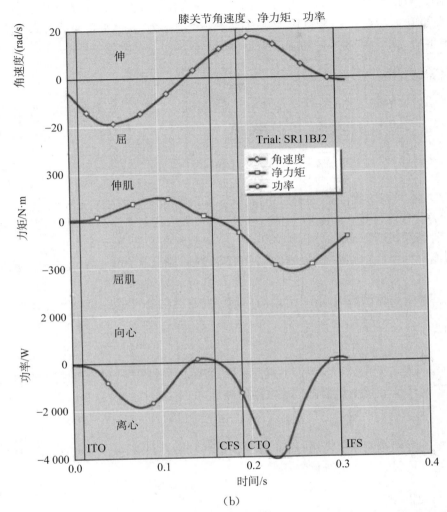

图 6.6　高水平短跑运动员以 12 m/s 的速度冲刺时摆动期(ITO 至 IFS 段)(a)髋和(b)膝关
节的角速度、净力矩和功率。图中所示为身体同侧的数据,ITO 为同侧脚尖离地,
IFS 为同侧脚跟触地,CTO 为对侧脚尖离地,CFS 为对侧脚跟触地

的典型代表。图 6.6(a)显示的是一名高水平短跑运动员髋关节力矩的功率,注意顶端是关
节屈或者伸时的角速度曲线。髋关节屈时角速度为正值,伸时为负值。角速度屈曲峰值接
近 15 rad/s,或者约为 860°/s,这个值明显大于在等动测试仪如 KinCom,Biodex 或者 Cybex
上测得的值(通常限制在 360°/s 范围内)。

　　净力矩曲线表明了净力矩的方向。例如,髋关节力矩为正表明屈力矩,而力矩为负为伸
力矩。力矩的方向(屈或者伸)取决于所要分析的关节以及受试者的面向。如果受试者面向
一侧,在身体右侧沿内外侧轴的正力矩表示髋关节屈曲,膝关节伸展,踝关节背屈;反之
为负。

　　功率曲线是另外两条曲线的乘积,表示了何时做正功,何时做负功。正功也称为向心做
功,是功率为正值时所做的功,如 0.01 s 和 0.16 s 时刻的髋关节功率。通过它上面的力矩曲

线,可以确定力矩(伸或者屈)何时产生功率。功率曲线下的面积决定了做功的多少。相反,当功率为负值时,如在 0.01 s 和 0.13 s 时的膝关节功率为负值,此时伸力矩做功,为离心做功或者做负功。很多作者采用功率来确定自行车运动中不同阶段的顺序。

人体总功和功率

人体总功等于外功或作用于人体所有力矩做功的总和。力矩所做的功,如前所述,等于关节力矩与关节角速度的乘积。方程形式如下:

$$W_{tb} = \int_0^T \sum_{j=1}^J P_j \, dt \approx \sum_{n=1}^N \sum_{j=1}^J P_{n,j} \Delta t \tag{6.30}$$

式中,J 是人体关节的数目;N 是时间间隔;$P_{n,j}$ 是第 j 个净力矩在时刻 n 的瞬时功率。该关系式假定没有外力对人体做功(电梯、自动扶梯、跳水板、汽车、自行车),关节处不会因摩擦、压缩、骨骼系统变形而造成能量损失。上述情形所产生的力会消耗能量,从而减少人体的总机械能。如果假定骨骼系统为刚体,关节无摩擦,则只有力矩会引起总机械能的增加或者减少。

要得到整个人体的瞬时功率,可以简单地将所有关节某时刻的功率相加即可,见下式:

$$P_{tb} = \sum_{j=1}^J \int_0^T M_j \omega_j \, dt \approx \sum_{j=1}^J \sum_{n=1}^N M_{j,n} \omega_{j,n} \Delta t \tag{6.31}$$

Cappozzo 及其同事(1975,1976)最早采用这种方法计算整个人体的机械功和功率。他们还对比了与环节能量变化测试方法之间的差异,如下:

$$W_{tb} = \Delta E_{tme} \tag{6.32}$$

对数据进行相对原始平滑后,研究者发现这两种方法结果一致。存在的差异是由数据的收集误差以及假定人体为刚体造成的。

各方法之间的关系

环节法和逆动力学方法是两种不同计算人体功和功率的产生及其分配的方法。它们之间存在一定的关系,因为功能关系式表明人体或者环节能量的变化是由于对人体或者环节的做功引起的,即 $W = \Delta E$。人体或者环节的功率等于其各自的总能量变化,见下式:

$$P = \Delta E / \Delta t \tag{6.33}$$

等式两边的量由上述两种方法来决定。表 6.2 给出了一个简单的四环节人体模型等式的展开式。注意功率 P 由各环节相应的力($P_F = \boldsymbol{F} \cdot \boldsymbol{v}$)和力矩($P_M = M\omega$)所代替。该模型假定受试者的动作是双侧对称的。头、臂和躯干一起组成一个环节,即由躯干所替代。

注意当所有环节的功率($P_F = \boldsymbol{F} \cdot \boldsymbol{v}$)相加时,$\boldsymbol{F} \cdot \boldsymbol{v}$ 项都被消除,而 $M\omega$ 项则被保留。这是因为假定在关节处没有因摩擦力或者关节软骨的压缩造成能量损失,即关节力对环节不做功。关节力可将能量由一个环节转移至另一环节,但不会改变人体的总机械能。只有对关节的力矩会改变人体的总能量,使其减少或者增加。最后一个方程定义了关节力矩影响人体能量的比率(如功率),对应前面讲到的总功率的计算方法。

表 6.2　环节和人体四环节模型的总功率

关节	踝关节	膝关节	髋关节	总和
足	$+\boldsymbol{F}_{\text{ankle}} \cdot \boldsymbol{v}_{\text{ankle}} + M_{\text{ankle}}\omega_{\text{foot}}$			$\dfrac{\Delta E_{\text{foot}}}{\Delta t}$
小腿	$-\boldsymbol{F}_{\text{ankle}} \cdot \boldsymbol{v}_{\text{ankle}} - M_{\text{ankle}}\omega_{\text{leg}}$	$+\boldsymbol{F}_{\text{knee}} \cdot \boldsymbol{v}_{\text{knee}} + M_{\text{knee}}\omega_{\text{leg}}$		$\dfrac{\Delta E_{\text{leg}}}{\Delta t}$
大腿		$-\boldsymbol{F}_{\text{knee}} \cdot \boldsymbol{v}_{\text{knee}} - M_{\text{knee}}\omega_{\text{thigh}}$	$+\boldsymbol{F}_{\text{hip}} \cdot \boldsymbol{v}_{\text{hip}} + M_{\text{hip}}\omega_{\text{thigh}}$	$\dfrac{\Delta E_{\text{thigh}}}{\Delta t}$
躯干			$-\boldsymbol{F}_{\text{hip}} \cdot \boldsymbol{v}_{\text{hip}} - M_{\text{hip}}\omega_{\text{trunk}}$	$\dfrac{\Delta E_{\text{trunk}}}{\Delta t}$
总和	$M_{\text{ankle}}(\omega_{\text{foot}} - \omega_{\text{leg}})$ 或 $M_{\text{ankle}}\omega_{\text{ankle}}$	$M_{\text{knee}}(\omega_{\text{leg}} - \omega_{\text{thigh}})$ 或 $+ M_{\text{knee}}\omega_{\text{knee}}$	$M_{\text{hip}}(\omega_{\text{thigh}} - \omega_{\text{trunk}})$ 或 $+ M_{\text{hip}}\omega_{\text{hip}}$	$\dfrac{\Delta E_{\text{total}}}{\Delta t}$

说明：F_{ankle} 为足受到的净踝关节力；F_{knee} 为小腿受到的膝关节净力矩；F_{hip} 为大腿受到的髋关节净力矩；v_{ankle} 为踝关节速度；v_{knee} 为膝关节速度；v_{hip} 为髋关节速度；M_{ankle} 为足受到的净踝关节力矩；M_{knee} 为小腿受到的净膝关节力矩；M_{hip} 为大腿受到的髋关节净力矩；ω_{foot} 为足的角速度；ω_{leg} 为小腿的角速度；ω_{thigh} 为大腿的角速度；ω_{trunk} 为躯干角速度；ΔE_{foot} 为足总机械能改变量；ΔE_{leg} 为小腿总机械能改变量；ΔE_{thigh} 为大腿总机械能改变量；ΔE_{trunk} 为躯干总机械能改变量；ΔE_{total} 为身体总机械能改变量；Δt 为持续时间；ω_{ankle} 为踝关节角速度；ω_{knee} 为膝关节角速度；ω_{hip} 为髋关节角速度

机械效率

一般来说，机械效率定义为系统做功与系统能量消耗的比或者输出功率与输入功率的比，即

$$\text{ME} = 100\% \times \frac{W_{\text{output}}}{W_{\text{input}}} = 100\% \times \frac{P_{\text{output}}}{P_{\text{input}}} \tag{6.34}$$

机械或者电系统的输入和输出功、功率的测量相对较简单。例如，一台电机的输入消耗可以通过燃料或者电的使用量测量。而输出功和功率的测量则要复杂得多，取决于使用什么类型的发动机，可通过测量有用功得知。当然，没有任何发动机的效率可以达到 100%，总会有一些能量通过系统的摩擦生热、黏滞阻尼或者机械摩擦浪费掉。典型的机械系统其机械效率一般低于 40% 而高于 30%，电系统也很少有高于 40% 的。

对于生物系统而言，机械效率通常定义为机械做功与所消耗生理能的比值乘以 100%（Cavagna 和 Kaneko，1977；Williams，1985；Zarrugh，1981）。一般而言，机械功被认为是人体对外界环境所做的外功。这与之前的定义一致。然而，最近这个功定义为人体所做的总功，换句话说，即外功与内功之和。这个概念在之前的章节已经进行了定义，对其重新进行定义是由于零功悖论。

当人体或者机械在水平面上匀速运动时（行走、跑步、划桨、爬行或者其他运动），存在零功悖论。输入可以通过运动的能量消耗进行测量，对人体而言，为三磷酸腺苷或者磷酸肌酸，或者人体活动时间的氧消耗量。这些情形下，机械做功为零，因为人体的机械能没有变化。人体沿同一水平面运动，重力势能没有变化；运动速度保持不变，动能也没有变化（由于此处忽略摩擦消耗的能量）。

很显然，人体（或者机器）能够高效或者以较低效率移动一段距离。例如某人以自选速度沿直线由 A 点移动到 B 点，或者以漫步的方式逐步跳跃前进，或者由于使用了假肢或者存在神经障碍以晃动的方式移动。不管以哪种方式，只要起始、到达的速度一致，对于外功的测量，我们不能说做机械功。

当然，生理消耗可以反映出一项运动任务当中各种反常、低效的运动。因此，最有效的步态类型应该是能耗最少的，也有可能是如前示例所述的自选方式。但是生理学测量不能告诉研究者究竟哪里效率较低。为了解决这个问题，很多研究者将内功纳入计算，因此机械效率定义为

$$ME = 100\% \times (外功 + 内功) \div (生理能消耗量) \tag{6.35}$$

式中，分子（外功加上内功）也称为总机械功，可通过净力功率对时间的积分或者将人体总机械能相加进行估算。这些测量除了可以评价各运动类型的效率，帮助了解机械能的来源及耗散，也可用来了解究竟哪里效率较低。

尽管这种计算机械能的方法不够完美，但它提供了一种非常有价值的视角来让我们更好地理解人类是如何进行活动的。然而，生物系统当中量化机械效率的其他困难在于怎样正确地计算生理消耗。因为量化完成一项活动所需的生物能是很困难的。生理学、运动生物力学工作者采用间接测热法来估算能量消耗。这种方法假定氧消耗与能量消耗是等效的。这种方法通常用于研究次最大强度的运动，而超过无氧阈强度的运动会导致乳酸的堆积和氧债的发生。氧债是人体重新恢复到平衡状态所需的氧消耗量。运动当中的这部分生理消耗必须予以考虑，但如果氧耗测试在运动结束时即停止，则会忽略掉这部分能量消耗。要想正确地评价生理消耗，研究者应该持续测量直到氧债偿还后。其中的困难在于怎样确定重新达到平衡状态的时刻和平衡持续时间。氧债的产生相当迅速，而恢复则很慢，高强度身体活动后的恢复需要数小时。这就使得数据的收集花费较高，同时也会限制每天参与测试的人数。

是否将所有的氧消耗量都看作是一项活动的生理消耗是另一个需要考虑的问题。其中一部分氧消耗是用于维持能量，即维持非肌肉组织功能所需的能量（见图 6.1）。这部分能量可以通过基础代谢率（BMR）测得，它是维持生命机能的代谢消耗。科学、可靠地测量 BMR，必须遵守下述原则：

（1）要求受试者禁食 14～18 小时。

（2）要求受试者在安静睡眠后，平躺保持清醒状态接受测试。

（3）要求受试者在测试前 3 个小时内没有剧烈运动。

（4）要求受试者的体温保持在正常范围内，外周测试环境保持在常温。

很明显，这种测试比较困难且花费较高。一些研究者提出了一种更加合适的测试方法，即测试人体活动前静止状态的氧耗。对大多数活动而言，就是指站立时的消耗。因此，为了计算行走时的生理消耗，首先要先测量站立时的氧耗，然后从行走时测定的氧耗减去该值。尽管这种方法对有些项目而言较为合适，但它不是典型的评价机械系统的方法。采取何种测试方法是合适的以及所计算效率的精确性取决于研究者。

小结

本章详细讲述了人体平面运动的机械能、功、功率的测量和计算方法。计算人体总功的

方法包括对环节的做功以及力和力矩对每个关节的做功。本章还给出了运动生物力学工作者最常用到的工具——关节功率分析,告诉研究者能量在哪里产生,在人体内部如何传递,在哪里消耗。这种分析要用到逆动力学,但它同时也可以提供更加重要的信息,即作用在各关节处的力矩对肌骨系统的能量做出怎样的贡献。第七章将会讲述处理三维运动的额外信息。值得庆幸的是,将平面运动一些原则拓展到三维运动并不复杂。

参考文献

van Ingen Schenau, G. J. , and P. R. Cavanagh. 1990. Power equations in endurance sports. Journal of Biomechanics 23:865 - 81.

该调查研究试图说明功率方程对各种耐力活动的适用性。作者列出了一些研究运功能耗的方法。他们所关注的不仅仅是运动的生物力学消耗,还考虑了生理学消耗。作者指出在考虑代谢功率输入和机械功率输出的关系时,仍然没有一种被完全认可的精确方法,但他们给出了现阶段最有效的方法。该文综合了对跑步、骑车、速度滑冰、游泳和赛艇等运动的能量学研究。

这是一篇基于牛顿力学怎样导出人体运动机械输出的优秀综述。通过将作用在人体的所有外力合在一起,作者推导出了运动当中功率输出的表达式。该表达式表示了所有关节的功率之和等于环节机械能的变化量减去通过外力向外界转移的能量,即

$$\sum M_j \omega_j = \frac{\mathrm{d}\sum E_{\mathrm{tme}}}{\mathrm{d}t} - \sum (\boldsymbol{F}_{\mathrm{external}} \times \boldsymbol{v}_{\mathrm{external}}) \qquad (6.36)$$

式中,M_j 是作用于各关节的净力矩;ω_j 是关节的角速度;E_{tme} 是环节的总能量;$\boldsymbol{F}_{\mathrm{external}}$ 是作用于人体的外力;$\boldsymbol{v}_{\mathrm{external}}$ 是外力作用点的速度。存在外力矩时,外力矩功率加到功率方程的右侧,例如自行车手抓车把,但是这种类型的力很难在运动生物力学当中遇到。

推荐阅读文献

• Alexander, R. M. , and G. Goldspink. 1977. *Mechanics and Energetics of Animal Locomotion.* London: Chapman & Hall.
• Cappozzo, A. , F. Figura, M. Marchetti, and A. Pedotti. 1976. The interplay of muscular and external forces in human ambulation. *Journal of Biomechanics* 9:35 - 43.
• van Ingen Schenau, G. J. , and Cavanagh, P. R. 1990. Power equations in endurance sports. *Journal of Biomechanics* 23:865 - 81.
• Winter, D. A. 1987. *The Biomechanics and Motor Control of Human Gait.* Waterloo, ON: Waterloo Biomechanics.
• Winter, D. A. 2009. *Biomechanics and Motor Control of Human Movement.* 4th ed. Toronto: Wiley.
• Zajak, F. E. , R. R. Neptune, and S. A. Kautz. 2002. Biomechanics and muscle coordination of human walking Part I: Introduction to concepts, power transfer, dynamics and simulations. *Gait and Posture* 16:215 - 32.

第七章 三维动力学

W. Scott Selbie，Joseph Hamill，and Thomas M. Kepple

动力学是研究产生物体运动的力和力矩的一门科学。正如沃恩和他的同事(1996)所说，协调运动是肌肉激活的结果。同时，作用在关节处的肌肉张力使身体与环境之间产生相互作用，才产生了我们观察到的运动学变化。因此，动力学的主要任务就是探索人类运动的基本机制。

本章我们将介绍三维动力学的方法。就像三维运动学分析那样，二维力和力矩的多平面视图不能称为三维分析。学习本章之前，读者应该熟悉在附录 D 和 E 中介绍的向量和矩阵的原理及在第二章中提出的坐标系之间矢量转换的过程（例如在全局坐标系和环节局部坐标系之间的转换）。

本章我们将介绍人体步态特别是下肢运动的三维动力学分析，分析是基于光学三维运动捕捉系统对成绩的记录。与之前一样，本章将第二章中描述的方法拓展和延伸在本章的三维动力学分析中。

在这一章，我们将介绍下列内容：
（1）延伸介绍第二章中的环节链模型；
（2）描述人体运动的牛顿-欧拉逆向动力学分析过程；
（3）强调三维关节力矩数据和潜在的误差来源的重要性；
（4）计算关节功率；
（5）通过诱导加速度分析和功率分析对三维关节力矩的数据进行解释与讨论。

Visual3D 教育版

VISUAL3D 教育版软件包含一个数据集，这个数据集是在人体全身贴上反光球时行走和跑步获得的，它可以帮助你进一步研究和理解本章介绍的分析类型。使用三维可视化教育版软件，通过在样本数据集中手动定义模型、信号和基本的信号处理，你可以试用所有专业的 Visual3D 软件的建模功能。下载软件请访问 http://textbooks.cmotion.com/researchmethodsinbiomechanics2e.php。

环节链模型

本章关于动力学的研究基于以下两个基本假设：

（1）人体的各解剖环节是刚体；

（2）用这些连接在一起的刚体组成的一个环节链模型来代表一个正在研究中的受试者。

环节应看作是由固定的局部坐标系（LCS）和人体测量参数构成的不确定尺寸的刚体，其中人体测量参数包括质量、质心位置和转动惯量。局部坐标系和人体测量参数是定义环节时所必需的。虽然我们经常测量人体的特性参数，如环节长度、环节半径和深度，但这些测量只适用于人体测量特性的评估而并非环节的固有特性。由于环节仅包含局部坐标系和惯性特质，因此可视其为在所有方向上无限延伸的没有确定边界的物体。

把环节的定义简化为一个惯性坐标系后，下一步需要根据一些实用的方法将这些环节连接成一个人体环节链模型。在这一章中，环节链模型通过如下方式使用关节连接各个环节，或允许环节间完全的平动和转动（因为关节处允许三轴转动和三种方向的平动故称之为六自由度模型），或者在关节处指定约束条件以限制环节在一个或多个自由度上平动或转动。为整体优化姿势评估算法，我们在第二章中介绍了这些基于约束的链模型。不管采用哪种连接方法，逆向动力学计算结果都是相同的，所以下面的方法适用于所有的姿势评估。

三维逆向动力学分析

在传统动力学中，给定一组初始条件和一组力作为输入参数，可以计算出物体的运动情况。在生物力学中，这个过程称为正向动力学。球的飞行运动（抛射运动）和钟摆运动的计算就是正向动力学的两个简单例子。在这两种情况下，把重力作为唯一输入的外力，即可计算其最终的运动。

在生物力学中，我们经常沿另一个方向计算，也就是说，使用运动捕捉系统记录刚体的运动（通常是解剖环节），然后计算和观察与运动直接相关的力和力矩，这与传统的动力学相反，该过程称为逆向动力学。几种方法可用于逆向动力学的计算，在本章中提出的方法称为牛顿-欧拉方法。图7.1展示了一个有代表性的三维运动捕捉装置和测力台，这是典型的计算逆向动力学的实验室。

在深入研究三维逆向动力学的细节之前，应该注意逆向动力学问题求解的不确定性和它的局限性。图7.2是一个足部环节示意图，展示了所有的结构（软组织除外）产生的力矩和地面反作用力（GRF）。将足的姿势（被描述为一个刚性环节）和实验中记录的地面反作用力作为运动方程的输入参数。在三维逆向动力学分析中，刚体的运动有6个关于六自由度的运动方程（三个平移和三个旋转）。

如果要计算所有肌肉对某一环节的作用，很明显未知数比方程的数目多，其结果是没有确定的解。一个将未知数减少至六个的简单方法，是将作用于足部的所有的外力简化为一个单一的等效力和力偶，这个等效力和力偶是作用于人体的合力和合力偶，在本章中，逆向动力学方法则将所有的骨、肌肉和外力表示为一个由三部分组成的单一关节反作用力矢量和一个净关节力矩矢量（生物力学术语中称之为力偶）。

作用于解剖关节的所有肌肉在关节周围产生一个净力矩和作用在关节面的压缩载荷，使用本章的方法可以对净力矩进行计算，却无法计算出压缩载荷。在关节处计算的关节反作用力和压缩载荷是相互独立的，使用本章的方法无法计算出这个净压缩载荷（关节反作用

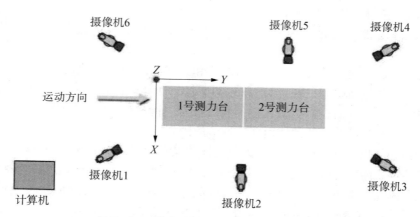

图 7.1　三维运动学分析中多机位典型装置

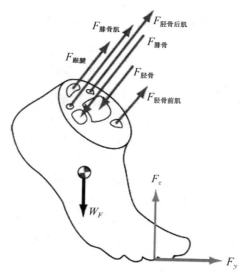

图 7.2　包含所有外力的足部自由体图

转载自 *Human Movement Science*，Vol. 15，C. L. Vaughan，"Are joint moments the holy grail of human gait analysis?" pgs. 423 - 443，copyright 1996，with permission of Elsevier。

力加上肌肉压缩载荷）。换句话说，关节的反作用力不是关节解剖面所受到的力。

如要计算任意环节的关节反作用力和净力矩，包括本章提到的下肢模型，首先要从运动的牛顿-欧拉方程开始讲解。

$$\sum \boldsymbol{F} = \frac{\mathrm{d}}{\mathrm{d}t}(m\boldsymbol{v}) = m\boldsymbol{a} \tag{7.1}$$

$$\sum M = \frac{\mathrm{d}}{\mathrm{d}t}(I\boldsymbol{\omega}) \tag{7.2}$$

方程 7.1（牛顿方程）指出作用于刚体的所有力的总和等于该物体的动量对于时间的变化率。方程 7.2（欧拉方程）指出作用于一个刚体的所有力矩的总和等于刚体的角动量对于时间的变化率。

图 7.3（a）所示的一个单链模型代表一个与测力台接触的足部自由体图（注意作用于足部的力已记录）。用来定义在足部近端环节的力和力矩的牛顿-欧拉方程可以表示为

$$\boldsymbol{F}_{a} = m_{f}(\boldsymbol{a}_{f} - \boldsymbol{g}) - \boldsymbol{F}_{grf} \tag{7.3}$$

$$\boldsymbol{\tau}_{a} = \frac{\mathrm{d}}{\mathrm{d}t}(I_{f}\boldsymbol{\omega}_{f}) + [\boldsymbol{r}_{a.f} \times m_{f}(\boldsymbol{a}_{f} - \boldsymbol{g})] - \boldsymbol{\tau}_{grf} - (\boldsymbol{r}_{a.grf} \times \boldsymbol{F}_{grf}) \tag{7.4}$$

式中，$\boldsymbol{F}_{a}$ 是足部近端的力（踝关节反作用力）；$\boldsymbol{\tau}_{a}$ 是足部近端的净力矩（踝净关节力矩）；$\boldsymbol{g} = (0，0，-9.81)$ 是重力矢量。这些方程的推导将在本章后面出现。逆向动力学的求解需要多个输入数据：环节的人体测量学参数，包括质量（m_{f}）、转动惯量（I_{f}）和重心位置 $\boldsymbol{r}_{a.f}$；运动

学参数,包括平动速度 v_f、平移加速度 a_f、角速度 ω_f 和角加速度 α_f;外部地面反作用力数据 $(F_{grf}, \tau_{grf}, r_{a.grf})$(见图 7.4)。

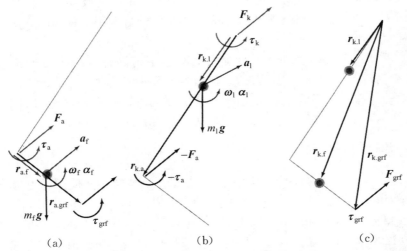

图 7.3　(a) 足部自由体图;(b) 小腿自由体图;(c) 与近端环节相关的三矢量示意图

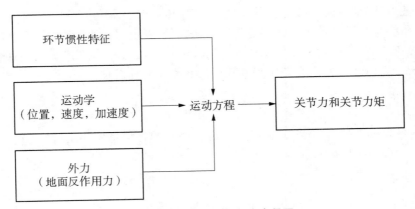

图 7.4　逆向动力学方法流程图

　　我们将运用运动捕捉数据,根据下肢多环节链模型,使用逆向动力学方法从足部环节开始对方程(7.1)和(7.2)进行求解。在本例中,将采取如下步骤进行求解,某些内容涉及前面几章:

　　(1) 定义环节的局部坐标系(LCS)(见第二章);

　　(2) 根据记录的运动捕捉数据评估模型的姿势(见第二章);

　　(3) 根据受试者自身的环节测量尺寸进行缩放,并找出环节惯性特征(见第四章);

　　(4) 根据评估的姿势来计算运动学参数(如角速度和角加速度,见第二章);

　　(5) 记录和展示作用于人体的外力;

　　(6) 计算关节反作用力、净关节力矩和关节功率。在本章中,生物力学模型由一堆刚性环节组成。

在本章中,生物力学模型为一组按照层级顺序连接在一起的刚性环节,环节的基本贡献之一是固定在环节内部的局部坐标系,按照运动学的说法,它完整地定义了一个环节。在第二章我们从具有解剖意义的运动捕捉数据中提出了一个定义下肢环节局部坐标系的方法。这里将不再回顾这个方法,但是本章的逆向动力学方程恰恰使用了相同的方法来定义足部、小腿和大腿环节的局部坐标系。

在第二章,我们也介绍了根据运动捕捉数据确定的局部坐标系进行姿势评估(位置和方向)的几种方法,我们不会回顾这些方法,仅仅指出不管使用哪种姿势估计算法,本章中介绍的逆向动力学的计算结果都是完全相同的,读者在学习本章之前应再复习一下第二章的内容,因为姿势评估和不同坐标系之间的转换是这里介绍的方法的基础。

确定环节惯性特征

本书第三章介绍了人体测量学,但是我们将总结一下本章中所使用的评价方法,因为它们与我们对环节的定义紧密相关。可以使用一系列不同的方法对环节测量进行评估,这些方法包括直接测量(Brooks 和 Jacobs,1975;Zatsiorsky 和 Seluyanov,1985)、来源于尸体解剖的回归方程(Chandler 等,1975;Clauser 等,1969;Dempster,1955)、来源于骨骼的回归方程(Vaughan 等,1992)以及环节的几何学表达(Hanavan,1964;Hatze,1980;Yeadon,1990a)。

所有这些方法就是评估,在适合的条件下均有其优点。研究人员应该根据实验假设所需要的研究精度和受试者数量来选择适当的方法。使用任何这些方程式都不会改变逆向动力学的计算。在本章介绍的下肢例子中,基于 Dempster(1955)的研究来定义每个环节的质量,基于 Hanavan(1964)的研究使用基本几何形状来定义转动惯量。

环节质量

本章中,根据邓普斯特(1955)的介绍,可以使用回归方程将环节质量(m_s)表示成受试者全部质量(m)的百分率(p_s)。

$$m_s = p_s M \tag{7.5}$$

本章中使用的下肢环节,各环节占人体质量的百分比如下:足部＝0.014 5,小腿＝0.046 5,大腿＝0.1。

环节质心

环节的质心是环节质量集中的那一点,当一个物体支撑在它的质心位置,则在该环节上没有净力矩,它将保持静力平衡状态。计算某一环节质心位置的方法有很多,这里介绍一种对任意环节普遍适用的基于物理原理的方法。找出某一个体受试者的质心位置,我们使用密度均匀(汉范纳,1964)的几何图元缩放受试者环节的长度来粗略估计环节的形状。这一几何方法的优点是我们可以定义任一环节(甚至任何物种),而并不仅仅是解剖学家认同的人体环节。

许多几何形状可适合于不同的环节,但为了简化模型,我们把下肢环节的模型简化为一个锥柱,可用三个参数来定义该形状:长度(L)、近端半径($R_{proximal}$)和远端半径(R_{distal})。该形状横截面均匀,故质心在通过环节近端和远端环节中心的直线向量上,位于局部坐标系中距离近端环节某一比例的位置 c,在默认的局部坐标系下,本章使用的从起点到质心的矢量表达式为

$$r' = \begin{bmatrix} 0 \\ 0 \\ -cL \end{bmatrix} \qquad (7.6)$$

注意:Z 是负值,因为 z 轴的方向定义为从环节远端到环节近端(见第二章),根据下面的方程 7.6 可以计算出 c 的值:

$$x = \frac{R_{\text{distal}}}{R_{\text{proximal}}} \qquad (7.7)$$

$$c = \frac{1 + 2x + 3x^2}{4(1 + x + x^2)}, \ R_{\text{distal}} < R_{\text{proximal}} \qquad (7.8)$$

$$c = 1 - \frac{1 + 2x + 3x^2}{4(1 + x + x^2)}, \ R_{\text{proximal}} < R_{\text{distal}} \qquad (7.9)$$

环节的转动惯量

转动惯量是给惯性矩定义的名称,与对直线运动来说的质量相类似。环节的转动惯量不仅与它的质量有关,而且还与整个环节的质量分布有关,因此,同一质量的两个环节可能具有不同的转动惯量。一个环节的旋转主轴一旦确定,转动惯量则是确定的(在本章的例子中,这些旋转轴特指环节局部坐标系的轴)。

本章中我们假定环节为一个锥柱(见图 7.5),圆锥的长轴与环节的主轴在同一直线上,环节的主轴从环节的远端点指向环节的近端点(z 轴),质量均匀分布于长轴周围。用下面的对角矩阵来表示局部坐标轴中的转动惯量张量 I':

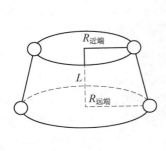

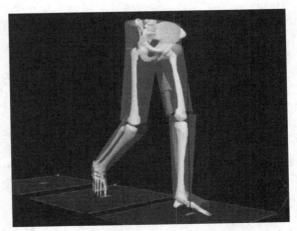

图 7.5　锥柱是圆锥截去上端后形成的,截面平行于圆锥的底面,右图显示的是重叠在骨骼上的几何展示图

$$I' = \begin{bmatrix} I'_{xx} & 0 & 0 \\ 0 & I'_{yy} & 0 \\ 0 & 0 & I'_{zz} \end{bmatrix} \tag{7.10}$$

惯性张量的力矩的对角线部分可以进行如下计算：

$$I'_{xx} = \frac{a_1 a_2 M^2}{\delta L} + b_1 b_2 M L^2 \tag{7.11}$$

$$I'_{yy} = \frac{a_1 a_2 M^2}{\delta L} + b_1 b_2 M L^2 \tag{7.12}$$

$$I'_{zz} = \frac{2 a_1 a_2 M^2}{\delta L} \tag{7.13}$$

其中，

$$\delta = \frac{3M}{L(R_{\text{proximal}}^2 + R_{\text{distal}} R_{\text{proximal}} + R_{\text{distal}}^2)\pi}$$

$$a_1 = \frac{9}{20\pi}$$

$$a_2 = \frac{(1+x+x^2+x^3+x^4)}{(1+x+x^2)^2}$$

$$b_1 = \frac{3}{80}$$

$$b_2 = \frac{(1+4x+10x^2+4x^3+x^4)}{(1+x+x^2)^2}$$

运动学计算

逆向动力学计算时需要输入每个环节的重心位置(r_s)、平动速度(v_s)、平移加速度(a_s)，角速度(ω_s)和角加速度(α_s)等运动学参数。平移时运动学参数是在全局坐标系(GCS)下环节质心的位置、速度和加速度。方程 7.6 表达了局部坐标系下环节质心的准确位置，其结果是：

$$r'_s = \begin{bmatrix} 0 \\ 0 \\ -C_s L_s \end{bmatrix} \tag{7.14}$$

注意，z 轴的方向是从环节远端指向环节近端，所以质心位置在从原点开始的 z 轴的负方向，我们可以使用旋转矩阵$R'_{s,t}$把在 t 时刻局部坐标系下的环节质心的已知位置(例如从环节近端的 J 关节开始)转换成为全局坐标系下的位置 $r_{s,t}$，在姿势评估时环节的原点计算如下：

$$r_{s,t} = R'_{s,t} r'_s + O_{s,t} \tag{7.15}$$

根据有限差分法使用 $t+1$，t，和 $t-1$ 三个时刻来计算质心的速度 $v_{s,t}$ 和加速度 $a_{s,t}$：

$$v_{s,t} = \frac{r_{s,t+1} - r_{s,t-1}}{2\Delta t} \tag{7.16}$$

$$a_{s,t} = \frac{r_{s,t+1} - 2r_{s,t} + r_{s,t-1}}{\Delta t^2} \tag{7.17}$$

在第二章中介绍的式(2.74)—式(2.76)中,在 t 时刻环节的角速度 $\omega_{s,t}$ 是由 $t-1$ 时刻的 $R_{s,t-1}$ 和 $t+1$ 时刻的 $R_{s,t+1}$ 两个旋转矩阵之间的转换计算得来的。t 时刻环节的角加速度可以使用有限差分法,根据 $t-1$ 时刻的 $\omega_{s,t-1}$ 和 $t+1$ 时刻的 $\omega_{s,t+1}$ 来进行计算。

外力的记录和表现方式

我们所展示的逆向动力学、生物力学模型由具有惯性参数的 LCS 定义的环节组成,并已经通过三维运动捕捉得到的数据估算出了环节位置,进而得到了运动学数据。肌肉的活动引起了身体环节间的相对转动,但是空间中整个身体的加速度要求身体与环境相互作用。

地面反作用力

在进行人体走跑运动的逆向动力学计算时,唯一重要的外力就是地面反作用力(GRF)。虽然它可以模拟步态中脚和地面的相互作用,但这超出了本章的研究范围。更重要的是,地面反作用力通常更简单也更容易记录这些外力。现代的运动捕捉系统在相应的采样频率下允许同步采集运动学和测力台的数据。

这里简单说明一下计算作用于刚性平台力的原则,但需要强调的是从测力台里记录的信号只允许计算一个力,这个信号则代表测力台坐标系的这个力(FCS)(见图 7.6)。在这个方法中,假定在任一瞬时只有一个环节(通常头一个脚)接触测力台。在某一时刻如果有两只脚与测力台接触,则这时逆向动力学计算无效。

用于生物力学实验室的测力台有许多类型和不同的生产商,不同类型测力台之间计算地面反作用力的信号存在差异。不管测力台记录数据的通道数有多少,该信号通道都可以融入以下 6 个相互独立的可用于计算在测力台坐标系中的地面反作用力的信号中,合力:

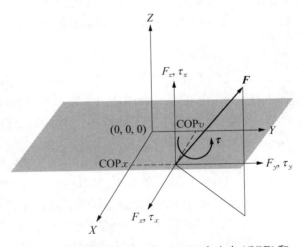

图 7.6 显示地面反作用力(F)、压力中心(COP)和自由力矩 τ 的测力台示意图

$$F' = (F'_x, F'_y, F'_z) \tag{7.18}$$

净力矩向量包含关于测力台主轴的成分为

$$M' = (M'_x, M'_y, M'_z) \tag{7.19}$$

从这 6 个独立信号中,进行三维逆向动力学分析时必需标记 9 个参数(F_x, F_y, F_z, τ_x, τ_y, τ_z, COP_x, COP_y, COP_z)。力矢量的三个组成部分通常用在方程(7.18)中。这样就剩下 6 个未知参数和 3 个方程。

压力中心(COP)代表各力在测力台表面的交点,这样压力中心(COP)的 z 轴分量就在受试者走过的表面上。为简单起见,我们假定测力台顶部表面高度为 0。

$$(COP)'_z = 0 \tag{7.20}$$

压力中心在 X 和 Y 轴的分量可以使用如下方程计算:

$$(COP)'_x = \frac{F_x d_z - M_y}{F_z} \tag{7.21}$$

$$(COP)'_y = \frac{F_y d_z + M_x}{F_z} \tag{7.22}$$

其中,d_z 指从测力台的坐标原点到测力台上表面中心点的距离;在测力台垂直轴周围的自由力矩 τ 定义为步态分析中脚和地面接触的垂直轴产生的扭矩,计算如下:

$$\tau'_z = M'_z - (COP)'_x F'_y - (COP)'_y F'_x \tag{7.23}$$

现在我们有两个未知参数,但此时已没有方程,所以必须用其他的信息来计算这两个参数。如果假设受试者无法停在测力台的拐角处(如足部和测力台之间摩擦力太小以至于无法停止),可以把自由力矩的剩余部分设为零。

$$\tau'_x = \tau'_y = 0 \tag{7.24}$$

如果受试者在测力台上产生一个力矩,此时这些假设无效,但这在步态分析时很少出现。每个步态实验室应该确认这个假设的正确性。假如,在测力台上放置一个把手或一个手铐,则此时假设就不一定正确了。基于这些情况,我们必须使用其他测量装置来量化这 9 个参数中的一个或多个参数。

除了计算力,必须把地面反作用力从局部坐标系转换到全局坐标系中(通过旋转矩阵),这样就可以计算出其余的数据。定位测力台的常用方法是确定在全局坐标系中测力台四个角(c_1, c_2, c_3 和 c_4)的表面位置。不同类型生产商的测力台定义角的顺序有所差异。注意,使用下面的过程不需要测力台在平坦的地板上或与实验室任何其他的测力台共面。假设测力台的顶部中心(原点)位于转角的平均位置,如下:

$$O_{FP} = 0.25(c_1 + c_2 + c_3 + c_4) \tag{7.25}$$

首先定义沿测力台 X 轴的单位向量,旋转矩阵可以计算如下:

$$i' = \frac{c_4 - c_3}{|c_4 - c_3|} \tag{7.26}$$

然后再定义另外一个沿测力台表面的单位向量:

$$v = \frac{c_2 - c_3}{|c_2 - c_3|} \tag{7.27}$$

我们可以通过交叉乘积找出法线：

$$k' = i' \times v \tag{7.28}$$

最后,运用右手法则计算最后一个单位向量：

$$j' = k' \times i' \tag{7.29}$$

从实验室坐标到测力台坐标的旋转矩阵为

$$R_{FP} = \begin{bmatrix} i'_x & i'_y & i'_z \\ j'_x & j'_y & j'_z \\ k'_x & k'_y & k'_z \end{bmatrix} \tag{7.30}$$

这样,把测力台从局部坐标变换为全局坐标系,计算如下：

$$F = R' \times F' \tag{7.31}$$

$$(COP) = R'(COP)' + O \tag{7.32}$$

$$\tau = R' \times \tau' \tag{7.33}$$

请注意,压力中心是一个位移参数,这是唯一的向量,转换坐标系时需要加上测力台的原点坐标。

地面反作用力验证

在实验室中验证地面反作用力包括在全局坐标系下精确测定测力台的位置,以及正确设置与生产商及测力台类型相关的测力台参数。测力台信号参数设置时产生的任何误差,将会导致运动分析过程中动力学参数的错误,应该定期对这种空间同步进行评估(Holden 等,2003)。

参数测试相当简单且费时很少。图7.7(a)展示了一个机械棒,在它的上面牢固地贴有标记点。此机械测试装置的每一端都有一个尖头,与把手和测试板同时使用,每一个测试板都有一个机械加工的锥形凹陷。该设计允许用户向测力台表面施加一个力而对杆不产生力矩。刚性杆将5个跟踪目标和测试棒连接在一起,当力通过杆施加到测力台时,我们使用测力台和摄像机同步采集数据。

如果测试系统功能正常,杆尖的位置(由摄像系统所测量的目标位置确定)应该与压力中心位置一致(由测力台测定并转换成实验室坐标系)。测力台测量到的操作者施加力的作用线(测量地面反作用力减去测试装置重量)应与根据运动学测量的杆轴方向一致[见图7.7(b)]。

地面反作用力产生的问题很少,是由测力台厂商校准造成的,更多的是在用户操作运动捕捉软件确定参数时产生的。设定测力台参数时产生的误差在数据采集后可以纠正,但情况并不总是如此。

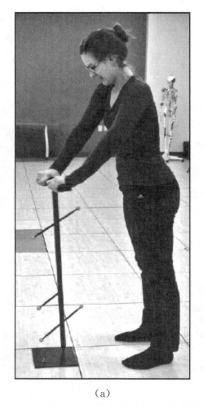

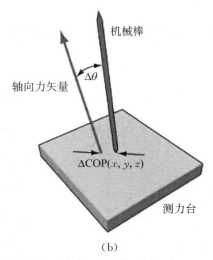

机械棒

轴向力矢量

Δθ

ΔCOP(x, y, z)

测力台

(a)   (b)

图 7.7   一个将力作用在测力台的表面而不产生力矩的机械测试装置

计算关节反作用力和净力矩

一旦计算出环节的惯性参数、运动学参数和外力,我们就得到了确定关节反作用力和净关节力矩所需要的全部输入信息。在进行逆向动力学计算之前提出最后一个重要假设,即关节反作用力在关节处等值反向,且关节处的净关节力矩等值反向,这就意味着假设关节没有做功。

计算关节反作用力

对于环节,可以把牛顿方程表示成作用在环节上的合力:

$$\sum \boldsymbol{F}_s = m_s \boldsymbol{a}_s \tag{7.34}$$

如果未知的力 $\boldsymbol{F}_s$ 超过一个,没有额外的信息则不能计算出每个单独的力,所以必须建立方程来保证只有一个未知量,回到图 7.3,就可以计算出在踝关节和膝关节处的净反作用力。为表示得更加清楚,将添加有特殊意义的下标,关节反作用力 GRF(grf),环节(f 代表足,l 代表小腿,t 代表大腿),关节(a 代表踝关节,k 代表膝关节,h 代表髋关节)。

踝关节反作用力($\boldsymbol{F}_a$)(在之前的方程 7.3 里出现过)的计算如下:

$$\sum \boldsymbol{F}_f = m_f \boldsymbol{a}_f \tag{7.35}$$

这个方程可以扩展为

$$F_a + F_{grf} + m_f g = m_f a_f \qquad (7.36)$$

于是我们可以解出 F_a：

$$F_a = m_f(a_f - g) - F_{grf} \qquad (7.37)$$

膝关节反作用力（F_k）（假设在踝关节两侧两力等值反向）可以采用相似的方法计算：

$$\sum F_1 = m_1 a_1 \qquad (7.38)$$

$$-F_a + F_k + m_1 g = m_1 a_1 \qquad (7.39)$$

$$F_k = m_1(a_1 - g) - F_a \qquad (7.40)$$

我们将上述方程用式（7.35）中的 F_a 替换后可以得到：

$$F_k = m_1(a_1 - g) + m_f(a_f - g) - F_{grf} \qquad (7.41)$$

这个方程可以转换成一个与任何远端关节相连的关节反作用力的通用表达式，这样关节处的反作用力可以表示为

$$F_j = \left[\sum m_s(a_s - g)\right] - F_{grf} \qquad (7.42)$$

式中，对从远端到近端关节（包括和这个关节相关的环节）的全部环节进行求和，注意逆向动力学方程的求和可以按照任意顺序进行计算。也就是说，不需要从远端到近端进行求解。这个方程对解决那些有多个分支的复杂运动链来说也是非常理想的。如从五根手指的运动数据中计算腕关节反作用力时，使用上述方程对所有关节远端的手指以任意顺序求解即可。

这个方法不能解决链中没有远端环节的闭链问题。例如，如果一个膝关节护具连接小腿和大腿，这时在膝关节处产生了一个力矩，使用本章的方法就不可能计算受试者产生的膝关节力矩，除非把力的传感器放置在大腿和小腿之间的每个连接点上。然而因为小腿和曲柄位于髋关节的远端，此时仍旧可以计算出髋关节力矩。

计算关节力矩

在描述计算作用在某一环节的净力矩之前，我们回顾一下单一力 F 作用在某一环节及由此产生的力矩 τ 的计算方程：

$$\tau = r \times F \qquad (7.43)$$

式中，r 是从力矩开始计算的点（本章中特别是指环节起点或环节质心）到垂直于力 F 的方向上的某一点之间的距离。在局部坐标系下，该方程限制了每一个环节，但是方程的三个部分必需分解在相同的局部坐标系内，随后在下肢模型中再做介绍。

净转动惯量

本章前面已经介绍过的转动惯量（I'）在局部坐标系下是恒定不变的，由于环节的运动，转动惯量在全局坐标系下是变化的。

在环节局部坐标系下计算惯性对关节力矩($\boldsymbol{\tau}'^I_s$)的贡献然后将其变换到全局坐标系($\boldsymbol{\tau}^I_s$)中。为此我们首先要将角速度和角加速度变换到局部坐标系下：

$$\boldsymbol{\omega}'_s = R_s(\boldsymbol{\omega}_s) \tag{7.44}$$

$$\boldsymbol{\alpha}'_s = R_s(\boldsymbol{\alpha}_s) \tag{7.45}$$

然后我们计算对净力矩的惯性贡献 $\boldsymbol{\tau}'^I_s$ 如下：

$$\boldsymbol{\tau}'^I_s = \frac{d}{dt}(I'_s\boldsymbol{\omega}'_s) = I'_s\boldsymbol{\alpha}'_s + \boldsymbol{\omega}'_s \times (I'_s\boldsymbol{\omega}'_s) \tag{7.46}$$

然后将惯性贡献转换到全局坐标系下：

$$\boldsymbol{\tau}^I_s = R'_s\boldsymbol{\tau}'^I_s \tag{7.47}$$

净关节力矩在全局坐标系下，我们可以把作用在足部质心的力矩总和表示成等值的转动惯量：

$$\sum\boldsymbol{\tau}_f = \boldsymbol{\tau}^I_f \tag{7.48}$$

如果我们回到图7.3，并从方程中得到在踝关节和膝关节处的净力矩，我们可以将这个方程推广到任何层级的模型中。

踝关节力矩：

$$\boldsymbol{\tau}_a + \boldsymbol{\tau}_{grf} - \boldsymbol{r}_{a,f} \times \boldsymbol{F}_a + (\boldsymbol{r}_{a,grf} - \boldsymbol{r}_{a,f}) \times \boldsymbol{F}_{grf} = \boldsymbol{\tau}^I_f \tag{7.49}$$

其中，$\boldsymbol{r}_{a,f}$ 是从踝关节到足部质心的矢量，$\boldsymbol{r}_{a,grf}$ 是从踝关节到压力中心的矢量，重新整理后可以得到

$$\boldsymbol{\tau}_a = \boldsymbol{\tau}^I_f - \boldsymbol{\tau}_{grf} - [(\boldsymbol{r}_{a,grf} - \boldsymbol{r}_{a,f}) \times \boldsymbol{F}_{grf}] + (\boldsymbol{r}_{a,f} \times \boldsymbol{F}_a) \tag{7.50}$$

替换后得

$$\boldsymbol{\tau}_a = \boldsymbol{\tau}^I_f - \boldsymbol{\tau}_{grf} - [(\boldsymbol{r}_{a,grf} - \boldsymbol{r}_{a,f}) \times \boldsymbol{F}_{grf}] + \boldsymbol{r}_{a,f} \times [m_f(\boldsymbol{a}_f - \boldsymbol{g}) - \boldsymbol{F}_{grf}] \tag{7.51}$$

整理交叉的 $\boldsymbol{F}_{grf}$ 项，可得

$$\boldsymbol{\tau}_a = \boldsymbol{\tau}^I_f - \boldsymbol{\tau}_{grf} - [(\boldsymbol{r}_{a,grf} - \boldsymbol{r}_{a,f} + \boldsymbol{r}_{a,f}) \times \boldsymbol{F}_{grf}] + [\boldsymbol{r}_{a,f} \times m_f(\boldsymbol{a}_f - \boldsymbol{g})] \tag{7.52}$$

$$\boldsymbol{\tau}_a = \boldsymbol{\tau}^I_f - \boldsymbol{\tau}_{grf} - [\boldsymbol{r}_{a,grf} \times \boldsymbol{F}_{grf}] + [\boldsymbol{r}_{a,f} \times m_f(\boldsymbol{a}_f - \boldsymbol{g})] \tag{7.53}$$

膝关节力矩

使用等效力系统(Zatsiorsky 和 Latash，1993)，假设在踝关节两侧有两个等值反向的力矩，就可以按照下面的方法计算膝关节力矩：

$$\boldsymbol{\tau}_k - \boldsymbol{\tau}_a + (-\boldsymbol{r}_{kl} \times \boldsymbol{F}_k) + [(\boldsymbol{r}_{ka} - \boldsymbol{r}_{kl}) \times -\boldsymbol{F}_a] = \boldsymbol{\tau}^I_l \tag{7.54}$$

其中，$\boldsymbol{r}_{kl}$ 是从膝关节到腿部质心的向量；$\boldsymbol{r}_{ka}$ 是指从膝关节到踝关节的向量。重新整理各项后，可得到

$$\boldsymbol{\tau}_k = \boldsymbol{\tau}^I_l + \boldsymbol{\tau}_a + (\boldsymbol{r}_{kl} \times \boldsymbol{F}_k) + [(\boldsymbol{r}_{ka} - \boldsymbol{r}_{kl}) \times \boldsymbol{F}_a] \tag{7.55}$$

然后替换 $\boldsymbol{F}_a$ 和 $\boldsymbol{F}_k$,我们得到

$$\boldsymbol{\tau}_k = \boldsymbol{\tau}_1^I + \boldsymbol{\tau}_a + \{\boldsymbol{r}_{k1} \times [m_1(\boldsymbol{a}_1 - \boldsymbol{g}) + m_f(\boldsymbol{a}_f - \boldsymbol{g}) - \boldsymbol{F}_{grf}]\}$$
$$+ \{(\boldsymbol{r}_{k a} - \boldsymbol{r}_{kl}) \times [m_f(\boldsymbol{a}_f - \boldsymbol{g}) - \boldsymbol{F}_{grf}]\} \tag{7.56}$$

首先分配向量积 $\boldsymbol{r}_{k1}$ 和 $\boldsymbol{r}_{k a}$,然后整理与 $m_f(\boldsymbol{a}_f - \boldsymbol{g})$ 和 $\boldsymbol{F}_{grf}$ 相关的各项,可得

$$\boldsymbol{\tau}_k = \boldsymbol{\tau}_1^I + \boldsymbol{\tau}_a + [\boldsymbol{r}_{kl} \times m_1(\boldsymbol{a}_1 - \boldsymbol{g})] + [(\boldsymbol{r}_{ka} - \boldsymbol{r}_{kl} + \boldsymbol{r}_{kl}) \times m_f(\boldsymbol{a}_f - \boldsymbol{g})] - [(\boldsymbol{r}_{ka} - \boldsymbol{r}_{kl} + \boldsymbol{r}_{kl}) \times \boldsymbol{F}_{grf}] \tag{7.57}$$

现在根据式(7.52)替换 $\boldsymbol{\tau}_a$:

$$\boldsymbol{\tau}_k = \boldsymbol{\tau}_1^I + \boldsymbol{\tau}_f^I - \boldsymbol{\tau}_{grf} - \boldsymbol{r}_{a.grf} \times \boldsymbol{F}_{grf} + \boldsymbol{r}_{a.f} \times m_f(\boldsymbol{a}_f - \boldsymbol{g}) + \boldsymbol{r}_{kl} \times$$
$$m_1(\boldsymbol{a}_1 - \boldsymbol{g}) + \boldsymbol{r}_{ka} \times m_f(\boldsymbol{a}_f - \boldsymbol{g}) - \boldsymbol{r}_{ka} \times \boldsymbol{F}_{grf} \tag{7.58}$$

再次收集并重新整理与 $m_f(\boldsymbol{a}_f - \boldsymbol{g})$ 和 $\boldsymbol{F}_{grf}$ 相关的各项得

$$\boldsymbol{\tau}_k = \boldsymbol{\tau}_1^I + \boldsymbol{\tau}_f^I + [\boldsymbol{r}_{kl} \times m_1(\boldsymbol{a}_1 - \boldsymbol{g})] + [\boldsymbol{r}_{k a} \times m_f(\boldsymbol{a}_f - \boldsymbol{g})] +$$
$$[\boldsymbol{r}_{a.f} \times m_f(\boldsymbol{a}_f - \boldsymbol{g})] - \boldsymbol{\tau}_{grf} - [(\boldsymbol{r}_{a.grf} + \boldsymbol{r}_{k a}) \times \boldsymbol{F}_{grf}] \tag{7.59}$$

如果我们把 $\boldsymbol{r}_{k.grf}$ 当作从膝关节到地面反作用力的向量,$\boldsymbol{r}_{k.grf} = \boldsymbol{r}_{a.grf} + \boldsymbol{r}_{k a}$ 和 $\boldsymbol{r}_{k.f}$ 当作从膝关节到足部质心的向量,则前面的方程变为

$$\boldsymbol{\tau}_k = \boldsymbol{\tau}_1^I + \boldsymbol{\tau}_f^I + [\boldsymbol{r}_{kl} \times m_1(\boldsymbol{a}_1 - \boldsymbol{g})] + [\boldsymbol{r}_{k.f} \times m_f(\boldsymbol{a}_f - \boldsymbol{g})] - \boldsymbol{\tau}_{grf} - (\boldsymbol{r}_{k.grf} \times \boldsymbol{F}_{grf}) \tag{7.60}$$

最后,这个方程可以重新整理成以下通式:

$$\boldsymbol{\tau}_j = \left[\sum \boldsymbol{\tau}_s^I + \boldsymbol{r}_{j.s} \times m_s(\boldsymbol{a}_s - \boldsymbol{g})\right] - \boldsymbol{\tau}_{grf} - (\boldsymbol{r}_{k.grf} \times \boldsymbol{F}_{grf}) \tag{7.61}$$

这样,通过对所有远端环节到关节(以任何顺序)的表达式进行求和计算,我们推导出了一个计算净关节力矩的通式。其中 $\boldsymbol{r}_{j.grf}$ 代表从关节到地面反作用力的距离向量;$\boldsymbol{r}_{j.s}$ 代表从关节到环节 S 质心的距离向量。就像对关节力的上述表达,关节力矩的这个方程可以对环节远端到关节以任何顺序进行求解,同时对处理像手这样有多个分支的复杂环节链也非常理想。

从逆向动力学运算中推导出来的净关节力矩在文献中指的是内力矩。换句话说,这个力矩是由肌肉或其他组织产生的。该文献参考了外力矩,在步态分析中是指由地面反作用力产生的外力矩,且外力矩必须与由肌肉和韧带产生的内力矩保持平衡。比如步态支撑期腿部伸展肌要抵消地面反作用力才能保持身体的平衡。

外力矩与内力矩之间要等值反向。文献也引用了支撑力矩,支撑力矩是在髋、膝、踝关节处所有外展力矩的总和。在该方法中,所有伸肌力矩必须具有相同的符号,否则这个加法就没有任何意义。因此,髋关节、踝关节力矩及矢状面的膝关节力矩均由右手法则定义,然后再乘以−1。

不管使用了哪种符号法则,重要的是生物力学家们在阅读文献时意识到了符号法则并且在他们自己的出版物中进行了清楚的陈述。强烈推荐采用在解剖学符号报告中的数据(例如弯曲/伸展,外展/内收和绕轴线回转),因为它们不受不同坐标系定义的影响(比如 Y 轴和 Z 轴的坐标系),同时符号法则(比如弯曲和伸展)会在图的轴线上注明。

净力矩数据展示

经逆向动力学过程计算的关节反作用力和净关节力矩是在全局坐标系下计算的三维向量,但是报告时常被放在一个具有解剖学意义的坐标系中(见图7.8)。没有标准的坐标系,这就意味着读者必需特别注意文中出现的符号的定义。最简单的做法就是把这些符号转换到全局坐标系(Bresler 和 Frankel,1950;Winter 等,1995)。

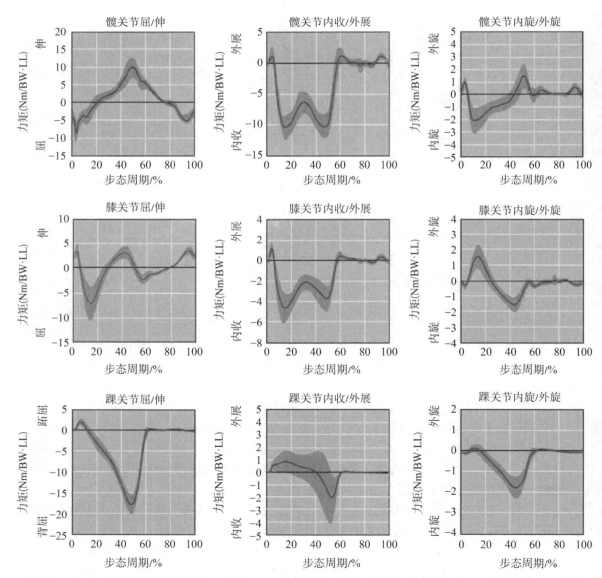

图7.8 从13名受试者数据的基础上得出的一个步行周期中踝关节、膝关节和髋关节的净关节力矩。实线代表平均值,而灰色区域代表加减一个标准差。所有的关节角度用 XYZ 卡迪尔序列,同时关节力矩(环节质量)在近环节的坐标系统中得以求解。符号规定如下:髋关节、膝关节和踝关节力矩均以屈曲、内收、内旋为正。

这是基于个人前进路线与通用坐标系的其中一个平面平行而建议的,因此,下肢的矢状面和前进路线本质上相同。这种解释是基于二维步态分析的,可能对矢状面有用(在我们定义的全局坐标系内绕 x 轴的力矩),但是很难解释符号的其他两个成分,因为在任意姿势下局部坐标系很少与全局坐标系一致。因此,我们建议,在介绍关节力和力矩时用户不要使用这个二维的观点,而是使用不管受试者(单独环节)在全局坐标系下的位置和方向如何都非常容易理解的坐标系。

对三维分析有记录价值的净关节力矩和关节反作用力有 4 种表现形式(见图 7.9),选择时不清楚应遵循什么原则,因为它们都在某些方面有优点,但有时在结果中会有明显的差异。

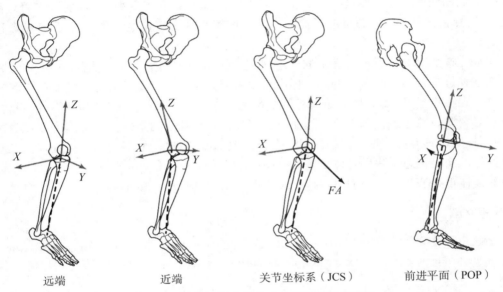

远端　　　　　　　近端　　　　关节坐标系(JCS)　　　前进平面(POP)

图 7.9　膝净关节力矩的 4 个解剖参考坐标系

①把净力矩分解到小腿坐标系;②把净力矩分解到大腿坐标系;③联合坐标系单位向量的网络矩矢量;④把净力矩向量投射到关节坐标系的单位向量上(见第二章;通常的大腿环节的屈伸轴,小腿环节的回转轴和一个垂直于这两个轴的轴,它在步态行走时接近外展/内收轴)。④中前进面(POP)骨架固定在垂直于前进面的屈曲轴,而内收和内旋的轴取自远端骨架并投影在前进面。

转自 *Clinical Biomechanics*,Vol. 26(1),S. C. Brandon and K. J. Deluzio, "Robust features of knee osteoarthritis in joint moments are independent of reference frame selection," pgs. 65 - 70,copyright 2011,with permission of Elsevier

选项 1 是把关节反作用力和净关节力矩放到近端环节的局部坐标系中计算(Schache 和 Baker,2007)。选项 2 是把信号转换到环节远端的局部坐标系内计算(Kaufman 等,2001)。选项 3 是把信号转换到关节坐标系内计算(Schache 和 Baker,2007;Astephen 等,2008)。选项 4 很特别,是把前后和上下方向的力矩投影到前进的平面上计算(Mundermann 等,2005)。

使读者困惑的是这些方法在数学上都是合理的,在某些特定的情况下可能优于其他方法,其选择时取决于与之相关的参数(Schache 和 Baker,2007;Schache 等,2008)。这一困惑继续延伸到国际生物力学协会,国际生物力学协会也没有提出过国际标准,更别提采用了。在本章中,我们不推荐任何一种方法。因此,研究人员必须注意力矩计算的坐标系,非常小心地比较不同论文中的结果。

这个问题变得更加难以理解,选项 1 和选项 2 导致符号变成了载体,这与我们介绍的关节角速度、角加速度和关节力相一致,但与关节参考系中的关节角度不一致。选项 3 是一个非正交的展示,这意味着反作用力和净力矩不是向量,所以这个表现与关节角度不一致(这使得它很受临床步态分析欢迎),但与关节速度、关节加速度和关节力不一致。

支撑力矩(在前一节中描述的)不能用这种方法进行计算,因为只有向量可以相加。选项 4 与我们的任何运动学测量结果都不一致。因此读者必定非常小心,以至于它们只比较相近的符号。比如,向量之间进行比较,将非正交的参数与其他一致的非正交参数进行比较。

正如在选择坐标系时没有固定的标准来表示关节反作用力和关节力矩一样,多数发表的论文选择标准化因子时也不相同。标准化净关节力矩是消除受试者之间差异的一种有益的尝试。在临床上,采集了某个受试者的个性化数据,并根据该受试者生成了一份报告,也许没有必要对该数据进行标准化。然而,在一项研究中,在不同条件下收集多个受试者的数据,为了使数据具有可比性,需要对数据进行标准化处理。报告最多的标准化处理关节动力学数据的方法是用力矩除以身体质量[N·m/kg(Vaughan,1996;Winter 等,1995)],或用力矩除以体重(BW)和小腿的长度[N·m/(BW)(LL)(Meglan 和 Todd,1994)]。

参考文献

Brandon, S. C. , and K. J. Deluzio. 2011. Robust features of knee osteoarthritis in joint moments are independent of reference frame selection. *Clinical Biomechanics* 26(1):65 - 70

将力矩转换到不同固定身体的解剖参考系中,三维关节力矩的生理解释是可以改变的。本节的目的是确定髋关节-膝关节和踝关节力矩的波形特征,但是无论参考系如何选择,膝关节骨性关节炎患者和对照组之间的波形特征始终是不一样的。受试者以自行选择的速度行走,用标准的逆向动力学方法机选三维关节外力矩,使用图 7.9 所示的四种不同的参考系来表达力矩:远端、近端、关节参考系和前进平面,最终使用主成分分析法找出 4 个参考系的主要差异。

在 4 个参考系之间每个关节力矩的大小和形状是不一样的。然而,无论选择哪个参照系,患膝骨关节炎的受试者都表现出髋关节内收力矩下降,膝关节内收力矩增加,膝关节内旋力矩减少,站立早期踝关节的内收幅度增加(见图 7.10)。作者认为,这 4 个鲁棒波形的特征具有膝骨关节炎发病机制的特性,不仅仅是参考系选择的假象。

这项研究还表明,表达关节力矩时使用适当的身体固定解剖参考系是非常重要的。例如,当在近端(骨盆)参考系中表达髋关节屈曲力矩时,患膝骨关节炎的受试者在整个站立期比对照受试者表现出更大的力矩。然而,无论是使用前进平面参考系中的整体固定屈曲轴($p = 0.07$),还是使用远端环节屈曲轴($p = 0.83$),其差异都是不显著的。 参考系的选择不仅影响关节力矩的大小和形状,也会影响不同受试者的关节力矩。

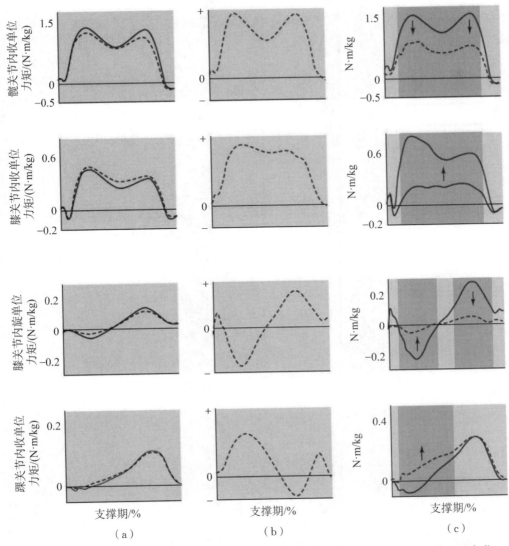

图 7.10　由于膝骨关节炎与参考系的选择无关,使用主成分分析法确定的 4 个主要变化

(a) 平均力矩波形,在所有解剖参考系下对对照组(实心黑线)和骨关节炎(灰色虚线)进行平均;(b) 荷载向量表明量的变化(髋关节和膝关节内收)、振幅(膝关节内旋)和站立早期的大小(踝关节的内收);(c) 极端受试者显示对照组(实心黑线)和骨关节炎组(灰色虚线)之间较大的群体差异,在整个阴影区域,箭头方向由骨关节炎组指向对照组

转自 *Clinical Biomechanics*, Vol.26(1), S. C. Brandon and K. J. Deluzio, "Robust features of knee osteoarthritis in joint moments are independent of reference frame selection," pgs.65-70, copyright 2011, with permission of Elsevier

关节功率

关节功率代表系统中肌肉增加和释放能量做功的功率。正关节功率表示肌肉在向心收

缩时增加能量,而负功率则表示肌肉在离心收缩时释放能量。某关节的关节功率可用以下方程表示:

$$P_j = P_{proximal} + P_{distal} \qquad (7.62)$$

式中,$P_{proximal}$ 是环节作用于关节近侧面后在关节处产生的环节功率;P_{distal} 是环节作用于关节远侧面,在关节处产生的环节功率(见图 7.11)。如果我们对关节系统两侧应用力的大小相等、方向相反的牛顿第三定律和等值反向力矩的简化式(Zatsiorsky 和 Latash,1993),则这个方程变成

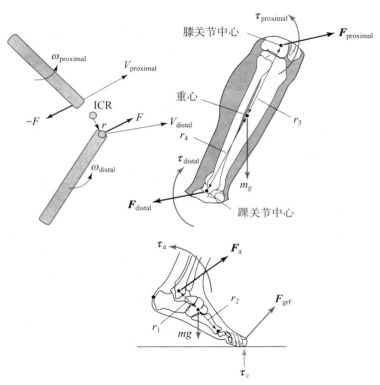

图 7.11　对 6 自由度模型计算关节功率(在关节处可转动)

$$P_j = (\boldsymbol{F}_j \cdot \boldsymbol{v}_{proximal}) + (\boldsymbol{\tau}_j \cdot \boldsymbol{\omega}_{proximal}) + (-\boldsymbol{F}_j \cdot \boldsymbol{v}_{distal} - \boldsymbol{\tau}_j \cdot \boldsymbol{\omega}_{distal}) \qquad (7.63)$$

式中,$\boldsymbol{v}$ 是相对于全局坐标系的关节平动速度。现在如果我们假设关节没有平动,这样 $\boldsymbol{v}_{proximal} = \boldsymbol{v}_{distal}$(对六自由度关节的假设),方程简化如下:

$$P = (\boldsymbol{\tau}_j \cdot \boldsymbol{\omega}_{proximal}) + (-\boldsymbol{\tau}_j \cdot \boldsymbol{\omega}_{distal}) \qquad (7.64)$$

该方程可以进一步简化成:

$$P = \boldsymbol{\tau}_j \cdot (\boldsymbol{\omega}_{proximal} - \boldsymbol{\omega}_{distal}) = \boldsymbol{\tau}_j \cdot \boldsymbol{\omega}_j \qquad (7.65)$$

式中,$\boldsymbol{\omega}_j$ 是关节角速度。如果我们有一个真实的六自由度关节,环节近端相对于关节远端的速度与环节远端相对于关节近端的速度不相等(见图 7.11),这样将方程(7.58)重新整理

如下：

$$P_j = (\boldsymbol{F}_j \cdot \boldsymbol{v}_{\text{proximal}}) + (\boldsymbol{\tau}_j \cdot \boldsymbol{\omega}_{\text{proximal}}) + (-\boldsymbol{F}_j \cdot \boldsymbol{v}_{\text{distal}} - \boldsymbol{\tau}_j \cdot \boldsymbol{\omega}_{\text{distal}}) \qquad (7.66)$$

式中，$\boldsymbol{v}_{\text{proximal}}$ 是环节远端相对关节近端的平动速度；$\boldsymbol{v}_{\text{distal}}$ 是环节近端相对关节远端的平动速度。之前的表达式简化为

$$P_j = \boldsymbol{\tau}_j \cdot \boldsymbol{\omega}_j + \boldsymbol{F}_j \cdot \Delta \boldsymbol{v} \qquad (7.67)$$

式中，$\Delta \boldsymbol{v}$ 是关节两侧平动速度的差值。在远端环节的近端位置从旋转的瞬时转动中心（瞬心）（ICR）到关节中心引入一个向量（见图 7.12），瞬心和关节处力矩之间的关系见如下方程：

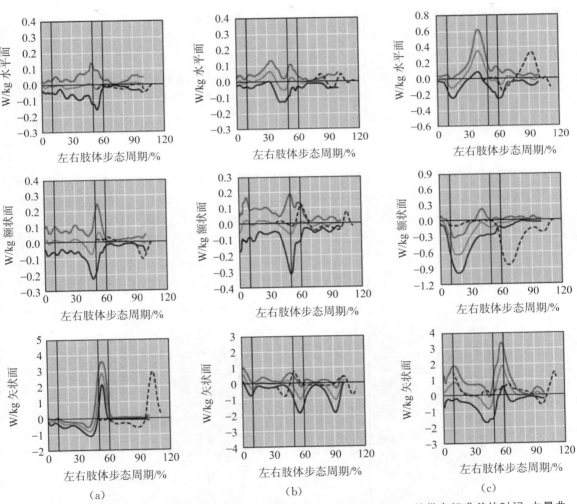

图 7.12　右侧肢体（实心线）的（a）踝、（b）膝、（c）髋三关节在横、额、矢状面上的带有标准差的时间-力量曲线图（只给出了左肢的平均值（虚线））。右肢的支撑相发生在步态周期的 0~61% 时刻。左肢的摆动相发生在步态周期的 11%~61% 时刻，随后的左肢脚趾离地时刻发生在步态周期的 112% 时刻）

转自 *Human Movement Science*，Vol. 15，P. Allard et al.，"Simultaneous bilateral able-bodied gait," pgs. 327 - 346，copyright 1996，with permission of Elsevier.

$$\tau_{ICR} = \tau_j + (r \times F_j) \tag{7.68}$$

整理这个方程得

$$\tau_j = \tau_{ICR} - (r \times F_j) \tag{7.69}$$

另外,平动速度之间的差值(Δv)可以表示成

$$\Delta v = \omega_j \times r \tag{7.70}$$

用前面两个方程,可以将方程(7.64)表示成

$$P_j = [\tau_{ICR} - (r \times F_j)] \cdot \omega_j + F_j \cdot (\omega_j \times r) \tag{7.71}$$

使用向量代数把这个方程简化为

$$P_j = \tau_{ICR} \cdot \omega_j \tag{7.72}$$

这个方程表明,对于一个六自由度关节,如果平动速度之间的差值能解释清楚,那么关节功率将与以瞬时转动中心计算的关节功率相等(Buczek 等,1994)。

净关节力矩的解释

逆向动力学结果的解释通常集中于图形识别的某种形式上,而这个图形识别则是基于一个规范的等效信号偏差。该策略从正常的运动中找出了差异,但很少解释它们的原因。这是因为它非常难以推断力或力矩和由此产生的运动轨迹之间的因果关系。

例如,让我们引入一个三链平面模型(见图7.13),该模型包括小腿、大腿以及头部、手臂和躯干组合等三个环节(在这个简化的模型中,脚与地面固定,因此在我们的动力学分析中可以忽略)。由 Zajac 和 Gordon(1989)提出的修改后的模型版本中包含比目鱼肌和腓肠肌

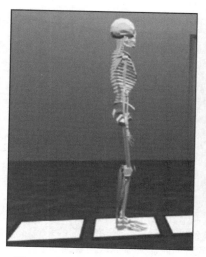
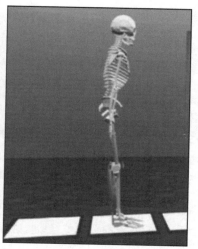

图 7.13　三环节平面模型。受试者从上述位置开始,比目鱼肌和腓肠肌收缩时到达最终位置

这两块肌肉。在图 7.13 中的运动开始时,腓肠肌和比目鱼肌收缩,然后在运动的结束时力降低到零。图 7.14 第一行显示了踝、膝、髋关节的时间-关节角度关系曲线,而下面一行显示了比目鱼肌和腓肠肌共同作用时产生的时间-关节角度关系曲线。

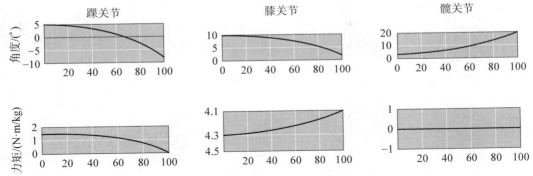

图 7.14　从计算机模拟模型运动输出的运动学和动力学参数

参考文献

Allard, P., R. Lachance, R. Aissaoui, and M. Duhaime. 1996. Simultaneous bilateral able-bodied gait. *Human Movement Science* 15: 327 - 46

本节的目的是分析在 2 个连续的步态周期内下肢肌肉的力量和机械能。受试者的行走速度为 1.30 m/s,右腿支撑期的相对持续时间与左腿没有显著差异。这些作者认为,肢体力量的差异主要出现在矢状面,体现的是步态调整而不是步态不对称。在这种情况下,差异一般发生在支撑期缓冲阶段。肢体之间总的正功没有显著性差异。然而,右侧肢体比左侧肢体的总负功更大(见图 7.12)。

请注意,在膝关节处我们看到从开始时 10 度的屈曲运动到结束时膝关节的充分伸展,尽管事实上在膝关节处的力矩是由腓肠肌产生的,但它只产生一个膝屈肌力矩。尽管在髋关节处没有任何肌肉交叉,但该模型将增加髋关节屈曲。因此,对于简单模型,逆向动力学对所观察到的结果不能提供一个完整的解释,可以用来补充传统的逆向动力学的一种方法是诱导加速度分析。

诱导加速度分析

诱导加速度分析(IAA)专门用于分析每个关节组成局部或广义坐标系的瞬时加速度。为了理解 IAA 的工作机制,考虑图 7.15 中的双环节倒立摆模型,在钟摆一端用铰链进行约束,这两个环节用铰链相互铰接约束。我们将利用二维分析的简单性在本章的三维演示中展开运动方程,这样就可以明确地引入广义坐标系。

方程(7.42)和方程(7.53)可以扩展如下:

$$F_{2x} = m_2 a_{2_{cgx}} = m_2 [-l_1 \sin\theta_1 (\ddot{\theta}_1) + -l_1 \cos\theta_1 (\dot{\theta}_1)^2 - r_2 \sin\theta_2 (\ddot{\theta}_2) - r \cos\theta_2 (\ddot{\theta}_2)^2]$$

$$(7.73)$$

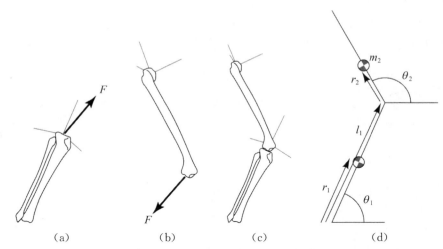

图 7.15　用双环节平面钟摆模型作为这三种分析技术的参考。θ_1 和 θ_2 表示每个环节的方向，环节 1 用一个铰链连接限制在地面上；(b) 环节 2 被铰链连接在环节 1 上。环节 2 在远端不受约束，所以首先计算这个环节的力和净力矩

$$F_{2y} = m_2 a_{2_{cgy}} = m_2 [-l_1 \cos\theta_1 (\ddot{\theta}_1) - l_1 \sin\theta_1 (\dot{\theta}_1)^2 + r_2 \cos\theta_2 (\ddot{\theta}_2) - r_2 \sin\theta_2 (\dot{\theta}_2)^2 + g)]$$

(7.74)

$$\tau_2 = I_2 \ddot{\theta}_2 + r_2 x F_2 = I_2 \ddot{\theta}_2 + r_2 \cos\theta_2 F_{2y} - r_2 \sin\theta_2 F_{2x}$$ (7.75)

环节 1 的计算使用方程 (7.54) 到方程 (7.61) 的计算结果，其中关节反作用力等值反向，关节力矩也等值反向。

$$F_{1x} = F_{2x} + m_1 a_{1_{cgx}} = F_{2x} + m_1 r_1 [-\sin\theta_1 (\ddot{\theta}_1) - \cos\theta_1 (\dot{\theta}_1)^2]$$ (7.76)

$$F_{1y} = F_{2y} + m_1 a_{1_{cgy}} = F_{2y} + m_1 [r_1 (\cos\theta_1 (\ddot{\theta}_1) - \sin\theta_1 (\dot{\theta}_1)^2) + g]$$ (7.77)

$$\tau_1 = I_1 \ddot{\theta}_1 + \tau_2 + m_1 r_1 \cos\theta_1 [r_1 \cos\theta_1 (\ddot{\theta}_1) - r_1 \sin\theta_1 (\dot{\theta}_1)^2] + m_1 r_1 \cos\theta_1 g +$$
$$m_1 r_1 \sin\theta_1 [r_1 \sin\theta_1 (\ddot{\theta}) + r_1 \cos\theta_1 (\dot{\theta}_1)^2] + l_1 \cos\theta_1 F_{2y} - l_1 \sin\theta_1 F_{2x}$$

(7.78)

假定环节 1 的近端位置固定在地面上，完全可以通过变量 θ_1 和 θ_2 来描述该模型的姿态（位置和方向）。

$$\tau_1 = [I_1 + m_1 r_1^2 + m_2 l_1^2 + m_2 r_2 l_1 \cos(\theta_1 - \theta_2)] \ddot{\theta}_1 +$$
$$[I_2 + m_2 r_2^2 + m_2 r_2 l_1 \cos(\theta_1 - \theta_2)] \ddot{\theta}_2 +$$
$$m_2 r_2 l_1 \sin(\theta_1 - \theta_2)(\dot{\theta}_1^2 + \dot{\theta}_2^2) +$$
$$(m_1 r_1 \cos\theta_1 + m_2 l_1 \cos\theta_1 + m_2 r_2 \cos\theta_2) g$$

(7.79)

$$\tau_2 = m_2 r_2 l_1 \cos(\theta_1 - \theta_2) \ddot{\theta}_1 + (I_2 + m_2 r_2^2) \ddot{\theta}_2 -$$
$$m_2 r_2 l_1 \sin(\theta_1 - \theta_2) \dot{\theta}_1^2 + m_2 r_2 g \cos\theta_2$$

(7.80)

方程(7.79)和方程(7.80)比牛顿欧拉的 6 个方程(7.71)～方程(7.76)更复杂,但简化的两方程只包含最小的一组变量(θ_1 和 θ_2)及其二阶导数诱导加速度。确定模型姿态所需的最小的一组变量称为广义坐标。通过收集所有的加速度、速度和重力条件,可以用简单的替换来简化方程(7.79)和方程(7.80)的符号。

$$\tau_1 = M_{11}\ddot{\theta}_1 + M_{12}\ddot{\theta}_2 + C_{11} + C_{12} + G_{11} \tag{7.81}$$

$$\tau_2 = M_{21}\ddot{\theta}_1 + M_{22}\ddot{\theta}_2 + C_{21} + C_{22} + G_{21} \tag{7.82}$$

　　我们可以采用下面的矩阵符号进一步合并方程以使表达更为简便:

$$\begin{bmatrix} \tau_1 \\ \tau_2 \end{bmatrix} = \begin{bmatrix} M_{11} & M_{12} \\ M_{21} & M_{22} \end{bmatrix} \begin{bmatrix} \ddot{\theta}_1 \\ \ddot{\theta}_2 \end{bmatrix} + \begin{bmatrix} C_1 \\ C_2 \end{bmatrix} + \begin{bmatrix} G_1 \\ G_2 \end{bmatrix} \tag{7.83}$$

并引入广义坐标作为向量 $\boldsymbol{q} = (\theta_1, \theta_2)$

$$\boldsymbol{\tau} = \boldsymbol{M}(q)\ddot{q} + \boldsymbol{C}(q, \dot{q}) + \boldsymbol{G} \tag{7.84}$$

其中,$\boldsymbol{M}$ 是惯性矩阵(我们不使用符号 $\boldsymbol{I}$,因为 $\boldsymbol{M}$ 包含质量和转动惯量),$\boldsymbol{c}$ 是与速度相关的向量,并且 $\boldsymbol{G}$ 是重力向量和应用到模型的任何外力。这个术语的具体介绍可以在大多数工程力学教科书中找到。

　　重写方程(7.84)如下:

$$\ddot{\boldsymbol{q}} = \boldsymbol{M}^{-1}(\boldsymbol{q})\boldsymbol{\tau} + \boldsymbol{M}^{-1}(\boldsymbol{q})\boldsymbol{C}(\boldsymbol{q}, \dot{\boldsymbol{q}}) - \boldsymbol{M}^{-1}(\boldsymbol{q})\boldsymbol{G}(\boldsymbol{q}) \tag{7.85}$$

　　方程(7.85)里蕴含着非常重要的生物力学原理。因为逆质量矩阵的成分($\boldsymbol{M}^{-1}$)总是会被完全填充,显然,任何一个关节单一的加速度会加速身体所有的关节,不只是它通过的关节。同时,由于 $\boldsymbol{M}^{-1}$ 包含关节角度位置(以及惯性特性),则由关节力矩产生的加速度将是力矩的大小和身体所有环节姿势的函数。因此,如果身体姿势发生变化,由一个给定的力矩所产生的加速度也会相应增减,在某些情况下,甚至加速度的方向也发生改变。例如,在跑步过程中,踝关节跖屈肌在站立中期一般与膝伸肌作用相同。

　　然而,随着跑步者接近脚趾离地,同时膝关节、髋关节屈曲,踝关节跖屈肌群与膝关节屈肌作用相同。很显然,因为诱导加速度可以用来解释实验或模拟数据,所以从概念上来说,它处于正向动力学(预测分析)和逆向动力学(主要用于临床研究中描述性的分析)领域的交叉点。

　　对运动分析数据进行解释是常规运动分析中的一个关键步骤。这种解释能够让临床医生清楚理解临床报告的数据。这些运动数据的分析解释最近在生物力学界得到了普及。分析的基础是识别一个特定的肌肉群(例如跖屈肌)对测量结果(例如身体的质心加速度)的贡献。例如由 Zajac 和 Gordon(1989)命名的诱导加速度分析,他们用一个简单的平面模型证明了腓肠肌、解剖学上的膝关节屈肌和踝关节跖屈肌可在某些情况下充当膝关节伸肌。

　　丧失一个或多个肌肉群功能的患者经常使用自适应策略,这个策略依赖其他肌肉群对他们通过的关节进行加速的能力。这样患者不自觉地使用这些原则来产生代偿性的控制策略,从而可以使他们继续行走。为了了解并最终改善功能受限人群的步态,需要做更多的研究。Kepple 及其同事(1998)用一种灵敏的方法测试屈膝步态下个别肌肉支撑和推进的能力。Neptune 及其同事(2001)、Anderson 和 Pandy(2001)采用动态优化的方法扩展了这些技术,是为了评估在正常行走时个别肌肉对推进和支持的贡献。这些研究加强了我们对正常行走和临床运动分析中前进能力的理解。

参考文献

Siegel, K. L. , T. M. Kepple, and S. J. Stanhope. 2007. A case study of gait compensations for hip muscle weakness in idiopathic in flammatory myopathy. *Clinical Biomechanics* 22:319 - 26

本案例的目的是量化步态中补偿臀部肌无力的不同策略,参与步态分析中的三名女性被诊断为特发性炎症性肌病,并与一个健康受试者进行对比分析。从步态分析中得到的下肢关节力矩用来驱动一个诱导的加速度模型,该加速度模型可以确定每一个力矩在直立支撑、向前运动和髋关节加速时的贡献。

结果表明,支撑中期过后,踝关节跖屈肌通常在提供直立支撑和向前运动动力的同时产生伸髋加速度。在正常步态中屈髋肌反常地对抗髋关节的伸展,但肌肉受损受试者(S1 - S3)的屈髋肌群太弱无法控制髋关节的伸展。相反,受试者 S1 - S3 改变了关节的位置和肌肉的功能而向前运动,同时最大限度地减少了髋关节伸展的加速度。受试者 S1 增加了膝关节屈曲角度以减少踝关节跖屈肌的伸髋作用。

受试者 S2 和 S3 利用屈膝力矩或重力而向前运动,这有利于促进髋关节屈曲而不是伸展,同时减少对屈髋肌的需求。这项研究表明虽然与正常的步态相比降低了速度,但是步态补偿髋肌无力可以产生独立的(即成功的)移动。这些成功策略的知识不仅可以帮助不能行走的臀部肌无力患者康复,同时潜在地也可用于降低这些患者的残疾。

诱导的功率分析

净力矩(即加速一个环节)可以对它不作用的环节间的反作用力贡献环节功率(如 Fregly 和 Zajac,1996)。每一个净力矩对环节瞬时功率的贡献度可以由系统当时状态的每个瞬时力矩和这个力矩产生的瞬时加速度确定。环节功率分析为肌肉(或净力矩)对环节的影响提供了一个明确的解释,由于功率和加速度之间存在一个线性变换(如果力矩是正的,肌肉或净力矩使环节加速,而如果力矩是负的,净力矩的作用是使环节减速)。

Neptune 及其同事(2001)使用了诱导加速度和感应功率分析来解释在正常步态中踝关节肌肉的功能作用,该技术在临床运动分析委员会中一直存在争议。利用诱导加速度和感应功率分析技术,作者可以最终解释以下现象,在蹬伸期踝关节的肌肉有助于躯干的支撑和前进,单关节和双关节肌会有明显不同的功能作用。

图 7.16 显示了在步态周期中右腿比目鱼肌和腓肠肌产生的机械功率及其在腿和躯干上的分布。由比目鱼肌和腓肠肌产生的净功率是腿部环节(右腿)、躯干部分(躯干)和对侧腿环节(太小而未显示)产生的功率总和。对腿部和躯干作用的正(负)净功率表示肌肉在运动方向使腿和躯干加速(减速)。值得注意的是,单关节的比目鱼肌和双关节的腓肠肌是如何在相反的方向上从腿部和躯干产生力量的(Neptune 等,2001)。

Siegel 和他的同事（2004）使用了一种诱导加速度模型来估计步态中净关节力矩通过腿和躯干转移机械能的能力。研究发现，一对具有相反作用效果的关节力矩（膝关节伸肌力与重力，髋关节屈肌与踝关节跖屈肌）同时工作能够使得能量传递通过该环节时达到平衡。这个内部的协调表明在行走过程中具有相反作用的力矩同时产生，以控制机械能在身体内的传递。

三维计算中的误差来源

在计算关节反作用力、净力矩及诱导的加速度和力量的过程中，地面反作用力、运动学和人体测量的数据都是误差的可能来源。其中来自测力台坐标系中地面反作用力的数据是最准确可靠的，但从 FCS 到 GCS 转换过程中，用于计算转换参数的技术参数容易产生人为误差。虽然环节惯性参数变化很大，但是根据推导过程，他们对最终结果不会产生较大的影响（至少对步行来说）。在第二章中详细描述了计算运动学参数时错误的来源。

在本章的计算中，假定身体环节为刚体。这个假设虽然很有用，但引入了潜在的误差。足部由多环节构成而不是一个刚体。无论脚被划分为几个环节，踝关节的动力学数据始终保持不变，所以除非读者正在专门研究脚的动力学，否则把脚分为几个环节加以研究时不会有什么收获（从动力学的角度来看）。

虽然把人体环节定义为刚体非常理想化，在一定程度上对小腿是合适的，而对大腿和足则不太合适。大腿股骨周围有大量的肌肉组织，一些研究人员常使用一个晃动质量模型来代表该环节（Pain 和 Challis，2001）。对于步行或跑步来说，把环节看作可变形的结构和补偿软组织伪差是否具有相同的作用，这是值得怀疑的。计算关节力矩所需的运动数据高度依赖姿态评估的准确度，但是对软组织伪差又是敏感的。

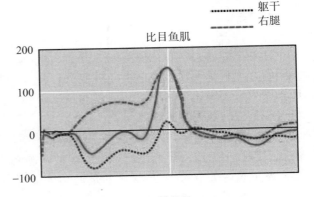

比目鱼肌

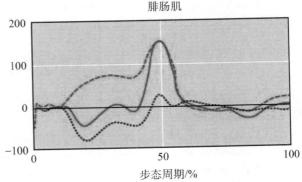

腓肠肌

步态周期/%

图 7.16　步态周期中右腿比目鱼肌和腓肠肌产生的机械功率及其在腿和躯干的分布示意图

转载自 *Journal of Biomechanics*，Vol. 34，R. R. Neptune, S. A. Kautz, and F. E. Zajac, "Contributions of the individual ankle plantar flexors to support, forward progression and swing initiation during walking," pgs. 1387 - 1398, copyright 2001, with permission of Elsevier.

小结

计算三维动力学有几种不同的方法，在本章中虽然只讨论了牛顿-欧拉方程，但有几种不同的方法来呈现结果。三维分析涉及合并三种类型的数据：①外力的数据（通常是地面反作用力）；②描述个体环节标记点的三维坐标；③个体环节的人体测量学数据。必须考虑与这些类型的数据相关联的误差。

通过计算净力矩，我们可以进一步计算关节功率，这代表了肌肉从系统中加减能量的工作效率。找出力或力矩和由此产生的运动轨迹之间的因果关系是非常困难的。可以在不同参考系里表达关节力矩，最常见的是近端环节的参考系。关节力矩也可以表示为内力矩和外力矩。为了进一步解释净力矩对运动中动力学的影响，可以使用诱导加速度和诱导功率进行分析。

推荐阅读文献

• Allard, P., A. Cappozzo, A. Lundberg, and C. Vaughan. 1998. *Three-Dimensional Analysis of Human Locomotion*. Chichester, UK: Wiley.

• Berme, N., and A. Cappozzo (Eds.). 1990. *Biomechanics of Human Movement: Applications in Rehabilitation, Sports and Ergonomics*. Worthington, OH: Bertec Corporation.

• Nigg, B. M., and W. Herzog. 1994. *Biomechanics of the Musculo-Skeletal System*. Toronto: Wiley.

• Vaughan, C. L., B. L. Davis, and J. C. O'Connor. 1992. *Dynamics of Human Gait*. Champaign, IL: Human Kinetics.

• Zatsiorsky, V. M. 2002. *Kinetics of Human Motion*. Champaign, IL: Human Kinetics.

第三篇 肌肉、模型与动作

前几章内容中,通过单一驱动作为理论结构来分析人体肢体运动,例如人体在运动过程中某一关节所受到的关节力或力矩。第三篇中,我们主要关注人体肌肉骨骼系统中的肌肉。例如,第八章涉及肌肉活动的研究,这些肌肉活动可以通过肌电图来进行测量。肌电图记录肌肉电信号的同时,在肌肉被激活后"泄露"出相应信息。我们将这些称为"肌电图",通过使用电子数据记录的方式保存下来,以供研究人员使用相关的分析手段及方法继续研究,本章将会介绍肌电分析中所涉及的分析工具及数学公式。第九章提出了利用希尔肌肉模型对人体肌肉进行数学建模的方法,获取相关肌肉参数信息。第十章阐述了人体建模过程中所涉及的技术与基本参数,并基于初始物理条件创建运动模型进行模拟仿真。随着计算机模拟人体运动的技术发展,不要求受试者进行运动动作,在较大程度上可以通过模拟仿真获得受试者运动相关参数,这就使得研究人员、医生、治疗师或教练能够在不让人受伤的前提下测试新的技术动作以及了解康复情况。最后,在第十一章中我们将会探讨肌肉骨骼模型在分析人类运动中的运用,这一方法产生的运动使得研究人员能够通过将肌电数据输入模拟仿真模型中,以此得到相应关节的肌肉力量,而不是通过传统的逆向动力学对其进行求解,这使得该领域逐渐成为热门的研究领域。需要读者注意的是,附录 F 和附录 G 描述了相应的研究方法,分别对人体下肢的双摆模型和双摆方程进行推导,并积分求解。

第八章　肌电图机能学

Gary Kamen

肌电图(肌肉电活动的研究)的应用在提供关于控制和执行自主(或反射)动作信息方面是非常有价值的。本章概述了肌电图(EMG)在生物力学中的应用。本章内容：

(1) 确定肌纤维动作电位的基础和它是如何沿着肌纤维传导的；

(2) 确定肌电信号的特性；

(3) 解释肌电电极的基本特征；

(4) 探讨了一些能转换肌电信号特征的技术性问题；

(5) 确定常用来描述肌电图信号的变量；

(6) 回顾一些用 EMG 来解释人体运动的例子。

肌电图信号的生理学原理

尽管研究人员必须了解一些技术特点以此来处理 EMG 信号,但是信号本身也是具有生理学原理的。本章第一节从生理学角度简要阐释两个概念：肌电信号如何产生及动作电位是怎样沿着肌纤维传导的。

肌纤维动作电位

要产生肌力,肌纤维必须从运动神经元那里接受一个脉冲信号。一旦运动神经元被中枢神经系统(central nervous system, CNS)激活,一个电脉冲将传导到每一个运动神经元,从而到达每一个运动终板。在这个对应的突触处,发生离子事件,最终触发一个肌纤维动作电位(action potential, AP)。

静息膜电位

即使在静息状态,肌肉也会兴奋,也可以记录其电活动。通常,肌纤维内部有一个大约为 -90 微伏(mV)的电势。电压梯度是由于肌膜内外钠离子(Na^+)、钾离子(K^+)和氯化物的离子(Cl^-)浓度不同而导致的。在慢肌纤维中,静息膜电位通常要比快肌纤维中高出 $9\sim15$ mV,显然是由于其 Na^+ 的通透性更好,细胞内 Na^+ 活性更高(Hammelsbeck 和 Rathmayer, 1989；Wallinga-De 等,1985)。此外,静息膜电位并不是不变的,例如,通过运动训练静息膜电位是可以改变的(Moss 等,1983)。

动作电位

动作电位是负责激活每一个肌纤维环节的神经信号,因此每一个肌纤维都对肌力的产生有贡献。而这个过程从肌纤维膜 Na^+ 通透性的改变开始。因为肌纤维外 Na^+ 的浓度相对较大,任何通透性的改变都会导致 Na^+ 内流。最终,足够的 Na^+ 进入细胞扭转膜电位的极性,相对于周围的外介质,使得肌纤维内侧变成正极(约 30 mV)。由于膜的电位极性反转,膜的 K^+ 通透性也将改变,导致 K^+ 流出细胞。K^+ 的大量外流将导致复极电位从而恢复到静息电位。

为了确保肌纤维完整激活,神经肌肉接头处的小环节所产生的动作电位必将传导至相邻的环节。作为一个被动的过程,动作电位在每一个相邻的肌纤维传导,并在神经肌肉环节中沿两个方向传导,从而使得整个肌纤维都处于电兴奋状态。由于动作电位的传导,每一个完整肌纤维的膜电势都会由负变正,相邻肌纤维部分电势相反从而被激活。肌纤维更深层也需要被电激活,因此,通过横小管系统,动作电位传导至更深层部分,一些肌纤维运动神经元轴突部分的终端比其他稍长一些,所以可能需要更长的时间来激活这些肌纤维(见图8.1)。

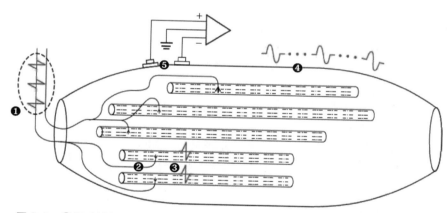

图8.1 ①运动神经元的动作电位引起肌纤维激活的过程;②该动作电位到达所有的运动神经元支配的运动终板;③通过电化学过程,肌纤维动作电位产生和沿肌纤维传导;④由一个运动神经元激活的所有肌纤维产生的电位总和触发一个运动单位的动作电位;⑤可以用特殊的生物信号放大器在皮肤表面记录运动单位的动作电位

肌纤维传导速度

动作电位的传导速率决定了肌电的许多特性。例如,为表面肌电提供低频分量时,动作电位是以低速传导的。所以了解信号传导速率的界定因素是很重要的。因为动作电位的产生是一个离子交换过程,动作电位在肌纤维上的传导速率是由离子交换的速率决定的。膜通透性的被动变化特点决定了部分的变化速率,及伴随着 Na^+ 移出纤维膜的代谢机制。

不同肌纤维传导速度的不同可能归咎于肌纤维的化学组织和结构特点。快肌纤维中,动作电位的振幅比较大。此外,快肌纤维和慢肌纤维动作电位的图形也不同,相对于慢肌纤维,快肌纤维动作电位出现得更快(包括电位去极化和复极化)。因此,快肌纤维比慢肌纤维有更快的传导速度。大直径的肌纤维比小直径的肌纤维能产生更大的动作电位(Andreassen 和 Arendt-nielson,1987),这可能是由于其具有更强的 Na^+ 活性。而萎缩肌纤维的传导速度则非常低(Buchthal 和 Rosenfalck,1958)。肌纤维长度的增加将导致传导速度的降低,这也可能是由纤维中其他结构的改变所导致的(Dumitru 和 King,1999)。

运动单位动作电位

每一个运动神经元通常都支配许多肌纤维,但数量从几到几千不等。这个特性称为神经支配率,用每一个运动神经元支配的肌纤维数量来计算。单个运动单位的肌纤维分布于整块肌肉,而在某些肌肉中的分布可能会更加集中(Windorst 等,1989)。运动的最小单位称为运动单位,由神经元和它所支配的神经纤维构成。

运动单位动作电位是这个运动单位所有激活的肌纤维电信号的累加,部分运动单位动作电位是由支配率所决定的。此外,更多(或者更大肌纤维)的运动单位有更大的动作电位。然而,也有一些离散的问题用肌电来确定运动单位动作电位,此时深层肌纤维对表面肌电信号的贡献已很小了(见图 8.2)。

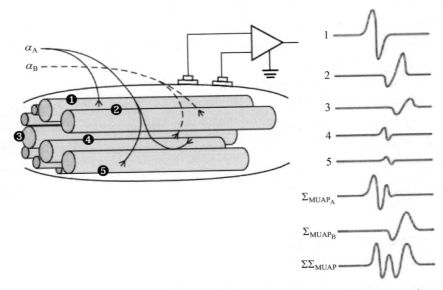

图 8.2 每一根纤维对肌电信号的贡献,很大一部分取决于肌纤维所处的深度,比如纤维 5 贡献的动作电位比纤维 1 要小。信号的时间特性也依赖于电极-运动终板之间的距离,以及终端点长度和运动神经元的直径。这里显示了两个运动单位,每一个运动单位的幅度代表一个肌纤维动作电位的代数和,整体信号是所有运动单位的代数和

运动单位激活

肌力的产生是许多肌肉联合作用的效果。对于一块单独的肌肉,肌力是由越来越多的

运动单位激活而产生的,这个过程称为募集。首先被募集的是小的运动单位,由于力量增加的需要,大的运动单位也被募集起来。神经系统控制激活的运动单位的频率,这个量化过程称为运动单位的放电率。随着运动单位发射频率的增快,产生的肌力也随之增加。

肌力也可以用其他方式来改变。例如,在肌肉萎缩发病时,如果想移动肢体,可能需要更大的力量去克服肢体的惯性,运动单位可能会在开始一个常规的发射频率之前发射两个短的延时脉冲。这个双脉冲称为双峰,是可能比被两个运动单位激活之和更大的力(Claman 和 Schelhorn,1988)。两个或者更多的运动单位同时激发的过程称为同步。尽管运动单位同步比想象中发生得更加频繁,在肌力的产生中,运动单位同步的确切作用并不明确。

在进行屈腕动作时,我们往往会激活(协同肌)进行类似动作的其他肌肉。腕关节屈曲可能是由于激活了深屈肌、浅屈肌、尺侧和桡侧腕屈肌、掌长肌和其他手腕屈肌。在本章后面,我们给出了皮肤表面电极传感器作为检测器的肌电活动。如果邻近的肌肉进行类似的动作,这些动作就会由表面电极记录下来。

运动单位动作电位和肌电信号

当进行最轻微的肌肉收缩时,可能激活了一个单个的运动单位,并在皮肤表面记录下动作电位,之后进入静息电位直到这个单位的下一次激发。随着力量需求的增加,其他运动单位可能会被募集和发射更高的频率。在任何时间点,肌电信号都是所有被激活的运动单位电信号的总和。两个或更多运动单位的激活被短暂地间隔开,则可能导致肌电信号中一个较大的峰值。这里还要注意的是信号有正和负之分。当信号越过轴线的时候,一个动作电位的正相位将与其他动作电位的负相位相抵消。

表面肌电信号的振幅随肌肉任务的不同而变化,特殊肌肉群以及许多其他的功能早已研究。当然,肌电信号的振幅随着肌肉收缩的强度增加而增加。然而,肌电信号的振幅和力之间的关系常常是非线性的。而且从肌电信号的记录可以看出,拮抗肌的被动收缩可能需要主动肌群的补偿激活。因此,人们不能想当然地认为肌电活动的增加表示肌力相应地增加(Redfern,1992;Solomonow,Baratta 等,1990)。有关肌电信号与力之间关系的问题将在后面的章节讨论。

肌电信号的记录和获取

肌电活动可以用单极或者双极记录仪获取(见图 8.3)。在单极记录仪里,电极直接放置在肌肉上,第二个电极放在一个呈电中性的地方,例如骨性隆起处。一般情况下,单极记录仪比双极记录仪的频率响应低且可选择性较少。尽管在静态收缩(Ohashi,1995,1997)和一系列涉及针电极的临床调查(Dumitru 等,1997)中经常使用单极记录仪,但单极记录仪本身不稳定,不宜用于测量非等长收缩。但是单极记录仪适用于 H 和 T 反射以及肌肉的 M 波(M-waves)(Mineva 等,1993)。

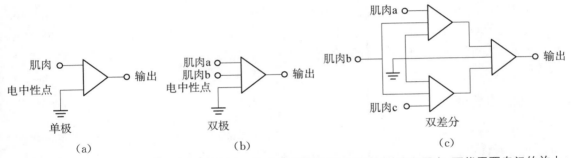

图8.3 肌电信号可以通过使用(a)单极或(b)双极记录仪获得。然而,一些应用中,可能需要专门的放大器,例如(c)双差分记录技术

双极(或单一差分)记录仪是比较常见的。在一个双极记录仪装置里,两个电极放在肌肉里或者覆盖在肌肉的皮肤上,第三个中性或者接地电极放在一个电中性点。该结构采用一个差分放大器来记录两个电极电信号的电位差。因此,任何常见的信号经过这两个输入端以后都将大大衰减。放大器衰减这些常见信号的特性即共模抑制,两个输入端常见信号的衰减程度是由共模抑制比描述的(CMRR)。这些共模抑制比的表达是线性的或者是对数范围的。一个非常好的商用放大器可能会有一个 100 dB 的共模抑制比。我们可以用下面的公式将共模抑制比转化为一个分贝标度:

$$\mathrm{CMRR_{(dB)}} = 20\lg \mathrm{CMRR_{(linear)}} \quad (8.1)$$

其中共模抑制比相当于 100 000 : 1。

在一个典型的实验室或者研究场地,需要考虑哪里可能有相当大的射频(RF)和电源插座、照明系统或者其他电路信号。这些信号通常是电源线频率(50 Hz 或者 60 Hz,取决于记录的地方),所以它们处于肌电信号的频率范围之内,或者还可以存在周围的其他射频信号。因为差分放大器减少了放大器两个输入端出现的同相位信号,这些干扰信号的影响大大地降低。单极和双极记录在实例中都是有意义的,例如研究在肌肉长度变化的过程中肌纤维的几何形状(Gerilosky 等,1989)。

还必须注意的是在设置放大器增

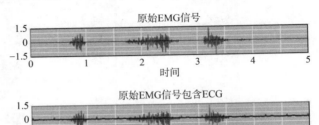

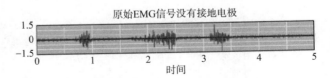

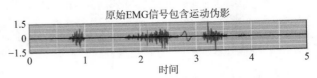

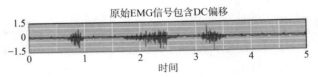

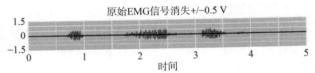

图8.4 肌电信号的各种失真。第一幅图是真实信号;后面的图是各种失真

益时要特别小心,如果表面肌电信号的振幅超过了放大器增益,输出幅度超过了提供功率的范围时,放大器饱和,并以缩略的形式出现波形失真(见图8.4)。另外,如果增益设置得太低,信号经数模转换之后信号的分辨率也会降低。理想的增益设置应该是使信号的振幅与数模转换器的范围相匹配。

电极的类型

可供选用的电极种类繁多(见图8.5),电极的选择取决于所研究的动作、研究问题的性质以及要对特定肌肉记录的内容。这一节将讨论肌电电极在皮肤表面的放置方法,留置导线和针电极的使用。当前在研究中使用的少数其他电极同样也会提及。

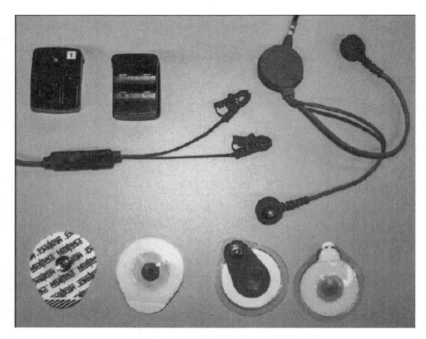

图8.5 部分市售表面电极

表面电极

首先,表面电极是由各种金属制成的导电物体,包括金、银、不锈钢及锡。这些平板型的电极通常应用于临床,如评估感觉和运动神经的传导速度、F 波、M 波和 H 反射(Oh,1993)。然而,这些表面电极会产生一些技术问题。皮肤层内部和外部存在 30 mV 的电势差。当皮肤被拉伸时,电势下降到大约 25 mV,这将导致记录产生 5 mV 的改变,即产生运动伪影。显然,在希望记录下的信号中夹带由皮肤瞬移所产生的运动伪影是一个问题。但是,这个伪影通常可以用银-氯化银实现最小化(Webster,1984),经过轻微磨蚀的皮肤通常可以降低 50 kΩ 的皮肤表面阻抗。这些表面电极探测了皮层下肌肉的 EMG 活动,但它们也可能是周围环境中其他射频干扰的无线信号。因此,极间电阻必须最小化以尽可能地减小射频干扰。将电极黏贴在皮肤上以后,使用一个阻抗计可以达到这个目的。在黏贴电极之前,可以通过仔细处理皮肤,去除死皮和皮肤油脂,增加局部皮肤的血流量以减小阻抗。尽量减小电缆的距离,使用屏蔽电缆和特殊编织的电极电缆都有助于降低射频信号的干扰。

将第一级放大器尽可能地靠近电极可以成功地减少运动伪影,例如,电缆绝缘层的摩擦和运动产生的运动伪影。这些运动伪影可以通过在每一个电极使用增益运算放大器来减少。这些电极通常称为活跃电极,这些设备中放大器的位置非常靠近表面传感器(见图8.5)。从第一级放大器出来的信号通常有很高的信噪比,所以有更"清晰"的信号(Hagemann 等,1985)。前人曾描述过前置放大器电极的低价构建(Hagemann,1985;Johnsond 等,1977;Nishmura 等,1992)。一次性电极同样具有商业用途。

表面电极用于记录深层肌肉或大肌肉的深层电位,具有一定的局限性。表面电极记录的有效估算范围是皮下 20 mm 以内(Barkhaus 和 Nandedkar,1994;Fuglevand 等,1992)。用表面电极记录小肌肉的信号也十分困难,因为很难辨别这个信号是由皮层肌肉还是相邻肌肉所产生的。这种干扰是一个严重的问题,将在下一节讨论。有证据表明,深层的运动单位可能比浅层运动单位的信号要小,所以需要对更多、更大的糖酵解反应运动单位进行表面肌电的记录,以获得可能发生的偏差值(Lexell 等,1983)。

细丝电极

记录深层和较小肌肉活动时,使用细丝电极较为合适(Basmajian 和 Stecko,1962;Burgar 等,1997)。这种结构一般是由两根直径较小(约为 75 μm)的绝缘电线组成,且穿过一个中空的针套管。导线的末端构成记录平台,它们可以被整齐切割,或者从导线绝缘层的末端去掉约 1 mm。去掉的绝缘部分越多,记录的数据量就越多。这些电线远端 1 cm 被弯曲回来,使电线和针可以插进肌肉中,在针插去后要小心拿掉,只留下电线作为记录电极。在实验中,套管可以拿掉,或者放到一边,然后把电线的两端连接至一个放大器上。

针电极

市场上有许多针电极可用,它们通常用于测定一个或多个运动单位而不是整体肌肉的肌电活动。同心电极是由放在中空套管中央的小电丝组成的。小电丝放置于环氧树脂中。然后套管被切成一个锐角(约 15°),留出一个极细电线表面,再参照套管使用方法,进行双电极记录。

其他电极设计

设计其他不同种类的肌电电极是为了满足不同目的的测试需求,纵向排列电极用来记录肌纤维动作电位传播的特征(Masuda 等,1985;Merletti 等,1999)。多列 2D 排列电极是在一个网格中由 9 个或者更多的电极表面排列组成的,可用于研究肌肉的结构特征(Thusneyapn 和 Zahalak,1989)。一家公司(Delsys)设计了无线电极(Trigno),该附着皮肤表面的电极中包含了三维加速度计,用以测量运动。

记录单个肌纤维强力收缩时的动作电位需要使用专门的电极。已有人尝试用表面多电极排列的方法来记录单个动作电位(Rau 等,1997),但是需要再次注意的是,表面电极所测的肌纤维相对于皮肤表面存在一定偏差。单独肌纤维的动作电位通常是通过细丝电极(之前提及过)、多个细丝电极(Hannerz,1974;Shiavi,1974)或者针电极(Kamen 等,1975;

Sanders 等,1996)采集的。

电极几何形状和电极安放位置

表面电极必须放置在采集肌纤维动作电位的位置,但是,不应过分强调表面电极正确安置在肌肉表面上的重要性。一般电极放置位置要离开肌腱密集的区域,运动点(神经进入肌肉的区域)不适合放置表面肌电极。在各种文献中可以找到电极的标准位置(Le Veau 和 Andersson,1992;Zipp,1982),但是电极相对于肌纤维的方向是同样重要的,如果电极摆放的位置不与肌纤维方向平行,那么信号的振幅会减少约 50%(Vigrux 等,1979)。EMG 信号的频率内容同样也会受到不平行电极位置的影响。因此,虽然肌纤维的羽状角很难确定,但是尽量使得电极摆放位置与肌纤维平行,我们可以借助人体解剖学图谱来实现(Cram 等,1998)。

电极间的几何位置也是需要考虑的重要因素。虽然未经研究证实,但是 EMG 信号振幅会受电极间距离的影响——配对电极间的距离。有研究者发现,电极间 60 mm 左右的距离会使直径为 7 mm 探测区域的 EMG 信号产生更大的振幅(Vigreux 等,1979)。但是,最近 Jonas 和同事(1999)通过不同的表面电极类型、不同的测试区域和不同的电极间距进行肌肉动作电位振幅的记录,结果并未发现存在差异。EMG 频域特征也会随着电极间距发生改变,电极间距较近则测得较高的频谱频率(Bilodeau 等,1990;Moritani 和 Muro,1987)。当放置 EMG 电极时,尽可能所有条件都保持一致,使受试者之间的差异尽可能减小。

参考文献

Masuda,T.,H. Miyano,and T. Sadoyama. 1992. The position of innervation zones in the biceps brachii investigated by surface electromyography. *IEEE Transactions on Biomedical Engineering* 32:36 – 42.

在揭示肌肉形态学特征时,EMG 技术是有一定作用的。研究中,Masuda 和同事沿肱二头肌表面安置线性排列的电极。通过多个电极探测肌纤维的动作电位,然后沿肌肉走向跟踪。在神经分布附近运动点(motor point),即动作电位极性会发生反转,标记运动点的位置较为可靠和准确。研究者介绍了一种计算机程序,通过回归技术可以自动计算该位置。通过这种方法,表面肌电技术对肌肉形态学的研究来说,是非常有价值的。

肌电图信号的处理

信号处理的模拟和数字电子技术的进步,以及对肌电信号的进一步了解,已经改进了我们处理和分析信号的方法。这一节着重于最常用的信号采集和滤波,也提出一些与信号处理相关的技术难题。

模拟和数字滤波的应用

常依据射频信号的固有频率特性、广泛的无线电频率噪声来源以及任何生物信号的干扰来选择滤波器。对肌电信号频谱的分析表明低于 10 Hz 或者高于 1 kHz 的信号很少。事实上,表面肌电信号的频率上限受带宽限制,现已发现的最高频率成分大概是 400 Hz。留置信号(肌肉内记录)包含更高的频率成分(Gerleman 和 Cook，1992)。因此，通常建议使用高通频率为 10 Hz，低通频率为 1 kHz 的带通滤波器进行处理。然而，关于到底使用怎样的带通频率众说纷纭。信号采集后可以用滤波器软件对数字信号做进一步处理。

模拟–数字数据采集

肌电信号的固有频率特性对于采样频率的选取也是很重要的。当然，必须遵循奈奎斯特定理(Nyquist limit)，即最低采样频率是信号最高频率的两倍。对于表面肌电信号，采样频率一般需要一秒钟采样 1 000 次，有时候更高。一个低通、抗伪滤波器设置在奈奎斯特极限频率(信号的最高频率)时可用于消除这些频率大于真实信号的信号。

许多制造商提供 50～60 Hz 的陷波滤波器使来自灯或者其他设备的射频活动衰减。然而，仍有相当大的肌电活动在电源频率范围内。因此，这个信号可能看上去"更平滑"，但相当部分的肌电信号被这些陷波滤波器消除。必要时，需要通过技术而不是陷波滤波器去消除线性频率干扰。这需要改变周围设备环境，使用替代电极，提高接地配置，或者改进电极–皮肤界面。

肌电信号的影响因素

对肌电信号有影响的因素大部分是由生理和技术引起的。了解各种影响因素的来源有利于表面肌电信号的采集，并确保可以准确地分析。

电极

如前所述，电极的特性包括电极的类型(如表面、金属板、银–氯化银、留置式)，电极的大小和电极间的距离，这些都可以影响肌电信号的频率和振幅，电极结构(单极还是双极的)也是一个关键因素。

表层以下的组织特点也影响肌电信号。处理不好电极–皮肤间的界面会增加电极阻抗，从而产生更小的信噪比。处理好电极–皮肤间的界面对于未经放大的电极尤为重要。肌电信号振幅随着表面电极与肌肉之间距离的增加成指数降低(Roeleveld 等，1997)。因此，皮下脂肪的厚度可以增加电极–肌肉间距从而影响肌电信号。毫不奇怪，低含量的皮下脂肪与高信噪比相关。肥胖人群的皮下脂肪层可能是瘦人群的 4～5 倍(Petrofsky，2008)。肌电信号超过 50% 的改变可能是由于皮下脂肪厚度造成的；如果皮下脂肪层很厚，建议对肌电信号进行标准化修改(Nordander，2003)。

血流量和组织的影响

肌肉和表面电极之间的组织有较强的低通滤波器效果。因此，个别肌纤维动作电位的高频特性，特别是深层纤维在表面有明显的衰减，并且衰减随着距离成指数降低。因此尽管离肌纤维的距离很小，仍然能造成肌纤维动作电位高频率特性大幅度衰减。即使离肌纤维 100 μm，仍有约 80% 的信号强度丢失(Andreassen 和 Rosenfalck，1978)。低通滤波也可以通过增加血流量得到降低，而血流量缩减时又会急剧增加。因此，肌电信号特征可以通过一些与肌肉电活动无关的因素而得到改变。由于 Na^+ 的变化会对肌电信号产生影响，因此机体发生明显疲劳、脱水或肌肉内血流中断可能影响肌电。

肌肉长度

我们对肌肉动态收缩过程中长度变化的了解通过 Kawakami 及同事的超声研究已经得到了扩展(1998)。肌纤维动作电位的传播速度随着肌肉长度的变化而变化,表现为肌纤维的传导速度随肌纤维长度的增加而减少(Morimoto,1986)。此外,动作电位的振幅也随肌纤维长度的增加而降低(Gerilovsky 等,1986;Hashimoto 等,1994),可能是由神经肌肉接头或肌纤维膜形态变化而导致的(Kim 等,1985)。此外,频率特性也会受影响,增加肌肉长度会将频谱向低频移动(Okada,1987)。在动态收缩测试中,肌电信号的特性会发生改变,也很难对信号进行分析。

肌肉深度

因为肌电信号随着肌肉与电极点之间距离的增加而快速衰减,所以深层肌纤维比皮肤浅层肌纤维更难从表面采集到。正如前面所提到的,表面电极只能记录那些浅层肌纤维的信号。此外,有一些证据表明,肌纤维类型可能随肌肉深度变化而改变。深层的肌纤维似乎有更多的慢肌特性,所以在产生较小力量时被募集,而较浅层的纤维可能有更多的快肌纤维,产生较大的力量时被募集。因此,表面肌电图可以有利于记录浅层的、产生更大动作电位的快肌纤维。

串扰

不考虑电信号的来源时,肌肉是一个有体积的导体,电信号可通过其进行传递。因此,例如跖屈肌产生肌电活动(如腓肠肌)时,将电极放在相邻的屈肌上(如比目鱼肌)也可以探测到。肌电的串扰可能是很大的(Morrenhof 和 Abbink,1985),且经常被低估,尽管这种方法还有争议。有研究发现一些相邻肌肉的串扰程度非常小(Winter 等,1994)。但是,串扰是肯定存在的,研究者须明确串扰的程度。

串扰受一些因素的影响。例如,皮下脂肪层越厚,串扰越严重(Solomonow 等,1994)。因此,如女性和婴儿的肌肉周围包裹了大量的脂肪,则串扰发生较频繁(如臀大肌)。

通过使用特殊电极可以使串扰最小化。细丝电极的记录面积比表面电极小,可最大限度地减小串扰。如本体神经肌肉促进法,这种康复技术已经可以用来说明 EMG 串扰的风险(Etnyre 和 Abeaham,1988)。早有研究表明,当肌肉为了抵抗收缩而被拉伸时,肌肉的肌电活动会增强。当受试者在跖屈动作后进行背屈动作,表面电极记录了背屈过程中比目鱼肌的肌电活动。但是,所用的细丝电极并没有观察到肌电信号(Etnyre 和 Abeaham,1988)。主动肌和拮抗肌的共收缩表明是拮抗肌背屈肌肉产生的串扰。

可以通过几种方法来确定串扰。由运动神经支配的拮抗肌被刺激时,则可以直接看见肌电信号中的串扰迹象(Koh 和 Grabiner,1992)。对两个肌电信号(两块不同的肌肉)进行串扰-相关性分析可以确定两个信号的时间延迟是否高度相关(Etnyre 和 Abraham,1988)。

一个系列内的三个表面肌电电极探测的肌电活动,可以通过两个常规的肌电放大器来记录。这两个常规放大器的信号可以输入至第三个不同的放大器,形成双差分信号(见图8.3)。这个双差分记录技术可能会使来自较远信号源的信号衰减,从而减少潜在的串扰信号(Koh 和 Grabiner,1992)。细丝电极探测区域较小,可通过每对细丝电极来更精细地选择探测位置。

肌电信号的分析与解读

肌电信号的两个重要属性是振幅和频率。振幅是肌肉活动量级大小的指标，主要由增加运动单位的激活数量和激活频率或放电频率而产生。信号的频率也受这些因素影响。当更多的运动单位被激活时，表面肌电信号的尖峰和拐点的数量也会增加。放电频率的改变也会导致肌电频率特性的改变。然而，正如前面讨论的，一些其他的因素，包括技术和生理因素也影响肌电信号的振幅和频率。在本节中，我们将讨论用来分析肌电图的主要变量，并提供一些关于解释它们的信息。

肌电图的振幅

用于定义肌电振幅的主要变量包括峰-峰（PP）幅度、平均整流振幅、均方根（RMS）振幅、线性包络线以及积分肌电。接下来将讨论这些变量。

峰-峰幅度

峰-峰（PP）幅度是用来描述肌电信号振幅的最简单方法之一。当信号高度同步时，这个变量就特别有用（多个运动单位同时放电）。例如，当外周运动神经受到刺激，大多数或所有的运动神经元同时激活，以产生一个同步信号，即 M 波（见图 8.6）。当刺激强度充分增大时，所有的运动神经元将激活，因此肌肉将产生最大的肌电活动。这个最大振幅 M 波可以通过计算负峰-正峰值进行描述（峰-峰值）。

图 8.6 M 波（M）反映了在一个电刺激（S）下所有肌纤维的同步电活动。Ia 传入纤维（Ia afferents）被激活而产生反射（H）。

另一个例子，H 反射通过传递一个低强度的电刺激给外周运动神经以激活主肌梭而产生。α-运动神经元上的 Ia 传入纤维突触会产生一个顺向（正常的轴突方向）的动作电位，导致运动神经元放电。所得到的信号在形状上与 M 波相似且幅值较小，因为通过这种技术激活所有运动神经元是少见的。该 H 反射的振幅也可以用 P-P 值进行描述。

平均整流振幅

正常肌电图（也称为干涉图样 interference pattern）是交流电（AC）信号，在正电压和负电压方向上变化。除非在信号采集和放大系统中存在一些电压相互抵消，这意味着信号的平均值为零。因此，平均值不是肌电振幅的一个有效指标。

为了计算代表一段时间的平均振幅，必须先对信号进行整流。整流包括将负电压转换为正值（即绝对值）。完成此操作后，平均值非零的振幅称为平均整流振幅[见图 8.7（b）]。

均方根振幅

一种不需要整流的替代方法是用下述公式计算均方根振幅：

$$\text{RMS}\big[\text{EMG}(t)\big]=\left[\frac{1}{T}\int_{t}^{t+T}\text{EMG}^{2}(t)\,\mathrm{d}t\right]^{1/2} \tag{8.2}$$

这里的 EMG 是肌电信号在时间序列(t)的每一个时间点上的值;T 代表分析信号的持续时间。因为均方根振幅包括原肌电信号的平方值,所以它不需要进行全波整流。

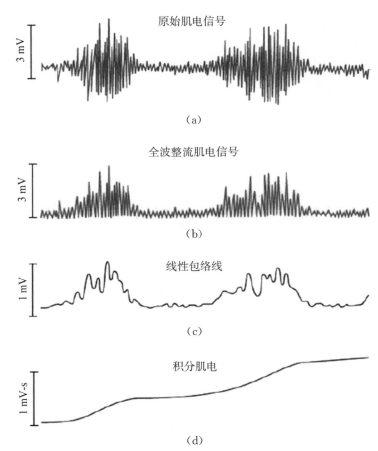

图8.7 (a)原始肌电信号;(b)全波整流肌电信号;(c)线性包络线;(d)积分肌电

转载自 Archives of Physical Medicine and Rehabilitation, Vol. 75, G. F. Harris and J. J. Wertsch, "Procedures for gait analysis" pgs. 216 - 225, copyright 1994,经过美国康复医学国会和美国物理医学与康复科学院的许可。

线性包络线

因为肌电信号是一个平均值为零的随时间变化的信号,任何时刻的信号值都不能说明肌电信号整体幅值。但是,可以通过线性包络线变量来获得对整体的估算,它是将全波整流后的信号进行低通滤波得到的[见图 8.7(c)]。线性包络线是肌电幅值的一种动态平均指标。选择某个精确的频率作为截止频率是有点武断的,截止频率的选取取决于实际应用情况。一般建议将 3~50 Hz 作为截止频率。持续时间较短的活动,最好用更高的截止频率,但通常选择 10 Hz 的频率就能得到令人满意的结果。然而,该信号的高频成分将会被衰减。

因此,当包络线用于计算起始点和终止点的时候,分辨率将会减小。

积分肌电

积分器(或计算算法)是用来计算所选取的一段时间内活动的整体情况[见图 8.7(d)]。如果该设备不重置,计算结果将会累加。因此,在预设的时间里,积分器的输出被复位到零,整合再次开始。积分肌电有一个严格的限定,而且经常被滥用或误用成平均整流肌电振幅或均方根振幅。

肌电图频率特征

振幅分析以后,下一个最常用的分析方法是肌电信号的频率特征。可以通过定义所谓的转折点和过零点来识别中位频率或平均频率,其他一些技术将在下文讨论。

转折点和零交点

描述肌电信号的频域特征最简单的方法之一是数尖峰数量。信号每改变一次方向,一个新的转折点将产生。肌电图中每单位时间里峰值的转折数量是对该信号频率成分的估计。同样,也可以通过数信号穿过零基线的次数。零交点的数量也是频率成分的有效估计。临床中,转折点和零交点经常用来描述潜在的神经肌肉病症(Hayward,1983;Ronager 等,1989)。而且,过零点的数目与其他频率变量有很好的相关性,与通过频谱分析所得到的结论相似(因巴尔等,1986)。

平均频率和中位频率

频谱分析技术经常用来描述肌电的频域特征。在一般情况下,表面肌电频谱的平均值约为 120 Hz,中位频率约为 100 Hz 并成正偏态(见图 8.8)。这些频率变量经常表明肌纤维传导特性发生变化,因此,它们可以作为标记,以便更好地解释是由于周边肌肉的改变,而不是由神经或中枢所致。

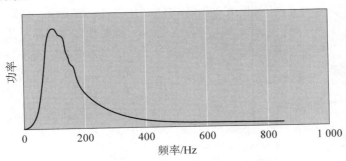

图 8.8　从表面肌电信号获取的典型频谱图

提示:肌电的频率特征常被误解和过分解释。例如:

(1)频率的增加并不一定表示有更多的快肌运动单位在活动。它可能表示慢肌运动单位较高的放电速率,激活的肌纤维具有较高传导速度,降低了运动单位的同步性、其他协同肌的激活或其他的可能性。

（2）同样地，频率下降并不一定表示同步的运动单位有所增加，可能表明激活的运动单位的减少、运动单位放电速率的降低、传导速度的减慢或肌肉内环境的变化。

（3）分析动态收缩时肌电的频谱特征是特别困难的。为计算频谱成分，我们假设该信号是静止的，也就是说，该频谱成分在分析期间不发生变化。在等长收缩中，静态性假设得到合理的满足，特别是对于短时间的收缩。然而，动态收缩所获得的肌电信号一般违反了静态性的假设。信号的静态性在何种程度上被违反取决于肌肉任务。例如在快速骑行中，很有可能违反静态性的假设。一种解决方案是考虑短时期的分析，在此期间，该信号将为准静态或广义静态（Hannaford 和 Lehman，1986）。其他解决方案包括替代算法，如 Choi-Williams 分布（Knaflitz，1999）和小波分析（Karlsson 等，2000）。因此，分析和解释动态活动肌电信号的频率特性时要特别小心。

其他的肌电图分析技术

分析振幅和频率是解释肌电信号最常用的方法，但也使用许多其他技术。如果只是需要知道肌肉活动的开始和结束，起点-止点分析（onset-offset analysis）是适合的。下面将介绍这个方法以及其他几个方法，包括极和相位图的使用。

起点-止点分析（onset-offset analysis）

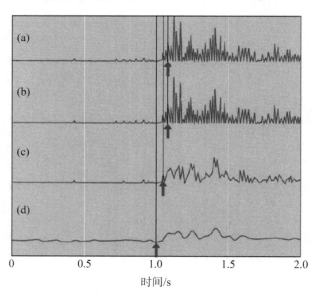

图 8.9　低通滤波可以对肌电信号触发时间识别有一个相当大的影响。（a）全波整流原始肌电图，注意使用低通滤波器从（b）500 Hz 至（c）50 Hz 到最后（d）10 Hz 逐渐平滑信号触发的识别变得越来越不准确

从脑电图和临床神经生理学卷转载。"基于肌电图肌肉收缩开始的识别的计算机方法测定的比较"511—519，版权 1996 年。

通常情况下，肌电图对于确定肌肉电活动何时开始与结束是很有用的。一个用来确定起点和止点的标准是确定信号的高频成分没有被过滤掉或者说信号没有出现明显的衰减。滤波可以延缓起点与止点的时间，根据分析时高频成分的不同而发生延迟变化（见图 8.9）。许多数学方法用于确定信号的开始与结束时间，并用图形来直接表示，需要读者的解读。其他的方法更加客观，如使用肌电活动阈值或者改变肌电激活频率（Hodges 和 Bui，1996）。Li 和 Caldwell（1999）提出了一种新方法，通过交叉互关性分析来识别在人体活动中的开始与结束。

极坐标图和相平面图

有时候需要说明肌电相对于某一性能指标的变化，如肌力变化或关节位移。相平面图（见图 8.10）是其中一种方法，建立某一动作的运动学特性与主动肌和拮抗肌的肌电活动之间的联系（Carriere 和 Beuter，1990）。极坐标图是另一种选择。例如，Dewald 和他的同事（1995）让健康和偏瘫患者去执行一个相同的任务，包含肩外展、内收，前臂旋前、旋后，它们的极坐标说明患者未受损侧比受损侧产生更大的肌肉活动。许多其他的例子表明了极坐标在肌电图分析中的作用（Buchanan 等，1986，1989；Chen等，1997）。

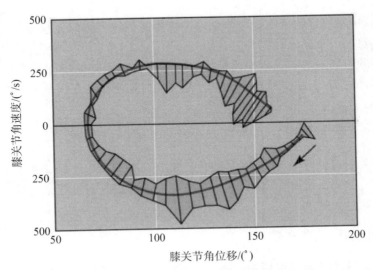

图 8.10　相位图可以使动作的运动学特征和肌电图特征联系起来

摘自 Human Movement Science，Vol. 9，L. Carriere and A. Beuter，"Phase plane analysis of biarticular muscles in stepping," pgs. 23 - 25，copyright 1990，with permission of Elsevier.

其他分析技术

许多其他分析技术也可以用来描述和解释肌电信号，包括小波分析（Karlsson 等，1999），自回归模型（Sherif 等，1981），倒谱系数分析（Kang 等，1995），神经网络分类（Liu 等，1999），周期振幅分析（Filligoi 和 Felici，1999）和递归定量分析（Gitter 和 Czerniecki，1995）。这些技术各有所长，应根据具体分析要求来具体考虑。

肌电信号的标准化

不同受试者、肌肉和时间的肌电数据可以进行比较。回顾前面已经讨论过的决定肌电信号大小的特征、技术与生理学因素可以同时导致肌电信号幅值变化。在反映某些条件下肌电信号的变化时，应先对信号进行标准化处理，然后再报告标准化后的肌电信号变化，否则，将会生成不适当的结论（Lehman 和 McGill，1999）。

有许多标准化的技术可用。最常见的是要求受试者做最大等长收缩，用最大等长收缩的信号量化肌电信号（Mathiassen 等，1995），另外一种方法是用最大 M 波振幅。肌肉电刺激产生最大响应（最大 M 波），用峰-峰值或者 M 波的区域来量化肌电数据。

用最大等长收缩的方法标准化肌电幅值可能比实际研究中动态收缩测试的结果要小。事实上,用最大等长收缩的标准化可能会导致错误的解释(Mirka,1991)。动态收缩活动时,可选用收缩中最大肌电活动作为标准化参考。例如,在步态中,其周期可以划分成多个对应于步态周期相位的逻辑单元。最大肌电幅值表示为100%,而步态周期其他部分的肌电振幅通过这个最大值来标准化。

肌电信号并不总需要进行标准化。在一个简单的设计中,为了评估一组肌肉群在几天中的肌电活动,记录肌电幅值的绝对值是可以接受的。许多研究证明,研究肌电幅值的绝对值是有效和可靠的(Finucane 等,1998;Gollhofer 等,1990),并可能会比用标准化方法的分析更有意义。通过次最大等长收缩比最大收缩获得的肌电幅值更加可靠(Yang 和 Winter,1983),这表明,研究人员在对肌电幅值进行标准化时还应该考虑次最大收缩。

肌电图的应用技术

通过上一节的讨论可知,研究问题的性质决定了电极、放大器和滤波器的选择,模数数据的采集和随后的分析过程。这一节中,引用了一些需要使用肌电分析的研究领域,作为介绍这类肌电处理过程的例子。

肌力与肌电振幅的关系

肌电图肌电信号的振幅可以用来确定肌力的大小。例如,当抛球时,将产生怎样的外力,怎样的力将作用于肌肉上?在控制假肢时,为了达到预期大小的力量,肌肉需要产生多大的电活动?这些研究问题需要了解肌电振幅与肌肉力量之间的关系。

在等长的情况下,肌电-肌力关系通常是线性的:肌力增量的变化将产生肌电振幅线性相关的增量变化(Bouisset 和 Maton,1972;Jacobs 和 van Ingen Schenau,1992;Milner-Brown 等,1975)。这些肌电振幅的增加可能是由于运动单位募集的结合以及运动单位放电率的增加造成的。然而,对于线性肌肉-力量关系有许多特例。例如,通常可以看到这样一个曲线关系(图 8.11),在较小力量和较大力量中的较小增量阶段的结束可能伴随着肌电幅值的大大增加(Clamann 和 Broecker,1979)。肌肉-力量关系受处理肌电信号技术的影响(Siegler 等,1985),这说明用来获取和处理肌电活动的技术细节是很重要的。

我们对肌肉-力量关系的了解主要建立在对等长收缩实验的应用。例如,当快速伸展肘部时,在运动前 100 ms 的肌电幅值与运动学特征(如速度峰值和加速度)是线性相关的(Aoki 等,

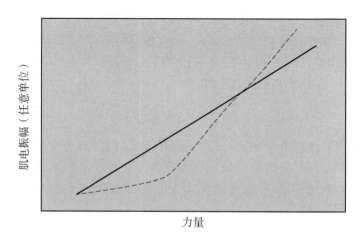

图 8.11 肌电振幅与外部肌力之间的关系通常观察到的是线性的关系(实线)。然而,这两个变量之间又有许多例外,存在一个非线性的关系(虚线)

1986)。然而,在骑行中,跖屈-比目鱼肌的肌肉-力量关系可能是线性的,但背屈-腓肠肌的肌肉-力量关系可能是非线性的(Duchateau 等,1986)。

在涉及肌肉温度和疲劳的反复收缩时,肌电-力量关系是变化的(Dowling,1997)。这些观察使得对肌肉-力量关系的评估成为评价中枢和外周对肌力贡献的一种可行的研究工具。例如,肌电-力量关系可以受偏瘫情况的影响(Tang 和 Rymer,1981)。

肌力与肌电频率特征之间的关系通常是非线性的(见图 8.12)。一般情况下,随着肌力快速增加到最大自主收缩力量的 20%～30%,平均频率和平均功率频率也快速增加(Hagberg 和 Ericson,1982)。

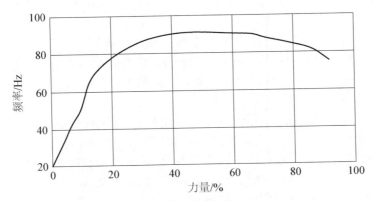

图 8.12　肌电平均功率频率与肌力之间的关系

因此,肌电-力量关系的分析需要对神经肌肉和运动功能进行评估。要考虑的问题包括肌肉收缩类型(等长收缩和动态收缩),所涉及肌肉的大小,主动肌和拮抗肌的潜在作用以及肌电记录表示肌肉电活动的程度。需要注意的是现存文献中绝大多数只考虑肌电活动和产生外力之间的关系。虽然已经有许多关于人类和动物模型原始力的研究(Gregor 等,1987;Gregor 和 Abelew,1994;Landjerit,1988),但我们缺少一个对这些内力和肌肉电活动关系的完整理解。

步态

人的步态是肌电经常研究的课题。激活的顺序和肌电活动的相对大小往往是很有趣的。然而,精确地测量激活顺序可能需要一个合适的算法和分析技术来做出初始分析。在这种情况下,原始的肌电信号对确定肌电的初始时间可能是有用的。使用线性包络线的肌电振幅分析可能需要一种标准化技术。研究步态的一个优点是,它是重复的、周期性的,可以分析若干不同的步态周期。

短跑

相比于走,跑动中整体肌电活动的评估更具挑战性。一个问题是,跑是一种高速、周期性的运动,皮肤和电极的运动会产生明显的伪影。在脚后跟触地或在周期性步态阶段,当皮肤被大大牵拉时伪影尤为显著。然而,记录高速跑的过程中可以通过一些处理得到可靠的肌电结果。无线遥测设备更普遍地应用于地面上（相对于跑步机）的短跑（Mero 和 Komi，1987）。从短跑运动员那获得急剧产生和结束的周期性肌电活动信号，代表着明显的激活和抑制或者失活（Jonhagen 等，1996；Mero 和 Komi，1987）。然而，短跑过程中获得的肌电信号很容易产生串扰，因此需要使用特定的程序以确保串扰不造成影响。

表面电极和留置电极可用于记录短跑下肢肌肉的电活动（Chapman 等，2008；O'Connor 和 Hamill，2004）。留置电极与表面电极（通常是细线）的选择尤为重要，尤其是当我们记录一些小的或者深层的肌肉时，像髂肌、腰大肌和胫骨后肌（Andersson 等，1997；Reber 等，1993），因为表面电极信号可能被相邻肌肉活动干扰。此外，当要精确测量肌力产生和消失时间的时候，留置电极是很重要的，因为表面电极激活的持续时间比留置电极的长80%（Bogey 等，2000）。

许多步态研究选择按解剖标志点放置电极。这些电极的位置在临床情况下是很有用的，在解决大部分涉及研究短跑的问题时可以接受。具体的建议可以从几个资源中发现，如最近修订的欧洲主持的表面肌电非侵入性评估肌肉情况的项目，这个小组建议电极的安放位置可以通过网站 www.seniam.org 查看。

然而，放置在同一块肌肉的不同部位，双极电极获得的肌电信号明显不同（Sacco 等，2009）。如果电极沿着神经支配区或肌腱区放置，可靠性降低，可以观察到相当大的差异（Merletti 等，2001）。如果肌电电极放置了许多天，且电极位置每天都在变化，这是最严重的问题。受试组之间准确的对比还可能取决于电极放置的质量。虽然有点费时，但是通过固定电极位置、避免放在神经支配区和肌腱区，也可获得准确、可靠的肌电信号。可以通过刺激过程来评定神经支配区（Sacco 等，2009；Saitou 等，2000；Walthard 和 Tchicaloff，1971）。

在跑步中有一个有趣的关于运动损伤的研究问题，即在短跑中离心阶段腘绳肌的电活动，可以解释腘绳肌拉伤频率较高的现象。从这些数据可以看出，肌肉拉长过程中的肌电活动情况可能会导致受伤，但有一个技术因素可以混淆这个问题，那就是用于分析肌电数据的技术。步态周期中腘绳肌激活的时机和持续的时间在确定损伤的风险方面非常重要，而这些特征在原始肌电记录中就能清晰地观察到，而不是对肌电信号进行平均或滤波（Jönhagen 等，1996；Mero 和 Komi 等，1987）。

步态问题的延伸

肌电运用于步态研究的发展，使其有机会来探究一些有趣的课题，包括运动控制、运动生物力学和人类发展。然而，当我们对婴儿、儿童或者老年人记录肌电信号时，需要考虑一些关键的技术问题。

从图8.13可以观察到从婴儿到老人，肌肉激活的典型模式在发展。在成人中，肌肉激活过程中出现了不同时间间隔，在静息时，很少或没有肌电活动。例如，在足跟触地之前和足跟再次离地时，股二头肌有一个短暂的激活周期。同样，在足跟触地支撑期即将结束时肌电活动较大，腓肠肌外侧头呈现了一个短暂低振幅的肌肉激活。

这种成人模式不同于婴儿和儿童。最有趣的观察可能是在婴幼儿开始学习走的时期（见图8.13）。在该图中，从几个主动肌-拮抗肌共收缩的例子中，我们可以看到大部分肌肉有较长时间的激活。

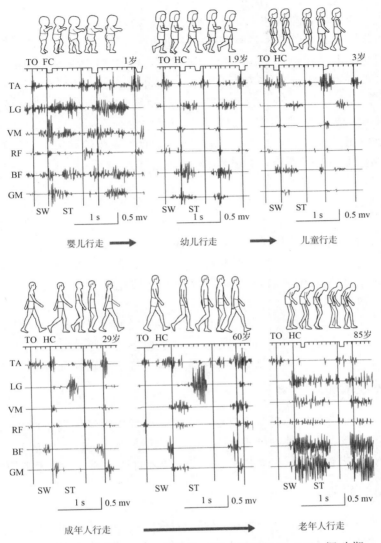

TO—脚尖离地；FC—足触地；HC—足跟触地；SW—摆动期；
ST—支撑期；TA—胫骨前肌；LG—腓肠肌外侧头；VM—股内侧肌；
RF—股直肌；BF—股二头肌；GM—臀大肌。

图8.13　步态的发展变化。可以观察到婴儿的主动和拮抗共
　　　　收缩以及成年人短暂的肌电活动。在一些老年人中，
　　　　肌肉的协同作用是一个固有的特点。

摘自 T. Okamoto and K. Okamoto, 2007, Development of gait
by electromyography：Application to gait analysis and evaluation
(Osaka, Japan Walking Development Group.

　　解释这些结果时需要注意可能影响肌电图的一些因素。从技术观点来看，婴儿的皮下
脂肪相对成人的较多（Frantzell 等，1951），正如前面介绍过的，由于电极间的阻抗增加，可能
会使肌电信号的记录更加困难。然而，Okamoto（2003）可以在婴儿身上，使表面电极之间的

阻抗减小至小于 5 kΩ,这也说明这些研究中的技术问题是可以克服的。因此,观测到婴儿身上较频繁的肌电活动可能确实是一个可靠的结果。老年人的皮下脂肪也会增加(Ishida 等, 1997),涉及老年人步态的研究也需要额外关注此问题。

在其他情况下观察成人的肌电共激活模式并不出人意料。学习新的运动任务的挑战在于不断对许多肌肉的激活程度进行调整,包括一些可能是多余的任务(Kamon 和 Gormley, 1968;Vorro 和 Hobart,1981)。这种"打开一切"模式变成更独特的肌肉激活模式,这种模式决定哪些肌肉需要激活,它们需要激活多久以及它们什么时候应该静息。当婴儿开始走路时,他们启动了很多肌肉,包括一些完成行走任务时不需要的肌肉。当他们变得像成年人一样时,肌肉自然激活并进行自动化的动作,这通过了肌电活动的验证,变为一个更精确的模式(Okamoto,2007)。

步态失调

在病理步态的评估中,我们需要确定正常或不正常的步态模式。肌电图分析可辨别细微的步态失调,Shiavi 和同事(1992)用肌电图描述了十字韧带伴随功能性损伤。其他用于肌电图检测肌电异常模式的方法包括神经网络模型、应用聚类分析和其他肌电"专业系统"(Pattichi 等,1999)。

临床肌电分析中,足下垂是一个普遍的步态问题。脚后跟触地时,未能充分激活胫骨前肌,导致这个脚"拍击"现象。在这种情况下,表面肌电图记录显示胫骨前肌活动不足或根本没有活动(Kameyama 等,1990)。因此,肌电图分析可用于识别或确认异常的步态行为。

人体工程学中的肌电图

肌电图是人体工程学医疗设备中重要的工具。生物工程学家通常应用 EMG 来研究过劳性损伤,如腕关节综合征、外上髁炎及急性损伤,如最受关注的下背损伤。本部分我们将要探讨使用 EMG 来评估符合人体工程学的工作环境时涉及的一些技术和问题。

肌电图和腕关节损伤

重复性压力损伤已经成为生物力学家、人体工程学家和其他康复专家日益关注的话题。在许多轻工业(焊接、锻造、装配等)中已经发现操作者的腕关节损伤现象。最近,电脑键盘和定位装置(如鼠标)的使用给腕关节带来过大的压力,意识到这个问题可以驱使我们重新设计以避免个体重复性压力伤害。腕关节的相关问题常见于轮椅使用者和正在适应轮椅的使用者或者改善前行技术的轮椅使用者(Veeger 等,1998)。有过度上肢震动或锤击的体力劳动者经常出现腕关节综合征的症状,生物力学家可以使用许多肌电工具来确定威胁腕关节完整性的工作(Brismar 和 Ekenvall,1992)。

感觉和运动传导速度

当对任何混合神经施加过大的压力时,感觉和运动神经纤维二者传导动作电位的能量将受到影响。中枢神经的感觉和运动传导速度可以通过无创肌电技术进行评估。为了测量感觉的传导速度,在手腕的中枢神经上(在距腕横纹的近心端 3 cm 左右)施加低强度的刺激。这些方波刺激用于逆向诱发正中神经支配下的感觉神经动作电位。环形电极放置在第二或第三手指周围记录动作电位。由于信号可能非常小（典型的为 $20\sim50~\mu V$），多次实验的平均反应必须用棘波触发平均技术（见图8.14）。在该技术中，传送出许多刺激信号，每一个反应被所有先前的反应所平均，以获得许多次实验的平均信号。棘波触发平均技术假设每一次实验中的噪声都是随机信号。因此，在一系列的刺激中，噪声的平均值为0，通过低幅值信号可以提高分辨率。当施加刺激时，刺激产生和神经动作电位（感觉神经潜伏期）的时间间隔就确定了。同时，也测量了刺激部位和记录部位之间的距离，则可以计算神经传导速度（以米每秒为单位）。除了感觉性神经疾病外，腕部中枢神经的压缩对运动神经传导速度产生不好的影响。类似的刺激技术可以用来激活混合中枢神经中的运动神经元，以确定传导延时的存在。

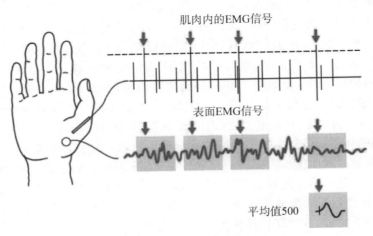

图8.14　棘波触发平均技术可获得运动单位大小的电生理反应

如果这些刺激没有产生动作电位，这时在刺激与记录点之间存在一个完整的传导阻滞。许多研究者发表了"正常"潜伏期和传导速度值，帮助生物力学家去辨别末梢神经障碍或疾病的存在（Delisa 和 Mackenzie，1982）。这些传导测量是探测患者或者电子装配人员疾病的重要指标（Feldman 等，1987）。

其他人体工程学应用

表面肌电图在优化需要手动操作的手腕任务时是很有用的。例如，在确定键盘的适宜硬度时，Gerard 和他的同事（1999）指出，键盘的最大主观舒适是在键盘的按键活动力为 0.83 N 时，肌电技术可验证这一观点。其他研究中指出，位于中央的旋转球可以使上肢产生更少的损伤，而不是鼠标相对于键盘的位置（Harvey 和 Peper，1997）。肌肉内被激活的运动单位计数程序已经用于确定患者腕关节类型的严重性（Cuturic 和 Palliyath，2000）。肌电生物反馈技术可能在恢复腕关节综合征和其他职业疾病方面是很有用的（Basmajian，1989；Reynolds，1994）。类似的肌电技术已经用来诊断和治疗背部疼痛患者（Ambroz 等，2000；lkegawa 等，2000；Lariviere 等，2000）。

EMG 和下背痛

如何对下背痛患者进行诊断及采取怎样的治疗手段是一个十分重要的问题。例如在美国，约有三分之二的工人患有下背痛，这就需要花费巨大的资金去进行治疗。有研究表明，下背痛患者的下背处都有一个类似的问题，通过观察发现，他们下背处周围的肌肉群出现骶棘肌的萎缩（Hides 等，1994）。因此，EMG 这一技术手段越来越受欢迎，可用来诊断下背痛患者及为他们提出治疗方案。

那么在举重与投掷类项目中，躯干的肌肉组织扮演着一个十分重要的角色。在诸如此类的运动任务或其他活动时，人体的平衡可能会被扰乱，那么此时的神经控制系统就会采用相应的策略来激活躯干周围及远端的肌肉群开始运动，以此来使得机体维持平衡。然而，对人群中下背痛患者的诊断过程中，需要使用人体工学的方法或其他安全的手段来对背部区域的肌肉进行分析，这就要求我们对躯干部分的肌肉群的进行控制，需要掌握并理解躯干肌肉控制的理论与实质。显然 EMG 成为对下背痛进行诊断的一种重要工具。

但很难通过使用 EMG 采集躯干部分的肌肉群数据，并对此进行解释。从解剖学的角度上来看，背部肌肉结构是较为复杂的。举例来说，人们普遍认为骶棘肌受伤的频率较高，容易导致下背痛。骶棘肌和竖脊肌的表面及深层组织（Bustami，1986；Macintosh 等，1986）具有不同的化学成分与生物力学特性（Bogduk 等，1992；Dickx 等，2010）。幸运的是，在某些方面大多数骶棘肌位于表面的部分比较多，因此表面肌电能够尽可能地描述肌肉纤维产生的大部分力量。然而骶棘肌表层纤维与深层纤维具有不同的作用。表层纤维跨过众多的脊椎节段，这使得肌肉能够更好地伸展。然而骶棘肌更深层次的纤维相对较短，可能横跨一个关节或两个关节，从而保护腰椎免受不适当的剪切力和扭转力矩的伤害（Macintosh 和 Valencia，1986）。

除了涉及背部伸肌肌肉激活的问题以外，在对肌电图进行分析的过程中可能还有大量的问题需要用运动心电图（ECG）来进行处理和解决。尤其在相对较低的收缩力问题上，需要放大信号，这会干扰 ECG 信号。EMG 信号可以记录正常人类动作过程中腹部、膝关节屈伸，及其他躯干肌肉的活动。例如，将电极片放置在心脏位置，就可以采集得出心电图。相对较大的 ECG 信号可能会扩大肌电振幅，因为心电图较低的频率也会改变 EMG 活动的特征。

例如，躯干肌肉群没有产生足够的力使人体在搬运箱子时维持稳定，这将会导致下背痛（van Dieën 等，2003）。然而在保持稳定的活动中，EMG 的振幅很小，因此可能会影响心电图信号（Cholewicki 等，1997）。最好的解决方案就是将电极放置在一个位置，尽可能不记录或者少记录心电图伪影。然而通常这种方法的实现十分困难，因此很多人提出运用算法来消除心电图伪影。

有一个常用的技术模板在实现 ECG 信号计算的同时去除 EMG 的信号。这一技术已成功地运用于隔膜（Bartolo 等，1996）以及腹直肌的研究中（Hof，2009）。Hof（2009）提出同时采集记录 EMG 和 ECG 信号，然后通过模板将 EMG 信号去除（见图 8.15）。

数字滤波是另一个比较有效的去除 ECG 信号的手段。Drake 和 Callaghan（2006）使用一种叫作有限脉冲响应（FIR）的滤波器。他们认为最有效的滤波手段是使用一个简单的四阶高通截止频率为 30 Hz 的 Butterworth 滤波器。用这个模板可以有效去除 ECG 信号，但

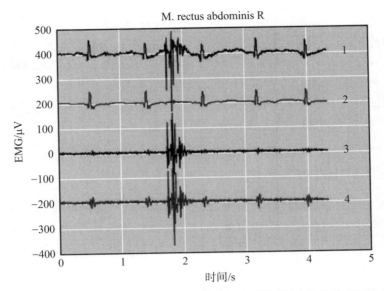

图 8.15 通过使用去除技术模板可以大大减少 EMG 信号对 ECG 信号的影响。信号 1：处理信号通过 1 Hz 的高通滤波；信号 2：ECG 信号；信号 3：通过 20 Hz 的高通滤波，去除 ECG 信号得到 EMG 信号；信号 4：20 Hz 高通滤波处理。摘自 Journal of Electromyography and Kinesiology, Vol. 19, A. L. Hof, "A simple method to remove ECG artifacts from trunk muscle EMG signals," pgs. e554 – e555, copyright 2009.

需要大量的时间。

除之前所说的去除 ECG 信号的技术还可以使用自适应滤波器（Lu 等，2009；Maruqe 等，2005）、独立小波成分分析（Taelman 等，2007）和小波自适应滤波器（Zhan 等，2010）。无论使用哪一种手段去除 ECG 信号，显然，最终经过处理得到的结果是十分重要的。胡和他的同事（2009）发现使用独立小波分量方法分析可以有效改善区分下腰痛患者与正常人坐和站的能力。

通过 EMG 对背部肌肉的肌电信号进行分析，我们发现了一些有趣的结果，在一定程度上也反映了独特的背部肌肉的某些特定的解剖结构。早在 1962 年，Morris 和他的同事们指出，"这里应该认为是三个安装工人的竖脊肌肌肉群，并不表明肌肉处于并行活动，其中一个可能是处于激活的状态，另两个是非激活的状态"。这表明，仅仅通过观察肌电振幅的大小，并不能发现某一特定肌肉存在异常。肌电潜伏电位要比肌电图振幅和时序显得更为重要。骶棘肌深层和浅层的部分不同于手臂运动激活状态（Moseleyet 等，2002）。我们可以看到，无下背痛的人的骶棘肌控制方式与下背痛的人有显著的差异，这有可能是源于其自身的慢性背痛（MacDonald 等，2009）。

类似地，对下背痛患者与正常人群使用肌电图的频率分析进行对比发现，他们的肌肉活动情况可能有差异，甚至内在的肌肉也存在差异。通过使用肌电图观察下背痛患者，会发现其背部伸肌肌肉容易疲劳（Biedermann 等，1991）。在这一领域，对 EMG 信号进行分析有助于了解下背痛患者的背部肌肉特性。通过分析肌肉、肌电图中位频率是否减少，可以判断肌肉是否处于疲劳状态（Demoulin 等，2007）。有趣的是，Kramer 和他的同事（2005）发现，健康受试者的中位频率大于下背痛患者，从而验证了 Sung 和他的同事（2009）提出的电极位置的重要性。正常受试者和下背疼痛患者接受了等长收缩练习引起的下背伸肌疲劳测试。在胸和腰的部位测量 EMG 频率，表明下背痛患者胸部中位频率明显高于健康受试者，然而，健康受试者腰椎段的中位频率低于胸椎段的。因此，对躯干肌肉群的分析方法可以用于下背痛的研究中，当然针对某些特定的肌肉或深层肌肉，EMG 研究可能需要经常使用细丝电极记录的较深层肌肉。

肌肉疲劳的肌电评估

短期、高强度的运动经常伴随着疲劳，甚至长时间的、有时间间隔的低强度运动也会产生疲劳。因此，疲劳的识别在工作中很重要。疲劳会由任一外周（肌肉）或中央（神经）机制造成，因此疲劳的确切部位可以由肌电技术确定。在重新设计工作环境以最大限度地减小疲劳方面，肌电图分析可能是一个有用的工具。

长时间等长收缩期间的肌电活动

在最大等长收缩开始时，所有的运动单位激活到最大程度。在一个持续的最大等长收缩中，肌电的幅值随着肌力的减小线性下降。由此产生的问题是这种下降究竟是由外周机制还是中枢机制造成的。识别疲劳的一个方法是测量肌肉对电刺激的反应，从而避免了中央神经系统的影响。当对混合神经施加高强度的点刺激时，运动神经元都被顺向激活，从而导致肌纤维收缩。肌肉电刺激的肌电响应通常用作一种肌肉最大电活动的测量方法。M 波的大小随着肌肉大小、肌纤维的数量以及其他许多特征的变化而变化。

长时间的肌肉激活，M 波的振幅会下降，特别是在长时间、低强度收缩时，在一些肌纤维中，动作电位停止沿着整个肌纤维传播，这可以解释疲劳过程中 M 波下降的部分（Bellemare 和 Garzaniti，1988）。

在次强度的等长收缩中，肌电振幅开始增加（Krogh-Lunh，1993），可能是因为需要维持收缩的运动单元的增加导致随之产生的收缩失败。此外，新募集的运动单位的放电频率也增加（Maton 和 Gamet，1989）。因此，中枢神经系统能够适应不断变化的环境，新的运动单位的募集和运动单位发射频率的增加证实了这种看法。

疲劳时候改变肌电信号的频率特性是相当复杂的。一个疲劳的运动任务结束以后平均频率约下降了 100 Hz，与过零点数目一样（Hagg，1981），表明低频活性具有更大的优势。这个频率的下降有许多原因，说明了肌电图数据不足以单独用于识别疲劳现象的背后机制。

在肌肉收缩疲劳时肌纤维的传导速度会下降（Eberstein 和 Beattie，1985）。肌纤维传导速度的下降是由一些代谢因素造成的，包括 pH 和 Na^+ 的改变（Juel，1988）。然而，疲劳也会导致中枢控制的许多变化，而这些不能单独通过基本的肌电图信号得到确定。运动单位的发射频率随着长时间肌肉收缩而降低（Bigland-Ritchie 等，1983），仿真和实验研究得出的结论是发射频率的变化对肌电功率谱的影响很小（Hermens 等，1992；Pan 等，1989；Solomonow，Baten 等，1990）。一些研究人员认为运动单位可能被同步模式的触发所激活，这可能有一定的优势。例如，运动单位发射频率和肌力之间的关系是非线性的，几个短暂的促发会导致肌力显著增加(Clamann 和 Schelhorn,1988)。运动单位同步可能会使肌电功率谱朝低频移动。然而,没有足够的证据表明疲劳会使运动单位同步。在长时间段的任务中,受试者可以用不同的增效剂转换所需要的活性。在动物实验中,逐渐激活肌肉成分不能使疲劳同步减轻(Thomsen 和 Veltink,1997)。在一个需要 5% 肌力的 1 小时实验中,Sjogaard 和同事(1986)通过额外的检测发现,人类的股四头肌产生不同大小的活动。显然,记录众多肌肉增效剂需要使用可选择的记录技术,例如肌内无线电极。

利用肌电分析去辨别慢肌和快肌纤维在疲劳收缩中的作用是有趣的。然而,由于要考虑很多因素,它不可能确切地表明慢肌或快肌对疲劳的作用是多还是少。

肌电活动的改变也伴随着动态收缩。例如,操作工业缝纫机的工人一天中肌电频率特性的变化表明疲劳的产生时刻(Jensen 等,1993)。肌电分析同样可用于确定一只手的超负荷会导致疲劳和可能的伤害(Kilbom 等,1992)。

类似地,疲劳收缩中的肌电分析在理解脊髓灰质炎后综合征(Cywinska-Wasilewska 等,1998;Sandberg 等,1999)、代谢性疾病(Mills 和 Edwards,1982)、慢性疲劳综合征(Connolly 等,1993)和其他疾病方面是很有用的。运用肌电图分析,Milner-Brown 和 Miller(1990)从强直性肌发育不全患者药物治疗那里记录了重要的治疗方法。

小结

在生理上,肌电信号是由肌纤维膜离子电荷改变所造成的。神经刺激导致这些离子浓度瞬时变化,使肌纤维的动作电位沿着肌膜传导。许多电极、放大器和分析技术可用于检测、处理和描述这些信号。使用者必须意识到一些技术性的问题可能会干扰肌电信号的特性。肌电信号应用领域的例子,例如身体康复、临床医学、牙科、步态分析、生物反馈控制、运动控制、人体工程学和疲劳分析,表明这些技术适用于研究各种各样的问题。

推荐阅读文献

• Basmajian, J. V., and C. J. De Luca. 1985. *Muscles Alive: Their Functions Revealed by Electromyography*. 5th ed. Baltimore, MD: Williams & Wilkins.

• Loeb, J. E., and C. Gans. 1986. *Electromyography for Experimentalists*. Chicago: University of Chicago Press.

• Luttmann, A. 1996. Physiological basis and concepts of electromyography. In *Electromyography in Ergonomics*, ed. S. Kumar and A. Mital, 51-95. London: Taylor & Francis.

• U. S. Department of Health and Human Services. 1992. *Selected Topics in Surface Electromyography for Use in the Occupational Setting: Expert Perspectives*. Washington, DC: National Institute for Occupational Safety and Health.

第九章　肌　肉　模　型

Graham E. Caldwell

第八章我们讨论了神经系统控制信号如何引起能由肌电(EMG)监测到的肌肉活动。通过 EMG 信号可以探讨神经系统如何影响目标性运动,然而这一章节仅仅介绍了人体运动产生的部分内容。本章中,我们将探讨:

(1) 肌肉如何响应神经信号并产生引起骨骼运动所需的力;

(2) 介绍希尔肌肉模型,这一模型根据杰出的英国诺贝尔奖获得者 A. V. Hill 而命名;

(3) 介绍肌肉组织基本的力学特性,从而描述一定量的神经刺激信号能促使肌肉产生多大的力;

(4) 介绍希尔肌肉模型各分量之间的动态互动关系;

(5) 讨论希尔模型在确定肌肉个性参数后,是否可以在一定程度上代表个体肌肉;

(6) 介绍其他肌肉模型是否适用于生物力学研究。

希尔肌肉模型

肌肉是独一无二的,归因于它能够将神经信号转换为引起骨骼系统运动的力,从而按照一定顺序引起骨骼系统的运动。大部分读者可通过整块肌肉、肌束、肌纤维或单个肌小节不同层次上描述的解剖结构,从而熟悉骨骼肌的收缩功能。肌肉力产生的中心——肌小节分别是在细肌丝与粗肌丝上发现的肌动蛋白与肌球蛋白。肌肉力的产生源于肌球蛋白头部与肌动蛋白结合点的接触以及随之发生的横桥旋转,最终导致粗肌丝与细肌丝产生力学耦合的神经信号。有许多优秀的文章与综述解释了基本的肌肉生理学,我们假设读者已在一定程度上了解和掌握了这些内容。本章着重从力学角度讨论肌肉力的产生,而非生理学。

首先我们要研究的是"肌肉收缩",它可以推断对神经输入信号进行反馈的肌肉收缩。事实上,肌肉可以缩短、伸长或者维持某一长度,取决于作用于骨骼的内力与外力。在任何负重情况下都无可争议的一个事实是:作为对神经信号的回应,肌肉产生力。如果神经输入信号与肌肉输出的力为线性关系(如 x 神经刺激的单位产量 y 任何情况下肌肉力的单位)将是非常有利的。然而,在 20 世纪前半叶,肌肉科学家发现事实并非如此。肌肉组织可以基于一定强度的神经刺激,根据特定的实验环境产生不同大小的力。对这一事实了解最为清楚的早期科学家 A. V. Hill,Hill 提出了简单且有效的肌肉功能理论模型。虽然早期研究在肌肉结构与功能的认知上已经取得长足的进步,但希尔模型仍然适用于描述基本肌肉力学,并且可用于在尝试理解随意人体运动时对个别肌肉活动的建模。因此,本章在研究对生物力学研究有益的其他模型之前,先深度探讨希尔模型。

基本的希尔模型(见图 9.1)由收缩成分(CC)、串联弹性成分(SEC)与平行弹性成分(PEC)组成。每个组成部分都有可以解释实验研究中发现的个别现象的力学特性。很重要的一点是,这一模型代表肌肉活动而非结构。这意味着与单个模型成分相关联的解剖结构并不存在,尽管在有些

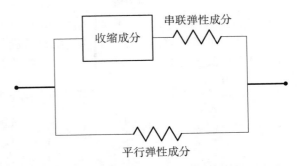

图 9.1 希尔模型的三个组成部分:收缩成分(CC),串联弹性成分(SEC)和平行弹性成分(PEC)

情况下我们可以看到某个肌肉组织与特定的模型成分相关。首先,我们分别描述各个模型成分,然后再探讨各成分之间的互动从而帮助我们理解肌肉力的产生。

收缩成分

在希尔模型里,CC 是将神经信号转化为力的主动元素。CC 产生力的大小取决于它的力学特性,包括 4 种独立关系:刺激-激活(SA)、力-激活(FA)、力-速度(FV)和力-长度(FL)。

刺激-激活

CC 的第一个力学特性是指神经系统信号(刺激或者兴奋)与肌肉固有或潜在产生力的能力存在相关关系。从生理学角度上来说,这一特性反映了刺激-激活耦合过程,即 α 运动神经元动作电位激活沿肌纤维传导的运动单位的动作电位(MUAPs)。MUAPs 沿横小管向内传导进入肌质网中,导致钙离子释放进入单个肌小节。这一部分的刺激-激活耦合过程称为刺激,因为它独立于在肌小节内横桥级别上实际产生力的机制,横桥将包含收缩肌动蛋白与肌球蛋白的粗肌丝与细肌丝连接在一起。肌动-肌球蛋白复合体对钙离子的流入做出回应,由静息状态(没有横桥接触与潜在力)变为产生力的激活状态。后面这一过程是刺激-激活的激活部分。需要注意的是,刺激代表输入的过程,激活代表回应或输出。

输入一定强度的刺激能够产生多大的激活?这一简单的问题并不容易回答,因为很难对刺激或者激活进行定量描述。就像第八章所述的,刺激的强度因运动单位的招募与频率而发生改变。那如何基于两个非线性关系,对肌肉所接受的刺激进行定量分析呢?同样,作为对神经刺激的回应,肌质网释放钙离子导致横桥级别的激活(潜在力),激活因此能够通过连接横桥的数量来测量。但如何对此定量呢?为了避开这些困难,出于建模的目的,刺激与激活都被置于 0~100% 的相对范围。刺激和激活的确切关系很难确认,虽然在神经研究的文献中有一些证据证明两者并非线性关系,但到目前为止可以认为两者是线性关系。

当一个运动单位最初被激活时,神经动作电位的开始与横桥级别的激活之间存在时间延迟。这一时间延迟由两部分组成:第一是肌肉动作电位由神经肌肉接点传至肌质网的传导时间;第二部分是钙离子从肌质网中释放到接触细肌丝的时间,一旦完成接触,肌钙蛋白与原肌球蛋白遮挡的横桥接触抵制点将被移除。当不再需要运动单位产生力时,α 运动神

经元停止发送刺激。然而,在短暂的时间内,肌小节内仍然有充足的钙离子允许横桥在缺失刺激的状态下维持激活。这一被动激活过程持续的时间比主动激活长,即肌质网回收肌小节内自由钙离子的时间。主动激活与被动激活的时间跨度如图9.2所示。

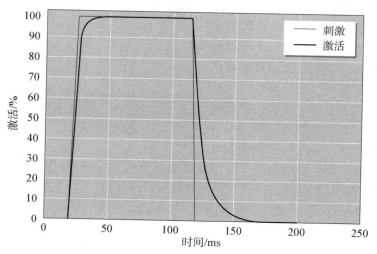

图9.2 CC的刺激与激活的时间关系。细线代表刺激,粗线代表激活

力-激活

在之前的讨论中,"潜在力"这一术语用于描述力可以产生而不是实际产生的激活状态。当我们探讨在牛顿水平实际产生的力不仅依赖于刺激,也依赖于CC的运动学状态时,这一区别的重要性在之后将明确。然而,我们需要将激活状态(潜在力的百分比)转化为一个可以用牛顿或者特定肌肉最大力的百分比表达的实际力。为了保持这一力独立于任何运动学状态,力-激活关系必须只是理论上的;在缺乏特定CC运动学状态的情况下测量产生的力是不可能的。因此,力-激活关系是直接且线性的(例如,10%、20%或者50%的激活分别代表10%、20%或者50%的力)。

力-速度

早在20世纪前半叶就已研究发现,最重要的CC力学特性就是CC速度对力产生的影响。如图9.3所示,这种关系的数学表达为著名的希尔公式,即一条等轴双曲线:

$$(P+a)(v+b)=(P_0+a)b \tag{9.1}$$

这个公式里,P 和 v 分别代表给定时间内CC的力与速度;P_0 代表CC在等长状态下获得力的水平。肌肉动力学包括由希尔构思用于代表能量释放的常量 a 和 b。这些动力学常量是肌肉与物种的特性,描述了这个等轴双曲线的准确形状,以及力(P_0)和速度(V_{max})轴的截距。例如,慢肌纤维主导的肌肉有着与快肌纤维主导肌肉不同的动力学常量,在同一物种中,快肌纤维的最大收缩速度是慢肌纤维的2.5倍。Edman(1988)提出双重双曲线能够更好地代表向心收缩时的力-速度曲线,与希尔单条双曲线在低速-高力的向心状态下有明显的偏差。这表明希尔模型没有主要概念上的问题,但它需要用一个不同的公式代表 CC 的力-速度特性。

　　注意希尔方程只涉及等长或者向心收缩时 CC 的速度。关系可以扩展到 CC 离心(伸长)情况(见图 9.3),但此时希尔方程必须有所调整。图 9.3 所示的关系代表肌肉的完全激活时 CC 不同收缩速度时最大的输出力。

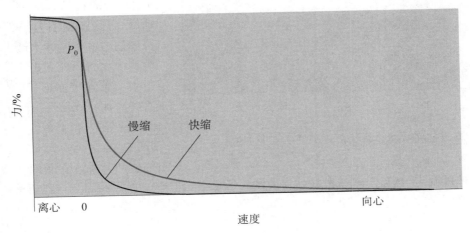

图 9.3　在最大激活状态下慢肌与快肌的力与速度的 CC 关系

力-长度

　　另一个最重要的 CC 特性是等长收缩产生的力对 CC 长度的依赖性,1940 年被 Ramsey 和 Street 发现。最为有名的有关力-长度关系的描述是在 Gordon 与同事的文章里 (1966),被认为是著名肌肉收缩肌丝滑行理论的基石。FL 关系曲线的基本形状表明等长收缩产生的力在中间 CC 长度时最大,当 CC 拉长或者缩短时都会下降。最大的等长收缩力的水平称为 P_0,这可能有点混乱,因为同样的字母同样用于力-速度公式但又有些许意思上的不同。P_0 发生于肌肉长度为 L_0 时,即产生力的最佳长度。无论这一长度是否为 L_0,在力-速度关系中,P_0 是在所有数据点发生的一个给定 CC 长度下零速度时所产生的最大力(例如等长)。因此,力-速度关系中的 P_0 实际是 CC 长度的函数,这一点在下一章将明确指出。

综合讨论收缩成分的特性

　　在理解 CC 的功能时,必须同时观察四个 CC 特性(SA、FA、FV 和 FL)。当需要输出力时,中枢神经系统(CNS)通过发送刺激信号到肌肉从而开始这一过程。这一刺激信号引起 CC 激活是基于刺激-激活关系与图 9.2 所示的时间特征。当需要调整 CC 激活以及力的水平时,CNS 调整刺激信号。因此,CNS 通过刺激规则来控制 CC 的 FL,但这种控制在某种程度上是非直接的,因为 SA 和 FA 的中间影响。力能够被由 F-V(见图 9.3)和 F-L 关系(见图 9.4)引起的 CC 运动学状态所描述,与此相比,力的这种控制更为复杂。这两个机械

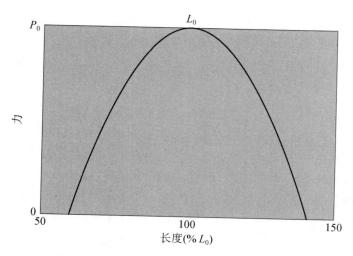

图 9.4　在最大激活状态下 CC 的力与长度关系

特性的综合影响可以通过如图 9.5 所示的一个力-长度-速度曲面所描述。这个曲面的任意一点代表最大激活水平（100%）CC 的长度速度相结合时输出的力。大多数情况下，CNS 工作于次最大水平，即在给定的 CC 长度与速度，实际产生的力小于曲面上描述的力。将这些次最大激活情况可视化的一种方式是设想三维图中一条连接曲面（100%）与底面（0%）的激活线段，而次最大激活水平都位于这条线段上（见图 9.5）。给定时间内 CC 产生力的大小可以通过在曲面上找到 CC 长度与速度确定，然后沿着线段找到目前的激活水平。但有证据表明图 9.5 过于简化，因为次最大激活会改变 $F-L$ 的形状特征，即 L_0 移向更大的肌肉长度（Rack 和 Westbury，1969；Huijing，1998）。

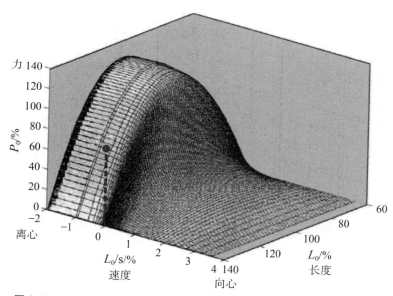

图 9.5　CC 力-长度-速度三维图，代表 100% 激活。次最大激活产生的力位于曲面以下。圆点代表特定 CC 长度与速度时产生的力；线条代表在不断降低的激活水平下产生的力

串联弹性成分

肌肉中的一些成分表现出一定的弹性,且这些成分与被动连接组织相关,而与接受 CNS 刺激后产生 CC 力的主动收缩蛋白无关。串联弹性成分——肌肉中与力产生结构相串联的弹性成分,自希尔的青蛙肌肉实验已为人所知。CC 产生的任何力都要通过 SEC。一个明显的 SEC 构成是连接肌纤维与骨骼的肌腱。其他同样参与 SEC 构成的结构包括连接外部肌腱与肌纤维的腱膜,又称"内部肌腱"以及肌纤维的连接结构(例如,Z 线)。例如,Kawakami 和 Lieber(2000)证实了腱膜对构成串联弹性成分有贡献。因此,尽管一些研究人员认为 CC 等同于肌肉纤维,SEC 等同于肌腱,但这些结论并不完全正确。同样记住 SEC 是一个行为模型构件,没有必要将它与确切的解剖结构相对应。SEC 源于肌肉内所有与主动力产生成分相串联的弹性成分。

SEC 弹性行为可描述为力-伸长关系(Bahler,1967),如图 9.6 所示。物理上,一个材料的弹性通常用硬度 k 进行量化,即施加的力除以由该力产生的材料长度变化($k = \Delta F / \Delta L$)。如果材料表现出线性 $F\Delta L$ 特性,则硬度就是 $F\Delta L$ 直线的斜率。然而,在常见的生物材料中,SEC 的 $F\Delta L$ 关系具有高度非线性特征。$F\Delta L$ 的斜率随着 SEC 的伸长而增加,意味着力较小时,SEC 柔性很好(低硬度),而力较大时,SEC 变得更硬,即小幅度拉长便能产生较大的力。SEC 的非线性弹性是希尔模型非常重要的特性,对肌肉力的反应有较大的影响。一些实验表明 SEC 是低阻尼的,阻尼代表力的速度可以改变固有弹性。SEC 的阻尼特征对模型的整体行为影响较小,在目前的讨论中可以忽略它。

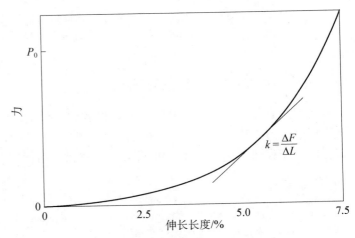

图 9.6 SEC 力与伸长长度(ΔL)的关系

平行弹性成分

即使 CC 处于非激活状态不产生力,但肌肉仍表现出弹性行为。如果一个力施加于非激活的被动肌肉,肌肉会抵抗但被拉伸至更大的长度。这种抵抗不是由 SEC 产生的,因为非激活的 CC 没有产生力。取而代之,这种非激活的弹性反应是由平行于 CC 的结构产生。平行弹性成分(PEC)通常与环绕肌肉外部并将肌纤维分成不同区域的筋膜有关。与 SEC 一样,PEC 的 $F\Delta L$ 关系在本质上也是高度非线性的,即随肌肉伸长硬度增加。

PEC 弹性被认为是一种被动的回应,然而它在主动力的产生中起重要作用。在主动的等长收缩情况下,测量的力是主动的 CC 力加上相同长度的受肌肉长度影响的 PEC 被动力(见图 9.7)。图 9.7 描述了主动 CC、被动 PEC 以及综合考虑 CC 与 PEC 影响时的 FL 反应特征。在较短长度时,PEC 没有拉长,因此肌肉力的反应完全由主动的 CC 产生。当肌肉置于一个较长长度时,PEC 拉长则力的反应加到主动的 CC 反应。整合的力-长度反应曲线的形状取决于 PEC 的硬度与 PEC 最初产生力时 CC 的长度与最佳主动 FL 和 L_0 长度之间的关系。

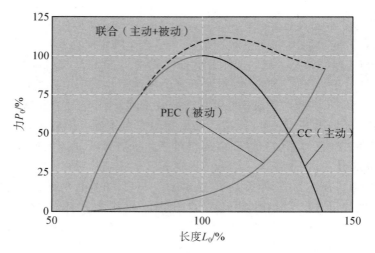

图 9.7　收缩成分（CC）和平行弹性成分（PEC）的力-长度关系（FL）。黑线［CC］,灰线［PEC］,虚线［CC 联合 PEC］

主动力产生时各组件的互动

我们只有在主动产生力的状态下探讨各组件间的动态互动,才能获得关于希尔模型的真实理解。为了达到这一目的,测试希尔模型的简单版本,即包括 CC 和 SEC 而忽略 PEC,这近似于在被动 PEC 不起作用的较短长度下进行肌肉实验。

参考文献

Alexander,R. M. 1990. Optimum take-off techniques for high and long jumps. *Philosophical Transactions of the Royal Society of London B* 329:3-10.

Alexander,R. M. 1992. Simple models of walking and jumping. *Human Movement Science* 11:3-9.

Selbie,W. S. , and G. E. Caldwell. 1996. A simulation study of vertical jumping from different starting postures. *Journal of Biomechanics* 29:1137-1146.

最初,希尔模型用于帮助阐述横纹肌的基本力学特性。最近,它已经在特定人体运动研究中用于复制单块肌肉的力学特性。肌肉模型在这些研究中可以起不同作用,但在所有案例中,它们都可用来提供肌肉的生理学信息。肌肉应用的具体方式取决于特定的研究目的与问题。在有些案例中,肌肉模型在本质上是可转动的,用于代表所有肌肉对净关节力矩贡献的总效果。在其他案例中,模型代表单块肌肉或者一组协同肌。

在 Alexander(1990,1992)的研究中,有一个很好的简化肌肉模型例子。在这篇研究中,人体由一个被无质量双环节(大腿与小腿)支撑的有质量的刚性躯干(见图 9.8)构成。躯干质心位于髋关节,唯一的膝关节伸肌控制模型的运动。这个可转动的肌肉模型基于膝关节角速度产生力矩,并且一直处于激活状态。因此,这个肌肉模型缺少 SA 动力学与 FL 特征。Alexander 用这个模型模拟跳远与跳高的推离阶段。指定离地前与接触阶段开始相关的两个起始参数：质心的水平速度与下肢完全伸直时的角度。这个仿真计算了接触阶段膝关节的力矩与运动以及质心，并且计算了接下来腾空阶段的高度与距离。在确认这个模型可以预测真实的地面反作用力与跳跃表现后，Alexander 用这个模型研究速度对触地角度改变的影响。这个模型预测了两种跳跃不同的最佳参数，并有利于理解为什么跳高运动员比跳远运动员有更小的触地速度。在两种跳跃运动中，膝关节伸肌的 FV 特征施加的生理约束限制了提供垂直与水平冲量合理组合的触地速度。

Selbie 和 Caldwell(1996)在垂直跳的仿真中同样运用了转动肌肉模型作为力矩生成源。他们将身体建模为四个相连的刚性环节，力矩生成源作用于髋、膝和踝(见图 9.9)。在每个关节，肌肉模型都遵守力矩-速度、力矩-角度和 SA 关系，但不包括弹性特征。跳跃运动起始于一个设定的静止姿势，模拟离地前跳跃的环节与质心的运动。模型起跳瞬间的运动用于根据抛物运动方程计算垂直起跳高度。优化正向动力学模型以找到在给定起始姿势下能够产生最大跳跃高度的髋、膝、踝处的刺激开始时刻的组合。这个模型能够生成真实的跳跃高度与环节运动学。研究人员的问题是这个模型能否从不同的起始姿势生成类似的跳跃高度，结果表明从 125 种不同起始姿势中的大多数都能完成。然而，研究人员也注意到一些与实际跳跃表现相矛盾的地方，这可能是因为肌肉代表物的过于简化。

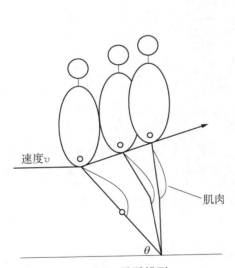

图 9.8 Alexander 跳跃模型

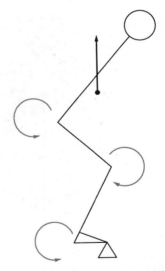

图 9.9 Selbie 和 Caldwell 三关节力矩致动的垂直起跳模型

想了解更多有关正向动力学模拟与骨骼肌模型内肌肉模型的应用，读者可以分别参考第十章与十一章。

通过考查发现两种经常研究的肌肉反应为等长强直与等长颤搐，下面开始进行相关介绍。这两种肌肉反应很容易在离体肌肉中生成，并且根据力反应的时间来分辨肌肉为慢肌还是快肌。实验装置为一块置于林格氏溶液可保持生命力的离体肌肉。肌肉的一端固定，另一端连在力传感器上并保持一个固定长度(见图 9.10)。电流脉冲刺激通过一个电极施加于肌肉,脉冲的时长、幅度与频率根据肌肉与实验方案而定。单个短暂脉冲用于生成等长颤搐,持续脉冲用于生成等长强直,由这些刺激产生的力反应如图 9.11 所示。需要注意的是在等长强直时,刺激脉冲的频率决定了力反应是单个颤搐组成的不完全强直(低刺激频率)还是一个平滑的完全强直。

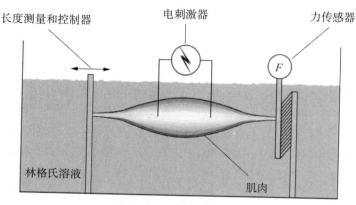

图 9.10　离体肌肉图示

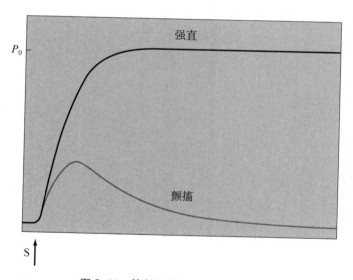

图 9.11　等长颤搐与强直的力反应

　　强直与颤搐的力反应曲线形状引发了许多问题。为什么力反应有这些特征的形状?为什么慢肌与快肌的力反应有所不同?为什么等长颤搐的峰值力只有等长强直力的零头?为什么等长颤搐的峰值力在单刺激脉冲很久后发生?希尔模型能够帮助我们理解这些力反应吗?

等长颤搐时 CC-SEC 的互动

　　作为对短暂最大强度脉冲刺激的回应,肌肉力的表现为缓慢上升至次最大峰值,随之更慢地回落至零(见图 9.11)。然而刺激脉冲可能持续了几毫秒,到达颤搐力峰值的时间却为

$25\sim50$ ms。时间上的不一致源于 CC 与 SEC 的动态互动以及它们力学特性的相互影响。开始时,在刺激脉冲到达之前,CC 处于非激活状态不产生力,SEC 处于不负重长度[见图 9.12(a)]。刺激脉冲导致 CC 变为激活状态并根据 CC 的 SA、FA、FV 与 FL 关系开始产生力。这个力通过根据 $F\Delta L$ 关系而伸长的 SEC 表达出来。这个 CC 力的 CC-SEC 基本互动不断变化,导致 SEC 的长度在等长颤搐状态时不断改变,进而产生了一系列与刺激脉冲幅度和时间相关的事件。需要注意的是,除了开始[见图 9.12(a)]与结束时[见图 9.12(d)]的零位输入,刺激与输出力通常是不同的。

当刺激从零增至最大时,CC 的激活程度根据钙离子从肌质网到细肌丝横桥结合点的时程而增加(见图 9.2)。随着激活的增加,CC 根据瞬时激活值,速度与长度而产生力(见图 9.3、图 9.4 和图 9.5)。在颤搐的早期力增加,意味着 SEC 在不断地伸长直至达到颤搐力峰值[见图 9.12(b)]。同时,CC 必须缩短相应的长度,因为整个肌肉的长度(CC 长度加 SEC 长度)维持恒定(等长)。在颤搐力峰值后力不断地下降,意味着 SEC 在后退(缩短)同时 CC 在伸长。只有在峰值,即 $\dfrac{\mathrm{d}F}{\mathrm{d}t}=0$ 时,SEC 与 CC 短暂地处于等长状态,既不伸长也不缩短。

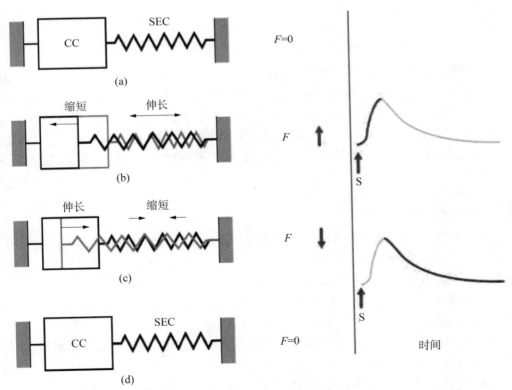

图 9.12　在等长颤搐时收缩成分(CC)与串联弹性成分(SEC)的动态互动关系

刺激(几乎瞬间)与力($25\sim50$ ms)在增长时间的差异可能与影响 SA 时间关联的钙离子动力学方程,或者与受自身运动学状态(长度与速度)影响的 CC 产生力的能力相关。在力上升期,CC 缩短(向心);在力下降期,CC 伸长(离心)。只有在颤搐力峰值的瞬间,CC 处于等长。SEC 并非直接影响力的大小,而是仅根据自身的 $F\Delta L$ 关系改变长度来回应 CC 产生的力。

激活状态

希尔发现通过描述等长颤搐时激活的时间进程可以解释钙离子动力学对 CC 运动的影响。希尔将激活状态定义为 CC 在不缩短或伸长(处于等长)的情况下瞬间产生力的能力。当 CC 处于等长时,只有激活水平与 CC 的瞬时长度影响力的水平。保持 CC 长度一直处于 FL 平台期可以消除 FL 的影响,这意味着力只由激活水平决定。通过"快速释放"与"快速拉伸"的实验方案,研究人员可以遵循激活状态下的时间进程来探讨等长颤搐时 SA 动力学的影响。对激活状态的时间进程与等长颤搐产生的力进行比较,清晰地表明如果 CC 处于等长状态,它能够在刺激脉冲开始后快速产生很大的力。刺激开始后激活状态的快速增长意味着 CC 完全有能力瞬间产生最大力。在达到颤搐峰值力之前,处于等长状态的 CC 实际产生的力低于它能产生的最大力。简言之,我们认为结论是:与力的增长和 SEC 伸长相关的 CC 缩短,对 CC 力的产生施加了一个强烈的抑制作用。为了完全理解颤搐力的形状,我们必须更进一步测试 CC 与 SEC 间的互动。

CC-SEC 动力学的重要性

理解颤搐力曲线形状的关键包括 CC-SEC 动力学(见图 9.12)、CC 的 FV 关系(见图 9.3)与 SEC 的 $F\Delta L$ 关系(见图 9.6)的集合。当刺激脉冲引起 CC 激活增长时,CC 开始产生力并通过 SEC。作为对这个力的回应,SEC 根据它的 $F\Delta L$ 特征伸长。由于在较小力时它具有高度柔性,SEC 快速伸长。CC 反之以相同的高速度缩短,这是因为 CC 与 SEC 的速度必须相互抵消来保持整个肌肉的等长状态。由于向心收缩 FV 属性的本质,较大的缩短速度使得实际产生的力远低于 CC 等长状态时产生力的能力。随着力缓慢增长,SEC 进一步被拉长,由于它的非线性硬度特性,它的柔韧性变小。这降低了它的伸长速度,反过来降低了 CC 缩短速度从而使力上升。

在等长强直时,作为对持续刺激脉冲的反应,CC 的激活状态迅速增大并保持至最大水平[见图 9.13(b)]。因此,力持续增长,并将 SEC 拉长至 $F\Delta L$ 曲线硬度最大的区域。这极大地减缓了 SEC 的伸长,并使得 CC 的缩短速度趋近于零。最终,CC 与 SEC 长度停止变化,造成 CC 处于等长状态,SEC 根据此时力的水平处于恒定的长度。虽然刺激脉冲保持 CC 完全激活,但力一直维持在等长收缩的平台水平。

等长颤搐时情况则有所不同,如激活状态下降阶段[见图 9.13(a)],CC 的激活在单刺激脉冲结束后开始衰减。尽管激活水平在下降,颤搐力由于 CC 缓慢缩短而继续上升。然而下降的激活水平导致力缓慢地增长,并且在颤搐力峰值时激活状态与颤搐力相交。在峰值时,力既不增加也不减小,SEC 停止伸长,并且 CC 与 SEC 短暂地处于等长。在峰值过后,力开始下降造成 SEC 开始缩短。由于 CC 与 SEC 相互影响,CC 则开始伸长并根据它的离心收缩 FV 关系产生力。这使得力比 CC 等长时的激活能力更大。然而,由于激活水平不断下降,力的水平同样下降。这个次最大的离心收缩 CC 状态随激活与力的下降而持续,直到两者在颤搐收缩结束时达到零位。

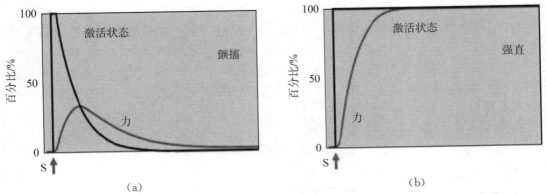

图 9.13　等长颤搐(a)与等长强直(b)时收缩成分(CC)激活状态(黑线)与力的反应(灰线)

CC-SEC 的一般性互动

当一块肌肉被刺激时,无论是实验时的体外状态还是被 CNS 控制的体内状态,CC-SEC 的互动对产生力的大小有直接影响。在对等长颤搐与强直进行描述时,CC-SEC 的互动可以用下面的公式来理解:

$$肌肉长度＝CC 长度＋SEC 长度 \tag{9.2}$$

在这些等长状态下,肌肉长度维持恒定,强调了在肌肉等长收缩时 CC 与 SEC 的反向关系。另一个表达 CC-SEC 互动的运动学方程是

$$肌肉速度＝CC 速度＋SEC 速度 \tag{9.3}$$

等长状态下的肌肉速度为零,意味着肌肉等长时 CC 与 SEC 有大小相等但方向相反的速度,并且强调了描述肌肉力-时间曲线时 SEC 的 $F\Delta L$ 与 CC 的 FV 非线性关系的重要性。

这两个公式对于等长与动态所有肌肉收缩都适用。动态情况下,肌肉长度维持不变与速度为零的限制解除,并且 CC 与 SEC 运动学失去了大小相等、方向相反的关系。SEC 经常调整 CC 的速度,一般而言肌肉速度与 CC 速度不相等。然而,当整块肌肉长度发生改变时,研究 CC 速度的确切性质要比等长状态时难。例如,已有实验表明,在离心收缩时,肌纤维(CC 的解剖学代表)可能缩短也可能伸长,这取决于弹性成分的确切状态(Biewener 等,1998;Griffiths,1991)。希尔双元素模型的优势在于能在动态力产生时估计 CC 的长度与速度。

例 9.1　肌肉模型算法

希尔模型可以以很多方式被应用,最灵活的方式是编写一段包含一般形式肌肉模型代码的软件子程序。特定肌肉的模型可以通过编写一个包含模型参数(如 P_0、FL 信息、a 与 b 动态常量、SEC 弹性)的可调用子程序。这个可调用子程序将特定的参数传递给一般模型子程序,这样模型输出就能代表个性化的肌肉,一般模型子程序便能用于多块肌肉,在我们应用于一个代表许多不同肌肉并同时产生力的骨骼肌肉模型时具有优势。这个方案中可以运用肌肉模型算法与研究人员选择的软件语言。

这些研究中呈现的希尔模型迭代算法(Baildon 和 Chapman,1983;Caldwell 和 Chapman,

1989，1991）与其他研究中的算法类似（Bobbert 等，1986a；Pandy 等，1990；van den Bogert 等，1998；Winters 和 Stark 1985；Zajac，1989）。算法中有代表 CC 与 SEC 属性的确切公式，可以让读者知道 CC 与 SEC 是如何动态互动的（见图 9.14）。算法的描述清楚地指明代表 CC 与 SEC 属性的函数哪里被调用，表 9.1 给出了这些函数具体公式的例子（Caldwell 和 Chapman，1991）。建立自己模型的研究人员也许会应用这些元素属性的不同公式。

每个时间步骤Δt

需要预测N块肌肉力
$(i=1, 2, \cdots, i+1, \cdots, N)$

对于肌肉i

得到肌肉的CC和SEC参数
得到肌肉长度和仿真输入
从前一个时间步骤得到CC激活和长度
从前一个时间步骤得到SEC长度和力

访问肌肉模型子程序

1. SEC力=f（SEC长度）
   CC力=SEC力
2. CC激活=f（仿真）
3. CC速度=f（CC力、激活、长度）
4. CC长度=fCC 速度 dt
5. SEC长度=肌肉长度−CC 长度

重复下一个肌肉i+1

重复下一个时间步骤Δt

图 9.14　肌肉模型算法流程图

表 9.1　模型公式与参数

模型构件	关系	方程	参数
CC	向心收缩力-速度关系	$(P+a)(v+b)=(P_0+a)b$	P_0 为最大等长力 a 为希尔动态常数 b 为希尔动态常数
	离心收缩力-速度关系	$S=b(P_s-P_0)/(P_0+a)$ $P=P_s-S(P_s-P_0)/(S-v)$	P_s 为偏心力饱和度（P_0％）
	FL（抛物线）	$RF=[c0(RL-100)^2]+100$	c_0 为抛物线宽度系数
SEC	$F\Delta L$	$RF = 0.025\ 8\ [\exp(\text{stiff})(RLS)]-0.025\ 8$	stiff 为非线性刚度系数

CC 为可收缩组件；P 为力；RF 相对作用力；RL 为相对 CC 长度；RLS 为相对 SEC 长度；SEC 为系列弹性组件；v 为 CC 速度。

从 *Human Movement Science* 中复印，Vol. 10，G. E. Caldwell and A. E. Chapman，"The general distribution problem：A physiological solution which includes antagonism，" pgs. 355-392，copyright 1991，with permission of Elsevier.

模型子程序需要两种类型的输入：①区别感兴趣肌肉的模型参数；②肌肉运动学与给定运动状态的刺激。例如，我们想模拟小鼠腓肠肌或人体胫骨前肌的等长颤搐。在任何案例中，我们都需要特定的肌肉参数（小鼠腓肠肌更易直接获得），比如它的 FV 动态常量（a 与 b），最大等长输出力（P_0）等。在等长颤搐时，肌肉长度在整个刺激过程中保持不变（大约 200 ms）。当刺激值达到 100％时，超最大强度脉冲的刺激过程是由一系列零电位隔断的几个毫秒构成的。模型子程序应用肌肉参数与运动学和刺激的输入数据来计算产生力的过程以及 CC 和 SEC 产生这个力的动力学。

可调用子程序

肌肉参数：

CC：P_0，L_0，FL 抛物线的宽度，FV 动态常量 a 与 b，SA 时间关系的激活常量；

SEC：$F\Delta L$ 关系；

实验条件：肌肉运动学与输入刺激。

对于模拟收缩的每个时间点，都有特定的肌肉长度与输入刺激值。例如，我们有 3 000 个时间点，所以时间 t 将以 1 个时间点为单位从 $t=0$ 到 $t=3\,000$ 进行，相对于整个刺激时间 300 ms 而言，每个时间点代表 0.1 ms。

肌肉模型子程序

对于从 $t=0$ 开始刺激收缩的每个时间点：

第一步：用 SEC 的 $F\Delta L$ 关系预测瞬时的 CC 力。因为 CC 与 SEC 串联，所以 CC 与 SEC 力相等。SEC 的 $F\Delta L$ 公式因此必须编写为 SEC 的力是长度的函数，或者

$$\text{SEC 力} = f(\text{SEC 长度}) \tag{9.4}$$

需要注意的是当 $t=0$ 时，刺激与激活为 0，CC 不产生力，SEC 处于非负重长度。因此，SEC 力为 0，与 CC 状态一致。

第二步：根据预测的力，应用 CC 的 FV 关系来预测 CC 的速度。需要认识到 CC 力取决于 CC 的 FL 与 FA 关系（见图 9.4）。因此，首先应用输入的刺激值，计算说明（可能的）CC 次最大激活水平。切记刺激与激活有幅度与时间上的相关（见图 9.2）。同样计算 CC 长度与它对 CC 的 FV 关系中会用到的 P_0 值的影响。因此，CC 的 FV 公式必须写成

$$\text{CC 速度} = f(\text{CC 力，激活与长度}) \tag{9.5}$$

同样的，当 $t=0$ 时，刺激与激活等于 0，所以 CC 是"被动的"并不产生力。因此公式在"零激活"的 CC 的 FV 曲线起作用，预测 CC 速度为零。因为并没有力施加于 SEC，并且实验条件要求肌肉长度保持恒定，所以 SEC 与 CC 都处于等长状态。

第三步：应用预测的 CC 速度来预测下个时间增量中 CC 的长度。这个数值积分允许刺激从一个时间点到另一个（在这个案例中，从 $t=0$ 到 $t=1$）进行。为了确保刺激的准确性，时间增量必须很小（本例为 0.1 ms）。这与第十章的动作积分是相同的积分过程，即

$$\text{CC 长度} = \int \text{CC 速度}\, \mathrm{d}t \tag{9.6}$$

在收缩开始时 CC 速度为零,CC 长度变化同样为零。

第四步:用 CC 的长度来预测下个时间点的 SEC 新长度($t=1$)。这里,与预测的 CC 长度一起,要用到可调用程序中输入的肌肉长度。因为 CC 与 SEC 是串联的,并且构成了整个肌肉长度。

$$SEC 长度 = 肌肉长度 - CC 长度 \tag{9.7}$$

当 $t=1$ 时,考虑到第一至第三步骤中描述的 CC 与 SEC 动力学关系,本步骤将与之前一样预测 SEC 长度(SEC 非负重,力为零)。

当从第四步得到下个时间点的新 SEC 长度,回到第一步,同时时间增量变为 $t=1$。在这个模型算法中几个步骤不断重复直到 $t=3\,000$ 时给出整个收缩过程中每个时间点的 CC 力、CC 长度、CC 速度与 SEC 长度。这些值与描述希尔模型每个成分行为的公式相一致。

这个算法得到的力如何与在等长颤搐与强直的实验结果保持一致呢?当时间从 $t=0$ 向前推进时,代表刺激脉冲的时间增量就已到达(刺激由 0 变为 1)。非零激活水平的刺激脉冲造成 CC 处于非最大强度的 FV 关系,第二步中的公式预测了非零的 CC 缩短速度,对 CC 速度积分则 CC 长度变短。在第四步,CC 长度变短导致 SEC 伸长。拉长的 SEC 被反馈至第一步用于预测非零的 SEC 力。CC 力(等同于 SEC 力)和新的激活水平一起传递至第二步的 CC 的 FV 关系,预测一个产生更短 CC 长度(步骤三)与更长 SEC 长度(步骤四)的 CC 新速度。随着刺激与激活的变化,这个循环不断地重复,并且 CC 力随着激活水平的上升而提高。在强直时,激活水平变为并保持在最大水平,导致随着 SEC 的不断拉长与 CC 的不断缩短,力持续增长(当力提高时)。当力达到目前 CC 长度的平台期水平 P_0 时,CC 与 SEC 都变为静止,此时 SEC 拉长而 CC 处于缩短长度。对于颤搐情况,刺激在脉冲变为零后,激活也回落至零。这个激活水平的下降通过步骤二所示的次最大强度 FV 关系导致一系列变化,进而导致了产生特殊颤搐力反应的 CC 与 SEC 动力学互动。

首先编写一般肌肉模型的计算机代码,然后用一个可调用子程序设置在等长颤搐与强直状态下的特定肌肉模型。模型子程序应该能够重复那些为人熟知的力反馈。模型一旦通过有效性验证测试,即可以用来模拟其他已被充分证明的情况(例如,不同频率的刺激脉冲产生非混合或混合强直,不同缩短与伸长速度时的等速收缩,不同惯性负荷下负载收缩等训练)。模型在模型参数改变时也同样应该做出正确的反应(例如,慢速颤搐与快速颤搐的动态常量,改变 P_0 大小,L_0 位置等)。证明模型有效之后,则应该继续完成用希尔模型代表的每块感兴趣肌肉的骨骼肌肉模型中执行模型子程序这一更有挑战的任务(从十一章中查询更多有关骨骼肌肉模型的内容)。

特定肌肉-希尔模型

第五章逆向动力学分析中展示了净关节力矩。在一个动作序列中,关节力矩代表计算用于产生身体环节运动的转动动力学。这个计算表明一个独立单位对运动中每个关节起作用。事实上,人体由许多跨过一个或者多个骨骼关节的单块肌肉组成。例如,人体下肢可以由一系列清晰的骨头代表(骨盆、股骨、胫骨、腓骨、跟骨、距骨与其他足部骨骼)。骨头构成了将人体模型连接成一系列刚性环节的基础。单块肌肉覆盖在这些骨头上(如股外侧肌、胫骨前肌、比目鱼肌)产生了净关节力矩,由此引起骨骼与身体环节的运动。像第八章讨论的那样,肌肉力是对由神经系统产生与传递的控制信号的反馈。逆向动力学允许我们预测跨过一个关节的所有肌肉引起的净关节力矩,但它不能将净关节力矩分到每块肌肉。

如果将身体视为机械模型,指定下肢关节产生力矩,系统拥有的很多肌肉将显得多余。例如,只需要一块肌肉来屈膝关节,但人体却有很多肌肉(股二头肌、半腱肌、半膜肌、腓肠肌、腘绳肌)来产生这一力矩。为什么系统是由多因素决定的,这一问题在生物力学与运动控制专家中存在一定争议。其他有趣的问题包括为什么一些肌肉是多关节肌(跨过两个关节)而另一些肌肉是单关节肌(van Ingen Schenau,1989);为什么一些肌肉的肌腱长而薄,而另一些肌肉的肌腱短而厚(Biewener 和 Roberts,2000;Caldwell,1995);在特定运动中单块肌肉有何贡献(Anderson 和 Pandy,2003;Zajac 等,2002,2003)。

为了完全理解动作序列中骨骼的运动,可以测量使关节与环节运动的肌肉力与力矩的肌肉控制信号,尽管在有些案例中,EMG 被用于估计肌肉控制信号,同时采集环节运动,但依据现在的技术水平很难直接测量肌肉力。在本章中,肌肉模型可以在很多方面增强我们对肌肉骨骼系统功能的理解。代表跨过一个关节所有肌肉的转动肌肉模型在理解由计算得到的关节力矩特征与正向动力仿真模型中简单力矩产生源是很有用的(见第十章)。另外,肌肉模型可用于代表特定单块肌肉的功能,包括对连接相邻关节运动很重要的双关节肌。在动物中直接测量肌肉力是可行的,这种方法已用于肌肉模型中预测力(例如,Herzog 和 Leonard,1991;Perreault 等,2003)。有些研究在人体中直接测量肌肉力(例如,Gregor 等,1991;Komi 等,1996),但这种侵入性的技术不可能广泛用于人类受试者。

因此,研究人员已经研究用希尔模型代表重要的单块肌肉来构建整个运动系统的骨骼肌肉模型(例如,Anderson 和 Pandy,2003;Gerritsen 等,1998)。每个单独的希尔模型必须针对它所代表肌肉的解剖与功能特性而有所调整。有些特性在本质上属于几何学,与其跨过的骨骼、关节的相对位置有关(例如,起点、止点、运动路径、力臂)。其他一些可以用肌肉形态学与准确的力学特性所描述的属性决定了肌肉产生力的潜能。这里我们关注后者,肌肉模型的几何学将在第十一章骨骼肌肉模型中介绍。

肌肉架构

每块肌肉在形态学特性与不同情况下产生力的能力上是独一无二的。许多研究已经将肌肉的形态、生理学特性与它们的力学特性连在一起,测量生理学特性可以估算肌肉模型合适的数值。总之,影响肌肉力产生能力的特性称为肌肉架构。出于建模的目的,特定架构参数可用于个性化单块肌肉,包括羽状角、生理横截面、肌纤维长度、纤维类型、肌腱长度与肌腱弹性。这些架构元素很重要,因为它们影响希尔模型 CC 与 SEC 的力学特性。

羽状角

肌肉有时会根据肌纤维的朝向进行表示。梭形肌的肌纤维与肌腱保持方向相同,平行于肌肉起点与插入点。相反,羽状肌的肌纤维与肌腱成一定角度,它产生的力有平行与垂直于肌腱的矢量分量。羽状角 θ_p 最明显的几何效果是当肌纤维产生 X 牛的力时,只有 $X\cos\theta_p$ 牛的力通过肌腱传递给相连的骨头。如果 θ_p 很小,这种效果则不明显(例如,$\cos 10° = 0.985$)。 然而,在同样的情况下(更短的纤维长度,非常柔软的腱膜),肌纤维转动并且羽状角随力的增加而变大,肌纤维在预想方向产生力的能力严重减弱。羽状肌肌纤维重叠同样很重要,羽状肌比同体积的梭形肌有更短的肌纤维,且很多肌纤维平行排列。因此,羽状肌比更简单的梭形肌能够产生更大的力,这表明羽状肌可用于产生更大的力。

横截面积

肌纤维的相关内容可以通过考查肌肉内肌小节的排列方式来加以理解。肌小节像单个肌原纤维一样串联排列,传递与单个肌小节所能提供相同的力。如果每个肌小节产生 1 牛的力,100 个串联的肌小节总共产生 1 牛的力。相反,并联排列的肌小节单独传递各自的力,这导致并联的肌小节越多,传递的力也就越大。同样的肌小节并联排列将产生 100 牛的力。肌肉横截面积(CSA)代表平行排列的肌纤维数量,因此可以作为肌肉最大发力能力的指标。当用这种方式估算肌肉力时,需要考虑许多因素。

其中一个因素是肌肉形状,因为肌肉肌腹的周长通常大于肌肉末端的周长。那在肌肉长度的哪一点测量 CSA 呢? 一种可能是多次测量周长取平均值。然而,这种方法假设所有肌纤维平行排列并指向肌肉起点与终点,但羽状肌并非如此。为了解释羽状肌与并非所有肌纤维都跨过整个肌肉的现象,引入术语"生理横截面积"(PCSA)(Haxton,1944)。通过肌肉体积除以肌纤维长度计算 PCSA。之前,PCSA 只应用于测试可行的动物与尸体研究。然而,新的医学成像技术使采集活人受试者的信息成为可能,下文我们将简要介绍这种方法。

应用 PCSA 时另一个需要考虑的因素是肌肉 FL 关系。当肌纤维改变长度时,肌丝覆盖情况的改变使等长收缩产生力的能力发生改变。那在何种肌肉长度时测量可以用于计算 PCSA 呢? 最显而易见的答案是肌纤维处于最适初长度 L_0。然而,知道给定肌肉的最适初长度很难,并且从尸体采集的 PCSA 数据取自处于解剖位的僵硬肌肉,这使得给定肌肉的肌纤维不太可能处于最适初长度。考虑之前提到的所有因素,很明显无法很好地建立人类单块肌肉的等长收缩最大力,尽管通过直接观察,我们认为产生力的大小取决于肌肉尺寸。

肌纤维类型构成

众所周知,肌纤维与运动单位在组织化学与力学特性上有所不同。对于很多肌肉骨骼模型而言,需要了解两种类型:慢肌纤维(ST)与快肌纤维(FT)。确认易疲劳 ST 与抗疲劳 FT 的区别需要考查长时间运动的模型。ST - FT 二分法的重要性源于有所区别的激活时间与 FV 特性,以及由此产生的力-时间曲线的改变。等长颤搐时慢肌纤维力增长的时间比快肌纤维长,并且峰值力出现时间的延迟引起了峰值力的降低。ST 与 FT 的区别在通过代谢消耗模型(Umberger 等,2003)计算的能量消耗速率上也能观测到。代谢消耗模型将在后面章节进一步介绍。

肌纤维-肌腱的形态学特征

人体中每个肌肉-肌腱单位在相对于肌腱的肌纤维长度是独一无二的。这个形态学细节描述了在一系列动作中每部分的相对偏移。串联肌小节的数量决定了肌纤维的长度。因为每个肌小节可以在它的 FL 范围内缩短大约 2.2 μm（从 3.65 到 1.45 μm），所以肌小节的总数量描述了肌纤维可以承受的最大偏移。肌纤维包含的肌小节越多，它能承受的偏移量也就越大。肌纤维长度也决定了运动中的绝对肌纤维速度，因此它对 FV 特性有重要的影响。

同样的原因使肌腱的长度也很重要，因为它影响了力作用时可伸长的程度。有些肌腱短而厚，而有些细而长。这些形态学特征影响整个肌腱的弹性，并看起来与肌腱功能相关。例如，下肢远端伸肌通常有长且柔软的肌腱与相对较短的肌纤维串联。这个肌肉-肌腱形态学特征导致肌腱长度变化很大而肌纤维长度变化很小。因此，对于给定的关节运动与肌肉-肌腱偏移，与肌腱短而硬的情况相比，肌纤维的整体偏移更小。这种设计意味着肌纤维可以在更小的收缩速度下发力，与较大收缩速度相比，肌纤维在较低激活水平下就可以产生所需的力（见图 9.15）。在步行等重复性周期运动中，更小激活水平可以引起更小的能量消耗。相反，近端的肌肉通常有短而厚的肌腱与偏移能力较大的长肌纤维相连。有研究表明这些肌肉能够产生更大的机械功，但更高的肌纤维速度与增加的激活肌肉质量使得这个机械功需要消耗更高的能量。

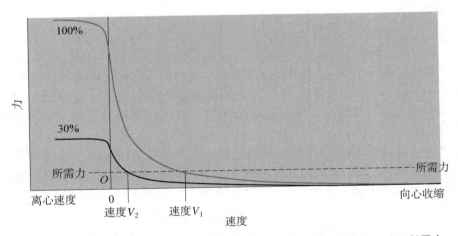

图 9.15 收缩成分（CC）力-速度图形解释了更小收缩速度的优势。对于所需力 RF，较高的收缩速度需要肌肉 100% 被激活（灰线）来获得所需的力。然而，对于更小的收缩速度 V_2，只要在次最大激活水平 30% 就能获得所需的力（黑线）。串联成分的弹性能够改善 CC 速度从而允许人体运动时更小的收缩速度

估计模型参数

形态学特征与肌纤维类型构成的区别说明每块肌肉有独特的力学特性。肌肉模型里代表特定属性的数值称为肌肉参数。由于很难测量单块肌肉力并且缺少肌肉解剖结构与希尔模型成分间的关联，通常很难得到希尔模型中特定肌肉 CC 的 FL 和 SEC 的 $F\Delta L$ 属性。尽管如此，模型研究的文献中报道的这些单块肌肉的属性通常是根据肌肉形态学与结构估算的。在这部分，介绍我们测试之前描述的肌肉模型参数是如何被估计的。

直接关节测量

对于跨过特定关节的肌肉群,CC 属性有时可表达为力矩-角度($T-\theta$)与力矩-角速度($T-\omega$)关系。测量不同运动学状态下力矩能力可以建立特定的隔离关节的等长与动态关系。这种测试通过在受试者能够生成最大力矩并且可以控制等长位置或者关节动态速度的等速测力设备上完成。采集力矩-角度与力矩-角速度数据的合理方法在第四章介绍过。接下来 $T-\theta$ 与 $T-\omega$ 数据可用于计算代表特定关节的转动希尔模型的 CC 参数。通常的策略是将测量的数据与转动肌肉模型中用到的公式相适配。例如,$T-\omega$ 数据与一个转动希尔公式相适配:

$$(T+a)(\omega+B)=(T_0+a)b \tag{9.8}$$

这里 T 和 ω 是测量得到的力矩与角速度数据对;T_0 是在等长 $T-\theta$ 数据集中的峰值等长力矩;b 是未知的肌肉动态希尔参数。应用这个公式可以找出最佳适配测量 $T-\omega$ 数据的 a 与 b 系数,并且这些系数可以用于 CC 模型参数代表转动希尔模型中的 $T-\omega$ 关系。一个类似的数据适配过程可用于由抛物线公式代表的等长 $T-\theta$ 数据集:

$$T=c\theta^2+d\theta \tag{9.9}$$

这里的 T 与 θ 是测量得到的力矩与角度数据对;c 与 d 是未知但可以通过一个最佳适配程序找出的特定关节的肌肉 $T-\theta$ 参数。需要注意的是当公式系数代表肌肉参数时,任何合适的公式都可以选做代表 $T-\theta$ 与 $T-\omega$ 特性。只要有足够多的已知 $T-\theta$ 与 $T-\omega$ 数据,$T-\theta$ 与 $T-\omega$ 公式中未知的系数就很容易在常用的软件包中找到;所需的最小数据点数量取决于所用的确切公式。

代表 SEC 特征的参数能够在处于高速控制或者快速释放情况的等速测力器上以单关节力矩-伸展关系($T-\Delta\theta$)的方式找到(De Zee 和 Voigt, 2001; Hof, 1998)。这里提到的内容是肌肉在等长状态下处于负重发力后释放然后快速收缩。在开始的负重阶段,SEC 成分被由主动 CC 产生的力牵拉。当突然释放,力突然下降,SEC 回到非负重或松弛长度。在对 PEC、惯性与设备适应效果进行合适校正后,产生的 $T-\Delta\theta$ 数据可以用合适的公式,比如一个二次方程来适配。

$$T=k\Delta\theta^2 \tag{9.10}$$

这里 T 和 $\Delta\theta$ 是测量的力矩与角度伸展数据;k 是未知的 SEC 硬度参数。回想 SEC 力-伸展($F-\Delta L$)关系本质上是非线性的,在力较小时柔软但在力较大时硬度变大,那在关节 $T-\Delta\theta$ 数据观察到非线性形状就不足为奇。在有些案例中,一个包括二次与线性部分的双元素模型能够更好地适配 $T-\Delta\theta$ 数据。PEC $T-\Delta\theta$ 属性通过测量动力臂与关节在整个运动范围内缓慢移动时被动且非激活的力矩反应来确定。随后一个合适的公式(如二次或者指数方程)用于适配 PEC 模型参数。

尽管隔离关节测量技术自 20 世纪 50 年代广泛应用,但可以发现逆向动力学计算仍存在很多局限性。因为许多肌肉与韧带跨过每个关节,所以很难确定哪个内部组织对特定时间、位置或速度测量的力矩有贡献。测量的力矩是所有贡献源的总和,并且重要的协同与对抗收缩不能仅仅靠这些测量解决。解释 $T-\theta$ 关系因此很复杂,因为它受肌肉 FL 特性、力矩力臂-角度特征和每个贡献肌肉的相对激活水平的影响。因此,尽管等长收缩时最佳角度能够测量,但特定肌肉产生力的最佳长度一般未知。同样的,许多关节的 $T-\omega$ 关系能通过常规的测量得到,但这些关系受每个贡献肌肉的 FV、力臂、激活特性影响。因此单块肌肉的 FV 关系不能直接从这种关节测量中获得。考虑到一个特定关节的贡献肌肉有各自独特的肌纤维类型组成与骨骼接触点,在任一测量的 $T-\omega$ 数据点,它们可能处于不同的收缩速度、FV 关系的不同位置。最终,隔离关节方法假设每个关节有独立的力矩产生特性,因此忽略了有相邻关节耦合力矩能力的双关节的功能。

单个肌肉参数

如何找到特定单块肌肉的参数呢?由于转动关节测量方法的局限性,所以有必要探讨确定单个人体肌肉力学属性与参数的方法。因为这些效应不能简单地依赖于直接测量力与长度,它们都被作为模型程序进行归类。这里我们将它们分类为分析、成像、计算技术。

分析技术

用于估计特定肌肉参数的一种方法是包含动物研究的外推信息与测量的形态学特征。例如,我们可以通过考查串联肌小节的数量与已知粗肌丝与细肌丝的长度,然后外推肌小节到整体肌纤维的 FL 关系来估计 FL 特征(Bobbert 等,1986a)。这种方法在预测最佳 CC 发力长度时有优势。然而,很少有对给定人体肌肉中肌小节数量进行估计,并且这个值在不同人间存在差异。另一种估计 FL 参数的方法是基于肌肉结构指数(Ia)将动物实验结果扩展到人体,指数通过肌纤维长度与肌腹长度的比例确定。一般而言,羽状角描述了相对肌腹长度的肌纤维长度。Woittiez 与同事发现肌肉 FL 特性与它的 Ia 高度相关。然而,这种方法中准确的 L_0 长度与肌肉运动的 FL 关系生理范围都未知。同样,FV 特性可以通过形态学与纤维类型估计。动物实验表明规定希尔直角双曲线形状的动态常量 a 和 b 与肌肉的纤维类型相关。这可以通过对比慢肌纤维与快肌纤维主导肌肉的力上升-时间曲线观察到。研究人员因此从动物研究与纤维类型中外推特定人体肌肉的 a 与 b 的值(Bobbert 等,1986a)。

一个不同的方法是利用双关节肌对相邻关节力矩有贡献的事实。例如,通过测量一定范围内不同关节位置时屈髋与伸膝的等长关节力矩,可以估计对两个关节力矩都有贡献的股直肌 FL 特性(Herzog 和 ter Keurs,1998)。理论上,这种方法可以用于任何跨过两个关节的肌肉。然而,跨过三个而非两个关节的多关节肌使这个方法复杂化,例如腓肠肌与股后肌群都对屈膝有贡献,同时也分别参与了踝关节跖屈与髋关节后伸。尽管这种方法可能限制了实验应用,但它是用多关节数据找到跨过这些关节肌肉群参数计算技术(接下来描述)的理论基础(Garner 和 Pandy,2003)。

成像技术

最近发展的预测人体肌肉个性化模型参数的方法是医学成像技术,例如磁共振成像(MRI)与超声波成像。随着这些设备更加普遍与易于使用,这些方法的研究应用逐渐增加,并且它们的应用范围在未来有可能扩展。这些成像技术对将肌肉模型应用于要求个性化模型特征的临床应用非常重要。

MRI 用于获取体内肌肉骨骼剖析,比如骨头、韧带与肌肉的个性化图像(Hasson、Kent-

Braun 和 Caldwell，2011）。与 X 射线这一较传统方法不同的是，MRI 提供了较好的软组织分辨率，并且不会将受试者置于射线暴露的危险环境中。环节剖析的矢状面、冠状面与水平面图像帮助我们进行一系列描述肌肉形态特征与肌肉骨骼几何学的测试。这些图像通过 512×512 或者 $1\,024 \times 1\,024$ 像素，长与宽为 200～300 mm 的视窗生成分析用的高分辨率图像（见图 9.16）。一系列横向或轴向图像用于测量特定肌肉长度、体积和平均 CSA。典型地，这些轴向图像以 5～10 mm 的距离分离并贯穿某一环节或肢体的全长。感兴趣的特定肌肉用数字计算技术识别与概述，以在特定图像上计算肌肉 CSA。这个过程在跨过整个肌肉长度的全部轴向图像集合中重复。通过计算每个轴向图像的肌肉区域图，用全部图像就很容易计算肌肉长度。同样，肌肉体积可以通过一系列 CSA 值与间隔距离来计算。体积与长度数据用于计算肌肉的平均横截面积，并且与肌纤维长度信息结合可以计算 PCSA。MRI 一个附加的特性是基于像素密度区别肌肉与脂肪组织，这就允许我们计算无脂肪区域的质量、面积、体积，并能更好指出可以产生力的收缩组织的数量。其他基于 MRI 的技术，比如弥散张量成像可以成像肌束的 3D 路径。这些技术造就了更为准确 3D 解剖模型的发展，并用于为已知希尔模型提供更为准确的羽状角数据。最终，矢状面与冠状面 MRI 图像对测量如肌肉力臂的个性化肌肉骨骼形态，或者在类似 SIMM 的计算机软件里缩放模型数据适配个别受试者很有帮助。

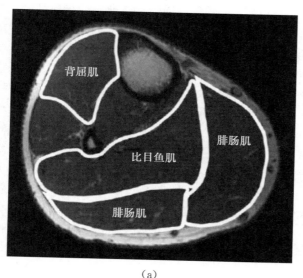

（a）

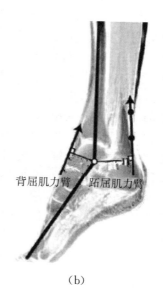

（b）

图 9.16　磁共振成像的例子

（a）下肢的横截面图像，突出了背屈肌（DF）、比目鱼肌（SO）与腓肠肌两个头（GA）的横截面积；（b）踝关节的矢状面图像，显示了背屈肌与跖屈肌的力臂（DF，MA，PF MA）

摘自 C. J. Hasson and G. E. Caldwell，2012，"Effects of age on mechanical properties of dorsiflexor and plantarflexor muscles," Annals of Biomedical Engineering 40：1088 - 1101.

另一项对识别个性化肌肉特征很有效的技术是超声波成像（Hasson，Miller 和 Caldwell，2011）。骨骼肌的内部纵向图像可以由超声波探头记录，然后以数码视频文件的形式记录用于随后的测试与分析。超声波成像已经用于测量肌肉厚度、肌束长度与速度、肌纤维羽状角以及所有对评价 CC 特性有用的数据。例如，肌肉厚度可以用于说明等长收缩力量,因为它与肌肉体积高度相关(Miyatani 等,2004)。目前在生物力学中超声波技术最为流行的应用是评价串联弹性结构的柔韧性,例如肌腱与腱膜(见图9.17)。在较老的文献中,尽管将肌腱视为 SEC 柔韧性的唯一贡献并不正确,肌腱 CSA 与长度的简单测试用于评估 SEC 柔韧性。因此可以通过观察在肌肉从非激活到在动力计上完成等长最大自主收缩过程中,深层腱膜或肌腱上选择点的移动来详细研究串联弹性成分。超声波成像在评价类似姿势晃动的运动中肌肉纤维与肌腱长度变化时很有用处(Loram 等,2004),并且已经证明当等长力矩产生时,肌腱与腱膜可能承受了不同程度的伸长,但受到的拉力相似(Arampatzis 等,2005)。

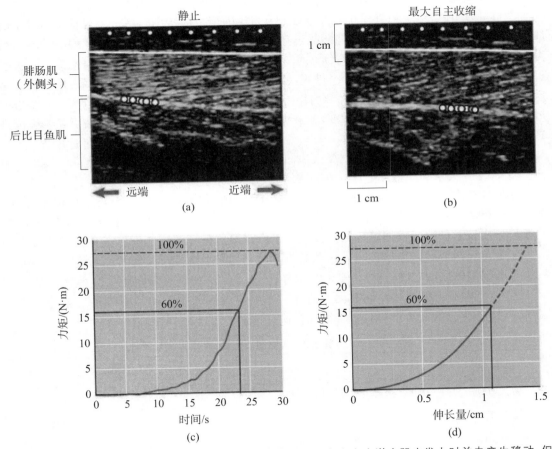

图 9.17　(a) 踝关节跖屈肌静止时的超声波图像,顶部的数字参考点在潜在肌肉发力时并未产生移动,但在中间位置的腱膜上类似的参考点随着收缩力产生串联弹性成分形变而向右移动;(b) 在最大自主收缩发力(MVC)时,腱膜的参考点位移超过 1 cm;(c) 在慢速等长自主收缩时,力矩也由超声波设备同步采集,这就可以构建一个代表串联弹性的力矩-伸长关系,如(d)所示

计算技术

到目前为止介绍的分析与成像技术对确定一些个性化的肌肉参数很有帮助,但不是所有的肌肉模型参数都可以用这些方法评价。因此,一些肌肉模型参数可以在一定的可信度下被估计,然而特定人体肌肉的其他一些参数通常未知。克服这个局限性的一种方法是用最优化的方法找到能够重复测试实验数据的模型参数数据集(Garner 和 Pandy,2003;Gerritsen 等,1998;Hasson 和 Caldwell,2012)。过程是直接的:用实验技术确定一名受试者的关节 $T-\theta$、$T-\omega$ 与 $T-\Delta\theta$ 关系,然后用肌肉骨骼模型重复这些关系,用计算机最优化算法找到实验与肌肉骨骼模型数据契合度最高的肌肉模型参数数据集。

例如,假定在一给定关节有五块肌肉对关节力矩的产生起作用。用一个包括希尔模型的肌肉骨骼模型代表每块肌肉,我们能够找出在给定等长关节位置时每个肌肉模型估计的力与力矩。对五个肌肉模型的力矩求和就形成了在那个位置时一个模型关节的估计力矩。在关节运动范围内的其他等长位置重复这个过程,就能够形成一个模型力矩-角度关系($T-\theta_{\mathrm{M}}$)。然后,用最优化算法与实际测试得到关节力矩-角度数据可以用于找出每个肌肉模型 FL 参数的最佳数值(如 P_0、L_0、FL 抛物线宽度)。最优化过程找到测试与模型力矩-角度关系契合度最高模型的 FL 参数数值(如最小化 $T-\theta$ 与 $T-\theta_{\mathrm{M}}$ 差异)。同样的方法可以通过适配模型 $T-\omega_{\mathrm{M}}$ 和 $T-\Delta\theta_{\mathrm{M}}$ 与实验 $T-\omega$ 与 $T-\Delta\theta$ 数据分别找到其他肌肉参数。这里最优化的参数是影响模型 $T-\omega_{\mathrm{M}}$ 关系的动态常量 a 与 b 和决定 $T-\Delta\theta_{\mathrm{M}}$ 关系的 SEC 硬度特征。

这种计算方法可以通过利用成像与分析技术获得的数据而得以加强。这样的"混合"模型可以有很多形式。例如,直接基于 MRI 与最优化算法中的已知参数,找出其他未知参数。成像与分析技术获得的数据可以选择性地用于设定最优化算法中的边界条件。表 9.2 中列举了文献中一些被选肌肉的参数。这些数据来自许多不同的研究,毫无疑问这是一些参数数值范围很大的原因之一。这个较大的变异性确立了开发获取个性化参数值方法的重要性。另外,已经证明刺激模型与肌肉力估计对一些肌肉模型参数很敏感(Scovil 和 Ronsky,2006)。敏感性分析在第十一章中将详细讨论。

表 9.2　人体肌肉参数

肌肉	力/N	长度/mm	羽状角/(°)	无负荷下韧带长度/mm
臀大肌	1 050～4 490	144～250	0	90～150
腘绳肌	2 000～3 900	104～107	9	350～390
股中间肌	4 500～6 375	84～93	3～10	160～225
股直肌	925～1 700	75～81	5～14	323～410
比目鱼肌	3 550～4 235	24～55	20～25	238～360
腓肠肌	1 375～3 000	45～62	12～17	48～425

超越希尔模型

尽管希尔模型可能在现今的生物力学研究中最为流行,然而仍旧不能解释许多被掩盖的重要肌肉功能,甚至与希尔模型的预期相矛盾。希尔模型的缺点部分归因于它的视角问题,因为它是在"生理学"收缩长度与速度下描述整个肌肉与单个肌纤维的行为。因此,希尔模型不能够深入探讨时长与长度变化幅度小至横桥不能接触或分离的瞬间现象就不足为奇。这样的实验数据应该用特定的横桥力学模型来解释(Huxley 和 Simmons,1971)。尽管希尔模型与肌丝滑行理论和单个横桥潜在产生力相关的 FL 与 FV 特性相一致,但它在本质上只是现象级别的,并不依赖于滑动肌丝或横桥力学的事实。

许多超越希尔模型有关肌肉结构与功能的课题对肌肉力学专业的学生而言很有意义。一个课题是收缩历史,即有研究表明提前的拉拽能够提高产生力的水平(Edman 等,1978),然而提前的缩短会抑制肌纤维产生力的能力(Edman,1975;Herzog 等,2000)。这些现象都超出了希尔模型的预期,已有研究尝试在希尔模型中添加这些特性。提前的收缩状态使产生力的大小发生变化的可能原因在肌肉生理学文献中已经大量讨论。这些或者其他力学现象潜在的解释均处于肌纤维、肌小节、肌丝或者横桥级别。例如,由拉拽引起的力增强现象的一种可能解释是串联肌小节的不均匀性,并且这种解释导致了肌小节内部动力学模型的发展(Morgan,1990)。

另一个有趣的主题是力从横桥到骨骼的传递,通常认为是指定肌纤维的激活肌小节通过肌腱到肌肉起点与插入点的一系列力传递。这个系列传递模型基于肌纤维彼此平行。然而,有研究证据表明侧向力的传递(垂直于肌纤维)同时存在,意味着力可以被相邻的肌纤维传递,包括那些被动的肌纤维(Huijing,1999;Monti 等,1999)。改善了的分辨率与显微镜技术的进步强化了结构肌间蛋白和肌联蛋白在力传递中的作用(Granzier 和 Labeit,2006),并且有利于理解它们在健康与病态肌肉力产生中的作用。

肌丝滑行理论的原则之一是力产生在肌球蛋白头驱使的横桥与肌动蛋白结合位点结合的独立附着点。因此,许多研究人员研究横桥形成与随之产生力的动力学(Huxley 和 Simmons,1971)。许多早期的研究用分子模型推断单个横桥的行为。然而单分子物理学的进步使得研究人员能够直接观察单个横桥的行为。这些技术能直接量化步的尺寸与单个肌球蛋白力产生的能力(Finer 等,1994)。这些结果确认了早期分子模型的一些内容,同时提示了许多基本特性背后的新分子行为。尤其令人兴奋的是,现在能够直接测试单个横桥力学与动力学的负荷影响(Veigel 等,2003)。这些以及类似的技术开始揭示肌肉力-速度关系的分子基础(Debold 等,2005)以及之前提到的牵拉后的力增强现象(Mehta 和 Herzog,2008)。

尽管这些与其他肌肉行为相关的课题令肌肉生理学家与生物力学学家很感兴趣,但它们构建的知识体系超过了本章甚至本书的讨论范畴。这里我们将讨论限定在生物力学研究人员特别感兴趣的四种类型肌肉模型。

3D 结构模型

集中参数模型像希尔模型一样用简化几何学来确定当用肌肉骨骼模型代表特定肌肉时肌肉的作用线、长度和力臂变化(见第十一章)。模型用一系列连接起点与止点并沿点与包裹表面传递的线性环节代表肌肉作用线。这些模型假设所有肌纤维承受相同的长度变化并有相同的力臂,而这在 3D 世界真实的骨骼肌肉中可能不是真实存在的。有关肌肉几何学更详细的信息将增强我们的理解,并能更准确地预测肌肉力与力矩。像这样对肌肉功能详细的理解是基于高分辨率图像与工程模型技术的骨骼结构全局 3D 模型。

像之前在 MRI 部分提到的,弥散张量成像能够跟踪单个肌束的 3D 路径(Lansdown 等,2007)。这个详细 3D 信息对可视化与理解肌纤维在肌肉内的传递很有价值,并且能够形成用于肌束与肌纤维长度定量分析的体积模型。这样的建模方法是有限元分析(FEA),一种基于偏微分方程近似解的数学技术,它对测试 3D 实体的结构分布很有帮助。在 FEA 方法中,肌肉用大量的小有限分区或元素代表。这些元素被赋予建模时肌肉与肌腱代表物的力学特性(如剪切与压缩硬度或者黏弹性属性)。这个准静态模型能用于表示当肌肉跨过的关节处于不同位置或者肌肉力发生变化时压力的分布与肌肉的移位。

有限元肌肉模型的构建从 MRI 等高分辨率成像技术确认的肌肉 3D 表面与形状的代表物开始。因为肌肉形状在一定程度上由周围的解剖结构决定(典型的是 FEA 骨骼模型),所以韧带与其他肌肉同时被构建,以形成在不同关节位置时肌肉形状变化的基础。3D 肌肉模型随后经历一个将肌肉分解成已知几何形状的离散固态元素,并通过内部结点将这些元素连接的啮合过程。元素被给予不同应力-应变或应变速率特征的弹性与黏弹性属性来代表肌肉与肌腱组织。然后通过不同力情况下测试的单个元素对应力与应变分布的反应得以改善。进而通过连接一系列构成肌纤维方向与路径的单个元素,我们获得了对真实肌肉样本的深入了解(Blemker 和 Delp,2005,2006)。通过量化不同关节位置时这些虚拟模型纤维的位置与长度,我们就能够研究肌纤维内部分布的不均匀性。这种方法也可以确定肌肉内不同肌纤维在关节处的力臂以及随关节位置变化的力臂变化(见图 9.18)。

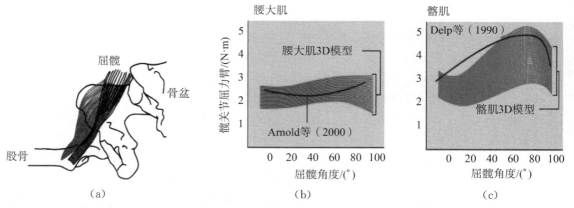

图 9.18　(a)髋关节屈肌腰大肌(深色肌纤维)与髂肌(浅色肌纤维)的 3D 模型;模型预测的不同肌束的(b)腰大肌与(c)髂肌的髋关节屈力臂。黑色实线代表"单作用线"模型预测的力臂(Arnold et al.,2000;Delp et al.,1990)Courtesy Silvia Blemker, based on Blemker and Delp 2005.

线性工程肌肉模型

最常见的工程建模方法是应用属性相对简单的流变元素来建模更复杂结构与力学反应特征。一种常见的建模元素是 Hookean 弹簧,它是一种属性纯粹的通过线力-伸长关系斜率,即刚度 k 表述的弹性体。另一种元素是 Newtonian 体,一般叫作缓冲器或者阻尼器,它通过力-应变速度关系斜率的黏弹系数 β 而特征化。这些模型元素和它们的特征属性用于在特定运动学与激活情况下产生真实力-时间曲线的简单肌肉模型(见图 9.19)。与希尔模型相似,工程模型也有一个收缩元(CC)与弹性元(SEC)相串联,但这些元素有线性属性而非

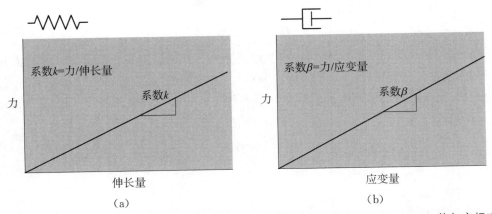

图 9.19 （a）Hookean 弹簧与它标志性硬度系数为 k 的线性力-伸长关系；（b）Newtonian 体与它标志性的
黏弹性系数为 β 的线性力-应变速率关系

希尔模型中是非线性关系。

在这个模型里，CC 由一个与黏
性缓冲器平行的力产生器 F_m 组成
（见图 9.20）。力产生器 F_m 代表 CC
的活化能力，或者最大等长 CC 力。
如果没有其他抑制，当它产生力时
CC 缩短，导致 CC 长度 x 减小。缓
冲器将阻碍缩短，阻力的大小取决于
黏性系数 β 和 CC 速度 v_{CC}。相互平
行的 F_m 与缓冲器特性导致 CC 力-
速度为线性关系，任何时刻的 CC 力
可以计算为

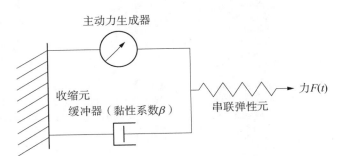

图 9.20 包含收缩元（CC）与串联弹性元（SEC）的线性肌
肉模型。CC 由平行于黏性系数为 β 的缓冲器
（Newtonian 体）的主动力生成器 F_m 构成。CC
力通过一个串联的硬度系数为 k 的 Hookean 弹
簧进行表达

$$F(t) = F_m - \beta v_{CC} \tag{9.11}$$

需要注意的是，阻尼系数 β 的值描述了 FV 关系的确切斜率，并且通过改变大小可以代
表特定肌纤维类型，即慢肌纤维与快肌纤维有不同的 β 值。被动 SEC 用硬度系数为力-伸
长线性关系（$F\Delta L$）斜率为 k 的 Hookean 弹簧代表。任何时刻 SEC 产生力为

$$F(t) = k x_{SEC} \tag{9.12}$$

这里 x_{SEC} 是相对于非负重长度的 SEC 长度（如伸长量）。因为 CC 与 SEC 是串联的结构，式
（9.11）与式（9.12）表述的力在任何时刻都应该是相同的，所以：

$$F(t) = F_m - \beta v_{CC} = k x_{SEC} \tag{9.13}$$

在等长状态下，整个肌肉长度保持恒定，那么 CC 与 SEC 长度与速度的大小相等方向相
反。因此，式（9.13）完全可以用 $-x_{CC}$ 代替 x_{SEC}，进而相对于 CC 运动学来表达。如果我们
假设 F_m 经历一步输入"刺激"后从静息状态达到最大值，这个二次微分方程可以进行

Laplace 转换为

$$F(t) = F_m(1 - e^{-t\tau}) \tag{9.14}$$

这里时间常量 $\tau = k/\beta$。这个公式是饱和指数的形式,并可以用于计算在等长颤搐状态下力的时间进程(如一步刺激输入引起的等长颤搐)。特定肌纤维类型与 SEC 柔韧性变化可以分别通过改变 β 与 k 的值而容易地整合。因此改变 τ 的值可以改变力-时间曲线的形状(图 9.21)。

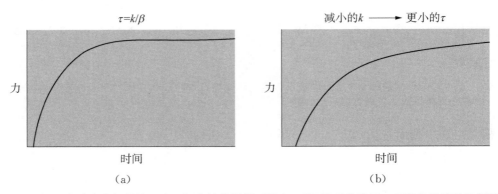

图 9.21 不同阻尼黏度 β 与弹簧硬度 k 组合的线性模型的力-时间关系曲线图。硬度与黏度的比例构成了常量 τ,描述了等长颤搐时力增长速度。(a) β 与 k 的数值代表中等快速收缩成分(CC)与一个相当硬度的 SEC;(b)常量 τ 被减小了的硬度 k 削弱,导致力增长缓慢,增加 β 值,代表收缩速度更慢的 CC 可以达到同样的效果

这个工程模型方法的优势是相对于希尔模型的数值算法,降低了计算成本。劣势是模型被限定于等长收缩最大激活状态,并且在 F_m 从被动到完全激活收缩后不久的前期力学图形有些许不匹配,因为线性 SEC 的 $F\Delta L$ 关系没有考虑较小力时 SEC 的高柔韧性。

Huxley 模型

与希尔模型一起,20 世纪最有影响的肌肉模型毫无疑问是 A. F. Huxley 发表于 1957 年的模型。Huxley 模型在那时表述为包含有关骨骼肌肉的已知理论,并且成为肌丝滑行理论的基石。它基于已知的肌小节结构与功能,并设想了肌丝滑行与粗肌丝横桥接触与分离。Huxley 一个强力优势是预测的肌肉力学和代谢特征与经验数据相一致,这给予了模型假设凭证。

这个模型的核心理念是横桥作为独立的力产生源,当连接细肌丝后释放力。这个观点是基于来自 FL 与 FV 关系的两个证据。第一个是 FL 关系的形状依赖于粗肌丝与细肌丝重叠的数量,意味着力的大小取决于在给定长度时能够连接的横桥数量。第二个是超过这个速度肌肉就不能维持力的 FV 最大向心收缩速度 V_{max},独立于粗肌丝与细肌丝重叠面积,表明速度与单个横桥动力学有关。

每个横桥以周期性的特征工作:①连接到细肌丝结合位点;②当横桥在做功行程中转动时产生力;③在行程终点脱离;④回到原位为下个循环做准备。横桥周期运动的能量由 ATP 提供,ATP 在循环中被分解为 ADP 与 P_i。

Huxley 提出的基于独立横桥的模型如图 9.22 所示。这个模型假设肌肉最大程度激活,没有弹性,横桥的数量是恒定不发生改变的(如在 FL 曲线的平台期),每个横桥都经历一个完整的周期。计算可以在规定的等速情况下进行。模型有一个固定的粗肌丝与一个自由移动的细肌丝相邻。从粗肌丝突出的是由两个相对的弹簧保护的侧部 M(代表横桥),并且在布朗运动中前移与后退。在运动范围的中间是两个弹簧的力处于平衡状态即和为零的平衡点。在平衡点的两边侧部 M 受到两个弹簧伸长(如拉拽)的力 $F = kx$,x 是距平衡点的距离。如果侧部 M 与细肌丝上的接触点 A 相连,那么这个力可以传递到细肌丝。Huxley 模型的功能部分位于 M 与 A 接触或者分离的过程,并且当 A 与 M 在距平衡点不同距离 x 时接触,则力传递给细肌丝。

Huxley 两个重要的参数是接触与分离率常量 f 与 g。这些常量决定了侧部 M 接触与分离的可能性,类似于结婚与离婚率描述了一个人已婚还是单身的可能性。增加接触率常量 f 将导致横桥有更大的可能性处于接触状态,与结婚率的提高将导致更多的已婚男人同理。相反,更大分离率常量 g 将导致横桥处于分离可能性更大,类同于更高的离婚率导致更多单身的男人。为了提高横桥接触并产生张力的可能性,Huxley 制作了一个位于平衡点两边不同数值的接触与分离率常量图[见图 9.22(b)]。在右边,接触常量 f 比分离常量 g_1 更大,导致在假定最大长度 h 之前的区域,侧部 M 接触的可能性更高。在平衡点右侧接触结合位点的侧部 M 将被左侧(k_1)拉长的弹簧施加一个力,因此将引起细肌丝相应方向移动。在左侧,没有机会接触($f = 0$)并且分离率更高(g_2)。因此,从右边经过平衡点的已接触侧部 M 当在平衡点左侧滑动时存在很高的分离可能性。仍然在左侧保持接触的侧部 M 将被右边(k_2)拉长的弹簧施加一个力,与向心收缩的方向相反。

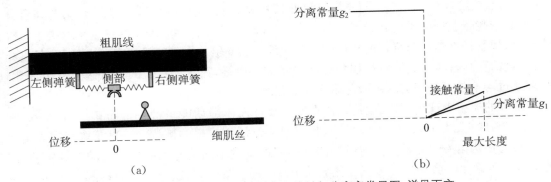

图 9.22　(a) Huxley 模型结构;(b) 接触与分离率常量图,详见下文

基于这些考虑,Huxley 提出一个包含 $n(x)$ 的差分方程,定义为位移 x 处处于接触状态横桥的分数:

$$\frac{\mathrm{d}_n(x)}{\mathrm{d}t} = [1 - n(x)]f(x) - [n(x)g(x)] \tag{9.15}$$

这里 $n(x)$ 等于一个给定横桥在位移 x 处接触的可能性。这个公式可以用于计算横桥在不同等速收缩时不同位移 x 接触的可能性。这个模型可以预测每个速度时与横桥分布相关的力,因此能够预测任意给定接触与分离率时的向心 FV 关系。而且,因为代谢能量消耗与横

桥接触与分离相关,这个模型还可以预测在不同收缩速度时能量的消耗。无论对于力学(FV)还是代谢(能量释放)现象,Huxley 模型能给出骨骼肌实验数据真实的预测。

代谢消耗模型

尽管 Huxley 模型能够很好地预测肌肉功能的力学与代谢部分,但它不适用于动态或者需要考虑串联弹性元的情况。有许多模型可以预测肌肉收缩的代谢能量消耗,其中一些与估计力学状态的希尔类型模型结合(Umberger 等,2003)。这样的模型对估计肌肉骨骼模型所研究的全身运动的力学与代谢能的消耗很有帮助(见第十一章),尤其在运动的目标限定在最小化能量消耗时(如以最习惯的速度步行)。将力学与代谢模型连接在一起是合适的,因为当计算整块肌肉能量消耗时必须考虑收缩机制。

自 20 世纪上半叶,许多生理学家尝试计算肌肉产生力时释放的能量。一般而言,能量以热能与机械能的形式释放,希尔 FV 公式中的动态常量 a 与 b 起初被构想为热能常量。全部能量消耗由三部分组成:①机械能;②激活时与肌质网相关的热能;③肌球蛋白与肌动蛋白耦合产生的热量。肌动蛋白与肌球蛋白互动进一步分为维持的热量与动态缩短或伸长的热量。所有这些元素整合形成了一个能量率的公式,例如 Umberger 和同事所表述的(2003):

$$\frac{dE}{dt} = \frac{dW_{CC}}{dt} + \frac{dH_A}{dt} + \frac{dH_M}{dt} + \frac{dH_D}{dt} \tag{9.16}$$

这里,E 是全部代谢能;W_{CC} 是 CC 的机械功;H_A 是激活热量;H_M 是维持热量;H_D 是动态热量。分别考虑这些术语确定了能量消耗模型与希尔类型模型耦合的效率。例如,直接通过 CC 力与速度计算 W_{CC} 率。与肌丝缩短伸长相关的动态热量也可以通过 CC 力与速度计算,并且依赖于肌纤维类型和最大 CC 收缩速度 V_{max}。由于激活和维持的热量率取决于肌纤维类型,快肌纤维激活与维持的热量率比慢肌纤维大 6 倍左右。热量率表现出与 CC 长度相关,能量消耗与有氧还是无氧过程释放能量相关。最终,热量率在次最大状态下发生变化,状态通过与希尔模型相同的刺激与激活参数执行。

最近的模型表现出成功预测从单关节到全身人体运动能量消耗的希望(Anderson 和 Pandy 2001;Umberger 等,2003)。对骨骼肌能量消耗建模的挑战之一是获取特定人类肌肉与热量和功相关的关系。目前模型能够很好地重现不同情况下能量消耗的定性特质,但准确参数的缺少导致与实证测试相比数值出现矛盾。最终,与肌肉模型力预测一样,可通过比较测试人类受试者来验证这些代谢消耗模型的输出结果。

小结

本章介绍了肌肉力学属性与模型的基本内容。第一部分在希尔肌肉模型框架下描述了肌肉的主要力学特性,并提供了应用希尔模型的算法;第二部分讨论了一般希尔模型如何赋予参数,从而代表身体内特定肌肉,并估计单块肌肉这些参数的方法;第三部分介绍了希尔模型没有包含的肌肉力学的重要部分;第四部分描述了其他对生物力学家有帮助的肌肉模型。感兴趣的读者应该注意到,与肌肉力学、建模相关的很多问题在此只是简单提及。下面的推荐读物列表能够帮助扩展有关肌肉力学与建模不同领域的知识。

推荐阅读文献

肌肉力学

• Chapman，A. E. 1985. The mechanical properties of human muscle. Exercise and Sport Sciences Reviews 13：443 – 501.

• Chapman，A. E.，G. E. Caldwell，and W. S. Selbie. 1985. Mechanical output following muscle stretch in forearm supination against inertial loads. Journal of Applied Physiology 59：78 – 86.

• Ettema，G. J. C. 1996. Contractile behaviour in skeletal muscle-tendon unit during small amplitude sine wave perturbations. Journal of Biomechanics 29：1147 – 55.

• Ettema，G. J. C.，and P. A. Huijing. 1990. Architecture and elastic properties of the series element of muscle tendon complex. In Multiple Muscle Systems，ed. J. M. Winters and S. L. -Y. Woo，57 – 68. New York：Springer-Verlag.

• Hasson，C. J.，and G. E. Caldwell. 2012. Effects of age on mechanical properties of dorsiflexor and plantarflexor muscles. Annals of Biomedical Engineering 40：1088 – 101.

• Hasson，C. J.，Miller，R. M.，and G. E. Caldwell. 2011. Contractile and elastic ankle joint muscular properties in young and older adults. PLoS One 6(1)：e15953.

• Heckman，C. J.，and T. G. Sandercock. 1996. From motor unit to whole muscle properties during locomotor movements. Exercise and Sport Sciences Reviews 24：109 – 33.

• Herzog，W.，and H. E. D. J. ter Keurs. 1988. Force-length relation of in-vivo human rectus femoris muscles. Pflugers Archive：European Journal of Physiology 411：642 – 7.

• Hill，A. V. 1970. First and Last Experiments in Muscle Mechanics. Cambridge，UK：Cambridge University Press.

• Hof，A. L. 1998. In vivo measurement of the series elasticity release curve of human triceps surae. Journal of Biomechanics 31：793 – 800.

• Hof，A. L.，J. P. van Zandwijk，and M. F. Bobbert. 2002. Mechanics of human triceps surae muscle in walking，running and jumping. Acta Physiologica Scandinavica 174：17 – 30.

• Joyce，G. C.，P. M. H. Rack，and D. R. Westbury. 1969. The mechanical properties of cat soleus muscle during controlled lengthening and shortening movements. Journal of Physiology 204：461 – 74.

• Lieber，R. L.，G. J. Loren，and J. Friden. 1994. In vivo measurement of human wrist extensor muscle sarcomere length changes. Journal of Neurophysiology 71：874 – 81.

• Pollack，G. H. 1990. Muscles and Molecules：Uncovering the Principles of Biological Motion. Seattle：Ebner & Sons.

• Rack，P. M. H.，and D. R. Westbury. 1969. The effects of length and stimulus rate on tension in the isometric cat soleus muscle. Journal of Physiology 204：443 – 60.

• Rack，P. M. H.，and D. R. Westbury. 1984. Elastic properties of the cat soleus tendon and their functional importance. Journal of Physiology 347：495.

• Wilkie，D. R. 1950. The relation between force and velocity in human muscle. Journal of Physiology 110：249 – 80.

• Winters，J. M.，and L. Stark. 1988. Estimated mechanical properties of synergistic muscles involved in movements of a variety of human joints. Journal of Biomechanics 21：1027 – 42.

• Zajac，F. E. 1989. Muscle and tendon：Properties，models，scaling，and application to biomechanics and motor control. CRC Critical Reviews in Biomedical Engineering 17(4)：359 – 411.

希尔肌肉模型

• Audu, M. L., and D. T. Davy. 1985. The influence of muscle model complexity in musculoskeletal motion modeling. Journal of Biomedical Engineering 107: 147 – 57.

• Bobbert, M. F., and G. J. van Ingen Schenau. 1990. Isokinetic plantar flexion: Experimental results and model calculations. Journal of Biomechanics 23: 105 – 19.

• Garner, B. A., and M. G. Pandy. 2003. Estimation of musculotendon properties in the human upper limb. Annals of Biomedical Engineering 31: 207 – 20.

• Hof, A. L., and J. van den Berg. 1981a. EMG to force processing I: An electrical analogue of the Hill muscle model. Journal of Biomechanics 14: 747 – 58.

• Hof, A. L., and J. van den Berg. 1981b. EMG to force processing II: Estimation of parameters of the Hill muscle model for the human triceps surae by means of a calf ergometer. Journal of Biomechanics 14: 759 – 70.

• Hof, A. L., and J. van den Berg. 1981c. EMG to force processing III: Estimation of parameters of the Hill muscle model for the human triceps surae muscle and assessment of the accuracy by means of a torque plate. Journal of Biomechanics 14: 771 – 85.

• Hof, A. L., and J. van den Berg. 1981d. EMG to force processing IV: Eccentric-concentric contractions on a spring flywheel set up. Journal of Biomechanics 14: 787 – 92.

• Lieber, R. L., C. G. Brown, and C. L. Trestik. 1992. Model of muscle-tendon interaction during frog semitendinosus fixed-end contractions. Journal of Biomechanics 25: 421 – 8.

• Winters, J. M., and L. Stark. 1987. Muscle models: What is gained and what is lost by varying model complexity. Biological Cybernetics 55: 403 – 20.

肌肉架构

• Alexander, R. M., and A. Vernon. 1975. The dimensions of knee and ankle muscles and the forces they exert. Journal of Human Movement Studies 1: 115 – 23.

• Biewener, A. A. 1991. Musculoskeletal design in relation to body size. Journal of Biomechanics 24: 19 – 29.

• Gans, C., and A. S. Gaunt. 1991. Muscle architecture in relation to function. Journal of Biomechanics 24: 53 – 65.

• Hasson, C. J., Kent-Braun, J. A., and G. E. Caldwell. 2011. Contractile and non-contractile tissue volume and distribution in ankle muscles of young and older adults. Journal of Biomechanics 44: 2299 – 306.

• Huijing, P. A. 1981. Bundle length, fibre length and sarcomere number in human gastrocnemius (Abstract). Journal of Anatomy 133: 132.

• Huijing, P. A. 1985. Architecture of human gastrocnemius muscle and some functional consequences. Acta Anatomica 123: 101 – 7.

• Huijing, P. A., and R. D. Woittiez. 1984. The effect of architecture on skeletal muscle performance: A simple planimetric model. Netherlands Journal of Zoology 34: 21 – 32.

• Kaufman, K. R., K. N. An, and E. Y. S. Chao. 1989. Incorporation of muscle architecture into the muscle length-tension relationship. Journal of Biomechanics 22: 943 – 8.

• Otten, E. 1988. Concepts and models of functional architecture in skeletal muscle. Exercise and Sport Sciences Reviews 16: 89 – 139.

• Spector, S. A., P. F. Gardiner, R. F. Zernicke, R. R. Roy, and V. R. Edgerton. 1980. Muscle architecture and force velocity characteristics of cat soleus and medial gastrocnemius: Implications for motor control. Journal of Neurophysiology 44: 951 – 60.

骨骼肌形态学

• Fukashiro, S., M. Itoh, Y. Ichinose, Y. Kawakami, and T. Fukunaga. 1995. Ultrasonography gives directly but noninvasively elastic characteristic of human tendon in vivo. European Journal of Applied Physiology 71: 555 – 7.

• Fukunaga, T., Y. Ichinose, M. Ito, Y. Kawakami, and S. Fukashiro. 1997. Determination of fascicle length and pennation in a contracting human muscle in vivo. Journal of Applied Physiology 82: 354 – 8.

• Fukunaga, T., M. Ito, Y. Ichinose, S. Kuno, Y. Kawakami, and S. Fukashiro. 1996. Tendinous movement of a human muscle during voluntary contractions determined by real-time ultrasonography. Journal of Applied Physiology 81: 1430 – 3.

• Herzog, W., and L. Read. 1993. Lines of action and moment arms of the major forcecarrying structures crossing the human knee joint. Journal of Anatomy 182: 213 – 30.

• Kawakami, Y., T. Muraoka, S. Ito, H. Kanehisa, and T. Fukunaga. 2002. In vivo muscle fibre behaviour during counter-movement exercise in humans reveals a significant role for tendon elasticity. Journal of Physiology 540(Pt. 2): 635 – 46.

• Kellis, E., and V. Baltzopoulos. 1999. In vivo determination of the patella tendon and hamstrings moment arms in adult males using videofluoroscopy during submaximal knee extension and flexion. Clinical Biomechanics 14: 118 – 24.

• Maganaris, C. N., V. Baltzopoulos, and A. J. Sargeant. 1999. Changes in the tibialis anterior tendon moment arm from rest to maximum isometric dorsiflexion: In vivo observations in man. Clinical Biomechanics 14: 661 – 6.

• Murray, W. M., S. L. Delp, and T. S. Buchanan. 1995. Variation of muscle moment arms with elbow and forearm position. Journal of Biomechanics 28: 513 – 25.

• Rugg, S. G., R. J. Gregor, B. R. Mandelbaum, and L. Chiu. 1990. In vivo moment arm calculations at the ankle using magnetic resonance imaging (MRI). Journal of Biomechanics 23: 495 – 501.

• Spoor, C. W., and J. L. van Leeuwen. 1992. Knee muscle moment arms from MRI and from tendon travel. Journal of Biomechanics 25: 201 – 6.

• Visser, J. J., J. E. Hoogkamer, M. F. Bobbert, and P. A. Huijing. 1990. Length and moment arm of human leg muscles as a function of knee and hip-joint angles. European Journal of Applied Physiology 61: 453 – 60.

• Yamaguchi, G. T., A. G. U. Sawa, D. W. Moran, M. J. Fessler, and J. M. Winters. 1990. A survey of human musculotendon actuator parameters. In Multiple Muscle Systems, ed. J. M. Winters and S. L. -Y. Woo, 717 – 73. New York: Springer-Verlag.

肌肉发力

• Gregoire, L., H. E. Veeger, P. A. Huijing, and G. J. van Ingen Schenau. 1984. Role of monoand biarticular muscles in explosive movements. International Journal of Sports Medicine 5: 301 – 5.

• Gregor, R. J., R. R. Roy, W. C. Whiting, R. G. Lovely, J. A. Hodgson, and V. R. Edgerton. 1988. Mechanical output of cat soleus during treadmill locomotion: In vivo vs in situ characteristics. Journal of Biomechanics 21: 721 – 32.

• Herzog, W. 1996. Force-sharing among synergistic muscles: Theoretical considerations and experimental approaches. Exercise and Sport Sciences Reviews 24: 173 – 202.

• Ingen Schenau, G. J. van. 1994. Proposed actions of biarticular muscles and the design of hindlimbs of bi – and quadrupeds. Human Movement Science 13: 665 – 81.

• Jacobs, R., M. F. Bobbert, and G. J. van Ingen Schenau. 1993. Function of mono – and biarticular muscles in running. Medicine and Science in Sports and Exercise 25: 1163 – 73.

• Jacobs, R., and G. J. van Ingen Schenau. 1992. Control of an external force in leg extensions in humans. Journal of Physiology 457: 611 – 26.

• Prilutsky, B. I. 2000. Coordination of two - and one - joint muscles: Functional consequences and implications for motor control. Motor Control 4: 1 - 44.

• Prilutsky, B. I., and R. J. Gregor. 1997. Strategy of coordination of two-and one-joint leg muscles in controlling an external force. Motor Control 1: 92 - 116.

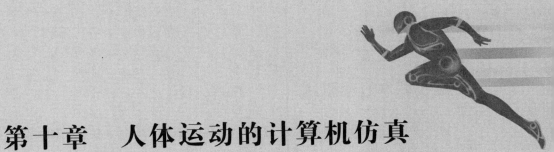

第十章　人体运动的计算机仿真

Saunders N. Whittlesey, Joseph Hamill

物理系统的模型可分为两类。一类是物理模型,即与真实物体相近,按一定比例构建的实物模型。希腊人和罗马人早就意识到在建造大型结构之前构建小型的商铺、房屋以及桥梁模型的重要性。20世纪,与瓦特兄弟的飞机模型、亚历山大·格雷厄姆·贝尔的水翼艇模型、汽车碰撞实验模型等对人类的影响一样,动物模型对疾病治疗和人工关节的发展起了举足轻重的作用。但是,比例模型和碰撞实验仿制品模型需要花费大量的时间、人力和物力,且从中获得的收益有限。因而,第二类模型应运而生,即行为与数学模型。行为与数学模型用抽象的理论系统去研究相应的问题,它不一定要与某一具体的物理模型相对应。在近代,研究者只要构建一系列方程组并用计算机进行运算即可完成相应的模拟研究。行为模型通常应用于天气、动物种群、疾病传播以及政府感兴趣的经济策略等的研究中。在这些模型中,通过限定构造系统的组件数量来对系统进行简化,从而得到诸多因素对所研究问题的净效应。比如,一个国家的经济模型不能简化为数以万计的个体经济,而是简化为相对较小的社会经济和地理环境相对固定的群体。生物力学的研究与此相似,建模过程中不需要过多的单位,包括人体每一块骨头和每一个运动单位,而是根据研究问题的需要,将人体简化为能足以说明研究问题的组件即可。

如Muybridge、Marey、Hill这些人体运动研究的先驱们,多数为实验主义者。因为不可能建立相应的人体物理模型或者计算机模型,他们只能通过大量实验数据的累积与总结来阐明人体运动的基本理论。行为模型如HILL方程已成为数字化计算的基础。当然,计算机的出现使深入研究人体运动成为可能,因为通过计算机可以在合理的时间范围内构建、测试和分析人体运动的动作模型。在本章中主要探讨下列与运动仿真相关的内容。

(1) 如何进行仿真研究;

(2) 为什么仿真是一种强有力的工具;

(3) 创建和应用仿真研究的一般步骤;

(4) 自由体示意图;

(5) 运动微分方程;

(6) 积分计算;

(7) 控制论;

(8) 人体运动仿真实例;

(9) 计算机仿真的局限。

建模基本过程概述

学习本章之前，读者需要了解用于构建人体运动计算机模型的软件工具。然而本章与软件学习同等重要，甚至更加基础。通过对本章模型建立过程的学习，能更好地理解人体运动。事实证明建模研究是非常强大的工具，但同时也是具有极大限制的研究工具。建模研究与其他任何研究手段一样，其关键在于如何正确使用这些工具。

在人体运动科学研究中如何应用力学模型呢？虽然每个研究者有其各自的风格，但其基本过程是相同的。图 10.1 展示了这一科学研究方法的基本流程。一项计算机仿真研究往往从研究问题的提出开始，继而创建相应的计算机模型，并经反复演算与修改找到最佳的模型方案。最终通过这一模型能够进行预测，理解之前提出的研究问题，甚至提出新问题。下面我们将会详细讨论计算机模拟仿真的步骤。

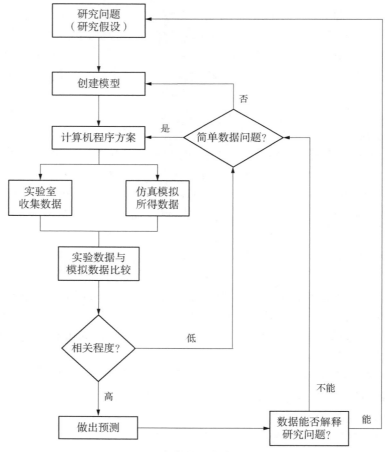

图 10.1　力学模型的建构流程图

任何一项人体运动的研究都从研究问题开始。仿真研究之前须提出研究的问题，问题不清，就无法建立很好的模型，使得整个研究变得混淆不清。例如，不能用某一特定的自行车计算机模型去解决所有与自行车相关的问题。如果我们想了解身体质量对自行车运动员爬山动作的影响,那么可将人体简化为一个质点。相反,如果我们想知道平地和坡道骑行时双关节肌激活状态的差异,则需要建立包含下肢骨骼和肌肉在内的复杂模型。任一模型的建立必须从研究问题开始,且模型中需包含研究问题相关的各参数指标。总之,怎么强调研究问题的重要性都不为过。

一旦确立研究问题,下一步就是在计算机中建立与研究问题相对应的运动力学模型。本章下面的部分将会详述这些步骤。对建立的模型需要进行验证与评估,以了解其运行状态与可靠程度。这主要包括三个步骤,一是通过仿真模型模拟得到仿真数据,二是通过实验室收集相关数据,三是把仿真数据与实验室数据进行比较来确定仿真数据的可靠性,即通常所说的模型验证。模型的好坏没有固定的标准,所以说它更像一门艺术而非科学。此外,还需要通过数据来证实模型的适用范围。有时候需要一个完整动作的三维运动学数据,而有时则只需要最近一次的比赛成绩即可。如果模型的数据与实际不符,需要确定模型本身或模型运行是否存在不足。如果是,则从头开始对模型和控制模型的程序进行调整。

如果模拟数据与试验测得数据之间能很好地吻合,则可以通过模型对研究人体运动做出预测,解答研究问题。因此,通过模型所计算出的数据的合理性至关重要,也是研究者要着重考虑的因素,所以必须把模型模拟出来的数据与实验室测得的数据进行比较分析。模型的有效性贯穿整个研究过程,很多情况下模拟研究的有效性一直是学术界争论的热点。例如,将人体跑步运动简化成弹性球体(Cavagna 等,1977),对该假设是否有效的争论持续了二十余年。如果模拟得到的数据不合理,则需要重新调整模型,直到所建立的模型计算出的数据能合理预测且能发现新问题为止。

人体运动的仿真类型多种多样,主要有以下四类简化模型。一为刚体模型,它是人体仿真研究中最为常见的简化形式,通常将受关节力矩控制的运动环节及整个人体简化为刚体。二为质点弹簧模型,此模型由一个或多个质点连接一个或多个弹簧构成,常用于周期性运动的研究中,例如跑、跳等。三为质量钟摆模型和质点-弹簧-阻尼模型,由质点、弹簧、阻尼器(亦称缓冲器)构成,多用于人体冲击性动作的模拟研究中。四为肌-骨骼模型,肌-骨模型中不仅仅包含肢体环节的刚体模型,还包含独立的肌肉模型。肌肉模型的相关知识请参阅本书第九章。

人体运动仿真涉及多门学科、多个领域,特别是数学方法中的微分方程和数学分析,以及控制理论、高等动力学和计算机编程等相关领域的知识。在本章中,将讨论这些学科各自对模拟研究的影响,并将它们进行整合。通过本章的学习,读者能够建立起模拟研究的相关知识体系,而一个有效的模型不仅仅受到上述学科及知识的影响,任何研究方法,能够正常运行是最基本的要求。建模研究基于近似和解释理论,因而存在种种漏洞与不足,在使用建模研究时要充分认识其不足,合理加以利用。在详细讨论这些之前,我们首先要了解计算机仿真的应用。

人体运动仿真研究的必要性

从受试者自身收集其相关数据是获取人体运动数据的最好方法。换句话说,没有任何数据比受试者自身的数据更加准确,更真实地反映其运动状态。那为什么还要通过计算机仿真等人工方法生成一些看似虚拟的数据呢?最通俗易懂的回答是因为人体非常复杂且有其自身的内在局限性。收集受试者自身数据还受到参数随机性、疲劳、肌力、协调性以及安全、伦理等因素的限制。计算机仿真可以排除这些干扰,因此对很多研究而言,它是一个很好的工具。像下面的例子:

假如我们想知道运动员完成跳跃和周期性运动的最佳位置,由于考虑到主观变异性,需要在多个不同位置进行多次测试。这种研究中,受试者的最佳运动表现可能出现在测试初期,即疲劳发生之前。此外,测试时最好选择在运动员训练期间进行,因为运动员会有更好的竞技状态(Selbie 和 Caldwell,1996;Yoshihuku 和 Herzog,1990)。

模拟仿真在虚拟手术中的成功应用是令人兴奋的,通过它可以对一个复杂的外科手术效果进行预评估。比如肌肉痉挛(大脑性麻痹)患者的松弛手术。通常情况下,对肌肉痉挛患者采取延长肌肉或另建肌肉附着点的方式来解决肌张力过大的问题。一台先进的计算机仿真研究能够显示哪些肌肉肌张力增大,从而减少反复外科手术带来的损失与痛苦(Delp等,1990,1998;Lieber 和 Friden,1997)。

通过仿真能够为诸多行业的工人规避风险。比如,伞兵接受从 4.3 m 高的平台跳下着陆的训练,军事单位在寻找不同负重、不同着陆面(硬地、土地、沙地、浅滩)试验中探寻着陆的安全高度时,如果采用真人进行实验易造成损伤,而采用计算机仿真研究则能很好地解决这一问题。

计算机仿真还可以解决因现行实验条件限制而无法进行的测试研究。例如,运动模式下,重力加速度($9.8 \ m/s^2$)的增加或减小对人体运动影响;再如,通过改变模型中的环节质量可以探索肢体环节质量对运动的影响(Bach,1995;Tsai 和 Mansour,1986)。此外,还可以对模型中某一简单参数进行修改并进行即时测试。例如,在探讨肘关节伸肌力量对投掷成绩影响时,可以改变投掷者模型中肘伸肌的相关参数并立即测试,而人体研究则需要完成一个训练计划来了解,此外,在这一过程中其他肌群的力量也可能得到加强。再如,可以通过对模型中躯干质量这一简单参数的改变来探讨躯干质量对地面反作用力的影响。上述例子都是利用模型中单一参数的改变来探讨运动相关问题。然而,当我们进行人体研究时,它不仅仅受到单一因素的影响,而是多因素综合作用的结果。例如在步态研究中,要考虑步速、步长以及鞋的性能等因素的作用。

计算机仿真研究的另一重要的特点在于寻求最优解。这一点在运动表现、临床应用以及大量人体运动相关问题的研究中至关重要。例如,可以通过仿真研究来了解射门的最佳模式、不同体型人的最经济的步行频率,以及不同体重、年龄、步长的截肢患者假足的最佳弹性。

模型研究可以简单地来验证研究者对运动的理解。尽管刚体模型不够完美,但它有利于对运动的理解,这也是为什么刚体模型在生物力学研究中广受欢迎的一个关键因素。如果研究者对某一运动有足够的理解就能利用计算对此运动进行重现。然而,模型研究能否达到预期的测试目标,取决于回答为什么要做此研究。有时在寻找答案的过程中,能发掘新的运动理论。如何发展新理论,将在后续章节给予介绍,此节主要讨论怎样进行计算机仿真。

仿真研究的基本流程

一般来说,仿真是指通过计算机程序生成运动学数据的过程(运动模式)。某些情况下,仿真过程中也生成动力学数据。仿真的基本流程如下:

(1) 构建和设计力学模型;

（2）建立运行力学模型的运动方程；

（3）求解运动方程的计算机程序设计；

（4）仿真起点与终结点设计；

（5）运行计算机程序，计算出模型相关运动学数据；

（6）解释模型数据，与实验室数据进行对比。

上述是建模过程中最重要步骤的简化。第一步是对人体进行近似简化，第二步是对自由体图进行受力分析（free-body diagram：FBDs），第三步是推导模型的受力方程。

自由体图（FBDs）

自由体图分析方法与理论知识参见本书的第四章、第五章。在本章中，自由体图用于直观地了解各个环节的受力状况，辅助构建运动学方程，以及建立稳定、可运行的模型。具体来说，自由体图分析应考虑下述问题：

（1）整个模型由多少个部分组成？

（2）人体或器械系统做平动、转动还是复合运动？

（3）采用一维、二维还是三维体系描述人体或器械系统运动状况？

（4）确定每一环节位置所需的坐标数目及自由度（degrees of freedom，DOF）数目？

（5）有何减少约束条件的方法？

研究问题的深度决定模型的复杂程度。如果一个系统由 n 个部分组成，每个部分有 k 个自由度，如果没有其他条件（约束）减少方程数目，则此系统拥有 $n \times k$ 个运动方程。简而言之，约束方程的多少直接决定计算机程序的复杂性和代码大小。

一维（1D）模型常用于研究运动节律（Holt 等，1990）、地面对跑步者的影响（Derrick 等，2000；McMahon 等，1987）、腿的形变（Mizrahi 和 Susak，1982）以及呼吸方式对内脏的影响（Minetti 和 Belli，1994）。但多数情况下，人体运动发生在多个方向、多个环节上，因而，在仿真研究中模型多为二维（2D）或三维（3D）模型。三维（3D）模型的控制比较复杂，在实际应用中不常见。现行研究中也可借鉴已有的模型进行研究，例如 Yeadon 于 1993 年创建了基于多轴运动性质的跳水和体操空中运动姿势的三维模型；Pandy 和 Berme 于 1989 年建立的包含骨盆三维结构的步态三维模型。

例 10.1

把下肢简化为右图所示的双摆模型。

由上图回答下列五个问题。

1. 组成部分：上述下肢双摆模型包含两个部分即小腿和大腿两部分。

2. 运动形式：模型中的每一环节都做平动和转动。

3. 尺寸规格：上述双摆模型为平面模型。双摆模型显然不是一维模型，而是与二维下肢运动模型相似的平动模型。

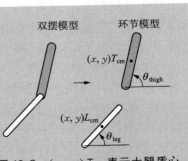

图 10.2 $(x, y)T_{cm}$ 表示大腿质心坐标；θ_{thigh} 表示大腿角；$(x, y)L_{cm}$ 表示小腿质心坐标；θ_{leg} 表示小腿角

4. 坐标：与任何二维模型中环节一样，描述模型中组成部分在 2D 空间中的位置至少需要平面坐标 X、Y 和角度三个值。上图中 X、Y 表示的是小腿质心坐标 $(x, y)L_{cm}$ 和大腿坐标 $(x, y)T_{cm}$。

5. 约束条件：约束条件是仿真研究中比较棘手的问题，约束条件的确立是简化系统坐标的条件。在该双摆模型中，小腿于膝关节处受大腿约束，大腿位置一旦被确定，则膝关节的位置就唯一确定了，那么小腿的位置也被确定。换句话，小腿质心位置坐标方程受到大腿质心坐标、大腿角和小腿角约束。因此，清楚描述双摆模型位置只要四个坐标指数，即大腿质心坐标 $(x, y)T_{cm}$、大腿角度和小腿角度。此过程没有设置约束程序，可以作为建模过程的学习案例。双摆模型可简化如下：

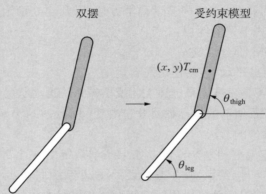

图 10.3　$(x, y)T_{cm}$ 表示大腿质心坐标；θ_{thigh} 表示大腿角；$(x, y)L_{cm}$ 表示小腿质心坐标；θ_{leg} 表示小腿角

微分方程

大多数物理教材中将运动主体处理为简单系统，比如抛物体、钟摆和弹簧。常用多项式或三角函数描述这些简单系统的位置。例如，石头从高处抛出后的轨迹可由抛物线方程描述。简单钟摆的运动轨迹函数为正弦函数。人体仿真中很少利用简单系统。大多数运动形式很难利用多项式、三角函数或者任何一个常见的函数来描述。然而，在运动仿真中又不得不描述系统的位置是怎样变化的。通过对身体各环节微分方程的求解来量化环节空间位置随时间的变化状况是非常必要的。也就是说，任何一个能够引起环节运动的动力学因素都必须通过该环节的微分方程表现。例如，人体环节受到肌肉力、关节力、重力以及摩擦力的影响，这些影响因素通过数学形式得以呈现。

学习微积分的目的不在于更好地理解时间函数，而是为了通过微分方程描述人体运动。求解环节的运动方程过于复杂，因而无法确定位置时间函数，甚至一个独立环节的运动方程的求解过程中也要对方程中某些参数进行简化（如 $\sin\theta$ 约等于 θ）。两个环节的互相影响（双摆模型）使求解就会变得相当复杂。如果人体研究中包含所有人体环节，那么方程就变得极为复杂。通过下面例题可以直观了解这一点。

例 10.2

从地面发射物体飞行高度的方程表达为

$$y = y_0 + v_0 t + 0.5gt^2 \tag{10.1}$$

y 表示物体离地面的高度；y_0 表示发射时物体的初始高度；v_0 表示发射时的初速度；g 表示重力加速度；t 表示飞行时间。

或可以用时间的微分方程来表示物体的飞行高度，表达式为

$$\frac{d^2 y}{dt^2} = g \tag{10.2}$$

显然微分方程不受初始条件的限制，同时表达式更简洁，集成的速度也较多项式更快。

例 10.3

在双摆模型中，小腿的微分方程表示为

$$\frac{d^2\theta^2}{dt^2} = \frac{1}{I_L}\left\{ M_K + m_L d_L \begin{bmatrix} L_T a_T \cos(\theta_L - \theta_T) \\ + L_T \omega_T^2 \sin(\theta_L - \theta_T) \\ + a_{H_x} \cos\theta_L \\ + (a_{H_y} + g)\sin\theta_L \end{bmatrix} \right\} \tag{10.3}$$

M_K 表示膝关节力矩；θ_L、θ_T 分别表示小腿角和大腿角，即小腿长轴、大腿长轴与水平线的夹角；L_T 表示大腿长；ω_T 表示大腿转动角速度；a_{H_x}、a_{H_y} 分别表示髋关节水平和垂直方向的线加速度。

以现有方法与技术无法给出上述方程的解，故而也不能写出环节空间位置的方程。对此有兴趣的同学可以参阅 Putnam(1991)，Cappozzo 和 colleagues(1975)的文章。

模型推导：拉格朗日运动方程

相对简单的运动方程，我们可以直接进行推算。然而人体是由多环节组成的复杂系统，且系统中的各环节相互影响，其运动方程不可能直接推导。为了解决此问题，数学和物理学家们提出了一些先进的、可行的演算方法，其中拉格朗日运动方程最为常用。像牛顿第二定律一样，拉格朗日方程多用于机械能系统中，其表达式如下：

$$\frac{d}{dt}\frac{\partial KE}{\partial V_i} - \frac{\partial KE}{\partial Y_i} + \frac{\partial PE}{\partial Y_i} = F_i \tag{10.4}$$

KE、PE 分别表示整个模拟系统的平动和转动的动能；V_i 和 Y_i 分别表示第 i 环节 y 方向的速度和位置坐标；F_i 表示第 i 环节所受的合外力。同理，可以写出 x 和 z 方向的拉格朗日方程。看似拉格朗日方程是混乱的偏导数方程，其实质是更一般形式的牛顿第二定律 $F = ma$。图 10.4 所示的物体受到重力和空气浮力(F_{wind})的运动分析如下：

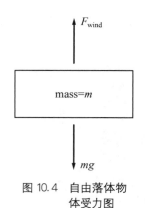

图 10.4　自由落体物体受力图

通过牛顿第二定律可知图 10.4 物体受力情况：

$$F_{\text{wind}} - mg = ma \tag{10.5}$$

利用拉格朗日方程分析图 10.2 物体，则整个系统的能量方程为

$$\text{KE} = 0.5mv^2，\text{PE} = mgy \tag{10.6}$$

因为此系统中只包含有一个环节，所以其拉格朗日方程比较简单，可变形为

$$\frac{\partial \text{PE}}{\partial Y_i} = mg \tag{10.7}$$

$$\frac{\partial \text{KE}}{\partial Y_i} = 0 \tag{10.8}$$

$$\frac{\partial \text{KE}}{\partial V_i} = mv \Rightarrow \frac{\mathrm{d}}{\mathrm{d}t}\frac{\partial \text{KE}}{\partial V_i} = ma \tag{10.9}$$

综合上面的公式，则拉格朗日方程等效于 $ma - 0 + mg = F_i$，或者

$$F - mg = ma \tag{10.10}$$

在本自由体受力图中 F_i 表示的是 F_{wind}。利用 F_i 取代空气浮力分析其运动与牛顿第二定律分析相同。

单组件系统中，拉格朗日方程中的中方程式（例式 10.8）通常为零。然而，在多组件系统中组件之间相互作用，其表达式不为零，因而要查阅其相互作用。

角度相关的拉格朗日方程：

$$\frac{\mathrm{d}}{\mathrm{d}t}\frac{\partial \text{KE}}{\partial \omega_i} - \frac{\partial \text{KE}}{\partial \theta_i} + \frac{\partial \text{PE}}{\partial \theta_i} = M_i \tag{10.11}$$

ω 表示角速度；θ 表示角度；M_i 为力矩。因为在人体仿真研究必然包含肢体环节的转动，角度拉格朗日方程在仿真研究中必不可少。力矩 M 指的是该环节所受的合力矩。比如前面提到的双摆模型中大腿所受的力矩 M 等于髋关节力矩与膝关节力矩之差。

拉格朗日方程求解的前提条件是明确确定整个系统位置所需的自由度个数。整个系统自由度的确定是一门极考究的艺术，角坐标常用来描述研究对象中环节的空间位置，线坐标用于确定近端或远端关节的位置。

拉格朗日运动方程应用领域广泛，有兴趣的同学可参阅书 *Schaum's Outline*（Hill 1967）以及 Kilmister(1967)或 Marion 和 Thornton(1995)撰写的相关书籍。

求解数值

生成模型运动学数据的过程比较复杂，称之为模型方程的求解。它根据当前的位置、速度、加速度推算出新的位置坐标和速度。例如，驾驶一辆时速 100 km/h 的汽车前往 200 km 以外的城市，则可推算出 2 h 可到达该城市。虽然这种推断不是很精确，但还是比较接近实际情况的。人体运动仿真中也适用此种推算原则，可以用当前的运动学数据推算将来的运动学数据。一般情况，推算越近的情况越精确。为了更好理解这一点，可以参考图 10.5 的详解。

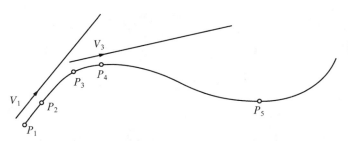

图 10.5 任一物体运动轨迹上点的切线方向上的速度

利用 P_1 点的速度(该点的速度大小为 V_1,方向为该点的切线方向)能很好推算 P_2 点的位置,然而利用 P_1 推算 P_3 时误差会增大,精确度降低。因此,可以利用 V_3 推导 P_4,推导 P_5 点位置时既不能应用 V_1,也不能应用 V_3。由此可以推导,在推算时最好采用相邻点的数据。

例 10.4 悬垂杆(物理摆)

此物理摆的位置可以利用一个角度参数来描述,为了描述的方便,可以把该角度定义为摆与垂直线之间的夹角。悬垂杆的质量为 m,转动惯量为 I,转动半径为 d。则该系统的能量表达式为:$KE = 0.5I\omega^2$ 和 $PE = mgd(1-\sin\theta)$。

上述能量表达式的拉格朗日方程推算为:

$$\frac{\partial PE}{\partial \theta_i} = -mgd\cos\theta \quad \frac{\partial KE}{\partial \theta_i} = 0 \qquad (10.12)$$

$$\frac{\partial KE}{\partial \omega_i} = I\omega \quad \frac{d}{dt}\frac{\partial KE}{\partial \omega_i} = I\alpha \qquad (10.13)$$

关于两部分元件组成的双摆模型的拉格朗日方程的推导过程请参考附录 G。参阅时请注意其复杂性和 $\frac{\partial KE}{\partial \theta}$ 不为零。

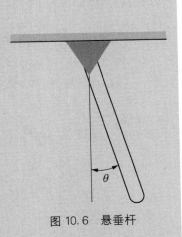

图 10.6 悬垂杆

利用微分方程求解运动方程是可行的,如前面抛物体运动分析的例子。数值解顾名思义就是求解数值的过程。一段时间内人体位置坐标的求解可通过多次迭代求解微分方程实现,其求解流程如图 10.7 所示。初始值为环节在每一段开始时刻的位置坐标和速度。这些参数确定了系统开始时刻的总能量。在此之间插入微分方程,计算出新的数值,如此重复计算出整个模拟过程的数据。这种通过微分方程推导新数据的过程称为前向仿真、正向求解或积分计算。

数值求解法的一个重要部分就是确定开始与结束时刻的条件。通常对开始位置的确定比较简单,步态仿真中可以把身体环节在步态周期的开始时数值为开始条件,跳高仿真中可以把合理的开始姿势作为开始条件。结束位置的确定则相对比较难,因为在仿真进程中很难预测姿势将在什么位置结束,比如在步态研究中脚跟着地作为仿真的结束条件比较合理,但是,有

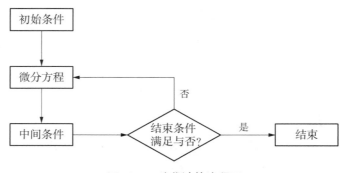

图 10.7　迭代计算流程图

时摆动初期会出现脚跟触地或脚尖比脚跟先触地的情况,由此把脚跟着地作为仿真结束唯一条件是不合适的。因此,在仿真中找到一个有效的算法来确定结束条件是非常必要的。

在自由落体中,物体的初始位置为水平地面上的高度。结束位置可以用任何一个相关变量来确定,比如着地、下落的一段距离、某一设定的速度或某一个特定的位置等,选用哪一个作为仿真结束条件要根据研究的目的来确定。

微分方程或数值分析的书里面都有数值求解相关方法的完整介绍和讲解。在人体仿真中最为简单的求解方法为欧拉法。而最为精确和流行的方法为龙格·库塔算法,它有四个步骤,所以在计算机中的计算速度比欧拉法慢,但是其精确度更高。

例 10.5

包含空气阻力的运动微分方程表示为

$$F(v) - mg = ma \qquad (10.14)$$

外力 F 即空气阻力,写成与物体速度相对的函数表达式 $F(v)$,上述方程式的求解关键在于加速度 a。

$$a = \frac{F(v)}{m} - g \qquad (10.15)$$

正向求解的编码形式如下:
- 设置物体初始位置坐标值;
- 设置物体初始速度值;
- 设置迭代计算的时间间隔;
- 设置仿真结束条件;
- 重复下列步骤。
  - 计算加速度值(a);
  - 估算一个迭代时间间隔后的新位置的速度(v);
  - 估算一个迭代时间间隔后的新位置的坐标值;
  - 储存新位置的坐标和速度值;
  - 判断是否符合设置的结束条件,是否结束迭代计算。

例 10.6：图 10.7 的迭代计算过程

图 10.7 中物体的加速度微分方程表示为

$$a = \frac{F(v)}{m} - g \tag{10.16}$$

物体从高处下落时，假设 $F(v) = -0.2v$，此时外力与运动方向相反，所以为负值，因为研究的外力指的是空气阻力（F_{wind}），空气阻力与摩擦力相似都是与运动方向相反，根据右手法则，与运动方向相反的力标为负。数值计算或计算机代码计算的欧拉算法如下：

$g = 9.81$（重力加速度，单位为 m/s^2）

$m = 10$（物体质量，单位为 kg）

$h_0 = 100$（初始高度，离地面 100 m）

$v_0 = 0$（初始速度为 0，单位为 m/s）

$\Delta t = 0.01$（时间间隔，单位为 s）

当 $h > 0$，物体着地停止计算

$a = F(v)/m - 9.81$（计算加速度，注意 g 值）

$v = v_0 + a\delta t$（计算新位置的速度）

$h = h_0 + v\delta t + 0.5a\delta t^2$（计算新位置的高度）

$h_0 = h$（下一次计算时高度的初始值）

$v_0 = v$（下一次计算时速度的初始值）

结束整个循环

下面通过具体数值来说明第一次迭代的具体计算过程。

$$F(v) = -0.2(0 \text{ m/s}) = 0 \text{ N}$$

$$a = 0 \text{ N}/10 \text{ kg} - 9.81 \text{ m/s}^2 = -9.81 \text{ m/s}^2$$

$$v = 0 \text{ m/s}^2 + (-9.81 \text{ m/s}^2)0.01 \text{ s} = -0.098 \text{ 1 m/s}$$

$$h = 100 \text{ m} + (-0.098 \text{ 1 m/s})0.01 \text{ s} + 0.5(-9.81 \text{ m/s}^2)(0.01 \text{ s})^2 = 99.998 \text{ 53 m}$$

第一个 1/100 秒后，物体下落的距离约 1.5 mm。第一次迭代后计算出来的速度以及位置高度数值为第二次迭代时的初始值，以下为第二次迭代的计算过程。

$$F(v) = -0.2(-0.098 \text{ 1 m/s}) = 0.019 \text{ 62 N}$$

$$a = 0.019 \text{ 62 N}/10 \text{ kg} - 9.81 \text{ m/s}^2 = -9.808 \text{ 04 m/s}^2$$

$$v = -0.098 \text{ 1 m/s} + (-9.808 \text{ 04 m/s}^2)0.01 \text{ s} = -0.196 \text{ 18 m/s}$$

$$h = 99.998 \text{ 53 m} + (-0.196 \text{ 18 m/s})0.01 \text{ s} + 0.5(-9.808 \text{ 04 m/s}^2)(0.01 \text{ s})^2$$

$$= 99.996 \text{ 08 m}$$

第二个 1/100 秒后，物体下落了 3.9 mm。因为时间间隔非常小，则时间间隔之间物体下落的距离比较小，整个下落中迭代次数比较多，可以采用像 Excel 式的电子制表软件或计算机程序来计算。表 10.1 呈现物体受到空气阻力影响时前十次迭代计算出来的加速度、速度以及高度。

表 10.1　前十次迭代计算加速度、速度以及高度

$F(v)/N$	$a/(m/s^2)$	$v/(m/s)$	h/m
0	−9.81	0	100
0	−9.81	−0.098 1	99.998 53
−0.019 62	−9.808 04	−0.196 18	99.996 08
0.039 236	−9.806 08	−0.294 24	99.992 64
0.058 848	−9.804 12	−0.392 28	99.988 23
0.078 456	−9.802 15	−0.490 3	99.982 84
0.098 061	−9.800 19	−0.588 31	99.976 46
0.117 661	−9.798 23	−0.686 29	99.969 11
0.137 258	−9.796 27	−0.784 25	99.960 78
0.156 85	−9.794 31	−0.882 19	99.951 47
0.176 439	−9.792 36	−0.980 12	99.941 18

数值求解需要定义时间间隔。通常时间间隔用 Δt 表示，高度用 h 表示。所谓的时间间隔是指在仿真中两个数值点之间的时间，时间间隔的大小由模型方程的复杂程度决定，一般情况下时间间隔为 $0.001\sim0.01$ s。如果时间间隔过大会造成迭代计算结果的误差增加，计算机强大的计算能力保证了因时间间隔小造成的多次迭代计算的顺利实现。虽然时间间隔过小不会影响计算结果，但是会花费大量时间。因此，时间间隔的设置既要考虑到数据的精确性，也要考虑时间的经济性。

常见的人体运动仿真从加速度微分方程的计算开始。当我们知道物体某时刻的加速度，可计算出一定时间后该物体的速度、该物体所处的位置以及一段时间内物体位置的变化。如例 10.6 所示，如此重复可以计算出所需的参数值。

多环节模型系统的仿真更加复杂。因为需对每一环节执行龙格·库塔算法。然而，仍然可类同于前文所述的方法。具体算法请参与附录 F，关于双摆模型的迭代计算过程。

控制理论

模拟施加在人体上的力和力矩的方法有很多。随着模型研究越来越趋成熟，研究人员现已习惯利用模型研究人体控制。控制理论是工程学的一个分支，旨在研究系统控制，包括自然物和人造物。其应用领域包括无人机、核电站自动温控、汽车防抱死、生产线机器人控制等。人体运动的研究者从控制理论中提取相应知识，通过控制一个特定的任务来进行研究。本节仅在于提醒读者控制理论的复杂性及其在人体运动仿真中的共同应用。

反馈理论是控制理论中研究者比较感兴趣的理论之一。反馈是指生物体对周围环境或

自身信息做出反应的过程。比如在走路过程中,人体会受到不同形式反馈调节,包括视觉信息、本体感觉、前庭系统等。人体利用这些信息去控制步态,并对控制策略进行必要的调节以适应各种变化。像这种形式的控制策略称为闭合回路控制。在人体控制策略中还有与闭合回路控制相对的,利用较少的开路或前馈控制。在计算机仿真中,闭合回路控制很难实现。在仿真研究中,研究者先预设模型的控制策略,然后运行仿真,之后对控制方式进行调整。利用一个简单控制策略来解决实际问题似乎不现实,每一种控制方式都有其自身的缺陷,在使用某一控制理论时既要充分利用它,也要意识到其局限性。下面人体仿真研究的例子提示我们,虽然模型没有完美的控制,但是里面还有很多值得学习的地方。

参考文献

Mochon, S., and T. A. McMahon. 1980. Ballistic walking. *Journal of Biomechanics* 13:49-57.

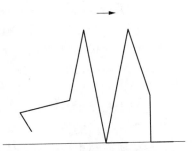

图 10.8　Mochon 和 McMahon 步行模型的棍图(1980)

　　Mochon 和 McMahon 共同建立了经典的人体步行弹簧模型,1984 年 McMahon 对此模型进行了重塑。在此模型中人体由三个部分组成,即支撑时直线型、刚性下肢和摆动时的大腿和小腿,如图 10.8 所示。把人体头、躯干、上肢的质量质点化,并集中在髋关节处,且此模型中不包含任何肌肉组织。步行以右脚脚尖离地瞬间为仿真开始标志,以右脚脚跟着地瞬间为仿真结束标志。显然此模型相对真实的人体步行状态来说,显得比较简单,但是作者的目的在简明阐述步行的一些基本规律。此外,此模型不能应用着陆性动作的研究,但通过模型研究发现,步速受到身高影响,同时通过模型研究还发现步速受到摆动腿的影响。

参考文献

Onyshko, S., and D. A. Winter. 1980. A mathematical model for the dynamics of human locomotion. *Journal of Biomechanics* 13:361-8.

　　Onyshko 和 Winter 于 1980 年构建了比 Mochon 和 McMahon 弹簧模型更为复杂的人体运动动力学数学模型。如图 10.9 所示,此模型由 7 个环节组成,分别是躯干、两大腿、两小腿和双足。此模型中需要 6 个关节力矩数值来驱动模型产生步行动作。虽然此模型与 Mochon 和 McMahon 的弹簧模型有相似之处,但更为复杂,它的运动方程需要通过拉格朗日方程推导,需要 22 个人体测量参数和几十条清晰的控制术语来引导。每一环节的运动方程都受实验室测得关节力矩的影响,而且不同步态周期模型的控制条件也不一样,即右支撑期的运动方程

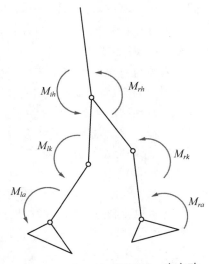

图 10.9　Onyshko 和 Winter 步态动力学数学模型及关节力矩示意图

不同于左支撑期,单支撑期的运动方程又不同于双支撑期。事实上,整个步态周期中,仿真研究包括四个不同控制程序。

计算机模型的局限性

不管计算机模型如何精细、如何复杂,仍然存在着很多局限。计算机模型的局限主要由下述因素所致:

(1) 数值求解过程存在缺陷;

(2) 模型的精确度受到限制;

(3) 人体结构很复杂,计算机模型只能近似模拟不能完全吻合;

(4) 计算机模型很难模拟人体系统的适应性;

(5) 通常模拟会做出假设,忽略一些因素,因为计算机模型很难模拟人体本身或自然环境中的所有因素。

Risher(1997 年)认为数值求解过程中的错误是可以降低和解决的。尽管如此,模型对其自身所包含的组件数量极其敏感,其敏感性随数量的增加而增加。另外,模拟初期会产生微小误差,即使开始这个误差无法测量,但随着仿真的持续,该误差会逐渐放大,到最后发展为一个可以测量的、影响仿真效果的误差。再者,模型的刚性系统由诸多的方程组控制,这些方程组中包含多个不同的参数,这些参数的单位和量纲不一致,由此会导致模型敏感性降低并产生相矛盾的模拟结果。

模拟研究很难模拟对人体运动造成影响的一些不利因素。原因之一就是身体各环节的加速度变化剧烈,从而导致模拟中的数值误差。同样,在模型研究中存在将人体环节简化为刚体模型的假设,而那些不适合该假设的结构所产生的影响也很难模拟。例如步行模拟中很难模拟足畸形以及机械能的储存与释放。人体跑步、落地动作的模拟也是很困难的。为了解决这些问题,研究者通常通过缩小时间间隔或增加模型复杂度来解决,比如,Derrick 及同事(2000 年)在研究中采用的时间间隔为 0.000 1 s。然而,模拟跑步和步行中脚跟着地,特别是在不同速度和不同身体形态的受试者脚跟着地仍然比较困难,此方面的详细说明请参阅 Gilchrist 和 Winter 于 1997 年发表的文章。

人体自身结构的复杂程度远远超过模型。比如多数仿真研究中把关节进行简化,并假设各环节为刚体,多数情况下此种假设是可行的。但是,关节不是简单的支点,肌肉也不是简单的力矩制动器,各环节也不是简单的刚体。因此研究者需要警惕这种简化造成的影响。例如在研究中发现跑步模型模拟出来的踝关节力矩与直观观察到的踝关节外在表现明显不一致时,我们应该首先想到,是不是因为把足简化为刚体所造成的。接下来考虑的是踝关节模型中踝关节(距下关节)的关节运动方向的假设是否合理。

在进行模拟研究时,我们要时时记得所模拟的人体系统中各组织的复杂性,且这些组织受到感觉和控制系统的管理。即使是在对人体系统有足够认识的条件下建立起一个完整的人体运动模型,计算处理起来也是极为复杂的。因此,每个人体模型都会尽量进行简化处理,这在科学研究中是可行的。例如本章前面提到的步态模型,事实上所有的该类研究模拟的都是平地行走,但即便如此,研究者们也很难完全精准地模拟这一简单动作。再者,人体在步行中要面对不同路面、转弯、台阶等状况,这就要求所建立的模型能够针对不同情形进行调整。在模型研究中往往会忽略感官信息对运动的影响。即使抛开感官信息也难避免人体适应性对运动的影响。简而言之，复制人体的运动是简单的，而预测不同条件下运动的变化是困难的。例如，即使建立的步行模型足够精确，也很难回答躯干质量增加或者背上背包后会发生什么样的变化？步长是增大还是减小？躯干角如何变化？身体负担如何变化？

鉴于上述的局限性，通过模型研究来解释某些问题时要慎重。综合大量研究的结果比发现关节力矩、环节运动学参数的细小差异更具有指导性。模型只能解释特定情形下的问题，即便如此推理出来的结论和解释也可能是不可靠的。例如正常步行的模型不能推导截肢患者的步态特征，也不能以某一速度下的步态模型推导其他任何速度下的步态特征。实验对象所处的环境，所受的约束以及年龄、性别、身体训练、体型等因素都会影响仿真的结果。显然任何一个模拟都不可能完全接近真实状态。模拟的优势在于其灵活性和可操控性，但是不能把模拟的结果直接应用到真实世界。总之，模拟研究相比于科学更像艺术，但其重要性怎么强调都不为过。在利用模拟数据解释问题时要遵循下列原则：

（1）定量数据的大小和数量级要谨慎对待，尽可能精确，它易受模型假设的影响；

（2）容许模型与人体机构之间存在差异；

（3）不要界定模型工作方式一定要吻合人体系统工作方式；模型和人体要分开讨论。

第一个原则贯穿整个章节，很多假设适用于如关节力矩和环节运动学的计算。计算机模型也存在第一类问题。事实上在模型中存在更多的假设，因此应尽可能多地考虑定量评价。在第二章、第五章和第十二章中我们学习了如何进行人体测量参数的评估以及各种处理数据的方法，比如滤波，分化处理超过关节力矩上限 10% 的数据等，例如跳高中如何解释膝关节力矩峰值的 10%。然而，在模拟研究中一定要考虑关节力矩是如何产生的。如果模拟中施加了不同的约束条件，或是不同优化技术，或是不同的数值计算方法，模型的关节运动将产生轻微差异。

关于第二条原则，需要声明的是某一特定的模型与人体某个结构是相匹配的。理论上任何一个物理系统都可以通过二阶微分方程来模拟，一个质点系加上弹簧与阻尼器几乎可以模拟任何人体运动。但这并不意味着我们就认为人体的某一部分像一个质点、弹簧或阻尼器那样活动。例如，不能说下肢就是质点弹簧，而是说质点弹簧的性质与下肢相似。这好像是在玩文字游戏，事实并非如此。生物力学家们构建人体运动的行为模型，也最好能从真实世界中抽离出来，用模拟的眼光和思维分析模型。

参考文献

Derrick, T. R., G. E. Caldwell, and J. Hamill. 2000. Modeling the stiffness characteristics of the human body while running with various stride lengths. *Journal of Applied Biomechanics* 16：36-51.

有时候简化模型很难解释一些实际问题，就如之前提到的人体跑步的质点-弹簧模型，即一个弹簧连接一个与身体质量相同的质点的模型，感兴趣的读者可以详细阅读 McMahon 及其同事于 1987 年联合发表的文章。Alexander 及其同事通过动物步态的质点-弹簧模型研究发现，地面反作用力（GRF）形状与倒转抛物线相似，而人体步行时受到的地面反作用力更为复杂，第一个峰值后紧接着出现更大、更圆滑的峰值。在此基础上，Alexander 及其同事构建了一个更为复杂的质点-弹簧-阻尼器的跑步模型，弹簧的一头连接一个质量大的质点，另一头连接质量小的质点。质量小的质点一端再与另一弹簧和阻尼器相连,就像汽车的能耗元件。此模型模拟出来的数据与双峰 GRF 很相似。此模型及其 GRF 图如图 10.10 所示。

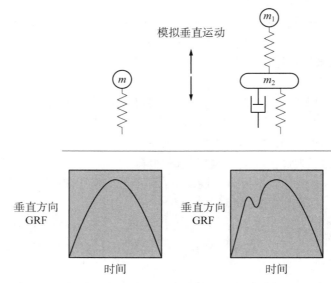

图 10.10　质量弹簧模型与质量弹簧-阻尼器模型,时间与垂直反作用力曲线图

　　Derrick 及其同事(2000 年)通过质点-弹簧-阻尼器模型就步幅特征对 GRF 的影响研究中发现,两个质点之间弹簧的性质影响 GRF 作用的时间,比如弹簧劲度系数越大,足与地面接触时间越短,GRF 作用时间就越短。第二个弹簧(小质点系下面的弹簧)影响 GRF 的第一个峰值。在研究中共召集了 10 名受试者,实验测试分为三部分,首先受试者用自己最舒适的步长进行实验,然后采用最适步长±10%和±20%的步长进行实验,研究者相应地调节模型中两个弹簧的劲度系数,通过优化算法得到模拟数据,把模拟数据与实验室数据进行对比。实验室数据表明,步长减小,相应的 GRF 峰值减小 33%,支撑时间减少 7%。模型中上面弹簧劲度系数增加两倍,步长增加。下面弹簧则表现出相反的性质,表现出短步长的 80%。

　　不能直截了当地来解释质点-弹簧-阻尼器模型的数据,因为此模型比较抽象。下质点系质量为身体质量的 20%,可以考虑为下肢的质量。但不能认为上弹簧是整个身体的简化。就像我们了解的一样,不能说上弹簧代表某一特定关节的刚度,比如膝关节刚度。事实上,跑步受到多个关节的影响,不能把模型简单直接地类推为身体的某一部位。正确的解释是,受试者奔跑的步幅越大时其身体协调性越好。Derrick 及其同事(2000 年)与 McMahon 及其同事(1987 年)的研究有异曲同工之处,受试者的活动很大程度上遵循更大的膝关节屈曲角度。因为质点-弹簧-阻尼器模型中不包括膝关节的信息,很难从模型中提取相应的信息。

　　上述的质点-弹簧-阻尼器模型研究中清楚地表明,模拟研究中如何解读模型数据至关重要。下肢不是一个弹簧,但是可以通过简化的弹簧模型收集一些有用的信息。

小结

本章始于讨论为什么要进行人体运动计算机仿真,止于探讨模型研究的局限性,似乎表明模拟研究因其巨大的局限性以致用处不大,其实不然,如果觉得模拟研究用处不大,主要在于我们对像这种"简单"的步行任务类的运动本质理解不够。仿真研究是检测和开发我们认识的沃土,在医疗领域、工业领域实际应用方面具有广阔的前景。模拟研究像其他工具一样,关键在于合理利用。模型构建比较简便,但解释模型数据时要倍加注意其局限性。

推荐阅读文献

• Bobbert, M. F., K. G. Gerritsen, M. C. Litjens, and A. J. van Soest. 1996. Why is countermovement jump height greater than squat jump height? *Medicine and Science in Sports and Exercise* 28: 1402 - 12.

• Gerritsen, K. G. M., A. J. van den Bogert, and B. M. Nigg. 1995. Direct dynamics simulation of the impact phase in heel-toe running. *Journal of Biomechanics* 28: 661 - 8.

• Hill, D. A. 1967. *Schaum's Outline of Theory and Problems of Lagrangian Dynamics*. New York: McGraw-Hill.

• Hull, M. L., H. K. Gonzalez, and R. Redfield. 1988. Optimization of pedaling rate in cycling using a muscle stress-based objective function. *International Journal of Sports Biomechanics* 4: 1 - 20.

• Kilmister, C. W. 1967. *Lagrangian Dynamics: An Introduction for Students*. New York: Plenum Press.

• Marion, J. B., and S. T. Thornton. 1995. *Classical Dynamics of Particles and Systems*. 4th ed. New York: Harcourt Brace College.

• van Soest, A. J., M. F. Bobbert, and G. J. van Ingen Schenau. 1994. A control strategy for the execution of explosive movements from varying starting positions. *Journal of Neurophysiology* 71: 1390 - 402.

第十一章　肌肉骨骼建模

Brian R. Umberger，Graham E. Caldwell

第九章中，我们讨论了如何用肌肉模型来阐述肌肉产生肌力的能力，而在第十章中介绍了人体仿真模型创建的过程。本章中，我们将这两个领域结合在一起，并探讨能代表人体环节、关节的解剖学、几何学、动力学特征的肌肉骨骼模型。本章的主要内容包括以下五方面：

（1）介绍使用肌肉骨骼模型完成逆向动力学和正向动力学的分析过程；

（2）确定肌肉骨骼模型的基本元件，包括骨骼几何学特征、被动关节特性、肌肉运动学和力臂以及模型与环境的相互作用；

（3）讨论肌肉骨骼模型的神经控制，包括静态和动态优化技术；

（4）列举利用肌肉骨骼模型来验证诱发加速度的分析实例；

（5）介绍用于解释和验证肌肉骨骼模型的其他分析技术。

肌肉骨骼模型

从生物力学的角度来说，人体可看作一个解剖环节系统，该环节系统通过关节连接并通过肌肉、韧带和其他内部结构进行运转。该系统与其周围环境相互作用并通过上述方式得以调控从而产生有意识的动作。肌肉骨骼建模是一个将所有这些因素系统地结合在一起以更好理解人体动作的过程。对人体肌肉、骨骼和关节力的直接测量方法往往受到严重限制，而通过建立肌肉骨骼模型可以为预测解剖结构内部负荷提供最佳方式。因为肌肉是促使人体活动的动力，并且是连接神经系统和骨骼系统的中介结构，同时肌肉骨骼模型有利于加强对运动的能量产生和控制过程的理解。但是，建立、评估和使用肌肉骨骼模型是一种劳动密集型过程，具有近似性、简化性和不确定性。尽管如此，关于肌肉骨骼模型的研究仍然稳步增长，因此，对于人体运动相关专业的学生来说，理解肌肉骨骼模型在使用过程中面临的机遇和限制非常重要，通过学习建模过程和使用方法，来发现人体运动中的科学问题，将会非常有助于对肌肉骨骼模型的理解。

任何模型研究中首先要确定的是该模型所必需的细节层次，这由需要解决的研究问题本质所决定。这方面的考虑已经在第十章讨论过了，例如模型是采用二维（2D）还是三维（3D），需要考虑到的身体环节数量，以及关节模型创建的方式。第九章也指出了另一些必须考虑的问题，如采用哪个肌肉模型，需要参与的肌肉数量以及肌肉如何被控制。文献中所报道的肌肉骨骼模型例子范围较广，从只有一个自由度（DOF）的模型（由单一肌肉控制的单一环节活动)到包含多自由度的模型(由 10 个或 10 个以上的身体环节和多个肌肉参与)。在任何情况下,模型应能代表骨骼的解剖学特点,身体环节的惯性特点以及肌肉和神经系统的特性,才能获取解决特定研究问题所需要的足够的细节和准确性。

与希尔肌肉模型(见第九章)一样,在软件中一个肌肉骨骼模型的组成部分可以通过数学表达式来表示。例如,骨骼的运动可以用动力学方程描述,该骨骼的运动由作用于关节的力矩所产生(见第十章)。如果将该模型用于逆向动力学方法(见第五、第七章),环节运动被指定用于计算净关节力矩。而后需要另外建模将关节力矩分配为肌肉、韧带和关节表面各自的力(见图 11.1)。通过输入运动学信号模拟环节运动的正向动力学模型(见第十章)可由关节力矩促动器或单一肌肉促动器控制,该模型可以通过给定的运动学输入信号刺激身体环节运动(见图 11.1)。无论在哪一种情况下,肌肉模型都可以代表这些运动学促动器的生理学属性。

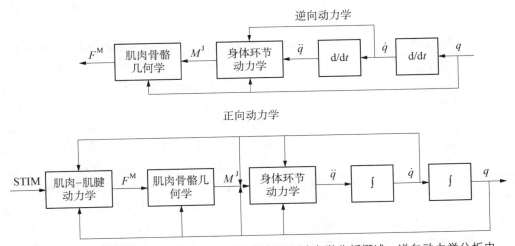

图 11.1 以肌肉骨骼模型为基础的逆向动力学和正向动力学分析概述。逆向动力学分析中,输入信号为身体环节位置(q),输出信号为肌肉力(F^M)。正向动力学中,输入为肌肉刺激模式(STIM),输出为身体环节位置(q)。这两种情况中,肌肉骨骼几何结构定义了肌肉力(F^M)和关节力矩(M^J)之间的转换。修改自 Pandy, 2011。

显然,在数学上净关节力矩与单一肌肉产生的未知力有关。这些未知的肌肉力量可以通过肌肉骨骼模型来估算(使用希尔模型来表示特定肌肉)。给定的肌肉力和关节力矩之间的数学关系取决于所研究肌肉的作用线和关节旋转中心之间的几何关系。来自某一特定肌肉模型的力量输出部分取决于神经系统给予的刺激(也称为兴奋),即所谓的控制信号。这种控制信号可以由肌电图信号(EMG)测得,或由理论控制算法推算出,也可通过优化技术获得。所需运动的仿真一旦建立,肌肉骨骼模型就可用来获得有关运动的力学、能量和控制的更深入信息,而这些仅通过实验技术是无法实现的。

在接下来的几节中,我们将介绍肌肉骨骼模型的组成。而后面的章节中,还会讨论用于控制肌肉骨骼模型运动的方法及将它们应用于人类运动研究的方式。

骨骼几何学和关节模型

从解剖学角度来看,骨骼是身体上支撑肌肉的框架。一个准确的骨骼模型可实现肌肉

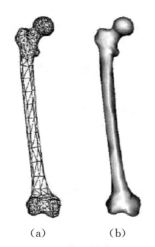

（a）　　（b）

图 11.2　（a）使用线框和（b）平滑渲染后的股骨扫描图。该骨骼几何结构来自（Arnold 等，2010）所描述的肌肉骨骼模型，并使用开源建模软件包 OpenSim 对其进行渲染（Delp 等，2007）

起源和附着点的准确分配，以及肌肉沿其起止点之间的纤维排列。骨骼的表面几何形状可以通过手持式数字化装置、激光扫描仪或影像学（如 CT 或 MRI）来获得。图 11.2 显示的是人体下肢肌肉骨骼模型中股骨的扫描图（Arnold 等，2010）。左侧的线框图［见图 11.2（a）］显示了真实的点以及能够定义骨骼边缘的多边形，而右侧图［见图 11.2（b）］则显示了经平滑处理后的版本。由于建立一个完整的骨骼模型需要做大量的工作，因此通常会使用单个的常规模型，该模型可能需要通过调整其大小来代表某一特定个体。这一调整过程会导致模型的不准确性，其原因有：①个体之间骨骼形状的未知差异；②个体肌肉起止点之间的未知差异；③缩放过程的不准确性。为克服这些问题，可以使用影像学技术扫描受试者，从而产生一个真实的特定个体的骨骼模型（Blemker 等，2007）。目前，建立一个特定个体的模型需要消耗大量的时间、精力和扫描费用，但随着科技的进步，未来这种方法可能成为常规的方式。

从力学角度来说，骨骼的几何结构很重要，因为由肌肉传递到骨骼的力量直接关系着骨骼和个体身体环节的线性运动和角运动。当肌肉沿着起止点作用时，它们越过由相连骨骼形成的关节。骨与骨之间接触表面的局部骨骼形状决定了每个关节的机械特性。例如，髋部的股骨头和髋臼形成了一个稳定的联合结构，该结构可以在使股骨做旋转运动的同时令股骨头部仅发生较小的平移运动。在机械学上，这种结构可以在二维空间上建立一个屈戌关节和一个旋转自由度的模型，也可以在三维空间上建立一个球窝关节和 3 个旋转自由度的模型。

从建模角度来说，对关节的描述和表达方式很重要，因为已有相关研究表明，它会影响肌肉力的预测（Glitsch 和 Baumann，1997）。骨与骨之间的关节结构决定了表面软组织（如韧带和肌肉）的力学特性，因为这些组织必须为骨骼的运动和关节的完整性提供力量。例如，胫骨近端相对平坦的表面和股骨远端的曲面可以为膝关节贡献少量骨骼稳定性，该位置的韧带和肌肉相对髋关节而言，理应提供更大程度的关节稳定性。在三维空间中，膝关节应视作具有 6 个自由度（3 个旋转和 3 个平移），而试图了解组织负荷的膝关节模型往往应该包含这些细节。但是，建模中膝关节的运动往往被限制于某些特定的方向上。用于研究整体运动的模型经常将膝关节模拟为一个平面铰链，该结构可以在前后方向和近端远端方向发生一定程度的平移。有些模型甚至将膝关节模拟为一个简单铰链，该结构在旋转轴上并无平移运动。这两种模型中，膝关节仅具有一个自由度，因为前例中的平移运动规定为膝关节角度的函数。使用一个单自由度的膝关节模型可以在整体运动模型中更大程度地简化运动方程。但是，在使用简单屈戌关节模型时，必须注意关于膝关节的肌肉长度和力臂的定义，因为肌肉起止点的真实相对位移不仅只是关节旋转的函数，而且取决于伴随着关节旋转的身体环节平移。

被动关节特性

在大多数人体运动中，主动肌为关节的运动提供了主要的力量支持。但是，被动结构在这个过程中同样也可产生髋关节的力矩。韧带、囊组织、筋膜、软骨及平行的肌肉弹性均能产生关节处的净力矩。考虑了这些在肌肉骨骼模型中常被忽视的效应，才能保证模型结果的准确性。因此，净关节力矩产生实际上需要两个主要部分：由主动肌肉力产生的主动关节力矩和由被动组织产生的被动关节力矩。主动力矩和被动力矩相加等于净关节力矩，该净力矩由逆向动力学分析计算得出（见第五章）。对于人体大多数可动关节，而被动力矩在多数关节运动正常范围内作用较小，因此某些肌肉骨骼模型中并未考虑被动力矩。但是，当关节运动接近其最大运动极限时，被动力矩将变得很大。此外，正常运动时，被动力矩有时也会对净力矩做出不可忽视的贡献。例如，在步态站立期的后半段，被动力矩占髋关节净屈力矩的三分之一以上（Whittington 等，2008）。除了保证模拟结果的准确性外，将被动关节力矩纳入肌肉骨骼模型可以防止在正向动力学仿真过程中出现不切实际的关节姿势。

被动关节力矩参与肌肉骨骼模型的方式取决于其预期用途。对于用来预测关节接触应力的膝关节的精细三维模型来说，每个主要被动结构的实际作用线和材料性质均需要明确表示出来。简单的方法就是将一个被动关节力矩纳入每个转动自由度关系中，该方法经常用于研究整体运动的模型中。文献中已发表了几个这样的方程且常以所谓的双指数曲线形式表示（Audu 和 Davy，1985）。被动关节力矩（M_{pas}）与关节角度函数（θ）的双指数曲线方程例子如下：

$$M_{pas} = k_1 e^{-k_2(\theta-\theta_1)} - k_3 e^{-k_4(\theta_2-\theta)} \qquad (11.1)$$

这里，$k_1 \sim k_4$，θ_1 和 θ_2 是决定被动力矩曲线的常数。特别地，θ_1 和 θ_2 设定关节角度的范围，在这个范围内，被动力矩具有最小值，而 $k_1 \sim k_4$ 决定了被动力矩增加超过由 θ_1 和 θ_2 设置关节角度的程度。这种被动关节限制的建模方式提供了一个恢复力矩，该力矩的方向与关节角位移的方向相反，如图 11.3（a）所示。例如，随着关节运动达到最大屈曲限值，将出现一个被动的伸肌力矩，该力矩与关节屈曲程度呈指数增加。因为每个关节运动范围限制内的被动力矩由不同解剖结构产生，因此大部分关节的这种被动力矩关系是不对称的。

文献所报道的被动关节力矩模型最大的区别是，它们是否假设关节处的被动力矩仅取决于该关节的角度还是同时取决于邻近关节的角度。这个问题与双关节肌肉产生的被动力量如何参与整体肌肉骨骼模型之间具有直接关系。例如，双关节腘绳肌的并联弹性元（PEC）对髋关节被动力矩的贡献不仅取决于髋关节角度，还取决于膝关节角度。如图 11.3（b）所示，当膝关节伸直而腘绳肌被拉伸时，髋关节（被动）伸展力矩大于膝关节被拉伸时的力矩。取决于单个关节角度的被动关节力矩方程（例如，Audu 和 Davy，1985）只能明确代表非肌肉的被动影响，并且该方程最好与肌肉模型（包含并联弹性元）搭配使用，才能准确证明双关节肌肉的影响。但包含相邻关节角度影响被动关节力矩方程（例如，Silder 等，2007）可以解释任何跨此关节肌肉的并联弹性元。在这些情况中，最恰当的方法是使用不含有并联弹性元的肌肉模型，这样才能避免被动肌肉的作用被计算两次。后一种方法的优势在于可以在一个特定个体基础上轻而易举地测量出关节处的被动总力矩。但是，与公式（11.1）相比，这种方法中的被动力矩式需要更多的条件。相反，前一种方法将肌肉和非肌肉的作用分离出来,但该过程在实践中较难实现。

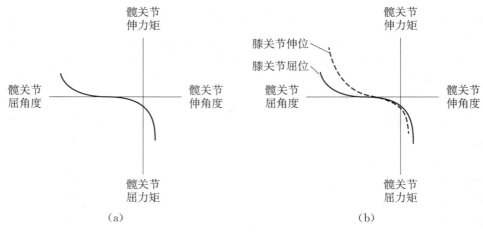

图 11.3 被动关节力矩曲线

(a) 被动髋关节力矩,假定仅取决于髋关节角度;(b) 膝关节角度的改变影响被动髋关节力矩的方式

写出二维矢状面肌肉骨骼模型的被动关节力矩表达式相对比较简单。但是,三维关节模型(如髋关节或肩关节)的表达式较为复杂。一种方法是为关节的每个转动自由度列出一个被动关节力矩,相当于描述关节方向的三个卡登角(见第二章)。但是这些卡登角的坐标轴不是互相垂直的,并且它们在运动过程中会改变其相对方向。因此,这种方法可能会遗漏三者之间的相互作用对关节被动总力矩的影响。例如,根据髋关节外展-内收和内旋-外旋角度的不同,与伸展和屈曲髋关节有关的被动力矩可能发生改变。这些相互依赖性可以通过使用一系列的被动力矩测量和方程式(包括相互作用参数)来获得,但是这种例子在文献中较少报道(例如 Hatze,1997)。

肌肉运动学和力臂

肌肉会随着关节或其横跨关节的角位移而产生长度的变化[见图 11.4(a)]。显然,独立的膝关节伸展可以导致腓肠肌拉长[见图 11.4(b)],又比如,独立的踝关节跖屈会使腓肠肌和比目鱼肌长度缩短[见图 11.4(c)]。但是,当膝关节伸展和踝关节跖屈同时发生时,很难预测腓肠肌长度将如何改变[见图 11.4(d)]。肌腱单位长度改变的程度取决于构成关节的骨骼的几何形状以及关节角位移的大小。膝关节伸展和踝关节跖屈程度的不同组合,是完全有可能导致腓肠肌拉长、缩短或不改变的。能够精确地模拟这些肌肉长度的变化对于确定给定的某一肌肉所能产生的肌力大小很重要,这在第九章已有讨论。

肌肉长度预测方程

一个常用技术是将每个肌肉长度表示为该肌肉横跨的所有关节角位移的函数。例如,Grieve 及同事(1978 年)使用尸体的数据估算腓肠肌的肌肉长度在指定的踝关节和膝关节角位置范围内的改变。他们的结果用于建立能预测肌肉长度、规范化环节长度以及与关节角度函数关系的方程式。他们的公式易于根据测量的环节长度扩展到其他受试者。另一个

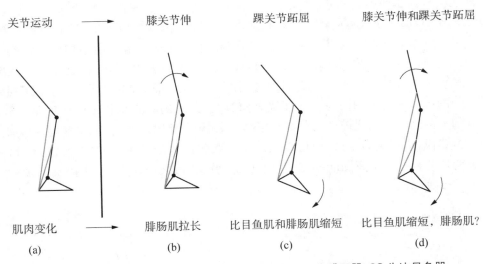

| 关节运动 | → | 膝关节伸 | 踝关节跖屈 | 膝关节伸和踝关节跖屈 |

| 肌肉变化 | → | 腓肠肌拉长 | 比目鱼肌和腓肠肌缩短 | 比目鱼肌缩短，腓肠肌？ |
| (a) | | (b) | (c) | (d) |

图 11.4 肌肉长度的改变与关节角度的关系。GA 为腓肠肌；SO 为比目鱼肌

方法是直接使用影像学技术（如 MRI），在一系列关节角度状态下测量肌肉长度并建立特定个体的方程式。该方法的优点在于其考虑了个体解剖差异，而不是假设所有受试者的肌肉长度与关节角度关系都相似。

用于描述肌肉长度的预测方程式存在许多显著的优势。用肌肉骨骼模型来计算肌肉的长度是一种简洁速效的方法。此外，根据相对环节长度或通过方程式中参数的改变，可以方便地将预测的肌肉长度扩展到不同的个体。该方法的主要局限性是无法直接表示肌肉的作用线。因此，即使肌肉力是已知的，也无法使用该方程解出关节接触力。

肌肉附着点

定义运动时肌肉长度的另一种方法是在模拟的骨骼环节上使用肌肉起止点的瞬时位置。这些位置的识别可以通过位于骨骼上的标记来实现（参照已发表的肌肉图），或者通过解剖后肌肉附着点的数字化转换来实现。肌肉的起点和止点一旦被定义，我们可以通过数学方法将模型的骨骼嵌入参考框架（在肌肉骨骼模型中定义身体环节）计算运动序列过程中这些点的位置。因为运动的全过程中可以定义环节的空间位置，我们可以使用第一章和第二章中所描述的转化技术计算骨骼和肌肉的附着点。使用这种方法时，需要注意如何处理具有较大附着面积的肌肉。许多研究人员将这种肌肉分为两个或多个独立部分，例如将臀中肌分为前、中、后部。但是，定义这些独立分隔的基础通常是任意的。另一个局限性是肌肉起点和止点通常被指定到附着区域的中心位置，而该位置不一定是施力的中心。

骨骼环节各自定义肌肉附着点后，模拟肌肉运动学特性最简单的方式是从起点到止点用直线表示。这种方法可以很好地表示具有唯一走向的几块肌肉的长度，例如比目鱼肌［见图 11.5(a)］。但是，当一个肌肉的走向覆盖于其他肌肉、环绕骨性隆起或受到筋膜限制时，该方法则无法使用。引入肌肉起止点之间通路点（Delp 等，1990）的概念可以解决起止点间直线的偏离问题，通路点在某些解剖结构部位约束了肌肉的走向，使肌肉方向发生改变，正

如胫骨前肌会从伸肌筋膜下方通过[见图 11.5(b)]。如果一块肌肉由肌肉起止点之间唯一的通路点来建模,那么肌肉走向将由两段直线表示,肌肉长度则为这两段直线长度之和。如果通路点超过一个,可按以上方法类推。肌肉在与之接触的表面处平滑地偏离其走向[如图 11.5(c)所示的腓肠肌近端],称为环绕表面(van der Helm 等,1992)。在定义这一状况时,需要用一种更为复杂的方法来表示其肌肉骨骼的几何学特征。在某些情况下,肌肉走向可能只在一定的关节活动范围内与特定环绕表面有关,此时的肌肉总长度就应该是直线段和曲线部分的长度之和。与之前介绍的肌肉长度预测方程相比较,这种方法需对每块肌肉实际走向进行建模,这将更为复杂,但可以表示每块肌肉的力的作用点和作用线。由此可见,组成关节的环节自由体示意图能够完全说明肌肉力的机械效应,这一方法提供了骨-骨间关节接触力的计算基础。

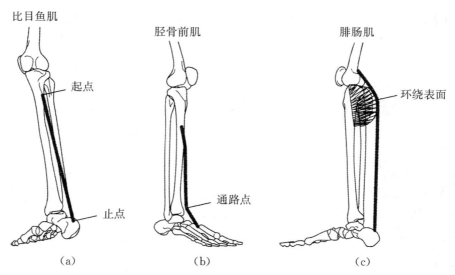

图 11.5　用肌肉起止点可定义肌肉走向(a),用通路点(b)和环绕表面(c)可对肌肉走向的偏离进行建模。摘自 Arnold 等(2010)的肌肉骨骼模型

肌肉力臂

关节局部区域的肌肉骨骼几何学也将决定肌肉力产生的机械效果。如果关节结构允许平移,那么肌肉力的矢量方向决定邻近各骨如何相互线性加速。如果关节允许转动,那么肌肉力的作用线位置决定绕关节轴转动的力矩 τ 的大小。在三维模型中,这一关系由矢量式表示:

$$\tau = r \times F \tag{11.2}$$

这里 r 是从关节转动轴到肌肉力作用线的位置矢量;而 F 是肌肉力的矢量。在更为简单的二维模型中,这一关系简化为标量方程:

$$\tau = Fd \tag{11.3}$$

这里 F 是肌肉力的大小,而 d 是从关节转动中心到肌肉力作用线的垂线距离。公式(11.3)中 d 的大小称为肌肉力臂。肌肉的起止点固定于构成关节的相邻各骨,因此当关节角度改

变时,力臂的大小通常也会改变。这构成了关节力矩变化的一部分,而关节力矩是关节角度的函数,这在人体肌肉力量的研究(见第四章)中非常常见。

　　在肌肉骨骼模型中,可以使用几种方法来确定力臂,最简单的方法是对尸体样本或受试者的核磁共振图像进行个体样本的力臂测量,而后假定肌肉力臂在所有关节角度的数值都是恒定的。虽然当关节运动范围受限时这一假定是合理的,但一般来说当关节角度改变时,关节力矩也会改变。与肌肉长度一样,肌肉力臂的变化可以通过测量尸体样本或受试者关节角度范围来量化。事实上,在肌肉-肌腱总长度 L_{MT}、肌肉力臂 d 和关节角度 θ 之间有一种独特关系,构成了所谓肌腱滑移实验的基础(An 等,1984)。这一关系表达为

$$d = \frac{\partial L_{MT}}{\partial \theta} \tag{11.4}$$

即肌肉力臂等于肌肉长度对关节角度求偏导。此方程涉及偏导数,是因为肌肉长度可能依赖于多个关节角度的变化(如腓肠肌的长度取决于膝关节和踝关节的角度大小)。这一关系在与前述的肌肉长度方程联用时效果很好。如果肌肉长度由多项式或其他简单函数表达,那么这一函数只需对关节角度求导,以确定肌肉力臂的表达式,该表达式也是关节角度的函数。否则,如果肌肉力臂函数已知(比如通过实验数据获得),那么通过肌肉力臂对关节角度积分,可以获得肌肉长度的表达式。未知的积分常数等于相应解剖学标准姿势的关节角度所对应的肌肉长度。当肌肉走向在模型中由肌肉起止点、可能的通路点和环绕表面来表示时,用来确定肌肉力臂的方法是不尽相同的。在这种情况下,确定肌肉力臂大小的最直接方法就是由关节中心到肌肉力作用线矢量与肌肉力作用线方向单位矢量进行叉乘获得。

模型与环境之间的相互作用

　　通常一个肌肉骨骼模型的运动方程会直接或间接地包括环境施加的力。如用于走、跑、跳的模型必须要有地面的反作用力。同样对骑自行车的模拟,其模型中就必须包括车座和踏板界面的力。要做到这一点,一种简单常用的方法就是在一点或多点上对人体的运动进行刚性约束。许多用于模拟跳跃的二维模型利用一个单自由度的铰链将足环节固定于地面[见图 11.6(a)]。该铰链可使足环节绕跖趾关节(MTPJ)位置的一点进行自由转动,但限制了足环节在任何方向上的平移,因而不能使用该模型模拟跳跃的腾空阶段。但这并非主要的局限,因为跳跃的位移可以由蹬伸末期(如当跖趾关节处的地面反作用力降低为零的时刻)的模型运动学来确定。使用这一简单方法来模拟垂直跳产生的地面反作用力,通常能较好地与实验数据相吻合(例如 Pandy 等,1990)。这一刚性约束方法也经常应用于模拟骑自行车。在模拟中,髋关节可自由转动,但固定于车座而无法平移,这与实际情况中骑踏动作中髋关节中心平移极小的特点相一致。在模型中,足被刚性地固定于踏板,可绕踏轴转动,并沿着自行车曲柄和踏板的运动学轨迹平移,其间假设足部和踏板之间无滑动或扭转力。与跳跃的情况类似,使用这一方法能够求解出实际的踏板反作用力(例如 Neptune 等,2000)。

　　相比之下,将刚体约束方法应用于模拟行走的全支撑阶段更为复杂。足跟落地瞬间,足环节随之固定于地面而只能绕足跟转动。当足的其余部分与地面接触时,整个足刚性固定于地面(无平移或转动)。直至支撑末期,当足跟提起时,足在跖趾关节处固定于地面,才能

再次只绕其转动。虽然这一方法相对简单,但当足从绕足跟转动转换到刚性固定于地面、再转换到绕跖趾关节转动时,模型中的独立自由度数量都将会发生变化。这就要求模型能够切换至适应以上三种情况中的任一情况(如改变运动方程),或者能够引入和去除支撑阶段额外约束的方程。双足支撑情况更为复杂,是因为双足均需要约束于地面。当从一种状态切换到另一种状态时,例如当足从绕足跟转动转换到固定于地面,需要某些逻辑指令精确地确定何时切换。因此,虽然在某些应用中使用刚性约束能够简单、有效地表示模型与环境之间的相互作用,但这些方法并非普遍适用。

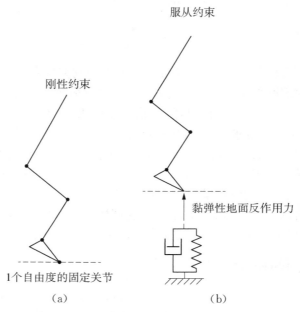

图 11.6　跳跃过程中足与地面相互作用的模型
(a)使用铰链将足约束于地面;(b)使用一个黏弹性元模拟地面反作用力

　　如果可以获得实验数据,可用另一种相对简单的方法来表示模型与环境之间相互作用,即将测得的力直接输入模型。虽然这种方法简单,但存在较大的局限性。任何一种模型都不能够完美复制它所要代表的对象,而任何实验数据也都不可避免存在误差。因此实验测得的力很可能与肌肉骨骼模型的动力学数据不一致。考虑一个简单的完全静态站立的模型,并对研究对象使用测得的地面反作用力数据。如果研究对象的质量略微高于或低于模型的身体质量,那么模型将不会静止站立,而会在垂直方向上加速运动。即使研究对象与模型的质量完全一样,但由于测得的地面反作用力存在误差,那么模型同样也会在垂直方向加速。这些动力学方面不一致的特性及其程度都难以预测,在各个应用实例中差异可能会很大。为解决这些问题时可采取相应措施(Thelen 与 Anderson,2006),但具体细节不在本章的讨论范围之内。

　　另一种模拟地面反作用力的常用方法是将足与地面之间的接触作为黏弹性作用模型。在此模型中,足环节的足底一侧定义了一个或多个接触点。当其中任何一点在垂直方向到达负向位置(即在地面位置以下)时,在该接触点就会有一个力施加于足环节[见图 11.6

(b)]。每个接触点上的力与该接触点进入地面的程度和速度成正比。虽然让足进入地面看起来并不恰当，但实际上这表示了足与鞋的柔性组织材料的形变，其大小通常不超过1厘米。这种模拟地面接触的黏弹性方法代表了对肌肉骨骼系统运动的一种柔性约束。使用黏弹性元模拟地面接触的优点之一是，在模拟过程中（如步态模拟），足与地面的接触和脱离是自由的，因此能轻松解决上文所述的多重刚性约束问题。虽然在文献中有多种不同的地面接触模型，但计算垂直力（F_y）的一个具有代表性的例子由公式（11.5）给出：

$$F_y = ap^3(1 - b\dot{p}) \qquad (11.5)$$

这里 p 为足在接触点位置进入地面的距离；$\dot{p}$ 为进入地面的速度；a 为刚性参数；b 为阻尼参数（Gerritsen 等，1995）。以这种方式计算足环节所有接触点的力并对其求和，得到的力可与测量所得的垂直地面反作用力进行比较。

　　使用黏弹性模型还能确定前后左右方向上的水平力。然而，由于水平力具有摩擦效应，因此可通过库仑摩擦力模型（即干摩擦力）得以有效确定。因为库仑定律在静态和动态之间存在不连续性，在进行计算机模拟时通常需要数字拟合。有一种模拟水平地面反作用力（F_h）的方法（Song 等，2001）由公式（11.6）给出：

$$F_h = -cF_v h \tan\frac{\dot{h}}{\gamma} \qquad (11.6)$$

这里 c 为摩擦系数；$\dot{h}$ 是地面接触点的水平滑动速度；γ 是确定模型与真实库仑摩擦力接近程度的参数。

控制模型

　　从力学上人体每个关节的肌肉数目都多于关节自由度数目。这就引发了下列问题：中枢神经系统（CNS）通过什么来支配和选择肌肉的激活？研究者在肌肉骨骼模型中应如何以公式表示肌肉模型控制信号？第一个问题的答案是运动控制科学家所关注的焦点，但并非在本节讨论范围之内。第二个问题的答案是使用肌肉骨骼模型过程中的核心问题，在本节中将讨论几种可能的方法。

　　所要引入的控制模型的类型取决于所研究问题的性质和所使用的特定肌肉骨骼模型的体系。许多实例的目标就是为肌肉模型提供能反映中枢神经系统在实际运动中发送至特定肌肉的控制信号；或者为肌肉模型提供控制信号，从而完成最理想运动（如跳得尽可能高）或实现某些设定的运动目标（如以最小能量骑车）的肌肉模型。此处的"控制"指的就是确定产生理想运动的肌肉力的过程。根据特定的应用范围与所使用的模型，这一过程可能包括肌肉模拟或激活模式的求解。在另一些实例中可直接求解出肌肉力，例如用一个肌肉骨骼模型将逆向动力学分析所得的净关节力矩分配至各肌肉力。产生肌肉骨骼模型控制信号的算法发展和评价构成了一个活跃的研究领域，大多数方法可归纳为三类：①利用测得的肌电图信号的模型；②理论化的神经模型；③优化模型。结合以上三类方法的技术特点而形成的混合算法在文献中也多有介绍。

肌电图模型

最简单的方法应该是用肌电图测量出在执行一项运动时"真实"的中枢神经系统控制信号,并将这些肌电图信号作为模型的控制信号。这种方法具有许多优点,至少有可能自动说明特定研究对象实施的实际控制策略(即肌肉激活的实际模式)。与其他技术相比,使用基于肌电图的控制模型的计算(如稍后介绍的动态优化)更快速有效。然而,使用测量肌电图信号作为控制肌肉骨骼模型的基础还存在一些困难。限制之一是许多深层肌肉无法通过表面电极进行监测。若使用针电极,则只能从局部区域采样而不能在整体上准确评估肌肉的激活水平。此外,针电极是侵入式的,会干扰研究对象完成动作的能力。对于用表面电极所测信号是否能真正代表中枢神经系统控制信号,从技术方面考虑仍然存在疑问(见第八章)。

使用肌电图作为控制信号基础的另一个问题是,肌肉骨骼模型通常对实际情况进行了简化,仅能明确代表某些肌肉。例如,人体跳跃的二维模型通常使用少于 10 块肌肉的模型(见图 11.7)来代表整个下肢肌肉,而事实上有超过 40 块这样的肌肉。因此,单独一种控制信号可能需要代表几块肌肉的激活,而应如何将所测肌电图信号结合构成一个肌肉模型的控制信号,方法尚不清楚。例如,如果所有股肌肌群的三个头表示为单一希尔肌肉模型,那么以肌电图为基础的控制信号是否取自股外肌、股内肌和股中肌(这需要使用针电极),抑或是三者的某种权重组合?最后,原始的肌电图信号含有高频分量,必须对其进行预处理后形成希尔肌肉模型的控制信号(见图 11.7)。这一过程必须将表示中枢神经系统运动单元募集和数据编码的肌电图信号转换为介于 0.0(非激活)和 1.0(完全激活)之间的一个简化、低频的控制信号。这一转换相对复杂,是文献中众多研究的主题(例如 Buchanan,2004)。即使有了适当的处理,依然存在肌肉骨骼模型不能完全表示实际情况的问题;因而,处理后的肌电图信号未必能表示理想的模型控制信号。

参考文献

Bobbert, M. F. , P. A. Huijing, and G. J. Van Ingen Schenau. 1986a. A model of the human triceps surae muscle-tendon complex applied to jumping. *Journal of Biomechanics* 19:887-98

对垂直跳的研究已使用肌肉模型来验证各肌肉在跳跃运动中所起的作用。Bobbert 及其同事(1986a)使用希尔模型来表示垂直跳中的比目鱼肌和腓肠肌(见图 11.8)。这项研究验证了为何从等速肌力测量研究中的踝关节最大跖屈速度会远低于自然运动中(如跳跃等)的速度。比目鱼肌和腓肠肌的肌肉模型包括力-长度,力-速度和并联弹性特征。该研究将实际跳跃的运动学以及通过尸体研究得到的方程计算踝关节肌肉长度和力臂等数值,输入比目鱼肌和腓肠肌的肌肉模型。预测得来的比目鱼肌和腓肠肌的肌力用来估算踝关节在离地前蹬伸阶段的跖屈力矩。通过模型计算出的踝关节力矩与利用逆向动力学计算实际跳跃得到的力矩有着良好的一致性。对比目鱼肌和腓肠肌的肌力及收缩运动学的分析可知,踝关节肌肉能够以远高于等速肌力测量研究中的速度而产生更大跖屈力矩,究其原因如下:第一,肌肉的串联弹性使收缩单元缩短的速度远低于测量所得的踝关节速度;第二,腓肠肌是双关节肌肉,发挥着屈膝和跖屈的作用。在跳跃过程中,同时发生的跖屈和伸膝导致了腓肠肌的缩短速度远低于等速肌力测量研究中孤立的跖屈动作。这一研究清楚地表明,肌肉

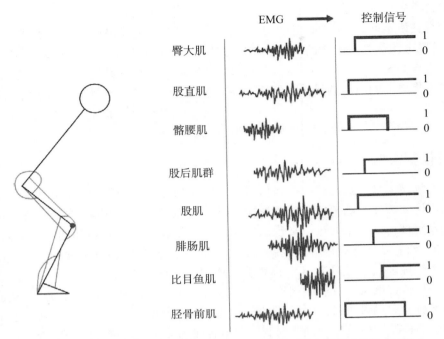

图 11.7　包含 8 个肌肉骨骼促动器的垂直跳模型。将记录每块肌肉的肌电图作为激活 8 个肌肉模型促动器的控制信号基础。用肌电图信号确定每个肌肉促动器控制信号由 0(静息)转变到 1(完全激活)的初始时刻。在某些情况下,肌电图的中断表明控制信号将被"关闭"并归零。在最大垂直跳的实例中,控制信号可能仅处于静息或完全激活;但在诸如次最大运动中(如行走等),肌电图信号可用于产生由 0 渐变为 1 的控制信号

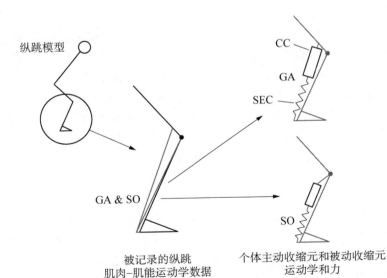

图 11.8　Bobbert 及同事(1986a)研究比目鱼肌和腓肠肌在垂直跳中对跖屈力矩贡献度的模型图。每块肌肉均由两单元希尔模型表示,该模型由一个收缩元和一个串联弹性元组成。GA 为腓肠肌;SO 为比目鱼肌;CC 为收缩元;SEC 为串联弹性组元。

生物力学研究方法

骨骼建模比单独的逆向动力学能分析更好地评价肌肉的功能。

尽管存在以上问题,基于肌电图的方法所具有的潜在优势仍激励了许多研究者接受挑战,尝试将肌电图作为肌肉骨骼模型控制信号的基础。Hof 与 van den Berg(1981)首先使用肌电图信号作为希尔肌肉模型的输入数据,以预测简单、二维的跖屈模型中的肌肉力。近期的研究实例将更多的肌肉数目纳入肌电图驱动模型,其中有一个用于预测下背稳定性的三维腰椎模型(Cholewicki 与 McGill,1996)以及一个用于预测关节接触负荷的三维膝关节模型(Winby 等,2009)。预期该方法将会得到更广泛的应用。

理论控制模型

为肌肉骨骼模型寻找合适的控制信号的另一个方法是,使用基于中枢神经系统控制和协调运动理论的神经控制模型。这些模型的基础可能是基本原理(即这些原理可能试图通过对脑和脊髓神经元作用的建模来预测中枢神经系统将发送至每块肌肉的信号)或某些运动控制原理(如下肢伸展时近端至远端动作时序的一般原理),还有一种可能性是以某些假设性的控制原理来预测对肌肉模型的刺激。例如,Pierrynowski 和 Morrison(1985)通过考虑哪些处于最佳解剖学位置的肌肉产生了行走时各关节所需的三维关节力矩,从而建立了行走期间下肢肌肉刺激模式。同样,Caldwell 和 Chapman(1991)使用一种基于肌电图测量控制"法则"的神经网络模型来预测控制肘关节各肌肉的肌力。这与上一部分介绍的方法不同之处在于,肌电图信号并未直接转换为肌肉模型的控制信号,而是充当建立控制方法的基础。Taga(1995)采用了另一种替代方法,使用了一种有本体感受反馈的脊柱中枢模式发生器的模型,以控制双足行走模型。这一对中枢神经系统控制采用更实际的表示方式,其显著优点是所模拟步态可以抵抗施加于人体的扰动,通过改变单一的对中枢模式发生器非特异性的输入,可以改变运动的速度。

该方法在肌肉骨骼模型控制中直接包含了神经系统的特征,这一点虽具有优势,但总体而言其挑战在于,大脑管理控制信号的方式仍不清楚。如何检验神经网络模型输出信号的合理性?一种方法是用所测肌电图信号来比较预测控制信号的计时(开始和结束)和模式,但正如前面所提到的,使用肌电图也可能存在问题,所以在解释这些信号时需要谨慎。尽管不能证实控制模型是否预测了"正确"的信号,但此理论方法具有强大的潜力,因为它能检验不同假定性控制策略的结果。例如,可建立一个由开环控制机制所驱动的手臂运动模型,并将其与一个依赖于本体感受反馈的模型相比较,以指导肌肉刺激模式。这两种模型的比较有利于了解外周反馈在特定运动任务中所扮演的角色。

优化模型

获得肌肉骨骼模型中控制信号的常用方法是使用某种形式的优化。在某些实例中,当优化准则源自运动控制原理时,就等同于建立了一个理论化的控制模型。在其他实例中,优化准则可能导致几乎没有生理学基础的协调运动模式。总之,使用优化方法意在确定哪些模型控制信号会产生优化(最小化或最大化)指定量化准则的结果。量化准则包括成本函数、目标函数或性能函数。成本函数可能相对简单(如发现产生最小肌肉力的求解),也可能相对复杂(如确定在最小代谢条件下非线性的最大肌肉力组合)。成本函数可能直接与肌肉功能(如最小化肌肉功)或所研究运动的某些方面(如最大化垂直跳高度)有关,或者,它可以用公式表示并将模型输出（如关节角度、地面反作用力），与相应的实验测量结果之间的差异最小化，这一实例通常称为跟踪问题，其目标是寻找引起模型跟随或跟踪实验数据的求解。

　　在所有的实例中，成本函数作为指导性约束，从许多可能的求解中选择确定一组特定的、优化的肌肉控制的求解。用于控制肌肉骨骼模型的两种主要优化方法在文献中称为静态优化和动态优化。文中"静态"的含义是，在运动中每个时间间隔对成本函数进行评估，独立于任何前后的时间间隔。相较而言，动态优化必须对整个运动序列进行模拟，以确定成本函数的数值，从这一点来说，这种优化是动态的。

静态优化

　　最初尝试对各块肌肉力进行预测的方法是通过使用静态优化模型结合实际运动表现的逆向动力学分析来实现的。逆向动力学分析可以计算整个运动过程中随时间变化的净关节力矩（见第五章）。在大多数应用中，数值优化用来寻找使关节力矩平衡的一组肌肉力，同时满足选定的成本函数（见图 11.9）。于是在这种方法中，肌肉力本身而非神经信号就是控制信号。静态优化与时间无关的特性使得求解只需花费较少的计算能耗，但该方法仍存在一些缺点。早期应用中的一个问题是由于求解相对于连续时间序列的独立性引起了急剧的、非生理性的肌肉力启动和关闭（即优化模型在不同时间间隔使用不同组别的肌肉来分别平衡关节力矩）。通过谨慎选择优化问题的初始猜想可以避免这一问题，例如可以将前一时间间隔的求解作为后一时间间隔的初始猜想。解决这个问题的一个更有力的方法是，调用基于力-长度、力-速度关系以及时间依赖性刺激-激活动力学等生理学事实的肌肉模型（见第九章）。当一个静态优化模型包括了更细节化的肌肉模型，肌肉激活而非肌肉力将成为控制变量。

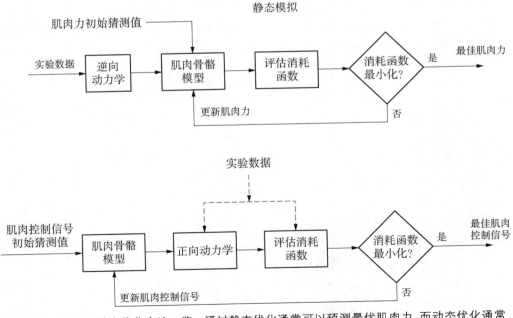

图 11.9　静态和动态优化方法一览。通过静态优化通常可以预测最优肌肉力，而动态优化通常可以预测最优肌肉控制信号（STIM）。注意，实验数据对于静态优化是基本输入，但对动态优化而言并非必需。然而，实验数据常在动态优化（虚线）中用以确定正向动力学模拟的初始状态，以及在跟踪问题中用于评估成本函数（详见正文）

使用静态优化的早期研究还受困于其他两种非生理学结果。第一,模型力的预测比实际产生的肌肉力大得多。通过定义肌肉骨骼模型中每块肌肉在生理学上最大有效力的约束,这一问题就很容易得到解决。第二,求解通常会仅选择一块肌肉来平衡净关节力矩,而非选择多块实际肌肉的协同。通过精确的方程表达式,拥有最大力臂(若肌肉力最小化)或力臂与肌肉力的理想组合(若肌肉应力最小化)的肌肉将被选出以完全平衡关节力矩,其他协同肌肉的肌力预测为零。在数学上,尽管通常并不清楚特定非线性成本函数的生理学原理,但使用非线性成本函数可产生协同效应(如最小化肌肉力的平方和或立方和)。Crowninshield 和 Brand(1981a)提出的一种广泛使用的非线性成本函数包含了最小化的肌肉应力立方和。最初有观点认为,这一特定的成本函数能求解出最大化肌肉耐力,使其适合于预测诸如行走等次最大任务中的肌肉力。然而,在 Crowninshield 和 Brand 的准则用于求解一系列动作的肌肉力时,最大化肌肉耐力(如跳跃、落地)问题无法适用。

静态优化模型的另一个问题是,模型实质上是将实验关节力矩分解为各肌肉力。因此,预测肌肉力所受的影响包括实验关节力矩的所有误差,以及与肌肉骨骼模型近似程度相关的所有缺陷。为完成本节,我们提供了一个静态优化实例,阐述了将经验确定的肘关节力矩分布于跨越肘关节一组肌肉的过程。该实例受到 Crowninshield 和 Brand(1981a)的一篇经典综述启发。

实例 11.1 中被平衡的净关节力矩是一个屈肌力矩,只有屈肌力臂的肌肉被纳入此模型中。如果任一肘关节伸肌被包含在内,就不再有预测拮抗肌力的成本函数出现于此。肘关节伸肌中,任何其本身将有助于一个更高的成本函数值的力,也将需要更大的肘关节屈肌力来平衡目标为 10 N·m 的关节力矩,进一步增加了成本函数值。通常的观察结果是,当肘关节屈肌高度激活时,肱三头肌肌群也会激活,而在本实例中缺乏共激活与这些相矛盾。在剧烈运动时,伸肌肌群的共激活可能会帮助稳定关节,但在简单的单自由度模型中使用传统静态优化技术不能预测共激活。虽然以下所呈现的实例重点在于获得肌肉力的数值结果,但有兴趣的读者可参考 Crowninshield 和 Brand(1981b)的综述,该文用有趣的表格形式阐明了对这一优化问题的求解。

实例 11.1

人体上肢如图 11.10 所示,上臂与前臂通过单自由度的肘关节相连接,并有肱肌、肱桡肌、肱二头肌这三块肌肉相围绕。这个例子中单块肌肉参数列在表 11.1 中。我们假设,通过逆向动力学分析得到的肘关节净屈力矩是 10 N·m。产生这个关节力矩的三块肌肉各自的力将运用静态优化方法求解。为了解决这个不确定的问题,我们寻求实现最小肌肉张力立方和的肌肉力组合。

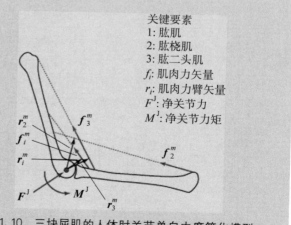

关键要素
1: 肱肌
2: 肱桡肌
3: 肱二头肌
f_i: 肌肉力矢量
r_i: 肌肉力臂矢量
F^J: 净关节力
M^J: 净关节力矩

图 11.10 三块屈肌的人体肘关节单自由度简化模型。更多详细信息见正文与表 11.1(取自 Crowninshield and Brand 1981b)

表 11.1

	肌肉 1 肱肌	肌肉 2 肱桡肌	肌肉 3 肱二头肌
f^0/N	1 000	250	700
A^m/m^2	0.003 3	0.000 8	0.002 3
r^m/m	0.02	0.05	0.04

说明：f^0 为最大肌肉力；A^m 为生理横截面积；r^m 为肌肉力臂。

在这个肌肉骨骼系统中，运用逆向动力学得到的净关节力(J)和力矩与内部肌肉(m)，韧带(l)，关节接触(c)力(f)之间的关系如下：

$$\mathbf{F}^{\mathrm{J}} = \sum_{i=1}^{m} \mathbf{f}_i^m + \sum_{i=1}^{l} \mathbf{f}_i^l + \sum_{i=1}^{c} \mathbf{f}_i^c \tag{11.7}$$

$$\mathbf{M}^{\mathrm{J}} = \sum_{i=1}^{m} (\mathbf{r}_i^m \times \mathbf{f}_i^m) + \sum_{i=1}^{l} (\mathbf{r}_i^l \times \mathbf{f}_i^l) + \sum_{i=1}^{c} (\mathbf{r}_i^c \times \mathbf{f}_i^c) \tag{11.8}$$

公式表明，由逆向动力学得到的净关节力($\mathbf{F}^{\mathrm{J}}$)等于肌肉、韧带和关节接触力的矢量和[公式(11.7)]，而净关节力矩($\mathbf{M}^{\mathrm{J}}$)等于由肌肉、韧带和关节接触力产生的力矩的矢量和[公式(11.8)]。如果我们采用通常的简化假设，即①关节处于运动范围的中间时韧带力小到可以被忽略；②关节接触力会通过关节旋转中心，则式(11.7)与式(11.8)可以简化为：

$$\mathbf{F}^{\mathrm{J}} = \sum_{i=1}^{m} \mathbf{f}_i^m + \sum_{i=1}^{c} \mathbf{f}_i^c \tag{11.9}$$

$$\mathbf{M}^{\mathrm{J}} = \sum_{i=1}^{m} (\mathbf{r}_i^m \times \mathbf{f}_i^m) \tag{11.10}$$

公式(11.9)提供了确定关节接触负荷的一个基本表达式，也许在某一特定领域可以运用，在此不做进一步讨论。在静态优化求解中，我们将用公式(11.10)作为一个约束条件，以确保通过静态优化方法确定的肌肉力可以重现测得的关节力矩。在这个条件下，公式(11.10)称为一个约束条件，且在求解过程中必须保证其成立。通常也会为肌肉力设定边界条件，如肌肉只产生拉力且不超过设定的最大值(f_i^0)，每块肌肉力的上限通常通过肌肉生理横截面积(A^m)乘以肌肉特定张力的一个假设值来确定。这个边界限制表示为：

$$0 \leqslant f_i^m \leqslant f_i^0 \tag{11.11}$$

需要注意的是，对于某一特定的净关节力矩，有无限种肌肉力的组合可以满足公式(11.10)。例如，假定力臂(r^m)的数值如表 11.1 所示，下面的三个潜在组合($f_1^m = 500$ N，$f_2^m = 0$ N, $f_3^m = 0$ N)、($f_1^m = 0$ N, $f_2^m = 200$ N, $f_3^m = 0$ N)和($f_1^m = 0$ N, $f_2^m = 0$ N, f_3^m

=250 N)都可以平衡10 N·m的净力矩。然而，以上三个组合没有一个在生理上是合理的，因为三块协同肌肉中只有一块被选择。为了确定三块肌肉力的分布，我们寻求一种解决方案，使其既能实现10 N·m的关节力矩，同时又能最小化非线性函数 U，可以表达为

$$\text{Minimize } U = \sum_{i=1}^{3} \left(\frac{f_i^m}{A_i^m}\right)^3 \tag{11.12}$$

式(11.12)将作为优化问题的成本函数。括号内的商代表单块肌肉的张力，将其提高到立方水平。如果我们假设肌肉力是非负的，那么式(11.12)的解是 ($f_1^m = 0\ \text{N}$, $f_2^m = 0\ \text{N}$, $f_3^m = 0\ \text{N}$)。然而，如果我们需要同时满足式(11.10)、式(11.11)和式(11.12)，那么当关节力非零时所有预测的肌肉力要大于零。

这个例子已经相当简化，人工获得一个分析解是相当有挑战的。好在许多通用的优化算法可以用于获得式(11.12)的数值解，并服从式(11.10)与式(11.11)描述的约束条件。例如，应用通用的连续二次优化技术获得的解是

$$f_1^m = 160.38\ \text{N}$$
$$f_2^m = 30.27\ \text{N}$$
$$f_3^m = 131.97\ \text{N}$$

读者可以很容易验证这个解平衡了测得的关节力矩，并且肌肉力全部位于设定的边界内。读者同样可以确认其他满足约束的解，例如前面提到的那三个潜在的解，会导致成本函数 U 出现更大的值。

这里所展示的另一个常见的变形方法是使肌肉张力的二次方最小化，而不是三次方。解二次方得出了一个与三次方性质类似、但数值不同的解（$f_1^m = 151.04\ \text{N}$, $f_2^m = 22.19\ \text{N}$, $f_3^m = 146.74\ \text{N}$）。如果，式(11.12)中的指数设为1(如线性成本函数)，那么解是($f_1^m = 0\ \text{N}$, $f_2^m = 0\ \text{N}$, $f_3^m = 250\ \text{N}$)，这个解是不现实的。在二次的情况下，肌肉力在三块肌肉中都有分布，但与三次成本函数具有不同的形式。在线性情况下，力矩全部由拥有力臂与最优组合的肱二头肌提供。使用三次成本函数的理由是它会产生一个拥有最大持久力的肌肉力组合(Crowninshield 和 Brand，1981a)。尽管二次与三次解看起来是合理的，但需要认识到静态优化和其他技术预测肌肉力迄今为止受到很大的限制(例如 Prilutsky 等，1997)。

动态优化

静态优化模型正引领动态优化或者其他优化控制模型的发展，并与人体运动的正向动力学模型相融合。与逆向动力学分析用实际表现中的实验数据计算净关节力矩相反，正向动力学分析根据一系列力矩或肌肉力(见第十章)模拟身体运动。动态优化模型的出现是为了模拟肌肉激活的最佳运动模式(见图11.9)。像前面提到的，优化运动可能有一个最大化(或最小化)的标准，例如最大化人体跳跃高度；或者，最佳运动被定义为能够重现一系列实验数据。通常被优化的变量是控制肌肉骨骼模型运动的肌肉激活方式。这些激活方式模型

作为预测单块肌肉肌力的肌肉模型的输入,然后乘以对应的力臂计算出肌肉力矩。这个肌肉力矩与被动力矩相结合计算得到的净关节力矩驱动骨骼产生运动。因此,动态优化是合成身体各个优化的环节动作,这与静态优化方法有本质的区别。

动态优化与实验运动数据进行对比可以预测最佳运动学模式;然而,实验数据无须求解,因为它伴随静态优化。动态优化特点是允许我们分析没有实验数据的问题,例如可测试濒危物种的运动形式(例如 Nagano 等,2005)。此外,由于动态优化用正向动力学模型模拟整个动作,并提供完整的肌肉发力时间史(而不是在独立时间间隔的解决方案),所以许多与静态优化相关的问题得以解决。然而,这些优势会产生计算成本,因为动态优化通常需要一个更详细的肌肉骨骼模型,并且整个运动必须对每种可能进行模拟。因此,解决一个动态优化问题显然比解决一个相当的静态优化问题需要消耗更多的时间。虽然计算成本很难以一个客观的方式进行比较,但只需要耗费几秒或几分钟的静态优化模拟比较少见,然而在标准的计算机工作站,动态优化模拟可能花上几小时、几天,甚至几周。

在许多案例中,动态优化的使用都必须量化地定义运动目标。对于优化表现标准在机械功能上清晰的运动而言,这个定义最容易。在垂直跳中,如价值函数可以规定为飞行阶段重心的垂直位移最大化。如果这个模型以合理的约束建立(真实的肌肉参数与关节活动度),那么可获取运动员的跳跃高度和身体各环节运动情况(Pandy 和 Zajac,1991;van Soest 等,1993)。然而,对于许多人体运动而言,运动表现标准是不清楚的。例如,在走路时,目标看起来可能是在一定的时间内从 A 点移动到 B 点。遗憾的是,这并没有提供足够的信息来求解产生真实步行的一系列肌肉激活模式。步行模拟已成功,即用最小化移动能量消耗建立价值函数(Anderson 和 Pandy,2001;Umberger,2010);然而,价值函数方程比垂直跳要复杂得多。最小化能量的解决方案也需要一个额外内部模型来预测肌肉活动的代谢能消耗(例如 Umberger 等,2003)。在动作表现标准不清楚的案例中,动态优化可以作为一个有效的方法检测各种理论标准,进而了解每个标准能在多大程度上产生预期的运动模式。

对于潜在标准很难定义的运动,例如步行与骑自行车,通常可通过建立和求解一个跟踪问题进行模拟。这个方法与之前描述的基于 EMG 的技术类似,即产生的运动应该尽可能地接近人体真实的运动。然而可能在许多实验测试(运动学、动力学、EMG)中哪些是监测模型最重要的指标仍不清楚。同样,由于实验数据的误差以及肌肉骨骼模型与实验受试者之间的差异,模型可能并不能很好地监测数据。这个方法也限制了运动优化方法的许多预测能力,因为只能在实验数据可行的情况下才有可能考虑这种方法。

这个监测的方法频繁地用于混合解决算法,即寻求保持正向动力学与动态优化优势的同时达到静态优化的计算效率。下面是计算肌肉控制(Thelen 等,2003)与直接排列(Kaplan 和 Heegaard,2001)的两个例子。计算肌肉控制的原理是在单个正向动力学运动仿真的每个时间点上求解一个静态优化问题。通过利用每个时间点运动学与肌肉激活的数值积分反馈,计算肌肉控制产生能够优化一组实验数据的正向动力学仿真,而不是解决一个需要成千正向动力学仿真的动态优化问题。相反,直接排列将运动的差异化方程转化为代数限制方程,并将控制变量(肌肉刺激)与状态变量(位置与速度)在最优化问题时都视为未知。尽管它们在实施方式上相当不同,但两种技术都能够用一个接近静态优化的计算成本得到与动态优化监测解决方案类似的结果。

参考文献

Pandy, M. G. , and F. E. Zajac. 1991. Optimal muscular coordination strategies for jumping. *Journal of Biomechanics* 24: 1 - 10.

van Soest, A. J. , A. L. Schwab, M. F. Bobbert, and G. J. van Ingen Schenau. 1993. The influence of the biarticularity of the gastrocnemius muscle on vertical-jumping achievement. *Journal of Biomechanics* 26: 1 - 8.

我们之前描述了应用肌肉模型来理解垂直跳时跖屈肌的单独功能(Bobbert 等,1986a)。随后的垂直跳模型研究探讨了整个环节运动与肌肉的协同,这需要更完整地诠释跳跃者。Pandy 和 Zajac(1991)与 van Soest 和同事(1993)开展了用 Hill 模型表示特定单块肌肉驱动的模型跳跃动态优化研究(见图 11.11)。与应用独立关节力作为矩制动器模型相反,单块肌肉模型能用于揭示对相邻关节都有作用的双关节肌的作用。两个研究的优化问题是找到产生最大跳跃高度的肌肉激活模式。

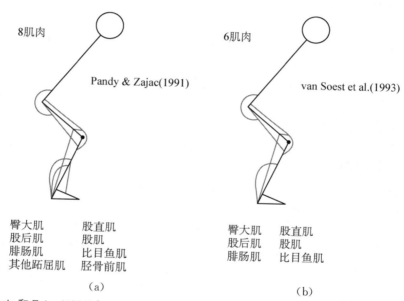

图 11.11　Pandy 和 Zajac(1991)与 van Soest 和同事(1993)的垂直跳模型。Pandy 和 Zajac 模型包括 8 块肌肉模型,然而 van Soest 和同事的模型只包括 6 块肌肉模型,排除胫骨前肌与其他跖屈肌

尽管两个模型都得到了真实的跳跃高度并研究了环节运动,但它们对结果的解释却非常不同。van Soest 和同事(1993)用了 6 块肌肉来产生运动,代表了下肢的单关节肌与双关节肌。他们强调了单块肌肉对跳跃动作表现的作用,并特别强调双关节肌在它所跨过的相邻关节间传递能量的能力。研究人员认为能量传递机制是非常重要的特点,它不仅帮助确定跳跃时肌肉的协同,并对由近至远的能量流动有实质性的作用。

相反,Pandy 和 Zajac(1991)表示能量流动是从远端至近端,并且确定了 8 块肌肉模型对身体重心能量增加的贡献。该模型不需要关注双关节肌能量传递,他们通过进行"虚拟手术"(将双关节肌 GA 的起点从股骨远端移动至胫骨近端,将 GA 模型的功能只限制在踝关节跖屈)来验证这一观点。单关节 GA 的仿真表明模型跳高能力只有轻微下降,这引起了对双关节肌重要性的怀疑。随后研究提出 van Soest 和 Pandy 模型的差异可能是各组采用的 GA 膝关节屈力臂关系差异的结果，Pandy 模型低估了力臂，尤其在膝关节处于较大伸展角度时。这种低估限制了 GA 模型参与能量传递的能力，并且导致单关节 GA 跳高能力只有轻微影响。

对两个跳跃模型所得结果的相似性与差异性进行考查阐明了几个重要的建模问题。首先，两个模型都得到了无法通过实验方法获得的跳跃时单块肌肉的使用结果——这是肌肉骨骼模型的主要优势之一。其次，两组都用他们的模型探讨了运动协同的问题，而不是单纯对特定肌肉结果进行描述。因此，他们都增加了我们对人体跳跃生物力学的理解。然而，两个模型的差异强调了肌肉骨骼模型发展的重要性。下肢应该用 6 块还是 8 块肌肉代表？模型参数的选择会造成什么样的后果（例如特定的关节力臂关系）？用于代表任一受试者的模型参数有一定程度的不确定性，研究人员应探讨模型结果对参数误差的敏感性。

尽管静态与动态优化对控制肌肉骨骼模型而言是常用的方法，但有关它们使用的一些问题仍应该关注。人体是否基于一个给定的动作表现标准而实际产生运动，或者动作表现目标是否在运动中发生改变。如果优化模型结果与人体表现有所不同，是因为模型太简单还是没有合理的约束，或者人体动作表现是否优化了？最终，EMG 数据已经显示在一些动作序列中同时存在不同程度的对抗协同收缩。尽管当模型包含了对多个关节力矩都有所贡献的肌肉时，一些对抗肌被预测，优化模型并没有趋向于预测关节周围的肌肉对抗。然而，尝试最大化或最小化特定价值函数的优化模型没有预测与关节稳定性、刚度相关的对抗协同。在走路的案例中，没有单个的价值函数能够同时预测健康受试者相对小的肌肉共激活和大脑麻痹患者表现出来的实质性对抗。虽然有这些缺点，但优化模型增强了人体生物力学的理解，并在将来继续延伸。

分析技术

通过创建一个肌肉骨骼模型并模拟感兴趣的运动，我们能探讨许多有趣的生物力学问题，远远超出了只用传统实验程序推测的问题范围。有时，通过提供肌肉或关节接触力的估计值，生成模拟运动的过程可以直接获得想要的结果。在一些案例中，需要改变模型的某些方面或者进行额外的分析来回答进一步待考虑的研究问题。文献里包含了许多用肌肉骨骼模型运行的分析技术案例，这里提供三个例子：诱导加速度、环节功率和敏感性分析。我们通过模型有效性的讨论来探讨分析技术。

诱导加速度

诱导加速度技术在第七章介绍过，频繁应用于肌肉骨骼模型。这是一种有效的方法，因为它对每块特定肌肉力（或者模型中任意其他力）对任一关节或者环节的贡献度提供了深刻见解。这样的技术帮助解释了运动中的一些基础内容，比如肌肉可以对不跨过的关节产生加速度。如在站立姿势，比目鱼肌产生的力不仅可加速它所跨过的踝关节，同样也会加速不跨过的膝关节与髋关节。在远端关节产生的加速度可能比所跨过关节产生的还要大。

还有其他违反"常识"的发现，例如双关节腓肠肌加速伸膝或踝背屈，即使这块肌肉产生屈膝与踝跖屈力矩（Zajac 和 Gordon，1989）。这些现象的原理是身体模型环节间的互动与动态耦合。例如，激活比目鱼肌导致踝、膝、髋关节的关节反作用力，引起三个关节的角加速度。探讨动态耦合不必进行正向模拟,但需要整个系统运动方程的推导,正如第十章所描述的。因此,无法用第五章介绍的环节间逆向动力学方法进行诱导加速度分析。

尽管诱导加速度基于运动的动态方程,诱导加速度分析仍可以产生难以验证的结果。有研究表明诱导加速度分析的结果对环节数量与 DOF 等模型参数敏感。然而,已经尝试对强壮的受试者用功能性电刺激的方法验证实验中诱导加速度模型研究的结果。虽然这种验证仍处于初期,但隔离电刺激肌肉产生的加速度趋向于支持诱导加速度方法得到的肌肉功能预测(例如 Stewart 等,2007)。

通过一个例子能很好地解释诱导加速度分析的基本构成,这里我们展示在一个简化的步行肢体摆动模型中肌肉诱导加速度的计算与解释。

例 11.2

人体下肢经常被模型化为双摆,图 11.12 描述了由大腿与小腿环节组成的下肢,分别在髋关节与膝关节以一个 DOF 自由旋转。骨盆被固定的在空中,足的质量包含在小腿环节。这与在附录 G 中推导的双摆模型很相似,但不同的是髋关节的位置是固定的且广义坐标是关节角度。模型由代表单关节髂腰肌的髋关节屈肌与代表双关节股直肌的屈髋-伸膝肌驱动。这个例子的符号与数值由表 11.2 提供。下标 T、S、H 和 K 分别代表大腿、小腿、髋与膝。髋关节屈(θ_H)为正,膝关节屈(θ_K)为负。

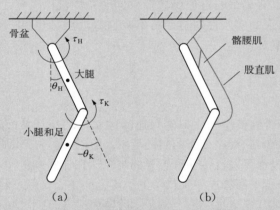

图 11.12 步态摆动阶段人体下肢的简化模型

表 11.2

	大腿或髋关节	小腿或膝关节
L/m	0.41	0.44
ρ/m	0.18	0.21
m/kg	8.7	4.7
$I/(\text{kg} \cdot \text{m}^2)$	0.135	0.120
$\theta/(°)$	20	—50
$\tau/(\text{N} \cdot \text{m})$	变量,见文中	变量,见文中

说明:L—环节长度;ρ—环节近端到重心的距离;m—环节质量;I—环节相对质心的转动惯量;θ—关节角度;τ—关节力矩。

这个系统的运动方程可以以矩阵-向量的形式表达：

$$M\ddot{\theta} = V + G + T \tag{11.13}$$

M 是质量或者惯性矩阵，$\ddot{\theta}$ 是关节角加速度向量；V 是速度影响的力矩向量；G 是重力矩向量，T 是肌力矩向量。运动方程的外显式为

$$
\begin{bmatrix} -I_S - I_T - m_T\rho_T^2 - m_S(L_T^2 + \rho_S^2 + 2L_T\rho_S\cos\theta_K) & -I_S - m_S\rho_S(\rho_S + L_T\cos\theta_K) \\ -I_S - m_S\rho_S(\rho_S + L_T\cos\theta_K) & -I_S - m_S\rho_S^2 \end{bmatrix} \begin{bmatrix} \dot{\theta}_H \\ \dot{\theta}_K \end{bmatrix}
$$
$$
= \begin{bmatrix} L_T m_S\rho_S\sin\theta_K[\dot{\theta}_H^2 - (\dot{\theta}_H + \dot{\theta}_K)^2] \\ L_T m_S\rho_S(\sin\theta_K)\dot{\theta}_H^2 \end{bmatrix} + \begin{bmatrix} m_T g\rho_T\sin\theta_H + m_S g[L_T\sin\theta_H + \rho_S\sin(\theta_H + \theta_K)] \\ m_S g\rho_S\sin(\theta_H + \theta_K) \end{bmatrix} - \begin{bmatrix} \tau_H \\ \tau_K \end{bmatrix}
$$
$$\tag{11.14}$$

g 是重力引起的加速度，上端加点的符号代表关节角速度（$\dot{\theta}$）与加速度（$\ddot{\theta}$）。需要注意的是质量矩阵大多数元素的值是不固定的，而是依赖于 θ_K。质量矩阵是 θ_K 的函数，因为膝关节角度影响系统相对于髋关节悬浮点的质量分布。方程(11.13)等号右侧的任何向量对关节角加速度的贡献可以由矩阵乘以质量矩阵的逆矩阵确定。例如，由肌力矩诱导的髋与膝角加速度可计算为

$$\ddot{\theta}_\tau = M^{-1}T \tag{11.15}$$

质量矩阵的逆矩阵为

$$
M^{-1} = \begin{bmatrix} \dfrac{I_S + m_S\rho_S^2}{D} & \dfrac{-[I_S + m_S\rho_S(\rho_S + L_T\cos\theta_K)]}{D} \\ \dfrac{-[I_S + m_S\rho_S(\rho_2 + L_T\cos\theta_K)]}{D} & \dfrac{I_S + I_T + m_T\rho_T^2 + m_S(L_T^2 + \rho_S^2 + 2L_T\rho_S\cos\theta_K)}{D} \end{bmatrix}
$$
$$\tag{11.16}$$

D 定义为

$$
D = (I_S + m_S p_S(p_S + L_T\cos\theta_K))^2 - (I_S + m_S p_S^2) \cdot
$$
$$
(I_S + I_T + m_T p_T^2 + m_S(L_T^2 + p_S^2 + 2L_T p_S\cos\theta_K))
$$

通过计算方程(11.15)的矩阵乘法，可以得到由肌力矩诱导的髋与膝的角加速度确切表达为

$$
\dot{\theta}_{H\tau} = M_{11}^{-1}\tau_H + M_{12}^{-1}\tau_K
$$
$$
\dot{\theta}_{Hg} = M_{21}^{-1}\tau_H + M_{22}^{-1}\tau_K
$$
$$\tag{11.17}$$

M_{ij}^{-1} 代表质量矩阵的逆矩阵第 i 行 j 列的元素（方程11.16）。对于大多数生物力学系统

而言,M^{-1} 的任一元素都不为 0;因此,方程(11.17)表明一个重要事实,髋与膝关节角加速度都由髋与膝关节肌力矩决定。元素 M_{ij}^{-1}、τ_H、τ_K 在运动过程中会发生变化,意味着与髋关节力矩相比,髋关节角加速度对膝关节力矩影响更大。

比较下肢模型中由单关节肌与双关节肌诱导的加速度是一个违背常识结果的例子。配合使用表 11.2 与图 11.12,我们合理地假设髂腰肌与股直肌的力臂都为 0.03 m,并且股直肌的膝关节伸力臂为 0.04 m。对于这些数值,元素 M^{-1} 计算得

$$M^{-1} = \begin{bmatrix} -0.999 & 1.794 \\ 1.794 & -6.276 \end{bmatrix}$$

如果髂腰肌产生 500 N 的力,将分别对 τ_H、τ_K 产生 15 N·m 与 0 N·m 的肌力矩。如果我们将这些值输入方程(11.17),将得到

$$\dot{\theta}_{Hr} = 14.99°/s^2, \quad \dot{\theta}_{Kr} = -26.92°/s^2$$

意味着对于这种情况,髂腰肌同时加速髋与膝关节屈曲(注意膝关节屈的幅度比髋屈的幅度大)。由此可见,单关节的髋关节屈肌可以产生一个髋关节屈的角加速度。然而,为什么髂腰肌产生一个膝关节屈加速度呢?这个结果可以理解为髂腰肌施加给大腿的力引起大腿在膝关节给小腿一个向前的力。这导致小腿顺时针方向的角加速度(在图 11.12 提及),这一加速度足以引起膝屈的加速度。

现在考虑股直肌产生 500 N 力的情况。髋肌力矩 τ_H 仍然为 15 N·m,但膝肌力矩 τ_K 现在为 20 N·m。代入方程(11.17)得到

$$\dot{\theta}_{Hr} = -20.89°/s^2, \quad \dot{\theta}_{Kr} = 98.61°/s^2$$

这一膝关节的结果并不意外,因为股直肌诱导了一个大的伸膝角加速度。然而,髋关节的结果有违常识。虽然产生了与髂腰肌完全一样的髋关节屈力矩,但股直肌诱导了一个伸髋角加速度。与之前的例子相似,这种情况发生是因为股直肌收缩产生作用于大腿环节的接触力。这并不容易形象化,就像单关节髂腰肌诱导了屈膝加速度的情况,需要导出整个研究系统的完整运动方程。Zajac 和 Gordon(1989)发现双关节肌的影响很大程度上依赖于所跨过的两个关节的力臂比值。比如,如果股直肌在膝关节的力臂实际为 0.01 m,而非 0.04 m(远小于髋关节力臂,而非略小于),那么诱导加速度是

$$\dot{\theta}_{Hr} = 6.02°/s^2, \quad \dot{\theta}_{Kr} = 4.46°/s^2$$

现在髋关节角加速度的方向仍为屈,膝关节的伸展角加速度大幅下降。虽然这些数值结果只是针对设定的关节角度与肌肉力,但这一常规方法能够扩展用于测试步行摆动阶段时单块肌肉对肢体环节运动的贡献(例如 Piazza 和 Delp,1996),或者给定一个合适模型的其他任意动作。

之前诱导加速度的例子只关注了肌肉-诱导加速度,但计算重力与速度-依赖力诱导的

加速度同样可行。之前例子中重力诱导的加速度为

$$\dot{\theta}_{Hg} = M_{11}^{-1}g_1 + M_{12}^{-1}g_2$$
$$\dot{\theta}_{Hg} = M_{21}^{-1}g_1 + M_{22}^{-1}g_2$$

$\qquad$ (11.18)

g_i 表示方程(11.13)里 G 向量的第 i 行条目(只有一列)。同样的,速度-依赖力诱导的加速度计算为

$$\dot{\theta}_{Hv} = M_{11}^{-1}v_1 + M_{12}^{-1}v_2$$
$$\dot{\theta}_{Hv} = M_{21}^{-1}v_1 + M_{22}^{-1}v_2$$

$\qquad$ (11.19)

v_i 表示方程(11.13)里 V 向量第 i 行的元素。系统加速度的完整分解能够显示一个特定动作是被肌肉力[方程(11.13)的 T 向量]还是非肌肉力[方程(11.13)的 G 与 V 向量]主导。

功率分析

　　许多类型的功率分析可以通过肌肉骨骼模型执行。建立一个动作模拟的过程通常会生成整个动作的肌肉力与速度,这样肌肉功率就可以直接计算。与第六章介绍的用质心或者逆向动力学的方法相比,这种方法在一个更好的细节水平构成了确定运动机械功的基础。量化单块肌肉功率的能力也已经用于理解复杂运动时肌肉功能的动力学。例如,Bobbert 和同事(1986b)量化了肌腱组织的弹性回弹与双关节腓肠肌能量传递(从膝到踝)对踝关节功率的贡献度。需要注意的是能量传递机制是在一个关节功率分析的环境里计算,并且反映了双关节肌在相邻关节间传递机械能的能力。然而,基于诱导加速度的功率分析能提供机械能在环节间(而非关节)传递的信息。先前描述的诱导加速度技术能被扩展用于量化每块肌肉对每个身体环节瞬时功率的贡献度(Fregly 和 Zajac,1996)。这种类型的分析产生了许多名词:状态-空间能量分析、诱导功率分析和环节功率分析。最后一个术语不要与第六章描述的基于环节的能量与功率技术混淆。

　　与单纯的诱导加速度相比,诱导功率分析具有更好探讨肌肉功能的潜力。在一个坐位蹬车的研究中,Neptune 与同事(2000)提出在下蹬过程中臀大肌所做的大部分正功产生能量至肢体环节,而不是直接贡献给曲柄的旋转。这个发现可以从图 11.13(a)观察到,即在下蹬时净功率有一个很大正值,同时肢体环节也有一个很大的正值,并且曲柄有一个较小的值。这个结果的发生是因为下蹬时臀大肌没有产生一个较大的对曲柄下行做出贡献的正切曲柄的力。因此,臀大肌的正功主要增加肢体环节的机械能水平。相反,比目鱼肌产生一个大的正切曲柄的力,但做相当小的正功,如图 11.13(b)所示的低净功率。然而,比目鱼肌将大量的能量从腿部环节传递到曲柄,同时发生的负下肢功率与正曲柄功率曲线互为镜像。考虑到与踏板上受限的踝关节运动相关的有限收缩量,比目鱼肌传递到曲柄的能量值超过了肌肉单独能够产生的能量。这种形式的功率分析能够确认一个重要的协同,即臀大肌产生机械能,然后比目鱼肌将能量传递到曲柄以产生一个平滑协调的踏板运动。相比于逆向动力学推导,这种类型的分析能推测出更加细致的关节功率。

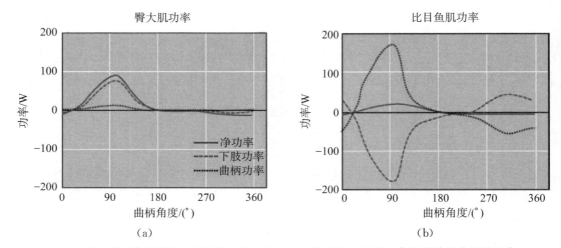

图 11.13　在坐位蹬车的曲柄周期内臀大肌与比目鱼肌产生的净功率和肢体与曲柄的功率

摘自 *Journal of Biomechanics*，Vol.33，R. R. Neptune，S. A. Kautz，and F. E. Zajac，"Muscle contributions to specific biomechanical functions do not change in forward versus backward pedaling," pgs. 155-64，copyright 2000，with permission of Elsevier.

敏感性分析

　　一个典型的肌肉骨骼模型有几十到几百个参数，并且它们的数值将不同程度地影响模型的结果。敏感性分析是一项探讨每个参数值如何影响整个模型结果的技术。两种主要类型的敏感性分析常用于肌肉骨骼模型。

　　第一种，其目标是确定一个特定的因素如何影响人体运动能力。例如，一个与顶级运动员一起工作的体育科学家可能对哪个肌肉参数（如力量、肌纤维类型、缩短速度）是短跑速度的主要决定因素感兴趣。给予一个能够模拟最大速度短跑的合适模型，改变特定的肌肉模型参数就能够确定哪一个因素对短跑速度影响最大。值得注意的是，这个分析可能在一个动态优化框架下进行，并且每次一个肌肉模型参数发生改变后需要重新求解最大速度短跑的问题。这个敏感性分析的结果能够提供相关肌肉骨骼功能的有效基础信息和实践信息。

　　第二种类型的敏感性分析涉及系统性分析模型参数值变化引起的模型反应。其目标是深入探索模型本身，因此这个过程通常是模型发展与评估阶段的一部分。这种类型的分析也是有用的，常伴随一个模型研究来确认结果的可信度。在这种敏感性分析中，系统地修改模型参数的数值以确定对特定模型输出结果的影响。例如，预测关节力矩对肌肉与关节参数变化的敏感性。这种分析需要针对每个参数的改变运行一次额外的模拟，但通常不需要重新求解整个优化问题。这种分析也被用于评估更多全局变量的敏感性，例如改变步行模型中足与地面的黏弹性参数后预测的地面反作用力将如何变化。同样，在每个参数变化后运行一次新的模拟是必须的。根据扰动的确切性质与敏感分析的特定关注点，可能不一定要求再优化动作序列。

　　通常，一个肌肉骨骼模型获得的结果对某些参数更为敏感。例如，有些研究表明肌肉骨骼模型表现对 Hill 型肌肉模型中的串联弹性成分静息长度值高度敏感,但对 Hill 动态常量等其他参数敏感度较低(例如,Scovil 和 Ronsky,2006)。然而,应该对参数敏感度的通用性持谨慎态度,因为敏感性在不同的肌肉骨骼模型或者同一模型的不同动作间很容易发生变化。例如,最大垂直跳高度应该对单块肌肉等长峰力值相当敏感,而次最大强度骑车的结果应该不会很依赖这些数值。无论如何,如果一个模型的输出结果对一个特定的模型参数高度敏感,在确定模型参数与解释模型结果时应该足够谨慎。

模型验证

模型验证是一项重要但有时会被忽视的工作。令人意外的是验证的过程没有很好地定义,也没有具体文字表述。模型验证的定义包含证明模型对于它设计的任务是非常有效的(Nigg,1999)。因此,验证一个模型需要证明模型预测与相应的实际测试有很好的一致性。"好的一致性"的定义可以有所不同,但应该基于测试数据的变异性(如好的预测应该处于实验平均水平的一个标准差内)。尽管验证过程听起来简单直接,实际它有一定的难度。分析一个用于模拟步行的正向动力学肌肉骨骼模型。一个有效的模型应该预测全部的运动学与动力学以及肌肉与关节力,且这些值近似测试数值。对比实际与模型关节角度或者地面反作用力是极易操作的,但与测试值对比,单块肌肉或者关节力的可能就很少了。即使是容易测试的变化,模型预测也只能和有限的实验数据对比。因此,一个模型只能在有限的情况下被验证,对无法观测情况的推测存在一定的不确定性。

只有有限的机会将模型预测的肌肉或者关节力与测试数值进行对比,这种形式的验证是相当少的。预测肌肉力的直接验证通常基于对非人的动物测试得到的有限数量的肌肉力(例如 Prilutsky 等,1997)。更常见的是,肌肉骨骼模型预测的肌肉力与测试 EMG 数据对比。由于 EMG 与肌肉力的关系(见第八章),可以期望 EMG 与肌肉力曲线合理的时间存在一致性。然而,在大多数运动情景下,相应肌肉力的 EMG 信号的相位和幅值有所不同。因此,这样的对比顶多代表肌肉骨骼模型预测验证的间接方法。尽管表面 EMG 提供了一种肌肉活动的非入侵性描述,却没有类似的指标对预测关节接触力进行非入侵性评估。验证预测关节力的绝大多数机会来自可感应的关节替代物(例如 Kim 等,2009)。模型研究与验证方式的详细内容,读者可以参考 Erdemir 与同事的综述。

这章讨论的许多因素对模型的验证有所贡献。几乎每个与模型发展相关的决断(如 DOF 数量、肌肉数量)和模型的应用(如逆向对正向动力学、应用的优化成本函数)都将影响模型的验证。精心创建或者选择一个与研究项目目标符合的模型将极大地有助于模型的验证。这包括模型本身以及应用它的方式。即使是一个看起来完美的模型如果与一个不合适的优化成本函数结合也是没什么价值的。同样,一个高度实际的控制算法如果和一个缺乏设计的肌肉骨骼模型结合也只将产生有限的见解。当考虑模型验证时,我们必须记住所有的肌肉骨骼模型是事实的简化,并且没有单一的模型能够完美地预测所有情况下的所有已知现象。此外,模型输出与实验数据很好的对应不一定确保模型本身是有效的。尤其在复杂模型里,有"错错为对"的风险,即错误的相互抵消看起来是一个正确的结果。例如,与实验中关节动力学数据很好的对应是模型有效的必要条件,但它自身并不保证预测的肌肉力也是正确的。在一个多肌肉的模型里,两块协同肌力臂的误差相互抵消导致两块肌肉力的预测都不正确,但关节力矩正确。这样的错误只有通过有两块问题肌肉更好的力臂数据才能消除,并且仅在有可用于对比的测试肌肉力时才会察觉。

误差对任何特定模型研究的影响很难被预测,并且严重依赖于研究问题的本质。对于一个特定研究而言,专注于关键输出变量的敏感性分析对研究有所帮助。研究人员在模型的创建与评估中对模型与研究问题的匹配以及探讨参数的重要性能够使模型有效性最大化。即使模型的验证在很大程度上是间接的,通过仔细设计与执行的模型仍能获得有用的见解。例如,模拟人体步态模型的移动与实验受试者相似;地面反作用力和关节力矩也与受试者的数据相匹配,并且预测的肌肉力在时间上与实验 EMG 相一致,那么这个模型有可能获取许多基础移动机制。

参考文献

Anderson, F. C., and M. G. Pandy. 2003. Individual muscle contributions to support in normal walking. Gait and Posture 17: 159 - 69.

Neptune R. R., F. E. Zajac, and S. A. Kautz. 2004. Muscle force redistributes segmental power for body progression during walking. Gait and Posture 19: 194 - 205.

之前我们讨论了垂直跳的动态优化研究,类似的技术也已经用于理解步行时的肌肉功能。Anderson 和 Pandy(2003)与 Neptune 和同事(2004)用正向动力学仿真确认肌肉与其他力(如重力)在步行时对身体支撑的贡献。一种特定力提供的支撑是基于它对垂直地面反作用力的贡献。两组学者都报道了同侧肢体的肌肉是垂直地面反作用力的主要贡献者,同时重力做了其他有意义的贡献。对侧肢体肌肉与离心力等其他因素贡献相对较小。重力对地面反作用力的贡献反映了骨骼系统的被动支撑。

两个研究达成的结论有一定的相似。两组都指出臀肌对垂直地面反作用力的第一个峰值贡献最大,然而跖屈肌对第二个峰值贡献最大。两组也都发现股后肌群与股直肌对垂直地面反作用力贡献相对较小。但两个研究的结果并不完全一致。即使同时发生,特定肌肉对地面反作用力的相对贡献也不一样。Anderson 和 Pandy(2003)指出臀中肌对支撑中期的地面反作用力对肌肉的贡献最大,而 Neptune 与同事(2004)指出主要的贡献者是跖屈肌。

考虑到方法的不同,两个研究发现的差异并不意外。Anderson 和 Pandy(2003)用了一个 10 环节的 3D 模型,23DOF 和 54 块肌肉。用动态优化来找到能够在单位移动距离内最小化代谢能消耗的肌肉刺激特征来产生步态。Neptune 与同事(2004)用了 7 环节的 2D 模型,9DOF 和 30 块肌肉。动态优化找到与实验步态数据的肌肉刺激模式来产生步态。关于对地面反作用力的各自贡献如何确定,尤其是足与地面接触面如何处理,两个研究也有所出入。考虑这个方法学的差异后,两个研究的相似之处可能是显著的并且指向普遍性的一些主要结论。然而,两个模型的差异同样成为了结果不同的基础。Neptune 与同事(2004)所用的 2D 模型没有包含髋关节外展的自由度,因此没有明确地包括髋关节外展肌肉。因此,不可能预测臀中肌在支撑中期对身体支撑的贡献。这再次表明研究人员需要理解模型特征如何影响获得的结果。这两个研究代表了一些早期用先进的肌肉骨骼模型技术来理解人体步态机制的尝试。随后的一些研究进一步确认了运动中肌肉的功能。

小结

这章介绍了肌肉骨骼模型的基本内容,描述了肌肉骨骼模型的主要组成,同样介绍了用于控制肌肉骨骼模型的技术与一系列可能的分析技术。然而,许多细节未曾提及。

肌肉骨骼模型是一个新兴且快速发展的领域,在过去几年里取得了许多令人兴奋的进步。除了在每章结束列举的推荐读物,还有许多其他研究会帮助感兴趣的读者更好地理解这章所学的内容。在本书书写时,有两个大型的关于生物模型与仿真的多年项目都包含了对肌肉骨骼模型的重点关注。

Simbios(http://simbios. stanford. edu)

Virtual Physiological Human (www. vph-noe. eu)

这些项目有国家与国际的资金支持,代表了对肌肉骨骼模型领域进一步发展的大力支持。另一个肌肉骨骼模型里特别重要的话题,即运动方程的推导,这里只略微提到的(见例子11.2)。即使对最简单的模型,完全手算这个过程是困难且易错的。好在许多软件包可以辅助这个过程的建模:

Simbody(https://simtk. org/home/simbody)

MotionGenesis(http://motiongenesis. com)

SD/FAST(www. sdfast. com)

MSC Adams(www. mscsoftware. com)

SimMechanics(www. mathworks. com/products/simmechanics)

Open Dynamics Engine(http://opende. sourceforge. net)

这些软件包是开源与商业产品的混合,一些是独立的应用(如 MotionGenesis),而一些整合在其他软件包里(如 SimMechanics)。总之,肌肉骨骼模型领域已经进入了有许多特定用途软件包帮助发展与应用的阶段:

OpenSim(http://simtk. org/home/opensim)

SIMM(www. musculographics. com)

AnyBody(www. anybodytech. com)

LifeMOD(www. lifemodeler. com)

GaitSym(www. animalsimulation. org)

MSMS(http://mddf. usc. edu)

这些软件包也表明了一系列计划应用的开源与商业选择。它们的存在与绝对数量表明肌肉骨骼模型作为一个研究方法的现有价值以及这些技术在未来的发展前景。

推荐阅读文献

• Blemker, S. S. , D. S. Asakawa, G. E. Gold, and S. L. 2007. Image-based musculoskeletal modeling: Applications, advances, and future opportunities. *Journal of Magnetic Resonance Imaging* 25: 441-51.

• Buchanan, T. S. , D. G. Lloyd, K. Manal, and T. F. Besier. 2004. Neuro musculoskeletal modeling: Estimation of muscle forces and joint moments and movements from measurements of neural command. *Journal of Applied Biomechanics* 20: 367 – 95.

• Crownin shield, R. D. , and R. A. Brand. 1981. The prediction of forces in joint structures: Distribution of intersegmental resultants. *Exercise and Sport Sciences Reviews* 9: 159 – 81.

• Erdemir, A. , S. McLean, W. Herzog, and A. J. van den Bogert. 2007. Model-based estimation of muscle forces exerted during movements. *Clinical Biomechanics* 22: 131 – 54.

• Pandy, M. G. 2001. Computer modeling and simulation of human movement. *Annual Review of Biomedical Engineering* 3: 245 – 73.

• Piazza, S. J. 2006. Muscle-driven forward dynamic simulations for the study of normal and pathological gait. *Journal of Neuroengineering and Rehabilitation* 3: 5 – 11.

• Viceconti, M. , D. Testi, F. Taddei, S. Martelli, G. J. Clapworthy, and S. Van Sint Jan. 2006. Biomechanics modeling of the musculoskeletal apparatus: Status and key issues. *Proceedings of the IEEE* 94: 725 – 39.

• Yamaguchi, T. G. 2001. Dynamic Modeling of Musculoskeletal Motion: A Vectorized Approach for Biomechanical Analysis in Three Dimensions. Boston: Kluwer. Zajac, F. E. , and M. E. Gordon. 1989. Determining muscle's force and action in multiarticular movement. *Exercise and Sport Sciences Reviews* 17: 187 – 230.

• Zajac, F. E. , R. R. Neptune, and S. A. Kautz. 2002. Biomechanics and muscle coordination of human walking: Part I: Introduction to concepts, power transfer, dynamics and simulations. *Gait and Posture* 16: 215 – 32.

• Zajac, F. E. , R. R. Neptune, and S. A. Kautz. 2003. Biomechanics and muscle coordination of human walking: Part II: Lessons from dynamical simulations and clinical implications. *Gait and Posture* 17: 1 – 17.

进一步分析方法

生物力学分析方法会涉及一些其他学科不会涉及的问题。其中一个问题就是对噪声数据的处理。第十二章诠释了识别和减少生物力学信号中噪声影响的技术,特别是运动轨迹数据的处理。该章还概述了信号的频率分析,这有助于我们识别信号,并评估数据平滑技术的有效性。第四篇还探讨了可应用于生物力学数据的进一步分析方法。第十三章概述了运用动力系统方法,研究复杂系统中具有多个自由度的运动时所使用的理论和分析方法。本章我们着重评估和测量运动模式变化中的协调与稳定性,并探讨运动变异性在健康和疾病中的运用。第十四章解释了用来确定人类运动本质特征的几种统计工具。生物、心理学家面临着一项棘手问题,即从数千种可能性中确定哪些变量(线运动学或角运动学,线动力学或角动力学)能最好地描述一个特定的运动。第十四章中采用相应的技术手段,为选择这些因素的最佳组合提供了一种方法与参考。

第十二章　信　号　分　析

Timothy R. Derrick

　　信号是随着时间或空间变化而变化的传递信息的变量。波形既包含信息,也包含噪声,随着时间或空间变化而变化。波形可以采用声波、电压、电流、磁场、位移或者其他多个物理量来表达。这些连续信号(即信号在时间或空间的每一瞬时)也称为模拟信号。为方便计算机软件操作和处理,我们常常使用数模转换器在特定的时间间隔内对连续信号进行采样,以创建一个等效的数字信号(见图 12.1)。这种情况也可以通过数字模拟转换器来逆转,以便将数字信号用电子仪器显示出来。本章节中,我们将:

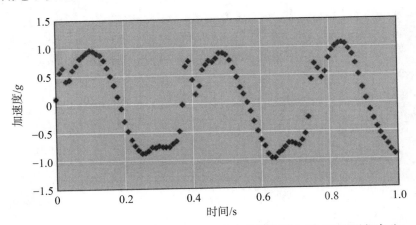

图 12.1　数字化的离散的点代表人体跑步时头部的加速度,采样频率为
100 Hz(每秒采样 100 次)

(1) 定义信号或者波形的特征;
(2) 考察波形中的傅里叶分析;
(3) 解释采样定理与奈奎斯特频率;
(4) 讨论如何确保周期的连续性和综合回顾各种用于衰减波形噪声的数据平滑技术。

信号特征

一个正弦曲线随时间变换的信号有四个特征:频率(f),振幅(a),位移(a_0)和相位角

(θ)。这些特征在图 12.2 里描述。频率代表信号振动的速率,它通常用每秒的周期性变化次数或者赫兹来表示。1 赫兹就表示 1 周每秒,比如钟的秒针速度是 60 秒 1 周,那么频率就是 60 秒每周或者 1/60 赫兹。用一个单正弦波来确定信号的频率较为容易[见图 12.2(a)]。然而,用多个频率来具体化非周期信号却十分困难。信号的振幅[见图 12.2(b)]是量化信号振动幅度大小的物理量。偏移(直流电偏移或者直流偏移率)[见图 12.2(c)]代表信号的平均值。信号的相位角(相移)是信号[见图 12.2(d)]在单位时间内延迟或者移动的物理量。

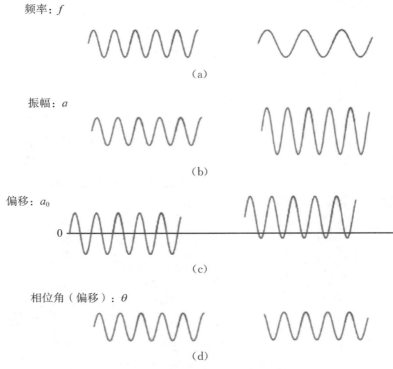

图 12.2　随时间变化的信号的四要素

任何随时间变化的信号或者波形 $\omega(t)$ 均由四个特征构成。下面的方程包含了这四个变量:

$$\omega(t) = a_0 + a\sin(2\pi ft + \theta) \qquad (12.1)$$

同样,上述方程也可以用等价的角频率公式来表示,$\omega = 2\pi f$(因为 f 的单位是周/秒或者是赫兹,一周 $= 2\pi$),所以其关系的另一个表达式是:

$$\omega(t) = a_0 + a\sin(\omega t + \theta) \qquad (12.2)$$

时间(t)是不连续的值,它取决于信号的采样频率。如果采样频率是 100 Hz,那么采样的间隔时间就是它的倒数(一百分之一即 0.01)。这意味着每 0.01 秒即有一个样本或者数据记录。所以 t 是一组时间间隔值(0, 0.01, 0.02, $\cdots$, T)中的任意一个。变量 T 代表数字化信号的周期长度。比如,将一个 2 Hz 的正弦波的方程与一个 20 Hz 的正弦波的方程相加,就得到以下的波形图(见图 12.3):

$$\omega(t) = \sin(2\pi 2t) + \sin(2\pi 20t) \tag{12.3}$$

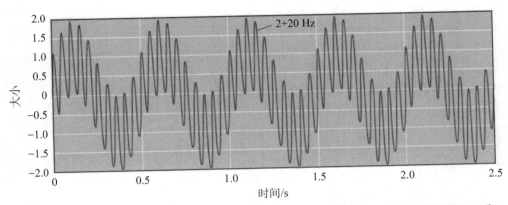

图 12.3　在 2.5 s 期间内一个 2 Hz 正弦波与一个 20 Hz 正弦波相加,这两条波的偏移(a_0)和相位角(θ)是 0,振幅是 1

傅里叶变换

任何随时间变化的信号可以用连续加入的个体频率的信号表示(Winter,1990)。对于任意一个给定的频率(f_n)来说,其 a_n 和 θ_n 可以不同,且可以是 0:

$$\omega(t) = a_0 + \sum a_n \sin(2\pi f_n t + \theta_n) \tag{12.4}$$

通过使用正弦和余弦函数,该序列能重写为没有相位角的形式:

$$\omega(t) = a_0 + \sum [b_n \sin(2\pi f_n t) + c_n \cos(2\pi f_n t)] \tag{12.5}$$

这个序列称为傅里叶序列,b_n 和 c_n 系数称为傅里叶系数,它们用以下公式计算:

$$a_0 = \frac{1}{T}\int_0^\tau \omega(t)\,\mathrm{d}t \tag{12.6}$$

$$b_n = \frac{2}{T}\int_0^\tau \omega(t)\sin(2\pi f_n t)\,\mathrm{d}t \tag{12.7}$$

$$c_n = \frac{2}{T}\int_0^\tau \omega(t)\cos(2\pi f_n t)\,\mathrm{d}t \tag{12.8}$$

另外一种解释为:如果想知道一个信号 $\omega(t)$ 的特定频率(f_n),用这个信号乘以正弦信号$[\sin(2\pi f_n t)]$,取平均值,再乘以 2。对一个余弦波重复这个过程,然后把这两个函数平方后再相加,最后即可得到原始信号的频率(f_n)。这叫作频率(f_n)的放大率。数学算法过程如下:

$$a_0 = \mathrm{mean}[\omega(t)] \tag{12.9}$$

$$b_n = 2 \times \text{mean}[\omega(t) \times \sin(2\pi f_n t)] \tag{12.10}$$

$$c_n = 2 \times \text{mean}[\omega(t) \times \cos(2\pi f_n t)] \tag{12.11}$$

$$\text{Power}(f_n) = b_n^2 + c_n^2 \tag{12.12}$$

可以从相同空间的时间变化点使用离散傅里叶变换(DFT)算法计算出傅里叶系数。傅里叶系数给定后,可以用 DFT 逆运算来重新构建原始信号。DFT 是一种集约的运算法则。FFT 叫快速傅里叶变换法则。FFT 需要原始数据点个数为 2 的指数(…,16,32,64,128,256,512,1 024,…),如果不是这种数据点,获得一个"2 的指数"的样本通常方法是用 0 来填充数据(加零直到点的数目是 2 的指数为止),但这就产生了两个问题。

(1)填充减小了信号的功率,Parseval 的理论认为时域的功率一定等于频域的功率(Proakis and Manolakis,1988),当用零填充时,功率就减小了(直线上的值为零时,功率也为零),此外,还可以通过把每个频率的功率乘以 $(N+L)/N$,来恢复原始功率。这里的 N 是非零值的数,L 是填充零值的数。

(2)如果这个信号不以零结束,则可以填充介于数据和所填充零值之间不连续的数据。由于在高频率中功率增加了,这种不连续性在最后的频谱中显示出升高的趋势。为了确保数据在零点开始和结束,可以应用一个窗函数或者在完成该转换前减掉趋势线。窗函数在零点开始,上升到 1,然后再恢复到 0。将信号乘以一个窗函数,就可以以一个较为平稳的方式去掉端点值从而到零值。除非有多个周期,否则不应该在数据上应用窗函数,而可选择减掉第一点和最后一点的趋势线来替代。

许多软件包依据实部和虚部给出 FFT 的结果。对一个实的离散信号而言,实部对应于傅里叶系数方程的余弦系数,而虚部则对应于正弦系数。FFT 造成系数与数据点(N)一样多,但是一半的系数是另一半的映像。所以,$N/2$ 的点代表了从零到抽样频率一半($f_s/2$)的频率。每个频率区间有一个 f_s/N Hz 的宽度。通过增加数据点的数量(从零填充或者采集较长时间的数据),可以减少频率间隔的宽度,这不是增加 FFT 的解析,而是就像对一条曲线插入了更多的点。

研究人员通常会调整频率间隔为 1 Hz,这就是我们所说的标准谱。因为频率间隔功率的积分必须等于在这个时间域中的功率,所以调整间隔改变了它的量级大小。频谱标准化使不同时域或者抽样频率的数据可以进行比较,一个频谱标准化时用 $(\text{original units})^2/\text{Hz}$ 来表示。

每个频率的功率曲线称为功率谱密度(PSD)或功率谱。PSD 曲线与时域相对应,包含相同的信息,但为了强调包含最大功率的频率它已重新排列,而不是在周期中最大功率时对应的时间点。图 12.4 展示了人体腿部的加速度时间曲线和它的 PSD 曲线。

随时间变化的傅里叶变换

离散傅里叶变换的优点是可以把出现在信号中任何时刻的频率都分离出来。甚至可以分离并量化发生在同一时间的频率。主要的缺点是不知道这些频率什么时候出现,我们可以通过把信号分成几个部分,并利用 DFT 分析每个部分来解决这个困难。这样就能清楚地知道某个特殊的频率是什么时候出现在信号中的。这一过程称为随时间变化的傅里叶变换。

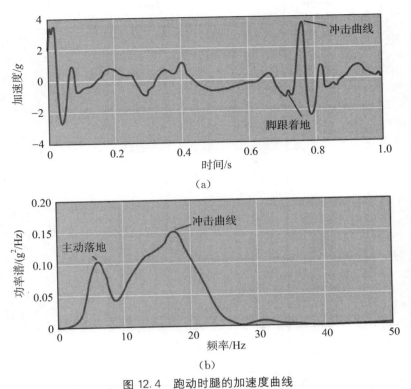

图 12.4　跑动时腿的加速度曲线

（a）时域图；（b）频域图。时域图中有两次触地，因此，频域图只列出了一个单支撑阶段

因为我们已经能够将频率分离出来，所以将利用这一技术来观察这一变换是怎么实现的。假设现在有一个包含 0～100 Hz 的连续信号，第一步将其分成两部分，50 Hz 及小于 50 Hz 的部分以及 50 Hz 和大于 50 Hz 的部分。第二步把这两部分再分别分成两部分，这样我们就有了 0～25 Hz，25～50 Hz，50～75 Hz，75～100 Hz 四部分，这一步骤称为连续信号在预定义水平上的分解。这时就有好几个时间序列来表示的原始信号，每一个都包含不同频率，可以将这些表现画在 3D 图上，时间是一条 x 轴，频率是第二个轴，振幅是第三个轴。图 12.5 显示了一个这种类型的二维图形，这一图形显示了信号在每个频率和时间上的振幅。

采样定理

信号采集过程中的采样频率必须高于信号本身最高频率的两倍。这种最小的采样频率称为奈奎斯特采样频率（f_N）。在人类运动中，（主动运动的）自发频率的最高值小于 10 Hz，因此 20 Hz 的采样频率即可满足。然而，实际上，在生物力学中经常用到最高频率 5～10 倍的采样频率，这样可以确保信号在时域范围内被准确描绘，而不遗漏任何峰值。

参考文献

Shorten，M. R.，and D. S. Winslow. 1992. Spectral analysis of impact shock during running. International *Journal of Sport Biomechanics* 8：288-304.

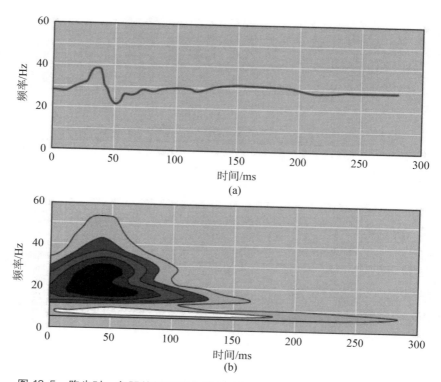

图 12.5　跑步时一条腿的加速度曲线的时间-频率的三维轮廓图。时域曲线
叠加在轮廓图上。在这条曲线中有两个峰值，高频的峰值(约 20 Hz)
出现在 20 ms 和 60 ms 之间；低频的峰值(约 8 Hz)出现在 0 和 180 ms
之间

　　本研究的目的是探究在跑台上跑步时，增加冲击震动的等级对人体冲击震动波谱的特性和冲击波衰减的影响。所采取的三个频率范围是由跑步时支撑期阶段采集的小腿加速度曲线来确定的。最低频率范围(4～8 Hz)被定义为主动动作区域，它是由自身肌肉活动引起的。中等频率范围(12～20 Hz)是由足与地面接触时的冲击导致的。高频成分(60～90 Hz)是由于贴附的加速度计的共振引起的。由于这些频率同时发生，因此在同一时域内将它们分离出来单独分析是不可能的。头部的加速度同样需要计算，这就使得冲击的衰减可以用转换函数(TFs)来求得。TFs 是由头部(PSD_{head})，腿部(PSD_{leg})的功率密度谱计算得到，公式如下：

$$TF = 10\lg(\text{PSD}_{\text{head}}/\text{PSD}_{\text{leg}}) \tag{12.13}$$

　　当腿部到头部的信号发生增益，通过这个公式会得到一个正值；当腿部到头部的信号发生衰减，则会得到一个负值。这个结果表明腿部的冲击频率随着跑步速度的增加而增加。在冲击衰减中仍存在冲击频率的增加，说明头部的冲击频率是一个相对恒定的值。

　　采样定理中，如果对信号以大于两倍最高频率的频率来采样，得到的数据是完全可信的。事实上，通过以下公式可以明确得到原始信号的频率(w)：

$$w(t) = \Delta \sum w_n \left[\frac{\sin[2\pi f_c(t - n\Delta)]}{\pi(t - n\Delta)} \right] \tag{12.14}$$

式中，Δ 是采样周期（1/采样频率），f_c 是 $1/(2\Delta)$，w_n 第 n 次的采样数据，t 是时间。利用这个公式（Shannon's 重建公式；Hamill，1997）可以用略大于两倍最高频率的采样频率来收集数据，然后应用重建公式以一个更高的频率对数据进行重新采样（Marks，1993）。图 12.6 是利用重新采样公式重建的一次跑步中垂直地面反作用力（GRF）曲线。最初以 1 000 Hz 的采样频率对信号进行采样，冲击力峰值测得是 1 345 N。然后每 20 个点提取一个数据出来，以模拟 50 Hz 采样的数据，峰值出现在两次采样之间为 1 316 N。这同时也使得峰值出现的时间发生了改变。在对以采样频率为 50 Hz 的数据使用重建公式后，峰值恢复到 1 344 N，同时其出现的时间也和原始采集到的数据相同。随着现代计算机技术的应用，除非硬件条件限制，否则几乎不存在采样不足的问题。多数摄像机采用 60 Hz 或 120 Hz 的频率来收集运动学数据，因而许多数据采样系统要求对收集的模拟信号（如力或 EMG 数据），采用的频率应为运动学数据的整数倍。例如，当动作捕捉数据以 200 帧每秒采集时，力和 EMG 可以以 1 000 Hz 的频率采集（摄像机捕捉频率的 5 倍）。

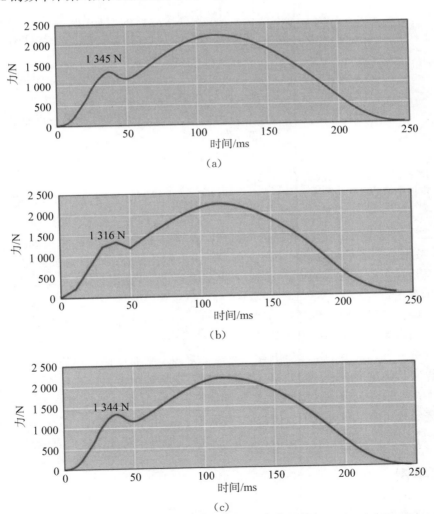

图 12.6　采样频率为 1 000 Hz（顶部）、50 Hz（中间）和以 50 Hz 采样，并以 1 000 Hz 重建的（底部）GRF 曲线。每张图中冲击力峰值的大小已经表明，重建后的信号峰值非常接近原始信号

确保周期连续性

要确保正确采样,就要保证数据是连续且周期性的。为了理解什么是连续且周期性,可以在一张纸上从一头画一条曲线到另一头,横过曲线把纸卷曲起来形成一个管状物,使曲线在管的外侧。如果连续的周期性存在则曲线的开始和结束交于一点,没有断点。也就是说,第一个点值必须和最后一个点值相等。不过,连续周期性的原理更深入:曲线起点处的斜率必须和结尾处斜率相同。斜率的变化率(二阶导数)必须也是连续的。如果信号没有连续的周期,应用香农定理会违背其假设:只有低于采样频率一半的频率才会在数据中显示。不连续定义为数据中的高频变化,此时可以观察到重建数据中的振荡,即在曲线的末点有高振幅的出现。离末点越远这些振荡就变得越小(阻尼作用),求导后他们就越明显。

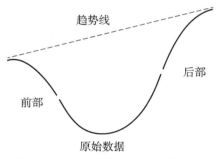

图 12.7　用来确保信号有正确的连续周期性的过程示意图

当数据缺乏连续的周期时,用以下步骤(Derrick,1998)可得到近似连续且周期的数据(见图 12.7):

(1)将数据分割成两部分。

(2)将第一半数据以相反顺序复制并转化,将这部分附置在原始数据的前面。

(3)将第二半数据以相反顺序复制并转化,将这部分附置在原始数据的后面。

(4)减去从第一个数据点到最后一个数据点的趋势线。

倒转数据的前半部分或后半部分是将第一个数据点变成这一部分的最后一个数据点,第二个数据点变成倒数第二个数据点的过程,依此类推(通过它,这部分的第一个数据点变成最后一个数据点,第二个数据点变成了倒数第二个数据点,等等)。转化是绕某个支点翻转定量的过程,而这个支点是最接近原始数据的点。图 12.7 为减去趋势线之前和将前面和后面部分的数据求和后的示意图。

第二步确保了原始数据集开头的周期连续性。第三步确保了原始数据集结尾处的连续周期性。第二和第三步共同确保了新的数据集开头和结尾的斜率是连续的,但仍有可能在新数据集的第一点和最后一点量级上存在空隙。第四步则通过计算趋势线和每一个数据点之间的差异来移除这个空隙。因此第一个和最后一点将等于零。

如果不符合采样定理,不仅会丢失高频率信号,$1/2f_N$(奈奎斯特频率的一半)以上的频率也会折叠到频谱中。在时域中,这就是混叠现象。在分析处理数据之前应用截止频率(在数字滤波一节中定义)高于 $1/2f_N$ 的逆混淆低通滤波器可以避免混叠失真的发生。

数据平滑

生物信号测量中的误差可能来自皮肤的移动、错误的数字化、电流干扰和电线移动等。这些误差称为噪声,其特点与信号的特点不相同。噪声是信号波形中不需要的部分,其特点是不确定性,振幅更低,通常与正常信号处于不同的频率范围内。例如,数据处理中的误差通常处于比人体运动频率更高的范围内。正因为噪声与所需信号频率不同,所以噪声可被移除。含有噪声的信号曲线图如图 12.8 所示,平滑的目的就是消除噪声,留下所需要的信号。

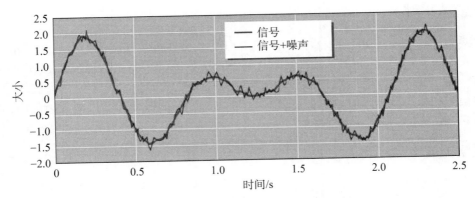

图 12.8　有噪声和无噪声的生物学信号

　　有许多方法平滑数据以消除噪声影响,以下是几种最为通用的方法,每一种都有自身的优点和缺点,都不能适用于所有的情况。因而,我们要清楚每一种方法会对一个波形中的信号成分和噪声成分产生怎样的影响。理想状态下,信号不会受到数据平滑的影响,但实际上每种方法都会或多或少地影响到信号。

多项式平滑

　　任意 n 个数据点的信号都适用于对$(n-1)$次多项式进行平滑处理,具体形式见下式:

$$x(t) = a_0 + a_1 t + a_2 t^2 + a_3 t^3 + \cdots + a_{n-1} t^{n-1} \qquad (12.15)$$

　　这个多项式可以通过消除高阶项来达到平滑目的。这限制了多项式对于较低频率信号的平滑,所以它并不能处理所有的数据点。大部分人体运动可通过 9 项或更少的多项式来描述。多项式可产生一组系数,它代表整个数据集,所以需要较大的存储量。多项式的优点是可以利用在不同的时间间隔处的差值,使导数更容易计算。但是,它会扭曲一个信号的真实形状。实际上,只有已知信号是一个多项式时才用这种方法。例如,对于重心垂直方向的运动可用二阶多项式平滑,而对于行走中的重心轨迹则不合适。

样条函数平滑

　　样条函数由一系列低阶多项式组成,它们拼凑在一起形成一条光滑的线。三次和五次样条曲线是生物力学应用中最常用的。在缺失数据的数据流需要插补时,样条平滑尤其适用。在许多运动捕捉系统中,"填补空缺"程序就是当两个或者更多的摄像头无法捕捉标记点并且 3D 轨迹无法重建时,通过在空缺的轨迹中拟合样条而实现的。许多技术如数字滤波,需要时间间隔相等的数据,则样条平滑不再适用。

傅里叶平滑

傅里叶平滑是指将数据转变为频域信号,消除不需要的频率系数,然后进行逆变换来重建已经没有了噪声的原始信号。Hatze(1981)列出了如何使用这种方法来平滑位移数据。

多点式平滑

三点移动平均是用 $n-1$,n,$n+1$ 的平均值代替每一个数据值。五点式平滑则是用 $n-2$,$n-1$,n,$n+1$,$n+2$ 的平均数代替每一个数值,而且这比三点移动平均的平滑结果更好。这里要注意在这一系列中的开头和结尾是未定义的值。这个方法尤其简单,但是不能将信号和噪声区分开来。它会造成有效信号成分的衰减,却不会影响无效的噪声成分,相比起来,数字滤波是更好的选择。

数字滤波

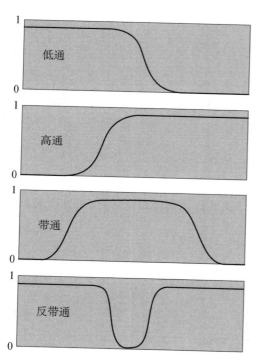

图 12.9　不同类型的数字滤波,数字滤波是在时域信号中使用,但其在频域信号中更为直观。相应频率的函数乘以频域信号然后再转换为时域信号。LP—低通;HP—高通;BP—带通

数字滤波是一种加权移动平均的滤波方法。平均点可进行系数加权,从而确定截止频率。截止频率是一个频率值,在该频点上,信号频率功率减少到一半或减少 3 dB 或者相当于信号的振幅减少到 $\sqrt{2}/2$ 或接近原有振幅的 0.707。在低通滤波中,低于截止频率的频率会产生衰减而高于截止频率的频率则不会受影响。数字滤波的类型需依据频率来确定,其系数则根据特定截止频率相应调整,以下数字滤波均在同一方式下进行,但是其系数均以特殊的截止频率进行了调整,使用带通或者带阻的滤波器都会同时确定低通和高通两个截止频率(见图 12.9)。

滤波方式

过滤器可衰减频谱的不同部分。有时候需要两个截止频率来定义哪一部分频率是需要衰减的,哪一部分是需要保留的。

(1)低通滤波:规定低频信号能正常通过,而超过截止频率的高频信号则被阻隔、减弱。设定一个频率点,在数字信号中,这个频率点也就是截止频率。当信号频域高于这个截止频率时,则全部赋值为 0。这是最普遍的滤波方式,通常用来去除数字化运动学信号中的高频成分,同时作为一种数字抗混叠滤波。

(2)高通滤波:只对低于某一给定频率的频率成分有衰减作用,而允许这个截止频率以

上的频率成分通过,并且没有相位移的滤波过程。高通滤波主要用来消除低频噪声,属于频率域滤波,它保留高频,抑制低频,是图像锐化的一种方式。它常作为带通或带阻滤波的一部分,或应用于从附着于人体上的电线低压信号中移除低频率的运动伪影。

(3) 带通滤波:滤去高、低频信号,保留中频信号,通常应用于在低频率范围中有运动伪影而在高频率范围内有噪声的 EMG 分析。

(4) 带阻滤波:指能通过大多数频率分量,但将某些范围的频率分量衰减到极低水平,在生物力学中应用较少。

(5) 反带通滤波:狭窄的频带或者可以滤掉单独某一频率的波,通常用来移除电线噪声或其他信号中的特定频率。对于 EMG 信号则不推荐用此方法,因为 EMG 信号在 $50 \sim 60$ Hz 范围内功率意义明显(更多信息详见第八章)。

滤波器的滚降

滤波器的滚降是高于截止频率的衰减率。阶更高或者信号通过滤波器的时间数越多,滚降越灵敏。

递归和非递归滤波器

递归滤波用原始数据和已过滤的数据来计算每一个新数据点,有时也称为无限脉冲响应滤波(IIR);非递归滤波只用原始数据值,称为有限脉冲响应滤波(FIR)。递归滤波在一些数据集中处会显示出振荡,但它们的滚降更灵敏。已平滑的数据用递归滤波会产生一个相位滞后,这个可以通过二次滤波来移除,一次方向朝前另一次朝后。如果净相位移为零,则可视为此滤波器没有滞后。数字滤波会使信号开端和结尾的数据失真。为使这种失真最小化,我们需要另外收集所分析部分之前和之后的数据。

优化截断

截止频率的选择非常重要。基于对所需信号和需移除噪声的了解,可以主观地决定截止频率。许多运算法则都在试图寻找一种更客观的法则来定义截止频率。这些优化运算通常基于对剩余误差的分析,剩余误差就是从原始数据中减去过滤后的数据后所剩下的误差。一旦噪声被过滤了,数据值有的会大于零,有的会小于零。所有的剩余误差之和应该或者至少应该非常接近零。当滤波器开始影响信号,剩余误差之和就不再等于零。一些优化方法利用这一事实来确定最佳的截止频率(见图 12.10)。这些运算法并不完全客观,因为在选择最佳截止频率之前必须确定剩余误差之和有多接近零值。

设计数字滤波器步骤

以下步骤是创建一个 Butterworth 低通递归滤波器的过程。对于临界阻尼和高通滤波的修改过程也会进行讨论。Betterworth 低通滤波器称为通频带的最佳平台,经常在描述生物力学变量时被用到。这意味着那些处于可通过频率波形的振幅不会受到滤波器的影响。一些滤波器,如切比雪夫滤波器或者椭圆滤波器,有更好的滚降效果,但它们会改变可通过频率波形的振幅。

(1) 将截止频率(f_c)从 Hz 转换到 rad/s。

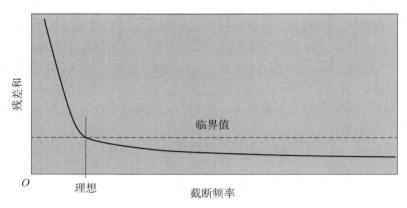

图 12.10　使用残差分析法选择最佳截断频率

$$\omega_c = 2\pi f_c \tag{12.16}$$

（2）调整截止频率来减少由双线性变换造成的扭曲。

$$\Omega_c = \tan\left[\frac{\omega_c}{2 \times \text{Sample rate}}\right] \tag{12.17}$$

（3）调整截止频率为通过次数（P）。数据通过滤波器则通过发生一次。数据的每一次通过，都需要一个方向相反的第二次通过来纠正相位移动。通过次数的增加会增加滚降的灵敏度。

$$\Omega_N = \frac{\Omega_c}{\sqrt[4]{2^{\left(\frac{1}{P}\right)} - 1}} \tag{12.18}$$

（4）计算系数：

$$c_1 = \frac{\Omega_N^2}{(1 + \sqrt{2}\,\Omega_N + \Omega_N^2)}$$

$$c_2 = \frac{2\Omega_N^2}{(1 + \sqrt{2}\,\Omega_N + \Omega_N^2)} = 2c_1$$

$$c_3 = \frac{\Omega_N^2}{(1 + \sqrt{2}\,\Omega_N + \Omega_N^2)} = c_1$$

$$c_4 = \frac{2(1 - \Omega_N)^2}{(1 + \sqrt{2}\,\Omega_N + \Omega_N^2)}$$

$$c_5 = \frac{(2\Omega_N - \Omega_N^2 - 1)}{(1 + \sqrt{2}\,\Omega_N + \Omega_N^2)} = 1 - (c_1 + c_2 + c_3 + c_4) \tag{12.19}$$

（5）应用系数来实施加权移动平均。Y_n 值是滤波后的值，X_n 是未滤波的值。滤波器是递归的，因为先前过滤后的数据 Y_{n-1} 和 Y_{n-2} 都用来计算滤波后的数据点 Y_n。

$$Y_n = c_1 X_{n-2} + c_2 X_{n-1} + c_3 X_n + c_4 Y_{n-1} + c_5 Y_{n-2} \tag{12.20}$$

这个滤波器阻尼不足,因此在发生数据流迅速变化时得到的结果与真实信号有些不同。查阅更多信息,详见 Roberson 和 Dowling 的文章。第 4 步中把 $\sqrt{2}$ 换成 2,就可设计成一个临界阻尼滤波器,阻尼系数为 1。公式即改成

$$\Omega_{\mathrm{N}} = \frac{\Omega_{\mathrm{c}}}{\sqrt{2^{\left(\frac{1}{2P}\right)} - 1}} \tag{12.21}$$

在实践中,阻尼不足的滤波器和有临界阻尼的滤波器之间差距较小。这种差别反映在阶跃输入中(可通过单步执行使得函数从 0 到 1 转换)。Butterworth 滤波器在单步执行以前可以产生人工最小值,而在单步执行后可以产生人工最大值(Robertson 和 Dowling,2003)。然而 Butterworth 滤波器有较好的滚降性,因此如在处理 marker 轨迹过程中,更利于过滤数据,从而产生双重微分。相反地,临界阻尼滤波器对于过滤调整后的 EMG 信号更有效,它可用于确定肌肉的触发时间,因为其过滤相应时间更快,能在正确的方向上反映出肌肉募集的情况。

此外,通过计算系数可以把一个高通滤波器变成一个低通滤波器,第一步就是要通过以下公式调整截止频率:

$$f_{\mathrm{c}} = \frac{f_{\mathrm{s}}}{2} - f_{\mathrm{c-old}} \tag{12.22}$$

f_{c} 是一个新的截止频率;$f_{\mathrm{c-old}}$ 是旧的截止频率;f_{s} 是采样频率。然后用与低通滤波器相同的方式计算出系数($c_1 \sim c_5$),得到以下调整:

$$c_1 = C_1, \ c_2 = -C_2, \ c_3 = C_3, \ c_4 = -C_4, \ c_5 = C_5 \tag{12.23}$$

这里 $C_1 \sim C_5$ 是高通滤波器的系数。这些数据现在可以通过滤波器了,正向或者反向都可以,就和以前介绍的低通滤波情况一样。

广义交叉检验

另一个用于数据平滑的技术是由 Herman Woltring 发明的(详见相关文献),称为广义交叉检验(GCV),有时也称为 Woltring 滤波,处理过程与双向(零延迟)Butterworth 滤波器相似。唯一的不同之处是它没有明确指出一个截止频率,使用者可以根据数据的特性实用软件自己决定截止频率或者可以输入一个与运动捕捉系统相一致的均方误差(mean square error, MSE)值。MSE 值相当于运动捕捉系统校准过程中输出的残留误差。在许多步态分析研究实验室,这个值是 1 mm 或者更小。使用太高的值会导致轨迹数据过分平滑。这项技术也有其优点,即它能填补数据中的空白,并且不需要数据是等距采集的(如恒定采样频率的数据)。

小结

这一章节的内容概括了通过数据采集系统进行信号分析的基本原理与规律,给出了一些作者认为需要强调的频率分析、傅里叶分析及数据的平滑等内容。对于生物力学人员来

说,数据平滑技术是非常重要的,因为在实际操作过程中需要频繁使用这一技术,特别是在进行二阶导数运算的时候。如第一章内容所阐述的,在数据化过程中可能会产生高频的噪声,在进行二阶求导的时候,会造成真实的误差。进行二阶求导之前对数据进行平滑,可以有效避免这一问题。因此,生物力学人员应该知道这些数据平滑的方法会对数据产生怎样的影响,这样才可以选取合适的平滑方法,从而减小其对原始信号的影响。

参考文献

Woltring, H. J. 1986. A FORTRAN package for generalized, crossvalidatory spline smoothing and differentiation. *Advances in Engineering Software* 8(2): 104 - 13.

这一技术报告的目的是描述 RORTRAN 软件,这一软件的功能是解决动作捕捉系统的数据平滑问题。当给出一组数据时,软件可以去除数据流中的高频噪声。Woltring 提供了几种方法,可以根据不同的情况选择适合的平滑方式。这些情况分别为:①根据数据采集系统所发出噪声量的先验知识;②根据自由度的有效数量;③根据普遍的交叉验证或者均方根预测误差标准(Craven 和 Wahba, 1979)。这一软件认为噪声是随机的,也是附加的,因而潜在的信号实际上应该采用不同的平滑方式。并且在用数字平滑软件处理数据时,数据流也不需要在时间上等距。尽管不太容易实施,但这一软件有一些特点,不需要对不同的标志点轨迹的数据采取不同的截断频率。因此有一些商业的软件公司(C-Motion,Vicon)将其视为可代替 Butterworth 低通滤波器的一种方法。

推荐阅读文献

• Antoniou, A. 2005. *Digital Signal Processing*. Systems, Signals, and Filters. Toronto: McGraw Hill Professional.
• Press, W. H., B. P. Flannery, S. A. Teukolsky, and W. T. Vetterling. 1989. *Numerical Recipes in Pascal*, 422 - 97. New York: Cambridge University Press.
• Smith, S. W. 1997. *The Scientist and Engineer's Guide to Digital Signal Processing*. San Diego, CA: California Technical Publishing.
• Transnational College of LEX. 2012. *Who Is Fourier? A Mathematical Adventure*. 2nd ed. Trans. by Alan Gleason. Belmont, MA: Language Research Foundation.

第十三章　协调性的动态系统分析

Richard E. A. van Emmerik，Ross H. Miller，Joseph Hamill

传统的生物力学分析方法,主要是对非连续测量得到的单一关节或环节的数据进行分析,例如来自时间序列数据中的最大位移、速度和力。近年来,通过动态系统分析方法能够更好地分析模型间的相关运动,这对运动技能的指导具有重要意义。该方法主要通过关注关节和环节间角度旋转的协调关系来实现。在这一章节中,我们将:

(1) 讨论基于协调性和协调变量进行生物力学分析方法的动态系统的重要性;
(2) 介绍基于该方法动态系统的基本概念;
(3) 介绍分析运动协调性的技术分析方法,包括相对相位法和矢量编码法;
(4) 介绍基于协调性分析方法提出的评价人体运动变异性的方法;
(5) 讨论这些技术的优缺点,并且了解这些方法的使用条件。

运动协调性

人类的身体有 800 块左右的肌肉,关节、环节和人体在空间的运动都是由这些肌肉在不同组合的情况下完成的。每个时空范围中运动单位、肌肉、环节、关节有不同的自由度,目标导向性运动(goal-directed movements)为使动作更加流畅,这些自由度必须统一到功能单位中。协调性是指在每个平面中各个自由度都达到合适关系(Turvey,1990)。此外,协调性必然出现在多时空尺度上。这就可能需要同一肌肉中运动单位放电模式和力量产生之间的整合,或者是呼吸和运动系统之间的协调性。其中心问题是运动控制,也就是说人体在众多的自由度运动时如何变得更加协调。

自由度

1941 年,神经生理学家 Paul Weiss 对协调性这一概念进行了定义,他认为协调性是对自由度选择性的激活作用,使得自由度进行统一活动,从而使得活动所涉及的单一肌肉或肌肉群有组织地运动。在此之后,俄罗斯运动科学家 Nicolai Bernstein 认为,在进行运动任务时存在一些多余的可利用的运动单位或是自由度。也就是说,我们的动作系统随着使用这些多余的可利用的自由度能够完成不同的实际任务。Bernstein 认为协调性通过控制实际运动过程中多余的自由度,从而把关节、环节、肌肉和运动单位变成可控系统(Bernstein,1967;Turvey,1990)。

Bernstein 认为多余的自由度实际上出现在运动过程最为基本的动作中。在不同速度情况下运动需要众多自由度协调统一,通过生理学机制将高级别的自由度纳入低级别自由度的"模板"或模型中去,使得原本的机械运动成为受控制的运动(Full 和 Koditschek,1999)。在低维度人体运动中,走路使用倒钟摆动力学(walking by vaulting),跑步使用质量弹簧阻尼系统动力学(running by bouncing)。从神经机械学观点来说,为了创造协调运动模型,人体的生物力学特性结合神经系统在控制自由度上起了举足轻重的作用。在人类运动控制中,作用于两个关节的双关节肌的力量-长度和力量-速度关系有益于运动的稳定,并且能促进低级别自由度的贡献(Van Ingen Schenau 和 Van Soest,1996)。

Bernstein 的其他关于协调性和多余自由度的研究还发现,在获得新技能的早期阶段,通过固定关节来减少自由度或是使关节和环间的关系简化,是一种提高运动系统中多余自由度的可控性的有效策略(Vereijken 等,1992)。在之后的学习过程中,自由度逐渐被释放,并入运动中或是使其最优化。最近,大多数关于协调性和自由度的研究中都开始脱离协调性的早期定义(克服多余的自由度),提出使用"丰度(abundancy)"来代替,认为所有的自由度都对任务有贡献,起到提供稳定性和柔韧性的作用(Latash 等,2002)。

振荡运动的动力学

Bernstein(1996,posthumous publication)定义了运动构建的四个水平:水平一是肌张力,将肌张力主要作用于姿势肌上,用于保持身体方向;水平二是肌肉-关节连接或协同,对陆地环境中所有可能的运动模式起作用;水平三是空间;水平四是动作,对运动中知觉和意图等方面进行整合。振荡运动的实验和建模清晰地表明了不同水平的协同效应(Turvey 和 Carello,1996)。生理学家 Von Holst(1939/1973)的研究工作对于这种相关建模的发展起了促进作用。Von Holst 区别了两种不同形式的协调性,称为绝对协调和相对协调。当相位和频率固定时,绝对协调有两条振荡波。与此相反,在相对协调时,振荡波具有相位耦合的趋向,但是观察频率和相位的关系则表现出比绝对协调更宽的排列(见图 13.1)。

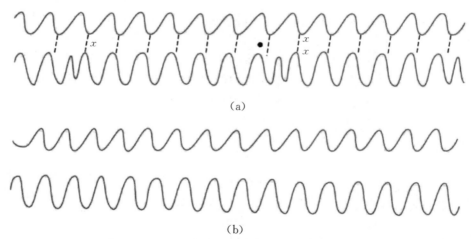

图 13.1 隆头鱼胸鳍和背鳍的节奏性振荡波曲线

(a) 两条鱼鳍为相对协调;(b) 两条鱼鳍为绝对协调

来源 E. Von Holst,1973,The behavioral physiology of animals and man: Selected papers of E. Von Holst, Vol. 1. (Coral Gables: University of Miami Press). Translated in 1979

两条振荡波之间的相位关系已经作为一个基本变量被提出,这一变量表明不同协同水平的协调原则。这种方法是由支持协同学理论的学者(Haken 等,1985;Kelso,1995)和类似于运动协调性的自然运动(natural-physical)理论的学者(Kugler 和 Turvey,1987;Turvey,1990)提出的。在协同方法中,具有集合(collective)或"有序(order)"参数和"控制(control)"参数的区别。有序参数是用于鉴定宏观或某一系统集体行为的变量。例如在某些四足运动的动物中,不同的步态模式(如马的走、小跑、慢跑和疾跑)是随着不同肢体相位关系的改变而改变的。在这一情况中相位关系属于有序参数,能够在不同的步态模式之间相互转变,但是在特定的步态模式中保持不变。由于在人体系统中各成分之间的基本反映具有协调性,因此人体环节和各肢体之间的相位关系表现为有序参数。

　　协同或运动模式的稳定性和转换动力学能够由非特异性控制参数的系统性处理表现出来。控制参数常用来表示协调性中稳定和不稳定的范围。同样以四足运动为例,步态速度能够起到控制参数的作用。因为在不同的步态模式中,速度的系统性处理表现为不同肢体之间不同的相位关系。在接下来的部分中我们将讨论相对相位技术在稳定协调模型鉴别中的应用,以及这些模型在人类运动中的相互转换。

运动稳定性和转换

　　Kelso(1995)和他同事实验中的图例可以帮助我们理解如何利用基于相对相位的协调性分析运动稳定性和转换。在该实验中,Kelso 要求受试者用他们的食指在水平面或矢状面摆动,选择同相协调模型(两根手指同时向内或向外摆动),或是异相模型(两根手指先向右移动再移向左;类似于 Von Holst 实验中图 13.1 中鱼鳍的运动)。当受试者开始异相模型时,两根手指系统性地增加摆动频率,在刚开始阶段两根手指仍然表现为异相协调模型,但是在某一临界频率两根手指的摆动会突然地转换成同相协调模型。这一转换过程的重要特征表现为在发生转换之前两根手指之间相对相位的变异性逐渐增加。更值得注意的是,受试者随后降低他们的摇摆频率时,并不能回到异相模型。而在同相摆动时,无论是在开始阶段还是随着频率的不断增加,都未出现转换现象。

　　对这类手指运动转换的进一步分析和建模发现仅有的稳定手指协调模型是同相模型和异相模型。这种稳定状态是通过手指间相对相位动力学进行表示的:

$$\dot{\phi} = \Delta\omega - \alpha\sin(\phi) - 2b\sin(2\phi) + N \tag{13.1}$$

式中,ϕ 表示相对相位;$\dot{\phi}$ 表示相对相位的变化;b/a 的比值与振荡频率呈负相关;N 表示系统中的随机噪声或是波动;$\Delta\omega$ 表示两振荡波之间固有频率的差异。当两振荡波的对称水平较高(以手指振荡实验为例),振荡频率较低,有两种稳定协调的模式或模型:同相($\phi=0°$ 为相对相位)和异相($\phi=\pm\pi$)手指运动(见图 13.2)。这种稳定协调模型称为吸引子(attractors)。图 13.2 中,势阱深度(当电子处于波谷位)指出了吸引子的劲力(或稳定性)。不同大小的势阱深度帮助我们很好地解释了为什么随着频率的增加异相模型能够向同相模型转化,但是同相模型不能向异相模型转化。其原因为同相模型的势阱比异相模型的势阱更深[见图 13.2(a)]。当控制参数达到临界值时,发生协调性的转变(也称为分岔或相位转变),吸引子的排列和稳定性也发生改变。在图 13.2(a)和(b)中(手指进行低频和高频摆动且振荡特性为高对称性时),能够观察到这类吸引子排列的改变。在高频时,异相模型的势阱消失,取而代之的是在 $\phi = 0°$ 时的稳定模型,即同相协调。

当振荡之间为低对称性时[见图 13.2(c)和(d)],稳定协调状态的个数也会随之减少。例如我们尽力保持腿部运动和手部运动的协调性。实验证明协调模型比手指摆动实验中观察到的模型缺乏稳定性。在这些模型发生质变过程中,波动起了至关重要的作用。这些波动能够通过在势阱中"黑球"(black ball)的运动观察到。势阱越深,该系统的稳定状态就越不容易改变。但是,这种稳定状态并不是绝对不变的,当势阱变浅时就有可能改变稳定状态,例如图 13.2 所示的低对称性示例。

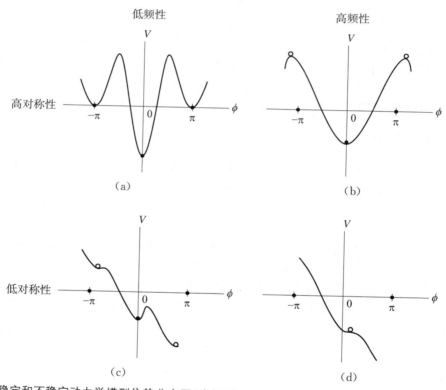

图 13.2　稳定和不稳定动力学模型位势分布图(来源于 Haken,Kelso 和 Bunz 的节律协调模型,也成 HKB 节律协调模型)。实心圆表示稳定状态;空心圆表示不稳定状态;ϕ 代表相当相位,当 $\phi = 0°$ 代表同相协调,当 $\phi = \pm\pi$ 代表异相协调;V 代表势函数[来自公式(13.1)]。图片改编自 Kelso(1995)

变异性和协调性

多自由度中涉及协调性和人体运动控制是变异性的势源(potential source)。在生物力学和运动控制领域,传统意义上的变异性指代噪声,它对系统性能是有害的。因此去除数据中错误的势源是非常有必要的。在评价协调性因学习、年龄和疾病而发生改变时,这些变异性仍然被认为是导致表现不佳的一项重要影响因素。但是,随着生物学和物理学中相关文献的增加,系统功能变异性的益处和适应方面不断被强调。传统观点认为,技能、能力和健康水平越高变异性越低。但是当前动态系统观点认为人体间自由度的交互关系减少是由于变异性的缺失(Lipsitz，2002)。这种关于变异性缺失的假说可应用于神经性疾病或是骨骼损伤的情况(见图13.3)。随着时间推移,在生物学系统控制的有效自由度、交互元件和协调效应的减少可能会引起相关变异性缺失。当自由度和变异性减少到一个临界阈值时,损伤和疾病就会发生。

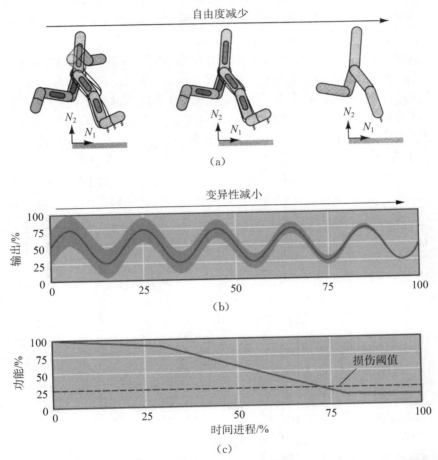

图 13.3　基于 Lipsitz(2002)应用损伤或疾病研究中提出的变异性缺失假说。随着时间推移,有效自由度、交互元件和协调效应的减少(a)引起相关变异性缺失(b);当自由度和变异性减少到一个临界阈值时,损伤和疾病就会发生(c)

　　变异性或波动的增加是运动模型突变(或相位转换)的基本特征。协调模式中不稳定性的出现是发生相位转换的信号标志。这种不稳定的特征表现为①在协调性发生转换之前波动剧烈增加["临界波动(critical fluctuations)"];②系统被干扰后回到稳定状态的恢复时间逐渐增加["临界慢化现象(critical slowing down)"]。在复杂系统中,与主观水平(level of interest)相比,临界波动由于元素的影响大都出现在微观水平。这些微观影响与环境波动相结合,将系统"拉"离当前的稳定状态或吸引子。双手协调性转换中(Kelso 等,1986),手指运动从异相向同相转换点周围的波动已经发现,除此之外还包括从走到跑的步态转换(Diedrich 和 Warren,1995;Lamoth 等,2009),以及上身的协调性转换和在走路过程中手臂和腿的协调性转换（Van Emmerik 和 Wagenaar，1996a，1996b；Wagenaar 和 van Emmerik，2000）。

在位势分布图 13.2 中，异相吸引子和围绕着转换点的临界慢化现象是对转换和变形最好的解释。随着控制参数增加或对称性降低，势阱也变得越来越浅并且使干扰远离固定点，导致缓慢放松到最小位势（例如，当势阱极度倾斜时，相比于低频达到收敛所用的时间较长）。Scholz 和他的同事已经用实验证明了在双手协调运动中临界慢化现象（1987）。

在运动过程中，生物力学领域开始探索变异性的作用。在运动、损伤和疾病的生物力学中，变异性起到了十分重要的作用（Davids 等，2003；Hamill 等，1999，2006；Wheat 和 Glazier，2006）。当进行重复运动或周期性运动时，身体环节的运动变化十分微小，即使是像跑步这样的周期性动作。前文中提及的传统观点认为变异性会随着技能水平的提高而降低，随着损伤和疾病的程度而上升。许多关于运动的研究都提出了共同的假设，传统步态参数中（如步长和步频）变异性增加，不稳定性也会增加，继而导致跌倒风险的增加。虽然这些步态的时空模型变异性的增加说明了可能潜在的步态问题，但是深入观察在上肢和下肢中环节协调的动力学，能够更准确地理解不稳定性和导致跌倒因素的潜在机制。如前文，在多自由度系统中，最优化或最适应的运动中出现变异性也是不可避免的。因此，传统步态参数中的变异模型并不能反映上肢或下肢环节协调性的变异模型，这已经在一项关于帕金森疾病的研究中得到证实（Van Emmerik 等，1999）。

许多关于跑步损伤的生物力学研究已经证明了减少协调变异性和骨骼损伤之间的关系（Hamill 等，2006）。协调变异性是指机体在运动中协调模型的变化范围，常用几组测试或步态周期的标准差进行量化。此外，协调变异性经常通过相对相位和矢量代码分析法进行评价。研究者们通过一系列研究已经确定了变异性的量级能够作为健康和无疼痛状况的信号（Hamill 等，1999；Heiderscheit 等，2002；Miller 等，2008）。Hamill 和他的同事（1999）以及 Heiderscheit 和他的同事（2002）发现有单侧髌骨痛的患者膝关节的环节耦合比健康跑步者的变异性要小。对于这一发现，作者们认为协调模型的变化范围较小能够使得单侧髌骨痛患者疼痛状态减缓。Miller 和他的同事（2008）对于有无髂胫束综合征史跑步者的研究也获得了相似的结果。此外，Pollard 和他的同事（2005）发现在高速被动剪切运动时，女性受试者各下肢耦合的变异性要小于男性受试者。这一结果认为前交叉韧带损伤中，女性的风险要大于男性。但是，由于所有的研究都是回顾性的，作者无法推断出变异性和损伤之间的因果联系。而回顾性研究可以评价协调变异性和损伤之间的关系。

总之，从动态系统方面来看，并不能用绝对的好与坏来评价变异性，而是用完成运动任务时，协调模型的活动范围来表示。传统的观点认为变异性是不良的，相反，在这里变异性起了功能性作用，主要表示模式的可能活动范围和在可完成的运动系统模式之间的转换。过高和过低水平的变异性都可能不利于运动系统的功能。

协调性分析的基础

该部分内容中，我们主要介绍动态系统的基本概念，其中包括协调性分析的基础和协调变异性。这些概念中还包括了有助于评价稳定性和运动模式改变的状态空间（state space）

的概念和不同类型的吸引子(attractors)或是优先区域(preferred regions)。

状态空间

　　生物力学数据能够用各种不同形式的图像进行表示。一张传统和大信息量的图像能用于表示一段时间内运动学和动力学参数的变化。图 13.4 表示的就是某一受试者在跑台上行走时,所截取的 10 s 左右大腿角位移的变化。我们能够从图像中获得峰值屈伸角度的信息,并进行量化。进一步观察图像,我们还可以发现两环节之间表现为异相协调。然而从图中最难发现的是在支撑阶段协调模式的细微改变。

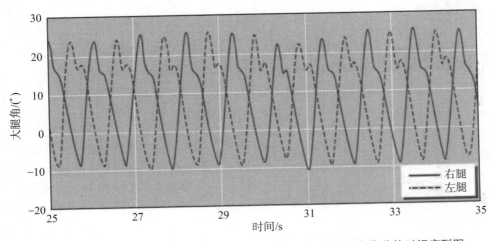

图 13.4　当受试者在跑台上以 1.2 m/s 进行行走时,左右大腿角位移的时间序列图

　　在动态系统方法中,所谓状态空间的重建实际上是用于表明系统行为的重要特征,例如动态系统的稳定性及对不同环境和任务限制的适应和改变。这种状态空间是由帮助鉴别系统行为特征的相关变量所表示的。为了帮助我们理解和量化关节之间和环节之间的协调性,可采用基于角-角运动关系图的状态空间。图 13.5 表示的是按时间序列的大腿相对运动的状态空间(数据来源于前面的图 13.4)。在协调模式中,该角-角图能够表示发生在每一步态周期中相对不变部分的协调变化范围。在角-角图中这种协调的变化能够通过后文所提及的矢量编码技术进行进一步量化。

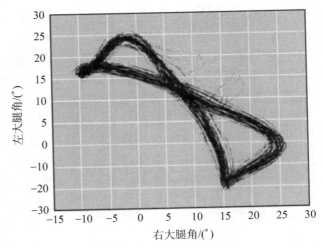

图 13.5　大腿环节的角-角图

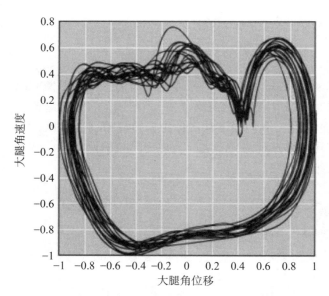

图 13.6　与速度相对的大腿角位移的相位平面图

状态空间的另一种形式即指关节或环节位置和速度相互之间的关系图。这种状态-空间表示方式通常称为相平面（phase plane）。图 13.6 显示的为位置-速度相位平面图，该图中大腿的角位移是相对于角速度绘制的。由于位置的时间导数常用于鉴别该模式，该图属于高维状态空间。在使用连续相对相位技术对协调性进行量化时，相平面表示是第一步并且是最关键的一步。

状态空间中的吸引子

在不同形式的人类运动中，动态在状态空间中是有明确区域限制的，其最大限度能够从图 13.6 的相平面图中观察到，这种动态模式在状态空间中呈现局部周期性分布（fairly narrow, cyclical band）。在动态系统中，优先区域映射到状态空间上，其中某些由动态趋于稳态的区域称为吸引子。吸引子可以有不同的形式，其中最简单的形式为点吸引子。这种形式在状态空间中表示为定值，也就是说动态在系统中会收敛于某一点。图 13.7 中的（c）和（d）即为点吸引子。其中的图 13.7（c）为动态形式的点吸引子，表现为离散相对相位的相对定值贯穿于整个步态周期。离散相对相位是基于左右大腿角位移中出现的峰值屈曲角度，并且图 13.7（c）始终表现为异相或 180° 协调模式。这种异相协调已经在之前的图 13.4 中提及，但是在图 13.7（d）中通过状态空间更加客观地进行了量化，该图也称为回归映射（return maps）（协调性在 x_n 与 x_{n+1} 中绘制，其中 n 表示周期数），主要用于确定状态空间中的定点吸引子。在动态相对相位表现为定值的情况下，当受到干扰（突然改变跑台速度然后回到原先速度；见图 13.7）时会导致动态相对相位回到原先的伴随有相对较短延迟的动态异相。这种干扰仅有短短的 5 s 时间，包括把跑台速度从 1.2 m/s 增加到 2.0 m/s，紧接着再回到 1.2 m/s。

　　然而，左右腿之间的协调性被认为是在所有周期中相对定值的点吸引子形式的协调性，但是个别腿部环节的动态却表现出不同的模式。它们都属于明显的周期性运动，在图 13.7（a）和（b）中能够明确地观察到相位平面。这种形式的吸引子称为极限环吸引子（limit-cycle attractors）。在状态空间中，这种吸引子将动态收敛为一个循环范围，其主要特征表现为轨迹重叠且十分狭窄。但狭窄带的存在为充分条件，而具有动态特征极限环的存在是不必要条件。此外，极限环吸引子的一个基本特征为稳定性中伴随干扰成分；为了把极限环吸引子分类，该系统表现为对抗干扰。以图 13.7（a）和 13.7（b）为例，实线在相位平面中表现为周期规律模式，这一情况说明了受试者在 1.2 m/s 速度行走时处于一种稳定状态下的步态模式。虚线在相位平面中表现为干扰模式，是当速度突然增加到 2 m/s 随后返回到原来的模式。动态干扰得到恢复是极限环吸引子的另一个基本特征。这种模式在相位平面中也能起到能量地形图的作用。因此在系统中,相位平面内轨迹的收敛和发散能够定义为能量的失去和获得。

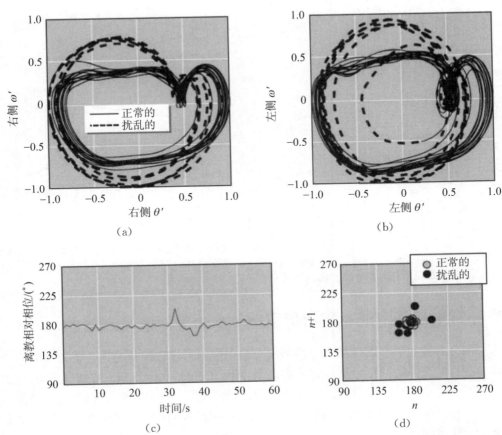

图 13.7 在正常和干扰情况下的点吸引子图和极限环吸引子图。(a)和(b) 当受试者以 1.2 m/s 行走时,大腿环节角位置比上速度的相平面,30 s 后速度在 5 s 内突然增加到 2.0 m/s,然后回到 1.2 m/s;(c) 离散相对相位的时间序列(DRP);(d) 当前相对相位值比上下一个相对相位值的回归映射图(DRP$_n$ 与 DRP$_{n+1}$),开环(open circles)代表围绕在 180°周围的稳定协调模式(点吸引子),闭环(closed circles)表示受速度突然变化的干扰导致吸引子的脱离

　　高维状态空间(三维或以上)能够表示许多更复杂的吸引子的类型:平庸吸引子(quasiperiodic attractor)和混沌吸引子(chaotic attractor)。混沌吸引子在状态空间中表现为整体稳定性和局部变异性。以图 13.8 洛伦兹吸引子(众所周知的混沌吸引子)为例,其表现出在水流和空气流体系统中的动态交互作用(Strogatz,1994)。混沌吸引子稳定性和适应性的双重特征能够使我们联想到反映健康和运动系统高维模式也具有相似的特性(见图 13.3)。例如,心率变异性的增加被认为是心脏功能健康的一个重要指标,它反映了组织的复杂程度,而此复杂程度被认为是心脏对外界干扰代偿功能的重要指标(Glass,2001;Lipsitz,2002)。

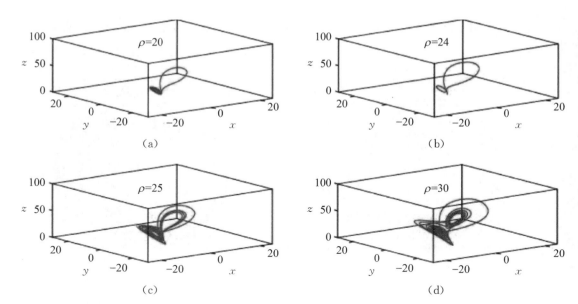

图 13.8　洛伦兹吸引子。三维状态空间(x, y, z)表示流体流动的动力系统。控制参数 ρ，也称为瑞利数（Rayleigh number）影响热传递，该数从（a）到（d）逐渐增大。当 ρ 值较小时，系统稳定（表现为对流）并且逐渐演化为二分之一固定点吸引子

协调性的定量分析：相对相位法

　　这一部分内容我们会更详细地介绍生物力学中常用来定量评价协调性的基本程序和分析方法。所有的有关协调性分析的方法都是基于状态空间（state space）的概念和在这些状态空间中不同类型的动态吸引子。方法主要包括相对相位技术（离散相对相位、连续相对相位、傅里叶相位和希尔伯特转换）和对角-角图进行定量分析的矢量编码程序。下面我们也会讨论这些技术的优缺点。

离散相对相位

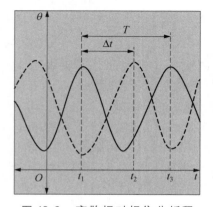

图 13.9　离散相对相位分析程序。θ 代表有意义时间序列中环节或关节的角位移（虚线和实线）

　　离散相对相位（DRP）是在有意义的时间序列中分析考虑协调性的评定和基于相关事件协调性变化。如图 13.4 所示，时间序列内大腿屈伸的例子中，相关事件可能是峰值前屈角度。DRP 分析源于两个不同时间序列数据，各自峰值相对应的时间（如图 13.4 所示的左右大腿角度曲线），以两个参数中的任一个时间序列为周期计算（见图 13.9）。

$$\text{DRP} = \left(\frac{\Delta t}{T}\right) \times 360° \qquad (13.2)$$

式中，Δt 表示两个时间序列中峰值指标的时间差；T 表示时间序列中一次完整的周期循环。循环时间的变化是绝对可能的，由于周期的绝对时间不同，这就可能会影响相

对时间和协调性。在不同的步态速度下,上述情况就可能发生,步态的循环时间会随着速度的增加而减少。DRP 是一种典型的计算方法,用每个周期比上所包含的所有周期。

DRP 分析的优势在于这种方法相对简单,因为不需要对数据进一步求导(如速度、角速度和状态空间重建),允许研究人员仅使用原始数据,例如时间序列的腿部运动中环节角度变化的数据。DRP 分析的局限主要是仅使用时间序列数据中的一个数据点对协调性进行评价。在非常有规律的信号中,如运动周期中协调性始终不变的信号,这种方法往往不能体现问题的所在,例如之前提到的关于手指摆动的实验。可能的解决方法是在使用 DRP 分析步态时,选择更多的点或者使用矢量编码或连续相对相位方法(详见本章)。另一个潜在问题是在 DRP 分析时,需要更好地定义信号中的峰值。然而,并不推荐在有多个峰值且各个周期间峰值数不一样的时间序列数据中使用 DRP 分析方法。否则 DRP 分析时,不仅会使得到的协调性结果错误,并可能会人为地增加协调变异性。

离散相对相位和多频的协调性

离散相对相位分析在前面部分已经提及,要求峰值事件发生在相似频率的周期性运动中。以左右大腿协调性为例,每条腿每次完整的复步中都会出现峰值屈曲角度。在多频的协调性中,例如低速行走时手和腿之间的频率耦合(2︰1 耦合),对于这种属于多种频率耦合的特殊系统的案例,尤其是耦合关系可以通过运动改变,那么使用 DPR 分析表示协调性很难得到理想结果。

以呼吸和运动系统之间的耦合为例,这两个系统之间的协调性并不是仅仅限于 1︰1 的频率耦合。运动系统和呼吸韵律之间的协调性对于步态模式的稳定和效率是极其重要的。这属于典型的能够出现多种频率耦合的协调性,频率耦合的改变可能是由步态速度、疲劳或训练状态引起的。

许多关于运动-呼吸系统协调性(LRC)的研究中都关注生物节奏之间的改变,通常定义为强耦合或是两振荡波之间的频率和相位关系的"锁"。在大多数动物中,许多机制能够起到改变呼吸和运动节奏的作用。例如,马的胸部由于重复地受到前腿落地时冲击力的限制,它能够把呼吸和复步之间的频率调整到 1︰1 左右(Bramble 和 Carrier,1983)。此外,内脏运动(内脏"位置")可能受这些系统之间耦合的限制。研究人员发现下肢运动与呼吸之间的耦合主要包括 1︰1,2︰1,3︰1,3︰2,4︰1 以及 5︰2,其中 2︰1 是最常见的(Bramble 和 Carrier,1983)。在走路和跑步时,频率之间的关系可能会根据跑步的经验而改变。

参考文献

Diedrich, F. J., and W. H. Warren. 1995. Why change gaits? Dynamics of the walk to run transition. Journal of Experimental Psychology: Human perception and Performance 21: 183 - 201.

作为成年人,当速度作为可控变量发生变化时,人会在两种明确的步态模式之间进行突然的转化(低速时行走,高速时跑步)。Diedrich 和 Warren(1995)通过走-跑和跑-走的转换来测验肢体间的协调动力学(intralimb coordination dynamics)。在实验 1 中,受试者在跑步机速度从 0.95 m/s 到 3.60 m/s 持续 30 s 不断增加(或减少)的情况下,不间断地走-跑(或跑-走),记录矢状面的运动学数据(关节角度),并且记录受试者可以在稳定的速度区间范围内行走 30 s 的数据。实验 2，根据受试者倾向的步频，在固定的步频范围内，不断重复实验 1 中的连续转换条件。计算关节角度时间序列里峰值的离散相对相位（discrete relative phases，DRPs）。尤其是两个连续的髋关节伸展峰值或膝关节伸展峰值的时间差定义为 0° 和 360°，则在这个范围内，踝关节跖屈峰值定义为 DRP。走-跑的转换速度（2.09 m/s）要比 跑-走的转换速度（2.05 m/s）快一点。在实验 1 的持续转换条件下，转换至跑步状态前的最 后一步，踝-髋和踝-膝的离散相对相位会在大约 50°时出现突然的减速，此时，跑步会定义为 腾空阶段的出现。在跑-走转换之前，离散相对相位即刻会有一个相似幅度的增加。从一个 稳定的速度开始，越接近步态转换的速度，则 DRP 的变异性［量化为在试标准偏差（within-trial standard deviation）］随之增加（弗劳德数为 0.5），但是并不会随着转换而降低，与步频 的变异性结果相似。一种相关的解释是，速度是步态转变后的控制变量，而不是其他步态参 数。实验 2 中，受试者的步频提高，且一致地在 2.2 m/s 的速度时从走路转换到跑步。作者 们对以上的结果的解释是，人体的运动具有非线性动力学的很多特点，如偏好的步态特征是 有稳定的相位关系和滞后（hysteresis），在现有的步态模型中，相位的转换先于变量的增加 和稳定性的下降。

对于评价不同频率耦合和它们对协调性的影响，优化 DRP 分析技术是十分有必要的。 该技术由 McDermott 和他的同事（2003）在运动-呼吸协调性的研究工作中进行了改进，但 是这种方法只能应用于一般的多频率耦合。在连续步态周期循环中，通过这种技术可以得 出在呼吸节奏的末期（end-inspiration，EI）和足跟触地的运动节奏之间的相对相位的时间序 列，基于如下公式：

$$DRP_{mf} = \left(\frac{t + nT}{T} \times 360° \right) \tag{13.3}$$

式中，DRP_{mf} 表示在多频率系统中的离散相对相位；n 为在每次足跟触地和连续的 EI 之间 总的步态周期数；T 为在 EI 出现时一次复步的持续时间；t 为从 EI 出现前的复步开始到这 次 EI 出现时的时间间隔。为了计算相对相位，模拟得到的呼吸和足跟触地信号如图 13.10 所示。在该图例中足跟触地信号为 $T=100$ ms 的脉冲信号，呼吸信号为有 75 ms 相移持续 时间为 300 ms 的正弦波。三次足跟触地对应一次呼吸（n 等于 2、1 和 0），因此 DRP_{mf} 的结 果分别为 990°、630°和 270°。所以，需要注意的是，如果以 3 次足跟触地对应一次呼吸为例， 那么每次足跟触地的相对相位值的范围如下所示：

$$1\,080° \geqslant DRP_{mf1} > 720°$$
$$720° \geqslant DRP_{mf2} > 360°$$
$$360° \geqslant DRP_{mf3} > 0°$$

根据上述关系，在呼吸周期中第一次脚跟触地（DRP_{mf1}）的相对相位值为最高范围，而最 后一次（DRP_{mf3}，在该例子中）为最低范围（介于 0°～360°）。图 13.11（a）表示的是在偏好速 度下选择不同步态频率行走时的相对相位的时间频率信号图。垂直实线的左半部分表示以 低于偏好频率（PSF）20%的速度行走，而右半部分为高于偏好频率 20%的速度行走。然后， 将这些周期性的时间序列数据通过回归映射评价，按照相对相位时间序列与相同时间序列 的时间间隔进行制图［见图 13.11（b）和（c）］。频率耦合用于鉴定从应用于特殊范围标准的

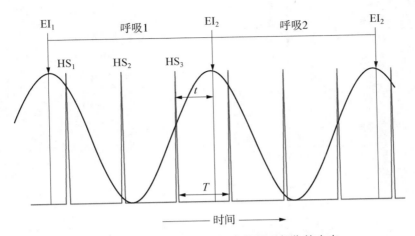

图 13.10 在公式（13.3）中，多频相对相位的由来

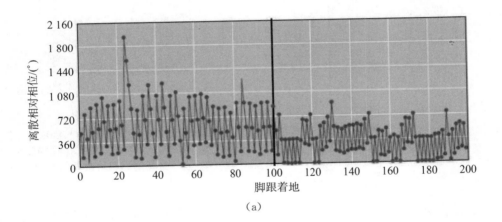

（a）

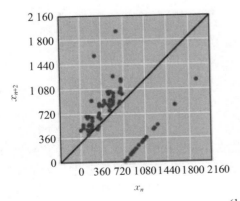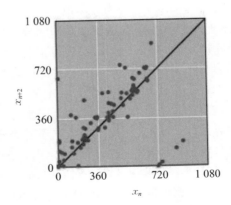

（b）

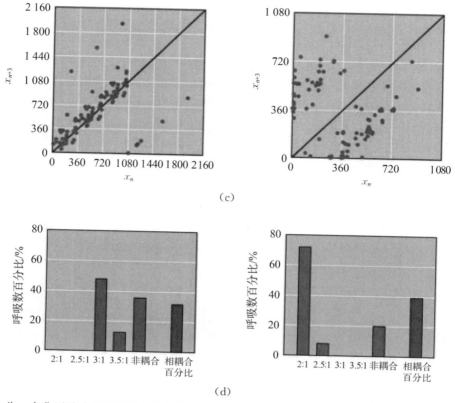

(c)

(d)

图 13.11　为一个典型受试者在不同步态频率情况下使用偏爱速度进行行走的 DRP$_{mf}$ 分析的结果。左边部分：低于偏好步态频率 20％；右边部分：高于偏好步态频率 20％。（a）DRP 时间序列，垂直实线表示偏好步态频率从 －20％ 转换到 ＋20％；（b）和（c）基于数据的回归映射图；（d）频率和相位耦合的汇总统计（PC）。NC 为非耦合

回归映射到适当的回归映射。回归映射中收敛至明确的直线即为耦合的周期表现（McDermott 等，2003 中有详细方法的说明）。例如，PSF－20％（左边区域）收敛于三阶回归映射（x_n 与 x_{n+3}）表现为显著的 3：1 耦合。当以 PSF＋20％ 速度行走时，由于具有更高的步态频率，数据主要收敛于二阶回归映射（x_n 与 x_{n+2}）表现为显著的 2：1 耦合。

　　在 LRC 分析中下一步需要为每次测试建立频率耦合和非耦合分布图，以表示总的呼吸次数的百分比。频率耦合的出现通常定义为主导耦合（dominant coupling），并对耦合强度具有指示性。次要耦合和非耦合常用来表示频率耦合中的变异性。图 13.11（d）为不同频率耦合所占百分比的柱状图，左图为低频步态情况，右图为高频步态情况。

　　研究发现，无论是对样本内数据还是跨样数据进行研究，现有关于变化频率的耦合模型的量化分析过程与相位关系相独立。由于相位经常依赖频率关系，尤其是半整数耦合，因此 LRC 分析的下一步是基于每一时间序列的频率耦合对相位耦合进行量化。为了实现量化，先通过每一个回归映射的最小范围内（DRP$_{mf}$ 在 0°～360° 之间）已确认的线上离散点（不包含非耦合）来评估相耦合（PC）。这种分析方法表示在相应的呼吸周期内，足跟触地的相位先于呼吸末期相位（见图 13.10）。当所有的点落在被确定的线上，则完美的相耦合（无变异性）出现。在相耦合中，变异性是根据与直线的偏差计算得到的。因此，相耦合首先是通过

计算每个点(d_n)到被确定线的欧几里得距离,然后计算总的加权距离(wd):

$$wd_n = \begin{cases} 1 - \dfrac{|d_n|}{40\cos(45°)}, & d_n \leqslant 40 \\ 0, & d_n > 40 \end{cases} \quad (13.4)$$

$$PC = \dfrac{\displaystyle\sum_{n=1}^{m} wd_n}{m} \times 100\% \quad (13.5)$$

式中,m 表示在每个回归映射中最低范围内所包含点的个数。在计算权重点与被确定线的距离时,权重点与直线的夹角大于或等于 $40°$的为 0,小于 $40°$时根据表达式计算与被确实直线的距离,最后根据表达式计算出最大可能总和的百分比。PC=100% 为完美的相耦合,随着从 100% 下降变异性也会随之增加。

通过系统时间间隔和回归映射的共同作用,离散相对相位可以让我们量化一个具有高变异性和多频率耦合系统内的频率耦合和相位耦合。这种模式能够通过相关参数的改变的影响进行评价,例如通过改变运动速度或是频率达到不同的动态模式转换。McDermott 和他的同事(2003)使用 LRC 分析技术[见式 13.3]评价运动和呼吸耦合之间的关系。许多运动-呼吸耦合的研究中提出的基本假设是,在运动中卷吸程度越高,能量利用效率越高。McDermott 和他的同事发现卷吸本身不适合应用于运动和呼吸节奏之间存在高变异性的研究。结果显示更有经验的运动者卷吸的水平并不是更高的,而是反映了对不用速度和运动频率的适应性。一般而言,多频率 DRP 分析常用来对训练、疾病和老年人进行定量评价。

连续相对相位

连续相对相位(CRP)常用以评价高阶的环节之间或关节之间的协调性。高阶主要表现为 CRP 的偏差,这种偏差出现在动态运动中两个关节或两个环节的相平面。连续相对相位分析过去常用来确定双手协调运动中的稳定性和转换(kelso,1995),此外 CRP 可用于分析在步态中关节或环节协调性的特征(Hamill 等,1999,van Emmerik 等,1999)。

虽然 CRP 相对比较容易实现,但是需明确一些关于方法和解释的关键概念。在之前提到的手指协调性实验中(见图 13.2),相比于 DRP,CRP 能够更好地解决问题。在这个实验中,DRP 和 CRP 表面上获得了相同的结果:他们证明了从异相协调到同相协调的转换。手指摇摆以正弦运动为特征,正弦运动可以使用 DRP 表示在多点组成的周期中,左右手指摇摆的瞬时相位关系。但是这个实验并不能表示所有的摇摆研究,例如偏离正弦运动的摇摆或是频率不同于 $0.5/\pi$ Hz 的正弦波(Peters 等,2003)。CRP 方法可以用于基本的正

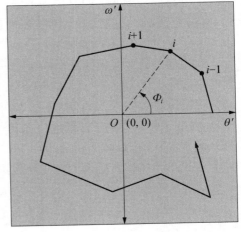

图 13.12 连续相对相位分析中相位平面的重建。θ' 代表标准化的角位置,ω' 代表标准化的角速度,$\phi(i)$ 代表在框架 i 中的相位角

弦信号、非正弦信号和局部信号,因此 CRP 是一种更好的算法。

使用 CRP 定量分析左右两肢摇摆之间的协调性,是基于它们之间不同的相位角。在步态实验中,摇摆通常被认为是在下肢的两环节之间或是两关节之间(如左右大腿和小腿环节或是髋关节和膝关节)。值得注意的是,在相位平面内,下肢两环节或关节的运动模式可看作是下肢环节之间的交替摆动,但是环节之间和关节之间的特性要比基本的下肢摆动复杂得多。当我们定量分析两环节之间运动学的相互关系或是结构上和机制上的联系时,人体中各种摆动之间的协调性关系常称为耦合。

相位平面的构建

计算 CRP 的第一步为基于研究数据构建两个摆动的相位平面(见图 13.2)。之前我们提到过相位平面的构建会使用环节或关节之间的位置-速度(或是角位置-角速度)作为坐标轴(见图 13.6)。但是,重建高阶相平面对协调性进行评价不能只局限于位置-速度相位平面。我们也可以构建速度-加速度、力矩-角度或是力矩-力矩等的高阶状态的矢量空间。

当使用角位置和角速度构建相位平面时,角位移是一组通过运动采集系统收集到的典型的运动学数据。角速度是通过适当的计算方法得到的。我们应该把更多的精力投入角速度的计算中去,并且 2D 分析和 3D 分析有不用的角速度计算方法。在 2D 分析中,角速度可以通过中心差异的近似值计算得到,即确定角位移的时间导数。但是,在 3D 分析中,并不能通过简单的角位置微分得到(详见第二章在 3D 中角速度的计算)。

状态变量的标准化

CRP 过程中至关重要的一步是使角位置-角速度分布图标准化(分别是 θ' 和 ω',见图 13.12)。标准化后的角位置和角速度组成了相位平面,相位平面主要用来说明不同信号中的振幅和频率。振幅的标准化是必不可少的,因为速度数据的振幅远远大于位置数据的振幅。此外,速度对于相位角的影响是不成比例的。比较这两组在角位移轨迹上存在本质差异的信号将遇到相同的问题。当不能直接利用两组频率不同的信号时,在最终的 CRP 措施中,可以人为地以低频振荡的模式进行表示。对于信号标准化必要性的完整描述详见 Peters 和他同事的论文(2003)。

在文献中通常采用两种标准化的方法。其中一种方法是使用角位置和角速度的最大值和最小值除以单位圆进行标准化(Van Emmerik 和 Wagenaar,1996a)。但是,使用这种方法会丢失速度为零时的数据(例如,零位于相位图的垂直轴时,无法真实地表示速度等于零)。另外一种常用的方法是允许角速度参数进行浮动,可以在垂直轴上向上移动+1 或是向下移动-1(Burgess-Limerick et al. 1993),这种方法常在生物力学的相关文章中出现。对于这种方法,在±1 范围内对角位置进行标准化,公式如下:

$$\theta'_i = \frac{2 \times [\theta_i - \min(\theta_i)]}{\max(\theta_i) - \min(\theta_i)_{-1}} \tag{13.6}$$

式中,θ' 是标准化后的角位移;θ 是未标准化的角位移;i 为整个周期中数据点的个数。角速度的标准化的处理过程与角位置的标准化相似,但是必须得注意在相位平面内速度为零,公式如下:

$$\omega_i' = \frac{\omega_i}{\max[\max(\omega_i), \max(-\omega_i)]} \tag{13.7}$$

式中，ω' 是标准化的角速度；ω 是未标准化的角速度；i 为整个周期中数据点的个数。在该系统中，把速度为零放在原点，允许研究人员使用收敛和发散函数评价相位平面内的能量变化。也就是说，标准化相位平面的方法即多个周期的平均振荡频率除以速度。这种方法常用于评价动态多肢协调性（Sternad 等，1999）。

在步态研究中，往往会分析多个步态周期，起决定作用的最大值必须确定。在所有周期中，标准化过程应该是采用最大值进行标准化，并一个周期接一个周期地完成。基于这种定性的角度来看，这种处理过程的差异性较小。然而，对所有步态周期进行最小值标准化将更好地保证周期间真实的空间特性（Hamill 等，2000）。图 13.7 为若干步态周期的最大值标准化例子。这种方法存在一个潜在的问题，即最大值来自数据中的异常周期。仔细观察数据则能够避免这一问题，例如在标准化过程中认为改变最大值而出现的异常值。

一旦完成标准化程序，接下来应确定角位置和角速度图的比例。为了使每个振荡波中数据点的个数相同。在多种情况下，周期的范围都会定义为 100%。

相位角和相对相位的计算

最后，相位平面是由角位置和角速度构建成图的（见图 13.12 和图 13.13）。相位平面由每一个振荡波组成。通过计算第四象限的反正切角可获得每条振荡波的相位角 $\phi(t)$，该角度与周期中每个瞬时的右水平线（right horizontal at each instant in the cycle）相关，计算公式如下：

$$\phi(i) = \arctan\left[\frac{\omega'(i)}{\theta'(i)}\right] \tag{13.8}$$

式中，ϕ 是相位角；ω' 是标准化的角速度；θ' 是标准化的角位置（见图 13.12）。两条振荡波耦合的 CRP 角度（如两个环节或关节）的计算过程如下：

$$\text{CRP}(i) = \phi_A(i) - \phi_B(i) \tag{13.9}$$

式中，$\phi_A(i)$ 是周期信号在第 i 个数据中其中一条振荡波的相位角；$\phi_B(i)$ 是周期信号在第 i 个数据中另一条振荡波的相位角。在运动周期内，相位角（ϕ）值的范围从 $0° \sim 360°$（或是位于第二和第三象限之间，从 $0° \sim +180°$ 和 $0° \sim -180°$，适用于图 13.13）。当我们计算相位差时，在 CRP 中这种极性分布会导致电势的不连续。为了消除这种不连续，可以使用圆形统计方法（circular statistical methods）（Batchelet，1981；Fisher，1993；或见后文），或者把 CRP 的结果限制在 $0° \sim 180°$ 的范围内。当相位角差大于 180° 时，需要从 360° 往回减。这种处理方法保留了在极坐标图中全部相位角的分布，并可以使用 CRP 计算且无断续出现。简单地把相位角折叠至两个甚至是一个象限对 CRP 数据的解析影响很大（Wheat 等，2002）。保持极坐标完整的 CRP 评估对正确解释协调性测量至关重要。

CRP 角可解释循环周期的作用（见图 13.13）。例如，两条振荡波的运动是相对的正弦曲线（也可能不是），然后让两条振荡波在频率比中一一对应，就可得到它们之间的相位信息。当 CRP 角为 0° 时，两条振荡波则完全同相。例如，汽车挡风玻璃上雨刮器的运动为两条振荡波的同相协调。当 CRP 角为 180°时,两条振荡波完全反相。以汽车挡风玻璃上的雨刮器为例,异相运动会导致雨刮器同时向着挡风玻璃的中心旋转。当 CRP 角在 0°～180°之间时,说明两条振荡波是异相的,但是能够成为相对同相(接近 0°)或相对反相(接近 180°)。同样以雨刮器为例,位置和速度是相匹配的。在之前讨论的人类运动中这种情况可能是无法实现的。

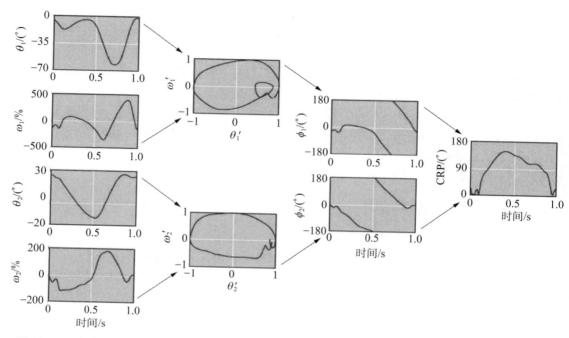

图 13.13　连续相对相位(CRP)分析所包含的过程。从左到右,第一纵列表示的是在走路中,膝关节和髋关节的角位置和角速度的原始时间序列信号;第二纵列表示的是对每一环节标准化的相位平面;第三纵列表示的是来自相位平面的相位角;第四纵列表示的是连续相对相位(两个相位角之间的差异)

我们经常会尝试使用 CRP 角对振荡波进行探讨,确定哪一个振荡波在前,哪一个振荡波在后。因此 lead-lag 解释常用来假设它是由一个振荡波的相位角减去另一个振荡波的相位角得到的,但是之前对于 CRP 计算的描述无法验证这样的解释。Lead-lag 解释是缺乏事实依据的,而 CRP 是由两个相位角得到的,反过来相位角是从角位置和角速度数据中得到的。此外,过去常用来计算 CRP 的标准化程序应用于 lead-lag 解释则十分困难。因此,不能把获取 lead-lag 信息作为 CRP 分析的首要目标。自相关和互相关分析是极佳的工具,能够对 lead 和 lag 有更深刻的理解。CRP 是评价协调性的一种方法,并且相位平面是一种动力学的高阶表示法。Lead-lag 信息(一维时间变量)的评价不应该是 CRP 分析的目标,更应该首先使用传统的互相关法。

CRP 分析的独立性度量

几乎没有文献认同独立性度量的类型来源于 CRP 分析。要明确独立性度量的类型,就必须要分别对所有耦合进行分析。在整个周期中，离散点的 CRP 角是最简单的派生指标。如在步态分析中，我们必须确定一个周期是一个完整的复步（例如，事件第一次出现在一条腿上，下一次出现还是在同样的腿上）。然后，我们便可以使用周期开始时的 CRP 角，或是其他在周期中重要点的 CRP 角。

最常见的处理 CRP 数据的方法，是用平均数除以周期信号中的离散部分，或是除以周期中明确定义的功能单位。首先，应按超过 10％的角度平分整个周期。以右腿为例，如果我们将各个功能单位划分到一个周期中，第一功能单位可能从右足触地至右腿达到最大膝关节屈曲角度时，第二功能单位从最大膝关节屈曲角度到右足离地，第三功能单位从右足离地到右足触地。另一种表述 CRP 角度的方法是由 van Emmerik 和 Wagenaar 提出的（1996b），即使用 CRP 直方图分析整个复步周期中相对相位的分布。聚类（binning）的方法和直方图的形成在后续内容（矢量编码）中会详细介绍。

基于 CRP 分析的协调变异性评价

从式（13.8）和式（13.9）中能获得 CRP 时间序列数据，该数据过去常用来评价两个关节或环节之间的协调变异性。为了更好地评价协调变异性，必须重视以下两点内容：①不能直接从具有系统性变化的完整运动周期的 CRP 时间序列数据中获得平均变异性；②变异性只能从连续数据中获得。下面将对这两个观点进行详细讨论。

为了获得变异性，我们通常会计算数据中平均 CRP 的标准差。但是，这种方法只适合用于一种周期数据，即全部周期中 CRP 几乎为定值，类似于之前讨论的手指摇摆实验中获得的数据。只要协调模式是稳定的（如全部周期都为异相），标准差将可用来表示协调变异性。但是，当人类走和跑时，CRP 波动系统性地贯穿于整个步态周期（见图 13.13）。像这种情况，使用平均 CRP 的标准差将会得到误导性的结果，因为标准差也反映了贯穿于整个步态周期 CRP 的系统性改变。

更好的办法是获得反映多个周期的变异性的协调变量。在图 13.14 中，使用这种方法得到了各周期之间的变异性。图 13.14（a）中，虚线表示个人的运动周期，实线表示平均周期。对 n 次测试（每次都用 100％步态周期表示），我们获得各周期间 CRP 的标准差，该 CRP 值贯穿于 n 次测试中每个步态周期的每一个百分点。该结果为各周期间标准差的 CRP 变异性时间序列数据，如图 13.14（b）。然后，能够从这个 CRP 变异性时间序列数据中获得多种简易的独立性度量，包括整个时间序列数据的总平均值，全部支撑期和摆动期的变异性，或是所有步态周期的其他明确定义的功能阶段的变异性。各周期之间或各测试之间协调变异性的定量分析都是基于唯一精确的 CRP，并且在原始数据中所有 CRP 数据都是连续的。为了避免数据的不连续，之前我们已经讨论了相对相位法，在下面的内容中我们还将继续讨论矢量编码法。

相对相位的替代策略

这部分内容主要是介绍计算两个信号之间相对相位的几种替代方法。这些方法包括相对傅里叶相位（realtive Fourier phase）分析和希伯特变换（Hilbert transform）。这两种方法都有一个共同的特点，即在非正弦曲线模式的时间序列信号中对于振荡不会像 CRP 一样的敏感。希伯特转换还能处理非稳定信号。

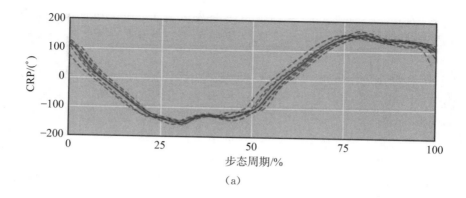

(a)

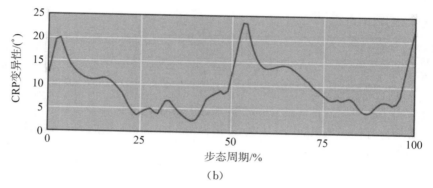

(b)

图 13.14　协调变异性图及过程

（a）多个连续相对相位周期的叠加；（b）在全部复步周期中的每个复步百分点上，各周期间的变异性

参考文献

Miller, R. H., S. A. Meardon, T. R. Derrick, and J. C. Gillette. 2008. Continuous relative phase variablity during an exhaustive run in runners with a history of iliotabial band syndrome. *Journal of Applied Biomchanics* 24: 262-70.

　　当动态系统技术用于分析周期性人体运动时，协调变异程度可以当作一种衡量健康状态的指标，缺乏一定的变异性则与损伤或病理状态有关。另外，在长距离跑步时，建议疲劳也作为损伤因素之一。本研究中比较有无髂胫束综合征（ITBS，膝关节过度使用性损伤）病史跑步者的协调变异性，通过跑步机采集运动学数据，直至受试者意志疲劳。学者们通过步幅间 CRP 和量化变异性的标准偏差来评估下肢协调性。ITBS 跑步者（包括之前患有 ITBS 和膝关节痛的跑步者）在摆动期的协调模型有较少的变异性。他们足跟触地时的协调变异性也较小，但是支撑期的变异性没有减少。疲劳没有明显的影响，且疲劳和组别没有交互作用。学者们的结论是，ITBS 与耦合的协调变异性的相对缺少有关，这将影响髂胫束的应变。这个发现与之前的模型分析结果相一致，在髂胫束上，ITBS 组相比控制组展现了更大的峰值应力和应力率。因此推测，ITBS 组和控制组在相同距离内变异程度相似，表明了 ITBS 组的受试者从损伤中恢复时有一定的适应性。学者们预测在损伤前,支撑期的变异性较少。

相对傅里叶相位

先前提及的计算 CRP 的方法具有一定的限制性,需要特别重视,因为我们的解释是基于 CRP 分析的。首先,在 CRP 中,环节或关节运动表现为非正弦波模式时,可能会导致虚假振荡。其次,在用于评价协调稳定性的相对相位时,为了获得各测试内的变异性,在一个运动周期中 CRP 应该是相对恒定的。因此,先前提及的 CRP 方法只能用于评价测试之间或步态周期之间的变异性。

对有运动经验人的运动学数据而言,所提出的典型假设都具有限制性。他们的位置信号一般不呈现完美的正弦波,并且应该考虑在运动周期中 CRP 的浮动现象。其中一个典型的案例为,评价在步态中下肢关节角度运动的协调性。在这个案例中,当信号表现为非正弦模式时,协调变异性的 CRP 评价法可能存在问题,有必要使用其他的替代方法。

在非正弦波情况下去推断变异性和协调性模式可以使用一种替代方法,这种方法是由 Lamoth 和他的同事(2002)所介绍的相对傅里叶相位(RFP)法。RFP 假设在原始的位置信号中多谐波有助于它们的时间演化。因此,他们提出了一种特殊的相关谐波,并且相对相位是基于谐波的特性进行评价的。

执行 RFP 的第一步是定义调谐指数(harmonicity index)。执行时并不存在硬性规则,但是其结果应该定义为标量,即量化在位置信号中各种谐波的功率。Lamoth 和他同事(2002)定义的调谐指数(IH)如下所示:

$$IH = \frac{P_0}{\sum_{i=0}^{5} P_i} \qquad (13.10)$$

式中,P_i 是指第($i+1$)个谐波的功率谱密度;P_0 是第一个谐波的功率谱密度,该振荡为信号的基础频率。IH$=1$ 时,是指没有振荡在信号的基础频率之外,而且转动是完美的谐波。

下一步是定义窗口宽度(如时间跨度),用于评价位置信号的频谱组成。该窗口应该要比信号的总时间跨度要短,但是对于宽度的定义没有硬性规则。在之前的研究中已经使用过了一种 4 倍于最大 IH 信号基础频率的窗口宽度(Lamoth 等,2002)。

在调谐指数和窗口宽度确定以后,RFP 角(ϕ_{rfp})就能够计算。这种方法类似于传统 CRP 方法中求 CRP 角(ϕ_{crp})的过程。窗口从早期可能的时间跨度开始(窗口的最边缘位于第一时间点),然后所有的信号都成为窗口内的部分,最后将窗口内的部分转换成主频。所有共同频率信号的相位转换都记录下来。Lamoth 和他的同事(2002)将这种频率定义为有最大调谐指数信号的基础频率。重复此过程,直到窗口跨越整个时间序列。

相位转换的结果集在时域中重建。这一新的时间序列信号定义为傅里叶相位角(Fourier phase angles)。然后,ϕ_{rfp} 是计算在所有时间点上每两个傅里叶相位之间的差异。

由于不会违背正弦振荡波的假设,结果能够表述为原始位置信号之间的协调模式。例如,$\phi_{rfp}=0°$ 表示两个位置信号之间呈同相协调,反之当 $\phi_{rfp}=180°$ 时,表示异相协调。但是,这种协调模式只能应用于在基础频率下的振荡波。

希伯特变换

状态空间通常是根据信号的时滞副本构建的,或是来自与时间有关的信号衍生物。但是,这些方法并不是最适合的方法。对两个信号的相对相位分析,其替代方法是使用希伯特变换构建相位平面(Rosebblum 和 Kurths,1998)。希伯特变换是一种解析信号处理方法,该方法能够清楚地评价两个任意信号以及非正弦不稳定信号之间的相位差。

对任意随时间变化的信号 $s(t)$,且定义 $\tilde{s}(t)$ 为该信号的希伯特变换:

$$\tilde{s}(t) = \frac{1}{\pi} \int_{-\infty}^{\infty} \frac{s(t)}{t-\tau} \mathrm{d}\tau \qquad (13.11)$$

当 $t=\tau$ 时,该积分不成立,这是根据柯西基本值得到的。随时间变化的信号 $s_1(t)$ 和 $s_2(t)$ 之间的相对相位,计算如下:

$$\phi_{\text{hrp}} = \phi_1 - \phi_2 = \arctan\left(\frac{\tilde{s_1}s_2 - s_1\tilde{s_2}}{s_1 s_2 + \tilde{s_1}\tilde{s_2}}\right) \qquad (13.12)$$

式中,ϕ_{hrp} 是基于两个信号的希伯特变换量化得到的相位关系。

希伯特变换能够利用任意随时间变化的信号,并且不受正弦波的限制。因此希伯特变换更适用于分析数据,例如分析步态中关节角度运动轨迹这种典型的非正弦波。因为在构造相位平面时没有衍生物出现,因此希伯特变换法能避免放大原始信号中的噪声,更适用于分析噪声和原始数据。

相对相位分析的优点及局限性

相对相位分析技术提供了许多有效的方法帮助研究人员评价生物力学系统中运动的协调性,下文将分别分析每种方法的优势和劣势。离散相对相位分析是一种相对较为简单的方法,这种方法无法进一步衍生或是重建其他的时间序列信号(如速度或加速度)。DRP 一个最突出的缺点是在时间序列信号中必须有一个突出的事件。如果之前能够明确事件的存在,那么使用 DRP 不存在问题。但是,在含有多个事件的信号中,或是该信号峰值或波谷在周期中不同的时间里不连续地出现,那么 DRP 就不是最佳的分析方法,连续相对相位或矢量编码技术更加合适。

连续相对相位能够定量地分析全部运动周期的协调性,例如在走和跑中的复步周期,这给研究者提供了一种更好的观察全局协调性的模式。CRP 的另一个优势是能够反映相位平面内的动态协调性,因为这种方法合并了关节或环节的位置和速度,能为动态协调性的变化提供更加详细的信息。最适合 CRP 分析的信号是接近正弦波的信号。当信号为非正弦模式时,在 CRP 中可能会出现伪振荡。标准化能够对这种情况稍加控制,但是其他技术例如希伯特变换是更好的选择。

先前描述的相对傅里叶相位分析已经充分地说明了包含非正弦波信号的协调性分析。就这点而言,相对傅里叶相位分析应该是更好的方法,例如,在步态中关节角度协调性的评价,由于它们表现为非常典型的非正弦波。但是,当这种分析方法被限制在主频分析上,其中一个不足是其在原始成分的时间序列信号结果中额外振荡的丢失。当专注于时间序列信号的基本频率并且使用基本频率作为协调性分析基础时,这一方法的限制将类似与之前提及的 DRP 法,即不能完全体现原始信号的复杂度。

在位置-速度相位平面中,CRP 提供了关于合并动态协调性的高阶信息。对于更复杂的信号,CRP 反映了来源于相位平面的相位角差异。参考 CRP 结果对相位的纯空间解释是十分困难或是不可能。在临床康复练习或是运动技能学习过程中,注意力和焦点经常会放在关节之间或环节之间的空间关系。在上述例子中,对于评价协调性变化,矢量编码程序可能更有意义。

协调性定量法:矢量编码

两关节或环节的角时间序列数据之间的相对运动过去常用来区分正常步态模式中存在的一些混乱的步态模式、运动技能发展过程中对称和不对称的步态模式以及运动中某一专项技能协调性的改变(详见 Wheat 和 Glazier 2006 年发表的综述)。相对运动图能够表示在走路和跑步中大腿和小腿环节角位移之间的协调性(见图 13.15)。之前我们已经提过了相对运动图也就是角-角图,它们常用来描述关节或环节之间角旋转的变化。

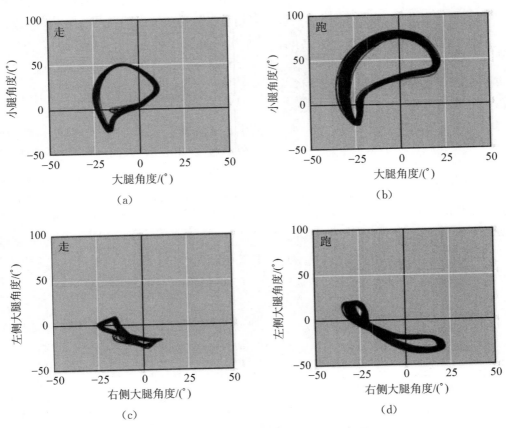

图 13.15 来自走和跑步态测试的角-角图

(a,b)走和跑中膝-髋肢体间协调模式;(c,d)走和跑的肢体间协调模式至今为止,已经发展出了许多与角-角图相关用于定量分析相对运动模式的技术。首先是从 Freeman(Whiting 和 Zernicke,1982)提出的链式编码法(chain encoding method)开始。该技术是将原始数据转换为离散数码(1～7)的相对运动图,图中涉及了网格的叠加,并且量化改变后的相对运动图的方向。但是,链式编码技术可能会遗漏相对运动模式中某些微妙变化的重要信息。Sparrow 和他的同事(1987)介绍了矢量式编码方案的局限性,在相对运动图中连续数据点之间的角度需要通过计算得到。Tepavac 和 Field-Fote(2001)使用的编码技术是在 Sparrow 和他的同事(1987)的技术基础上发展而来的,在通过多步态周期的相对运动图中对变异性或相似性进行了量化。接下来我们将详细讨论独立的量化和矢量编码分析的利弊。

矢量编码程序

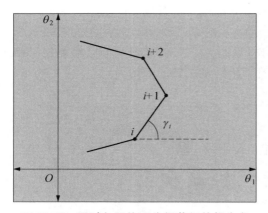

图 13.16　通过矢量编码分析获得的耦合角
(γ)

这部分内容主要通过程序量化关节或环节间的相对运动模式。例如,我们使用的数据来自走和跑中在矢状面上大腿-小腿肢体间角度相对运动的角-角图(见图 13.15)。两个环节之间的相对运动能够使用耦合角(γ)进行量化,耦合角是由毗邻两个连续时间点形成的直线和朝向右侧水平面的延长线构成的夹角(见图 13.16):

$$\gamma_{j,i} = \arctan\left(\frac{y_{j,i+1} - y_{j,i}}{x_{j,i+1} - x_{j,i}}\right) \quad (13.13)$$

式中,γ 的范围在[0°,360°];i 表示周期中的连续数据点(这里表示每百分之一点的支撑);j 表示为多步态周期。由于这些角度是定向的,并且来源于极分布(0°～360°),采用一连串角度的算数平均值会导致平均值的误差,无法表示矢量的正确方向。因此,平均耦合角度($\overline{\gamma}_i$)使用圆形统计进行计算(Batschelet,1981;Fisher,1993)。在所有数据中,$\overline{\gamma}_i$ 是由贯穿于多个步态周期(j)中的所有百分点(i)的支撑中的平均水平成分($\overline{x}_i$)和平均垂直成分($\overline{y}_i$)计算得到的:

$$\overline{x}_i = \frac{1}{n}\sum_{j=1}^{n}(\cos\gamma_{j,i}) \quad (13.14)$$

$$\overline{y}_i = \frac{1}{n}\sum_{j=1}^{n}(\sin\gamma_{j,i}) \quad (13.15)$$

平均矢量的长度定义如下:

$$r_i = (\overline{x}_i^2 + \overline{y}_i^2)^{1/2} \quad (13.16)$$

然后得到一个与水平轴负向的明确定义的角度,该角度称为耦合角 γ(见图 13.16 和图 13.17)。通过所有步态周期的平均耦合角是由周期中的每一个百分点(i)定义得到的:

$$\overline{\gamma}_i = \begin{cases} \arctan(\overline{y_i}/\overline{x_i}), & x_i > 0 \\ 180 + \arctan(\overline{y_i}/\overline{x_i}), & x_i < 0 \end{cases} \qquad (13.17)$$

耦合角时间序列数据的进一步量化

对耦合角的时间序列数据的进一步分析能够获得步态周期协调性的定量结果。通过所有周期的耦合角的平均值来表示协调性,但是只有当所有周期的协调性不能系统性地改变时才能使用该值表示。图 13.17 中我们能够发现这种模式,但这并非是必然的。其中一种方法是通过步态周期的不同相位获得平均值,或是获得耦合角分布的直方图。

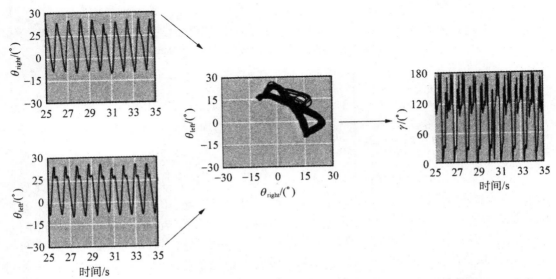

图 13.17　矢量编码分析过程图。从左到右,第一列表示左右大腿环节的角旋转;第二列表示这些环节旋转的角-角图;第三列表示时间序列的耦合角(γ)结果

另一种方法是把耦合角划入特殊的"箱子"中,可以显示不同的协调趋势。这种方法是由 Chang 和他的同事在 2008 年分析前脚-后脚协调性时提出的。在大腿-小腿协调的例子中,定义四个唯一的协调模式(见图 13.18):异相、同相、大腿环节相和小腿环节相。这四种协调模式都呈现在分类表中,将极分布按每 45° 划分到不同的箱子中。这四种模式分别基于垂直、水平和对角线(正负)。同相耦合(以 45° 和 225° 正向对角线为中心)旋转在相同方向,即大腿和小腿同时进行屈或伸。异相耦合(以 135° 和 315° 负向为对角线中心)旋转在相反方向,即大腿屈的同时小腿伸。相耦合是指当耦合角平行于水平轴($\gamma = 0°$ 或 $180°$:大腿相)或平行于垂直轴($\gamma = 90°$ 或 $270°$:小腿相)时,通过单一环节进行控制。

整个步态周期的时间序列耦合角[见式(13.17)]过去常用来评价两个不同角-角图之间的相似程度。Sparrow 和他的同事(1987)提出了一种模式类似法,即两个不同相对运动图的时间序列信号耦合角的互相关。之后,Tepavac 和 Field-Fote(2001)对这种模式类似法进行研究,得到了进一步的发展,可以比较来自多角-角图的时间序列矢量编码的相似性。

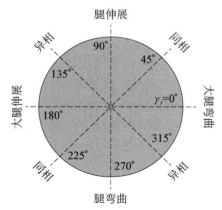

协调模式	耦合角定义
异相	$112.5° \leq \gamma < 157.5°, 292.5° \leq \gamma < 337.5°$
同相	$22.5° \leq \gamma < 67.5°, 202.5° \leq \gamma < 247.5°$
大腿	$0 \leq \gamma < 22.5°, 157.5° \leq \gamma < 202.5°, 337.5° \leq \gamma \leq 360°$
腿	$67.5° \leq \gamma < 112.5°, 247.5° \leq \gamma < 292.5°$

图 13.18　基于矢量编码分析的协调模式分类

参考文献

Chang，R.，R. E. A. van Emmerik，and J. Hamill，2008. Quantifying rearfoot-forefoot coordinantion in human wakling. *Journal of Biomenchanics* 41：3101 - 5.

　　步态中足部的相关机制研究的共同特点是,足部的稳定是由于前足向下同时后足向上减少了内侧纵弓角度,换句话说,反向运动。本节提出的矢量编码技术使量化更容易,且解释了前足和后足的协调性。量化后足和前足协调模型:同相,异相,后足相位,前足相位。根据足部的多环节模型将9个马克球置于后足部和前足部。健康的青年受试者先站立进行校准,然后执行步行测试(1.35 m/s)。通过三维动态捕捉系统获取运动学数据:后足-前足关节角度和矢状面的足弓角度。变化的耦合角度可分为四种协调模式中的一种。足弓的运动学数据与文献相一致,在支撑期,足弓的角度达到峰值背屈角度之后快速减小。但是,在蹬伸阶段,异相协调并不是主导模型(见图 13.19)。本研究的数据表明,后足和前足的相互协调要比之前描述的更加复杂。现有的技术提出了关于步态中足部协调的新的观点,也可能洞察了基础组织的形变,如足底筋膜。

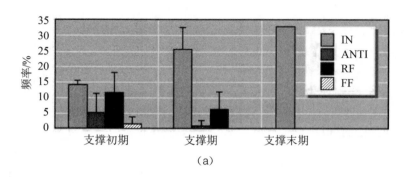

（a）

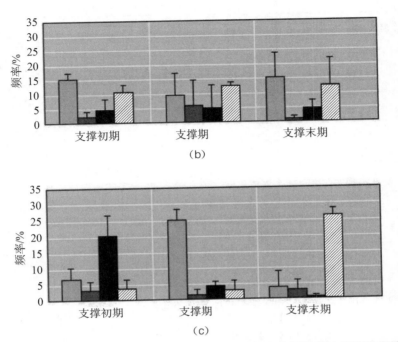

图 13.19 通过矢量编码得出后足-前足在步行支撑初期、支撑期、支撑末期的协调性直方图

（a）矢状面协调性;（b）额状面协调性;（c）水平面协调性。IN—同相协调;ANTI—异相协调;RF—优势腿后足运动;FF—优势腿前足运动

矢量编码的优点及局限性

利用矢量编码来评价协调性的优势如下：①假如在非正弦时间序列信号中,缺少速度数据的情况下对协调性进行量化也不会出现额外的振荡;②耦合角直接提供了关于运动模式的信息,并且无须得出高阶变量;③矢量编码程序对数据的标准化要求并不高。尤其在临床实践中,该技术可能是十分重要的协调性分析手段,因为该技术能够很容易地解释运动模式的变化。例如计算 CRP 中用到的高阶变量,可能在临床实践中较难说明和实施。但是,在疾病变化过程或是损伤康复过程中,这些高阶变量可能能够更精确地观察和诊断运动模式的细微变化。

协调性分析技术综述

在这章内容中讨论了不同协调性和变异性分析技术,需要根据研究问题的性质决定使用何种分析技术,但也要考虑每种技术的利弊。在表 13.1 中全面地讨论了协调性分析技术的优缺点。我们需要从多方面的因素考虑,怎样使用这些技术：①理解协调性处于什么样的水平（空间与高阶）;②信号的性质,也就是说时间序列信号是正弦还是非正弦信号;③协调性是 1：1 频率还是多频率关系;④时间序列信号中的事件。每种技术的利弊将能帮助我们选择有效的协调分析技术,应用于实际研究中。

表 13.1　各种协调分析技术的好处和局限性

协调性分析技术	优　点	缺　点
DRP	没有重建的高维状态空间内,相对简单的方法	基于时间序列的单一事件的协调性分析,当时间序列里多个峰值不能很好地定义或改变时将变得不可靠,这会影响变量
多频率 DRP	允许对不同频率的信号进行协调性分析	相比传统的 DRP 需要更多的复杂技术,包括回归映射的重建
CRP	允许对确定的运动周期(步态)进行协调性分析;包括基于相位平面的更高阶的动态分析;这些更高阶的动态分析对于运动表现的改变可能会更加敏感	需要标准化强调信号之间频率和幅值的差异;不适用于偏离正弦波模型的信号;协调性的结果很难反映出空间内关节-环节的运动
傅里叶相位	通过比较相对相位的基础频率可应用于非正弦信号;当峰值没有很好地被定义时,该方法比 DRP 应用更简单	可能会消除两个时间序列之间的协调性信息;相比于 DRP 可能不会提供不同的信息
希伯特变换	适用于正弦信号和非正弦信号;不需要对数值进行求导;避免放大原始信号内的噪声信号	当要求分析导出状态空间时,需要更复杂的技术
矢量编码	适用于正弦信号和非正弦信号;标准化要求相对宽松;当引用于角-角图时要比应用与临床的应用和解释容易	相比 CRP,更高阶的信息会损失,可能会降低敏感性

小结

这章的主要内容是介绍常用来评价人类运动协调性的分析技术。协调性分析技术的基本概念包含对人类运动动态系统方法的基础。这种动态系统方法提供了一种新的用于评价稳定性和运动模式变化的工具。本章中提出不同的协调性分析方法,并讨论了这些方法的优点及局限性。前面所提及的有效的和多样的技术有利于分析人类运动协调性的变化。在应用这些协调性分析方法之前,我们也必须认真考虑其优点及局限性。

▲▼ 推荐阅读文献 ▼▲

• Miller, R. H. , R. Chang, J. L. Baird, R. E. A. van Emmerik, and J. Hamill. 2010. Variability in kinematic coupling assessed by vector coding and continuous relative phase. Journal of Biomechanics 43: 2554 - 60.

• Hamill, J. , R. E. A. van Emmerik, B. C. Heiderscheit, and L. Li. (1999). A dynamical systems approach to lower extremity running injuries. Clinical Biomechanics 14: 297 - 308.

• Tepavac, D. , and E. C. Field-Fote. 2001. Vector coding: Atechnique for the quantification of intersegmental in multicyclic behaviors. Journal of Applied Biomechanics 17: 259 - 70.

• Van Emmerik, R. E. A , M. T. Rosenstein, W. J. McDermott, and J. Hamill J. 2004. A nonlinear dynamics approach to human movement. Journal of Applied Biomechanics 20: 396 - 420.

• Wheat, J. S. , and P. S. Glazier. 2006. Measuring coordination and variability in coordination. In Movement System Variability, eds. K. Davids, S. J. Bennett, and K. M. Newell, 167 - 81. Champaign, IL: Human Kinetics

第十四章　生物力学波形数据分析

Kevin J. Deluzio，Andrew J. Harrison，Norma Coffey，Graham E. Caldwell

本书中部分章节都是有关于人体运动相关的运动学和动力学数据的测量和计算。例如,在第二章三维运动学中,我们学会了如何测量屈-伸,内收-外展和轴向旋转的关节角度。科学技术的进步为生物力学家提供了更复杂的计算方法,并能够设计更加复杂的实验。其结果是,生物力学研究通常会产生大量的数据。这些数据可以以时间序列的方式(如与时间相关的运动或动力学参数)或配位结构呈现,如角-角图、耦合角曲线、连续相对相位,或第三章的相位平面图。这些数据的共同特点即它们都是高维的,都可以表示为一条曲线或一组曲线。

尽管人们已经探索了这些数据的分析步骤,但由于没有建立标准的曲线数据分析技术,因此分析过程仍存在挑战。实验研究常常旨在利用这些曲线确定几组个体之间的差异,例如损伤组与对照组之间的差异,不同技术水平的运动员之间的差异,不同发育水平的儿童之间的差异,或者是运动在响应不同干预模式时发生的改变。分析的目标取决于研究课题,但是大多数分析过程需要进行数据压缩,使原始数据变得更小,更有利于进行下一步分析(如统计学假设检验)。

在本章中,我们讨论的是生物力学数据的分析。在自然科学领域,检测多维信号模式的优化方法是相当完善的,但在生物力学研究中并不常用。主成分分析(PCA)和功能数据分析(FDA)就是其中两个。在本章中,我们将:

(1) 解决与波形或时间序列数据分析相关的特殊挑战;

(2) 解释如何使用 PCA 和 FDA 检测和解释波形数据中的形状和振幅差异;

(3) 演示 PCA 和 FDA 的输出如何用于统计检测群体或条件之间的差异;

(4) 比较 PCA 和 FDA 之间的区别。

生物力学波形数据

人体运动的生物力学数据大多数表征为时域波形或时间序列,它们代表特定的关节测量数据,如角度、力矩或力随着时间推移的变化情况。例如,图 14.1 中数据所表示的是 50 名膝骨关节炎患者和 60 名无膝关节炎受试者,在一个完整步态周期内膝关节屈曲角度的变化。这些数据有几个显著的特点。第一,数据量较大。如果我们在每个尺度化步态周期(从 0%～100%)内有 110 个波形,那么我们就有 $110 \times 101 = 11\,110$ 个数据点。 由于这个原因,数据经常被描述为多维的。第二,波形数据一般遵循一定的形状或基本模式。对于给定的波形,一个特定值与同一波形中的相邻值有关,也与其他波形中的值有关。可以将波形值之间的关系强度描述为共线,并可以称其为数据中的相关结构。第三,数据存在大量变异性。该变化部分来源于每个组内,并与不同个体膝关节运动的差异相关(所谓个体间的变异)。变化的另一部分来源于两组之间膝关节运动的差异(即组间变异),该变形中我们通常比较关注这一部分的,因为它涉及生物力学数据分析的目的:检测与解释所关注的组间波形数据差异。

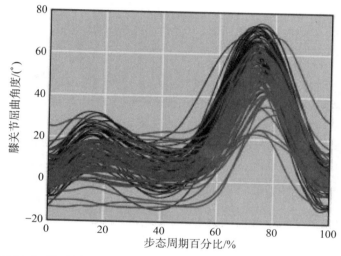

图 14.1　50 例患严重膝骨关节炎个体(OA)膝关节屈曲角度波形数据(灰线)和 60 例无 OA 个体波形数据(黑线)

　　生物力学研究过程中会产生大量时间波形数据,我们如何达到检测与解释组间波形数据差异的目标? 所面临的挑战是,寻找数据的最显著特征,并且在不丢失重要辨别信息的情况下,保留数据最重要的特征。传统上,可以通过从波形数据中提取离散参数(如峰值或极小值)来实现。该方法可以减少受试者对比的参数集,但是会损失波形数据中大量的时间信息。这样会导致数据严重减少,许多重要的信息丢失,从而使这些方法的结果不尽如人意(Donoghue 等,2008;Donà 等,2009)。事实上,在不同的研究中常使用不同的离散参数定义(如平均交叉相或在特定时间点的值),这已被确认为生物力学文献结论不一致的一个原因(O'Connor 和 Bottum,2009)。此外,参数通常很难定义,尤其是在研究病理运动时。在某些情况下,不同个体可能表现出不一致的波形特征。例如,图 14.2 所展示的步态过程中四种不同的膝内收力矩波形,第一个[见图 14.2(a)]是最常见的经典双峰值膝内收力矩波形图,其他三个波形分别是无明确峰值[见图 14.2(b)],无明确第二峰值[见图 14.2(c)],无明确第一峰值[见图 14.2(d)]的非典型波形。即使这些波形是非典型的,它们仍在不同人群中存在。在一项评估无症状人群与骨关节炎患者膝关节内收力矩的研究中,Hurwitz 等人(2002)发现,52%膝关节骨性关节炎患者内收力矩无明确第二峰值,而无症状人群的 29%无明确第二峰值。在努力捕获有关生物力学波形数据的形状信息时,研究人员借助不同的技术保留数据中的时间信息。

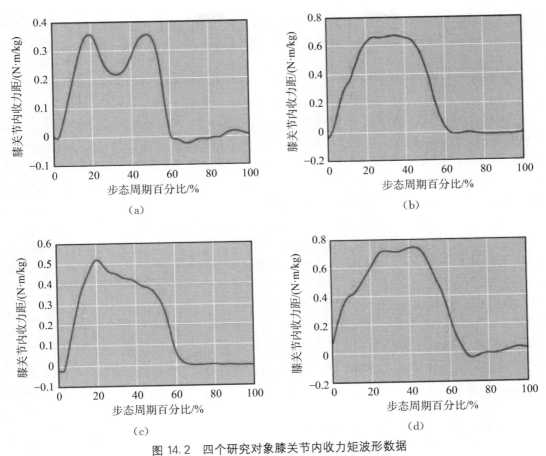

图 14.2 四个研究对象膝关节内收力矩波形数据

（a）典型波形；（b）无明确峰值波形；（c）无明确第二峰值波形；（d）无明确第一峰值波形

考虑整个波形的技术比选择和分析离散波形参数的方法更加复杂，因为相对于比较一组离散参数的特性而言，比较一组波形的特性更难。一个时间序列的峰值或最小值可能是显而易见的和容易量化的，但是该如何量化两个复杂波形之间的幅值和形状上的不同？现已有几种技术可以实现，包括多元统计技术，如主成分分析、因素分析和对应分析，还有部分数学方法，如傅里叶分析、模糊分析、分形分析、小波变换和神经网络。Chau（2001a，2001b）在步态分析中对这些方法进行了对比。在本章中，我们的目标是详细描述如何使用这些技术中的主成分分析（PCA）和功能数据分析（FDA）。

我们先讨论主成分分析，这是一种正交分解技术，该方法分解产生的单个主成分是彼此独立的。在数学上，PCA 是一种正交变换，它将若干相关变量转化为数量较少的称为主成分的未修正的独立变量。PCA 非常适合于数据压缩和说明，在生物力学研究中，该方法已有效地应用于多个不同领域的波形数据分析，包括步态（Landry 等，2007；Muniz 和 Nadal，2009），平衡（Pinter 等，2008），工效学（Wrigley 等，2006）和表面肌电（Hubley-Kozey 等，2006；Perez 和 Nussbaum，2003；Wooten 等，1990）。对于特征选择问题，其解决方案往往是相关联的，仅是名字略有不同，称为奇异值分解（SVD）或 Karhunen-Loève 级数（KL）的技术，可以等同于 PCA（Gerbrands，1981）。这些解决方案是模式识别的统计学驱动技术，避免对数据结构或者信号特定点和部分信号的相对重要性的假设。在介绍了 PCA 后,我们描述与其相关但又不同的技术,称为功能性数据分析(FDA)。

主成分分析

在第十二章中,我们介绍了傅里叶分析的概念,其中,随时间变化的信号表示成不同频率和相移组合的正弦曲线。这是波形数据的傅里叶分析和主成分分析之间的直接类比。在傅里叶分析中,用来表示时间序列波形的一组基础正弦函数集可视为基函数。在这种情况下,一个与基函数特定系数相关的特殊波形称为傅里叶系数。傅里叶分析在生物力学中用途广泛,可以使用傅里叶分析提取波形的正弦特征(Chao 等,1983)。

时间序列数据不仅可以用傅里叶分析表示,还可以由其他基函数表示。在许多情况下,正弦波并不是最适合原始波形数据的选择,更好的基函数可能来自波形数据本身。在时间序列数据处理过程中,PCA 从时间序列数据所形成的波形中计算并提取其特有的基函数,这些基函数称为主成分,它们与波形有关,尤其与数据的变化模式关系密切。傅里叶分析与之类似,在原始数据组中的每个波形都具有一组独特的分数——基函数系数。PCA 的三个主要优点:①主成分间彼此独立;②仅需很少数量的主成分便可充分代表原始波形数据;③基函数系数可用于下游分析(如作为假设检验、判别分析和聚类分析的因变量)检测和解释受试者之间的波形差异。我们将从后面的内容中看到,独特的基函数也是函数型数据分析的基础。

主成分的计算

当一组时间波形数据可以表示为矩阵形式时,如:

$$\boldsymbol{X} = \begin{bmatrix} X_{11} & X_{12} & \cdots & X_{1p} \\ X_{21} & X_{22} & \cdots & X_{2p} \\ \vdots & \vdots & \ddots & \vdots \\ X_{n1} & X_{n2} & \cdots & X_{np} \end{bmatrix} \tag{14.1}$$

矩阵中每一行代表一个受试者的完整数据(n 代表时间序列的个数和行数),每一列代表受试者在某一特殊时刻的值(p 为时间点的数量)。因此,图 14.1 的每一个膝关节屈曲角度数据都占据矩阵的一行,而每一列则代表角度波形图的时间点。对于 110 个受试者来说,每个波形均有 101 个采样点(0%~100%步态周期),因此,$n = 110$,$p = 101$。在对矩阵 $\boldsymbol{X}$ 进行主成分分析时,相关变量是 n 个受试者在 p 个时间采样点上的观测值。

我们关注的是这些数据中的变化,如同一受试者膝关节屈曲角度波形随时间的变化,以及不同受试者之间膝关节屈曲角度的差异。其中一种表达数据内部方差结构的方式为矩阵 $\boldsymbol{X}$ 的协方差矩阵,这里表示为 $\boldsymbol{S}$。

$$\boldsymbol{S} = \begin{bmatrix} S_{11} & S_{12} & \cdots & S_{1p} \\ S_{21} & S_{22} & \cdots & S_{2p} \\ \vdots & \vdots & \ddots & \vdots \\ S_{p1} & S_{p2} & \cdots & S_{pp} \end{bmatrix} \tag{14.2}$$

对角元素 s_{ii} 代表波形在某一时刻的方差。通过计算矩阵 X 的第 i 列的平均值,这个平均值与 n 个波形在第 i 个特殊时刻的值的平均平方距离就是 s_{ii}:

$$s_{ii} = \frac{\sum_{k=1}^{n}(x_{ki}-\overline{x}_i)^2}{n-1} \tag{14.3}$$

其中,i 代表列;n 代表行数(受试者)。非对角线元素 s_{ij} 代表每一对时刻间的协方差:

$$s_{ij} = \frac{\sum_{k=1}^{n}(x_{ki}-\overline{x}_i)(x_{kj}-\overline{x}_j)}{n-1} \tag{14.4}$$

其中,i 和 j 代表两个不同的列;n 代表行数(受试者)。如果协方差不为零,那表明两个变量之间存在线性关系。这种线性关系的强弱可以由相关系数表示:

$$r_{ij} = \frac{s_{ij}}{s_{ii}s_{jj}} \tag{14.5}$$

协方差矩阵 S 包含原始数据的变异结构,通常情况下非对角元素不为零,意味着原始数据波形的列数据相关。主成分提取自协方差矩阵 S。回想我们曾求得的不相关主成分,不相关意味着协方差矩阵的非对角元素均为零。将原始数据协方差矩阵 S 转换为主成分协方差矩阵 D 的过程称为对角化,或线性代数正交分解,可以写为:

$$U^t S U = D \tag{14.6}$$

矩阵 U 可以视为正交变换矩阵,它将原始数据重新调整,转换为新的坐标系。新坐标即为主成分,并且它们与数据的变化方向一致。矩阵 U 的列是矩阵 S 的特征向量,通常称为主成分载荷;D 是对角型协方差矩阵,其元素 λ_i 是矩阵 S 的特征值,并且每个特征值代表每个主成分间的差异程度。矩阵 D 的非零对角元素的个数代表主成分的最大个数。这个值等于受试者人数 n 或者波形 p 的长度,相当于矩阵 S 的秩 r。在我们的膝关节屈曲角度波形示例中,矩阵 S 的列等于 101,因此主成分的最大个数就是 101。后面将看到,在实践中,我们仅使用主成分最大数量的一小部分。最后一步是使用矩阵 U 将原始数据转换为新的不相关的主成分(Z):

$$\underset{(n\times r)}{Z} = [\underset{(n\times p)}{X-\overline{X}}]\underset{(p\times r)}{U} \tag{14.7}$$

矩阵 Z 的每一列都是一个主成分,列中的每一个元素被称为主成分(PC)得分。主成分是有序的,其顺序遵从原始数据中方差大小的顺序,即第一个主成分的方差最大,第二个主成分的方差次之,依次类推。每个主成分的方差是由矩阵 D 的对角元素,即特征值 λ_i 给定。PCA 是一种保持方差不变的转换方法,主成分的方差与原始数据的总方差相等。最常用的测量全部数据的总变差是将所有变量的方差求和,等价于矩阵 S 的对角元素求和。矩阵对角元素的和被称为矩阵的迹(tr),因此

$$\operatorname{tr}(S) = \operatorname{tr}(D) \tag{14.8}$$

通过这种方式,我们可以量化每个主成分对总变差的贡献率为

$$\text{Variation Explained by PC}_i = \frac{\lambda_i}{\text{tr}(\boldsymbol{S})} = \frac{\lambda_i}{\sum \lambda} \tag{14.9}$$

以膝关节屈曲波形数据图 14.1 为例,我们可以发现,前三个主成分已经可以反映数据近 90% 的变化,前五个主成分可以反映近 99% 的变化,如表 14.1 所示。

表 14.1　每个主成分所解释的膝关节角度变异度

PC	变异度/%	变异度累积/%
PC$_1$	61.5	61.5
PC$_2$	19.9	81.4
PC$_3$	12.5	93.9
PC$_4$	2.8	96.7
PC$_5$	2.0	98.7

主成分得分

概括而言,主成分作为一种由矩阵 $\boldsymbol{Z}$ 的列向量所表示的转换变量,它只是原始数据的一种线性组合。单个观测值的转换值称为主成分得分,矩阵 $\boldsymbol{Z}$ 每一列的单个元素代表一个主成分得分。散点图 14.3 所示为图 14.1 的膝屈曲波形的前四个主成分得分。每一个数据点代表一个受试者,黑色方框代表膝骨关节炎受试者数据,灰色菱形框代表无膝骨关节炎受试者数据。注意,主成分得分的组间差异比原始数据的组间差异更为显著。并且,这种差异在 PC$_1$ 中比在 PC$_2$ 中更显著。因此,我们可以确定 PC$_1$ 和 PC$_2$ 所体现的差异主要是组间的差异,而 PC$_3$ 和 PC$_4$ 所体现的差异与组间差异无关。如图 14.4 所示,我们可以通过对这些 PC 得分数据进行统计分析,客观地检测这些差异。在这个例子中,统计分析仅限于简单的 T 检验,但在后面的章节中,PC 得分可以被应用于更加复杂的统计模型中。

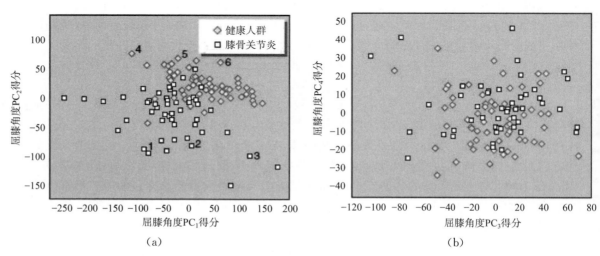

图 14.3　膝骨关节炎受试者(黑色方框)与健康受试者(灰色菱形框)的 PC 得分。(a) PC$_1$ 与 PC$_2$ 得分比,点个数与图 14.8(e)中所示受试者波形图数量一致;(b) PC$_3$ 与 PC$_4$ 得分比

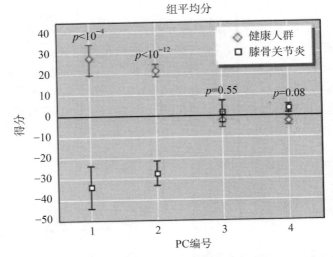

图 14.4　PC 得分比较。膝骨关节炎受试者(黑色方框)与健康受试者(灰色菱形框)的主成分均使用(mean ± SEM)表示。使用 T 检验结合多重比较 Holm-Sidak 修正来对比每个 PC 的差异。每个对比的上方给出了调整的 p 值

PC 载荷向量

特征向量或矩阵 $\boldsymbol{U}$ 的列称为载荷向量。如图 14.5 所示,膝关节屈曲角度数据的载荷向量与前三个主成分相关。之前提到,主成分分析仅可以从波形数据中提取一个独一无二的基向量。载荷向量本身也是波形数据,并且其长度与原始波形数据长度一致。图 14.5 中,膝关节屈曲角度数据的载荷向量绘制为步态周期的函数,纵轴测量的是每个载荷向量的系数。原始数据与这些系数相结合得到了主成分得分。第 i 个个体的第一主成分计算公式为

$$z_{1i} = (x_{i1} - \overline{x}_1)u_{11} + (x_{i2} - \overline{x}_2)u_{21} + \cdots + (x_{1p} - \overline{x}_p)u_{p1} \tag{14.10}$$

PC 得分 z_{1i} 是特定受试者的波形在每一时刻采样(均值调整)与 PC 载荷向量系数的线性组合。对于某一特殊时刻的采样,如果 PC 载荷向量的系数接近 0,那么这些时刻的采样对于 PC 得分的贡献就很小。因此,我们可以通过观察 PC 载荷向量的形状来理解每个主成分所代表的变异。在膝关节屈曲角度波形范例中,样本指在步态周期中所占的比例,在步态周期中所占的比例越大,说明载荷向量对相应的主成分越重要。例如 PC_2 强调步态周期的着地后期(约 40% 步态周期)和摆动早期(约 70% 步态周期)比早期支撑期(约 15% 步态周期)所占比例更大。我们将在后面的内容中介绍主成分解释的方法。现在我们需要解决的问题是到底需要保留多少主成分。

主成分保留数量的选取

PCA 真正的优点在于:大多数的变化通常仅需要前几个主成分便可以说明,并且这些

主成分通常包含所有与原始数据最相关的信息。其余部分常常可以忽略,且不会丢失重要信息。事实上我们看到(见图 14.5),仅需要前三个主成分便可以解释膝关节屈曲波形数据几乎 95% 的差异。那么,在一个给定的分析中,究竟需要多少个主成分呢? 寻找变异信息和噪声之间的截止点有很多终止规则,最简单的是将截止点定义为保留的主成分可以解释原始信息的百分比,一般为 90%～95%。碎石检测是基于从最大到最小绘制特征值的图解法。该图形的形状通常酷似悬崖,截止点是最大和最小特征值之间的分隔点(见图 14.6)。碎石这个词是地质学术语,指的是悬崖底部的瓦砾。关于各种选择 PC 数量技术的完整讨论可以在 Jackson(1991 年)中查询到。

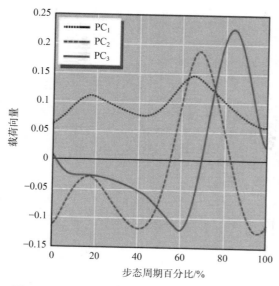

图 14.5 从膝关节屈曲波形数据中提取的前三个主成分的载荷向量系数

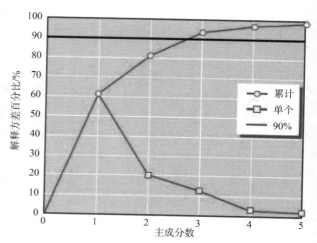

图 14.6 碎石图。与每个 PC 相关联的特征值被标定为其主成分解释百分比,图中所绘为主成分个数与其相应的解释百分比和累积解释百分比间的关系

我们也可以将主成分个数选择的问题转化为考虑保留多少主成分能更好地代表原始波形数据。我们将主成分分析技术解释为一种将原始数据转换为主成分得分与载荷向量集合的方法,但同样可以使用主成分得分和载荷向量来估计原始数据波形。

利用主成分估计波形数据

我们可以将方程(14.7)改写为通过载荷向量 U 和主成分得分 Z 的线性组合来表示原始数据的形式。在方程两边同时乘以矩阵 U 的逆矩阵,由于 U 为正交矩阵,其逆矩阵就是它的转置矩阵(用上标 T 表示转置),最终表达式如下:

$$X = ZU^T + \overline{X} \tag{14.11}$$

这样就可以利用单个载荷向量的个体贡献对数据进行重建,而 PC 得分代表每个载荷向量的贡献度。我们将上式改写为单个波形就可以更加明确,将单个波形 i 表达为

$$x_{i} \atop (1\times p) = z_{i1} \atop (1\times 1) u_{1} \atop (1\times p) + z_{i2} \atop (1\times 1) u_{2} \atop (1\times p) + \cdots + z_{ir} \atop (1\times 1) u_{r} \atop (1\times p) + \overline{x} \atop (1\times p)$$ (14.12)

如果我们将所有的主成分写为这种形式,就可以真实地再现原始数据。但是,仅利用前几个主成分的子集无法获得原始数据的精确估计,以同样的方式,时间序列可以利用几个傅里叶谐波进行重建(见第十二章)。图14.7示意了健康个体[见图14.7(a)]和OA个体[见图14.7(b)]的这一过程。图中灰色实线代表原始波形数据,而黑色虚线则代表利用前几个主成分估计所得的数据,利用方程(14.12)的第一项进行估算:

$$x_{i}^{*} = z_{i1}u_{1} + \overline{x}$$ (14.13)

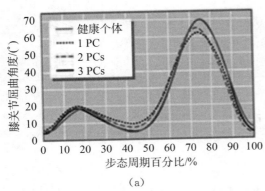

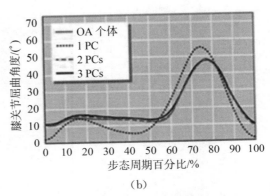

图14.7 主成分估计原始波形数据。图(a)和(b)中曲线分别显示了如何使用一个健康受试者和一个OA患者的主成分子集来估计单个波形

其中,x_{i}^{*}表示单个波形的估计;z_{i1}是特定个体的PC_1得分;u_1是前几个PC的载荷向量,$\overline{x}$是全部波形数据的平均值。因此,对于健康个体和OA个体的估计来说,区别仅在于他们的PC_1得分z_{i1}不同。从图中我们可以看出,健康个体的估计优于OA个体。但是,随着PC个数的增加,它们的估计都可以得到改进,并且当PC个数增加至3后,两者都可以达到很好的精确度。检验估计值和原始数据之间的残差是很有用的,并且这些差异的平方和(SS_{res})可以用来度量主成分(PC)代表原始数据的程度好坏。

$$SS_{res} = \sum (x - x^{*})^{2}$$ (14.14)

解读主成分

主成分的计算可以告诉我们原始数据的什么信息?由于通常我们比较关心所观察的主成分得分间的差异原因,因此将主成分与原始生物力学变化相联系的过程十分重要。在屈曲角度数据中,OA个体与健康个体前两个主成分(见图14.3和图14.4)的区别很大。但是,膝关节屈曲角度曲线的哪些特点是与这两个主成分相关的呢?因此,我们需要确定和解释膝关节屈曲角度与这些主成分相关的特点。

PCA方法从原始波形数据中提取了变异的特点。这些特点可以依据每一个主成分都与波形的特定形态相关这一事实来解释。该解释可以通过检验与PC得分高低相关的载荷向量和单个波形数据的形态来实现。同时检验载荷向量和代表每个主成分极端值的波形对于解释是有帮助的(见图 14.8)。图 14.8 的第一行所示为膝关节屈曲角度数据的前三个载荷向量。零线的作用是,确定适用于载荷向量的一个正的主成分得分 z 对于平均波形的效果是正(加)是负(减)。对于第一个 PC,载荷向量的系数全部为正,因此 PC_1 得分反映的是膝关节屈曲角度波形数据的加权平均值。如果波形比平均波形高,则 PC_1 越高,如果波形比

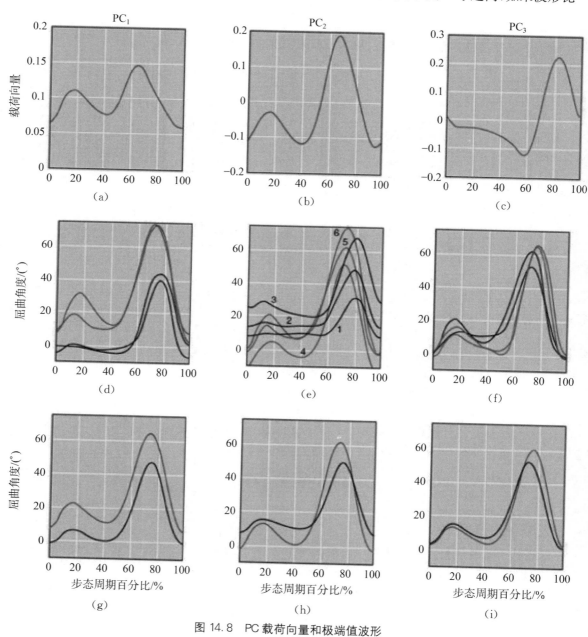

图 14.8 PC 载荷向量和极端值波形

(a)-(c):PC_1 - PC_3 的载荷向量。(d)-(f):与低(黑色线)和高(灰色线)得分相对应的个体波形数据。图 14.8(e)中波形上的数字与图 14.3(a)中的 PC 得分相对应。(g)-(i):基于平均波形±PC 得分的 1 个标准差(SD)乘以每个 PC 的载荷向量的积而重建的波形。灰线代表每个 PC 的高(+1SD)值,黑线代表每个 PC 的低(-1SD)值

平均波形低,则 PC_1 越低。这一效果可以通过检查与高低 PC 得分相对应的个体波形可视化。一种方法是选择对应于 5% 和 95% 的 PC 得分波形(Deluzio 和 Astephen,2007)。但是,对于除了我们感兴趣主成分外的其他主成分,所选的两个波形可能有所不同。利用 PC 得分的散点图有助于选取极端 PC 得分(见图 14.3)。

图 14.8 的中间一行图形包含了对应于 PC 得分极端值的个体波形。例如,图 14.8(d)所示的是具有高 PC_1 得分(灰色线)和低 PC_1 得分(黑色线)的个体的膝关节屈曲角度数据。对应于极端值 PC_2 和 PC_3 的个体波形如图 14.8(e)和图 14.8(f)所示。需要注意的是,对图 14.8(e)中的个体波形数据进行编号,以便将它们与图 14.3(a)的 PC 得分进行关联。这种方式选取的个体波形数据可以帮助我们理解 PC 得分变化的影响。然而,选取仅在我们所尝试进行解释的 PC 中有变化的波形并不容易。比如,对比同时显示了 PC_1 和 PC_2 的区别的波形 3 和波形 4。为了独立出我们感兴趣的 PC 所对应的波形的特点,可以考虑仅利用单个 PC 进行波形数据的重建。

我们可以重建两个波形 x_H 和 x_L,分别代表与 PC 高值和低值相对应的波形数据,通过加上或减去一个载荷向量 u_i 的标量倍数,平均波形的载荷向量为 u_1。最便捷的标量倍数是与 PC 得分相对应的标准差(SD),$SD(z_i)$:

$$x_H = \overline{x} + SD(z_i) \times u_i$$
$$x_L = \overline{x} - SD(z_i) \times u_i$$

(14.15)

图 14.8(g)—(f)展示了这一重建。图 14.8(g)中两条波形的对比表明 PC_1 得分的区别与膝关节屈曲波形数据垂直移动相关。因此,PC_1 可以解释为对波形的整体总平均值或幅度的衡量。这通常是变异的最大来源,因此第一主成分与该波形数据的总平均值大小相关。

PC_2 的解释遵循类似的过程,检验载荷向量[见图 14.8(b)]以及使用高、低 PC 得分[见图 14.8(h)]重建波形数据。在这种情况下,载荷向量的系数有正有负,并且载荷向量的峰值与原始波形数据的峰值相关。大 PC_2 得分与具有高屈曲角度的摆动期(60%~80%步态周期)的波形相关,并且也与具有低屈曲角度的支撑末期(40%步态周期)和摆动末期-支撑初期(90%~10%步态周期)的波形(较低的 PC_2 得分出现在波形较平坦的部分)相关。因此,PC_2 可以解释为对步态周期中运动范围的测量。具有较大 PC_2 的个体具有较大的关节活动范围。之间有提到,健康个体和 OA 个体间的最大差异与 PC_2 相关(见图 14.3)。换句话说,步行中 OA 个体的关节活动范围显著下降。

第三主成分的系数同样有正有负,但是其峰值并不与原始波形的峰值相伴出现[见图 14.8(c)]。两个重建的波形间的不同之处在于它们之间有相移[见图 14.8(i)]。与低 PC_3 得分相关的波形领先于高 PC_3 得分的波形。这种类型的波形数据时空移位是很常见的,它们可以通过 PCA 进行分离。之间有提到,就 PC_3(见图 14.3 和图 14.4)而言,组间无差异,并且在 PC_1 和 PC_2 中这种相移所导致的差异是独立存在的。测试其他主成分的差异相当于去除数据中的相移。

总之,对于给定的载荷向量,其 PC 得分高、低对应的波形数据图的解释是必不可少的。PC 得分高、低波形间的不同可以利用载荷向量所捕获的特性解释。这些极值曲线图十分有价值,因为它们描绘了载荷向量在原始数据中的作用,并且可以证明样本中观测值的范围。利用 PC 得分(即±SD)范围重建波形是独立由每个 PC 捕获的波形变化的最佳方式。检测对应极端 PC 得分的单个波形也可以帮助解释,但人们必须记住,选定波形中观测到的变化通常也会受到其他主成分的方差影响。

利用主成分进行假设检验

除了检测和解释波形数据的形状变化外，PCA 还可以将每个个体的数据从 P 个波形值转换为数量较少的 PC 得分。这些 PC 得分可以用于进行波形数据的差异假设检验。PCA 的三个特性使得它非常适合进行这项任务：

（1）主成分，或称为从波形数据中提取的特性，是解释原始数据中最大方差的最佳选项。因此，由于实验条件差异而导致的波形数据的差异应该显示为变异的特征。

（2）主成分间相互正交，因此，PC 得分的假设检验相当于检测数据的独立性特点。

（3）PC 得分统计"表现良好"，也就是说，它们通常是正态分布。因此，参数统计技术可以用来进行假设检验。

假设检验的起点是一个包含全部受试者在所有调查研究实验条件下的波形数据的矩阵。当研究人员想要测量两种实验条件对同一生物力学波形数据的影响时，数据可以写成

$$
\left[
\begin{array}{cccc|ccc}
x1_{11} & x1_{12} & \cdots & x1_{1p} & z1_{11} & \cdots & z1_{1k} \\
x1_{21} & x1_{22} & \cdots & x1_{2p} & z1_{21} & \cdots & z1_{2k} \\
\vdots & \vdots & \ddots & \vdots & \vdots & \vdots & \vdots \\
x1_{n1} & x1_{n2} & \cdots & x1_{np} & z1_{n1} & \cdots & z1_{nk} \\
\hline
x2_{11} & x2_{12} & \cdots & x2_{1p} & z2_{11} & \cdots & z2_{13} \\
x2_{21} & x2_{22} & \cdots & x2_{2p} & z2_{21} & \cdots & z2_{23} \\
\vdots & \vdots & \ddots & \vdots & \vdots & \vdots & \vdots \\
x2_{m1} & x2_{m2} & \cdots & x2_{mp} & z2_{m1} & \cdots & z2_{mk}
\end{array}
\right]
$$

x_1 和 x_2 分别代表条件 1 和条件 2 下的 p 维波形数据，z_1 和 z_2 分别表示 PCA 得出的 k 个主成分得分。随后将每个关注的 PC 得分（矩阵右侧列）用于 Student t 检验，来检测两组间是否存在差异。例如，在图 14.4 中，我们可以看到，OA 组和健康组的平均关节角度（PC_1）和膝关节屈曲角度运动范围（PC_2）存在显著差异。对于更加复杂的统计方法其基本方法是相同的，如重复测量方差分析（Landry 等，2007）或判别分析（Deluzio 和 Astephen，2007）。

参考文献

Smith, A. J., D. G. Lloyd, and D. J. Wood. 2004. Pre-surgery knee joint loading patterns during walking predict the presence and severity of anterior knee pain after total knee arthroplasty. *Journal of Orthopaedic Research* 22：260 - 6.

在全膝关节置换术的治疗中，一些病人在手术后会出现膝前疼痛。步态模式已被证明可以预测胫骨高位截骨术后的手术效果（Prodromos 等，1985；Wang 等，1990）和全膝关节置换术后的配件位移（Hilding 等，1999）。Smith 等（2004）推测术前步态模式与全膝关节置换术的临床结果相关。他们的研究主要关注膝关节在矢状面的屈曲运动，并且检测术前膝关节屈曲运动是否与术后膝前疼痛相关。

其中最有趣的发现是有关膝关节屈曲运动的波形模式。作者提取了膝关节屈曲运动波

形的前四个主成分（PCs），然后对主成分得分进行了聚类分析，然后将膝关节屈曲运动波形分为三种模式：双相、屈、伸。两个重要的发现是，控制组绝大多数（95%）具有双相，并且该术前运动波形模式与术后运动模式相关。这证实了术前存在的某些膝关节运动模式可以作为异常的术后步行模式的部分解释原因。

更重要的是，这些作者将术前膝关节屈曲运动数据与全膝关节置换术后是否出现膝关节疼痛和其严重程度联系在一起。他们使用逻辑回归预测膝关节疼痛的出现，利用多元线性回归预测其严重程度。这两种情况下的最佳预测均为 PC_2 得分。第二主成分主要反映的是支撑早期到支撑中期的屈曲力矩。值得注意的是，由于峰值等其他典型波形参数，第二主成分得分是支撑早期到支撑中期膝关节屈曲力矩的最佳预测值。该研究是第一个涉及术前膝关节负荷与全膝关节置换术后是否出现膝关节疼痛与严重程度的前瞻性研究。

函数型数据分析

在 PCA 方法中，波形数据的形式为单个时间样本。与此相反，函数型数据分析（FDA）的关键概念是运动或实验条件的整个测量序列被视为一个函数或一个单一实体，而并不是一系列单个的数据点（Ryan 等，2006）。术语函数型数据分析由 Ramsay 和 Dalzell（1991）提出，他们概述了从函数角度分析数据的诸多原因，使用该术语将我们的注意力转移到了分析数据的内在结构。

生物力学数据大多为一系列离散的时间点，并假设它们是由一些基础函数产生的，表示为 $y_i(t)$；每个数据点都是该函数在连续时间点上的"快照"。与 PCA 相比，FDA 不要求数据具有时间序列特性；相反，FDA 可以应用于多种不同的曲线形式（如相平面曲线）。我们也可以假设数据显示一定程度的平滑性，并且已有很多研究开发了大量的技术处理原始数据，使其具有平滑性（见第十二章信号处理）。具有平滑性是假设邻近数据点满足基础函数，因此，邻近值很相近。最后，我们还假设函数数据集的倒数也是平滑的。Ramsay 和 Silverman（2005）在其文献中为过去十年中关于 FDA 的主要问题和理论发展提供了全面参考。

与 PCA 相比，FDA 可以通过几种不同的过程实现既定目标，但将 FDA 应用于分析生物力学数据时，通常遵循以下典型步骤。
（1）数据表示法，平滑函数求导；
（2）数据配准，即时间尺度化或标志点配准（可选）；
（3）函数主成分分析；
（4）描述与分析结果。
这些步骤所描述的过程参考自生物力学典型应用的文献。

第 1 步：平滑函数求导

由于生物力学数据是以固定间隔获得采样点的方法得到的，因此我们的数据通常是在离散时间点 t_{ij} 上获得的，其中 i 代表第 i 个个体，样本共有 $i = 1, \cdots, N$ 个个体，$j = 1, \cdots, n_i$，其中 n_i 是第 i 个个体的观测值数据。因为样本中不同个体的记录间隔可以不同，并且每个个体的测量时间也可以不同，因此指数 j 通常用来描述个体的数据是在何时进行测量的。将 j 的范围设定为 1 到 n_i 表明对于总数为 i 个的个体,每个个体可以具有的不同测量值的总数。因此,如果对于个体 1 有 20 个测量值,也就是在 20 个不同的时间点(t_{11},t_{12},…,t_{120})进行了数据测量,其中 t_{11} 代表个体 1 的第一个测量值,t_{12} 代表个体 1 的第二个观测值,依次类推。对于我们而言,我们假设 $n_i = n$;也就是说,每个个体都拥有相同数量的观测值。但是,需要指出的是,这并不是 FDA 的需要,并且当每个个体的测量值不同时,所有的结果都将用于计算。此外,虽然我们假设每个个体的测量值个数相等,但个体间采集数据的时间点可以不同。

通常采集的数据包含真实的信号和测量误差或噪声,可以表达为数学公式:

$$y_{ij} = \underbrace{y_i(t_{ij})}_{\text{Signal}} + \underbrace{\varepsilon_{ij}}_{\text{Noise}} \tag{14.16}$$

其中 y_{ij} 是个体 i 的原始信号,$y_i(t)$ 是近似得到的平滑函数,数据点 $j = 1$,…,n。

为了提高数据分析的准确性,很多不同的技术用来消除原始信号中的噪声,包括多项式平滑(Miller 和 Nelson,1973)和数字滤波(Winter,2009),以及最新的样条平滑技术,如使用 general cross-validatory(GCV)样条函数(Craven 和 Wahba,1979;Woltring,1986)。最普遍的技术是利用基础函数扩充来消除噪声,平滑生物力学数据,此类算法可以有效地平滑数据,并且比之前的方法更加灵活。同时,样条基函数还具有分析生物力学数据函数特性、检测数据集中函数变化的先天优势。

利用基础数据进行平滑

在前面介绍 PCA 方法时,我们讨论了基础函数的概念,它们是一组可以用来描述任意给定波形的数学函数(如傅里叶级数)。Ramsay 和 Silverman(2005)给出了 FDA 中应用基函数的详细描述。简单来说,假设我们需要得到一个生物力学数据曲线 $y_i(t)$ 的基函数。我们事先不知道函数的任何特性,因此需要一个可以适用于任何数据类型的系统。所以需要定义一组基础数学模块,可以利用它们的不同组合来描述数据的函数特性。如果我们已知一组基础函数 $[\phi_1(t)$,…,$\phi_k(t)]$,可以将 k 个这样的基础函数线性组合成近似我们未知的函数。使用的基函数越多(也就是 k 的值越大),数据的插值就越精确。使用的基函数越少,数据越平滑,但是平滑函数和初始噪声数据的差别可能随着基函数的减少而增加。基函数有很多选择,如多项式基函数、傅里叶基函数、B 样条基函数和小波基函数。基函数的选择是基于被分析数据的特性,没有一种基函数是适用于所有数据类型的。一旦基础函数被选定,那么平滑函数 $y_i(t)$ 就可以写为基函数的线性组合:

$$y_i(t) = \sum_{k=1}^{K} c_{ik} \phi_k(t) \tag{14.17}$$

其中,$\phi_k(t)$ 是第 k 个基函数在时刻 t 的表达式;c_{ik} 是权重;k 是基函数的总数。第 i 个个体的全部数据可以写为矩阵形式:

$$y_i = \phi c_i \tag{14.18}$$

其中,c_i 是长度为 k 的包含个体 i 的基函数系数的向量;ϕ 是一个 n 行 k 列、包含在时刻 t_{ij} 测得的 k 个基函数的矩阵。之后,函数平滑的任务就是寻找系数 c_i。对于一个有 N 个受试者的样本,我们需要估计 N 个系数向量 c_i,$i = 1$,…,N,因此:

$$Y = \boldsymbol{\Phi}C \tag{14.19}$$

其中,Y 是每一列包含特定个体原始数据函数观测值的 $n \times N$ 矩阵;C 是一个包含基础函数系数的 $k \times N$ 矩阵;$\boldsymbol{\Phi}$ 是 $n \times k$ 的基础函数矩阵。

为了便于表述,我们假设对于单个个体 i 的 $j = 1,\cdots,n$ 个数据点仅有一个数据记录。如果我们选择了 k 个基础函数和最小化残差平方和(SSE),长度为 k 的系数向量 c_i 就可以通过最小二乘法估计:

$$
\begin{aligned}
\text{SSE} &= \sum_{j=1}^{n} \left[y_{ij} - y_i(t_{ij}) \right]^2 \\
&= \sum_{j=1}^{n} \left[y_{ij} - \sum_{k=1}^{K} c_{ik}\phi_k(t_{ij}) \right]^2 \\
&= (y_i - \boldsymbol{\Phi}c_i)'(y_i - \boldsymbol{\Phi}c_i)
\end{aligned}
\tag{14.20}
$$

其中 y_i、c_i 和 $\boldsymbol{\Phi}$ 与前面定义相同。如果 $k = n$,意味着我们可以选择 c_i,使得 $y_i(t_{ij}) = y_{ij}$,也就是,数据没有进行任何平滑,只进行了插值。如果 $k < n$,意味着数据需要进行一定的平滑。优化 k 的选择十分复杂,通过简单地增加或移除一些基础函数来实现不同程度的数据平滑,控制平滑函数的个数也同样很困难。

平滑样条函数提供了一个新的方法,使得我们可以更好地控制平滑过程,减少需要的基础函数个数 k。在使用平滑样条函数时,我们设定 $k = n$,这意味着数据采用插值方式,并且作为结果的函数估计不会太平滑;也就是说,将进行"粗略"估计。此时尽管不再需要特别设定 k,但我们仍需要一个可以良好代表原始数据,并且确保作为结果的函数估计是平滑的。因此,需要控制由于设定 $k = n$ 所导致的过度拟合(粗略度)。这可以通过增加一个用来惩罚估计函数曲率(粗略度度量)的惩罚项来实现。计算二次可微曲线 $y_i(t)$ 曲率的标准数学方法是,计算其二阶导数平方后的积分值(Green 和 Silverman,1994)。粗略度惩罚项的作用受到平滑参数 λ 的控制,以确保特定曲线的拟合不仅由拟合优度(最小二乘估计)决定,还受到其粗略度的影响。需要注意的是,这里使用的 λ 代表的是平滑参数,它与 PCA 中代表特征值的 λ_i 无关,切勿相互混淆。

加入粗略度惩罚项后的优化选择标准如下:

$$
\begin{aligned}
\text{PENSSE} &= \sum_{j=1}^{n} \left[y_{ij} - y_i(t_{ij}) \right] + \lambda \int D^2 y_i(t)\,\mathrm{d}t \\
&= \sum_{j=1}^{n} \left[y_{ij} - \sum_{k=1}^{K} c_{ik}\phi_k(t_{ij}) \right]^2 + \lambda \int D^2 y_i(t)\,\mathrm{d}t \\
&= (y_i - \boldsymbol{\Phi}c_i)'(y_i - \boldsymbol{\Phi}c_i) + \lambda \int D^2 y_i(t)\,\mathrm{d}t
\end{aligned}
\tag{14.21}
$$

其中,PENSSE 代表进行惩罚后的残差平方和;$D^2 y_i(t)$ 代表 $y_i(t)$ 的二阶导数;λ 代表平滑参数。上述方程中右边第一项(最小二乘)控制数据的拟合,第二项(粗略度惩罚)控制产生的函数估计的平滑度。平滑参数 λ 的选择十分重要,当 λ 增加时,上式更侧重于平滑度;当 λ 减少时,上式则更侧重于拟合度;当 $\lambda = 0$ 时,上式变为最小二乘法拟合。

λ 的取值可以通过主观和客观的方式来确定。平滑处理的目的在于,使得估计所得的曲线既是稳定可解释的,同时又可以真实地代表原始数据。如果我们改变平滑参数,就可以探索到数据不同的特性,可以依据所需特性对 λ 进行主观选择。另一种选择方法是主观的自主选择方式,其允许数据可以自动选择平滑参数。交叉验证和广义交叉验证(Craven 和 Wahba,1979)是两种使用较为广泛的选择 λ 的方法,但有人认为该方法寻找到的 λ "太小",致使数据不够平滑(Hastie 和 Tibshirani,1990)。Wahba(1985)提出的广义极大似然估计准则在一定程度上弥补了上述方法的不足。一般情况下,建议选择自动选择方法,因此交叉验证仅作为参考,或者作为在对 λ 进行客观选择前的起始点值(Ramsay 和 Silverman,2002)。图 14.9 所示为 λ 的选取对平滑结果的影响。

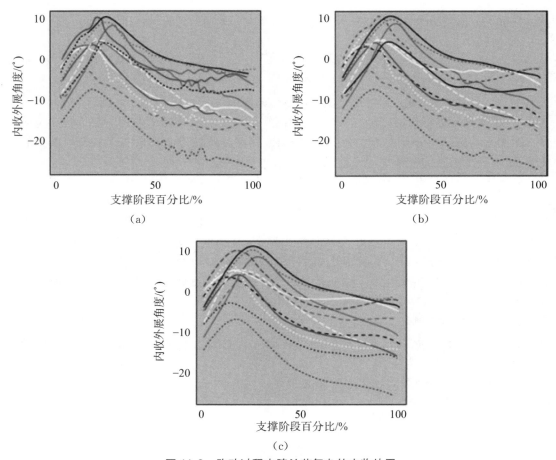

图 14.9 跑动过程中膝关节复杂的内收外展

(a) λ 设为 1×10^{-9} 时数据的平滑结果;(b) λ 设为 1×10^{-6} 时数据的平滑结果;(c) λ 设为 1×10^{-4} 时数据的平滑结果

　　有时每个受试者的观测值可能非常多,例如,当运动捕捉设备每秒产生成百上千的测量值时,设定 $k=n$ 可能导致计算困难。此时通常选用较小的基函数个数,可以使用粗略度惩罚方法来进行曲线拟合。

基函数选择

　　基函数的选择应该符合所分析数据的特性。例如,如果观测到的波形是周期性的,就选用傅里叶函数；又或者，如果观测到的函数是局部平滑且非周期性的，那么 B 样条函数就比较合适；如果观测到的数据是有噪声，且包含信息"峰值"，需要避免过度平滑，那么比较适用小波函数。基函数的最终选择应该是基于用相对较少的基函数个数 k 达到尽可能好的近似。

　　B 样条是一类非常好的用于平滑运动学数据的基函数，因为它们的结构设计能够使平滑函数具有适应局部行为变化的能力。B 样条由在特定 x 值（成为节点）处加入多项式段的方式组成。Eilers 和 Marx（1996）描述了 B 样条的一般性质。一旦节点已知，就可以使用 de Boor（1978）的递归算法计算 B 样条。

第 2 步：数据配准

　　在 FDA 中通常包括一个可选步骤为标志点配准。许多情况下，我们可以遵循一定的模式进行数据平滑，但一条记录（曲线）上某些重要特性（最大或最小，通过零点）的时间点和位置可能与另一条记录的不同。标志点配准确定可见特征的位置或标志点，以及一致地改变每条曲线，使得这些特性同时发生，使得数据可以更直观地进行比较。标志点配准可以提供曲线更多更有意义包括明显特征（如最小值）的横断面平均，逐点变异也会显著减少。但是，标志点配准并不适用于所有的分析，因为有些曲线的标志点可能丢失，又或者标志点对应的时间无法确定。因此，FDA 中的这一步骤并不是必有的，而数据是否需要进行配准也应该视情况而定。

参考文献

Ryan，W.，A. J. Harrison，and K. Hayes. 2006. Functional data analysis in biomechanics：A case study of knee joint vertical jump kinematics. *Sports Biomechanics* 5：121-38.

　　该研究详细地描述了应用 FDA 分析儿童垂直纵跳时下肢关节的动力学数据的过程。研究的主要目的是检测关节运动学从不成熟运动向成熟运动发展的不同阶段间的差异：阶段 1，初始阶段；阶段 2，基础阶段；阶段 3，成熟阶段。尽管这些阶段会随着孩子的长大不断发展，但并不是与年龄精确相关的。研究中对垂直纵跳反弹过程的膝关节角度数据进行了标志点配准后和未配准的对比。进行标志点配准后，随后进行 FDA 的第 3 个步骤，该步骤从配准的数据中提取函数主成分（FPCs）。标志点配准后函数主成分定位达蹲伏最低位置的时间点。因此，标志点配准后数据的第一个 FPC 更加精确地代表了膝关节角度在蹲伏最低点的变化程度，而并不关心其出现的时间点。标志点配准后数据的第二个 FPC 占整体变异的 16.8%，并且与未进行配准的数据的第二个 FPC 性质非常相似，但需要注意的是，图形的正负需要对调。这种情况在 FDA 中时有发生，考虑高低得分图的形状十分重要，并不需要考虑它们的符号。配准和未配准的第二 FPCs 都与膝关节屈曲范围相关。标志点配准提高了第二个 FPC 所解释的变异性所占百分比。尽管配准的第三 FPC 所能解释变异性略高，为 7.8%，配准的第三 FPC 和未配准的第三 FPC 类似。从第三 FPC 的图形可以发现，第三 FPC 主要描述了反向运动过程中膝关节屈曲运动的速度、范围和平滑度。

　　该研究还表明，函数主成分得分可以用于确定组间差异和趋势。发展阶段分析结果显示第一 FPC 得分范围随着发展阶段从 1～3 而不断下降。这表明，个体在第 1 阶段的膝关节运动与平均曲线有很大差别，但在第 3 阶段其膝关节运动与总体平均曲线很接近。

　　第二 FPC 得分的阶段分析无明显趋势。但是，第三 FPC 得分的分析显示第三 FPC 得分从第1阶段到第3阶段有显著的阶段式增加。Ryan和colleagues(2006)认为第三FPC的高低分表明个体在垂直纵跳中拉伸-缩短循环的使用更加高效,作者得出结论发展成熟的跳跃者可以更加高效地进行拉伸-缩短循环。

当研究者想要了解一串数据中单个因素对曲线形状所产生的微小改变时,标志点配准就显得尤为重要性。在一系列曲线中寻找时间点的总体平均时,如果没有进行合理的对齐(即配准),可能会消除变异性的重要来源。Godwin和其同事(2009)在检测手工搬举作业力矩曲线时,在图上定义了两个时间点用来反映拿起和放下盒子的情况,然后利用这两个定义对数据进行配准。这些作者使用双配准来消除个体间的时间变异,从而使单个曲线的特性时间与参照曲线所确定的特性时间一致。有时,标注点配准不合适可能会导致非预期效果(Clarkson等,2005),因此,只有证明当标志点配准可以消除不必要的时间或空间变异性时才应该使用。

第3步:函数主成分分析

函数主成分分析将传统多变量技术扩充至函数域。这种情况下,使用特征函数来代表主成分,而不再使用特征向量。FPCA的主要优势是,它产生的主成分是定义在与原始函数型观测值所在域相同的域中,因此,分析中提取的函数主成分(FPCs)有明确的生物力学解释。图14.10所示为跑动时支撑相阶段腿部外展内收(leg ABD)角度的三个主成分(Coffey等,2011)。FPCs以时间序列函数(与原始函数在相同域)呈现,每个FPC的高(低)得分用每个函数主成分适当倍数加上(或减去)总曲线均值来表示,用于展示个体内收外展的精确运动特性。

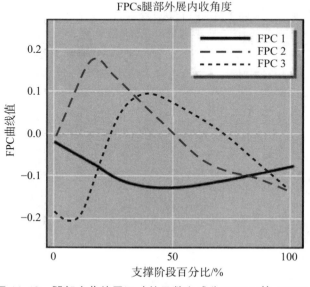

图14.10　腿部内收外展运动的函数主成分(Coffey等,2008)。

引自 *Human Movement Science*,Vol. 30(1);N. Coffey et al.,"Common functional principal component analysis:A new approach to analyzing human movement data,"pgs. 1144 - 1166. Copyright 2011,with permission of Elsevier。

与传统的 PCA 相比,每个 FPC 都在方差中占有一定的比例,并且需要确定多少个 FPC可以完成一个有意义的分析。可以通过图 14.11 所示的碎石图来解释,图中表明,随着FPCs 个数的增加,占有的方差比例逐渐接近 100%,而后续的 FPC 在方差中所占的比例越来越少。显然在图 14.11 的样本中,只需要两到三个 FPCs 就可以达到占有 95% 以上的方差,因此,以此为基础在这个数据集中考虑三个以上的 FPC 是没有意义的。

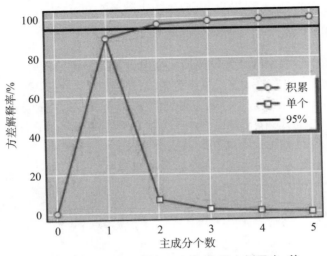

图 14.11　FPC 的碎石图。显然,在这个例子中,前三个 FPC 就已占方差的 95% 以上

函数主成分的计算

　　函数主成分分析的结果是特征值函数,因此第 r 个 FPC 表示为 $\xi_r(t)$,代表在整体时间区间内的一个描述特殊运动模式的函数。令

$$\overline{y}(t)=\sum_{i=1}^{N}y_i(t) \tag{14.22}$$

代表函数数据集的平均值:

$$v(s,t)=N^{-1}\sum_{i=1}^{N}\left[y_i(s)-\overline{y}(s)\right]\left[y_i(t)-\overline{y}(t)\right] \tag{14.23}$$

代表函数数据集的协方差函数,其中 s 和 t 分别是两个时间点。FPCs 的计算包括协方差函数(并不是 PCA 中的协方差矩阵)的正交分解,该过程可以确定数据的主方差。每一个 FPC都可以通过求解下式确定:

$$\int v(s,t)\xi_r(t)\mathrm{d}t=\rho_r\xi_r(s) \tag{14.24}$$

式中,ρ_r 是一个适当的主成分。第 r 个 FPC 所占方差的比例表示为

$$\frac{\rho_r}{\sum \rho_r} \tag{14.25}$$

为了进一步分析,每个个体可以通过提取的 FPC 来加权生成成为 FPC 得分的标量。也就是说,对于每一个个体,对于每一个提取的 FPC 都可以计算得到一个 FPC 得分。关于第 i 个个体的第 r 个 FPC 的计算公式为

$$f_{ir} = \int \xi_r(t)[y_i(t) - \overline{y}(t)]dt \qquad (14.26)$$

这些 FPC 得分可以在之后的统计分析中用于确定组趋势。

函数主成分的平滑

FDA 过程的第一步强调的是假设原始数据包含来源于测量的噪声,但我们通常假设原始数据代表了一些潜在的平滑函数。在函数主成分分析中,当数据经过参数 λ 平滑后,可以从数据中提取 FPC。但是,这并不能确保得到的 FPC 平滑。另一种方法是利用原始数据进行计算,并通过在 FPC 的提取中加入平滑来确保 FPC 结果的平滑。图 14.12 所示为利用原始函数型数据推导 FPC 和指定不同平滑参数水平对 FPC 的效果。

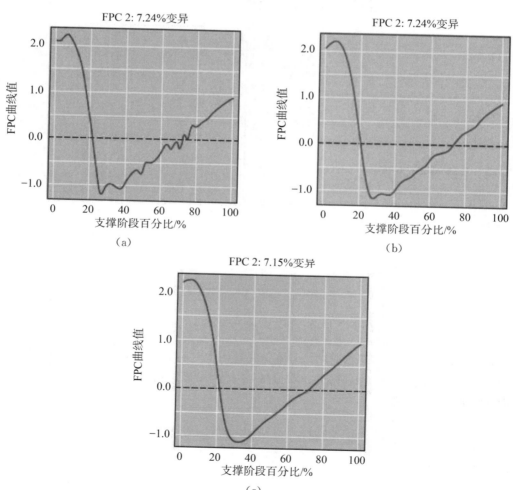

图 14.12 使用不同的 λ 值对 FPC 进行平滑的效果

当使用 B 样条时,使用原始数据或使用 FPC 通常效果不会造成很大的差别。如果原始数据中的测量误差和噪声很多,则要考虑此因素。函数型数据分析的理念是在最终的分析结果出来后再进行平滑。例如,如果感兴趣的是真实个体和组平均曲线,那么最好是将原始数据进行平滑。如果感兴趣的是 FPC,那么只需对提取的 FPC 进行平滑。

第 4 步: 解释与分析结果

完成函数主成分分析后,下一步通过一种有见地的方式呈现结果。Ramsay 和 Silverman(2005)建议使用图形呈现原始 $y_i(t)$ 数据的整体平均曲线,指定 $\bar{y}(t)$,以及通过其加上和减去每个 FPC 函数的合适倍数所得到的函数,例如,$\bar{y}(t) \pm c \times \xi_1(t)$。图 14.13 所

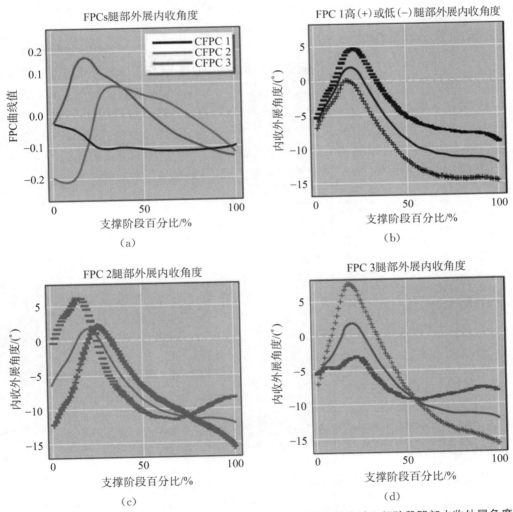

图 14.13 函数主成分(FPC)可视化。图(a)中,前三个 FPC 所示为跑动中站立相阶段腿部内收外展角度。图(b)、(c)、(d)分别是 FPC1、FPC2、FPC3 的高(+)或低(-)主成分得分的效果。文中有详细说明

引自 *Human Movement Science*, Vol. 30 (1); N. Coffey et al., "Common functional principal component analysis: A new approach to analyzing human movement data," pgs. 1144 - 1166. Copyright 2011, with permission of Elsevier.

呈现的就是使用该形式表达 Coffey 及其同事（2011）关于腿部内收外展角度数据的前三个
FPC 的图形。而这些图形的解释相对简单。图 14.13（a）绘制的是在不同站立相百分比下
的前三个 FPC。图 14.13（b）绘制的是第一个函数主成分（FPC1）的高得分通过加号（＋）说
明，其特点是腿部内收外展角度在整个站立相都低于平均函数。反之，低得分通过减号（－）
说明，其特点是腿部内收外展角度在整个站立相都高于总平均角度。图 14.13（c）绘制的是
FPC2 相对于总体平均函数的影响，高的正得分代表的是脚跟着地时较小的腿部内收外展角
度，而高的负得分则代表的是脚跟着地阶段腿部内收外展角度大于平均角度值。因此 FPC2
描述了脚跟着地阶段的腿部内收外展运动。图 14.13（d）所展示的是相同数据集的 FPC3，
很明显，高的正得分代表运动中增加腿部内收外展角度范围，而负得分则代表运动中腿部内
收外展角度范围的降低。因此，FPC3 代表的是正在站立相阶段腿部内收外展角度范围。

分析函数主成分得分

除了展示 FPC 相对于总体平均函数的关系，同时呈现 FPC 得分的分析通常是很有帮助
的，利用它可以进行组间或治疗方法间的比较。Donoghue 和其同事（2008）指出，FPC 得分
可能受到使用方差分析技术进行组间分析的影响，效应量的统计可以应用于 FPC 得分。图
14.14 所示为跑步运动中站立相阶段踝背屈的第一主成分 FPC1 分析，同时还有跟腱炎患者
穿定制矫正器侧、无跟腱炎侧和未损伤的健侧之间的 FPC1 得分的对比分析。FPC1 得分的
方差分析显示受试者无跟腱炎侧和健侧效应量值较大，具有显著性差异。

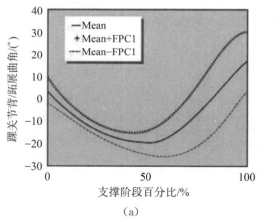

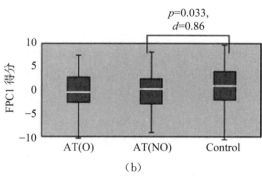

(a) (b)

图 14.14　跑动中站立相阶段踝关节背屈的函数主成分以及不同个体间 FPC 得分的分析，不同个体分别
为：损伤个体穿着矫正器，AT(O)；损伤个体未穿着矫正器，AT(NO)；未损伤侧（control）

在其他研究中，Godwin 和其同事（2009）提出使用改进的函数型方差分析技术用于对
FPC 得分的分析，Epifanio 和其同事（2008）提出 FPCA 可以用于区别站起动作中的正常与
病理模式。FPCA 的另一个优势是，这一方法所给出的结果与个体的行为直接相关。图
14.15 所展示的高得分（个体 17）函数型运动模式模拟由高得分的 FPC 所描述的运动模式，
图中用＋号线表示。同样，在低得分个体（个体 28）的 FPC 中，内收外展角度函数模拟的是
该 FPC 的低得分模式。

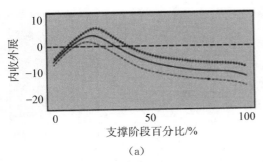 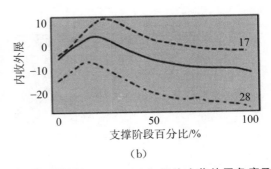

图 14.15　(a) 平均内收外展角度函数加上或减去内收外展角度的第一 FPC　(b) 平均内收外展角度函数，以及不同个体内收外展函数的 FPC1 的最高正得分(个体 17)和最低负得分(个体 28)。很明显，个体 17 的内收外展角度函数与高(+)FPC1 很相似，个体 28 的内收外展角度函数与低(-)FPC1 很相似

用二元函数主成分分析协调

生物力学和运动控制中的一个关键领域就是协调性分析。分析协调性模式需要检测同时捕捉两个或两个以上参数的曲线。因此，协调性分析需要同时分析两个或以上函数。FPCA 过程可以从单变量扩展为多变量。Ryan 和其同事(2006)以及 Harrison 和其同事(2007)所进行的扩展分析说明，二元 FPCA 可以用于使用髋-膝、角-角模式分析垂直纵跳中的协调性。标准的 FPCA 是从单变量$[\xi_r(t)]$中提取 FPC 的，但在二元 FPCA 中，每个成分都是由 FPC 向量 $\xi_r(t)=[\xi_r^{HIP}(t), \xi_r^{KNEE}(t)]$ 组成的，其中 HIP 和 KNEE 代表垂直纵跳中髋关节和膝关节角度数据集。我们可以使用 FDA 方法提取这些二元 FPC。为了说明二元 FPC，逐点绘制了$[\overline{y}^{HIP}(t), \overline{y}^{KNEE}(t)]$时间域上的平均函数。在每个时刻结合数据点构成髋-膝平均曲线图。在曲线上的每个点构造一个箭头来代表每个角度的 FPC，$[\overline{y}^{HIP}(t)+c \times \xi_r^{HIP}(t), \overline{y}^{KNEE}(t)+c \times \xi_r^{KNEE}(t)]$，其中 ξ_r^{HIP} 是髋关节的 FPC，c 是权重因子，它确定允许 FPC 所代表的影响。图 14.16 所示为使用二元 FPCA 分析垂直纵跳的协调性。

函数型数据分析的其他资源

Ramsay 和 Silverman(2005)的文章中涉及了许多例子，用来说明 FDA 理论如何应用于生物力学的不同领域。有关 FDA 的使用实例进一步说明可在 FDA 网址查阅：www. psych. mcgill. ca/misc/fda。该网站提供 FDA 在 MATLAB 中的执行程序和 R 语言免费统计软件。Ramsay 和其同事(2009)给出了 FDA 技术的 R 语言和 Matlab 执行程序，Clarkson 和其同事(2005)给出了该技术的 S+实现。

PCA 和 FDA 的对比

波形数据的主成分分析和函数型数据分析的目的都是从波形数据中提取可以展示各个波形或曲线间如何不同的特性。PCA 本质上是一种伴随有某些数据初始处理(如平滑、滤波、平均、配准、时间标准化)的数据压缩技术，而 FDA 本质上是一种涵盖了波形数据的估计

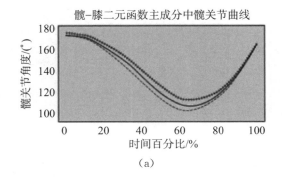

（a）

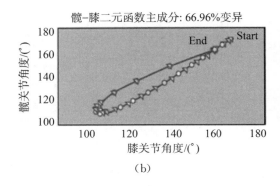

（b）

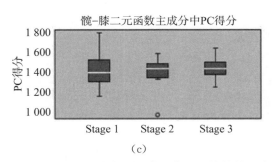

（c）

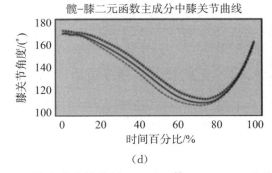

（d）

图 14.16　垂直纵跳中,髋-膝关节协调性的第一个二元函数主成分的分析(Harrison 等,2007);(b)平均髋-膝角角图中,每个时间点上的二元函数主成分得分使用矢量箭头标注。髋和膝的函数主成分(FPC)图如图(a)和(d)所示,分别以髋和膝作为轴;(c)二元函数主成分得分相对于各运动阶段的分布

与分析和主成分分析的数据压缩统计技术的集合。

　　PCA 和 FDA 之间的主要不同是主成分计算前的数据表示方法。PCA 的输入数据是观测值或插入的观测值,每个个体的观测值数目一致。但在 FDA 方法中,每个波形通过一个函数表示,也就是说,是一个特定的基础函数系数的集合。这一本质差别使得两种方法的数据采集和分析不同。对于 PCA,所有输入的数据波形每个数据列在同步的时间点上必须具有完全相同的数据点(矩阵的列向量个数一致)。对于 FDA,每个波形通过一个函数表示。因此,可以在不同时间点上进行测量,每个波形的数据点个数也可以不同。

　　另一个重要的不同是 FDA 包含数据处理步骤,例如平滑和曲线配准,而这些过程却是进行 PCA 前就需要进行的初步分析。FDA 构成的函数的平滑意味着,在该过程中可以轻松包含考虑时间导数、连续相平面图或者二元函数。尽管 FDA 提供了更加灵活的分析方法,但使用并不广泛,因为它需要具有一定水平的可以使用 Matlab、S+或者 R 语言的编程能力。相比之下,PCA 却可以广泛地使用统计软件 SPAA 或 Minitab 来进行。

小结

　　生物力学数据集合通常是高维的,通过可以有效解释又不造成数据丢失的分析方法来分析这些数据的方式是极具挑战性的。这里我们列举了两个相关的方法,PCA 和 FDA,它们都可以在保持整体数据波形或时间序列重要信息的同时达到数据压缩的效果。PCA 和 FDA 尤其适用于分析高维的生物力学数据。它们的一个重要特性就是可以区别不同个体的组间波形数据形状或模式上的差异。运用标准的统计学过程求解 PCA 或 FPCA 得分是一种检测这些模式间区别的客观方式。我们已经展示了如何通过分析结果直观地解释生物力学中特征模式所对应的主成分。

推荐阅读文献

PCA

• Cappellini, G. , Y. P. Ivanenko, R. E. Poppele, and F. Lacquaniti. 2006. Motor patterns in human walking and running. *J Neurophysiol*. 95：3426 - 37.

• Chau, T. 2001. A review of analytical techniques for gait data. Part 1：Fuzzy, statistical and fractal methods. *Gait Posture* 13：49 - 66.

• Daffertshofer, A. , C. J. C. Lamoth, O. G. Meijer, and P. J. Beek. 2004. PCA in studying coordination and variability：A tutorial. *Clinical Biomechanics* 19：415 - 28.

• Deluzio, K. J. , and J. A. Astephen. 2007. Biomechanical features of gait waveform data associated with knee osteoarthritis：An application of principal component analysis. *Gait and Posture* 25：86 - 93.

• Jackson, J. E. 1991. A User's Guide to Principal Components. *New York：Wiley*.

• O'Connor, K. M. , and M. C. Bottum. 2009. Differences in cutting knee mechanics based on principal components analysis. *Medicine and Science in Sports and Exercise* 41(4)：867 - 78.

• Sadeghi, H. , F. Prince, S. Sadeghi, and H. Labelle. 2000. Principal component analysis of the power developed in the flexion/extension muscles of the hip in able-bodied gait. *Medical Engineering and Physics* 22(10)：703 - 10.

FDA

• Clarkson, D. B. , C. Fraley, C. Gu, and J. O. Ramsay. 2005. S+Functional Data Analysis. *New York：Springer*.

• Coffey, N. , O. Donoghue, A. J. Harrison, and K. Hayes. 2011. Common functional principal components analysis—A new approach to analyzing human movement data. *Human Movement Science* 30：1144 - 66.

• Donà, G. , E. Preatoni, C. Cobelli, R. Rodano, and A. J. Harrison. 2009. Application offunctional principal component analysis in race walking：An emerging methodology. *Sports Biomechanics* 8(4)：284 - 301.

• Donoghue, O. , A. J. Harrison, N. Coffey, and K. Hayes. 2008. Functional data analysis of running kinematics in chronic Achilles tendon injury. *Medicine and Science in Sports and Exercise* 40(7)：1323 - 35.

• Functional Data Analysis website. www. psych. mcgill. ca/misc/fda.

• Hooker, G. List of publications and resources. Personal website. www. bscb. cornell. edu/~hooker. Ramsay, J. , G. Hooker, and S. Graves.

• Ramsay, J. O. , and B. W. Silverman. 2002. *Applied Functional Data Analysis*. New York：Springer-Verlag.

• Ramsay, J. O. , and B. W. Silverman. 2005. *Functional Data Analysis*. 2nd ed. New York：Springer.

• Simonoff, J. S. 1996. *Smoothing Methods in Statistics*. New York：Springer.

附录 A 国际单位制(SI)

国际单位制的报告准则

• 除句子末尾出现的单位外,不要使用公制单位的缩写版本。例如:35.6 N(为"Newtons"的缩写),3.00 kg(为"kilograms"的缩写)或 0.500 s(为"seconds"的缩写)为正确格式;但 40.0 m. ,20.5 kPa. ,或 20.5 sec. 为错误格式。

• 中间点(·)用于将涉及结合型单位的国际单位缩写隔开,如 N·s 或 kg·m²。然而,小数点(.)同样也是可以使用的,且应用更广泛。

• 在拼写单位时,不要将采用适当的单位名称写成大写字母形式,即使单位的缩写形式为大写。如一些单位包括瓦特(watt,W),牛顿(newton,N),赫兹(hertz,Hz),帕斯卡(pascal,Pa)及焦耳(joule,J)。

• 斜线用以表示单位间的算术除法,如 m/s 表示每一秒的米数,N/m² 表示每一平方米的牛顿数。

• 缩写和非缩写格式不应同时出现在同一表达中。例如,以下错误形式:newtons per m, kg. meters, N. seconds 和 watts/kg。

• 应避免使用前缀,如 hecto-、deca-、deci-、centi-。在表示地域、音量和长度时,应使用公顷(hectare),公升(deciliter)和厘米(centimeter)。

• 有前缀的公制单位进行发音时,始终将重音放在前缀处,如 kilo'-meter 对比 ki-lo'-meter 或 kilo-meter'。

• 在数值部分和数字之间键入空格键,如℃,°(角度)和％。例如:76.4 W, 20.4℃, 13.45％, 678 N·m 和 45.2°。当在小数点的任意一边出现四个或四个以上个数的数字时,使用空格键代替逗号,从而将数字每三个分为一组。例如:23 400 米或 0.002 63 米。主要是因为逗号在很多国家被当作小数点使用,但在表示四个数字的数时,可以省略空格,例如 1 002, 9 980 和 0.123 4。

物理量名称	单位名称	符号	公式
运动学			
长度(l, r, s, x, y, z)	米	m	

（续表）

物理量名称	单位名称	符号	公式
面积(A)	米²	m²	
	公顷	hm	1 hm² = 10 000 m²
容积(V)	米³	m³	
	升	L	1立方分米
线速度,速度(v)	米每秒	m/s	
线加速度(a)	米每秒²	m/s²	
Linear jerk 线加加速度(j)	米每秒³	m/s³	
平面角(θ, ψ, α, β, γ)	弧度	rad	m/m = 1
	角度	deg, °	π/180 rad
	分	′	1/60°
	秒	″	1/360°
	圈	r	2π rad, 360°
角速度(ω)	弧度每秒	rad/s	
角加速度(α)	弧度每秒²	rad/s²	
立体角(Ω)	立体弧度	sr	
惯性			
质量(m)	**千克**	**kg**	
	吨	t	1 t = 1 000 kg
转动惯量(I, J)	千克米²		kg · m²
密度(ρ)	千克每米³		kg/m³
黏度(η)	帕斯卡·秒		Pa · s
时间			
时间(t)	秒	s	
	分	min	60 s
	小时	h	3 600 s
	天	d	86 400 s
	年	a	31 536 Ms
频率(f)	赫兹	Hz	1/s
动力学			
力(F)	牛顿	N	kg · m/s²
力矩(M),转(力)矩(t)	牛顿·米		N · m

(续表)

物理量名称	单位名称	符号	公式
压力(P) Pressure	帕斯卡	Pa	N/m^2
	百巴	mbar	1 mbar＝100 Pa
压力 Stress(δ or γ)	帕斯卡	Pa	N/m^2
能量(E),功(W)	焦耳	J	kg·m^2/s^2
功率(P)	瓦特	W	J/s
力的冲量	牛顿·秒		N·s 或 kg·m/s
线动量(p)	牛顿·米每秒		kg·m/s 或 N·s
角转冲击	牛顿·米·秒		N·m·s 或 kg·m^2/s
角动量(L)	千克·米^{2}每秒		kg·m^2/s 或 N·m·s
电学			
电流(I)	**安培**	**A**	W/A
电压(V)	伏特	V	s·A
电荷(Q)	库仑	C	J/s
功率(P)	瓦特	W	
电阻(R),阻抗(Z)	欧姆	Ω	V/A
电容(C)	法拉	F	C/V
磁通量(ϕ)	韦伯	Wb	V·s
磁通密度(B)	特斯拉	T	Wb/m^2
电感(L)	亨利	H	Wb/A
电导系数(G)	西门子	S	A/V
电能(E)	焦耳	J	W/s
温度			
温度(T)	开	K	
	摄氏度	℃	
化学			
物质的量(n)	摩尔	mol	
浓度(c)	摩尔每米^3	mol/m^3	
光学			
发光强度(I)	烛光	cd	
光通量(Φ)	流明	lm	cd·sr
照度(E)	勒克斯	lx	lm/m^2
辐射强度(I)	瓦特每球面度		W/sr
Radiance 辐射(L)	瓦特·米^{2}每球面度		W·m^2/sr

说明:基本单位用黑体表示。

附录 B 测量单位之间转换的选取因素

单位	换算因数
面积	
1 英亩	= 0.405 hm
1 平方英寸	**= 645.16 平方米**
能量,功	
1 卡路里	**= 4.186 8 J**
1 大卡*(饮食上的 1 千卡)	= 4.185 5 kJ
1 尔格	= 0.1 μJ
1 英尺磅力	= 1.356 J
力,重量	
1 达因	**= 10 μN**
1 千克力	**= 9.806 65 N**
1 磅力	= 4.448 N
长度	
1 英尺	**= 30.48 cm = 0.304 8 m**
1 英寸	**= 2.54 cm**
1 码	**= 0.914 4 m**
1 英里	**= 1.609 344 km**
质量	
1 盎司(常衡)	= 28.35 g
1 磅(常衡)	= 0.453 6 kg
1 斯勒格	= 14.59 kg
1 英石(14 磅,UK)	= 6.350 kg

（续表）

单位	换算因数
1 吨(long, 2 240 lb, UK)	= 1.016 Mg
1 吨(short, 2 000 lb)	= 0.907 Mg
1 British thermal unit (BTU) per hour 1 每小时英热单位	= 0.293 W
1 马力(电的)	**= 746 W**
压力	
1 大气压(标准)	**= 101.325 Pa**
1 毫米汞柱(0℃)	= 133.3 Pa
1 磅力每平方英尺(psi)(lbf/in²)	= 6.895 kPa
温度	
1 华氏温度	**= 5/9 K**^{**}
速度	
1 英里每小时	**= 0.447 04 m/s = 1.609 344 km/h**
体积	
1 立方尺	= 0.028 32 m³
1 立方英寸	= 16.39 cm³
1 加仑(英制)	= 4.546 L
1 加仑(美制)	= 3.785 L

黑体字部分均为精确换算。

＊在国际协定中，一大卡通常用在饮食方面表示食物热量的多少。

＊＊将摄氏度转成华氏度，直接乘以 9，除以 5，再加上 32 即可。将华氏度转为摄氏度则是在转换后减去 32 即可。摄氏度(Celsius)单位等同于绝对零度(Kelvin)。

附录 C 基础电子学

附录中简要介绍了与人类运动数据收集有关的电子电路的基本概念。讨论的主题包括基本电子元件、欧姆定律、电路图以及几种常见的实验室仪器的功能,如放大器与电测角器。对进一步的细节或某一具体问题感兴趣的学生,应该查阅关于电子或线性电路的教科书[如Schaum's Outline (O'Malley 1992)或Winter 和 Patla, 1997]。这里的重点是关于稳态电路的简单概念,以及它们如何应用于人类运动的一般测量。

电子符号和标志在不同的领域被标准化。在这里,我们使用表 C.1 中给出的符号和标志。

表 C.1 基础电子学国际统一单位

物理量	符号	SI 单位	SI 单位缩写
电流	I	安培	A
电压	V	伏特	V
电阻	R	欧姆	Ω
电容	C	法拉	F
功率	P	瓦特	W

电路图(circuit diagrams)

电路图是表示电路的正式方法。我们在附录中使用这些图表来说明不同的例子。电路图有许多规定,其中最常见的是:

▶ 组件由标准图标表示,其大小有标注。
▶ 导线用直线表示为零电阻。
▶ 电线只能在东南西北方向绘制。
▶ 两根导线的连接用黑点表示。
▶ 一条导线穿过另一根导线,用短接线表示。
▶ 接口点用空心点标记。

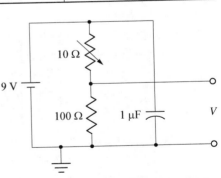

图 C.1 9 V 电池为两个电阻和一个电容器供电的电路图。电池的下部接地。电压(V)是我们测得的值。10 Ω 电阻为一个最大电阻为 10 Ω 的可变电阻

当然,电路图可以变得非常复杂。刚刚所列的惯例如图 C.1 所示。图中显示了不同组成部分的表示组合:一个 9 V 电压接地,一个 100 欧姆(Ω)的电阻,一个 10 Ω 的可变电阻和一个 1 微法(μF)的电容。下面是关于这些电气元件和几个电路原理的讨论。

电荷、电流和电压(electric charge,current and voltage)

电荷可以是正的,也可以是负的,这取决于我们是在处理质子还是电子。电是电子通过某种介质的流动,无论是通过房屋中的电线还是通过空气的闪电。电荷的基本单位是库仑(C),它代表了大约 6.25×10^{18} 个电子所带的电荷数。电流的单位是安培(A);1 A 是 1 C/s 的流动比率。正如一个实例,想象一个手持计算器需要几微安(μA)来运行,一个 D 型电池提供约 100 毫安(mA)的电流,汽车电池提供最高约 2 安的电流,而一个典型的房子电路提供 20 A 电流。当两个点上的电位有差异时,就会产生电流,这种电位差称为电压。1 伏特定义为对每 1 库仑的电荷做了 1 焦耳的功。D 型电池提供 1.25 V 电压,一个汽车电池提供 12 V 电压,家庭用电平均电压为 110 V。相比之下,人的肌电图用微伏(μV)来衡量。

零电压点称为接地电压。这从不是绝对量,而是电路中定义的参考点。因此,两个电路可以有自己的接地参考,但可能两个电路之间的接地电压存在电位差。例如,在一个小的电池供电电路里,如时钟、手电筒,地面通常定义为电池供电电路的负极。在室内电路中,接地电压定义为周围土壤的电位。这是通过将电路连接到接触大地的金属棒来完成的。室内接地电压不同于任何电池供电电路的接地电压,除非它们之间有连接。另一个例子是,短接发动汽车是危险的,因为两辆车之间可能存在电位差;即使每个电池的电压是 12 V,它们的轮胎与道路绝缘(这是接地电压)。在人体运动中,我们经常将这些原理应用于肌电图记录,因为不同的电压可能存在于体表,取决于肌肉的活动状态。我们经常用一个单独的接地板在远离肌肉组织的骨性标志上记录肌电图。

电压和电流是相关的(如本附录后面所讨论的),这常常是混淆的源头。前面提到的这些原则,必须记住:电流是电子的流动,电压是能引起电子流的势能差。如果电流在两个位置之间流动,那么它们之间一定有电压差。然而,没有电流的情况下也可能会有电压差;在这种情况下,是没有电流可以流过的完整电路。例如,不管设备是否连接到墙上插座的端子之间,都存在电压差。电流仅在设备连接到它们并打开时才在起始端与终端之间流动。一个很好的例子是鸟类可以在高压架空电力线路上停留而不会受到伤害。同样的原则也适用于从事电力线路工作的人:只要工人与地面高度绝缘,他们就可以徒手接触电线。接触时,人的电压比地面高几千伏特,但由于几乎没有电流流过绝缘层,所以工人没有受伤。然而,当一根电线在风暴中折断,一端落在地上时,接触电线可能是致命的,因为与电线接触将电路与地面接通形成闭合回路。电路往往难以概念化,因为它们不能直接看到。测量仪器,如伏特表、示波器或计算机,必须用在电路的状态中。这是一个抽象的任务,通过管道系统的流体流动作为类比是有帮助的。电流(安培)可以看作类似于流体通过管道的流速(即升/秒)。电压与管道系统的压力相似。因此,如果水流过软管,软管两端之间必须有压力差;然而,我们可以有一个封闭的,没有水泄漏的加压容器。流动意味着存在势能差。然而,存在势能差并不意味着某物在流动。本附录中还用其他流体例子来说明这些要点。

我们通常认为电压是用来供电的。然而,它也是我们测量的一个重要的量。在生物物理系统中,我们几乎总是测量电压,而不是电流。这主要是因为比起电流表,电压表使用方便且耐久性更好。当我们谈到生物物理信号时,我们指的是由人体主体或附着在它上面的某种设备产生的时变电压。

电阻（resistors）

电阻率是一种基本的材料性质:当电子通过材料时,能量被耗散为热。电阻是特定物体中这种效应的量度。电阻单位为欧姆(Ω),因此电阻率的单位为欧姆每米(Ω/m)。换句话说,一个物体的电阻是它的材料的电阻率与物体尺寸的函数。特别是电阻与材料的长度成正比。对于流体流动来说,电阻率类似于流体与流经它的管道之间的摩擦;阻力类似于管道系统的总摩擦力。管道的总阻力取决于管道的摩擦特性和总长度。材料的电阻率不同,可以有许多个数量级。例如,铜的电阻率约为 10^{-4} Ω/m;对于人体皮肤,则是 $20\sim50\ k\Omega/m$;对于半导体,如硅约为 10^5 Ω/m;木,大约为 10^{13} Ω/m。

例 C.1

估算一截 1 厘米长的铜导线的电阻是多少,它的电阻率为 10^{-4} Ω/m。

答案参见 416 页

电阻是一种抗电流的装置。典型电阻的大小从 $1\ \Omega\sim1\ M\Omega$ 不等。了解电路中的电阻对于理解电路的运行是至关重要的。事实上,我们通常运用我们的电阻器知识来操纵电流的流动并执行期望的功能。在研究人体运动时,我们常常需要意识到我们的仪器和人体的阻力。

有些电阻器有可变电阻。一种常见的可变电阻器是电位器。有些电位器可以通过转动(旋钮)来调节,而另一些则是通过线性地滑动来调节。收音机中的音量控制可以采取这两种形式,同样的方法也可以调节室内照明开关。

大多数电路包括多个电阻。因此,了解电阻器在连接时的作用是很重要的。连接的两种基本方式是串联和并联。串联是在一系列连接中,只有一条路径。一个电阻依次连接其他电阻,所有的电流流过一个电阻也必须通过其他电阻(见图 C.2)。

$$R_s = R_1 + R_2 \tag{C.1}$$

如果在该系列中加入更多的电阻,则总电阻等于每一电阻的总和。

$$R_s = R_1 + R_2 + R_3 + \cdots + R_n \tag{C.2}$$

在一个并联的电路连接中,它们属于分支电路(见图 C.3)。流经系统的总电流分别流向

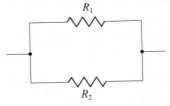

图 C.3　并联电路的电路图

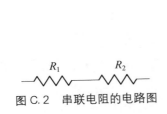

图 C.2　串联电阻的电路图

两个或两个以上的电阻器。两个或多个电阻器并联的总电阻 R 有下列关系式：

$$\frac{1}{R} = \frac{1}{R_1} + \frac{1}{R_2} + \frac{1}{R_3} + \cdots + \frac{1}{R_n} \qquad (C.3)$$

对于两个电阻并联，总电阻是减小的：

$$R = \frac{R_1 R_2}{R_1 + R_2} \qquad (C.4)$$

例 C.2

（1）两个串联的 $10\ \Omega$ 电阻的总电阻是多少？在并联电路中呢？
答案参见 416 页。

（2）一个 $10\ \Omega$ 的电阻与 $1\ \Omega$ 的电阻串联的总电阻是多少？在并联电路中呢？
答案参见 416 页。

电容（capacitors）

电容器是一种储存电荷的装置；在类比于流体流动的过程中，电容器相当于一个水箱或一个盛水的桶。它的作用与电阻器有很大的不同，这里没有详细讨论。电容最重要的一点是我们经常要考虑它的一般物理性质。它可以减弱我们试图测量的电压，其影响在某些数据上显而易见。例如，像电话和计算机网络这样的高速设备有非常细的电缆，因为较粗电缆的电容基本上可以吸收通过它们传输的少量电量。这与橡胶软管储存水类似，当水龙头打开后几秒钟，水不会从软管里流出，因为水必须先把软管灌满。正是由于这个原因，一些加速度计有极细的电缆。同样地，肌电图电极被放大来提供强力电源，可以用来克服电线的电容。

请注意，电容并不是一个不好的因素，它仅仅是一个必须考虑的因素。事实上，我们利用电容器的特点，使无线电能够调到不同的位置。电容器也可以像第一章所介绍的数字滤波器一样，用滤波器来过滤信号，详见第十一章。对相关示例感兴趣的读者可以再次查阅线性电路教材。

除了电容器外，阻抗也很重要。阻抗用 z 表示，是限制电流流经电路的所有因素的概括。因此，阻抗包括电路中所有电阻器和电容器的净效应。

电容器符号的两条线表示储存电荷的两个极板。有时，极板是平行绘制的，但在其他时候，电压较低的极板是用曲线表示的。

欧姆定律（Ohm's law）

欧姆定律也许是所有电学中最基本的定律。它指出，电阻两端的电压等于其电阻与流过它的电流的乘积：

$$V = IR \qquad (C.5)$$

式中,V 是电阻两端的电压;I 是通过电阻的电流;R 是电阻的大小。有不同的方式来表达这个法则。电阻一定的情况下,如果我们增加电路中的电压,则电流按比例增加。电压一定的情况下,如果我们增加电阻的大小,则电流按比例减小。如果将该函数作图,该函数是一条直线,如图 C.4 所示。这是一个线性函数。无论电流的大小如何或电流随着时间如何变化,电压、电流、电阻之间的函数关系都是存在的。其数学表达式为

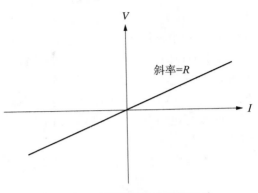

图 C.4　欧姆定律的图解表示法

$$V(t) = I(t)R \tag{C.6}$$

由于这种线性关系,电阻电路分析起来最为直接。但同时,它们也可能变得复杂。

欧姆定律类似于流体流动。电阻 R 对应于流体管道的阻力,电流 I 对应于流体的体积流量,电压 V 对应于流体流动过程中的压力。如果我们提高电压,就会产生更大的电流,就像增加输水管道中水的压力就会产生更多的水流一样。同理,如果我们增加一个电路的电阻,那么电流就会相对应地减小,就像水的流动一样。

例 C.3

(1) 这个电路中流过的电流是多少?

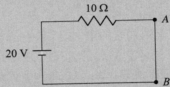

请参阅第 416 页的答案 C.3a。

(2) 在这个电路中,电阻 R 的大小是多少?

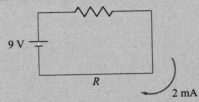

请参阅第 417 页的答案 C.3b。

(3) 假设一个额定功率为 110 V 的家用插座连接一个额定电流为 15 A 的断路器。那么这个插座的最小电阻是多少?

请参阅第 417 页的答案 C.3c。

正如这些例子所说的那样,在进行实验时,我们经常不会去关心回路中的电流大小。相

反,我们经常关注的是电阻上的电压变化,这与我们测量电压的方式有关。电压表能够通过两个探头测量差值来显示电压,是由于电压是两点之间的电位差。例如,在例 C.3(2)的电路中,如果我们在 9 V 的电池之前放置一个探针,并在其之后放置一个探头,则电压表的电压显示为 9 V。如果我们把探针放在电阻上,电压表就会测量 9 V 的电压变化,即它将显示的示数为 −9 V。如果将探针放置在 A 点和 B 点之间,则电压表将显示 0 V,因为在这段电路之间没有电阻存在。在测量任何电学装置时,都有一个特定的元件,电压的变化可以通过这个元件进行测量。

在本附录的前面,我们讨论了阻抗。测量阻抗时,我们使用的公式与欧姆定律相似:

$$Z = \frac{V}{I} \qquad\qquad (C.7)$$

其中,Z 表示阻抗;V 表示电路两端的电压;I 是通过该电阻的电流。如果电路是完全由电阻组成的纯电阻电路,则阻抗在数值上等于电阻。但是,如果出现我们讨论之外的情况,例如如果电压随时间变化,我们将观察电路的电容的影响。

功率定理(power laws)

两物体之间的滑动摩擦产生热量。类似电阻也会产生热量。这仅仅是能量学的问题:如果各点之间的电势不同,电流在它们之间流动,那么能量必须以某种方式消耗,不管是通过电动机、灯泡还是发热元件。电阻器所消耗的功率由此公式计算:

$$P = IV \qquad\qquad (C.8)$$

式中,P 是电阻器消耗的功率;I 是通过它的电流;V 是它的电压。也就是说,电阻作为发热元件消耗的功率是由流过它的电流与它两端的电压相乘得到。在机械学中,功率的单位是瓦特(W)。用欧姆定律,我们还可以推导出功率定理的另外两种形式:

$$P = I^2 R = \frac{V^2}{R} \qquad\qquad (C.9)$$

此处 R 是电阻的大小。这些公式表明,加热设备,如烤箱和吹风机通过低电阻工作。加热元件(线圈)仅仅是电阻,当电流流过它时,能量以热的形式消散。利用左边的等式,我们看到功率随着电流平方的增加而增加。因此,加热元件电阻的减小导致电流按比例增大。

例 C.4

1 200 W 的烤面包机加热线圈在 110 V 家用电路工作时电阻为多少?

答案见 417 页 C.4a

在前面的例子中,我们在一个 15 A 的断路器上有 110 V 插座,最大功率为多少的电器可以插到插座?

答案见 417 页 C.4b

身体系统的测量（measurement of physical systems）

在讨论了简单电路组件的基本概念之后，我们现在讨论在实验室中使用这些组件的方法。首先讨论如何将人体运动转化为计算机可以测量的电信号。

传感器（transducer）

在绝大多数情况下，用电学量去测量身体时，我们测量电压的变化。这是一个再多强调也不过分的基本原则。计算机中的 0 或 1 分别表示 0 或 5 V 的电压。当声音通过导线传输到扬声器时，电压的变化被转化为声音。当无线电信号被传送到卫星上时，这些信号也被接收器上的电压所记录。这同样适用于测量肌电活动、力，甚至身体标志物对照相机镜头的反射。

将物理量转换为电压的过程称为换能。实现这一功能的装置为传感器。有些类型的传感器是力、压力、线位移、旋转位移和加速度传感器。所有这些装置的共同原理是，被测量的量引起传感器的电阻改变。例如，力传感器（在测力台中使用）有微小的电阻，当施加力时会稍微变形。电测角器具有旋转电阻器，当它旋转时发生变化。当这些电阻发生变化时，根据欧姆定律，通过传感器的恒定电流会使电压按比例变化。

例 C.5

假设我们有一个血压传感器连接到一个供应 10 mA 电流的电路中，当血压从 80 mmHg 变化到 120 mmHg，传感器的电阻从 1 000 Ω 变化到 1 200 Ω。在这两种压力下电压输出是多少？

答案参见 417 页 C.5

分压器（voltage divider）

我们如何测量具有可变电阻的传感器？这比血压的例子稍微复杂一些，因为大多数的电器都有恒定的电压，而不是恒定的电流。假设我们有一个可变电阻，将电压源通过如图 C.5 所示。

标准命名法是对源电压 V_{in} 和测量电压 V_{out} 进行标定。对于这样一个简单的电路，不管可变电阻 R_V 变化多少，V_{out} 总是等于 V_{in}，所以这个电路对测量 R_V 的变化是没有用的。

修改该电路线（见图 C.6），电阻 R 在可变电阻系列。我们想知道电压 V_{out}。要做到这一点，我们可以用欧姆定律来确定电流，I 计算如下：

$$I = \frac{V_{in}}{R + R_V} \tag{C.10}$$

因为电流通过两个电阻，我们可以用欧姆定律代替 R_V 和 V_{out}

$$V_{out} = \frac{V_{in} R_V}{R + R_V} \tag{C.11}$$

生物力学研究方法

这个电路称为电压分压器。当 R 和 R_V 的大小相同时,这个电路的电压 V_{out} 在一个容易测量的范围内变化。该电路通常用于一个简单电位计。

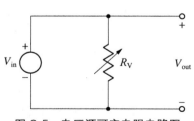

图 C.5　电压源可变电阻电路图

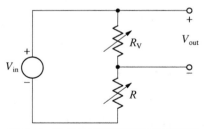

图 C.6　电阻串联可变电阻的电路图

例 C.6

在分压器中,以下情况的 V_{out} 是多少?

(1) $V_{in}=15\ V$, $R_V=100\ \Omega$ 和 $R=100\ \Omega$

(2) $V_{in}=15\ V$, $R_V=110\ \Omega$ 和 $R=100\ \Omega$

(3) $V_{in}=15\ V$, $R_V=100\ \Omega$ 和 $R=10\ \Omega$

(4) $V_{in}=15\ V$, $R_V=110\ \Omega$ 和 $R=10\ \Omega$

答案参见 417 页

惠斯登电桥(**Wheatstone bridge**)

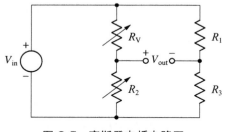

图 C.7　惠斯登电桥电路图

分压器有两个问题。在许多传感器中,电阻的变异性很小,通常小于 5%。此外,我们经常"归零"传感器,而不是减去一个恒定的电压来对我们正在测量的量从零开始测量。惠斯登电桥克服了这些困难(见图 C.7),它有两个平行的分压器电路。在中性状态下,它有四个等效电阻。当可变电阻改变时,我们可以通过测量 V_{out} 的电阻来比较可变电阻从中性状态中改变的量。

例 C.7

在惠斯登电桥中,如何得出 V_{out}? 这里有 $R_1=R_2=R_3$。

答案参见 417

常见的实验室仪器(common laboratory instruments)

许多常见的实验室仪器使用本附录中讨论的原则。这些工具包括①线性可变差动变压器,②电子量角器,③应变式力传感器,④放大器。

线性可变差动传感器(linear variable differential transducer，LVDT)

LVDT(见图 C.8)是一种常见的测量仪器，该仪器运用于短距离的直线运动，通常小于 30 厘米。它的主件包含精细制造和校准的线性电位器。因此，它的电阻可以随着移动而线性变化。LVDT 传感器可测量的精度为毫米级，例如，由计算机控制铣床，测量误差在 $2.5~\mu m$ 以内。常见的实验室应用包括跑步机倾斜调整、数字卡尺、鞋类冲击试验器、膝关节测试(测量关节松弛或刚度)。

电子量角器(electro goniometer)

顾名思义，电子量角器是测量关节角度的电子元件。它的基本部件是旋转电位器。它的内部结构如图 C.9 所示。终端(A 和 C)连接到电阻材料的两端部。中间端(B)连接到旋转滑块上。当这个滑块的旋钮转动时，中间的触点穿过电阻材料。因为电阻是材料长度的函数，所以我们可以观察到电阻的变化。例如，如果我们有一个 $10~k\Omega$ 电位器，从 A 到 C 的电阻为 $10~k\Omega$。由旋转滑块从 A 到 C，我们将测量在 A 和 B 之间的电阻，从 0 到 $10~k\Omega$ 变化，而从 B 到 C 的电阻变化则是从 $10~k\Omega$ 到 0(见图 C.10)。

图 C.8 用于鞋类冲击试验机的线性可变差动传感器

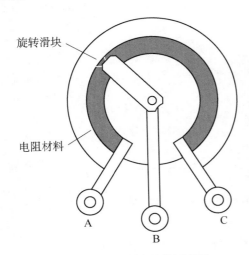

图 C.9 旋转电位计的原理图

旋转滑块

电阻材料

A B C

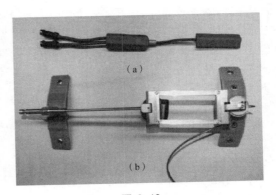

图 C.10

(a)生物识别相应指示器，用来测量两轴之间的夹角；(b)四杆联动单轴相位指示器(电位器在右侧)

应变式力传感器（strain-gauge force transducers）

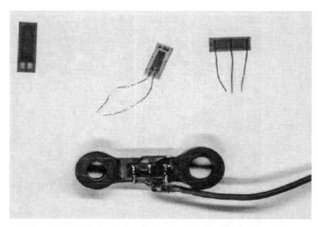

图 C.11 三种应变计和一个测量轴向载荷的应变测量连杆（底部）

当力作用于物质时会发生变形。称为机械应变。因为电阻是材料长度的函数，所以观察材料变形时电阻的变化就是应变计的基本原理。如果将一个已知的精确性电阻连接在一个可变形的物体上，当物体形变时可以测量电阻变化。仪表本身通常是面积远小于邮票，但同样也很薄（见图 C.11）。一旦粘在结构的表面上，它们就会随着材料弯曲但不改变结构性能。应变计通常是放置在一个惠斯通登电桥的电路中。

应变计通常用来测量人体运动中的力，例如安装在地板上的测力台、拉力传感器、压力传感器，甚至加速度计等装置。它在生物医学研究中安装于矫形器和假肢以及骨、软骨和肌腱等尸体标本等。

放大器（amplifiers）

放大器是一种增加信号电压的装置。图 C.12 显示在电路图中放大器的标识。

最常用的放大器是运算放大器。这些放大器通常安装在硅芯片上。与电阻器和电容器不同，运算放大器是有源电路元件，因此需要电流来驱动它。运算放大器有许多不同的用途和安装方式。两种常见的连接是反相和同相配置（见图 C.13）。同相运放电路可以增大被测电压的量值。反相运算放大器电路增加输入电压并转换为负值。

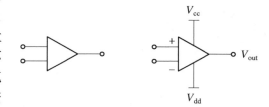

图 C.12 运算放大器符号。右边为详细形式，标签的输入端为 V_{cc} 和放大器电源端为 V_{dd}

放大器的性能称为增益。增益是输入电压放大后与原电压的电压比，$\dfrac{V_{out}}{V_{in}}$。在运算放大器电路中，增益是通过改变电阻 R_F 和 R 的比来实现的。对于同相结构，增益是由 $1 + \dfrac{R_r}{R}$ 得出，对于反相配置增益，由 $-\dfrac{R_F}{R}$ 得出。对于可变增益，可以用电位计 R_F 或 R 代替。

放大器的应用不胜枚举。它们最常见的用途是把微弱的电磁波变成收音机和手机中的可听声音。运动人体科学中，我们用它们来测量微小的肌电图、心电图、脑电图信号；它们也用于测力板和其他力传感器以及加速度计中，可以用来构建模拟滤波器、积分器和微分器。

运放和其他有源电路的一个重要特性是输入阻抗。这是运算放大器灵敏度的一个量度,实际上,运放的高输入阻抗意味着需要从测量的量到函数的电流很小。这在人体运动中非常重要,因为大多数生物物理信号非常小。理想情况下,肌电放大器的输入阻抗接近无穷大。通常情况下,放大器有 1 MΩ 输入阻抗,但肌电图有 10 MΩ 或更高的输入阻抗。肌电放大器需要更高的阻抗,因为皮肤会有 20～100 kΩ 的电阻。

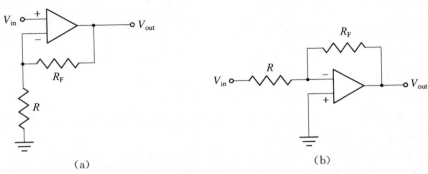

图 C.13　同相运算放大器(a)和反向(b)运算放大器电路图

推荐阅读文献

• Bobrow, L. S. 1987. *Elementary Linear Circuit Analysis*. 2nd ed. Oxford, UK: Oxford University Press.

• Cathey, J. J. 2002. *Schaum's Outline of Electronic Devices and Circuits*. 2nd ed. New York: McGraw-Hill.

• Cobbold, R. S. C. 1974. *Transducers for Biomedical Measurements: Principles and Applications*. Toronto: Wiley.

• Horowitz, P., and W. Hill. 1989. *The Art of Electronics*. 2nd ed. Cambridge, MA: Cambridge University Press.

• Ohanian, H. C. 1994. Electric force and electric charge. In *Principles of Physics*. 2nd ed. New York: Norton.

• O'Malley, J. 1992. *Schaum's Outline of Basic Circuit Analysis*. 2nd ed. New York: McGraw-Hill.

• Winter, D. A., and A. E. Patla. 1997. *Signal Processing and Linear Systems for Movement Sciences*. Waterloo, ON: Waterloo Biomechanics.

附录 D   矢量与标量

一个大小完全确定的量称为标量,如质量、密度、能量和体积等属于标量。它们被数学化为实数,因此,服从代数的所有法则。

然而,对于三维的任何分析,使用表示方向的物理量是很重要的。相对于原点,三维空间中任何矢量的位置称为位置矢量。矢量是一个既表示方向又表示大小的量,必须根据平行四边形法则来求和。在本文中,一个矢量是由字母的黑斜体或在矢量上加箭头表示(如 A 或$\vec{A}$)。

在三维空间中定义位置最常用的方法是使用笛卡尔坐标系,其中位置矢量有三个坐标,坐标系原点是唯一的,与空间点的距离区分开来。这些坐标是相互正交的。因此,这个三维空间中的任何位置都可以用笛卡尔坐标或每个组件投影到坐标轴上的位置确定。例如,矢量 A 在图 D.1 中位于距离 Y-Z 平面 A_x 上,距离 X-Z 平面 A_y 上和距离 X-Y 平面 A_z 上。这个位置由坐标定义为(A_x, A_y, A_z)。如果矢量的所有各组成部分相等,则这两个矢量被认为是相等的,即如果 $A_x = B_x$, $A_y = B_y$, $A_z = B_z$,则$\vec{A}$ 与$\vec{B}$ 相等。

另一个方法代表点 A 的成分是使用单位矢量。单位矢量定义为沿各坐标轴的单位长度的矢量,指定为沿 X, Y 和 Z 轴方向的单位矢量为$\vec{i}$, $\vec{j}$, $\vec{k}$,如图 D.2 所示。具体地说,一个单位矢量定义为:

$$\vec{e}_A = \frac{\vec{A}}{|\vec{A}|}, \text{其中 } |\vec{e}_A| = 1 \tag{D.1}$$

或一个矢量单元的长度和方向。| |条表示矢量的模或大小;这个操作在后面的附录中定义。与坐标系的每个轴相关联的单位矢量定义为

$$x \text{ 方向}, \vec{i} = (1, 0, 0) \tag{D.2}$$

$$y \text{ 方向}, \vec{j} = (0, 1, 0) \tag{D.3}$$

$$z \text{ 方向}, \vec{k} = (0, 0, 1) \tag{D.4}$$

任何矢量都可以用它的笛卡尔坐标或它的单位矢量的矢量和来表示。例如,矢量$\vec{A}$ 可以表示为

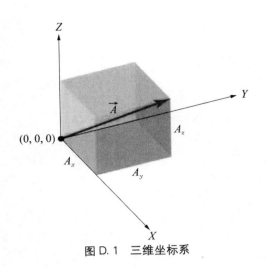

图 D.1　三维坐标系

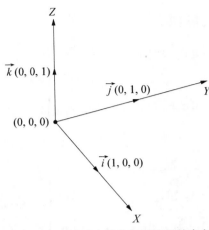

图 D.2　坐标系中单位矢量坐标的方向

$$\vec{A} = (A_x, A_y, A_z) \tag{D.5}$$

或用单位矢量表示为

$$\vec{A} = A_x \vec{i} + A_y \vec{j} + A_z \vec{k} \tag{D.6}$$

通过将每个分量除以矢量的模或大小，可以将矢量变为单位矢量。这里，矢量 $\vec{A}$ 的单位矢量为

$$\vec{e}_A = \frac{A_x}{|\vec{A}|} \vec{i} + \frac{A_y}{|\vec{A}|} \vec{j} + \frac{A_z}{|\vec{A}|} \vec{k} \tag{D.7}$$

矢量运算

为了说明以下操作，在本附录中的示例中使用了两个矢量 $\vec{A} = (1, 5, 2)$ 和 $\vec{B} = (6, 1, 3)$，在本附录中的示例中使用。

矢量的大小或模

矢量的大小或模表示矢量的长度。对于一个矢量 $\vec{A}$，分量 A_x, A_y, A_z 表示到 $Y-Z$ 平面、$X-Z$ 平面和 $X-Y$ 平面的距离，矢量的模与各分量之间的勾股关系计算如下：

$$|\vec{A}| = \sqrt{A_x^2 + A_y^2 + A_z^2} \tag{D.8}$$

例 D.1

对于 $A = (1, 5, 2)$，它的模为：

$$|\vec{A}| = \sqrt{1^2 + 5^2 + 2^2}$$
$$|\vec{A}| = \sqrt{30} = 5.48。$$

矢量加法

如果指定两个矢量相加 $\vec{A} = (A_x, A_y, A_z)$ 加 $\vec{B} = (B_x, B_y, B_z)$，则

$$\vec{A} + \vec{B} = (A_x + B_x, A_y + B_y, A_z + B_z)$$ (D. 9)

运用单位矢量表示两个矢量的和为

$$\vec{A} + \vec{B} = (A_x + B_x)\vec{i} + (A_y + B_y)\vec{j} + (A_z + B_z)\vec{k}$$ (D. 10)

例 D. 2

已知 $\vec{A} = (1, 5, 2), \vec{B} = (6, 1, 3)$，求 $\vec{A} + \vec{B}$。

$\vec{A} + \vec{B} = (1+6)\vec{i} + (5+1)\vec{j} + (2+3)\vec{k}$

$\vec{A} + \vec{B} = 7\vec{i} + 6\vec{j} + 5\vec{k} = (7, 6, 5)$。

矢量减法

从技术上讲，没有矢量相减的操作；然而，一个矢量的负值可以与另一个矢量相加。因此，如果我们想找到 $\vec{A}$ 与 $\vec{B}$ 之间的差值 $\vec{A} - \vec{B}$，其实是 $\vec{A} + (-\vec{B})$。如果矢量 $\vec{A} = (A_x, A_y, A_z)$，矢量 $\vec{B} = (B_x, B_y, B_z)$，则它们的差值为

$$\vec{A} + (-\vec{B}) = (A_x - B_x)\vec{i} + (A_y - B_y)\vec{j} + (A_z - B_z)\vec{k}$$ (D. 11)

例 D. 3

已知 $\vec{A} = (1, 5, 2), \vec{B} = (6, 1, 3)$，求 $\vec{A} - \vec{B}$。

$\vec{A} - \vec{B} = (1-6)\vec{i} + (5-1)\vec{j} + (2-3)\vec{k}$

$\vec{A} - \vec{B} = -5\vec{i} + 4\vec{j} - 1\vec{k} = (-5, 4, -1)$。

标量与矢量的乘法

标量与矢量相乘，可以表示为标量乘以每个矢量的分量。因此，对于矢量 $\vec{A}$ 和标量 c 相乘，则为

$$c\vec{A} = cA_x\vec{i} + cA_y\vec{j} + cA_z\vec{k}$$ (D. 12)

例 D. 4

已知 $\vec{A} = (1, 5, 2), c = 2$，求 $c\vec{A}$。

$c\vec{A} = 2(1)\vec{i} + 2(5)\vec{j} + 2(2)\vec{k}$

$c\vec{A} = 2\vec{i} + 10\vec{j} + 4\vec{k} = (2, 10, 4)$。

矢量间的点积

给定两个矢量 $\vec{A}$ 和矢量 $\vec{B}$，它们的分量分别为 A_x，A_y，A_z 和 B_x，B_y，B_z，则它们之间的点积定义为如下等式：

$$\vec{A} \cdot \vec{B} = A_x B_x + A_y B_y + A_z B_z \tag{D.13}$$

点积运算的结果始终是一个标量，因此是"标量积"的另一个名称，因为结果是一个只有大小和没有方向的量，我们可以说点积运算是可交换的（即，$\vec{A} \cdot \vec{B} = \vec{B} \cdot \vec{A}$）。

例 D.5

已知 $\vec{A} = (1, 5, 2)$，$\vec{B} = (6, 1, 3)$，求 $\vec{A} \cdot \vec{B}$。

$\vec{A} \cdot \vec{B} = (1 \times 6) + (5 \times 1) + (2 \times 3)$

$\vec{A} \cdot \vec{B} = 6 + 5 + 6$

$\vec{A} \cdot \vec{B} = 17$。

在解析几何中，两个线段之间的夹角余弦由下面的公式给出：

$$\cos \theta = \frac{A_x B_x + A_y B_y + A_z B_z}{|\vec{A}||\vec{B}|} \tag{D.14}$$

我们可以用之前的点积定义重写这个公式：

$$\cos \theta = \frac{\vec{A} \cdot \vec{B}}{|\vec{A}||\vec{B}|} \tag{D.15}$$

或者

$$\vec{A} \cdot \vec{B} = |\vec{A}||\vec{B}| \cos \theta \tag{D.16}$$

从几何角度来讲，$\vec{A} \cdot \vec{B}$ 等于矢量 $\vec{A}$ 在矢量 $\vec{B}$ 上的投影长度。如果这两个矢量的夹角是 $90°$，角的余弦为零，则点积等与零。从单位是矢量坐标的定义则有以下关系：

$$\vec{i} \cdot \vec{i} = 1 \tag{D.17}$$

$$\vec{j} \cdot \vec{j} = 1 \tag{D.18}$$

$$\vec{k} \cdot \vec{k} = 1 \tag{D.19}$$

因为坐标对之间的夹角和余弦是零。由于单位矢量坐标相互垂直，$90°$ 的余弦为零。因此，

$$\vec{i} \cdot \vec{j} = 0 \tag{D.20}$$

$$\vec{i} \cdot \vec{k} = 0 \tag{D.21}$$

$$\vec{j} \cdot \vec{k} = 0 \tag{D.22}$$

矢量的叉乘

对于两个矢量$\vec{A}$和矢量$\vec{B}$,它们之间的叉乘$\vec{A}\times\vec{B}$定义为如下等式:

$$\vec{A}\times\vec{B}=(A_yB_z-A_zB_y,\ A_zB_x-A_xB_z,\ A_xB_y-A_yB_x) \tag{D.24}$$

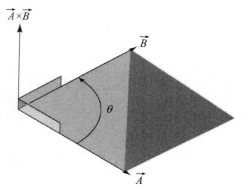

图 D.3　矢量积的几何表示

这个计算的结果总是一个矢量,因此也称为矢量积,垂直于$\vec{A}$与$\vec{B}$形成的平面(见图 D.3)。矢量的方向由右手定则决定。也就是说,如果右手的手指放在矢量$\vec{A}$上并旋转到矢量$\vec{B}$上,右拇指会指向结果矢量的方向,可以直观地得出

$$\vec{A}\times\vec{B}\neq\vec{B}\times\vec{A} \tag{D.25}$$

但是

$$\vec{A}\times\vec{B}=-\vec{B}\times\vec{A} \tag{D.26}$$

因此我们说矢量叉乘是不可互换的。

可以清楚地知道矢量$\vec{C}=\vec{A}\times\vec{B}$,它的大小等于由矢量和组成的平行四边形的面积:

$$|\vec{A}\times\vec{B}|=|\vec{A}||\vec{B}|\sin\theta \tag{D.27}$$

这里$|\vec{A}|$与$|\vec{B}|$表示矢量的模,θ表示两个矢量间的夹角,用单位矢量可表示如下:

$$\vec{i}\times\vec{i}=0 \tag{D.28}$$

$$\vec{j}\times\vec{j}=0 \tag{D.29}$$

$$\vec{k}\times\vec{k}=0 \tag{D.30}$$

因为每对单位矢量之间的夹角为零,0°的正弦为零。所以:

$$\vec{i}\times\vec{j}=\vec{k} \tag{D.31}$$

$$\vec{j}\times\vec{k}=\vec{i} \tag{D.32}$$

$$\vec{k}\times\vec{i}=\vec{j} \tag{D.33}$$

与其试图记住交叉乘积的公式,不如将行列式作为行列式的扩展来确定结果(参见附录 E,以获得关于计算行列式的更多细节)。如果一个2×2矩阵$\boldsymbol{M}$,定义为

$$\boldsymbol{M}=\begin{bmatrix} A & B \\ C & D \end{bmatrix} \tag{D.34}$$

则这个矩阵的行列式可以写为

$$|M|=AD-BC \tag{D.35}$$

我们可以使用这个计算从交叉乘积中确定结果矢量,可以写如下形式:

$$\vec{A} \times \vec{B} = \begin{vmatrix} \vec{i} & \vec{j} & \vec{k} \\ A_x & A_y & A_z \\ B_x & B_y & B_z \end{vmatrix} \tag{D.36}$$

运用行列式的概念,我们可以将上面的结构重新配置为一系列行列式,如下所示:

$$\vec{A} \times \vec{B} = \begin{vmatrix} A_y & A_z \\ B_y & B_z \end{vmatrix} \vec{i} + \begin{vmatrix} A_z & A_x \\ B_z & B_x \end{vmatrix} \vec{j} + \begin{vmatrix} A_x & A_y \\ B_x & B_y \end{vmatrix} \vec{k} \tag{D.37}$$

计算各 2×2 矩阵行列式,我们可以得到:

$$\vec{A} \times \vec{B} = (A_y B_z - A_z B_y)\vec{i} + (A_z B_x - A_x B_z)\vec{j} + (A_x B_y - A_y B_x)\vec{k} \tag{D.38}$$

或者

$$\vec{A} \times \vec{B} = [A_y B_z - A_z B_y, \ A_z B_x - A_x B_z, \ A_x B_y - A_y B_x] \tag{D.39}$$

或者

$$\vec{A} \times \vec{B} = [A_y B_z - A_z B_y, \ -(A_x B_z - A_z B_x), \ A_x B_y - A_y B_x] \tag{D.40}$$

例 D.6

已知 $\vec{A} = (1, 5, 2)$,$\vec{B} = (6, 1, 3)$,求 $\vec{A} \times \vec{B}$。

$$\vec{A} \times \vec{B} = \begin{vmatrix} \vec{i} & \vec{j} & \vec{k} \\ 1 & 5 & 2 \\ 6 & 1 & 3 \end{vmatrix}$$

$$\vec{A} \times \vec{B} = \begin{vmatrix} 5 & 2 \\ 1 & 3 \end{vmatrix} \vec{i} + \begin{vmatrix} 2 & 1 \\ 3 & 6 \end{vmatrix} \vec{j} + \begin{vmatrix} 1 & 5 \\ 6 & 1 \end{vmatrix} \vec{k}$$

$$\vec{A} \times \vec{B} = [(5 \times 3) - (2 \times 1)]\vec{i} + [(2 \times 6) - (1 \times 3)]\vec{j} + [(1 \times 1) - (5 \times 6)]\vec{k}$$

$$\vec{A} \times \vec{B} = [15 - 2]\vec{i} + [12 - 3]\vec{j} + [1 - 30]\vec{k}$$

$$\vec{A} \times \vec{B} = 13\vec{i} + 9\vec{j} - 29\vec{k} \ 。$$

要进行三维分析,必须非常熟悉矢量和标量。对于更深入的接触,我们建议参考如下专门处理矢量和矢量操作的资料。

◢◣ 推荐阅读文献 ◥◤

• Beezer, R. A. *A First Course in Linear Algebra*. http://linear. ups. edu/download. html(this is a free book online).

• Friedburg, S. H. , A. J. Insel, and L. E. Spence. *Linear Algebra*. Englewood Cliffs, NJ: Prentice-Hall.

附录 E　矩阵与矩阵运算
（Matrices and Matrix Operations）

利用矩阵代数可以比较有效地完成三维运动学中的许多计算。矩阵是任意矩形数组，数组中的每个数字都是一个元素。如果数组有 m 行 n 列的矩阵，称为 $m \times n$ 矩阵。矩阵的每个元素都可以通过它的行和列位置来标识。矩阵中的行和列的数目表示矩阵的阶。例如，3×3 矩阵 $\boldsymbol{A}$ 可以写为：

$$\boldsymbol{A} = \begin{bmatrix} a_{11} & a_{12} & a_{13} \\ a_{21} & a_{22} & a_{23} \\ a_{31} & a_{32} & a_{33} \end{bmatrix} \tag{E.1}$$

元素 a_{23} 是排在第二行第三列的元素，或在元素 $(2,3)$ 的位置。一般来说，矩阵 $\boldsymbol{A}$ 每个元素可以称为 a_{ij}，i 是行数，j 是列数。

矩阵的类型

只有一行和几列的矩阵是一个行矩阵，例如：

$$\boldsymbol{A} = \begin{bmatrix} a_{11} & a_{12} & a_{13} \end{bmatrix} \tag{E.2}$$

相反，一个矩阵有多行，但只有一列，这种类型的矩阵称为列矩阵，例如：

$$\boldsymbol{A} = \begin{bmatrix} a_{11} \\ a_{21} \\ a_{31} \end{bmatrix} \tag{E.3}$$

在本章中我们将遇到一些特殊的矩阵。矩形矩阵的行数和列数相同。对角矩阵是一个对角线上的元素 $(a_{11}, a_{22}, \cdots, a_{NN})$ 非零，其余为零的对称矩阵。这个 $\boldsymbol{A}$ 矩阵是一个矩形对角矩阵：

$$\boldsymbol{A} = \begin{bmatrix} a_{11} & 0 & 0 \\ 0 & a_{22} & 0 \\ 0 & 0 & a_{33} \end{bmatrix} \tag{E.4}$$

单位矩阵是对角线上的元素等于 1 的矩形矩阵。命名为 **I** 矩阵，它们是这样写的：

$$I = \begin{bmatrix} 1 & 0 & 0 \\ 0 & 1 & 0 \\ 0 & 0 & 1 \end{bmatrix} \tag{E.5}$$

转置矩阵 **A** 命名为 $\mathbf{A}^{\mathrm{T}}$，是一个行和列互换的矩阵。

$$A = \begin{bmatrix} a_{11} & a_{12} & a_{13} \\ a_{21} & a_{22} & a_{23} \\ a_{31} & a_{32} & a_{33} \end{bmatrix}, 故 \mathbf{A}^{\mathrm{T}} = \begin{bmatrix} a_{11} & a_{21} & a_{31} \\ a_{12} & a_{22} & a_{32} \\ a_{13} & a_{23} & a_{33} \end{bmatrix} \tag{E.6}$$

矩阵运算

三维分析涉及许多与矩阵有关的计算，你必须熟悉这些矩阵。与向量计算一样，读者也应参考其他资料，了解这些概念更详细的介绍。

为了说明下面的计算，将在示例中使用矩阵 **A**。

$$A = \begin{bmatrix} 6 & 1 & 3 \\ -1 & 1 & 2 \\ 4 & 1 & 3 \end{bmatrix} \tag{E.7}$$

一个 3×3 矩阵的行列式

附录 D 中，我们演示了一个计算 2×2 矩阵的行列式的方法。我们现在说明如何计算一个 3×3 矩阵的行列式。

已知矩阵 **A**，我们将前两列复制到矩阵的右边。我们首先从左上角开始画三个朝右下方的箭头。每个箭头的元素相乘，例如，在第一支箭头上，元素的乘积为 $(a_{11} \times a_{22} \times a_{33})$。然后我们向左边画三个箭头，从右上角开始。每个箭头的元素也相乘。行列式的计算方法是将向右箭头的乘积相加，并将向左箭头的每一个乘积减去。下面说明这一方法：

$$\det A = \begin{vmatrix} a_{11} & a_{12} & a_{13} \\ a_{21} & a_{22} & a_{23} \\ a_{31} & a_{32} & a_{33} \end{vmatrix} \begin{matrix} a_{11} & a_{12} \\ a_{21} & a_{22} \\ a_{31} & a_{32} \end{matrix}$$

$$= (a_{11} \times a_{22} \times a_{33}) + (a_{12} \times a_{23} \times a_{31}) + (a_{13} \times a_{21} \times a_{32})$$
$$- (a_{12} \times a_{21} \times a_{33}) - (a_{11} \times a_{23} \times a_{32}) - (a_{13} \times a_{22} \times a_{31})$$

例 E.1

已知 $\boldsymbol{A} = \begin{bmatrix} 6 & 1 & 3 \\ -1 & 1 & 2 \\ 4 & 1 & 3 \end{bmatrix}$，求 $\det\boldsymbol{A}$。

$$\det\boldsymbol{A} = \begin{vmatrix} 6 & 1 & 3 \\ -1 & 1 & 2 \\ 4 & 1 & 3 \end{vmatrix}$$

$$\det\boldsymbol{A} = (6\times1\times3) + (1\times2\times4) + (3\times-1\times1)$$
$$- (1\times-1\times3) - (6\times2\times1) - (3\times1\times4)$$
$$\det\boldsymbol{A} = 18 + 8 - 3 - (-3) - 12 - 12$$
$$\det\boldsymbol{A} = 2。$$

伴随矩阵

另一个在三维运动学中非常重要的矩阵运算是伴随矩阵的计算。此运算用于计算矩阵的逆。计算一个 3×3 矩阵 $\boldsymbol{A}$ 的伴随矩阵 $\boldsymbol{A}^c$ 的公式为

$$\boldsymbol{A}^c = \begin{vmatrix} (a_{22}\times a_{33} - a_{23}\times a_{32}) & -(a_{21}\times a_{33} - a_{23}\times a_{31}) & (a_{21}\times a_{32} - a_{22}\times a_{31}) \\ -(a_{12}\times a_{33} - a_{13}\times a_{32}) & (a_{11}\times a_{33} - a_{13}\times a_{31}) & -(a_{11}\times a_{32} - a_{12}\times a_{31}) \\ (a_{12}\times a_{23} - a_{13}\times a_{22}) & -(a_{11}\times a_{23} - a_{13}\times a_{21}) & (a_{11}\times a_{22} - a_{12}\times a_{21}) \end{vmatrix}$$

(E.9)

例 E.2

已知 $\boldsymbol{A} = \begin{bmatrix} 6 & 1 & 3 \\ -1 & 1 & 2 \\ 4 & 1 & 3 \end{bmatrix}$，求 $\boldsymbol{A}^c$。

$$\boldsymbol{A}^c = \begin{vmatrix} (1\times3 - 2\times1) & -((-1)\times3 - 2\times4) & (-1\times1 - 1\times4) \\ -(1\times3 - 3\times1) & (6\times3 - 3\times4) & -(6\times1 - 1\times4) \\ (1\times2 - 3\times1) & -(6\times2 - 3\times(-1)) & (6\times1 - 1\times(-1)) \end{vmatrix}$$

$$\boldsymbol{A}^c = \begin{vmatrix} 1 & 11 & -5 \\ 0 & 6 & -2 \\ -1 & -15 & 7 \end{vmatrix}$$

求逆矩阵

逆矩阵被命名为 $\boldsymbol{D}$，是一个满足以下表达式的矩阵：

$$\boldsymbol{A}^{-1}\boldsymbol{A} = \boldsymbol{I}$$

(E.10)

此处 $A \neq 0$（如满秩矩阵）并且 I 是单位矩阵。

逆矩阵分几步来计算：①计算矩阵的行列式；②计算伴随矩阵；③求得伴随矩阵的转置矩阵；④利用行列式的倒数乘伴随矩阵的转置。要求逆矩阵，公式为

$$A^{-1} = \frac{1}{\det A} A^{cT} \qquad\qquad (E.11)$$

例 E.3

对于 $A = \begin{bmatrix} 6 & 1 & 3 \\ -1 & 1 & 2 \\ 4 & 1 & 3 \end{bmatrix}$，求逆矩阵。

$$A^{-1} = \frac{1}{\det A} \left[\text{cofactor（辅因子）} \begin{vmatrix} 1 & -11 & -5 \\ 0 & 6 & -2 \\ -1 & -15 & 7 \end{vmatrix}^{T} \right]$$

$$A^{-1} = \frac{1}{2} \left[\text{cofactor（辅因子）} \begin{vmatrix} 1 & 0 & -1 \\ -11 & 6 & -15 \\ -5 & -2 & 7 \end{vmatrix} \right]$$

$$A^{-1} = \begin{vmatrix} 0.5 & 0 & -0.5 \\ -5.5 & 3 & -7.5 \\ -2.5 & -1 & 3.5 \end{vmatrix}$$

要理解三维运动学，重要的是要充分认识到必须用矩阵进行的数学运算。为了更深入地接触矩阵和矩阵代数，我们建议您参考一本专门处理向量和矩阵的教科书。

▶ 推荐阅读文献 ◀

• Beezer, R. A. *A First Course in Linear Algebra*. http://linear. ups. edu/download. html. (this is a free book online).

• Friedburg, S. H. , A. J. Insel, and L. E. Spence. *Linear Algebra*. Englewood Cliffs, NJ：Prentice-Hall.

附录 F　双摆方程的数值积分

　　四阶龙格-库塔法与欧拉法相比,前者的计算机代码更为复杂,这里所描述的格式可以适用于计算机语言。第一步为实现返回各环节的角加速度,给出各环节的角位置和角速度的函数,即

$$\alpha_{T} = f(\theta_{T},\ \theta_{L},\ \omega_{T},\ \omega_{L}) \text{ 和 } \alpha_{L} = f(\theta_{T},\ \theta_{L},\ \omega_{T},\ \omega_{L}) \tag{F.1}$$

　　这些函数的实现可以同时得到附录 G 中方程(G.13)和方程(G.14)(大腿和小腿/脚的运动方程)的解和,即

$$\alpha_{T} = \frac{C_{1}I_{2} - C_{2}A}{B} \tag{F.2}$$

$$\alpha_{L} = \frac{C_{2}(I_{T} + m_{L}L_{T}^{2}) - C_{1}A}{B} \tag{F.3}$$

　　其中:

$$A = m_{L}L_{T}d_{L}\cos(\theta_{L} - \theta_{T}) \tag{F.4}$$

$$B = I_{L}(I_{T} + m_{L}L_{T}^{2}) - A^{2} \tag{F.5}$$

$$C_{1} = m_{L}L_{T}d_{L}\omega_{L}^{2}\sin(\theta_{L} - \theta_{T}) + [a_{Hx}\cos\theta_{T} + (a_{Hy} + g)\sin\theta_{T}](m_{T}d_{T} + m_{L}L_{T}) \tag{F.6}$$

$$C_{2} = -m_{L}L_{T}d_{L}\omega_{T}^{2}\sin(\theta_{L} - \theta_{T}) + [a_{Hx}\cos\theta_{L} + (a_{Hx}y + g)\sin\theta_{L}]m_{L}d_{L} \tag{F.7}$$

下一步是实现函数计算速度变化:

$$\Delta\omega_{T} = f(\theta_{T'}\quad\theta_{L'}\quad\omega_{T'}\quad\omega_{L}) \text{ 和 } \Delta\omega_{L} = f(\theta_{T'}\quad\theta_{L'}\quad\omega_{T'}\quad\omega_{L}) \tag{F.8}$$

该步实现是通过应用欧拉方法于方程(G.13)和方程(G.14):

$$\Delta\omega_{T} = \alpha_{T}(\theta_{T},\ \theta_{L},\ \omega_{T},\ \omega_{L})\Delta t$$

和 $$\tag{F.9}$$

$$\Delta\omega_{L} = \alpha_{L}(\theta_{T},\ \theta_{L},\ \omega_{T},\ \omega_{L})\Delta t$$

其中是数值积分过程的时间增量。

角位置的计算需要使用欧拉法求解两个函数：

$$\Delta\theta_T = \omega_T \Delta t + \frac{1}{2}\alpha_T(\theta_T, \theta_L, \omega_T, \omega_L)\Delta t^2$$

和

$$\Delta\theta_L = \omega_L \Delta t + \frac{1}{2}\alpha_L(\theta_T, \theta_L, \omega_T, \omega_L)\Delta t^2 \qquad \text{(F.10)}$$

在函数中，值均为即时函数参数，因此在计算机代码中应使用不同的命名。利用这些函数可以实现四阶龙格-库塔方法。给定的一个瞬时值，这四个参数在下一时刻的值可以使用如下过程计算得到：

$$\delta\omega_{T^1} = \Delta\omega_T(\theta_T, \theta_L, \omega_T, \omega_L) \qquad \text{(F.11)}$$

$$\delta\omega_{L^1} = \Delta\omega_L(\theta_T, \theta_L, \omega_T, \omega_L) \qquad \text{(F.12)}$$

$$\delta\theta_{T^1} = \Delta\theta_T(\theta_T, \theta_L, \omega_T, \omega_L) \qquad \text{(F.13)}$$

$$\delta\theta_{L^1} = \Delta\theta_L(\theta_T, \theta_L, \omega_T, \omega_L) \qquad \text{(F.14)}$$

$$\delta\omega_{T2} = \Delta\omega_T\left(\theta_T + \frac{\partial\theta_{1T}}{2}, \theta_L + \frac{\partial\theta_{1L}}{2}, \omega_T + \frac{\partial\omega_{1T}}{2}, \omega_L + \frac{\partial\omega_{1L}}{2}\right) \qquad \text{(F.15)}$$

$$\delta\omega_{L2} = \Delta\omega_L\left(\theta_T + \frac{\partial\theta_{1T}}{2}, \theta_L + \frac{\partial\theta_{1L}}{2}, \omega_T + \frac{\partial\omega_{1T}}{2}, \omega_L + \frac{\partial\omega_{1L}}{2}\right) \qquad \text{(F.16)}$$

$$\delta\theta_{T2} = \Delta\theta_T\left(\theta_T + \frac{\partial\theta_{1T}}{2}, \theta_L + \frac{\partial\theta_{1L}}{2}, \omega_T + \frac{\partial\omega_{1T}}{2}, \omega_L + \frac{\partial\omega_{1L}}{2}\right) \qquad \text{(F.17)}$$

$$\delta\theta_{L2} = \Delta\theta_L\left(\theta_T + \frac{\partial\theta_{1T}}{2}, \theta_L + \frac{\partial\theta_{1L}}{2}, \omega_T + \frac{\partial\omega_{1T}}{2}, \omega_L + \frac{\partial\omega_{1L}}{2}\right) \qquad \text{(F.18)}$$

$$\delta\omega_{T3} = \Delta\omega_T\left(\theta_T + \frac{\partial\theta_{2T}}{2}, \theta_L + \frac{\partial\theta_{2L}}{2}, \omega_T + \frac{\partial\omega_{2T}}{2}, \omega_L + \frac{\partial\omega_{2L}}{2}\right) \qquad \text{(F.19)}$$

$$\delta\omega_{L3} = \Delta\omega_L\left(\theta_T + \frac{\partial\theta_{2T}}{2}, \theta_L + \frac{\partial\theta_{2L}}{2}, \omega_T + \frac{\partial\omega_{2T}}{2}, \omega_L + \frac{\partial\omega_{2L}}{2}\right) \qquad \text{(F.20)}$$

$$\delta\theta_{T3} = \Delta\theta_T\left(\theta_T + \frac{\partial\theta_{2T}}{2}, \theta_L + \frac{\partial\theta_{2L}}{2}, \omega_T + \frac{\partial\omega_{2T}}{2}, \omega_L + \frac{\partial\omega_{2L}}{2}\right) \qquad \text{(F.21)}$$

$$\delta\theta_{L3} = \Delta\theta_L\left(\theta_T + \frac{\partial\theta_{2T}}{2}, \theta_L + \frac{\partial\theta_{2L}}{2}, \omega_T + \frac{\partial\omega_{2T}}{2}, \omega_L + \frac{\partial\omega_{2L}}{2}\right) \qquad \text{(F.22)}$$

$$\delta\omega_{T4} = \Delta\omega_T(\theta_T + \delta\theta_{3_T}, \theta_L + \delta\theta_{3_L}, \omega_T + \delta\omega_{3_T}, \omega_L + \delta\omega_{3_L}) \qquad \text{(F.23)}$$

$$\delta\omega_{L4} = \Delta\omega_L(\theta_T + \delta\theta_{3_T}, \theta_L + \delta\theta_{3_L}, \omega_T + \delta\omega_{3_T}, \omega_L + \delta\omega_{3_L}) \qquad \text{(F.24)}$$

$$\delta\theta_{T4} = \Delta\theta_T(\theta_T + \delta\theta_{3_T}, \theta_L + \delta\theta_{3_L}, \omega_T + \delta\omega_{3_T}, \omega_L + \delta\omega_{3_L}) \qquad \text{(F.25)}$$

$$\delta\theta_{L4} = \Delta\theta_L(\theta_T + \delta\theta_{3_T},\ \theta_L + \delta\theta_{3_L},\ \omega_T + \delta\omega_{3_T},\ \omega_L + \delta\omega_{3_L}) \qquad (\text{F.26})$$

$$\omega_T = \omega_T + \frac{1}{6}(\partial\omega_{T1} + \partial\omega_{T4}) + \frac{1}{3}(\partial\omega_{T2} + \partial\omega_{T3})。 \qquad (\text{F.27})$$

$$\omega_L = \omega_L + \frac{1}{6}(\partial\omega_{L1} + \partial\omega_{L4}) + \frac{1}{3}(\partial\omega_{L2} + \partial\omega_{L3})。 \qquad (\text{F.28})$$

$$\theta_T = \theta_T + \frac{1}{6}(\partial\theta_{T1} + \partial\theta_{T4}) + \frac{1}{3}(\partial\theta_{T2} + \partial\theta_{T3})。 \qquad (\text{F.29})$$

$$\theta_L = \theta_L + \frac{1}{6}(\partial\theta_{L1} + \partial\theta_{L4}) + \frac{1}{3}(\partial\theta_{L2} + \partial\theta_{L3})。 \qquad (\text{F.30})$$

　　该龙格-库塔的第一步为欧拉法。剩余的步骤计算三个欧拉估计。最终值是这四个估计值的加权平均。此过程重复进行,直到满足最终条件,即到达某一时刻或腿部角度达到一定值。

附录 G 双摆方程的派生

表 G.1 符号

符号	含义
m	环节质量
I_{cm}	质心的环节转动惯量
I	近端环节转动惯量
L	环节长度
d	环节质心与近端间距离
θ,ω 和 α	环节角位置、速度、加速度
a_H	髋关节加速度
g	重力加速度
v	质心速度

下标 T 和 L 分别代表大腿和小腿/足；下标 x 和 y 分别代表前-后和垂直坐标系的方向。

双摆的动能满足第一性原理，即个体平面运动的动能等于其转动动能与平移动能之和。回转动能利用质心的惯性力矩和瞬时速度计算，瞬时速度等于质心的线速度。

$$\mathrm{KE}=\frac{1}{2}(I_{\mathrm{Tcm}}\omega_{\mathrm{T}}^2+I_{\mathrm{Lcm}}\omega_{\mathrm{L}}^2+m_{\mathrm{T}}v_{\mathrm{T}}^2+m_{\mathrm{L}}v_{\mathrm{L}}^2) \tag{G.1}$$

其中，v_{T} 是大腿质心的线速度，它是髋和大腿质心相对于髋的速度的矢量和，即

$$v_{\mathrm{T}}^2=(v_{\mathrm{H}x}+\omega_{\mathrm{T}}d_{\mathrm{T}}\cos\theta_{\mathrm{T}})^2+(v_{\mathrm{H}y}+\omega_{\mathrm{T}}d_{\mathrm{T}}\sin\theta_{\mathrm{T}})^2 \tag{G.2}$$

其中，v_{L} 是小腿/足的质心线速度，它是髋和膝相对于髋的速度的矢量和，即

$$v_{\mathrm{L}}^2=(v_{\mathrm{H}x}+\omega_{\mathrm{T}}L_{\mathrm{T}}\cos\theta_{\mathrm{T}}+\omega_{\mathrm{L}}d_{\mathrm{L}}\cos\theta_{\mathrm{L}})^2+(v_{\mathrm{H}y}+\omega_{\mathrm{T}}L_{\mathrm{T}}\sin\theta_{\mathrm{T}}+\omega_{\mathrm{L}}d_{\mathrm{L}}\sin\theta_{\mathrm{L}})^2 \tag{G.3}$$

双摆的势能由环节质心的三个自由度上的影响决定，分别称为髋位置、大腿和小腿的角位置。如图 G.1 所示，髋位置改变会改变下肢所有环节的质心位置。大腿角位置会影响大腿和小腿/足的质心位置，而小腿角位置仅影响小腿/足的质心位置。

直接进行几何学分析，得

$$PE = g\left[(m_\mathrm{T} + m_\mathrm{L})y_\mathrm{H} + (m_\mathrm{T}d_\mathrm{T} + m_\mathrm{L}L_\mathrm{T})(1 - \cos\theta_\mathrm{T}) + m_\mathrm{L}d_\mathrm{L}(1 - \cos\theta_\mathrm{L})\right]。$$

(G. 4)

拉格朗日运动方程为

$$\frac{\mathrm{d}}{\mathrm{d}t}\frac{\partial \mathrm{KE}}{\partial \omega_i} - \frac{\partial \mathrm{KE}}{\partial \theta_i} + \frac{\partial \mathrm{PE}}{\partial \theta_i} = M_i$$

(G. 5)

然后进行如下计算：

大腿，

$$\begin{aligned}
\frac{\partial \mathrm{KE}}{\partial \omega_\mathrm{T}} ={}& I_\mathrm{T}\omega_\mathrm{T} + m_\mathrm{T}d_\mathrm{T}(v_{\mathrm{H}x}\cos\theta_\mathrm{T} + v_{\mathrm{H}y}\sin\theta_\mathrm{T}) + \\
& m_\mathrm{L}\big[(v_{\mathrm{H}x} + \omega_\mathrm{T}L_\mathrm{T}\cos_\mathrm{T} + \omega_\mathrm{L}d_\mathrm{L}\cos\theta_\mathrm{L})(L_\mathrm{T}\cos\theta_\mathrm{T} + \\
& (v_{\mathrm{H}y} + \omega_\mathrm{T}L_\mathrm{T}\sin\theta_\mathrm{T} + \omega_\mathrm{L}d_\mathrm{L}\sin\theta_\mathrm{L})(L_\mathrm{T}\sin\theta_\mathrm{T})\big]
\end{aligned}$$

(G. 6)

$$\begin{aligned}
\frac{\mathrm{d}}{\mathrm{d}t}\frac{\partial \mathrm{KE}}{\partial \omega_\mathrm{T}} ={}& I_\mathrm{T}\alpha_\mathrm{T} + m_\mathrm{T}d_\mathrm{T}(a_{\mathrm{H}x}\cos\theta_\mathrm{T} - v_{\mathrm{H}x}\theta_\mathrm{T}\sin\theta_\mathrm{T} + a_{\mathrm{H}y}\sin\theta_\mathrm{T} + v_{\mathrm{H}y}\omega_\mathrm{T}\cos\theta_\mathrm{T}) + \\
& m_\mathrm{L}\big[(v_{\mathrm{H}x} + \omega_\mathrm{T}L_\mathrm{T}\cos\theta_\mathrm{T} + \omega_\mathrm{L}d_\mathrm{L}\cos\theta_\mathrm{L})(-L_\mathrm{T}\omega_\mathrm{T}\sin\theta_\mathrm{T}) + \\
& (a_{\mathrm{H}x} + \alpha_\mathrm{T}L_\mathrm{T}\cos\theta_\mathrm{T} - \omega_\mathrm{T}^2 L_\mathrm{T}\sin\theta_\mathrm{T} + \alpha_\mathrm{L}d_\mathrm{L}\cos\theta_\mathrm{L} - \omega_\mathrm{L}^2 d_\mathrm{L}\sin\theta_\mathrm{L})(L_\mathrm{T}\cos\theta_\mathrm{T}) + \\
& (v_{\mathrm{H}y} + \omega_\mathrm{T}L_\mathrm{T}\sin\theta_\mathrm{T} + \omega_\mathrm{L}d_\mathrm{L}\sin\theta_\mathrm{L})(L_\mathrm{T}\omega_\mathrm{T}\cos\theta_\mathrm{T}) + \\
& (a_{\mathrm{H}y} + \alpha_\mathrm{T}L_\mathrm{T}\sin\theta_\mathrm{T} + \omega_\mathrm{T}^2 L_\mathrm{T}\cos\theta_\mathrm{T} + \alpha_\mathrm{L}d_\mathrm{L}\sin\theta_\mathrm{T} + \omega_\mathrm{L}^2 d_\mathrm{L}\cos\theta_\mathrm{L})(L_\mathrm{T}\sin\theta_\mathrm{T})\big] \\
={}& I_\mathrm{T}\alpha_\mathrm{T} + m_\mathrm{T}d_\mathrm{T}\big[(a_{\mathrm{H}x} + v_{\mathrm{H}y}\omega_\mathrm{T})\cos\theta_\mathrm{T} + (a_{\mathrm{H}y} - v_{\mathrm{H}x}\omega_\mathrm{T})\sin\theta_\mathrm{T}\big] + \\
& m_\mathrm{L}\big[L_\mathrm{T}^2\alpha_\mathrm{T} + (v_{\mathrm{H}x} + \omega_\mathrm{L}d_\mathrm{L}\cos\theta_\mathrm{L})(-L_\mathrm{T}\omega_\mathrm{T}\sin\theta_\mathrm{T}) + \\
& (a_{\mathrm{H}x} + \alpha_\mathrm{L}d_\mathrm{L}\cos\theta_\mathrm{L} - \omega_\mathrm{L}^2 d_\mathrm{L}\sin\theta_\mathrm{L})(L_\mathrm{T}\cos\theta_\mathrm{T}) + \\
& (v_{\mathrm{H}y} + \omega_\mathrm{T}^2 d_\mathrm{L}\sin\theta_\mathrm{L})(L_\mathrm{T}\omega_\mathrm{T}\cos\theta_\mathrm{T}) + \\
& (a_{\mathrm{H}y} + \alpha_\mathrm{L}d_\mathrm{L}\sin\theta_\mathrm{L} + \omega_\mathrm{L}^2 d_\mathrm{L}\cos\theta_\mathrm{L})(L_\mathrm{T}\sin\theta_\mathrm{T})\big] \\
={}& (I_\mathrm{T} + m_\mathrm{L}L_\mathrm{T}^2)\alpha_\mathrm{T} + m_\mathrm{T}d_\mathrm{T}\big[(a_{\mathrm{H}x} + v_{\mathrm{H}y}\omega_\mathrm{T})\cos\theta_\mathrm{T} + (a_{\mathrm{H}y} - v_{\mathrm{H}x}\omega_\mathrm{T})\sin\theta_\mathrm{T}\big] + \\
& m_\mathrm{L}\big[L_\mathrm{T}\omega_\mathrm{T}(v_{\mathrm{H}y}\cos\theta_\mathrm{T} - v_{\mathrm{H}x}\sin\theta_\mathrm{T}) + L_\mathrm{T}(a_{\mathrm{H}x}\cos\theta_\mathrm{T} + a_{\mathrm{H}y}\sin\theta_\mathrm{T}) + \\
& L_\mathrm{T}d_\mathrm{L}\omega_\mathrm{T}\omega_\mathrm{L}\sin(\theta_\mathrm{L} - \theta_\mathrm{T}) + L_\mathrm{T}d_\mathrm{L}\alpha_\mathrm{L}\cos(\theta_\mathrm{L} - \theta_\mathrm{T}) - L_\mathrm{T}d_\mathrm{L}\omega_\mathrm{L}^2\sin(\theta_\mathrm{L} - \theta_\mathrm{T})\big] \\
={}& (I_\mathrm{T} + m_\mathrm{L}L_\mathrm{T}^2)\alpha_\mathrm{T} + m_\mathrm{L}L_\mathrm{T}d_\mathrm{L}\big[\alpha_\mathrm{L}\cos(\theta_\mathrm{L} - \theta_\mathrm{T}) - \\
& \omega_\mathrm{L}^2\sin(\theta_\mathrm{L} - \theta_\mathrm{T}) + \omega_\mathrm{T}\omega_\mathrm{L}\sin(\theta_\mathrm{L} - \theta_\mathrm{T})\big] + \\
& (m_\mathrm{T}d_\mathrm{T} + m_\mathrm{L}L_\mathrm{T})\big[(a_{\mathrm{H}x} + v_{\mathrm{H}y}\omega_\mathrm{T})\cos\theta_\mathrm{T} + (a_{\mathrm{H}y} - v_{\mathrm{H}x}\omega_\mathrm{T})\sin\theta_\mathrm{T}\big]
\end{aligned}$$

(G. 7)

$$\begin{aligned}
\frac{\partial \mathrm{KE}}{\partial \theta_\mathrm{T}} ={}& m_\mathrm{T}d_\mathrm{T}\omega_\mathrm{T}(-v_{\mathrm{H}x}\sin\theta_\mathrm{T} + v_{\mathrm{H}y}\cos\theta_\mathrm{T}) + \\
& m_\mathrm{L}L_\mathrm{T}\big[(v_{\mathrm{H}x} + \omega_\mathrm{T}L_\mathrm{T}\cos\theta_\mathrm{T} + \omega_\mathrm{L}d_\mathrm{L}\cos\theta_\mathrm{L})(-\omega_\mathrm{T}L_\mathrm{T}\sin\theta_\mathrm{T}) + \\
& (v_{\mathrm{H}y} + \omega_\mathrm{T}L_\mathrm{T}\sin\theta_\mathrm{T} + \omega_\mathrm{L}d_\mathrm{L}\sin\theta_\mathrm{L})(\omega_\mathrm{T}L_\mathrm{T}\cos\theta_\mathrm{T})\big] \\
={}& m_\mathrm{T}d_\mathrm{T}\omega_\mathrm{T}(v_{\mathrm{H}y}\cos\theta_\mathrm{T} - v_{\mathrm{H}x}\sin\theta_\mathrm{T}) + m_\mathrm{L}L_\mathrm{T}\omega_\mathrm{T}(v_{\mathrm{H}y}\cos\theta_\mathrm{T} - v_{\mathrm{H}x}\sin\theta_\mathrm{T}) + \\
& m_\mathrm{L}L_\mathrm{T}d_\mathrm{L}\omega_\mathrm{T}\omega_\mathrm{L}(\cos\theta_\mathrm{T}\sin\theta_\mathrm{L} - \sin\theta_\mathrm{T}\cos\theta_\mathrm{L}) \\
={}& \omega_\mathrm{T}(m_\mathrm{T}d_\mathrm{T} + m_\mathrm{L}L_\mathrm{T})(v_{\mathrm{H}y}\cos\theta_\mathrm{T} - v_{\mathrm{H}x}\sin\theta_\mathrm{T}) + m_\mathrm{L}L_\mathrm{T}d_\mathrm{L}\omega_\mathrm{T}\omega_\mathrm{L}\sin(\theta_\mathrm{L} - \theta_\mathrm{T})
\end{aligned}$$

(G. 8)

小腿/足，

$$\frac{\partial \mathrm{KE}}{\partial \omega_\mathrm{L}} = I_\mathrm{L}\omega_\mathrm{L} + m_\mathrm{L}\big[(v_{\mathrm{H}x} + \omega_\mathrm{T}L_\mathrm{T}\cos\theta_\mathrm{T} + \omega_\mathrm{L}d_\mathrm{L}\cos\theta_\mathrm{L})(d_\mathrm{L}\cos\theta_\mathrm{L})\big] + \tag{G.9}$$
$$(v_{\mathrm{H}y} + \omega_\mathrm{T}L_\mathrm{T}\sin\theta_\mathrm{T} + \omega_\mathrm{L}d_\mathrm{L}\sin\theta_\mathrm{L})(d_\mathrm{L}\sin\theta_\mathrm{L})\big]$$

$$\frac{\mathrm{d}}{\mathrm{d}t}\frac{\partial \mathrm{KE}}{\partial \omega_\mathrm{L}} = I_\mathrm{L}\alpha_\mathrm{L} + m_\mathrm{L}\big[(v_{\mathrm{H}x} + \omega_\mathrm{T}L_\mathrm{T}\cos\theta_\mathrm{T} + \omega_\mathrm{L}d_\mathrm{L}\cos\theta_\mathrm{L})(-d_\mathrm{L}\omega_\mathrm{L}\sin\theta_\mathrm{L})\big] +$$
$$(a_{\mathrm{H}x} + \alpha_\mathrm{T}L_\mathrm{T}\cos\theta_\mathrm{T} - \omega_\mathrm{T}^2 L_\mathrm{T}\sin\theta_\mathrm{T} + \alpha_\mathrm{L}d_\mathrm{L}\cos\theta_\mathrm{L} - \omega_\mathrm{L}^2 d_\mathrm{L}\sin\theta_\mathrm{L})(d_\mathrm{L}\cos\theta_\mathrm{L}) +$$
$$(v_{\mathrm{H}y} + \omega_\mathrm{T}L_\mathrm{T}\sin\theta_\mathrm{T} + \omega_\mathrm{L}d_\mathrm{L}\sin\theta_\mathrm{L})(d_\mathrm{L}\omega_\mathrm{L}\cos\theta_\mathrm{L}) +$$
$$(a_{\mathrm{H}y} + \alpha_\mathrm{T}L_\mathrm{T}\sin\theta_\mathrm{T} + \omega_\mathrm{T}^2 L_\mathrm{T}\cos\theta_\mathrm{T} +$$
$$\alpha_\mathrm{L}d_\mathrm{L}\sin\theta_\mathrm{L} + \omega_\mathrm{L}^2 d_\mathrm{L}\cos\theta_\mathrm{L})(d_\mathrm{L}\sin\theta_\mathrm{L})$$
$$= I_\mathrm{L}\alpha_\mathrm{L} + m_\mathrm{L}d_\mathrm{L}\big[(a_{\mathrm{H}x} + v_{\mathrm{H}y}\omega_\mathrm{L})\cos\theta_\mathrm{L} + (a_{\mathrm{H}y} - v_{\mathrm{H}x}\omega_\mathrm{L})\sin\theta_\mathrm{L}\big] +$$
$$m_\mathrm{L}\big[\alpha_\mathrm{T}L_\mathrm{T}d_\mathrm{L}\cos(\theta_\mathrm{L} - \theta_\mathrm{T}) + \omega_\mathrm{T}^2 L_\mathrm{T}d_\mathrm{L}\sin(\theta_\mathrm{L} - \theta_\mathrm{T}) +$$
$$\alpha_\mathrm{L}d_\mathrm{L}^2 - L_\mathrm{T}d_\mathrm{L}\omega_\mathrm{T}\omega_\mathrm{L}\sin(\theta_\mathrm{L} - \theta_\mathrm{T})\big]$$
$$= I_\mathrm{L}\alpha_\mathrm{L} + m_\mathrm{L}d_\mathrm{L}\big[(a_{\mathrm{H}x} + v_{\mathrm{H}y}\omega_\mathrm{L})\cos\theta_\mathrm{L} + (a_{\mathrm{H}y} - v_{\mathrm{H}x}\omega_\mathrm{L})\sin\theta_\mathrm{L}\big] +$$
$$m_\mathrm{L}L_\mathrm{T}d_\mathrm{L}\big[\alpha_\mathrm{T}\cos(\theta_\mathrm{L} - \theta_\mathrm{T}) + \omega_\mathrm{T}^2\sin(\theta_\mathrm{L} - \theta_\mathrm{T}) - \omega_\mathrm{T}\omega_\mathrm{L}\sin(\theta_\mathrm{L} - \theta_\mathrm{T})\big] \tag{G.10}$$

$$\frac{\partial \mathrm{KE}}{\partial \theta_\mathrm{L}} = m_\mathrm{L}\big[(v_{\mathrm{H}x} + \omega_\mathrm{T}L_\mathrm{T}\cos\theta_\mathrm{T} + \omega_\mathrm{L}d_\mathrm{L}\cos\theta_\mathrm{L})(-\omega_\mathrm{L}d_\mathrm{L}\sin\theta_\mathrm{L})\big] +$$
$$(v_{\mathrm{H}y} + \omega_\mathrm{T}L_\mathrm{T}\sin\theta_\mathrm{T} + \omega_\mathrm{L}d_\mathrm{L}\sin\theta_\mathrm{L})(\omega_\mathrm{L}d_\mathrm{L}\cos\theta_\mathrm{L})$$
$$= m_\mathrm{L}\big[d_\mathrm{L}\omega_\mathrm{L}(v_{\mathrm{H}y}\cos\theta_\mathrm{L} - v_{\mathrm{H}x}\sin\theta_\mathrm{L}) +$$
$$L_\mathrm{T}d_\mathrm{L}\omega_\mathrm{T}\omega_\mathrm{L}(\sin\theta_\mathrm{T}\cos\theta_\mathrm{L} - \cos\theta_\mathrm{T}\sin\theta_\mathrm{L})\big] = m_\mathrm{L}\big[d_\mathrm{L}\omega_\mathrm{L}(v_{\mathrm{H}y}\cos\theta_\mathrm{L} - v_{\mathrm{H}x}\sin\theta_\mathrm{L}) -$$
$$L_\mathrm{T}d_\mathrm{L}\omega_\mathrm{T}\omega_\mathrm{L}\sin(\theta_\mathrm{T} - \theta_\mathrm{L})\big]$$
$$\tag{G.11}$$

$$\frac{\partial \mathrm{PE}}{\partial \theta_\mathrm{L}} = gm_\mathrm{L}d_\mathrm{L}\sin\theta_\mathrm{L} \tag{G.12}$$

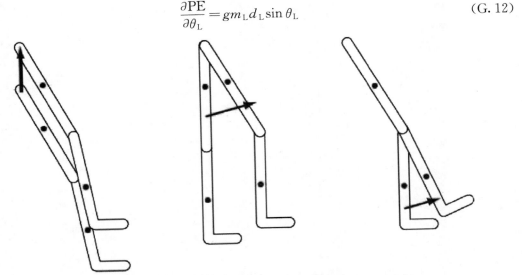

图 G.1 髋位置、大腿位置和小腿/足位置对于质心的不同影响

因此,应用拉格朗日方程可得

大腿:

$$(I_T + m_L L_T^2)\alpha_T + m_L L_T d_L[\alpha_L\cos(\theta_L - \theta_T) - \omega_L^2\sin(\theta_L - \theta_T) + \omega_T\omega_L\sin(\theta_L - \theta_T)] +$$
$$(m_T d_T + m_L L_T)[(a_{Hx} + v_{Hy}\omega_T)\cos\theta_T + (a_{Hy} - v_{Hx}\omega_T)\sin\theta_T] -$$
$$[\omega_T(m_T d_T + m_L L_T)(v_{Hy}\cos\theta_T - v_{Hx}\sin\theta_T) + m_L L_T d_L\omega_T\omega_L\sin(\theta_L - \theta_T)] +$$
$$g(m_T d_T + m_L L_T)\sin\theta_T$$
$$\rightarrow (I_T + m_L L_T^2)\alpha_T + m_L L_T d_L[\alpha_L\cos(\theta_L - \theta_T) - \omega_L^2\sin(\theta_L - \theta_T)] +$$
$$(m_T d_T + m_L L_T)[a_{Hx}\cos\theta_T + (a_{Hy} + g)\sin\theta_T] = 0 \qquad (G.13)$$

小腿/足:

$$I_L\alpha_L + m_L d_L[(a_{Hx} + v_{Hy}\omega_L)\cos\theta_L + (a_{Hy} - v_{Hx}\omega_L)\sin\theta_L] +$$
$$m_L L_T d_L[\alpha_T\cos(\theta_L - \theta_T) + \omega_T^2\sin(\theta_L - \theta_T) - \omega_T\omega_L\sin(\theta_L - \theta_T)] -$$
$$m_L[d_L\omega_L(v_{Hy}\cos\theta_L - v_{Hx}\sin\theta_L) + L_T d_L\omega_T\omega_L\sin(\theta_T - \theta_L)] + gm_L d_L\sin\theta_L = 0$$
$$\rightarrow I_L\alpha_L + m_L d_L[L_T\alpha_T\cos(\theta_L - \theta_T) + L_T\omega_T^2\sin(\theta_L - \theta_T) + a_{Hx}\cos\theta_L + (a_{Hy} + g)\sin\theta_L] = 0$$
$$\qquad (G.14)$$

附录 H　离散傅里叶变换子程序

这是计算功率谱 power spectrum，功率 power()，时间序列，h(numpnts)的基本编码，numpnts 是 h 中数据的数量。数列 s(),c() 容纳了正弦和余弦函数的系数。数组列 s(),c() 和 power() 中将只有 m 值。这种方法用起来简单但是花费时间较长。

```
DIM s(numpnts),c(numpnts),h(numpnts),power(numpnts)
pi=3.14159265
w=(2 * pi)/numpnts
m=numpnts/2+1
FOR k=1 TO m
  k1w=(k-1) * w
  FOR j=1 TO numpnts
    alpha=k1w * (j-1)
    s(k)=s(k)+h(j) * SIN(alpha)
    c(k)=c(k)+h(j) * COS(alpha)
  NEXT j
  s(k)=2 * s(k)
  c(k)=2 * c(k)
  power(k)=s(k)^2+c(k)^2
NEXT k
```

附录 I 香农重建子程序
（Shannon's Reconstruction Subroutine）

这是实现香农公式的基本编码，来重构采样率高于奈奎斯特速率的数据。

```
'olddelta=original sampling rate
'newdelta=new sampling rate
'samptime=duration of the trial
'fc=Nyquist frequency
'newpoints=number of reconstructed data points
'oldpoints=original number of points
'd! (n)=nth point of the original signal
's! (i)=ith point in the reconstructed signa
pi=3. 14159265
samptime=(oldpoints-1) * olddelta
newpoints=samptime/newdelta
fc=1/(2 * olddelta)
fc2=2 * fc
FOR i=1 To newpoints
  t=(i-1) * newdelta
  FOR n=1 To oldpoints
    IF(t-(n-1) * olddelta)<>0 Then
      m=sin(fc2 * pi * (t-(n-1) * olddelta))/(pi * t-(n-1) * olddelta))
    ELSE
      m=1/olddelta
    END IF
    newdata(i)=newdata(i)+olddata(n) * m
  NEXT n
  newdata(i)=newdata(i) * olddelta
NEXT I
```

习 题 答 案

第三章

例 3.1

$$m_{\text{thigh}} = P_{\text{thigh}} m_{\text{total}} = 0.100 \times 80.0 = 8.00 \, \text{kg}$$

例 3.2

$$x_{\text{cg}} = -12.80 + 0.433[7.3 - (-12.80)] = -4.10 \, \text{cm}$$
$$y_{\text{cg}} = 83.3 + 0.433(46.8 - 83.3) = 67.5 \, \text{cm}$$

需要注意的是,大腿环节重心的坐标(-4.10,67.5)必须落在两个端点之间。在计算的过程中要保留坐标。本题中的坐标来自表 1.3 中第 10 帧的数据。

例 3.3

$$l_{\text{thigh}} = \sqrt{[7.3 - (-12.80)]^2 + (46.8 - 83.3)^2} = 41.67 \, \text{cm}$$
$$k_{\text{cg}} = K_{\text{cg(thigh)}} \times L_{\text{thigh}} = 0.323 \times 41.67 = 13.46 \, \text{cm} = 0.134 \, 6 \, \text{m}$$

在例题 3.1 中,计算中将大腿的质量认为是 8 kg。

$$I_{\text{cg}} = mk^2 = 18.00 \times 0.134 \, 6^2 = 0.326 \, \text{kg} \cdot \text{m}^2$$

注意,计算惯性力矩之前要受限计算回转半径(k_{cg}),这就需要计算出大腿环节的长度(L_{thigh})。同时,计算之前要将回转半径的单位转换为米(m)。

要计算大腿环节末端的惯性力矩,我们需要首先计算出大腿中心到末端的距离,再运用平行轴定理。这个距离设定为 r_{proximal}。

$$r_{\text{proximal}} = 0.433 \times L_{\text{thigh}} = 0.433 \times 41.67 = 18.04 \, \text{cm} = 0.180 \, 4 \, \text{m}$$
$$I_{\text{proximal}} = I_{\text{cg}} + m_{\text{thigh}} r_{\text{proximal}}^2 = 0.326 + 18.00 \times 0.180 \, 4^2 = 0.912 \, \text{kg} \cdot \text{m}^2$$

注意环节末端的惯性力矩比环节重心的力矩大。转动轴通过环节重心时,惯性力矩为最小。

第四章

例 4.1

画出风是无法实现的,因为我们无法确定它的压力中心。这与画出游泳者和骑行者的自由体图是同一原因。

第五章

例 5.1a

在这个例子中 FBD(自由体图)和图 5.10(d)是基本相同的,除了本例中我们加入了重力和垂直方向的地面反作用力(GRF)的讨论。图中标注出了 X 轴和 Y 轴的正方向。在本示例中,我们注意到水平方向的加速度(-64 m/s^2)在图中用一个负方向(方向向左)的箭头表示,即-64 m/s^2。同时要注意,角加速度方向为负(顺时针方向),图中表示为 28 rad/s^2。在这些案例中,也可以将相反的方向并用负值表示。

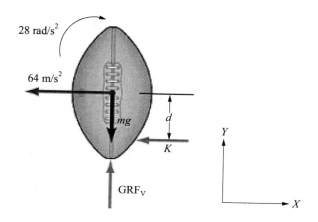

如图中,用灰色箭头表示的量是本题目中的未知量,即 GRF 的垂直分量、力 K、距离 d(力 K 作用线和球的中心之间的距离)。我们从垂直方向开始计算,因为在本例中垂直方向是最简单的。

$$\sum F_y = ma_y$$
$$\text{GRF}_y - mg = ma_y$$
$$\Rightarrow \text{GRF}_y - (0.25 \text{ kg})(9.81 \text{ m/s}^2) = 0$$
$$\Rightarrow \text{GRF}_y = 2.45 \text{ N}$$

当地面仅发挥支撑球重量的作用时,这样的结果是成立的。

计算水平方向的力 K 时,需注意 FBD 图中画出的 K 为负值,因其方向为左($-x$)。因此,当计算结果得到一个正值则证明 K 值和图中所画是相同方向,即意味着此力的方向是沿 X 轴的负方向。

$$\sum F_x = ma_x$$
$$-K = ma_x$$
$$\Rightarrow -K = (0.25 \text{ kg})(-64 \text{ m/s}^2)$$
$$\Rightarrow K = 16.0 \text{ N}$$

根据解决人体运动问题的准则,我们计算的是针对球质心的力矩。如自由体(FBD)图

所示只有一个力 K 作用线不通过质心。它产生的力矩为 Kd。写出等式并且将此力矩的方向记为负,因为其所产生的效果为顺时针转动,这一点需要特别关注。将质心看作一个确定的点进而发现力 K 能够使物体顺时针旋转。

$$\sum M = I\alpha$$

$$-K(d) = I\alpha$$

$$\Rightarrow d \frac{(0.04 \ \text{kg} \cdot \text{m}^2)(-28 \ \text{rad/s}^2)}{16 \ \text{N}} = -0.070 \ \text{m}$$

计算出的距离 d 为负值,证明力作用在球的质心之下。

例 5.1b

本例中的 FBD 和前面的例子中非常相似,不同的是所施加的水平方向的球座支撑力。注意,水平力的方向为正。

$$\sum F_x = ma_x$$

$$-K + F_T = ma_x$$

$$\Rightarrow -K + 4 \ \text{N} = (0.25 \ \text{kg})(-64 \ \text{m/s}^2) = -16 \ \text{N}$$

$$\Rightarrow K = 20.0 \ \text{N}$$

逻辑分析得出:反冲力是球座支撑力和球反作用力的合力。

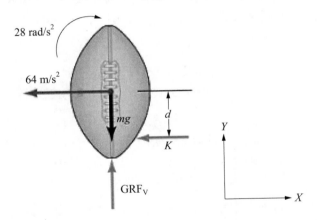

计算针对质心的合力矩,需要注意力 K 产生的力矩方向为负,与之前一样,力 F_T 产生的力矩为正。

$$\sum M = I\alpha$$

$$-K(d) + F_T(0.15 \ \text{m}) = I\alpha$$

$$\Rightarrow d \frac{(0.04 \ \text{kg} \cdot \text{m}^2)(-28 \ \text{rad/s}^2) - 4(0.15 \ \text{m})}{16 \ \text{N}}$$

$$= -0.1075 \ \text{m}$$

因此,此实例中力的作用位置更低。

例 5.2

本例中的,通过自由体图(FBD)可以将复杂的情况进行分解。事实上,本例和前述的足球的例子十分相似。为了画出正确的自由体图,首先需要确认所有的受力:重力、未知的地面反作用力 GRF_y,身体加速的惯性力。同时,还有一个未知的踝关节力矩 M_A。自由体图如下:

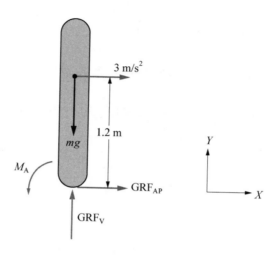

因为乘客保持一个静止的姿势,其身体的加速度为 0 rad/s。未知量 GRF_x,GRF_y,M_A 位于近低板端;在图中坐标系未知量画为正方向,并由以下三个运动方程求解:

$$\sum F_x = ma_x$$
$$GRF_x = ma_x$$
$$\Rightarrow GRF_x = (60\ kg)(3\ m/s^2) = 180.0\ N$$
$$\sum F_y = ma_y$$
$$GRF_y - mg = ma_y$$
$$\Rightarrow GRF_y - (60\ kg)(9.81\ m/s^2) = 0$$
$$\Rightarrow GRF_y = 589\ N$$

结果显示这些值均为正值,表明这些量的方向与图中所画是一致的。

然后计算对于质心的合力矩。注意,图中画出的力矩方向为逆时针方向,所以在第一个等式中为正。垂直分力 GRF_y 产生的力矩为 0,水平分力 GRF_x 产生的力矩方向为正,因为它对质心产生的力矩方向为逆时针。

$$\sum M = I\alpha$$
$$M_A + GRF_x(1.2\ m) = I\alpha$$
$$\Rightarrow M_A + (180\ N)(1.2\ m) = (130\ kg \cdot m^2)(0\ rad/s^2)$$
$$\Rightarrow M_A = -216\ N \cdot m$$

此踝关节力矩较大,这就是当地铁突然启动时经常会使乘客向前迈步或是需拉住扶手保持平衡。

例 5.3

球拍的 FBD 非常简单。但是手部的运动并不明确。因此,需要在坐标系中画出各个未知量。

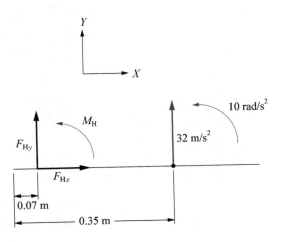

用运动学等式方程列出公式:

$$\sum F_x = ma_x$$
$$F_{Hx} = (0.5\ \text{kg})(0\ \text{m/s}^2)$$
$$\Rightarrow F_{Hx} = 0\ \text{N}$$
$$\sum F_y = ma_y$$
$$F_{Hy} = (0.5\ \text{kg})(32\ \text{m/s}^2) = 16\ \text{N}$$
$$\sum M = I\alpha$$
$$M_H - F_{Hy}(0.35\ \text{m} - 0.07\ \text{m}) = (0.1\ \text{kg} \cdot \text{m}^2)(10\ \text{rad/s}^2)$$
$$\Rightarrow M_H = (16\ \text{N})(0.35\ \text{m} - 0.07\ \text{m}) +$$
$$(0.1\ \text{kg} \cdot \text{m}^2)(10\ \text{rad/s}^2) = 5.5\ \text{N} \cdot \text{m}$$

此力矩是一对力偶产生的结果,即两个等值反向不共线的力。我们推测前面的手指推动球拍向前转动,小指推动球拍向后转动。

如果两个力的作用点相距 6 cm,那么可以估算出力偶中每个力大约为 91.7 N。

例 5.4

通过摄像机拍摄,确定出了研究对象的两端点并确定出此物体的质心。画出 FBD 自由体图、X 方向和 Y 方向的力及其作用点距质心的距离。依据这些我们可以进一步计算出各力的力矩。

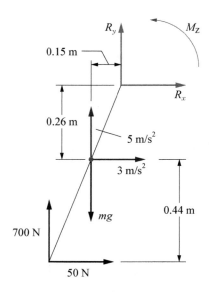

列出二维运动的三个等式:

$$\sum F_x = ma_x$$
$$R_x + 50\,\mathrm{N} = (8\,\mathrm{kg})(3\,\mathrm{m/s^2})$$
$$\Rightarrow R_x = -26.0\,\mathrm{N}$$

注意,R_x 方向为负,意味着实际力的方向和 FBD 图中所画方向相反。

$$\sum F_y = ma_y$$
$$R_y + 700\,\mathrm{N} - mg = (8\,\mathrm{kg})(5\,\mathrm{m/s^2})$$
$$\Rightarrow R_y = -700\,\mathrm{N} + (8\,\mathrm{kg})(9.81\,\mathrm{m/s^2}) +$$
$$(8\,\mathrm{kg})(5\,\mathrm{m/s^2}) = -581.5\,\mathrm{N}$$

与 R_x 一样,计算出 R_y 的值也为负值,表明力的方向指向下,与自由体图 FBD 中所画方向相反。

列出力矩等式时,先将所有的量列出等式,并通过右手定则判断出力矩的正负方向。

$$\sum M_z = I\alpha$$
$$M_z + (50\,\mathrm{N})(0.44\,\mathrm{m}) - (700\,\mathrm{N})(0.25\,\mathrm{m}) -$$
$$R_x(0.26\,\mathrm{m}) + R_y(0.15\,\mathrm{m})$$
$$= (0.2\,\mathrm{kg \cdot m^2})(10\,\mathrm{rad/s^2})$$

然后代入上面所计算出的 R_x 和 R_y 的值。注意,我们给力加上括号来保存它们的符号，以此来确定力矩的正负。

$$\Rightarrow M_z + (50\ \text{N})(0.44\ \text{m}) - (700\ \text{N})(0.25\ \text{m}) -$$
$$(-26\ \text{N})(0.26\ \text{m}) + (-582\ \text{N})(0.15\ \text{m})$$
$$= (0.2\ \text{kg} \cdot \text{m}^2)(10\ \text{rad/s}^2)$$

之后，我们将除了未知力矩 M_z 之外的已知量移至等式右边，求解出力矩 M_z。

$$\Rightarrow M_z = -(50\ \text{N})(0.44\ \text{m}) + (700\ \text{N})(0.25\ \text{m}) +$$
$$(-26\ \text{N})(0.26\ \text{m}) -$$
$$(-582\ \text{N})(0.15\ \text{m}) + (0.2\ \text{kg} \cdot \text{m}^2)(10\ \text{rad/s}^2)$$
$$= 235\ \text{N} \cdot \text{m}$$

例 5.5

自由体图如下：

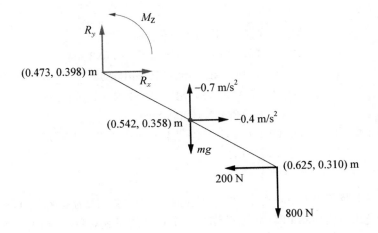

$$\sum F_x = ma_x$$
$$R_x - 200\ \text{N} = (0.1\ \text{kg})(-0.4\ \text{m/s}^2)$$
$$\Rightarrow R_x = 200\ \text{N}$$

准确的力值为 199.96 N，约等于 200 N。相比之下，曲柄的质量很轻，它质心的加速度可以忽略不计。在 y 轴方向同理，

$$\sum F_y = ma_y$$
$$R_y - 800\ \text{N} - (0.1\ \text{kg})(9.81\ \text{m/s}^2)$$
$$= (0.1\ \text{kg})(-0.7\ \text{m/s}^2)$$
$$\Rightarrow R_y = 801\ \text{N}$$

这样计算力矩时会更加清晰。重新画出自由体图 FBD，并标明作用点和质心之间的距离。

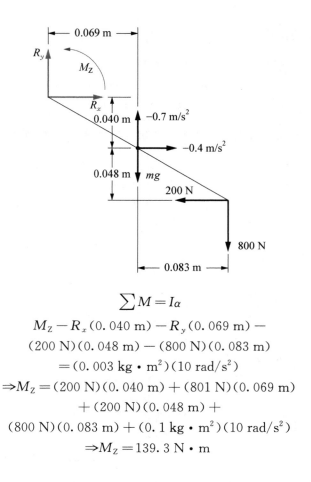

$$\sum M = I\alpha$$

$$M_Z - R_x(0.040 \text{ m}) - R_y(0.069 \text{ m}) -$$
$$(200 \text{ N})(0.048 \text{ m}) - (800 \text{ N})(0.083 \text{ m})$$
$$= (0.003 \text{ kg} \cdot \text{m}^2)(10 \text{ rad/s}^2)$$
$$\Rightarrow M_Z = (200 \text{ N})(0.040 \text{ m}) + (801 \text{ N})(0.069 \text{ m})$$
$$+ (200 \text{ N})(0.048 \text{ m}) +$$
$$(800 \text{ N})(0.083 \text{ m}) + (0.1 \text{ kg} \cdot \text{m}^2)(10 \text{ rad/s}^2)$$
$$\Rightarrow M_Z = 139.3 \text{ N} \cdot \text{m}$$

例 5.6

在本例中,将上肢和肩关节隔离作为一个独立的研究对象。因为本例为静态,所以 ma 和 $I\alpha$ 两项均为 0。构造出自由体图 FBD,将上肢作为一个独立的研究对象,并画出肩关节处的三个未知量,同时画出上臂、前臂、手的重力。写下力的作用结果和力臂长度并确定各力矩的符号。

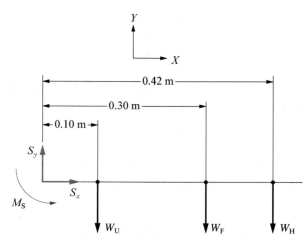

计算三个未知量:

$$\sum F_x = ma_x$$
$$S_x = 0 \text{ N}$$
$$\sum F_y = ma_y$$
$$S_y - W_U - W_F - W_H = 0$$
$$\Rightarrow S_y = W_U + W_F + W_H$$
$$\Rightarrow S_y = (4 \text{ kg})(9.81 \text{ m/s}^2) + (3 \text{ kg})(9.81 \text{ m/s}^2) +$$
$$(1 \text{ kg})(9.81 \text{ m/s}^2) = 78.5 \text{ N}$$

在本例中,计算肩部的力矩也很简便。同理,第一步是写下各力的作用结果和力臂长度,随后确定力矩的符号。

$$\sum M_Z = 0$$
$$M_S - W_U(0.10 \text{ m}) - W_F(0.30 \text{ m}) - W_H(0.42 \text{ m}) = 0$$
$$\Rightarrow M_S = W_U(0.10 \text{ m}) + W_F(0.30 \text{ m}) + W_H(0.42 \text{ m})$$
$$\Rightarrow M_S = (4 \text{ kg})(9.81 \text{ m/s}^2)(0.10 \text{ m}) +$$
$$(3 \text{ kg})(9.81 \text{ m/s}^2)(0.30 \text{ m}) +$$
$$(1 \text{ kg})(9.81 \text{ m/s}^2)(0.42 \text{ m}) = 16.9 \text{ N} \cdot \text{m}$$

例 5.7

此例中的自由体图 FBD 和以上例子中基本相同,除了多施加了一个重力 W_1:

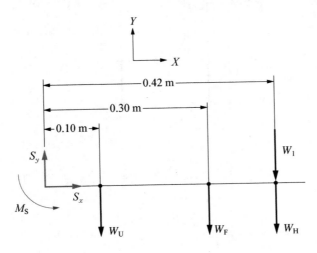

计算出三个未知量:

$$\sum F_x = ma_x$$
$$S_x = 0 \text{ N}$$
$$\sum F_y = ma_y$$
$$S_y - W_U - W_F - W_H - W_1 = 0$$
$$\Rightarrow S_y = W_U + W_F + W_H + W_1$$

$$\Rightarrow S_y = (4 \text{ kg})(9.81 \text{ m/s}^2) + (3 \text{ kg})(9.81 \text{ m/s}^2) +$$
$$(1 \text{ kg})(9.81 \text{ m/s}^2) +$$
$$(2 \text{ kg})(9.81 \text{ m/s}^2) = 98.1 \text{ N}$$

与例 5.6 相比,出现了约为 20 N 的变化。

再次,就算力矩之和。先写下各个力矩,然后再判定它们的符号。

$$\sum M = 0$$
$$M_S - W_U(0.10 \text{ m}) - W_F(0.30 \text{ m})$$
$$- (W_H + W_1)(0.42 \text{ m}) = 0$$
$$\Rightarrow M_S = W_U(0.10 \text{ m}) + W_F(0.30 \text{ m})$$
$$+ (W_H + W_1)(0.42 \text{ m})$$
$$\Rightarrow M_S = (4 \text{ kg})(9.81 \text{ m/s}^2)(0.10 \text{ m}) +$$
$$3 \text{ kg}(9.81 \text{ m/s}^2)(0.30 \text{ m}) +$$
$$(1 \text{ kg} + 2 \text{ kg})(9.81 \text{ m/s}^2)(0.42 \text{ m}) = 25.1 \text{ N} \cdot \text{m}$$

例 5.8

本例中前臂的自由体图 FBD 和前例中的基本相似。我们在肘关节的位置画出位置量, 将未知量画为负方向,并且计算出力对于肘关节中心的距离。

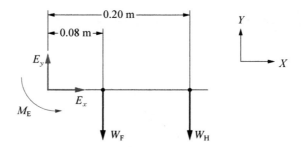

计算出未知量:

$$\sum F_x = ma_x$$
$$E_x = 0 \text{ N}$$
$$\sum F_y = ma_y$$
$$E_y - W_F - W_H = 0$$
$$\Rightarrow E_y = W_F + W_H$$

计算出肘关节的力矩:

$$\sum M = 0$$
$$M_E - W_F(0.08 \text{ m}) - W_H(0.20 \text{ m}) = 0$$
$$\Rightarrow M_E = W_F(0.08 \text{ m}) + W_H(0.20 \text{ m})$$
$$\Rightarrow M_E = (3 \text{ kg})(9.81 \text{ m/s}^2)(0.08 \text{ m}) +$$

$$(1\,\text{kg})(9.81\,\text{m/s}^2)(0.20\,\text{m})=4.3\,\text{N}\cdot\text{m}$$

再计算上臂的,利用隔离法画出上臂于肘关节处的受力和力矩。它们和前臂的大小一致,方向相反。

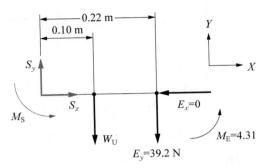

$$\sum F_x=ma$$
$$S_x-E_x=0$$
$$\Rightarrow S_x=0\,\text{N}$$
$$\sum F_y=ma$$
$$S_y-W_U-E_y=0$$
$$\Rightarrow S_y=W_U+E_y$$
$$\Rightarrow S_y=(4\,\text{kg})(9.81\,\text{m/s}^2)+39.2\,\text{N}=78.4\,\text{N}$$

这与之前计算出的结果相同。随后,计算出关于肩关节的力矩之和:

$$\sum M=0$$
$$M_S-M_E-W_U(0.10\,\text{m})-E_y(0.22\,\text{m})=0$$
$$\Rightarrow M_S=M_E+W_U(0.10\,\text{m})+E_y(0.22\,\text{m})$$
$$\Rightarrow M_S=4.32\,\text{N}\cdot\text{m}+(4\,\text{kg})(9.81\,\text{m/s}^2)(0.10\,\text{m})+$$
$$(39.2\,\text{N})(0.22\,\text{m})=16.87\,\text{N}\cdot\text{m}$$

同样,也得出了和之前同样的结果。

例 5.9
足的自由体图 FBD 如下:

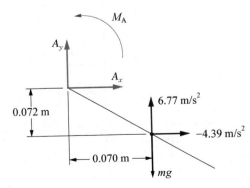

计算反作用力：

$$\sum F_x = ma_x$$

$$A_x = m_f a_f$$

$$\Rightarrow A_x = (1.2 \text{ kg})(-4.39 \text{ m/s}^2) = -5.3 \text{ N}$$

$$\sum F_y = ma_y$$

$$A_y - m_f g = m_f a_f$$

$$\Rightarrow A_y = m_f g + m_f a_f$$

$$\Rightarrow A_y = (1.2 \text{ kg})(9.81 \text{ m/s}^2) +$$

$$(1.2 \text{ kg})(6.77 \text{ m/s}^2) = 19.9 \text{ N}$$

因为足的质量比较小，因此反作用力也很小。

继续计算踝关节力矩，计算关于足质心的合力矩。此处有三个力矩；其中踝关节力矩为负，因为图中所画反作用力的力矩均为负，它们会使质心产生顺时针转动：

$$\sum M = I\alpha$$

$$M_A - A_x(0.072 \text{ m}) - A_y(0.070 \text{ m}) = I_f \alpha_f$$

$$\Rightarrow M_A = A_x(0.072 \text{ m}) + A_y(0.070 \text{ m}) + I_f \alpha_f$$

随后将等式中的 A_x 和 A_y 替换为计算出的结果。给数值加上括号以保留它们的符号：

$$\Rightarrow M_A = (-5.3 \text{ N})(0.072 \text{ m}) + (19.9 \text{ N})(0.070 \text{ m}) + (0.011 \text{ kg} \cdot \text{m}^2)(5.12 \text{ rad/s}^2)$$

$$\Rightarrow M_A = 1.01 \text{ N} \cdot \text{m}$$

这个关节力矩很小，很接近零，但是它为正方向的即背屈力矩，前提条件是假设受试者面朝右侧。

小腿的自由体图 FBD 如下。注意，将已计算出的踝关节反作用力矩结果代入自由体图中，并保留各个力矩的原始符号。

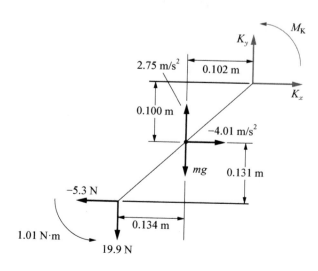

$$\sum F_x = ma_x$$
$$K_x - A_x = m_1 a_1$$
$$\Rightarrow K_x = A_x + m_1 a_1$$
$$\Rightarrow K_x = -5.3\,\text{N} + (2.4\,\text{kg})(-4.01\,\text{m/s}^2) = -14.9\,\text{N}$$
$$\sum F_y = ma_y$$
$$K_y - A_y - m_{1g} = m_1 a_1$$
$$\Rightarrow K_y = A_y + m_{1g} + m_1 a_1$$
$$\Rightarrow K_y = 19.9\,\text{N} + (2.4\,\text{kg})(9.81\,\text{m/s}^2) +$$
$$(2.4\,\text{kg})(2.75\,\text{m/s}^2) = 50.0\,\text{N}$$

在计算小腿的力矩时,需注意垂直方向(y)力产生力矩方向为正,然而水平方向(x)产生力矩方向为负:

$$\sum M = I\alpha$$
$$M_K - M_A - K_x(0.100\,\text{m}) + K_y(0.102\,\text{m}) -$$
$$A_x(0.131\,\text{m}) + A_y(0.134\,\text{m}) = I_1 \alpha_1$$
$$\Rightarrow M_K = M_A + K_x(0.100\,\text{m}) - K_y(0.102\,\text{m})$$
$$+ A_x(0.131\,\text{m}) -$$
$$A_y(0.134\,\text{m}) + I_1 \alpha_1$$

将已计算出的反作用力的结果代入等式中,并给数值加上括号以保留它们的符号:

$$\Rightarrow M_K = 1.01\,\text{N} \cdot \text{m} + (-14.9\,\text{N})(0.100\,\text{m}) -$$
$$(50.0\,\text{N})(0.102\,\text{m}) + (-5.3\,\text{N})(0.131\,\text{m}) -$$
$$(19.90\,\text{N})(0.134\,\text{m}) + (0.064\,\text{kg} \cdot \text{m}^2)(-3.08\,\text{rad/s}^2)$$
$$\Rightarrow M_K = -9.1\,\text{N} \cdot \text{m}$$

此膝关节力矩为一个比较小的屈力矩,前提条件是假设人体面向右侧。

如下是大腿的自由体图 FBD,同样将以上计算出的膝关节的反作用力及力矩代入自由体图中并进行如下计算:

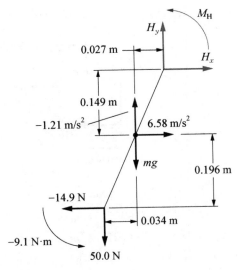

$$\sum F_x = ma_x$$

$$H_x - K_x = m_t a_t$$

$$\Rightarrow H_x = K_x + m_t a_t$$

$$\Rightarrow H_x = -14.9\,\text{N} + (6.0\,\text{kg})(6.58\,\text{m/s}^2) = 24.6\,\text{N}$$

$$\sum F_y = ma_y$$

$$H_y - K_y - m_t g = m_t a_t$$

$$\Rightarrow H_y = K_y + m_t g + m_t a_t$$

$$\Rightarrow H_y = 50.0\,\text{N} + (6.0\,\text{kg})(9.81\,\text{m/s}^2) +$$

$$(6.0\,\text{kg})(-1.21\,\text{m/s}^2) = 101.6\,\text{N}$$

$$\sum M = I\alpha$$

$$M_H - M_K - H_x(0.149\,\text{m}) + H_y(0.027\,\text{m}) -$$

$$K_x(0.196\,\text{m}) + K_y(0.034\,\text{m}) = I_t(\alpha_t)$$

$$\Rightarrow M_H = M_K + H_x(0.149\,\text{m}) - H_y(0.027\,\text{m}) +$$

$$K_x(0.196\,\text{m}) - K_y(0.034\,\text{m}) + I_t(\alpha_t)$$

$$\Rightarrow M_H = -9.1\,\text{N} \cdot \text{m} + (24.6\,\text{N})(0.149\,\text{m}) -$$

$$(101.6\,\text{N})(0.027\,\text{m}) + (-14.9\,\text{N})(0.196\,\text{m}) -$$

$$(50.0\,\text{N})(0.034\,\text{m}) + (0.130\,\text{kg} \cdot \text{m}^2)(8.62\,\text{rad/s}^2)$$

$$\Rightarrow M_H = -11.7\,\text{N} \cdot \text{m}$$

因为得出的结果为负值,是髋关节的伸力矩,前提条件是人体面朝右侧。

例 5.10

本例中足部的自由体图和摆动时期基本相同,除了存在地面反作用力。我们需要仔细判断地面反作用力的正确作用位置,在图中将它们画为正方向,并使赋值包含正负符号。反作用力如下:

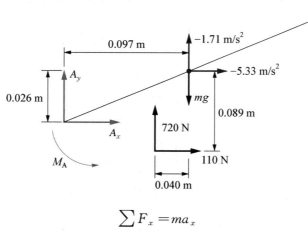

$$\sum F_x = ma_x$$

$$A_x + \text{GRF}_x = m_f a_f$$

$$\Rightarrow A_x = -\text{GRF}_x + m_f a_f$$

$$\Rightarrow A_x = -(-110\,\text{N}) + 1.2\,\text{kg}(-5.33\,\text{m/s}^2)$$

$$\Rightarrow A_x = 103.6 \text{ N}$$

$$\sum F_y = ma_y$$

$$A_y + \text{GRF}_y - m_f g = m_f a_f$$

$$\Rightarrow A_y = -\text{GRF}_y + m_f g + m_f a_f$$

$$\Rightarrow A_y = -(720.0 \text{ N}) + 1.2 \text{ kg}(9.81 \text{ m/s}^2) +$$

$$1.2 \text{ kg}(-1.71 \text{ m/s}^2)$$

$$\Rightarrow A_y = -710.3 \text{ N}$$

因为足的质量很小，踝关节的反作用力几乎和地面反作用力大小相等，但方向相反。需要注意的是垂直方向的反作用力 A_y，它的方向是反的；这意味着实际力是向下作用于踝关节，据此推测出此关节起到承担身体重量的作用。

接着计算踝关节力矩，将所有的力矩集中至质心。有五个力矩，其中，踝关节力矩 M_A 为正，如图中所示。关节反作用力水平分力矩方向为正，因为它能够造成围绕质心的逆时针方向转动；然而，力矩的垂直分量方向为负，因为它会造成顺时针方向转动。相似地，地面反作用力水平分力矩方向为正，垂直分力矩方向为负。需要注意的是，在确定地面反作用力垂直分量时先确定压力中心的位置；同时，GRF 水平分量的力臂和质心处于竖直的位置，因为此力的作用位置在地面（例，$y = 0.0$ m）。

$$\sum M = I\alpha$$

$$M_A - A_x(0.026 \text{ m}) - A_y(0.097 \text{ m}) + \text{GRF}_x(0.089 \text{ m}) -$$

$$\text{GRF}_y(0.040 \text{ m}) = I_f \alpha_f$$

$$\Rightarrow M_A = A_x(0.026 \text{ m}) + A_y(0.097 \text{ m}) -$$

$$\text{GRF}_x(0.089 \text{ m}) + \text{GRF}_y(0.040 \text{ m}) + I_f \alpha_f$$

$$\Rightarrow M_A = (103.6 \text{ N})(0.026 \text{ m}) + (-710.3 \text{ N})(0.097 \text{ m}) -$$

$$(-110 \text{ N})(0.089 \text{ m}) + (720 \text{ N})(0.040 \text{ m}) +$$

$$(0.011 \text{ kg} \cdot \text{m}^2)(-20.2 \text{ rad/s}^2)$$

$$\Rightarrow M_A = -33.2 \text{ N} \cdot \text{m}$$

计算结果为跖屈力矩。小腿的自由体图如下所示。

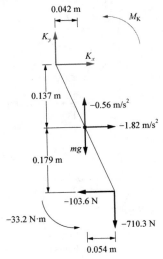

$$\sum F_x = ma_x$$
$$K_x - A_x = m_1 l_1$$
$$\Rightarrow K_x = A_x + m_1 a_1$$
$$\Rightarrow K_x = 103.6 \text{ N} + 2.4 \text{ kg}(-1.82 \text{ m/s}^2)$$
$$\Rightarrow K_x = 99.2 \text{ N}$$
$$\sum F_y = ma_y$$
$$K_y - A_y - m_1 g = m_1 a_1$$
$$\Rightarrow K_y = A_y + m_1 g + m_1 a_1$$
$$\Rightarrow K_y = -710.3 \text{ N} + 2.4 \text{ kg}(9.81 \text{ m/s}^2) + 2.4 \text{ kg}(-0.56 \text{ m/s}^2)$$
$$\Rightarrow K_y = -688.1 \text{ N}$$

在计算小腿环节的力矩时,需要注意垂直方向和水平方向力矩均为负。

$$\sum M = I\alpha$$
$$M_K - M_A - K_x(0.137 \text{ m}) - K_y(0.042 \text{ m}) - A_x(0.179 \text{ m}) - A_y(0.054 \text{ m}) = I_1 \alpha_1$$
$$\Rightarrow M_K = M_A + K_x(0.137 \text{ m}) + K_y(0.042 \text{ m}) + A_x(0.179 \text{ m}) + A_y(0.054 \text{ m}) + I_1 \alpha_1$$
$$\Rightarrow M_K = -33.2 \text{ N} \cdot \text{m} + (99.2 \text{ N})(0.137 \text{ m}) + (-688.1 \text{ N})(0.042 \text{ m}) + (103.6 \text{ N})(0.179 \text{ m}) + (-710.3 \text{ N})(0.054 \text{ m}) + (0.064 \text{ kg} \cdot \text{m}^2)(-22.4 \text{ rad/s}^2)$$
$$\Rightarrow M_K = -69.8 \text{ N} \cdot \text{m}$$

此力矩能够使膝关节屈曲。

大腿的自由体图如下所示。同样,我们将已知的数值代入其中计算膝关节的反作用力,代入时要保留它们计算结果中的符号。

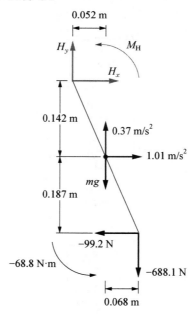

$$\sum F_x = ma_x$$

$$H_x - K_x = m_1 a_1$$

$$\Rightarrow H_x = K_x + m_1 a_1$$

$$\Rightarrow H_x = 99.2 \text{ N} + 6.0 \text{ kg}(1.01 \text{ m/s}^2)$$

$$\Rightarrow H_x = 105.3 \text{ N}$$

$$\sum F_y = ma_y$$

$$H_y - K_y - m_1 g = m_1 a_1$$

$$\Rightarrow H_y = K_y + m_1 g + m_1 a_1$$

$$\Rightarrow H_y = -688.1 \text{ N} + 6.0 \text{ kg}(9.81 \text{ m/s}^2) +$$

$$6.0 \text{ kg}(0.37 \text{ m/s}^2)$$

$$\Rightarrow H_y = -627.0 \text{ N}$$

与计算小腿的力矩一样,注意垂直力矩和水平力矩的方向均为负方向。

$$\sum M = I\alpha$$

$$M_H - M_K - H_x(0.142 \text{ m}) - H_y(0.052 \text{ m}) -$$

$$K_x(0.187 \text{ m}) - K_y(0.068 \text{ m}) = I_t \alpha_t$$

$$\Rightarrow M_H = M_K + H_x(0.142 \text{ m}) + H_y(0.052 \text{ m}) +$$

$$K_x(0.187 \text{ m}) + K_y(0.068 \text{ m}) + I_t \alpha_t$$

$$\Rightarrow M_H = -69.8 \text{ N} \cdot \text{m} + (105.3 \text{ N})(0.142 \text{ m}) +$$

$$(-627.0 \text{ N})(0.052 \text{ m}) + (99.2 \text{ N})(0.187 \text{ m}) +$$

$$(-688.1 \text{ N})(0.068 \text{ m}) + (0.130 \text{ kg} \cdot \text{m}^2)(8.6 \text{ rad/s}^2)$$

$$\Rightarrow M_H = -114.6 \text{ N} \cdot \text{m}$$

这是一个伸髋力矩。注意,三个下肢关节的关节力矩都要比摆动期时的力矩大很多。

第六章

例 6.1
首先,将负荷转化为牛顿力:

$$2.5 \times 9.81 = 24.53 \text{ N}$$

然后,计算出曲柄的转数:

$$R = 60 \times 20 = 1\ 200$$

最后,计算出功:

$$W = 24.53 \times 1\ 200 \times 6 = 176\ 616 \text{ J} = 176.6 \text{ kJ}$$

注意,最后的结果要转化为千焦耳(kJ)。

例 6.2

$$W = \Delta E = E_{\text{final}} - E_{\text{initial}}$$

假设所有的能量都用来改变速度

$$\text{Work} = 1/2mv^2 - 0 = 1/2 \times 80.0 \times 6^2 = 1\,440 \text{ J}$$
$$\text{Power} = \text{Work/Duration} = 1\,440/4 = 360 \text{ W}$$

例 6.3

首先计算势能：

$$E_{\text{gpe}} = 18.0 \times 9.81 \times 1.20 = 212.9 \text{ J}$$

然后计算转化的动能：

$$E_{\text{tke}} = 1/2 \times 18.0 \times 8^2 = 576 \text{ J}$$

第三计算旋转动能：

$$E_{\text{rke}} = 1/2 \times 0.50 \times 20.0^2 = 100.0 \text{ J}$$

最后计算总能量：

$$E_{\text{tme}} = 212.9 + 576 + 100 = 889 \text{ J}$$

附录 C

例 C.1

总电阻(R)通过电阻率和长度计算出：

$$R = (10^{-4} \text{ } \Omega/\text{m})(10^{-2} \text{ m}) = 10^{-6} \text{ } \Omega。$$

例 C.2a

串联电路中，总电阻为 $10 \text{ }\Omega + 10 \text{ }\Omega$，总数为 $20 \text{ }\Omega$。在并联电路中，总电阻为

$$\frac{(10 \text{ }\Omega)(10 \text{ }\Omega)}{10 \text{ }\Omega + 10 \text{ }\Omega}$$

即为 $5 \text{ }\Omega$。

例 C.2b

串联电路中，总电阻为 $10 \text{ }\Omega + 1 \text{ }\Omega$，总数为 $11 \text{ }\Omega$。在并联电路中，总电阻为

$$\frac{(10 \text{ }\Omega)(1 \text{ }\Omega)}{10 \text{ }\Omega + 1 \text{ }\Omega}$$

即为 $0.909 \text{ }\Omega$。

注意，在串联电路中总电阻比回路中最大的电阻还大。然而在并联电路中，总电阻比回路中最小的电路还要小。

例 C.3a

根据欧姆定律：

$$I = \frac{V}{R} \Rightarrow I = \frac{20 \text{ V}}{10 \text{ }\Omega} \Rightarrow I = 2 \text{ A}$$

例 C. 3b

根据欧姆定律,

$$R = \frac{V}{I} \Rightarrow R = \frac{9 \text{ V}}{0.002 \text{ A}} \Rightarrow R = 4.54 \text{ k}\Omega$$

例 C. 3c

根据欧姆定律,

$$R = \frac{110 \text{ V}}{15 \text{ A}} \Rightarrow R = 7.3 \ \Omega$$

例 C. 4a

根据转换后的功率定律,

$$R = \frac{V^2}{P} \Rightarrow R = 10.1 \ \Omega$$

例 C. 4b

根据功率定律,

$$P = (15 \text{ A})(110 \text{ V}) \Rightarrow P = 1 \ 650 \text{ W}$$

例 C. 5

功率的变化可以通过欧姆定理计算得出

$$V_{80} = 1 \ 000 \ \Omega (10 \text{ mA}) = 10.0 \text{ V}$$
$$V_{120} = 1 \ 200 \ \Omega (10 \text{ mA}) = 12.0 \text{ V}$$

这种变化很容易测量,因为通常电压表的最小量程为毫伏级。

例 C. 6

$$V_{\text{out}} = \frac{15 \text{ V}(100 \ \Omega)}{100 \ \Omega + 100 \ \Omega} = 7.5 \text{ V} \tag{1}$$

$$V_{\text{out}} = \frac{15 \text{ V}(110 \ \Omega)}{100 \ \Omega + 100 \ \Omega} = 8.25 \text{ V} \tag{2}$$

$$V_{\text{out}} = \frac{15 \text{ V}(100 \ \Omega)}{10 \ \Omega + 100 \ \Omega} = 13.63 \text{ V} \tag{3}$$

$$V_{\text{out}} = \frac{15 \text{ V}(110 \ \Omega)}{10 \ \Omega + 110 \ \Omega} = 13.75 \text{ V} \tag{4}$$

当一个回路中的电阻量级相似时,其中任一电阻的改变都会带来电压分配的敏感变化。需要注意在例(1)和例(2)以及例(3)和例(4)中,R_V 变化了约 10%。R 为 100 Ω 时,若 R_V 变化 10%,则输出电压 V_{out} 变化 0.75 V(5%)。然而当 R 为 10 Ω,R_V 变化 10% 仅带来了 V_{out} 0.12 V(0.8%)的变化。

例 C. 7

V_{in} 施加于两个分压电阻,根据前例,我们可以列出 R_2 所分的电压:

$$V_2 = R_2 \frac{V_{in}}{R_V + R_2}$$

随后计算出 R_3 所分电压:

$$V_3 = R_3 \frac{V_{in}}{R_1 + R_3}$$

输出电压 V_{out} 为此两点之间的电压差,即为

$$V_{out} = V_2 - V_3 = R_2 \frac{V_{in}}{R_V + R_2} - R_3 \frac{V_{in}}{R_1 + R_3}$$

令 $R_1 = R_2 = R_3$,并通过代数方法化简并计算:

$$V_{out} = V_{in} \frac{R_1 - R_V}{2(R_1 + R_V)}$$

术　语　表

加速度（acceleration）——速度的变化率，即位移的二阶导数，单位一般是（m/s²），一般情况下的重力加速度 $g = 9.81 \text{ m/s}^2$。

加速度仪（accelerometer）——一种直接测量加速度的仪器，通常用于冲击试验与车辆碰撞研究中。

加速度测量术（accelerometry）——运用加速度仪测量加速度的方法。

作用力（action force）——作用力与反作用力成对出现。

电流表（ammeter）——一种测量电流强度的设备。

安培（ampere）——电流的一种国际单位，等于库仑每秒，用字母 A 表示。

放大器（amplifier）——一种可以增强模拟信号量级的设备。

振幅（amplitude）——正弦信号中两个峰值量的一半，在正弦函数中用字母 a 表示，$W = a\sin(2\pi t + \theta)$，可以参考频率与相位角。

振幅失真（amplitude distortion）——真实振幅或者信号量上出现变化。

模拟（analog）——（a）一种电压变化信号；（b）一种连续信号；（c）作为数字信号的相反组。

模拟信号（analog signal）——一种连续的电流信号，具有与其他物理信号相同的特征（如力、压力、加速度信号）。

数模转化（analog-to-digital，A/D）——一种将模拟信号转换成数字信号的过程，通过这个过程使信号能够输入计算机或设备中。

角冲量（angular impulse）——力作用于物体上随时间累加产生的效应。

角动量（angular momentum）——物体转动惯量乘以它的角速度所得，用字母 L 表示。

人体测量学（anthropometry）——研究人体测量的方法，并通过这些测量来探究在运动表现之间的关系。

面积惯性矩（area moment of inertia）——截面抵抗弯曲的性质，即面积二次矩。

衰减（attenuate）——减弱信号量，放大信号的反义词。

转动轴（axis of rotation）——身体发生转动时所绕的轴。

生物力学（biomechanics）——一门研究力在生物体中影响的科学。

身体环节参数（body segment parameters）——身体环节的惯性或物理特征，特别是质量、密度、质心的位置、重心的位置和惯性矩。

电容器（capacitor）——一种可以储存电荷的电学零件，用字母 C 表示。

重心（center of gravity）——当身体很靠近地球时与质心的位置相同。

质心（center of mass）——任何可以把身体质量分为两半的线都穿过的一点。

压力中心（center of pressure）——作用于刚体此点的力与分布荷载等效。

打击中心（center of percussion）——器材上的一个点，当在这一点打击时，悬挂点不受压力。

集中力（central force）——一种在空间内一直对准一点作用的力，这个力的作用线穿过物体的重心。

离心力（centrifugal force）——当物体的运动轨迹是圆弧时所受的一种虚拟力；与向心力方向相反。

向心力（centripetal force）——一种造成物体做曲线运动的力；力的方向一直指向所运动圆弧的圆心。

质心转动惯量（centroidal moment of inertia）——物体以穿过其质心的轴转动时的惯量。

电影摄影（cinematography）——（a）电影中记录影像；（b）对影响胶片记录影像因素的研究。

电路图（circuit diagram）——一种用来显示电路的标准方式，由公认的标准符号和直线组成。

动摩擦因数（coefficient of kinetic friction）——动摩擦力与其法向方向的力的比例，用 $\mu_{kinetic}$ 表示。

恢复系数（coefficient of restitution）——两个刚体相互碰撞之后的速度改变量与碰撞之前的速度改变量之间的比例。

静摩擦因数（coefficient of static friction）——最大静摩擦力与其法向方向的力的比例，用 μ_{static} 表示。

向心收缩（concentric contraction）——肌肉力的方向是朝着肌肉中心的，并且在此过程中肌肉长度缩短。

收缩（contraction）——当肌肉受到内部神经诱导时，它的外部状态是缩短，这需要神经或电刺激还有化学能量的作用。注意肌肉既可以缩短（向心收缩），伸长（离心收缩），也可以保持相同的长度（等长收缩），但仍然是处于收缩状态。然而，肌肉也可以在没有收缩的情况下被动地产生力。

科氏力（Coriolis force）——一个运动的物体相对于另一个运动的物体时所虚构的力，比如，一架往正北方向飞行的飞机相对于自转的地球，它的飞行轨迹是一条圆弧。

库仑（Coulomb）——电荷的国际单位，一库仑包含 6.25×10^{18} 个电荷，用缩写字母 C 表示。

串扰（crosstalk）——一条波形信号由于受到附近另一条波形的干扰所造成的图像失真。例如，一块肌肉的肌电图可能包含另一块肌肉的肌电图信号，或者肌肉的水平力信号可能受到扭转力信号的干扰。

电流（current）——电子或电力流动的速度，用 A 来表示。

截止频率（cutoff frequency）——滤波器衰减幅度为 3 分贝的频率为截止频率。

分贝（decibel）——贝尔的百分之一为一分贝，用来描述两种功率或强度之比的单位，也表示与参考功率或强度做比较的单位，缩写为 dB，用于电子和声学领域。对于强度来说，$n \, dB = 20 \lg(I_1/I_2)$，对于功率来说，$n \, dB = 10 \lg(P_1/P_2)$。例如，一个放大器增益 1 000 倍，即相当于强度增益 1 000 = $20 \lg(1\,000/1) = 60$ dB，若将功率增益 100 倍相当于增益 20 dB。

变形体（deformable body）——在外力的作用下可以改变形状的物体；弹性体也属于变形体。

对角矩阵（diagonal matrix）——矩阵的一种，除了相同行和列的元素相同外，其余数字都为 0。

数字化（digital）——数字的，可用数字计算机表示的数字来表示。

数字模拟（digital-to-analog，D/A）——将数字信号转化为同等的模拟（电压变化）信号的过程。

数字转换器（digitizer）——将位置信息转化为数字形式的装置，通常用于照片和视频图像的运动。

正向动力学（direct dynamics）——运动学中力和力矩的衍生词。

位移（displacement）——量化质点或物体重心的线性位置变化的矢量，有时称为线性位移。

失真（distortion）——信号出现错误，如振幅、频率和相位失真。

动力学特性（dynamic response）——身体系统受到外力影响时的机械反应，也可用于模拟系统和数字化模型，然而，外力作为应用信号和数字函数。

动力学（dynamics）——运动物体的力学，包括正向动力学和逆向动力学。

动力学测量（dynamometry）——机械力、力矩和功率的测量。

偏心收缩（eccentric contraction）——肌力指向偏离肌肉重心的收缩，也就是肌肉收缩时伸长。

偏心力（eccentric force）——力的作用线不通过身体重心的冲力，产生角加速度。

心电图（electrocardiography，ECG）——心肌产生的电位变化记录。

电子测角器（electrogoniometer）——用电测量关节角度的测量仪，通常由带有两个电极的电位计组成。

肌电图（electromyogram，EMG）——肌电仪记录的图。

肌电仪（electromyograph）——用于测量由骨骼肌所产生电位的装置，通常由不同的高输入阻抗（$10 \, M\Omega$）和高共模抑制（$>80 \, dB$）增益器组成。

肌电图学（electromyography）——骨骼肌电位的记录。

能（energy）——做功的能力，可储存或释放。

熵（entropy）——一种形式的能转化为另一种形式后可用能量的损失。

测功计（ergometer）——用于测量机械功或人体运动（健身器）的功，例如自行车或赛艇测功计。

测功学（ergometry）——机械功的测量。

工效学/人类工程学（ergonomics）——(a)影响人工作因素的研究，特别是在工作场所；(b)从字面上来看，工作效率学；(c)将任务与人相对应。

外力（external force）——环境中作用于物体的力。

力（force）——一个物体对另一个物体的作用。

力偶（force couple）——两个大小相等，作用线不重合的反向平行力组成的力系,使物体可在作用面内自由转动或移动。

测力台(force platform)——一种仪器,它的平台板能够量化施加在其表面的力。

自由体图(free-body diagram)——隔离体的受力分析图,把所要分析的对象从它原处的环境中单独分离,但是它所受的所有额外力依然存在。

自由力矩(free moment)——由力系造成的力矩,特别是力偶造成的力矩,它的转轴位置是任意的。

频率(frequency)——周期信号的循环速率,单位是循环数次/秒,即赫兹(Hz),也可表示角频率(ω),单位是弧度/s。

频率失真(frequency distortion)——一个频谱信号的任何改变。

频率响应(frequency response)——一个系统或装置的频谱对机械刺激所做出的响应,也可用于模拟系统或数学模型。

摩擦力(friction)——由两个物体相互作用产生的表面横向力。

增益(gain)——在放大器中,原电压与放大电压之比。

惯性力(g-force)——当物体加速时产生的假想力,来源于物体的惯性,其作用是为了抵抗物体加速。

角度计(goniometer)——用于测量关节角度的装置。

接地(ground)——电学中指定的零电压点。

地面反作用力(ground reaction force)——一种等价的力,等于施加于表面分布力的总和。

霍尔效应(Hall-effect)——当电子垂直地通过永磁体时产生的效应,用来量化力。

滞后现象(hysteresis)——传感器的加载和卸载曲线的最大差异。

阻抗(impedance)——对电流所有影响的总和,包括电阻和电容。

冲量(impulse)——作用于物体的合外力在作用时间上的积分。

惯性(inertia)——物体保持原来静止或者直线运动状态的特性,可由质量和惯性矩测量。

惯性力(inertial force)——这种力等于负的合力,利用达朗贝尔原理,合力与惯性力之和为零。

输入阻抗(input impedance)——一个电路输入端与它接地端之间的电阻。

内力(internal force)——作用和反作用施于同一物体的力;对于肌肉中的力来说,起始点的力与附着点的力作用于同一隔离体上。

逆向动力学(inverse dynamics)——由一个物体的运动学和惯性特性计算它所受的力或力矩。

负电位(invert)——在电学中,取负的电压为负电位。

等动收缩(isokinetic contraction)——关节角速度恒定的关节收缩(即等速收缩),也指恒定力矩产生的收缩。

等距收缩(isometric contraction)——一种等长收缩,指肌肉收缩时,其长度没有可观察到的变化。

等张收缩(isotonic contraction)——(a)离体(体外)肌肉以恒定负荷收缩;(b)举重就是一种整个肌肉(和关节)做恒定负荷的收缩,如重量、杠铃和哑铃;(c)肌肉以人为产生的恒定负荷进行收缩。

等速收缩(isovelocity contraction)——肌肉以恒定的速度缩短或伸长,或者关节的角速度是恒定的(与等速收缩相比)。

千克力(kilopond)——相当于地球上一千克物体的重力,等于 9.81 N。

运动学(kinematics)——对于运动的研究,不考虑运动的原因或数量,如速率、速度、加速度和角位移。

动摩擦(kinetic friction)——当两个接触面相对运动时发生的摩擦。

动力学(kinetics)——运动原因的研究,对力和力的作用时间以及它们的特征进行研究,如功、能、冲量、动量和功率。

加速度定律(law of acceleration)——牛顿第二定律,物体的加速度与其所受到的合外力成正比。

万有引力定律(law of gravitation)——参见普遍的万有引力定律。

惯性法则(law of inertia)——牛顿第一定律。不受外力作用的情况下,物体保持静止或匀速直线运动状态。

作用力与反作用力法则(law of reaction)——牛顿第三定律。对于一个力来说,一定存在一个与其大小相等,方向相反的反作用力。

最大静摩擦力(limiting static friction force)——在两个接触面相互滑动之前的最大摩擦力。

线性(linearity)——传感器产生与输入幅度成正比的输出信号的能力,传感器的输入和输出信号与静态或低频测量的直线之间的关系紧密。用皮尔森(Pearson)积矩相关系数(r)来衡量,这与线性最小二乘曲线拟合相同。

线性电位器(linear potentiometer)——电阻器的两端各有一个固定连接,在两端之间有滑动连接,因此在滑动连接移动时,可以改变它与每一端之间的电阻。

局部角动量（local angular momentum）——人体质心转动惯量与其角速度的乘积。

转动惯量（mass moment of inertia）——物体转动的惯性量度，反映了物体转动状态改变的难易程度。

矩阵（matrix）——任意数组中的每个数字都是一个元素的矩形数组。

生物力学（biomechanics）——研究力对身体影响的科学。

力臂（arm of force）——（a）从点到线或面的垂直距离；半径；力矩、动量矩和转动惯量中的力臂；（b）简短的力矩。

力矩（moment of force）——力对身体的转动效应，也称为扭矩，符号是 M 或 T，单位是牛顿·米（N·m）。

转动惯量（moment of inertia）——身体被动改变自身的转动状态。符号是 I 或 $\bar{I}$，单位是千克平方米（kg·m^2）。

惯性张量（inertia tensor）——对应于身体的三维转动惯量的 3×3 矩阵。

动量矩（moment of momentum）——位置和线性动量的矢量乘积（即，$r \times mv$）。

动量（momentum）——质量和线速度的乘积，符号是 P。

运动分析系统（motion-analysis system）——用于收集和处理附着在身体上的传感器或标记点的运动系统。

动作捕捉（motion capture）——任何记录身体随时间运动的过程。一些系统要求身体具有反射（即被动）标记；其他系统要求发射机（即主动）发送位置信息；还有一些其他的系统可以简单地将动作记录下来以便后续处理来确定身体的轨迹。

自然频率（natural frequency）——物体在受外力作用时，在某一频率下会出现最强烈的共振或摆动，则这个频率称为该物体的共振频率。

净力（net force）——作用在关节上的所有力的总和。

净力矩（net moment of force）——作用在关节上的所有力矩的总和。

噪声（noise）——波形中任何不需要的部分或系统组件。与真实信号无关的噪声可以通过滤波或调谐来减少。系统噪声是由外部源产生的干扰引起的，可以通过多种方式减少，包括去除干扰源或屏蔽电子设备。

法线（normal）——（a）垂直于表面或线的线段；（b）垂直于切线的线段。

法向力（normal force）——垂直于表面的分力（与切向力垂直）。

标准化（normalize）——要执行一种缩放形式，涉及使用一个因子来对一组数字进行划分，如体重、周期时间或最大力量。

欧姆（Ohm）——电阻的国际单位，符号是 Ω。

欧姆定律（Ohm's law）——规定线性电路中电压和电流之间线性关系的定律，$V = IR$。

运算放大器（operational amplifier）——一种放大电压的特定类型的电子元件。

并联（parallel）——在电子学中，将两个或更多设备的相应端连接起来，使得电流通过一个或另一个设备形成分支。

平行四边形法则（parallelogram law）——定义向量相加的规则；两个向量的和向量等于由这两个向量组成的平行四边形的对角线的长度。

相位（phase）——一段时间，如摆动期或者恢复期。

相位角（phase angle）——用来表示两个频率相同的正弦相比波提前或延迟量的大小，用于傅里叶级数中，其大小用角度或者弧度来表示；正弦函数中的 θ 值，$W = a\sin(2\pi ft + \theta)$。

相位失真（phase distortion）——信号中，对相位角或者时间延迟的表示。

压电效应（piezoelectric effect）——某些晶体，比如石英，受到机械性的压力时产生电压的现象。

压电式传感器（piezoelectric effect）——对某些晶体施加压力会使其产生电压，在力与加速度传感器和精密钟表中使用。

电位器（potentiometer）——一种电阻可改变的电子装置；常用于电子角度测量仪、放大器控制、音量控制以及其他相似装置中。

功率（power）——做机械功的速率，符号为 P，单位为 W。

压强（pressure）——施加于某区域力的大小，符号为 p，单位为 Pa。

像主距（principal distance）——摄像机的距离设置，其大小为镜头与被拍摄对象之间的距离。

主质量惯性矩（principal mass moments of inertia）——惯性张量的对角元素。

惯量积（products of inertia）——惯性张量的非对角元素。

伪力（pseudo-force）——由参考系的运动所产生的力，包括离心力、重力、科里奥利力。

回转半径（radius of gyration）——指物体微分质量假设的集中点到转动轴间的距离，物体对于一个直轴的回转半径，是此物体所有质点对于此直轴的均方根距离。

反作用力（reaction force）——与作用力同时产生的力。

优化（refine）——将数字化的移动图像数据转化为实际单位已知的参考形式。

远程角动量（remote angular momentum）——与动量矩相同。

电阻（resistance）——在电子学中，受通过特定元件或设备的电压影响，并与其成正比的量，符号为R，单位为Ω。

阻抗（resistivity）——材料性能的特征，表示材料单位长度电阻的大小。

电阻器（resistor）——一种限制电流并与经过它的电压成正比的装置。

合成（resultant）——两个或多个向量的矢量和，参见平行四边形法则。

合力（resultant force）——作用于物体上所有力的总和，也称为合外力。

黎曼积分（Riemann integration）——函数$f(X)$在区间$[a,b]$中图线下包围的面积，即由$y=0$，$x=a$，$x=b$，$y=f(X)$所围成图形的面积。

刚体（rigid body）——在运动中和受力作用后，形状和大小不变，而且内部各点的相对位置不变的物体，只是一种理想模型。

旋转式电位器（rotary potentiometer）——它是由一个电阻体和一个滑动系统组成。当电阻体的两个固定触点之间外加一个电压时，通过转动或滑动系统改变触点在电阻体上的位置，在动触点和固定触点之间便可得到一个与动触点位置成一定关系的电压。

标量（scalar）——只有大小没有方向的物理量，如距离、速度、时间、能量、功率等。

缩放（scale）——改变数字信号的大小；乘以一个常数。

灵敏度（sensitivity）——用于传感器中，表示为输入信号与输出信号的比值，比如$100\ \text{N/V}$。

串联（series）——连接电路元件的基本方式之一。将电路元件（如电阻、电容、电感，用电器等）逐个顺次首尾相连接，各用电器串联起来组成的电路叫串联电路，串联电路中通过各用电器的电流都相等。

信号（signal）——波形的信号内容；与噪声相反。

辛普森积分（Simpson's rule integration）——一种基于辛普森定律的积分方法。

空间同步（spatial synchronization）——空间中两个或者多个数据集的同步。

静摩擦力（static friction）——接触平面没有相对运动时的摩擦力。

静力学（statics）——物体处于静止或者匀速直线运动时的力学。

应变（strain）——变化后长度与原长度的比值；标准化变形。

应变片（strain gauge）——一种黏贴于材料表面、能够感受材料发生的形变并引起电阻改变的电阻装置。

应力（stress）——单位截面的负载力，单位为千帕（kPa），对平面所受力标准化。

切线（tangent）——（a）平面或者曲线的垂线；（b）直线的斜率；（c）角度的正切值，直角三角形对边与邻边的比率。

切向（tangential）——平行于曲径切线的方向，与法线垂直。

切向力（tangential force）——与平面平行，并与法向力垂直的力的组成。

遥测术（telemetry）——远距离传输信号，通常通过无线电。

时域（temporal）——与时间相关的；时间域。

时域同步（temporal synchronization）——时间域上两个或多个数据集的同步。

张量（tensor）——一个定义在的一些向量空间和一些对偶空间的笛卡尔积上的多重线性映射，其坐标是n维空间内，有n个分量的一种量，其中每个分量都是坐标的函数，而在坐标变换时，这些分量也依照某些规则做线性变换。

热力学（thermodynamics）——研究热量与能量传导的科学的分支。

力矩（torque）——主要表示物体所受的纵向力矩。

轨迹（trajectory）——某一对象或者点穿过空间的路线。

传感器（transducer）——由一个系统供能供电，在以另外一种形式传输到另一系统的装置；改变能量形式的装置。输入传感器可以将物理信号比如力、温度、功率转换为电子信号，通常为电压。输出传感器可以将电子信号转换为物理量，如扬声器、示波器、电表等。

转换（transduction）——将物理量转变为电压的过程。

梯形积分（trapezoidal integration）——求定积分的近似值的数值方法。

万有引力定律（universal law of gravitation）——任意两个质点间存在通过连心线方向上的力相互吸引。该引力大小与它们质量的乘积成正比,与它们距离的平方成反比,与两物体的化学组成和其间介质种类无关。

矢量(vector)——一种数学表达式,既有大小又有方向,矢量相加要运用平行四边形法则,例如力、加速度、位移等。

速度(velocity)——位移的变化率,包括运动方向,符号为 v,单位为 m/s。

电压(voltage)——电位的国际单位,1 伏特等于对每 1 库仑的电荷做了 1 焦耳的功。符号为 V 或 E,单位为 V。

分压器(voltage divider)——指采用部分电压以测量高电压的装置,由两个或多个电阻组成的电路构成。

降电压(voltage drop)——电压经过电阻器。

电压表(voltmeter)——测量电压的装置。

波形(waveform)——由信号或者噪声组成的连续变化的量。

重量(weight)——由于巨大物体如地球或月球的吸引而产生的力。

惠斯登电桥(Wheatstone bridge)——由两组并联的,相互串联的两个电阻所组成的电路。

功(work)——物体的能量变化,单位为 J。

参 考 文 献

Abdel-Aziz, Y. I. , and H. M. Karara. 1971. Direct linear transformation from comparator coordinates into object space coordinates in close-range photogrammetry. *In American Society for Photogrammetry Symposium on Close Range Photogrammetry*. Falls Church, VA: American Society for Photogrammetry.

Albert, W. J. , and D. I. Miller. 1996. Takeoff characteristics of single and double axel figure skating jumps. *Journal of Applied Biomechanics* 12:72 - 87.

Aleshinsky, S. Y. 1986a. An energy "sources" and "fractions" approach to the mechanical energy expenditure problem. I: Basic concepts, description of the model, analysis of a one-link system movement. *Journal of Biomechanics* 19:287 - 94.

Aleshinsky, S. Y. 1986b. An energy "sources" and "fractions" approach to the mechanical energy expenditure problem. IV: Criticism of the concept of "energy transfers within and between links." *Journal of Biomechanics* 19:307 - 9.

Aleshinsky, S. Y. 1986c. An energy "sources" and "fractions" approach to the mechanical energy expenditure problem. V: The mechanical energy expenditure deduction during motion of a multi-link system. *Journal of Biomechanics* 19:310 - 5.

Alexander, R. M. 1990. Optimum take-off techniques for high and long jumps. *Philosophical Transactions of the Royal Society of London B* 329:3 - 10.

Alexander, R. M. 1992. Simple models of walking and jumping. *Human Movement Science* 11:3 - 9.

Alexander, R. M. , M. B. Bennett, and R. F. Ker. 1986. Mechanical properties and function of the paw pads of some mammals. *Journal of Zoology* (*London*) 209:405 - 19.

Allard, P. , A. Cappozzo, A. Lundberg and C. Vaughan. 1998. *Three-Dimensional Analysis of Human Locomotion*. Chichester, UK: John Wiley & Sons.

Allard, P. , R. Lachance, R. Aissaoui, and M. Duhaime. 1996. Simultaneous bilateral able-bodied gait. *Human Movement Science* 15:327 - 46.

Ambroz, C. , A. Scott, A. Ambroz, and E. O. Talbott. 2000. Chronic low back pain assessment using surface electromyography. *Journal of Occupational and Environmental Medicine* 42:660 - 9.

American Society for Photogrammetry and Remote Sensing. 1980. *Manual of Photogrammetry*, 4th ed. Falls Church, VA: American Society for Photogrammetry and Remote Sensing.

An, K. -N. , and E. Y. S. Chao. 1991. Kinematic analysis. In *Biomechanics of the Wrist Joint*, eds. K. -N. An, R. A. Berger, and W. P. Cooney. New York: Springer-Verlag.

An, K. N. , K. Takahashi, T. P. Harrigan, and E. Y. Chao. 1984. Determination of muscle orientations and moment arms. *Journal of Biomechanical Engineering* 106:280 - 2.

Anderson, F. C. , and M. G. Pandy. 2001. Dynamic optimization of human walking. *Journal of Biomechanical Engineering*. 123:381 - 390.

Anderson, F. C. , and M. G. Pandy. 2003. Individual muscle contributions to support in normal walking.

Gait and Posture 17:159-69.

Andersson, E. A. , J. Nilsson, and A. Thorstensson. 1997. Intramuscular EMG from the hip flexor muscles during human locomotion. *Acta Physiologica Scandinavica* 161:361-70.

Andreassen, S. , and L. Arendt-Nielsen. 1987. Muscle fibre conduction velocity in motor units of the human anterior tibial muscle: A new size principle parameter. *Journal of Physiology* 391:561-71.

Andreassen, S. , and A. Rosenfalck. 1978. Recording from a single motor unit during strong effort. *IEEE Transactions on Biomedical Engineering* 25:501-8.

Andriacchi T. P. , E. J. Alexander, M. K. Toney, C. Dyrby, and J. Sum. 1998. A point cluster method for in vivo motion analysis: Applied to a study of knee kinematics. *Journal of Biomechanical Engineering* 120:743-9.

Andriacchi, T. P. , B. J. Andersson, R. W. Fermier, D. Stern, and J. O. Galante. 1980. A study of lower limb mechanics during stair climbing. *Journal of Bone and Joint Surgery* 62:749-57.

Aoki, F. , H. Nagasaki, and R. Nakamura. 1986. The relation of integrated EMG of the triceps brachii to force in rapid elbow extension. *Tohoku Journal of Experimental Medicine* 149:287-91.

Arampatzis, A. , S. Stafilidis, G. De Monte, K. Karamanidis, G. Morey-Klapsing, and G. P. Bruggemann. 2005. Strain and elongation of the human gastrocnemius tendon and aponeurosis during maximal plantar flexion effort. *Journal of Biomechanics* 38:833-41.

Arnold, A. S. , S. Salinas, D. J. Asakawa, and S. L. Delp. 2010. Accuracy of muscle moment arms estimated from MRI-based musculoskeletal models of the lower extremity. *Computer Aided Surgery* 5: 108-119.

Astephen, J. L. , K. J. Deluzio, G. E. Caldwell, and M. J. Dunbar. 2008. Biomechanical changes at the hip, knee, and ankle joints during gait are associated with knee osteoarthritis severity. *Journal of Orthopedic Research* 26(3):332-41.

Audu, M. L. , and D. T. Davy. 1985. The influence of muscle model complexity in musculoskeletal motion modeling. *Journal of Biomechanical Engineering* 107:147-57.

Audu, M. L. , and D. T. Davy. 1988. A comparison of optimal control algorithms for complex bioengineering studies. *Optimal Control Applications and Methods* 9:101-6.

Bach, T. M. 1995. Optimizing mass and mass distribution in lower limb prostheses. *Prosthetics and Orthotics Australia* 10:29-34.

Bahler, A. S. 1967. Series elastic component of mammalian skeletal muscle. *American Journal of Physiology* 213:1560-4.

Baildon, R. , and A. E. Chapman. 1983. A new approach to the human muscle model. *Journal of Biomechanics* 16:803-9.

Barkhaus, P. E. , and S. D. Nandedkar. 1994. Recording characteristics of the surface EMG electrodes. *Muscle and Nerve* 17:1317-23.

Barter, J. T. 1957. *Estimation of the Mass of Body Segments*. WADC Technical Report 57-260. Wright-Patterson Air Force Base, OH.

Bartolo, A. , R. R. Dzwonczyk, C. Roberts, and E. Goldman. 1996. Description and validation of a technique for the removal of ECG contamination from diaphragmatic EMG signal. *Medical and Biological Engineering and Computing* 34:76-81.

Basmajian, J. V. 1989. *Biofeedback: Principles and Practices for Clinicians*. Baltimore: Lippincott Williams & Wilkins.

Basmajian, J. V. , and G. Stecko. 1962. A new bipolar electrode for electromyography. *Journal of Applied Physiology* 17:849.

Batschelet, E. 1981. *Circular Statistics in Biology*. London: Academic Press.

Beer, F. P. , E. R. Johnston, Jr. , D. F. Mazurek, P. J. Cornwell, and E. R. Eisenberg. 2010. *Vector Mechanics for Engineers: Statics and Dynamics*. 9th ed. Toronto: McGraw-Hill.

Bell, A. L. and R. A. Brand. 1989. Prediction of hip joint centre location from external landmarks. *Human Movement Science* 8:3 - 16.

Bell, A. L., D. R. Pederson, and R. A. Brand. 1990. A comparison of the accuracy of several hip centre location prediction methods. *Journal of Biomechanics* 23:717 - 21.

Bellemare, F., and N. Garzaniti. 1988. Failure of neuromuscular propagation during human maximal voluntary contraction. *Journal of Applied Physiology* 64:1084 - 93.

Bernstein, N. 1967. *Co-ordination and Regulation of Movements*. London: Pergamon Press.

Bernstein, N. A. 1996. On dexterity and development. In *Dexterity and Its Development*, eds. M. L. Latash and M. T. Turvey, 3 - 244. Mahwah, NJ: Erlbaum.

Betts, B., and J. L. Smith. 1979. Period-amplitude analysis of EMG from slow and fast extensors of cat during locomotion and jumping. *Electroencephalography and Clinical Neurophysiology* 47:571 - 81.

Biedermann, H., G. Shanks, W. Forrest, and J. Inglis. 1991. Power spectrum analyses of electromyographic activity: Discriminators in the differential assessment of patients with chronic low-back pain. *Spine* 16:1179 - 84.

Biewener, A. A., D. D. Konieczynski, and R. V. Baudinette. 1998. *In vivo* muscle force-length behavior during steadyspeed hopping in tammar wallabies. *Journal of Experimental Biology* 201:1681 - 94.

Biewener, A. A., and T. J. Roberts. 2000. Muscle and tendon contributions to force, work and elastic energy savings: A comparative perspective. *Exercise and Sport Sciences Reviews* 28:99 - 107.

Bigland-Ritchie, B., R. Johansson, O. C. J. Lippold, S. Smith, and J. J. Woods. 1983. Changes in motoneurone firing rates during sustained maximal voluntary contractions. *Journal of Physiology* 340: 335 - 46.

Bilodeau, M., A. B. Arsenault, D. Gravel, and D. Bourbonnais. 1990. The influence of an increase in the level of force on the EMG power spectrum of elbow extensors. *European Journal of Applied Physiology* 61:461 - 6.

Blemker, S. S., D. S. Asakawa, G. E. Gold, and S. L. 2007. Image-based musculoskeletal modeling: Applications, advances, and future opportunities. *Journal of Magnetic Resonance Imaging* 25:441 - 51.

Blemker, S. S., and S. L. Delp. 2005. Three-dimensional representation of complex muscle architectures and geometries. *Annals of Biomedical Engineering* 33:661 - 673.

Blemker, S. S., and S. L. Delp. 2006. Rectus femoris and vastus intermedius fiber excursions predicted by three-dimensional muscle models. *Journal of Biomechanics* 39:1383 - 91.

Bobbert, M. F., P. A. Huijing, and G. J. van Ingen Schenau. 1986a. A model of the human triceps surae muscle-tendon complex applied to jumping. *Journal of Biomechanics* 19:887 - 98.

Bobbert, M. F., P. A. Huijing, and G. J. van Ingen Schenau. 1986b. An estimation of power output and work done by the human triceps surae muscle-tendon complex in jumping. *Journal of Biomechanics* 19: 899 - 906.

Bobbert, M. F., and G. J. van Ingen Schenau. 1990. Isokinetic plantar flexion: Experimental results and model calculations. *Journal of Biomechanics* 23:105 - 19.

Bobbert, M. F., and J. P. van Zandwijk. 1999. Dynamics of force and muscle stimulation in human vertical jumping. *Medicine and Science in Sports and Exercise* 31:303 - 10.

Bogduk, N., J. E. Macintosh, and M. J. Pearcy. 1992. A universal model of the lumbar back muscles in the upright position. *Spine (Phila Pa 1976)* 17:897 - 913.

Bogey, R. A., J. Perry, E. L. Bontrager, and J. K. Gronley. 2000. Comparison of across-subject EMG profiles using surface and multiple indwelling wire electrodes during gait. *Journal of Electromyography and Kinesiology* 10:255 - 9.

Bouisset, S., and B. Maton. 1972. Quantitative relationship between surface EMG and intramuscular electromyographic activity in voluntary movement. *American Journal of Physical Medicine* 51:285 - 95.

Bramble, D. M., and D. R. Carrier. 1983. Running and breathing in mammals. *Science* 219:251 - 6.

Brandon, S. C., and K. J. Deluzio. 2011. Robust features of knee osteoarthritis in joint moments are independent of reference frame selection. *Clinical Biomechanics (Bristol, Avon)* 26:65 - 70.

Braune, W., and O. Fischer. 1889. Über den Schwerpunkt des menschlichen Körpers, mit Rücksicht auf die Ausrüstung des deutschen Infanteristen [The center of gravity of the human body as related to the equipment of the German Infantry]. *Abhandlungen der mathematischphysischen Klasse der Königlich-Sächsischen Gesellschaft der Wissenschaffen* 26:561 - 672.

Bresler, B., and F. R. Berry. 1951. *Energy and Power in the Leg during Normal Level Walking.* Prosthetic Devices Research Project, Series II, Issue 15. Berkeley: University of California.

Bresler, B., and J. P. Frankel. 1950. The forces and moments in the leg during level walking. *Transactions of the American Society of Mechanical Engineers* 72:27 - 36.

Brismar, T., and L. Ekenvall. 1992. Nerve conduction in the hands of vibration exposed workers. *Electroencephalography and Clinical Neurophysiology* 85:173 - 6.

Broker, J. P., and R. J. Gregor. 1990. A dual piezoelectric force pedal for kinetic analysis of cycling. *International Journal of Sport Biomechanics* 6:394 - 403.

Brooks, C. B., and A. M. Jacobs. 1975. The gamma mass scanning technique for inertial anthropometric measurement. *Medicine and Science in Sports* 7:290 - 4.

Brown, T. D., L. Sigal, G. O. Njus, N. M. Njus, R. J. Singerman, and R. A. Brand. 1986. Dynamic performance characteristics of the liquid metal strain gage. *Journal of Biomechanics* 19:165 - 73.

Buchanan, T. S., D. J. Almdale, J. L. Lewis, and W. Z. Rymer. 1986. Characteristics of synergic relations during isometric contractions of human elbow muscles. *Journal of Neurophysiology* 56:1225 - 41.

Buchanan, T. S., D. G. Lloyd, K. Manal, and T. F. Besier. 2004. Neuromusculoskeletal modeling: Estimation of muscle forces and joint moments and movements from measurements of neural command. *Journal of Applied Biomechanics* 20:367 - 95. '

Buchanan, T. S., G. P. Rovai, and W. Z. Rymer. 1989. Strategies for muscle activation during isometric torque generation at the human elbow. *Journal of Neurophysiology* 62:1201 - 12.

Buchthal, F., and P. Rosenfalck. 1958. Rate of impulse conduction in denervated human muscle. *Electroencephalography and Clinical Neurophysiology* 10:521 - 6.

Buczek F., T. Kepple, S. Stanhope, and K. L. Siegel. 1994. Translational and rotational joint power terms in a six-degree-of-freedom model of the normal ankle complex. *Journal of Biomechanics* 27:1447 - 57.

Burgar, C. G., F. J. Valero-Cuevas, and V. R. Hentz. 1997. Finewire electromyographic recording during force generation: Application to index finger kinesiologic studies. *American Journal of Physical Medicine* 76:494 - 501.

Burgess-Limerick, R., B. Abernethy, and R. J. Neal. 1993. Relative phase quantifies interjoint coordination. *Journal of Biomechanics* 26:91 - 4.

Bustami, F. M. 1986. A new description of the lumbar erector spinae muscle in man. *Journal of Anatomy* 144:81 - 91.

Caldwell, G. E. 1995. Tendon elasticity and relative length: Effects on the Hill two-component muscle model. *Journal of Applied Biomechanics* 11:1 - 24.

Caldwell, G. E., W. B. Adams, and M. L. Whetstone. 1993. Torque/velocity properties of human knee muscles: Peak and angle-specific estimates. *Canadian Journal of Applied Physiology* 18(3):274 - 90.

Caldwell, G. E., and A. E. Chapman. 1989. Applied muscle modeling: Implementation of muscle-specific models. *Computers in Biology and Medicine* 19:417 - 34.

Caldwell, G. E., and A. E. Chapman. 1991. The general distribution problem: A physiological solution which includes antagonism. *Human Movement Science* 10:355 - 92.

Caldwell, G. E., and L. W. Forrester. 1992. Estimates of mechanical work and energy transfers: Demonstration of a rigid body power model of the recovery leg in gait. *Medicine and Science in Sports and Exercise* 24:1396 - 412.

Caldwell, G. E. , L. Li, S. D. McCole, and J. M. Hagberg. 1998. Pedal and crank kinetics in uphill cycling. *Journal of Applied Biomechanics* 14:245 – 59.

Cappozzo, A. , A. Cappello, U. Della Croce, and F. Pensalfini. 1997. Surface-marker cluster design criteria for 3D bone movement reconstruction. *IEEE Transactions on Biomedical Engineering* 44(2): 1165 – 74.

Cappozzo, A. , F. Catani, U. Della Croce, and A. Leardini. 1995. Position and orientation in space of bones during movement: Anatomical frame definition and determination. *Clinical Biomechanics* 10:171 – 78.

Cappozzo, A. , F. Catani, A. Leardini, M. G. Benedetti, and U. Della Croce. 1996. Position and orientation in space of bones during movement: experimental artifacts. *Clinical Biomechanics* 11(2):90 – 100.

Cappozzo, A. , F. Figura, M. Marchetti, and A. Pedotti. 1976. The interplay of muscular and external forces in human ambulation. *Journal of Biomechanics* 9:35 – 43.

Cappozzo, A. , P. F. La Palombara, L. Luchetti, and A. Leardini. 1996. Multiple anatomical landmark calibration for optimal bone pose estimation. *Human Movement Science* 13:259 – 74.

Cappozzo, A. , T. Leo, and A. Pedotti. 1975. A general computing method for the analysis of human locomotion. *Journal of Biomechanics* 8:307 – 20.

Carrière, L. , and A. Beuter. 1990. Phase plane analysis of biarticular muscles in stepping. *Human Movement Science* 9:23 – 5.

Cavagna, G. A. , N. C. Heglund, and C. R. Taylor. 1977. Mechanical work in terrestrial locomotion: Two basic mechanisms for minimizing energy expenditure. *American Journal of Physiology* 233:R243 – 61.

Cavagna, G. A. , and M. Kaneko. 1977. Mechanical work and efficiency in level walking and running. *Journal of Physiology* 268:467 – 81.

Cavagna, G. A. , L. Komarek, and S. Mazzoleni. 1971. The mechanics of sprint running. *Journal of Physiology* 217:709 – 21.

Cavagna, G. A. , F. P. Saibene, and R. Margaria. 1963. External work in walking. *Journal of Applied Physiology* 18:1 – 9.

Cavagna, G. A. , F. P. Saibene, and R. Margaria. 1964. Mechanical work in running. *Journal of Applied Physiology* 19:249 – 56.

Cavanagh, P. R. 1978. A technique for averaging center of pressure paths from a force platform. *Journal of Biomechanics* 11:487 – 91.

Dainis, A. 1980. Whole body and segment center of mass determination from kinematic data. *Journal of Biomechanics* 13:647 – 51.

Dapena, J. 1978. A method to determine the angular momentum of a human body about three orthogonal axes passing through its center of gravity. *Journal of Biomechanics* 11:251 – 6.

Dapena, J. , E. A. Harman, and J. A. Miller. 1982. Three-dimensional cinematography with control object of unknown shape. *Journal of Biomechanics* 15:11 – 19.

D'Apuzzo, N. 2001. Motion capture from multi image video sequences. In *Proceedings of the XVIIIth Congress of the International Society of Biomechanics*, July 8 – 13, Zurich, Switzerland. CD-ROM, paper 0106.

Davids, K. , P. S. Glazier, D. Araujo, and R. M. Bartlett. 2003. Movement systems as dynamical systems: The role of functional variability and its implications for sports medicine. *Sports Medicine* 33:245 – 60.

Davis, R. B. , S. Ounpuu, D. Tyburski, and J. R. Gage. 1991. A gait analysis data collection and reduction technique. *Human Movement Science* 10:575 – 87.

de Boer, R. W. , J. Cabri, W. Vaes, J. P. Clarijs, A. P. Hollander, G. de Groot, and G. J. van Ingen Schenau. 1987. Moments of force, power, and muscle coordination in speed-skating. *International Journal of Sports Medicine* 8:371 – 8.

Debold, E. P. , J. B. Patlak, and D. M. Warshaw. 2005. Slip sliding away: Load-dependence of velocity generated by skeletal muscle myosin molecules in the laser trap. *Biophysical Journal* 89:L34 – L36.

de Boor, C. 1978. *A Practical Guide to Splines*. Springer-Verlag.

de Boor, C. 2001. *A Practical Guide to Splines*. Revised edition. New York: Springer.

De Leva, P. 1996. Adjustments to Zatsiorsky-Seluyanov's segment inertia parameters. *Journal of Biomechanics* 29:1223 – 30.

DeLisa, J. A., and K. Mackenzie. 1982. *Manual of Nerve Conduction Velocity Techniques*. New York: Raven Press.

Delp, S. L., F. C. Anderson, A. S. Arnold, P. Loan, A. Habib, C. T. John, E. Guendelman, and D. G. Thelen. 2007. Open-Sim: Open-source software to create and analyze dynamic simulations of movement. *IEEE Transactions on Biomedical Engineering* 54:1940 – 50.

Delp, S. L., A. S. Arnold, and S. J. Piazza. 1998. Graphics based modeling and analysis of gait abnormalities. *Bio-medical Materials and Engineering* 8:227 – 40.

Delp, S. L., J. P. Loan, M. G. Hoy, F. E. Zajac, E. L. Topp, and J. M. Rosen. 1990. An interactive graphics-based model of the lower extremity to study orthopaedic surgical procedures. *IEEE Transactions on Biomedical Engineering* 37:757 – 67.

Deluzio, K. J., and J. A. Astephen. 2007. Biomechanical features of gait waveform data associated with knee osteoarthritis: An application of principal component analysis. *Gait and Posture* 25:86 – 93.

Deluzio, K. J., U. P. Wyss, P. A. Costigan, C. Sorbie, and B. Zee. 1999. Gait assessment in unicompartmental knee arthroplasty patients: Principle component modeling of gait waveforms and clinical status. *Human Movement Science* 18:701 – 11.

Demoulin, C., J. M. Crielaard, and M. Vanderthommen. 2007. Spinal muscle evaluation in healthy individuals and low-back-pain patients: A literature review. *Joint, Bone, Spine* 74:9 – 13.

Dempster, W. T. 1955. *Space Requirements of the Seated Operator: Geometrical, Kinematic, and Mechanical Aspects of the Body with Special Reference to the Limbs*. WADC Technical Report 55 – 159. Wright-Patterson Air Force Base, OH.

Derrick, T. R. 1998. Circular continuity of non-periodic data. *Proceedings of the Third North American Congress on Biomechanics*, 313 – 4. Waterloo, ON: American and Canadian Societies of Biomechanics.

Derrick, T. R., G. E. Caldwell, and J. Hamill. 2000. Modeling the stiffness characteristics of the human body while running with various stride lengths. *Journal of Applied Biomechanics* 16:36 – 51.

Dewald, J. P., P. S. Pope, J. D. Given, T. S. Buchanan, and W. Z. Rymer. 1995. Abnormal muscle coactivation patterns during isometric torque generation at the elbow and shoulder in hemiparetic subjects. *Brain* 118:495 – 510.

de Zee, M., and M. Voigt. 2001. Moment dependency of the series elastic stiffness in the human plantarflexors measured in vivo. *Journal of Biomechanics* 34:1399 – 1406.

Dickx, N., B. Cagnie, E. Achten, P. Vandemaele, T. Parlevliet, and L. Danneels. 2010. Differentiation between deep and superficial fibers of the lumbar multifidus by magnetic resonance imaging. *European Spine Journal* 19:122 – 8.

Diedrich, F. J., and W. H. Warren. 1995. Why change gaits? Dynamics of the walk to run transition. *Journal of Experimental Psychology: Human Perception and Performance* 21:183 – 201.

Donà, G., E. Preatoni, C. Cobelli, R. Rodano, and A. J. Harrison. 2009. Application of functional principal component analysis in race walking: An emerging methodology. *Sports Biomechanics* 8:284 – 301.

Donelan, J. M., R. Krain, and A. D. Kuo. 2002. Simultaneous positive and negative external mechanical work in human walking. *Journal of Biomechanics* 35:117 – 24.

Donoghue, O. A., A. J. Harrison, N. Coffey, and K. Hayes. 2008. Functional data analysis of the kinematics of running gait in subjects with chronic Achilles tendon injury. *Medicine and Science in Sports and Exercise* 40:1323 – 1335.

Dowling, J. J. 1997. The use of electromyography for the noninvasive prediction of muscle forces: Current issues. *Sports Medicine* 24:82 – 96.

Drake, J. D., and J. P. Callaghan. 2006. Elimination of electrocardiogram contamination from electromyogram signals: An evaluation of currently used removal techniques. *Journal of Electromyography and Kinesiology* 16:175 – 87.

Drillis, R., R. Contini, and M. Bluestein. 1964. Body segment parameters: A survey of measurement techniques. *Artificial Limbs* 8:44 – 66.

Duchateau, J., S. Le Bozec, and K. Hainaut. 1986. Contributions of slow and fast muscles of triceps surae to a cyclic of relaxed soleus muscle. *Electromyography and Clinical Neurophysiology* 26:641 – 53.

Gerilovsky, L., P. Tsvetinov, and G. Trenkova. 1989. Peripheral effects on the amplitude of monopolar and bipolar H-reflex potentials from the soleus muscle. *Experimental Brain Research* 76:173 – 81.

Gerleman, D. G., and T. M. Cook. 1992. Instrumentation. In *Selected Topics in Surface Electromyography for Use in the Occupational Setting: Expert Perspectives*, ed. G. L. Soderberg, 44 – 68. Washington, DC: National Institute for Occupational Safety and Health.

Gerritsen, K. G. M., A. J. van den Bogert, M. Hulliger, and R. F. Zernicke. 1998. Intrinsic muscle properties facilitate locomotor control—A computer simulation study. *Motor Control* 2:206 – 220.

Gerritsen, K. G. M., A. J. van den Bogert, and B. M. Nigg. 1995. Direct dynamics simulation of the impact phase in heel-toe running. *Journal of Biomechanics* 28:661 – 8.

Gervais, P., and F. Tally. 1993. The beat swing and mechanical descriptors of three horizontal bar release-regrasp skills. *Journal of Applied Biomechanics* 9:66 – 83.

Gilchrist, L. A., and D. A. Winter. 1997. A multisegment computer simulation of normal human gait. *IEEE Transactions on Rehabilitation Engineering* 5:290 – 9.

Gitter, J. A., and M. J. Czerniecki. 1995. Fractal analysis of the electromyographic interference pattern. *Journal of Neuroscience Methods* 58:103 – 8.

Glass, L. 2001. Synchronization and rhythmic processes in physiology. *Nature* 410:277 – 284.

Glitsch, U., and W. Baumann. 1997. The three-dimensional determination of internal loads in the lower extremity. *Journal of Biomechanics* 30:1123 – 31.

Godwin, A. A., Stevenson, J. M., Agnew, M. J., Twiddy, A. L., Abdoli-E, M., Lotz, C. A., 2009. Testing the efficacy of an ergonomic lifting aid at diminishing muscular fatigue in women over a prolonged period of lifting. *International Journal of Industrial Ergonomics* 39, 121 – 126.

Godwin, A., Takahara, G. Agnew, and M. Stevenson, J. 2010. Functional data analysis as a means of evaluating kinematic and kinetic waveforms. *Theoretical Issues in Ergonomics Science* 11(6):489 – 503.

Gollhofer, A., G. A. Horstmann, D. Schmidtbleicher, and D. Schonthal. 1990. Reproducibility of electromyographic patterns in stretch-shortening type contractions. *European Journal of Applied Physiology* 60:7 – 14.

Gordon, A. M., A. F. Huxley, and F. J. Julian. 1966. The variation in isometric tension with sarcomere length in vertebrate muscle fibres. *Journal of Physiology* 184:170 – 92.

Granzier, H. L., and S. Labeit. 2006. The giant muscle protein titin is an adjustable molecular spring. *Exercise and Sport Sciences Reviews* 34:50 – 3.

Green, P. J., and B. W. Silverman. 1994. *Nonparametric Regression and Generalised Linear Models: A Roughness Penalty Approach*. London: Chapman & Hall.

Gregor, R. J., and T. A. Abelew. 1994. Tendon force measurements and movement control: A review. *Medicine and Science in Sports and Exercise* 26:1359 – 72.

Gregor, R. J., P. V. Komi, R. C. Browning, and M. Jarvinen. 1991. A comparison of the triceps surae and residual muscle moments at the ankle during cycling. *Journal of Biomechanics* 24:287 – 97.

Gregor, R. J., P. V. Komi, and M. Jarvinen. 1987. Achilles tendon forces during cycling. *International Journal of Sports Medicine* 8:9 – 14.

Grieve, D. W., S. Pheasant, and P. R. Cavanagh. 1978. Prediction of gastrocnemius length from knee and ankle joint posture. In *Biomechanics VI-A*, eds. E. Asmussen and K. Jorgensen, 405 – 12. Baltimore: University Park Press.

Griffiths, R. I. 1991. Shortening of muscle fibres during stretch of the active cat medial gastrocnemius muscle: The role of tendon compliance. *Journal of Physiology* 436: 219 – 36.

Grood, E. S., and W. J. Suntay. 1983. A joint coordination system for the clinical description of three-dimensional motions: Application to the knee. *Journal of Biomedical Engineering* 105:136 – 44.

Hagberg, M., and B.-E. Ericson. 1982. Myoelectric power spectrum dependence on muscular contraction level of elbow flexors. *European Journal of Applied Physiology* 48:147 – 56.

Hagemann, B., G. Luhede, and H. Luczak. 1985. Improved "active" electrodes for recording bioelectric signals in work physiology. *European Journal of Applied Physiology* 54:95 – 8.

Hägg, G. 1981. Electromyographic fatigue analysis based on the number of zero crossings. *Pflugers Archiv: European Journal of Physiology* 391:78 – 80.

Haken, H., J. A. S. Kelso, and H. Bunz. 1985. A theoretical model of phase transitions in human hand movements. *Biological Cybernetics* 51:347 – 56.

Hamill, J., G. E. Caldwell, and T. R. Derrick. 1997. A method for reconstructing digital signals using Shannon's sampling theorem. *Journal of Applied Biomechanics* 13:226 – 38.

Hamill, J., J. M. Haddad, B. C. Heiderscheit, R. E. A. van Emmerik, and L. Li. 2006. Clinical relevance of coordination variability. In: *Movement System Variability*, eds. K. Davids, S. J. Bennett, and K. M. Newell, 153 – 65. Champaign, IL: Human Kinetics.

Hamill, J., J. M. Haddad, and W. M. McDermott. 2000. Issues in quantifying variability from a dynamical systems perspective. *Journal of Applied Biomechanics* 16:407 – 18.

Hamill, J., R. E. A. van Emmerik, B. C. Heiderscheit, and L. Li. 1999. A dynamical systems approach to lower extremity running injuries. *Clinical Biomechanics* 14:297 – 308.

Hammelsbeck, M., and W. Rathmayer. 1989. Intracellular $Na+$, $K+$ and $Cl-$ activity in tonic and phasic muscle fibers of the crab *Eriphia*. *Pflugers Archiv: European Journal of Physiology* 413:487 – 92.

Hanavan, E. P. 1964. *A Mathematical Model of the Human Body*. AMRL Technical Report 64 – 102. Wright-Patterson Air Force Base, OH.

Hannaford, B., and S. Lehman. 1986. Short time Fourier analysis of the electromyogram: Fast movements and constant contraction. *IEEE Transactions on Biomedical Engineering* 12:1173 – 81.

Hannah, R., S. Cousins, and J. Foort. 1978. The CARS-UBC electrogoniometer, a clinically viable tool. In *Digest of the 7th Canadian Medical and Biological Engineering Conference*, 133 – 4, Vancouver, BC.

Hannerz, J. 1974. An electrode for recording single motor unit activity during strong muscle contractions. *Electroencephalography and Clinical Neurophysiology* 37:179 – 81.

Harless, E. 1860. The static moments of the component masses of the human body. *Treatises of the Mathematics—Physics Class, Royal Bavarian Academy of Sciences* 8: 69 – 96, 257 – 94. Trans. FTD Technical Report 61 – 295. Wright-Patterson Air Force Base, OH, 1962.

Harrington, M. E., A. B. Zavatsky, S. E. M. Lawson, Z. Yuan, T. N. Theologis. 2007. Prediction of the hip joint centre in adults, children and patients with cerebral palsy based on magnetic resonance imaging. *Journal of Biomechanics* 40:595 – 602.

Harris, G. F., and J. J. Wertsch. 1994. Procedures for gait analysis. *Archives of Physical Medicine and Rehabilitation* 75:216 – 25.

Harrison, A. J., W. Ryan, and K. Hayes. 2007. Functional data analysis of joint coordination in the development of vertical jump performance. *Sports Biomechanics* 6:196 – 211.

Harvey, R., and E. Peper. 1997. Surface electromyography and mouse use position. *Ergonomics* 40:781 – 9.

Hashimoto, S., J. Kawamura, Y. Segawa, Y. Harada, T. Hanakawa, and Y. Osaki. 1994. Waveform changes of compound muscle action potential (CMAP) with muscle length. *Journal of the Neurological*

Sciences 124:21 – 4.

Hasson, C. J., and G. E. Caldwell. 2012. Effects of age on mechanical properties of dorsiflexor and plantarflexor muscles. *Annals of Biomedical Engineering* 40:1088 – 101.

Hasson, C. J., J. A. Kent-Braun, and G. E. Caldwell. 2011. Contractile and non-contractile tissue volume and distribution in ankle muscles of young and older adults. *Journal of Biomechanics* 44:2299 – 306.

Hasson, C. J., R. M. Miller, and G. E. Caldwell. 2011. Contractile and elastic ankle joint muscular properties in young and older adults. *PLoS One* 6(1):e15953.

Hastie, T., and R. Tibshirani. 1990. *Generalised Additive Models*. New York: Chapman and Hall.

Hatze, H. 1975. A new method for the simultaneous measurement of the moment on inertia, the damping coefficient and the location of the centre of mass of a body segment *in situ*. *European Journal of Applied Physiology* 34:217 – 26.

Hatze, H. 1979. A model for the computational determination of parameter values of anthropometric segments. NRIMS Technical Report TWISK 79. Pretoria, South Africa.

Hatze, H. 1980. A mathematical model for the computational determination of parameter values of anthropometric segments. *Journal of Biomechanics* 13:833 – 43.

Hatze, H. 1981. The use of optimally regularised Fourier series for estimating higher-order derivatives of noisy biomechanical data. *Journal of Biomechanics* 14:13 – 8.

Hatze, H. 1993. The relationship between the coefficient of restitution and energy losses in tennis rackets. *Journal of Applied Biomechanics* 9:124 – 42.

Hatze, H. 1997. A three-dimensional multivariate model of passive human joint torques and articular boundaries. *Clinical Biomechanics* 12:128 – 35.

Hatze, H. 1998. Validity and reliability of methods for testing vertical jumping performance. *Journal of Applied Biomechanics* 14:127 – 40.

Hatze, H. 2002. The fundamental problem of myoskeletal inverse dynamics and its application. *Journal of Biomechanics* 35:109 – 16.

Haxton, H. A. 1944. Absolute muscle force in the ankle flexors of man. *Journal of Physiology* 103:267 – 273.

Hay, J. G. 1973. The center of gravity of the human body. *Kinesiology III* 20 – 44.

Hay, J. G. 1974. Moment of inertia of the human body. *Kinesiology IV* 43 – 52.

Hayward, M. 1983. Quantification of interference patterns. In *Computer-Aided Electromyography*, ed. J. E. Desmedt, 128 – 49. New York: Karger.

Heiderscheit, B. C., J. Hamill, and R. E. A. van Emmerik. 2002. Variability of stride characteristics and joint coordination among individuals with unilateral patellofemoral pain. *Journal of Applied Biomechanics* 18:110 – 21.

Hermens, H. J., T. A. M. van Bruggen, C. T. M. Baten, W. L. C. Rutten, and H. B. K. Boom. 1992. The median frequency of the surface EMG power spectrum in relation to motor unit firing and action potential properties. *Journal of Electromyography and Kinesiology* 2:15 – 25.

Herzog, W. 1988. The relation between the resultant moments at a joint and the moments measured by an isokinetic dynamometer. *Journal of Biomechanics* 21:5 – 12.

Herzog, W., and T. R. Leonard. 1991. Validation of optimization models that estimate the forces exerted by synergistic muscles. *Journal of Biomechanics* 24:31 – 9.

Herzog, W., T. R. Leonard, and J. Z. Wu. 2000. The relationship between force depression following shortening and mechanical work in skeletal muscle. *Journal of Biomechanics* 33:659 – 68.

Herzog, W., and H. E. D. J. ter Keurs. 1988. Force-length relation of in-vivo human rectus femoris muscles. *Pflugers Archiv: European Journal of Physiology* 411:642 – 647.

Hides, J. A., M. J. Stokes, M. Saide, G. A. Jull, and D. H. Cooper. 1994. Evidence of lumbar multifidus muscle wasting ipsi-lateral to symptoms in patients with acute/subacute low back pain. *Spine (Phila Pa*

1976）19:165-72.

Hilding, M. B., L. Ryd, S. Toksvig-Larsen, A. Mann, and A. Stenström. 1999. Gait affects tibial component fixation. *Journal of Arthroplasty* 14:589-93.

Hill, A. V. 1938. The heat of shortening and the dynamic constants of muscle. *Proceedings of the Royal Society B* 126:136-95.

Hill, D. A. 1967. *Schaum's Outline of Theory and Problems of Lagrangian Dynamics.* New York: McGraw-Hill.

Hinrichs, R. N. 1985. Regression equations to predict segmental moments of inertia from anthropometric measurements: An extension of the data of Chandler et al. (1975). *Journal of Biomechanics* 18:621-4.

Hodges, P. W., and B. H. Bui. 1996. A comparison of computer-based methods for the determination of onset of muscle contraction using electromyography. *Electroencephalography and Clinical Neurophysiology* 101:511-9.

Hof, A. L. 1998. In vivo measurement of the series elasticity release curve of human triceps surae muscle. *Journal of Biomechanics* 31:793-800.

Hof, A. L. 2009. A simple method to remove ECG artifacts from trunk muscle EMG signals. *Journal of Electromyography and Kinesiology* 19:e554-e555.

Hof, A. L., and J. W. van den Berg. 1981. EMG to force processing I: An electrical analogue of the Hill muscle model. *Journal of Biomechanics* 14:747-758.

Holden, J. P., W. S. Selbie, and S. J. Stanhope, 2003. A proposed test to support the clinical movement analysis laboratory accreditation process. *Gait and Posture* 17:205-13.

Holt, K. G., J. Hamill, and R. O. Andres. 1990. The force-driven harmonic oscillator as a model for human locomotion. *Human Movement Science* 9:55-68.

Hu, Y., J. N. Mak, and K. D. Luk. 2009. Effect of electrocardiographic contamination on surface electromyography assessment of back muscles. *Journal of Electromyography and Kinesiology* 19:145-56.

Hubley-Kozey, C. L., K. J. Deluzio, J. A. McNutt, C. S. N. Landry, and W. D. Stanish. 2006. Neuromuscular alterations during walking associated with moderate knee osteoarthritis. *Journal of Electromyography and Kinesiology* 16:365-78.

Huijing, P. A. 1998. Muscle, the motor of movement: Properties in function, experiment and modeling. *Journal of Electromyography and Kinesiology* 8:61-77.

Huijing, P. A. 1999. Muscle as a collagen fiber reinforced composite: A review of force transmission in muscle and whole limb. *Journal of Biomechanics* 32:329-45.

Hurwitz, D. E., A. B. Ryals, J. P. Case, J. A. Block, and T. P. Andriacchi. 2002. The knee adduction moment during gait in subjects with knee osteoarthritis is more closely correlated with static alignment than radiographic disease severity, toe out angle and pain. *Journal of Orthopedics Research* 20:101-7.

Huxley, A. F. 1957. Muscle structure and theories of contraction. *Progress in Biophysics and Biophysical Chemistry* 7:255-318.

Huxley, A. F., and R. M. Simmons. 1971. Proposed mechanism of force generation in striated muscle. *Nature* 233:533-8.

Ikegawa, S., M. Shinohara, T. Fukunaga, J. P. Zbilut, and C. L. J. Webber. 2000. Nonlinear time-course of lumbar muscle fatigue using recurrence quantifications. *Biological Cybernetics* 82:373-82.

Inbar, G. F., J. Allin, O. Paiss, and H. Kranz. 1986. Monitoring surface EMG spectral changes by the zero crossing rate. *Medical and Biological Engineering and Computing* 24:10-8.

Ishida, Y., H. Kanehisa, J. Carroll, M. Pollock, J. Graves, and L. Ganzarella. 1997. Distribution of subcutaneous fat and muscle thicknesses in young and middle-aged women. *American Journal of Human Biology* 9:247-55.

Ito, M., Y. Kawakami, Y. Ichinose, S. Fukashiro, and T. Fukunaga. 1998. Nonisometric behavior of fascicles during isometric contractions of a human muscle. *Journal of Applied Physiology* 85:1230 – 5.

Jackson, J. E. 1991. *A User's Guide to Principal Components*. New York: Wiley.

Jackson, K. M. 1979. Fitting of mathematical functions to biomechanical data. *IEEE Transactions on Biomedical Engineering* 26(2):122 – 4.

Jacobs, R., and G. J. van Ingen Schenau. 1992. Control of an external force in leg extensions in humans. *Journal of Physiology* 457:611 – 26.

Jensen, B. R., B. Schibye, K. Sogaard, E. B. Simonsen, and G. Sjøgaard. 1993. Shoulder muscle load and muscle fatigue among industrial sewing-machine operators. *European Journal of Applied Physiology* 67: 467 – 75.

Jensen, R. K. 1976. Model for body segment parameters. In *Biomechanics V-B*, ed. P. V. Komi, 380 – 6. Baltimore: University Park Press.

Jensen, R. K. 1978. Estimation of the biomechanical properties of three body types using a photogrammetric method. *Journal of Biomechanics* 11:349 – 58.

Jensen, R. K. 1986. Body segment mass, radius and radius of gyration proportions of children. *Journal of Biomechanics* 19:359 – 68.

Jensen, R. K. 1989. Changes in segment inertial proportions between 4 and 20 years. *Journal of Biomechanics* 22:529 – 36.

Jensen, R. K., T. Treitz, and S. Doucet. 1996. Prediction of human segment inertias during pregnancy. *Journal of Applied Biomechanics* 12:15 – 30.

Johnson, S. W., P. A. Lynn, J. S. G. Miller, and G. L. Reed. 1977. Miniature skin-mounted preamplifier for measurement of surface electromyographic potentials. *Medical and Biological Engineering and Computing* 15:710 – 1.

Jonas, D., C. Bischoff, and B. Conrad. 1999. Influence of different types of surface electrodes on amplitude, area and duration of the compound muscle action potential. *Clinical Neurophysiology* 110: 2171 – 5.

Jönhagen, S., M. O. Ericson, G. Nemeth, and E. Eriksson. 1996. Amplitude and timing of electromyographic activity during sprinting. *Scandinavian Journal of Medicine and Science in Sports* 6:15 – 21.

Juel, C. 1988. Muscle action potential propagation velocity changes during activity. *Muscle and Nerve* 11: 714 – 9.

Kamen, G., S. V. Sison, C. C. Du, and C. Patten. 1995. Motor unit discharge behavior in older adults during maximal-effort contractions. *Journal of Applied Physiology* 79:1908 – 13.

Kameyama, O., R. Ogawa, T. Okamoto, and M. Kuma-moto. 1990. Electric discharge patterns of ankle muscles during the normal gait cycle. *Archives of Physical Medicine and Rehabilitation* 71:969 – 74.

Kamon, E., and J. Gormley. 1968. Muscular activity pattern for skilled performance and during learning of a horizontal bar exercise. *Ergonomics* 11:345 – 57.

Kang, W. J., T. R. Shiu, C. K. Cheng, J. S. Lai, H. W. Tsao, and T. S. Kuo. 1995. The application of cepstral coefficients and maximum likelihood method in EMG pattern recognition. *IEEE Transactions on Biomedical Engineering* 42:777 – 85.

Kaplan, M. L., and J. H. Heegaard. 2001. Predictive algorithms for neuromuscular control of human locomotion. *Journal of Biomechanics* 34:1077 – 83.

Karlsson, D., and R. Tranberg. 1999. On skin movement artifact: Resonant frequencies of skin markers attached to the leg. *Human Movement Science* 18:627 – 35.

Karlsson, S., J. Yu, and M. Akay. 1999. Enhancement of spectral analysis of myoelectric signals during static contractions using wavelet methods. *IEEE Transactions on Biomedical Engineering* 46:670 – 84.

Karlsson, S., J. Yu, and M. Akay. 2000. Time-frequency analysis of myoelectric signals during dynamic contractions: A comparative study. *IEEE Transactions on Biomedical Engineering* 47:228 – 38.

Kaufman, K. R., C. Hughes, B. F. Morrey, M. Morrey, and K. N. An. 2001. Gait characteristics of patients with knee osteoarthritis. *Journal of Biomechanics* 34(7):907 – 15.

Kawakami, Y., and R. L. Lieber. 2000. Interaction between series compliance and sarcomere kinetics determines internal sarcomere shortening during fixed-end contraction. *Journal of Biomechanics* 33: 1249 – 55.

Kelso, J. A. S. 1995. *Dynamic Patterns: The Self-Organization of Brain and Behavior*. Cambridge, MA: MIT Press.

Kelso, J. A. S. , J. P. Scholz, and G. Schöner. 1986. Nonequilibrium phase transitions in coordinated biological motion: Critical fluctuations. *Physics Letters A* 134:8 – 12.

Kepple T. , K. Siegel, J. Winters, and S. J. Stanhope. 1998. The sensitivity of joint accelerations to net joint moments during normal gait. *Annals of Biomedical Engineering* 26:S – 110.

Kilbom, A. , G. M. Hägg, and C. Kall. 1992. One-handed load carrying: Cardiovascular, muscular and subjective indices of endurance and fatigue. *European Journal of Applied Physiology* 65:52 – 8.

Kilmister, C. W. 1967. *Lagrangian Dynamics: An Introduction for Students*. New York: Plenum Press.

Kim, H. J. , J. W. Fernandez, M. Akbarshahi, J. P. Walter, B. J. Fregly, and M. G. Pandy. 2009. Evaluation of predicted knee-joint muscle forces during gait using an instrumented knee implant. *Journal of Orthopaedic Research* 27:1326 – 31.

Kim, M. J. , W. S. Druz, and J. T. Sharp. 1985. Effect of muscle length on electromyogram in a canine diaphragm strip preparation. *Journal of Applied Physiology* 58:1602 – 7.

Kirkwood, R. N. , E. G. Culham, and P. Costigan. 1999. Radio-graphic and non-invasive determination of the hip joint center location: Effect on hip joint moments. *Clinical Biomechanics* 14:227 – 35.

Knaflitz, M. , and P. Bonato. 1999. Time-frequency methods applied to muscle fatigue assessment during dynamic contractions. *Journal of Electromyography and Kinesiology* 9:337 – 50.

Koh, T. J. , and M. D. Grabiner. 1992. Cross talk in surface electromyograms of human hamstring muscles. *Journal of Orthopedic Research* 10:701 – 9.

Komi, P. V. 1990. Relevance of *in vivo* force measurements to human biomechanics. *Journal of Biomechanics* 23(Suppl. No. 1):23 – 34.

Komi, P. V. , A. Belli, V. Huttunen, R. Bonnefoy, A. Geyssant, and J. R. Lacour. 1996. Optic fibre as a transducer of tendomuscular forces. *European Journal of Applied Physiology and Occupational Physiology* 72:278 – 80.

Koning, J. J. , G. de Groot, and G. J. van Ingen Schenau. 1991. Speed skating the curves: A study of muscle coordination and power production. *International Journal of Sport Biomechanics* 7:344 – 58.

Kramer, M. , V. Ebert, L. Kinzl, C. Dehner, M. Elbel, and E. Hartwig. 2005. Surface electromyography of the paravertebral muscles in patients with chronic low back pain. *Archives of Physical Medicine and Rehabilitation* 86:31 – 6.

Krogh-Lund, C. 1993. Myo-electric fatigue and force failure from submaximal static elbow flexion sustained to exhaustion. *European Journal of Applied Physiology* 67:389 – 401.

Kugler, P. N. , and M. T. Turvey. 1987. *Information, Natural Law, and the Self-Assembly of Rhythmic Movement*. Hillsdale, NJ: Erlbaum.

Kumar, S. , and A. Mital, eds. 1996. *Electromyography in Ergonomics*. London: Taylor & Francis.

Kwon, Y. -H. 1996. Effects of the method of body segment parameter estimation on airborne angular momentum. *Journal of Applied Biomechanics* 12:413 – 30.

Lakin G. , M. H. Schwartz, and L. Schutte 1999. The effects of individual muscle forces on body mass center acceleration. *Gait and Posture* 9(2):117.

Lamontagne, M. , R. Doré, H. Yahia, and J. M. Dorlot. 1985. Tendon and ligament measurement. *Medical Electronics* 6:74 – 6.

Lamoth, C. J. C. , P. J. Beek, and O. G. Meijer. 2002. Pelvis-thorax coordination in the transverse plane during gait. *Gait and Posture* 16:101 – 14.

Lamoth, C. J. C., A. Daffertshofer, R. Huys, and P. J. Beek. 2009. Steady and transient coordination structures of walking and running. *Human Movement Science* 28(3):371 – 86.

Landjerit, B., B. Maton, and G. Peres. 1988. In vivo muscular force analysis during the isometric flexion on a monkey's elbow. *Journal of Biomechanics* 21:577 – 84.

Landry, S. C., K. A. McKean, C. L. Hubley-Kozey, W. D. Stanish, and K. J. Deluzio. 2007. Knee biomechanics associated with moderate knee osteoarthritis during gait at both a self-selected and a fast walking speed. *Journal of Biomechanics* 40(8):1754 – 61.

Lansdown, D. A., Z. Ding, M. Wadington, J. L. Hornberger, and B. M. Damon. 2007. Quantitative diffusion tensor MRI-based fiber tracking of human skeletal muscle. *Journal of Applied Physiology* 103: 673 – 81.

Lanshammer, H. 1982a. On practical evaluation of differentiation techniques for human gait analysis. *Journal of Biomechanics* 15:99 – 105.

Lanshammer, H. 1982b. On precision limits for derivatives calculated from noisy data. *Journal of Biomechanics* 15:459 – 70.

Lariviere, C., D. Gagnon, and P. Loisel. 2000. The comparison of trunk muscles EMG activation between subjects with and without chronic low back pain during flexion-extension and lateral bending tasks. *Journal of Electromyography and Kinesiology* 10:79 – 91.

Latash, M. L., J. P. Scholz, and G. Schöner. 2002. Motor control strategies revealed in the structure of motor variability. *Exercise and Sport Sciences Reviews* 30:26 – 31.

Lee, R. G., P. Ashby, D. G. White, and A. J. Aguayo. 1975. Analysis of motor conduction velocity in the human median nerve by computer simulation of compound muscle action potentials. *Electroencephalography and Clinical Neuro-physiology* 39:225 – 37.

Lehman, G. J., and S. M. McGill. 1999. The importance of normalization in the interpretation of surface electromyography: A proof of principle. *Journal of Manipulative and Physiological Therapeutics* 22: 444 – 6.

Lemaire, E. D., and D. G. E. Robertson. 1989. Power in sprinting. *Track and Field Journal* 35:13 – 7.

Lemaire, E. D., and D. G. E. Robertson. 1990a. Validation of a computer simulation for planar airborne human motions. *Journal of Human Movement Studies* 18:213 – 28.

Lemaire, E. D., and D. G. E. Robertson. 1990b. Force-time data acquisition system for sprint starting. *Canadian Journal of Sport Sciences* 15:149 – 52.

LeVeau, B., and G. Andersson. 1992. Output forms: Data analysis and applications. In *Selected Topics in Surface Electromyography for Use in the Occupational Setting: Expert Perspectives*, ed. G. L. Soderberg. Washington, DC: National Institute for Occupational Safety and Health.

Lexell, J., K. Henriksson-Larsen, B. Winblad, and M. Sjostrom. 1983. Distribution of different fiber types in human skeletal muscles: Effects of aging studied in whole muscle cross sections. *Muscle and Nerve* 6: 588 – 95.

Li, L., and G. E. Caldwell. 1999. Coefficient of cross correlation and the time domain correspondence. *Journal of Electromyography and Kinesiology* 9:385 – 9.

Lieber, R. L., and J. Friden. 1997. Intraoperative measurement and biomechanical modeling of the flexor carpi ulnaris-to-extensor carpi radialis longus tendon transfer. *Journal of Biomechanical Engineering* 119: 386 – 91.

Lipsitz, L. A. 2002. Dynamics of stability: The physiologicbasis of functional health and frailty. *Journal of Gerontology* 57: B115 – 25.

Liu, M. M., W. Herzog, and H. H. Savelberg. 1999. Dynamic muscle force predictions from EMG: An artificial neural network approach. *Journal of Electromyography and Kinesiology* 9:391 – 400.

Loram, I. D., C. N. Maganaris, and M. Lakie. 2004. Paradoxical muscle movement in human standing. *Journal of Physiology* (London) 556:683 – 689.

Lu, G. , J. S. Brittain, P. Holland, J. Yianni, A. L. Green, J. F. Stein, T. Z. Aziz, and S. Wang. 2009. Removing ECG noise from surface EMG signals using adaptive filtering. *Neuroscience Letters* 462:14 – 9.

Lu, T.-W. , and J. J. O'Connor. 1999. Bone position estimation from skin marker coordinates using global optimization with joint constraints. *Journal of Biomechanics* 32:129 – 34.

MacDonald, D. , G. L. Moseley, and P. W. Hodges. 2009. Why do some patients keep hurting their back? Evidence of ongoing back muscle dysfunction during remission from recurrent back pain. *Pain* 142:183 – 8.

Macintosh, J. E. , F. Valencia, N. Bogduk, and R. R. Munro. 1986. The morphology of the human lumbar multifidus. *Clinical Biomechanics* 1:196 – 204.

Mansour, J. M. , and M. L. Audu. 1986. The passive elastic moment at the knee and its influence on human gait. *Journal of Biomechanics* 19:369 – 73.

Marion, J. B. , and S. T. Thornton. 1995. *Classical Dynamics of Particles and Systems*. 4th ed. New York: Harcourt Brace College.

Marks, R. J. , II. 1993. *Advanced Topics in Shannon Sampling and Interpolation Theory*. New York: Springer-Verlag.

Marque, C. , C. Bisch, R. Dantas, S. Elayoubi, V. Brosse, and C. Perot. 2005. Adaptive filtering for ECG rejection from surface EMG recordings. *Journal of Electromyography and Kinesiology* 15:310 – 5.

Martindale, W. O. , and D. G. E. Robertson. 1984. Mechanical energy variations in single sculls and ergometer rowing. *Canadian Journal of Applied Sport Sciences* 9:153 – 63.

Marzan, T. , and H. M. Karara. 1975. A computer program for direct linear transformation of the colinearity condition and some applications of it. In *American Society of Photogrammetry Symposium on Close Range Photogrammetry*, 420 – 76. Falls Church, VA: American Society for Photogrammetry.

Masuda, T. , H. Miyano, and T. Sadoyama. 1985. A surface electrode array for detecting action potential trains of single motor units. *Electroencephalography and Clinical Neurophysiology* 60:435 – 43.

Masuda, T. , H. Miyano, and T. Sadoyama. 1992. The position of innervation zones in the biceps brachii investigated by surface electromyography. *IEEE Transactions on Biomedical Engineering* 32:36 – 42.

Mathiassen, S. E. , J. Winkel, and G. M. Hägg. 1995. Normalization of surface EMG amplitude from the upper trapezius muscle in ergonomic studies: A review. *Journal of Electromyography and Kinesiology* 5:197 – 226.

Maton, B. , and D. Gamet. 1989. The fatigability of two agonistic muscles in human isometric voluntary submaximal contraction: An EMG study. II. Motor unit firing rate and recruitment. *European Journal of Applied Physiology* 58:369 – 74.

Mayagoitia, R. E. , A. V. Nene, and P. H. Veltnik. 2002. Accelerometer and rate gyroscope measurement of kinematics: An inexpensive alternative to optical motion analysis systems. *Journal of Biomechanics* 35:537 – 42.

McClay, I. , and K. Manal. 1997. Coupling parameters in runners with normal and excessive pronation. *Journal of Applied Biomechanics* 13:109 – 24.

McDermott, W. J. , R. E. A. van Emmerik, and J. Hamill. 2003. Running training and adaptive strategies of locomotor-respiratory coordination. *European Journal of Applied Physiology* 89(5):435 – 44.

McFaull, S. , and M. Lamontagne. 1993. The passive elastic moment about the *in vivo* human knee joint. In *Proceedings of the 14th Annual Conference*, *International Society of Biomechanics*, ed. S. Bouisset, 848 – 9. Paris: International Society of Biomechanics.

McFaull, S. , and M. Lamontagne. 1998. *In vivo* measurement of the passive viscoelastic properties of the human knee joint. *Human Movement Science* 17:139 – 65.

McGill, S. , and R. W. Norman. 1985. Dynamically and statically determined low back moments during lifting. *Journal of Biomechanics* 18:877 – 85.

McMahon, T. A. 1984. Mechanics of locomotion. *International Journal of Robotics Research* 3:4 – 28.

McMahon, T. A. , G. Valiant, and E. C. Frederick. 1987. Groucho running. *Journal of Applied*

Physiology 62:2326 – 37.

Meglan, D., and F. Todd. 1994. Kinetics of human locomotion. In *Human Walking*, eds. J. Rose and J. G. Gamble, 73 – 99. Baltimore: Williams & Wilkins.

Mehta, A., and W. Herzog. 2008. Cross-bridge induced force enhancement? *Journal of Biomechanics* 41: 1611 – 1615.

Merletti, R., D. Farina, and A. Granata. 1999. Non-invasive assessment of motor unit properties with linear electrode arrays. *Electroencephalography and Clinical Neurophysiology Supplement* 50:293 – 300.

Merletti, R., A. Rainoldi, and D. Farina. 2001. Surface electromyography for noninvasive characterization of muscle. *Exercise and Sport Sciences Reviews* 29:20 – 5.

Mero, A., and P. V. Komi. 1987. Electromyographic activity in sprinting at speeds ranging from submaximal to supramaximal. *Medicine and Science in Sports and Exercise* 19:266 – 74.

Miller, D. I. 1970. A computer simulation of the airborne phase of diving. PhD dissertation, Pennsylvania State University.

Miller, D. I. 1973. Computer simulation of springboard diving. In *Medicine and Sport*, *Volume 8*: *Biomechanics III*, eds. S. Cerquiglini, A. Venerando, and J. Wartenweiler, 116 – 9. Basel: Karger.

Miller, D. I., and W. E. Morrison. 1975. Prediction of segmental parameters using the Hanavan human body model. *Medicine and Science in Sports* 7:207 – 12.

Miller D. I., and R. C. Nelson. 1973. *Biomechanics of Sport*. Philadelphia: Lea & Febiger.

Miller, D. I., and E. J. Sprigings. 2001. Factors influencing the performance of springboard dives of increasing difficulty. *Journal of Applied Biomechanics* 17:217 – 31.

Miller, N. R., R. Shapiro, and T. M. McLaughlin. 1980. A technique for obtaining spatial kinematic parameters of segments of biomechanical systems from cinematographic data. *Journal of Biomechanics* 13:535 – 47.

Miller, R. H., Meardon, S. A., Derrick, T. R., and Gillette, J. C. 2008. Continuous relative phase variability during an exhaustive run in runners with a history of iliotibial band syndrome. *Journal of Applied Biomechanics* 24:262 – 270.

Miller, R. M., B. R. Umberger, and G. E. Caldwell. 2012a. Limitations to maximum sprinting speed imposed by muscle mechanical properties. *Journal of Biomechanics* 45:1092 – 7.

Miller, R. M., B. R. Umberger, and G. E. Caldwell. 2012b. Sensitivity of maximum sprinting speed to characteristic parameters of the muscle force-velocity relationship. *Journal of Biomechanics* 45:1406 – 13.

Mills, K. R., and R. T. Edwards. 1984. Muscle fatigue in myophosphorylase deficiency: Power spectral analysis of the electromyogram. *Electroencephalography and Clinical Neurophysiology* 57:330 – 5.

Milner-Brown, H. S., and R. G. Miller. 1990. Myotonic dystrophy: Quantification of muscle weakness and myotonia and the effect of amitriptyline and exercise. *Archives of Physical Medicine and Rehabilitation* 71:983 – 7.

Milner-Brown, H. S., R. B. Stein, and R. G. Lee. 1975. Synchronization of human motor units: Possible roles of exercise and supraspinal reflexes. *Electroencephalography and Clinical Neurophysiology* 38: 245 – 54.

Minetti, A. E., and G. Belli. 1994. A model for the estimation of visceral mass displacement in periodic movements. *Journal of Biomechanics* 27:97 – 101.

Mineva, A., J. Dushanova, and L. Gerilovsky. 1993. Similarity in shape, timing and amplitude of H- and T-reflex potentials concurrently recorded along the broad skin area over soleus muscle. *Electromyography and Clinical Neurophysiology* 33:235 – 45.

Mirka, G. A. 1991. The quantification of EMG normalization error. *Ergonomics* 34:343 – 52.

Mitchelson, D. L. 1975. Recording of movement without photograph. *Techniques for the Analysis of Human Movement*. London: Lepus Books.

Miyatani, M., H. Kanehisa, M. Ito, Y. Kawakami, and T. Fukunaga. 2004. The accuracy of volume estimates using ultrasound muscle thickness measurements in different muscle groups. *European Journal of Applied Physiology* 91:264 – 272.

Mizrahi, J., and Z. Susak. 1982. In-vivo elastic and damping response of the human leg to impact forces. *Journal of Biomechanical Engineering* 104:63 – 6.

Mochon, S., and T. A. McMahon. 1980. Ballistic walking. *Journal of Biomechanics* 13:49 – 57.

Monti, R. J., R. R. Roy, J. A. Hodgson, and V. R. Edgerton. 1999. Transmission of forces within mammalian skeletal muscles. *Journal of Biomechanics* 32:371 – 80.

Morgan, D. L. 1990. Modeling of lengthening muscle: The role of intersarcomere dynamics. In *Multiple Muscle Systems*, eds. J. M. Winters and S. L. -Y. Woo, 46 – 56. New York: Springer-Verlag.

Morimoto, S. 1986. Effect of length change in muscle fibers on conduction velocity in human motor units. *Japanese Journal of Physiology* 36:773 – 82.

Moritani, T., and M. Muro. 1987. Motor unit activity and surface electromyogram power spectrum during increasing force of contraction. *European Journal of Applied Physiology* 56:260 – 5.

Morrenhof, J. W., and H. J. Abbink. 1985. Cross-correlation and cross-talk in surface electromyography. *Electromyography and Clinical Neurophysiology* 25:73 – 9.

Morris, J. M., G. Benner, and D. B. Lucas. 1962. An electromyographic study of the intrinsic muscles of the back in man. *Journal of Anatomy* 96:509 – 20.

Moseley, G. L., P. W. Hodges, and S. C. Gandevia. 2002. Deep and superficial fibers of the lumbar multifidus muscle are differentially active during voluntary arm movements. *Spine (Phila Pa 1976)* 27: E29 – E36.

Moss, R. F., P. B. Raven, J. P. Knochel, J. R. Peckham, and J. D. Blachley. 1983. The effect of training on resting muscle membrane potentials. In *Biochemistry of Exercise*, eds. H. G. Knuttgen, J. A. Vogel, and J. Poortmans, 806 – 11. 3rd ed. Champaign, IL: Human Kinetics.

Mundermann, A., C. O. Dyrby, and T. P. Andriacchi. 2005. Secondary gait changes in patients with medial compartment knee osteoarthritis: Increased load at the ankle, knee, and hip during walking. *Arthritis Rheumatism* 52(9):2835 – 44.

Mungiole, M., and P. E. Martin. 1990. Estimating segmental inertia properties: Comparison of magnetic resonance imaging with existing methods. *Journal of Biomechanics* 23:1039 – 46.

Muniz, A. M. S., and J. Nadal. 2009. Application of principal component analysis in vertical ground reaction force to discriminate between normal and abnormal gait. *Gait and Posture* 29(1):31 – 5.

Murphy, S. D., and D. G. E. Robertson. 1994. Construction of a high-pass digital filter from a low-pass digital filter. *Journal of Applied Biomechanics* 10:374 – 81.

Murtaugh, K., and D. I. Miller. 2001. Initiating rotation in back and reverse armstand somersault tuck dives. *Journal of Applied Biomechanics* 17:312 – 25.

Nagano, A., B. R. Umberger, M. W. Marzke, and K. G. M. Gerritsen. 2005. Neuromusculoskeletal computer modeling and simulation of upright, straight-legged, bipedal locomotion of *Australopithecus afarensis* (A. L. 288 – 1). *American Journal of Physical Anthropology* 126:2 – 13.

Neptune, R. R., S. A. Kautz, and F. E. Zajac. 2000. Muscle contributions to specific biomechanical functions do not change in forward versus backward pedaling. *Journal of Biomechanics* 33:155 – 64.

Neptune, R. R., S. A. Kautz, and F. E. Zajac. 2001. Contributions of the individual ankle plantar flexors to support, forward progression and swing initiation during walking. *Journal of Biomechanics* 34:1387 – 98.

Neptune R. R., F. E. Zajac, and S. A. Kautz. 2004. Muscle force redistributes segmental power for body progression during walking. *Gait and Posture* 19:194 – 205.

Nigg, B. M. 1999. General comments about modeling. In *Biomechanics of the Musculo-skeletal System*, eds. B. M. Nigg and W. Herzog, 435 – 445. Chichester, UK: Wiley.

Nigg, B. M., and W. Herzog. 1994. *Biomechanics of the Musculo-skeletal System*. Toronto: Wiley.

Nishimura, S., Y. Tomita, and T. Horiuchi. 1992. Clinical application of an active electrode using an operational amplifier. *IEEE Transactions on Biomedical Engineering* 39:1096 - 9.

Nordander, C., J. Willner, G.-A. Hansson, B. Larsson, J. Unge, L. Granquist, and S. Skerfving. 2003. Influence of the subcutaneous fat layer, as measured by ultrasound, skinfold calipers and BMI, on the EMG amplitude. *European Journal of Applied Physiology* 89:514 - 9.

Norman, R. W., G. E. Caldwell, and P. V. Komi. 1985. Differences in body segment energy utilization between world class and recreational cross country skiers. *International Journal of Sport Biomechanics* 1:253 - 62.

Norman, R. W., and P. V. Komi. 1987. Mechanical energetics of world class cross-country skiing. *International Journal of Sport Biomechanics* 3:353 - 69.

Norman, R., M. Sharratt, J. Pezzack, and E. Noble. 1976. Reexamination of the mechanical efficiency of horizontal treadmill running. In *Biomechanics V-B*, ed. P. Komi, 87 - 93. International Series on Biomechanics. Baltimore: University Press.

O'Connor, K. M., and M. C. Bottum. 2009. Differences in cutting knee mechanics based on principal components. *Medicine and Science in Sports and Exercise* 41(4):867 - 78.

O'Connor, K. M., and J. Hamill. 2004. The role of selected extrinsic foot muscles during running. *Clinical Biomechanics (Bristol, Avon)* 19:71 - 7.

Oh, S. J. 1993. *Clinical Electromyography: Nerve Conduction Studies*. 2nd ed. Baltimore: Williams & Wilkins.

Ohashi, J. 1995. Difference in changes of surface EMG during low-level static contraction between monopolar and bipolar lead. *Applied Human Science* 14:79 - 88.

Ohashi, J. 1997. The effects of preceded fatiguing on the relations between monopolar surface electromyogram and fatigue sensation. *Applied Human Science* 16:19 - 27.

Okada, M. 1987. Effect of muscle length on surface EMG wave forms in isometric contractions. *European Journal of Applied Physiology* 56:482 - 6.

Okamoto, T., and K. Okamoto. 2007. *Development of Gait by Electromyography: Application to Gait Analysis cmd Evaluation*. Osaka, Japan: Walking Development Group.

Okamoto, T., K. Okamoto, and P. D. Andrew. 2003. Electromyographic developmental changes in one individual from newborn stepping to mature walking. *Gait and Posture* 17:18 - 27.

O'Malley, J. 1992. *Schaum's Outline of Basic Circuit Analysis*. 2nd ed. New York: McGraw-Hill.

Onyshko, S., and D. A. Winter. 1980. A mathematical model for the dynamics of human locomotion. *Journal of Biomechanics* 13:361 - 8.

Padgaonkar, A. J., K. W. Krieger, and A. I. King. 1975. Measurement of angular acceleration of a rigid body using accelerometers. *Transactions of ASME, Journal of Applied Mechanics* 42:552 - 6.

Pain, M. T. G., and J. H. Challis. 2001. Whole body force distributions in landing from a drop. In *Proceedings of the XVIIIth Congress of the International Society of Biomechanics*, eds. R. Müller, H. Gerber, and A. Stacoff, 202. Zurich: International Society of Biomechanics.

Pan, Z. S., Y. Zhang, and P. A. Parker. 1989. Motor unit power spectrum and firing rate. *Medicine and Biological Engineering and Computing* 27:14 - 8.

Pandy, M. G. 2001. Computer modeling and simulation of human movement. *Annual Review of Biomedical Engineering* 3:245 - 73.

Pandy, M. G., and N. Berme. 1989. Quantitative assessment of gait determinants during single stance via a three-dimensional model. Part 1. Normal gait. *Journal of Biomechanics* 22:717 - 24.

Pandy, M. G., and F. E. Zajac. 1991. Optimal muscular coordination strategies for jumping. *Journal of Biomechanics* 24:1 - 10.

Pandy, M. G., F. E. Zajac, E. Sim, and W. S. Levine. 1990. An optimal control model for maximum-height human jumping. *Journal of Biomechanics* 23:1185 - 98.

Pattichis, C. S., I. Schofield, R. Merletti, P. A. Parker, and L. T. Middleton. 1999. Introduction to this special issue: Intelligent data analysis in electromyography and electroneurography. *Medical Engineering and Physics* 21:379 – 88.

Pavol, M. J., T. M. Owings, and M. D. Grabiner. 2002. Body segment parameter estimation for the general population of older adults. *Journal of Biomechanics* 35:707 – 12.

Perez, M. A., and M. A. Nussbaum. 2003. Principal component analysis as an evaluation and classification tool for lower torso sEMG data. *Journal of Biomechanics* 36(8):1225 – 9.

Perreault, E. J., C. J. Heckman, and T. G. Sandercock. 2003. Hill muscle model errors during movement are greatest within the physiologically relevant range of motor unit firing rates. *Journal of Biomechanics* 36:211 – 8.

Petrofsky, J. 2008. The effect of the subcutaneous fat on the transfer of current through skin and into muscle. *Medical Engineering and Physics* 30:1168 – 76.

Peters, B. T., J. M. Haddad, B. C. Heiderscheit, R. E. A. van Emmerik, and J. Hamill. 2003. Limitations in the use and interpretation of continuous relative phase. *Journal of Biomechanics* 36:271 – 4.

Pezzack, J. C. 1976. An approach for the kinetic analysis of human motion. Master's thesis, University of Waterloo, Waterloo, ON.

Pezzack, J. C., R. W. Norman, and D. A. Winter. 1977. An assessment of derivative determining techniques used for motion analysis. *Journal of Biomechanics* 10:377 – 82.

Piazza, S. J., and S. L. Delp. 1996. The influence of muscles on knee flexion during the swing phase of gait. *Journal of Biomechanics* 29:723 – 33.

Pierrynowski, M. R. 1982. A physiological model for the solution of individual muscle forces during normal human walking. PhD dissertation, Simon Fraser University, Burnaby, BC.

Pierrynowski, M. R., and J. B. Morrison. 1985. Estimating the muscle forces generated in the human lower extremity when walking: A physiological solution. *Mathematical Biosciences* 75:43 – 68.

Pierrynowski, M. R., R. W. Norman, and D. A. Winter. 1981. Mechanical energy analyses of the human during load carriage on a treadmill. *Ergonomics* 24:1 – 14.

Pierrynowski, M. R., D. A. Winter, and R. W. Norman. 1980. Transfers of mechanical energy within the total body and mechanical efficiency during treadmill walking. *Ergonomics* 23:147 – 56.

Pinter, I. J., R. van Swigchem, A. J. van Soest, and L. A. Rozendaal. 2008. The dynamics of postural sway cannot be captured using a one segment inverted pendulum model: A PCA on one segment rotations during unperturbed stance. *Journal of Neurophysiology* 100:3197 – 208.

Plagenhoef, S. 1968. Computer programs for obtaining kinetic data on human movement. *Journal of Biomechanics* 1:221 – 34.

Plagenhoef, S. 1971. *Patterns of Human Motion: A Cinematographic Analysis*. Englewood Cliffs, NJ: Prentice Hall.

Pollard, C. D., B. C. Heiderscheit, R. E. A. van Emmerik, and J. Hamill. 2005. Gender differences in lower extremity coupling variability during an unanticipated cutting maneuver. *Journal of Applied Biomechanics* 21:143 – 52.

Proakis, J. G., and D. G. Manolakis. 1988. *Introduction to Digital Signal Processing*. New York: Macmillan.

Prilutsky, B. I., W. Herzog, and T. L. Allinger. 1997. Forces of individual cat ankle extensor muscles during locomotion predicted using static optimization. *Journal of Biomechanics* 30:1025 – 33.

Prodromos, C. C., T. P. Andriacchi, and J. O. Galante. 1985. A relationship between gait and clinical changes following high tibial osteotomy. *Journal of Bone and Joint Surgery. American volume* 67:1188 – 94.

Putnam, C. A. 1991. A segment interaction analysis of proximal-to-distal sequential motion patterns. *Medicine and Science in Sports and Exercise* 23:130 – 44.

Rack, P. M. H., and D. R. Westbury. 1969. The effects of length and stimulus rate on tension in the isometric cat soleus muscle. *Journal of Physiology* 204:443 – 60.

Ramey, M. R. 1973a. A simulation of the running broad jump. In *Mechanics in Sport*, ed. J. L. Bleustein, 101 – 12. New York: American Society of Mechanical Engineers.

. Ramey, M. R. 1973b. Significance of angular momentum in long jumping. *Research Quarterly* 44:488 – 97.

Ramey, M. R. 1974. The use of angular momentum in the study of long-jump take-offs. In *Biomechanics IV*, eds. R. C. Nelson and C. A. Morehouse, 144 – 8. Baltimore: University Park Press.

Ramsay, J. O. , and C. J. Dalzell. 1991. Some tools for functional data analysis (with discussion). *Journal of the Royal Statistical Society*, Series B 53:539 – 72.

Ramsay, J. O. , G. Hooker, and S. Graves. 2009. *Functional Data Analysis with R and MATLAB*. New York: Springer.

Ramsay, J. O. , and B. W. Silverman. 2002. *Applied Functional Data Analysis*. New York: Springer-Verlag.

Ramsay, J. O. , and B. W. Silverman. 2005. *Functional Data Analysis*. 2nd ed. New York: Springer.

Ramsey, R. W. , and S. F. Street. 1940. The isometric length-tension diagram of isolated skeletal muscle fibres of the frog. *Journal of Cellular and Comparative Physiology* 15:11 – 34.

Rau, G. , C. Disselhorst-Klug, and J. Silny. 1997. Noninvasive approach to motor unit characterization: Muscle structure, membrane dynamics and neuronal control. *Journal of Biomechanics* 30:441 – 6.

Reber, L. , J. Perry, and M. Pink. 1993. Muscular control of the ankle in running. *American Journal of Sports Medicine* 21:805 – 10.

Redfern, M. S. 1992. Functional muscle: Effects on electromyographic output. In *Selected Topics in Surface Electromyography for Use in the Occupational Setting: Expert Perspectives*, ed. G. L. Soderberg, 104 – 20. Washington, DC: National Institute for Occupational Safety and Health.

Reuleaux, F. 1876. *The Kinematics of Machinery: Outlines of a Theory of Machines*. London: Macmillan.

Reynolds, C. 1994. Electromyographic biofeedback evaluation of a computer keyboard operator with cumulative trauma disorder. *Journal of Hand Therapy* 7:25 – 7.

Risher, D. W. , L. M. Schutte, and C. F. Runge. 1997. The use of inverse dynamics solutions in direct dynamic simulations. *Journal of Biomechanical Engineering* 119:417 – 22.

Robertson, D. G. E. , and J. J. Dowling. 2003. Design and responses of Butterworth and critically damped digital filters. *Journal of Electromyography and Kinesiology* 13:569 – 73.

Robertson, D. G. E. , and D. Fleming. 1987. Kinetics of standing broad and vertical jumping. *Canadian Journal of Sport Science* 12:19 – 23.

Robertson, D. G. E. , and Y. D. Fortin. 1994. Mechanics of rowing. In *Proceedings of the Eighth Conference of the Canadian Society for Biomechanics*, eds. W. Herzog, B. Nigg, and A. van den Bogert, 248 – 9. Calgary, AB: Canadian Society for Biomechanics.

Robertson, D. G. E. , J. Hamill, and D. A. Winter. 1997. Evaluation of cushioning properties of running footwear. In *Proceedings of the XVIth Congress of the International Society of Biomechanics*, eds. M. Miyashita and T. Fukunaga, 263. Tokyo: International Society of Biomechanics.

Robertson, D. G. E. , and R. E. Mosher. 1985. Work and power of the leg muscles in soccer kicking. In *Biomechanics IX-B*, eds. D. A. Winter, R. W. Norman, R. P. Wells, K. C. Hayes, and A. E. Patla, 533 – 8. Champaign, IL: Human Kinetics.

Robertson, D. G. E. , and V. L. Stewart. 1997. Power production during swim starting. In *Proceedings of the XVIth Congress of the International Society of Biomechanics*, eds. M. Miyashita and T. Fukunaga, 22. Tokyo: International Society of Biomechanics.

Robertson, D. G. E. , and D. A. Winter. 1980. Mechanical energy generation, absorption and transfer amongst segments during walking. *Journal of Biomechanics* 13:845 – 54.

Roeleveld, K., D. F. Stegeman, H. M. Vingerhoets, and A. van Oosterom. 1997. Motor unit potential contribution to surface electromyography. *Acta Physiologica Scandinavica* 160:175 – 83.

Rolf, C., P. Westblad, I. Ekenman, A. Lundberg, N. Murphy, M. Lamontagne, and K. Halvorsen. 1997. An experimental *in vivo* method for analysis of local deformation on tibia, with simultaneous measures of ground forces, lower extremity muscle activity and joint motion. *Scandinavian Journal of Medicine and Science in Sports* 7:144 – 51.

Ronager, J., H. Christensen, and A. Fuglsang-Frederiksen. 1989. Power spectrum analysis of the EMG pattern in normal and diseased muscles. *Journal of the Neurological Sciences* 94:283 – 94.

Rosenblum, M., and J. Kurths. 1998. Analysing synchronization phenomena from bivariate data by means of the Hilbert transform. In *Nonlinear Analysis of Physiological Data*, eds. H. Kantz, J. Kurths, and G. Mayer-Kress, 91 – 100. Berlin: Springer.

Roy, B. 1978. Biomechanical features of different starting positions and skating strides in ice hockey. In *Biomechanics VI-B*, eds. E. Asmussen and K. Jørgensen, 137 – 41. Baltimore: University Park Press.

Ryan, W., A. J. Harrison, and K. Hayes. 2006. Functional data analysis in biomechanics: A case study of knee joint vertical jump kinematics. *Sports Biomechanics* 5:121 – 38.

Sacco, I. C., A. A. Gomes, M. E. Otuzi, D. Pripas, and A. N. Onodera. 2009. A method for better positioning bipolar electrodes for lower limb EMG recordings during dynamic contractions. *Journal of Neuroscience Methods* 180: 133 – 7.

Saitou, K., T. Masuda, D. Michikami, R. Kojima, and M. Okada. 2000. Innervation zones of the upper and lower limb muscles estimated by using multichannel surface EMG. *Journal of Human Ergology (Tokyo)* 29:35 – 52.

Sandberg, A., B. Hansson, and E. Stalberg. 1999. Comparison between concentric needle EMG and macro EMG in patients with a history of polio. *Clinical Neurophysiology* 110:1900 – 8.

Sanders, D. B., E. V. Stålberg, and S. D. Nandedkar. 1996. Analysis of the electromyographic interference pattern. *Journal of Clinical Neurophysiology* 13:385 – 400.

Schache, A. G., and R. Baker. 2007. On the expression of joint moments during gait. *Gait and Posture* 25 (3):440 – 52.

Schneider, K., and R. F. Zernicke. 1992. Mass, center of mass and moment of inertia estimates for infant limb segments. *Journal of Biomechanics* 25:145 – 8.

Scholz, J. P., J. A. S. Kelso, and G. Schöner. 1987. Nonequilibrium phase transitions in coordinated biological motion: Critical slowing down and switching time. *Physics Letters* A123:390 – 4.

Scovil, C. Y., and J. L. Ronsky. 2006. Sensitivity of a Hill-based muscle model to perturbations in model parameters. *Journal of Biomechanics* 39:2055 – 63.

Seireg, A., and R. J. Arvikar. 1975. The prediction of muscular load sharing and joint forces in the lower extremities during walking. *Journal of Biomechanics* 18:89 – 102.

Selbie, W. S., and G. E. Caldwell. 1996. A simulation study of vertical jumping from different starting postures. *Journal of Biomechanics* 29:1137 – 46.

Shapiro, R. 1978. The direct linear transformation method for three-dimensional cinematography. *Research Quarterly* 49:197 – 205.

Sherif, M. H., R. J. Gregor, and J. Lyman. 1981. Effects of load on myoelectric signals: The ARIMA representation. *IEEE Transactions on Biomedical Engineering* 5:411 – 6.

Shiavi, R. 1974. A wire multielectrode for intramuscular recording. *Medical and Biological Engineering* 12:721 – 3.

Shiavi, R., L. Q. Zhang, T. Limbird, and M. A. Edmondstone. 1992. Pattern analysis of electromyographic linear envelopes exhibited by subjects with uninjured and injured knees during free and fast speed walking. *Journal of Orthopedic Research* 10:226 – 36.

Shorten, M. R., and D. S. Winslow. 1992. Spectral analysis of impact shock during running. *International*

Journal of Sport Biomechanics 8:288 – 304.

Siegel, K. L. , T. M. Kepple, and G. E. Caldwell. 1996. Improved agreement of foot segmental power and rate of energy during gait: Inclusion of distal power terms and use of 3D models. *Journal of Biomechanics*. 29:823 – 7.

Siegel, K. L. , T. M. Kepple, P. G. O'Connell, L. H. Gerber, and S. J. Stanhope. 1995. A technique to evaluate foot function during the stance phase of gait. *Foot and Ankle International* 16(12):764 – 70.

Siegel, K. L. , T. M. Kepple, and S. J. Stanhope. 2004. Joint moment control of mechanical energy flow during normal gait. *Gait and Posture* 19:69 – 75.

Siegel, K. L. , T. M. Kepple, and S. J. Stanhope. 2007. A case study of gait compensations for hip muscle weakness in idiopathic inflammatory myopathy. *Clinical Biomechanics* 22:319 – 26.

Siegler. S. , H. J. Hillstrom, W. Freedman, and G. Moskowitz. 1985. The effect of myoelectric signal processing on the relationship between muscle force and processed EMG. *Electromyography and Clinical Neurophysiology* 25:499 – 512.

Silder, A. , B. Whittington, B. Heiderscheit, and D. G. Thelen. 2007. Identification of passive elastic joint moment-angle relationships in the lower extremity. *Journal of Biomechanics* 40:2628 – 35.

Sjøgaard, G. , B. Kiens, K. Jorgensen, and B. Saltin. 1986. Intramuscular pressure, EMG and blood flow during low-level prolonged static contraction in man. *Acta Physiologica Scandinavica* 128:475 – 84.

Smith, A. J. , D. G. Lloyd, and D. J. Wood. 2004. Pre-surgery knee joint loading patterns during walking predict the presence and severity of anterior knee pain after total knee arthroplasty. *Journal of Orthopaedic Research* 22:260 – 6.

Smith, G. 1989. Padding point extrapolation techniques for the Butterworth digital filter. *Journal of Biomechanics* 22:967 – 71.

Smith, R. M. 1996. Distribution of mechanical energy fractions during maximal ergometer rowing. PhD dissertation, University of Wollongong, Wollongong NSW, Australia.

Solomonow, M. , R. Baratta. M. Bernardi, B. Zhou, Y. Lu, M. Zhu, and S. Acierno. 1994. Surface and wire EMG crosstalk in neighbouring muscles. *Journal of Electromyography and Kinesiology* 4:131 – 42.

Solomonow, M. , R. Baratta, H. Shoji, and R. D'Ambrosia. 1990. The EMG-force relationships of skeletal muscle: dependence on contraction rate, and motor units control strategy. *Electromyography and Clinical Neurophysiology* 30:141 – 52.

Solomonow, M. , C. Baten, J. Smit, R. Baratta, H. Hermens, R. D'Ambrosia, and H. Shoji. 1990. Electromyogram power spectra frequencies associated with motor unit recruitment strategies. *Journal of Applied Physiology* 68:1177 – 85.

Song P. , P. Kraus, V. Kumar, and P. Dupont. 2001. Analysis of rigid-body dynamic models for simulation of systems with frictional contacts. *Journal of Applied Mechanics* 68:118 – 28.

Soutas-Little, R. W. , G. C. Beavis, M. C. Verstraete, and T. L. Markus. 1987. Analysis of foot motion during running using a joint co-ordinate system. *Medicine and Science in Sports and Exercise* 19:285 – 93.

Sparrow, W. A. , E. Donovan, R. E. A. van Emmerik, and E. D. Barry. 1987. Using relative motion plots to measure intra limb and inter limb coordination. *Journal of Motor Behavior* 19:115 – 29.

Spoor, C. W. , and F. E. Veldpaus. 1980. Rigid body motion calculated from spatial coordinates of markers. *Journal of Biomechanics* 13:391 – 3.

Stefanyshyn, D. J. , and B. M. Nigg. 1998. Contributions of the lower extremity joints to mechanical energy in running vertical and running long jumps. *Journal of Sports Sciences* 16:177 – 86.

Sternad, D. , M. T. Turvey, and E. L. Saltzman. 1999. Dynamics of 1:2 coordination: Generalizing relative phase to n:m rhythms. *Journal of Motor Behavior* 31(3):207 – 33.

Stewart, C. , N. Postans, M. H. Schwartz, A. Rozumalski, and A. Roberts. 2007. An exploration of the function of the triceps surae during normal gait using functional electrical stimulation. *Gait and Posture* 26:482 – 8.

Strogatz, S. H. 1994. *Nonlinear dynamics and chaos*. Reading, MA: Perseus Books.

Sung, P. , A. Lammers, and P. Danial. 2009. Different parts of erector spinae muscle fatigability in subjects with and without low back pain. *Spine* 9:115 – 120.

Taelman, J. , S. van Huffel, and A. Spaepen. 2007. Wavelet-independent component analysis to remove electrocardiography contamination in surface electromyography. *Conference Proceedings of the Annual International Conference of the IEEE Engineering in Medicine and Biology Society* 2007:682 – 5.

Taga, G. 1995. A model of the neuro-musculo-skeletal system for human locomotion. I. Emergence of basic gait. *Biological Cybernetics* 73:97 – 111.

Tang, A. , and W. Z. Rymer. 1981. Abnormal force—EMG relations in paretic limbs of hemiparetic human subjects. *Journal of Neurology, Neurosurgery and Psychiatry* 44:690 – 8.

Tepavac, D. , and E. C. Field-Fote. 2001. Vector coding: A technique for the quantification of inter segmental in multicyclic behaviors. *Journal of Applied Biomechanics* 17:259 – 70.

Thelen, D. G. , and F. C. Anderson. 2006. Using computed muscle control to generate forward dynamic simulations of human walking from experimental data. *Journal of Biomechanics* 39:1107 – 15.

Thelen, D. G. , F. C. Anderson, and S. L. Delp. 2003. Generating dynamic simulations of movement using computed muscle control. *Journal of Biomechanics* 36:321 – 8.

Thomsen, M. , and P. H. Veltink. 1997. Influence of synchronous and sequential stimulation on muscle fatigue. *Medical and Biological Engineering and Computing* 35:186 – 92.

Thusneyapan, S. , and G. I. Zahalak. 1989. A practical electrodearray myoprocessor for surface electromyography. *IEEE Transactions on Biomedical Engineering* 36:295 – 99.

Todorov, E. 2007. Probabilistic inference of multijoint movements, skeletal parameters and marker attachments from diverse motion capture data. *IEEE Transactions on Biomedical Engineering* 54:1927 – 39. PMID 18018688.

Trewartha, G. , M. R. Yeadon, and J. P. Knight. 2001. Markerfree tracking of aerial movements. In *Proceedings of the XVIIIth Congress of the International Society of Biomechanics*, eds. R. Müller, H. Gerber, and A. Stacoff, 185. Zurich: International Society of Biomechanics.

Tsai, C. -S. , and J. M. Mansour. 1986. Swing phase simulation and design of above knee prostheses. *Journal of Biomechanical Engineering* 108:65 – 72.

Turvey, M. T. 1990. Coordination. *The American Psychologist* 45(8):938 – 53.

Turvey, M. T. , and C. Carello. 1996. Dynamics of Bernstein's level of synergies. In *Dexterity and Its Development*, eds. M. L. Latash and M. T. Turvey, 339 – 76. Mahwah, NJ: Erlbaum.

Umberger, B. R. 2010. Stance and swing phase costs in human walking. *Journal of the Royal Society Interface* 7:1329 – 40.

Umberger B. R. , K. G. M. Gerritsen, and P. E. Martin. 2003. A model of human muscle energy expenditure. *Computer Methods in Biomechanics and Biomedical Engineering* 6:99 – 111.

van den Bogert, A. , and A. Su. 2007. A weighted least squares method for inverse dynamics analysis. *Computer Methods in Biomechanics and Biomedical Engineering* 11:3 – 9.

van den Bogert, A. J. , K. G. M. Gerritsen, and G. K. Cole. 1998. Human muscle modeling from a user's perspective. *Journal of Electromyography and Kinesiology* 8:119 – 24.

van der Helm F. C. , H. E. Veeger, G. M. Pronk, L. H. van der Woude, and R. H. Rozendal. 1992. Geometry parameters for musculoskeletal modelling of the shoulder system. *Journal of Biomechanics* 25:129 – 44.

van Dieën, J. H. , L. P. Selen, and J. Cholewicki. 2003. Trunk muscle activation in low-back pain patients, an analysis of the literature. *Journal of Electromyography and Kinesiology* 13:333 – 51.

Van Emmerik, R. E. A. , and R. C. Wagenaar. 1996a. Effects of walking velocity on relative phase dynamics in the trunk in human walking. *Journal of Biomechanics* 29:1175 – 84.

Van Emmerik, R. E. A. , and R. C. Wagenaar. 1996b. Dynamics of movement coordination and tremor in

Parkinson's disease. *Human Movement Science* 15:203 – 35.

Van Emmerik, R. E. A. , R. C. Wagenaar, A. Winogrodzka, and E. Ch. Wolters. 1999. Axial rigidity in Parkinson's disease. *Archives of Physical Medicine and Rehabilitation* 80:186 – 91

van Ingen Schenau, G. J. 1989. From rotation to translation: Constraints on multi-joint movements and the unique action of bi-articular muscles. *Human Movement Science* 8:301 – 37.

van Ingen Schenau, G. J. , and P. R. Cavanagh. 1990. Power equations in endurance sports. *Journal of Biomechanics* 23:865 – 81.

van Ingen Schenau, G. J. , and A. J. van Soest. 1996. On the biomechanical basis of dexterity. In *Dexterity and Its Development*, eds. M. L. Latash and M. T. Turvey, 305 – 38. Mahwah, NJ: Erlbaum.

van Ingen Schenau, G. J. , W. L. M. van Woensel, P. J. M. Boots, R. W. Snackers, and G. de Groot. 1990. Determination and interpretation of mechanical power in human movement: Application to ergometer cycling. *European Journal of Applied Physiology* 61:11 – 19.

van Soest, A. J. , A. L. Schwab, M. F. Bobbert, and G. J. van Ingen Schenau. 1993. The influence of the biarticularity of the gastrocnemius muscle on vertical-jumping achievement. *Journal of Biomechanics* 26:1 – 8.

Vardaxis, V. G. , and T. B. Hoshizaki. 1989. Power patterns of the lower limb during the recovery phase of the sprinting stride of advanced and intermediate sprinters. *International Journal of Sport Biomechanics* 5:332 – 49.

Vaughan, C. L. 1982. Smoothing and differentiating of displacement-time data: An application of splines and digital filtering. *International Journal of Bio-medical Computing* 13:375 – 86.

Vaughan, C. L. 1996. Are joint torques the holy grail of human gait analysis? *Human Movement Science* 15:423 – 43.

Vaughan, C. L. , B. L. Davis, and J. C. O'Connor. 1992. *Dynamics of Human Gait*. Champaign, IL: Human Kinetics.

Veeger, H. E. , L. S. Meershoek, L. H. van der Woude, and J. M. Langenhoff. 1998. Wrist motion in handrim wheelchair propulsion. *Journal of Rehabilitation Research and Development* 35:305 – 13.

Veigel, C. , Molloy, J. E. , Schmitz, S. , and J. Kendrick-Jones. 2003. Load-dependent kinetics of force production by smooth muscle myosin measured with optical tweezers. *Nature Cell Biology* 5:980 – 6.

Vereijken, B. , R. E. A. van Emmerik, H. T. A. Whiting, and K. M. Newell. 1992. Free(zing) degrees of freedom in skill acquisition. *Journal of Motor Behavior* 24:133 – 42.

Vigreux, B. , J. C. Cnockaert, and E. Pertuzon. 1979. Factors influencing quantified surface EMGs. *European Journal of Applied Physiology* 41:119 – 29.

von Holst, E. 1939/1973. *The Behavioral Physiology of Animals and Man: Selected Papers of E. von Holst*, Vol. 1. Coral Gables, FL: University of Miami Press.

Vorro, J. , and D. Hobart. 1981. Kinematic and myoelectric analysis of skill acquisition: 1. 90cm subject group. *Archives of Physical Medicine and Rehabilitation* 62:575 – 82.

Wagenaar, R. C. , and R. E. A. van Emmerik. 2000. Resonance frequencies of arms and legs identify different walking patterns. *Journal of Biomechanics* 33:853 – 61.

Wahba, G. 1985. A comparison of GCV and GML for choosing the smoothing parameter in the generalized spline smoothing problem. *Annals of Statistics* 13(4):1378 – 402.

Wahba, G. 1990. Spline Models for Observational Data. *Journal of the Society for Industrial and Applied Mathematics*, Vol. 59.

Wallinga-De Jonge, W. , F. L. Gielen, P. Wirtz, P. De Jong, and J. Broenink. 1985. The different intracellular action potentials of fast and slow muscle fibres. *Electroencephalography and Clinical Neurophysiology* 60:539 – 47.

Walthard, K. M. , and M. Tchicaloff. 1971. Motor points. In *Electrodiagnosis and Electromyography*, ed. S. Licht. Baltimore: Waverly.

Walton, J. S. 1981. Close-range cine-photogrammetry: A generalized technique for quantifying gross human motion. PhD dissertation, Pennsylvania State University.

Wang, J. W. , K. N. Kuo, T. P. Andriacchi, and J. O. Galante. 1990. The influence of walking mechanics and time on the results of proximal tibial osteotomy. *Journal of Bone and Joint Surgery. American volume* 72:905 – 9.

Webster, J. G. 1984. Reducing motion artifacts and interference in biopotential recording. *IEEE Transactions on Biomedical Engineering* 31:823 – 6.

Weiss, P. 1941. Self-differentiation of the basic patterns of coordination. *Comparative Psychology Monographs* 17(4).

Wells, R. P. 1988. Mechanical energy costs of human movement: An approach to evaluating the transfer possibilities of two-joint muscles. *Journal of Biomechanics* 21: 955 – 64.

Wheat, J. S. , R. M. Bartlett, and C. E. Milner. 2002. Continuous relative phase calculation: Phase angle definition. pp. 322. *Proceedings of the 12th Commonwealth International Sport Conference*, Manchester, UK.

Wheat, J. S. , and P. S. Glazier. 2006. Measuring coordination and variability in coordination. In *Movement System Variability*, eds. K. Davids, S. J. Bennett, and K. M. Newell, 167 – 81. Champaign, IL: Human Kinetics.

White, S. C. , and D. A. Winter. 1985. Mechanical power analysis of the lower limb musculature in race walking. *International Journal of Sport Biomechanics* 1:15 – 24.

Whiting, W. C. , and R. F. Zernicke. 1982. Correlation of movement patterns via pattern recognition. *Journal of Motor Behavior* 14:135 – 42.

Whittington, B. , A. Silder, B. Heiderscheit, and D. G. Thelen. 2008. The contribution of passive-elastic mechanisms to lower extremity joint kinetics during human walking. *Gait and Posture* 27:628 – 34.

Whittlesey, S. N. , and J. Hamill. 1996. An alternative model of the lower extremity during locomotion. *Journal of Applied Biomechanics* 12:269 – 79.

Wilkie, D. R. 1950. The relation between force and velocity in human muscle. *Journal of Physiology* 110: 249 – 280.

Williams, K. R. 1985. The relationship between mechanical and physiological energy estimates. *Medicine and Science in Sports and Exercise* 17:317 – 25.

Williams, K. R. , and P. R. Cavanagh. 1983. A model for the calculation of mechanical power during distance running. *Journal of Biomechanics* 16:115 – 28.

Winby, C. R. , D. G. Lloyd, T. F. Besier, and T. B. Kirk. 2009. Muscle and external load contribution to knee joint contact loads during normal gait. *Journal of Biomechanics* 42:2294 – 300.

Windhorst, U. , T. M. Hamm, and D. G. Stuart. 1989. On the function of muscle and reflex partitioning. *Behavioral and Brain Sciences* 12:629 – 81.

Winter, D. A. 1976. Analysis of instantaneous energy of normal gait. *Journal of Biomechanics* 9:253 – 7.

Winter, D. A. 1978. Calculation and interpretation of mechanical energy of movement. *Exercise and Sport Sciences Reviews* 6:183 – 201.

Winter, D. A. 1979a. *Biomechanics of Human Movement*. Toronto: Wiley.

Winter, D. A. 1979b. A new definition of mechanical work done in human movement. *Journal of Applied Physiology* 46:79 – 83.

Winter, D. A. 1980. Overall principle of lower limb support during stance phase of gait. *Journal of Biomechanics* 13:923 – 7.

Winter, D. A. 1983a. Moments of force and mechanical power in jogging. *Journal of Biomechanics* 16:91 – 7.

Winter, D. A. 1983b. Biomechanical motor patterns in normal walking. *Journal of Motor Behaviour* 15: 302 – 30.

Winter, D. A. 1983c. Energy generation and absorption at the ankle and knee during fast, natural and slow cadences. *Clinical Orthopedics and Related Research* 175:147 – 54.

Winter, D. A. 1990. *Biomechanics and Motor Control of Human Movement.* 2nd ed. Toronto: Wiley.

Winter, D. A. 1991. *Biomechanics and Motor Control of Human Gait: Normal, Elderly and Pathological.* 2nd ed. Waterloo, ON: Waterloo Biomechanics.

Winter, D. A. 1996. Total body kinetics: Our diagnostic key to human movement. *Proceedings of the International Society of Biomechanics in Sports*, ed. J. M. C. S. Abrantes, 10. Fuchal, Portugal: International Society of Biomechanics in Sports.

Winter, D. A. 2009. *Biomechanics and Motor Control of Human Movement.* 4th ed. New York: Wiley.

Winter, D. A., J. A. Eng, and M. G. Ishac. 1995. A review of kinetic parameters in human walking. In *Gait Analysis: Theory and Application*, eds. R. L. Craik and C. A. Oatis, 252 – 70. St. Louis, MO: Mosby.

Winter, D. A., A. J. Fuglevand, and S. Archer. 1994. Crosstalk in surface electromyography: Theoretical and practical estimates. *Journal of Electromyography and Kinesiology* 4:15 – 26.

Winter, D. A., and A. E. Patla. 1997. *Signal Processing and Linear Systems for Movement Sciences.* Waterloo, ON: Waterloo Biomechanics.

Winter, D. A., A. O. Quanbury, and G. D. Reimer. 1976. Analysis of instantaneous energy of normal gait. *Journal of Biomechanics* 9:253 – 7.

Winter, D. A., and D. G. E. Robertson. 1979. Joint torque and energy patterns in normal gait. *Biological Cybernetics* 29:137 – 42.

Winter, D. A., and S. E. Sienko. 1988. Biomechanics of below-knee amputee gait. *Journal of Biomechanics* 21:361 – 7.

Winter, D. A., R. P. Wells, and G. W. Orr. 1981. Errors in the use of isokinetic dynamometers. *European Journal of Applied Physiology* 46:409 – 21.

Winter, D. A., and S. White. 1983. Moments of force and mechanical power in jogging. *Journal of Biomechanics* 16:91 – 7.

Winters, J. M., and L. Stark. 1985. Analysis of fundamental movement patterns through the use of in-depth antagonistic muscle models. *IEEE Transactions on Biomedical Engineering* 32:826 – 39.

Woittiez, R. D., P. A. Huijing, and R. H. Rozendal. 1983. Influence of muscle architecture on the length force diagram of mammalian muscle. *Pfluegers Archiv* 399:275 – 9.

Woltring, H. J. 1980. Planar control in multi-camera calibration for 3 – D gait studies. *Journal of Biomechanics* 13:39 – 48.

Woltring, H. J. 1986. A FORTRAN package for generalized, cross-validatory spline smoothing and differentiation. *Advances in Engineering Software* 8:104 – 13.

Woltring, H. J. 1991. Representation and calculation of 3D joint movement. *Human Movement Science* 10: 603 – 16.

Woltring, H. J., R. Huiskes, A. De Lange, and F. E. Veldpaus. 1985. Finite centroid and helical axis estimation from noisy landmark measurements in the study of human joint kinematics. *Journal of Biomechanics* 18:379 – 89.

Wood, G. A. 1982. Data smoothing and differentiating procedures in biomechanics. *Exercise and Sport Sciences Reviews* 10:308 – 62.

Wooten, M. E., M. P. Kadaba, and G. V. B. Cochran. 1990. Dynamic electromyography. I. Numerical representation using principal component analysis. *Journal of Orthopaedic Research* 8(2):247 – 58.

Wrigley, A. T., W. J. Albert, K. J. Deluzio, and J. M. Stevenson. 2006. Principal component analysis of lifting waveforms. *Clinical Biomechanics* 21:567 – 78.

Yang, J. F., and D. A. Winter. 1983. Electromyography reliability in maximal and submaximal isometric contractions. *Archives of Physical Medicine and Rehabilitation* 64:417 – 20.

Yeadon, M. R. 1990a. The simulation of aerial movement: II. A mathematical inertia model of the human body. *Journal of Biomechanics* 23:67 – 74.

Yeadon, M. R. 1990b. The simulation of aerial movement: III. The determination of the angular momentum of the human body. *Journal of Biomechanics* 23:75 – 84.

Yeadon, M. R. 1993. The biomechanics of twisting somersaults. Part I: Rigid body motions. *Journal of Sport Science* 11:187 – 98.

Yeadon, M. R., and M. Morlock. 1989. The appropriate use of regression equations for the estimation of segmental inertia parameters. *Journal of Biomechanics* 22:683 – 9.

Yoshihuku, Y., and W. Herzog. 1990. Optimal design parameters of the bicycle-rider system for maximal muscle power output. *Journal of Biomechanics* 23:1069 – 79.

Yu, B., and J. G. Hay. 1995. Angular momentum and performance in the triple jump: A cross-sectional analysis. *Journal of Applied Biomechanics* 11:81 – 102.

Zajac, F. E. 1989. Muscle and tendon: Properties, models, scaling, and application to biomechanics and motor control. *CRC Critical Reviews in Biomedical Engineering* 17:359 – 411.

Zajac, F. E., and M. E. Gordon. 1989. Determining muscle's force and action in multi-articular movement. *Exercise and Sports Sciences Reviews* 17:187 – 230.

Zajac, F. E., R. R. Neptune, and S. A. Kautz. 2002. Biomechanics and muscle coordination of human walking. Part I: Introduction to concepts, power transfer, dynamics and simulation. *Gait and Posture* 16:215 – 32.

Zajac, F. E., R. R. Neptune, and S. A. Kautz. 2003. Biomechanics and muscle coordination of human walking. Part II: Lessons from dynamical simulations, clinical implications and concluding remarks. *Gait and Posture* 17:1 – 17.

Zarrugh, M. Y. 1981. Power requirements and mechanical efficiency of treadmill walking. *Journal of Biomechanics* 14:157 – 65.

Zatsiorsky, V. M. 1998. *Kinetics of Human Motion*. Champaign, IL: Human Kinetics.

Zatsiorsky, V. M., and M. L. Latash. 1993. What is a "joint torque" for joints spanned by multi-articular muscles? *Journal of Applied Biomechanics* 9:333 – 6.

Zatsiorsky, V. M., and V. N. Seluyanov. 1983. The mass and inertia characteristics of the main segments of the human body. In *Biomechanics VIII-B*, eds. H. Matsui and K. Kobayashi, 1152 – 9. Champaign, IL: Human Kinetics.

Zatsiorsky, V. M., and V. N. Seluyanov. 1985. Estimation of the mass and inertia characteristics of the human body by means of the best predictive regression equations. *Biomechanics IX-B*, eds. D. A. Winter et al., 233 – 9. Champaign, IL: Human Kinetics.

Zhan, C., L. Yeung, and Z. Yang. 2010. A wavelet-based adaptive filter for removing ECG interference in EMGdi signals. *Journal of Electromyography and Kinesiology* 20:542 – 9.

Zipp, P. 1982. Recommendations for the standardization of lead positions in surface electromyography. *European Journal of Applied Physiology* 50:41 – 54.

索 引

作 者 介 绍

D. Gordon E. Robertson 博士，荣誉退休教授，加拿大生物力学协会研究员，曾为 *Biomechanics for Human Motion Analysis* 编写引言。他在渥太华大学为本科生和研究生授课，之前在加拿大不列颠哥伦比亚大学授课。他进行人体运动和竞技运动的研究，并完成模拟数据分析软件 *BioProc 3*。

Graham E. Caldwell 博士，副教授，加拿大生物力学协会研究员，在马萨诸塞大学安姆斯特分校为本科生和研究生授课，曾是马里兰大学的全职教师。他曾获得加拿大生物力学协会创新研究员奖项，并在 1998 年马萨诸塞大学安姆斯特分校获得公共健康与健康科学学院杰出教师奖，曾担任运动医学与科学期刊副编辑。

Joseph Hamill 博士，国际运动生物力学学会，加拿大生物力学学会，美国运动医学学院，以及国家运动学院的教授与研究员，合著有 *Biomechanical Basis of Human Movement* 一书。在麻省大学教本科生和研究生生物力学，并担任该校生物力学实验室主任，是数个著名杂志编辑委员会委员，同时也是苏格兰爱丁堡大学和爱尔兰利默里克大学的客座教授，以及新加坡共和理工学院杰出教授。

Gary Kamen 博士，美国健康、体育、娱乐和舞蹈联盟，美国运动医学学院，国家运动科学院的教授与研究员。他撰写了本科体育科学教材 *Foundations of Exercise Science*，同时也是肌电学入门书籍 *Essentials of Electromyography* 的作者。他是 AAPHERD 的研究联合会主席，同时也是麻省大学运动学、运动神经科学和运动控制学院的本科生与研究生老师。

Saunders（Sandy）N. Whittlesey 博士，毕业于麻省大学，是一名专门从事运动训练、体育用品及临床应用的自营技术顾问。

其余贡献者

  Norma Coffey 博士，爱尔兰国立大学的博士后研究员，拥有功能数据分析的专业知识，并在利默里克大学大量地研究生物力学研究方法。她目前的研究领域涉及将功能材料分析技术应用于最终基因表达材料。

  Timothy R. Derrick 博士，爱荷华州立大学运动科学系教授，其在信号处理方面有广泛的研究，并研究在跑步过程中尤其是地面对人体的影响。

  Kevin Deluzio 博士，加拿大金斯顿女王大学机械与材料工程系的教授，同时也在达尔豪西大学也拥有同等地位。他通过研究人体运动来进一步探究膝骨关节炎等肌骨系统疾病的生物力学因素。他不仅对全关节置换外科手术有研究，而且对无损伤疗法的设计和评估颇有建树。

  Andrew（Drew）J. Harrison 博士，爱尔兰利默里克大学体育教育与运动科学系的生物力学高级讲师，国际运动生物力学协会研究员，利默里克大学生物力学研究组主任，研究方向为运动表现和运动损伤的生物力学。

  Thomas M. Kepple 博士，特拉华大学健康营养运动科学系的导师，多年以来，他作为生物力学家在国家健康研究所进行动作捕捉和步态分析仪的研究。

  Ross H. Miller 博士，马里兰大学运动科学系的副教授，曾发表过关于静态优化，正向动力学和非线性数据分析方法的文章。

  Scott Selbie，加拿大女王大学以及麻省州立大学的兼职教授，毕业于加拿大西蒙菲莎大学，他也是 C-Motion 运动研究主任，Visual3D 软件的开发者以及加拿大 HAS-Motion 的主席。

  Brian R. Umberger 博士，麻省大学运动科学学院生物力学副教授，从事本科生和研究生教学。2010 年，在麻省大学公共卫生和健康科学学院获得了优秀教师奖。在研究中，他创立使用了结合实验、建模和仿真的方法来研究人体运动的生物力学和能量学。

  Richard E. A. van Emmerik 博士，麻省大学运动科学学院教授，从事本科生与研究生的运动控制课程的教学。他运用复杂非线性动力学系统的原则进行姿态和运动控制的研究。

主要译者介绍

刘宇，教育部"长江学者"特聘教授；德国法兰克福大学博士、德国科隆体育大学博士后；现任上海体育学院教授、博士生导师，"运动健身科技"教育部重点实验室主任；国家体育总局科技助力奥运专家组成员；中组部国家万人计划"教学名师"、上海市"领军人才"。

美国国家体育科学院外籍院士（FNAK）、美国运动医学学会会士（FACSM）；任亚洲运动训练科学学会（AACS）副主席（2012—2018年）、主席（2018年至今），国际生物力学学会（ISB）执委（2013—2015年），中国体育科学学会运动生物力学分会副主任委员，中国研究型医院学会运动医学专业委员会副主任委员，*Journal of Sport and Health Science*（SCI收录）副主编，《体育科学》《中国体育科技》、《中国运动医学杂志》《医用生物力学》《上海体育学院学报》等期刊编委。

主持国家重点研发计划"科技冬奥"重点专项、国家自然科学基金重点项目、面上项目等国家级课题、美国NIKE总公司"全球合作研究伙伴"国际合作等课题。发表科研论文200余篇，获授权国家发明专利、实用新型专利30余项（含美国发明专利1项）。获国家级教学成果一等奖（排名2）、上海市技术发明二等奖等省部级以上奖项。

李立，美国佐治亚南方大学健康与运动科学系研究教授。美国体育联盟研究院资深会员，美国运动医学科学院资深会员以及美国运动科学院院士，Journal of Electromyography and Kinesiology编委。曾任美国运动医学科学院生物力学专业组组长；国际华人体育与健康协会主席；国际生物力学学会执委会成员。

主要研究不同人体运动规律，通过建立神经肌肉系统运动模型，以此来探讨人体神经肌肉系统的控制机制与理论，并将其运用于对疾病的诊断和防治。研究课题包括：不同运动项目的运动生物力学技术分析，末梢神经麻痹病人的平衡与步态分析，人体步态转换的神经肌肉控制与动力学分析，不同年龄人体运动稳定性分析。

累积获得美国联邦及各级政府以及基金会13项研究基金，共计480余万美元；主持并完成由跨国制药公司所委托的6项临床药物实验；主持并完成由金佰利公司委托的一项产品测试。已发表SCI学术论文130余篇，主编学术专著4部。